Hans-Peter Wiendahl

Betriebsorganisation für Ingenieure

W0404012

Hans-Peter Wiendahl

Betriebsorganisation für Ingenieure

mit 270 Abbildungen und 3 Tabellen

8., überarbeitete Auflage

HANSER

Autor:

Univ.-Prof. a. D. Dr.-Ing. Dr. h.c. mult. Hans-Peter Wiendahl

Institut für Fabrikanlagen und Logistik
Leibniz Universität Hannover
wiendahl@ifa.uni-hannover

MIX
Papier aus verantwortungsvollen Quellen
FSC® C014889
FSC
www.fsc.org

Bibliografische Information der Deutschen Nationalbibliothek
Die Deutsche Nationalbibliothek verzeichnet diese Publikation in der Deutschen Nationalbibliografie; detaillierte bibliografische Daten sind im Internet über http://dnb.d-nb.de abrufbar.

ISBN 978-3-446-44053-1
E-Book-ISBN 978-3-446-44101-9

Dieses Werk ist urheberrechtlich geschützt.
Alle Rechte, auch die der Übersetzung, des Nachdruckes und der Vervielfältigung des Buches oder Teilen daraus, vorbehalten. Kein Teil des Werkes darf ohne schriftliche Genehmigung des Verlages in irgendeiner Form (Fotokopie, Mikrofilm oder ein anderes Verfahren), auch nicht für Zwecke der Unterrichtsgestaltung – mit Ausnahme der in den §§ 53, 54 URG genannten Sonderfälle –, reproduziert oder unter Verwendung elektronischer Systeme verarbeitet, vervielfältigt oder verbreitet werden.

© 2014 Carl Hanser Verlag München
www.hanser-fachbuch.de
Lektorat: Ute Eckardt
Herstellung: Katrin Wulst
Satz: Kösel, Krugzell
Druck und Bindung: Friedrich Pustet, Regensburg

Printed in Germany

Vorwort zur 8. Auflage

Seit der letzten Auflage aus dem Jahre 2010 haben sich die Veränderungen in der produzierenden Industrie weltweit fortgesetzt. Junge aggressive Industrienationen wie China, Indien und Brasilien drängen zunehmend mit attraktiven Angeboten auf den Weltmarkt. Bemerkenswert ist die Rückbesinnung der USA, sowie von England und Frankreich auf die Bedeutung einer nationalen Produktion. Die schnelle wirtschaftliche Erholung Deutschlands nach der Finanzkrise 2008/2009 hat dank innovativer Produkte und einer starken Industrieproduktion weltweit große Beachtung gefunden.

Generell hat sich die Philosophie der schlanken Produktion in Deutschland etabliert. Modulare Produkte, transparente Abläufe sowie saubere und helle Fabriken prägen heute vielfach das Bild von Produktionsunternehmen. Zunehmend ist die Innovations- und Wandlungsfähigkeit als Wettbewerbsfaktor anerkannt. Neue Herausforderungen stehen an durch die digitale Vernetzung unter dem Stichwort Industrie 4.0, die Konzentration auf energie- und ressourcenschonende Prozesse und den demographischen Wandel.

Dennoch bleiben auch in absehbarer Zeit die Grundfunktionen eines Produktionsbetriebes erhalten. Die Gliederung des Buches orientiert sich weiterhin – ausgehend von der Organisation eines Produktionsunternehmens – am Produktdurchlauf, beginnend mit der Produktentwicklung über die Arbeitsplanung und Produktionssteuerung bis zum Qualitätsmanagement. Alle Kapitel wurden vor dem Hintergrund meiner aktuellen Erfahrungen aus Mandaten, Beratungen und Lehrtätigkeiten gründlich überarbeitet, insbesondere die Bilder. Auch die Anregungen aus vielen Rezensionen von Fachkollegen waren hilfreich.

Kapitel 4 heißt jetzt „Produktdatenmanagement“ statt „Grundlagen des betrieblichen Informationssystems zur Auftragsabwicklung“. Das bisherige Kapitel 6 „Produktionsplanung und Steuerung“ wurde aufgeteilt. Die bisher im Kapitel verstreuten logistischen Modelle sind jetzt im neuen Kapitel 6 „Logistische Produktionsmodellierung“ zusammengefasst und die drei Prozesse Fertigung Lagerung und Montage auf Basis des Hannoverschen Trichtermodells konsistent beschrieben. Das neue Kapitel 7 „Produktionsplanung und -steuerung“ wurde gegenüber den früheren Versionen gestrafft. Das Kapitel 8 „Qualitätssicherung“ berücksichtigt die neuen Entwicklungen der internationalen Normung, insbesondere der ISO 9000-Familie.

Für die wertvollen Ratschläge bei der Überarbeitung möchte ich für Kap. 4 und 5 Prof. Dr.-Ing. Michael Abramovici, Inhaber des Lehrstuhls für Maschinenbauinformatik der Ruhr-Universität Bochum danken. Die Anregung zur Aufteilung des bisherigen Kapitels 6 in zwei Kapitel verdanke ich meinem Sohn Dr.-Ing. habil Hans-Hermann Wiendahl. Aus seiner Erfahrung als Fachbereichsleiter Produktionslogistik bei der SMS Siemag AG hat er darüber hinaus wichtige Hinweise gegeben. Die kritisch-konstruktive Durchsicht der Kap. 6 und 7 durch Prof. Dr.-Ing. habil. Peter Nyhuis, Geschäftsführender Leiter des Instituts für Fabrikanlagen und Logistik (IFA) der Leibniz Universität Hannover, Dr.-Ing. Matthias Schmidt Leiter Forschung & Industrie am IFA sowie Prof. Dr.-Ing. habil Hermann Lödding, Leiter des Instituts für Produktionsmanagement und -technik an der TU Hamburg-Harburg haben diesen Kapiteln den letzten Schliff gegeben. Mein abschließender Dank gilt Frau Dr. Ulrike Meyer, Leiterin der Qualitätsabteilung der Firma Sennheiser electronic zum Kap. 8 für ihre Hinweise.

Für die langjährige Betreuung des Buches danke ich Herrn Jochen Horn vom Fachbuchverlag Leipzig im Carl Hanser Verlag, der sich bald in den Ruhestand verabschiedet. Es war immer eine reibungslose und erfreuliche Zusammenarbeit. Die Fortsetzung mit Frau Ute Eckardt für das Lektorat und Frau Katrin Wulst für die Herstellung war ebenso professionell wie angenehm, vielen Dank!

Die anhaltende Nachfrage des Buches bei Studierenden, Lehrenden und Betriebspraktikern ist für mich weiterhin Ansporn und Verpflichtung, für meine Leser auch in Zukunft eine aktuelle und verständliche Darstellung dieses weit gespannten Themas sicherzustellen. Die Verfügbarkeit als e-book wird den Zugriff erleichtern.

Garbsen, im Mai 2014 *Hans-Peter Wiendahl*

Vorwort zur 1. Auflage

In der industriellen Produktion der Bundesrepublik Deutschland haben sich tiefgreifende Umwälzungen vollzogen, die angesichts des international verschärften Wettbewerbs durch junge Industrienationen beschleunigt verlaufen. Kürzere Produktlebensdauer, hohe Lohnkosten, neue Produkte und Verfahren sowie sozialer und wirtschaftlicher Wandel zwingen alle Produktionsunternehmen zu laufenden Anpassungen und Verbesserungen des gesamten Unternehmensgeschehens. Für den Produktionsingenieur ist die Kenntnis der immer vielfältigeren Produktionstechnik allein nicht mehr ausreichend. Vielmehr gewinnen die organisatorischen, wirtschaftlichen, Führungsmäßigen und rechtlichen Aspekte seiner Tätigkeit zunehmend Bedeutung.

Das vorliegende Buch hat sich zum Ziel gesetzt, die grundlegenden organisatorischen Zusammenhänge des Betriebsgeschehens eines modernen Produktionsunternehmens des Maschinenbaus, der Fahrzeugtechnik und der Elektrotechnik auf der Basis eines praxisnahen, systemtechnischen Modells zu vermitteln. Leitgedanke ist dabei der Durchlauf der Produkte durch den Betrieb von der Produktplanung und -gestaltung über die Arbeitsplanung sowie Produktionssteuerung und Materialwirtschaft bis hin zur Qualitätssicherung. Einen zweiten Schwerpunkt bilden die Führungs- und Planungsprobleme, die die Einbindung der Produktion in das Unternehmen aus der Sicht des Managements verdeutlichen sollen. Den Abschluss bildet eine kurze Übersicht über die Arbeitsstättenverordnung und Mitbestimmung, die in der täglichen Arbeit von großer Bedeutung sind.

Die Ausführungen vermitteln den heute überwiegend praktizierten Stand der Technik. Bereits erkennbare Entwicklungen, wie z. B. das rechnerunterstützte Konstruieren (CAD) und Planen (CAP) oder neue Ansätze der Fertigungssteuerung (statistisch orientierte Auftragssteuerung) werden nur in ihren Grundzügen erläutert und die jeweils neueste Literatur zum Weiterstudium empfohlen. Die für den Ingenieur ebenso wesentlichen Fragen der industriellen Kostenrechnung und Wirtschaftlichkeitsrechnung werden in den von Warnecke/Bullinger/Hichert im selben Verlag erschienenen Büchern behandelt.

Die vorliegenden Ausführungen sind zum einen für Studierende der Fachrichtung Maschinenbau mit dem Schwerpunkt Produktionstechnik gedacht, zum anderen sollen solche Betriebspraktiker angesprochen werden, die eine konzentrierte, anwendungsorientierte Übersicht über den heutigen Stand der modernen Betriebsorganisation suchen.

Das Buch basiert auf meiner Vorlesung „Fabrikbetrieb“ an der Universität Hannover und wurde durch zahlreiche praktische Beispiele aus meiner Industrietätigkeit sowie aus Forschungsprojekten ergänzt.

Für die vielfältige Unterstützung, die ich bei der Erstellung des Buches erhielt, möchte ich herzlich danken. So den Herren Dipl.-Ing. W. Buchmann, Dipl.-Ing. B. Erdlenbruch, Dr.-Ing.

J. Krautzig, Dipl.-Ing. W. Lorenz und Dipl.-Ing. F. Nyhuis, die am Aufbau meiner Vorlesung mitgewirkt haben.

Danken möchte ich auch Herrn Honorarprofessor Dr.-Ing. Walter Geiger, Lehrbeauftragter für das Fach Qualitätslehre an der Universität Hannover, für die sorgfältige Durchsicht des Abschnitts Qualitätssicherung und die daraus resultierenden wertvollen Anregungen.

Frau M. Bernath und Fräulein M. Bruns und ihren Helfern danke ich für die Reinzeichnungen der vielen Bilder. Frau H. Meyer und Frau L. Sange haben sorgfältig das umfangreiche Manuskript geschrieben. Frau I. Sommerfeld und Herr D. Jeschke waren mir unermüdlich bei der Durchsicht und Korrektur des Manuskriptes behilflich.

Mit diesem Buch möchte ich auch das Andenken von Herrn Professor Dr.-Ing. Dr. mult. h. c. Herwart Opitz ehren, der mein langjähriger akademischer Lehrer an der Technischen Hochschule Aachen war. Schließlich gilt mein besonderer Dank Herrn Dipl.-Ing. ETH Otmar Hegi, Mitglied der Konzernleitung der Gebr. Sulzer AG in Winterthur, dem ich eine Fülle fachlicher und persönlicher Anregungen verdanke.

Hannover, im Frühjahr 1983 *Hans-Peter Wiendahl*

Inhaltsverzeichnis

1 Einführung

Jedes Produktionsunternehmen befindet sich in einem ständigen Wandel, der sich seit den 1990er-Jahren infolge der Globalisierung weiter beschleunigt hat. Offensichtlich wird dies vor allem an der ständigen Verkürzung der Lebensdauer der Produkte am Markt. Dem Wettbewerbsdruck durch fernöstliche Unternehmen (hier insbesondere China) und zunehmend auch osteuropäische Anbieter begegneten die deutschen Unternehmen zum einen durch die Verlagerung von Teilen ihrer Produktion in Niedriglohnländer, zum anderen durch unterschiedliche methodische Ansätze und organisatorische Maßnahmen. Schlagworte wie CIM (Computer Integrated Manufacturing), JIT (Just in Time), TQM (Total Quality Management) und LP (Lean Production), oft als einzig denkbare Lösung der Probleme propagiert, verlieren schnell ihre anfängliche Faszination. Ob es mit der Fraktalen Fabrik [War93b], dem Business Reengineering [HC03], der Prozessorientierung [Eve956], der Mass Customization [Pil06], der Digitalen Fabrik [Wes03] und den Cyber-Physical Systems im Rahmen von Industrie 4.0 [Spa13] ebenso geht, bleibt abzuwarten. Eins haben jedoch insbesondere alle Konzepte seit Beginn der 1990er-Jahre gemeinsam: die Ausrichtung des gesamten Unternehmens auf den Kunden und die konsequente Vermeidung von Verschwendung nach dem Vorbild des Toyota Produktionssystems [Spa03]. Daneben bestimmen jedoch weitere Randbedingungen die zukünftige Ausrichtung der Produktionsbetriebe, die Bild 1.1 zusammenfasst.

Zur Erfüllung der Kundenwünsche müssen Unternehmen zunächst funktional ausgereifte *Produkte* mit einer hohen Qualität zu wettbewerbsfähigen Preisen anbieten. Hierzu zählen neben physischen Erzeugnissen zunehmend auch Dienstleistungen in deren Lebenszyklus [BuSc06]. Generell sind kurze Lieferzeiten und hohe Liefertermintreue sicherzustellen, trotz gestiegener Komplexität und einer stetigen Ausweitung der Variantenvielfalt. Zur Realisierung dieser Produktmerkmale sind die vorhandenen Ressourcen effektiv zu nutzen und weitere Randbedingungen zu beachten. So stehen der *Produktion* permanent neue Verfahren und Prozesse zur Verfügung; hinzu kommt die stetig fortschreitende Automatisierung einzelner Verfahren mit ihren Nebenprozessen wie Werkstück- und Werkzeugwechsel sowie eine möglichst prozessintegrierte Qualitätsprüfung. Die Integration verschiedener Fertigungsprozesse in einer einzigen Maschine mit dem Ziel der Komplettbearbeitung von Werkstücken ist eine weitere wichtige Entwicklungslinie der Produktionstechnik. Neben diesen technischen Randbedingungen sind die Belange der *Mitarbeiter* von großer Bedeutung. Unter dem Stichwort Dezentralisierung bzw. Segmentierung der Produktion ist die Arbeitsorganisation heute geprägt durch die stärkere Delegation von Kompetenz und Verantwortung und die Gliederung in weitgehend autonome Arbeitsgruppen, die ihre engere Arbeitsumgebung möglichst selbst gestalten. Als relativ neue Herausforderung gilt der sogen. Demografische Wandel, der die Aufmerksamkeit auf eine alters- und alternsgerechte Arbeitsgestaltung lenkt. *Ökologische Forderungen* zielen auf einen möglichst geringen Schadstoffausstoß der Fabrik, den rationellen Energieeinsatz der Prozesse und Gebäude sowie weitgehend geschlossene Material- und Hilfsstoffkreisläufe innerhalb und außerhalb der Fabrik. Ergänzt werden diese Randbedingungen durch zahlreiche *Gesetze und Vorschriften*, welche hauptsächlich die Gestaltung der Arbeitsplätze, die Arbeitssicherheit, Umweltschutzmaßnahmen sowie die Mitbestimmung der Mitarbeiter betreffen.

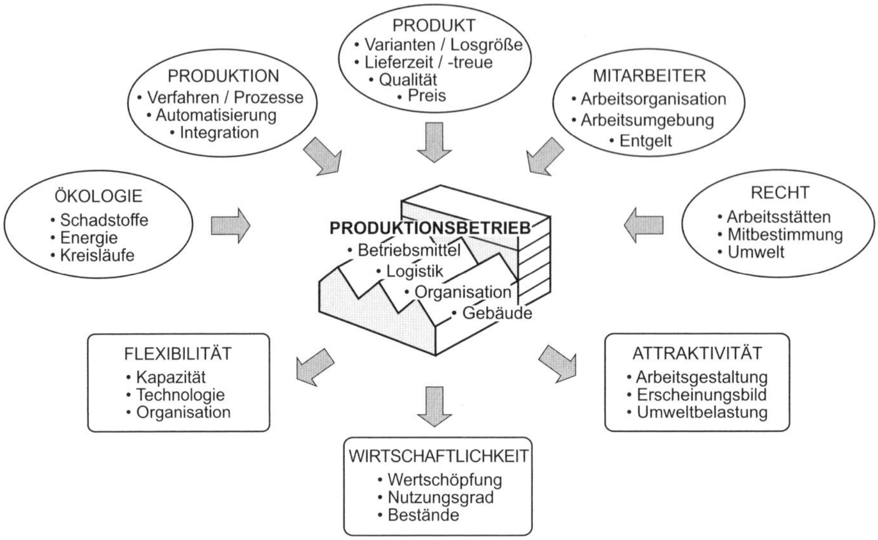

© IFA C0793PZ

Bild 1.1 Randbedingungen und Zielfelder eines Produktionsbetriebes

Diesen Bedingungen müssen die Produktionsbetriebe ihre Betriebsmittel, inner- und außerbetriebliche Logistik, Ablauforganisation und Gebäude ständig anpassen. Dabei sind im Wesentlichen drei Zielfelder zu betrachten. Im Vordergrund steht die *Wirtschaftlichkeit* der Produktion. Es gilt, Teile, Baugruppen und Erzeugnisse unter Vermeidung jeglicher nicht Wertschöpfender Tätigkeiten in möglichst kurzer Zeit und mit möglichst niedrigen Beständen herzustellen, wobei die vorhandenen Einrichtungen und das Personal bestmöglich zu nutzen sind. Als zentraler Ansatz hierfür gilt heute die Schlanke Produktion (engl. Lean Production).Wegen der raschen Veränderungen des Marktbedarfs, der Produkte und der Produktionstechnik ist jedoch auf eine möglichst hohe *Flexibilität* der Einrichtungen und Abläufe zu achten. Diese bezieht sich zum einen auf die Möglichkeit einer raschen Anpassung an die schwankende Nachfrage bezüglich der Menge und Zusammensetzung der Produkte. Zum anderen sollte eine schnelle Umstellung auf ein verändertes Fertigungsverfahren oder auf eine andere Fertigungsorganisation dadurch erleichtert werden, dass die Betriebsmittel und die Ver- und Entsorgungseinrichtungen ohne großen Aufwand räumlich neu anzuordnen sind. Hierfür hat sich der Begriff der Wandlungsfähigkeit etabliert [Wie14]. Schließlich ist die *Attraktivität* der Fabrik ständig durch eine motivierende Arbeitsorganisation und -umgebung sowie eine immer geringere Umweltbelastung zu verbessern.

Für den Unternehmenserfolg sind demnach neben innovativen Produkten und der Beherrschung der vielfältigen Produktionstechniken vor allem die organisatorischen, logistischen und wirtschaftlichen Aspekte von Bedeutung. Ziel einer Darstellung der modernen Betriebsorganisation muss es daher sein, die komplexen Zusammenhänge des Betriebsablaufs anhand einfacher systemtechnischer Grundmodelle zu vermitteln, ohne dabei den notwendigen Praxisbezug aus dem Auge zu verlieren.

1.1 Betrachtungsmöglichkeiten von Produktionsunternehmen

Wenn man einen Produktionsbetrieb besichtigt, fällt zunächst die Komplexität der Vorgänge auf. Es werden Rohmaterial, halbfertige und fertige Werkstücke transportiert, auf Maschinen sind Werkstücke in Arbeit, in Konstruktionsbüros werden Produkte gestaltet, in anderen Büros erfolgen Planungsdialoge am Bildschirm, Besprechungen werden abgehalten, und ab und zu verlassen fertige Produkte das Werk. Wie lässt sich nun eine Ordnung in dieses scheinbar planlose Geschehen bringen?

Produktionsunternehmen		
Fragestellung	**Betrachtungsweise**	**Charakteristische Größen**
Leistungserbringung	volkswirtschaftlich	Produktionseinheiten Bruttosozialprodukt
Kapitaleinsatz	betriebswirtschaftlich	Gewinn,Wirtschaftlichkeit, Rentabilität
Markt	absatzwirtschaftlich (Marketing)	Umsatz, Abnehmer, Marktanteile
Produkt	konstruktionstechnisch	Funktion, Leistung, Wirkprinzip
Produktionstechnik	technologisch	Information, Material, Energie (Einsatz und Änderung)
Mensch	arbeitswissenschaftlich	Physis, Psyche, Soziale Belange
Unternehmensführung	betriebswissenschaftlich	Pläne, Aufbau, Abläufe, Führung, Kontrolle
Informationsfluss	informationstechnisch	Dateien, Programme, Funktionen, Vernetzung

© IFA D3117YU

Bild 1.2 Aspekte der Betrachtung von Produktionsunternehmen

Da mehrdimensionale Beziehungen in größeren Systemen schwierig darstellbar sind, besteht der Grundsatz einer systematischen Vorgehensweise darin, zunächst in diesem System einzelne Aspekte und ihre Einflüsse zu untersuchen und sie nur soweit wie nötig miteinander zu kombinieren. Bild 1.2 führt die wichtigsten Aspekte, nach denen Produktionsbetriebe üblicherweise betrachtet werden, auf. Die Reihenfolge beginnt dabei von außen und führt in das Unternehmen hinein.

Volkswirtschaftlich gesehen, ist ein Produktionsbetrieb eine leistungserbringende, gewinnorientierte Betriebseinheit, die aus Rohstoffen und Hilfsgütern mit Hilfe von Menschen, Energie und Kapital Fertigerzeugnisse herstellt. Sie ist Bestandteil einer bestimmten Branche, z.B. Werkzeugmaschinen, Kraftfahrzeuge oder elektrischen Ausrüstungen.

Betriebswirtschaftlich steht die Frage im Vordergrund, welchen Gewinn das Unternehmen mit dem von den Eigentümern in das Unternehmen gesteckte Kapital erwirtschaftet hat bzw. voraussichtlich erzielen wird. Den Vergleichsmaßstab liefert hier das in Aktien, Rentenpapieren oder öffentlichen Anleihen angelegte Geld. Wichtige betriebswirtschaftliche Kennzahlen sind Produktivität (= Produktionsleistung/Einsatz), Wirtschaftlichkeit (= Ertrag/Kosten) und Rentabilität (= Gewinn/eingesetztes Kapital) [Wöh13].

Die aus der Sicht der Absatzwirtschaft (heute *Marketing* genannt) wesentliche Fragestellung ist demgegenüber wieder ganz anders. Hier interessiert primär: In welchen Märkten (branchen- oder regionalbezogen) ist das Unternehmen tätig? Wie groß sind dort seine Marktanteile? Welche Chancen und Risiken bergen diese Märkte in sich?

Ein Aspekt, der dem Ingenieur besonders naheliegt, ist die *konstruktionstechnische Betrachtung* nach Funktion, Leistung, Wirkungsgrad und technischer Verwirklichung der vom Unternehmen angebotenen Produkte. Hier interessieren in erster Linie das physikalisch-technische Geschehen im Produkt und seine stoffliche Gestaltung in Form von Werkstücken und Baugruppen. Zusätzlich sind Fragen der Wiederverwendung und Wiederverwertung zu berücksichtigen [PaBe13].

Wegen der bereits erwähnten Randbedingungen ist die Frage nach der wirtschaftlichen Herstellung der Produkte von großer Bedeutung für das Überleben des Unternehmens. Die *Produktionstechnik* beschäftigt sich daher mit technologischen Fragen der Formgebung von Material bei möglichst geringem Materialverlust, niedrigem Energieeinsatz und geringstmöglicher Umweltbelastung [Spu94]. Dabei ist die zu erzeugende Produktqualität ein wichtiges Kriterium [Schm10]. Zur Produktionstechnik zählen aber auch innerbetriebliche Handhabung, Transport und Lagerung, die unter dem Begriff Materialflusstechnik oder auch Intralogistik behandelt werden. Wird die Betrachtung auf den gesamten Materialfluss vom Lieferanten bis zum Kunden ausgedehnt, spricht man von der Unternehmenslogistik [Arn08, Gud05, Wil05]. Die Einbeziehung der Vorlieferanten und der Kunden bis zum Endverbraucher führt zur Supply Chain (engl. Lieferkette) [CoGa04, Koe11, Schö11].

Mehr denn je steht der Mensch mit seiner Qualifikation und Motivation im Mittelpunkt. Aus diesem Grund hat die *arbeitswissenschaftliche Betrachtung* unter dem Begriff „Humanisierung und Rationalisierung des Arbeitslebens“ bei der Gestaltung und der Führung von Produktionsbetrieben zunehmende Bedeutung erlangt. Ursprünglich aus der ingenieurwissenschaftlichen Sicht entstanden, umfasst die Arbeitswissenschaft heute alle Aspekte des Menschen am Arbeitsplatz und bemüht sich verstärkt auch um medizinische, physiologische, psychologische und soziologische Fragen. Die Arbeitswissenschaft übernimmt damit eine übergreifende Aufgabe, die die Erkenntnisse der genannten Disziplinen hinsichtlich ihrer arbeitsbezogenen Relevanz unter Gestaltungsgesichtspunkten bewertet, auswählt und in eine praxisorientierte Form umsetzt [Luc10].

Schließlich kann ein so komplexes Unternehmen, wie es ein Produktionsbetrieb darstellt, nicht ohne Planung und Organisation ablaufen. In einem Betrieb mit z.B. 1000 Mitarbeitern, der Produkte in Einzelfertigung herstellt, sind etwa 3000 Aufträge im Auftragsbestand, die je zwischen 1000 und 10000 unterschiedliche Einzelteile beinhalten. Allein die Menge der dadurch notwendigen Zeichnungen, Stücklisten und Arbeitspapiere für die Produktion ist ohne Systematik und Organisation sowie den Einsatz der elektronischen Datenverarbeitung nicht mehr zuverlässig zu beherrschen, sodass diesem Gebiet für die Steuerung des gesamten Betriebsgeschehens besondere Bedeutung zukommt [Dan01, Gei97, Ref91, Schö11]. Alle damit zusammenhängenden Fragen werden im Rahmen der sogenannten *Betriebswissenschaft* (auch Betriebsorganisation oder Produktionssystematik genannt) behandelt und betrachten den Produktionsbetrieb unter dem Aspekt der Unternehmensführung [Eve02, GaFi99].

Schließlich gewinnt die *informationstechnische* Durchdringung und Digitalisierung des Betriebsgeschehens weiter an Bedeutung. Die zu erfüllenden Funktionen und Daten der einzelnen Geschäftsprozesse sind zu bestimmen, mit Hilfe der Informations- und Kommunikationstechnik zu realisieren und auszufüllen.

Im Rahmen dieses Buches liegt der Schwerpunkt auf dem *betriebswissenschaftlichen Aspekt der Produktion.* Betrachtet werden der Informationsfluss vom Auftragseingang bis zum Versand und der damit verbundene Materialfluss. Die Unternehmensplanung und -organisation sowie die Produktentstehung werden vorab so weit erläutert, dass die Gesamtzusammenhänge des Betriebs eines Produktionsunternehmens verständlich werden.

1.2 Das Unternehmen in seiner Umwelt

Wenn man eine komplexe Aufgabe lösen will, wie z.B. eine Produktionsanlage bauen, eine Maschine entwickeln oder eine Fabrik betreiben, ist es unerlässlich, sich die Einflüsse vor Augen zu führen, denen diese Aufgabe unterliegt.

Dazu werden zunächst die Randbedingungen betrachtet, die durch den Standort „Bundesrepublik Deutschland“ gegeben sind. Ein Blick auf die Außenhandelsstatistik (volkswirtschaftliche Betrachtungsweise) zeigt, dass die Bundesrepublik ein in großem Maße importierender und exportierender Staat ist. Nahrungsmittel, Rohwaren, Halbwaren, Vorerzeugnisse und Fertigwaren bestimmen die Einfuhr; Vorerzeugnisse und Fertigwaren bestimmen die Ausfuhr [Sta12]. Bild 1.3 ordnet die wichtigsten Wirtschaftszweige nach den Beschäftigtenzahlen [VDM13]. Beim Umsatz ist der Kraftfahrzeugbau führend, gefolgt vom Maschinenbau, der Elektroindustrie, dem Ernährungsgewerbe und der chemischen Industrie. Weitere wichtige Branchen sind die Pharmaindustrie mit 106 Tsd. Beschäftigten und 106 Mrd. € Umsatz sowie die Herstellung von Gummi- und Kunststoffwaren mit 326 Tsd. Beschäftigten und 67 Mrd. € Umsatz).

Bemerkenswert ist die Verteilung der rund 2 Millionen gewerblichen Betriebe Deutschlands mit rund 35 Mio. Beschäftigten nach ihrer Größe im Jahre 2011 [IAB13]. Knapp 95 % gehören zur Gruppe der kleinen Betriebe (unter 50 Beschäftigte), 4,5 % sind mittlere Betriebe (50 bis 249 Beschäftigte) und nur knapp 1 % gelten mit 250 oder mehr Beschäftigten als Großbetriebe. In den kleinen Betrieben waren 45 %, den mittleren 26 % und den

Großbetrieben 29% aller Beschäftigten tätig. Diese Zahlen erklären die große Bedeutung des Mittelstandes für die deutsche Volkswirtschaft.

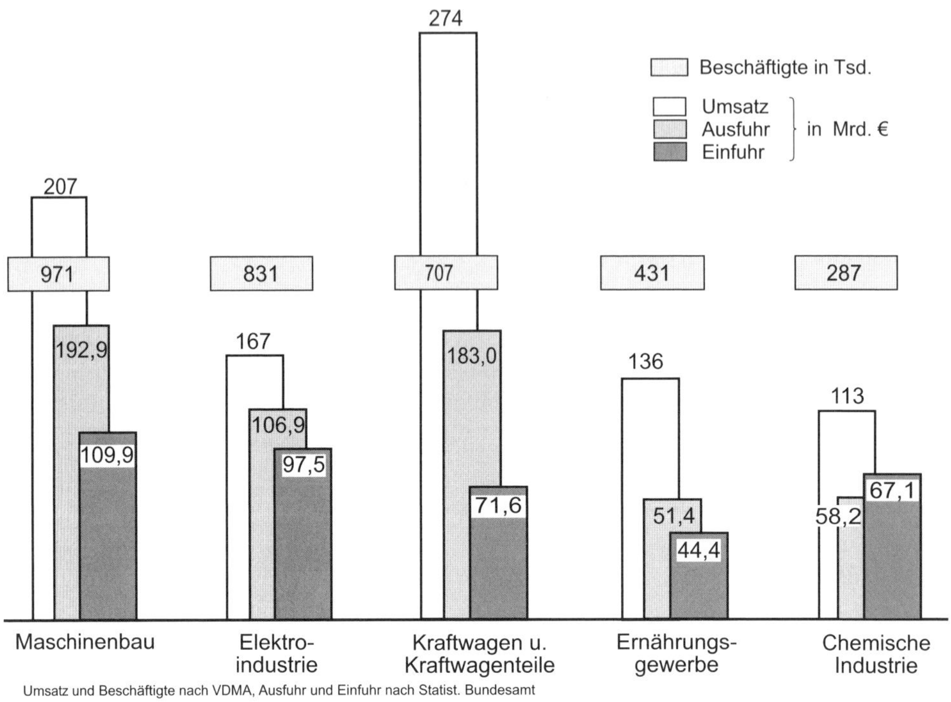

© IFA D3119

Bild 1.3 Ausgewählte Daten der bedeutendsten Wirtschaftszweige der Bundesrepublik Deutschland 2012 (Werte: Statistisches Bundesamt)

Aus diesen kurzen Darlegungen wird deutlich, dass die Bundesrepublik ein Handels- und Industriestaat mit einem breiten Angebotsspektrum hochwertiger technischer Produkte ist. Die Schwerpunkte der industriellen Produktion liegen im Kraftwagenbau und Maschinenbau, in der Elektrotechnik und der Chemie. Die im Rahmen dieses Buches hauptsächlich behandelte Produktion hochwertiger Stückgüter ist gekennzeichnet durch eine große Anzahl kleiner Betriebe einerseits und wenige Großunternehmen andererseits. Als Konsequenz ergibt sich daraus ein weites Problemfeld für den Fabrikbetrieb, das vom Spezialprodukt eines 50-Personen-Familienbetriebs bis zur breiten Produktpalette eines Großunternehmens reicht.

Nach dieser kurzen volkswirtschaftlichen Betrachtung der Produktionsbetriebe soll nun das einzelne Unternehmen und sein Umfeld näher betrachtet werden. Stark vereinfacht lässt sich entsprechend Bild 1.4 ein engeres und ein weiteres Umfeld ausmachen. Das engere Umfeld ist durch die Gruppen (auch Stakeholder genannt) bestimmt, mit denen das Unternehmen in einer dauernden direkten Wechselbeziehung steht.

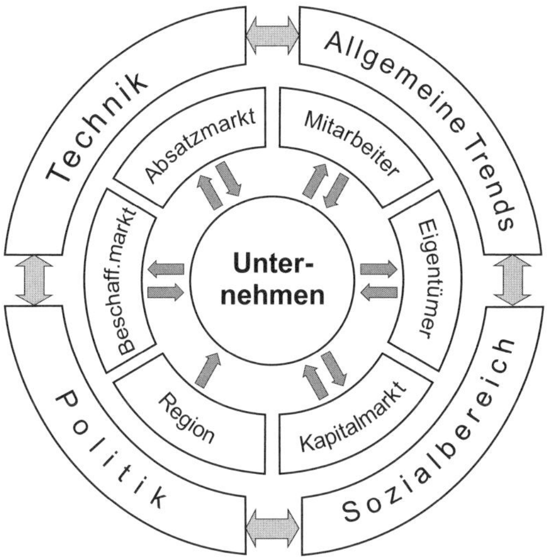

Bild 1.4 Das Unternehmen im engeren und im weiteren Umfeld

© IFA D3116

Dies ist in erster Linie der *Absatzmarkt* mit seinen Kunden und dem Wettbewerb, denen das Unternehmen in der Werbung, in Form von Konkurrenzangeboten und auf Messen dauernd begegnet. Als Zweites sind die *Mitarbeiter* des Unternehmens zu nennen, ohne die der ganze Betrieb eine nutzlose Ansammlung von Gebäuden und Betriebsmitteln wäre. Die dritte wichtige Gruppe, die aufgrund der verringerten Fertigungstiefe der Unternehmen an Bedeutung gewinnt, wird durch die Lieferanten gebildet, denen das Unternehmen im *Beschaffungsmarkt* begegnet. Die Qualität, der Preis und die Termintreue der eingekauften Erzeugnisse sind für ein Produktionsunternehmen von großer Bedeutung. Beispielsweise hat ein Automobilhersteller etwa 1000 Zulieferfirmen, die ausgewählt, koordiniert und kontrolliert werden müssen, um zuverlässig das eigene Produkt liefern zu können. Die vierte wichtige Gruppe stellt die Geldgeber dar, unterteilt nach den *Eigentümern* und Aktionären für das Eigenkapital und den *Kapitalgebern* – meist Banken – für das Fremdkapital. Sie erwarten eine angemessene Verzinsung ihres eingesetzten Kapitals und eine Wertsteigerung des Unternehmens. Schließlich steht das Unternehmen nicht isoliert in einer Stadt oder Gemeinde, sondern ist eingebettet in die *Region* als Arbeitgeber und Steuerzahler. Es hat entsprechend seiner Größe bestimmte Pflichten, aber auch Vorteile. Dem engeren Umfeld ist ein weiteres Umfeld überlagert, das vom einzelnen Unternehmen nicht mehr direkt beeinflussbar ist. Da ist das Feld der *Politik* mit der hier besonders zu beachtenden Steuer- und Wirtschaftsgesetzgebung sowie Währungs- und Kreditpolitik, der *Sozialbereich* mit Arbeitszeit- und Arbeitsschutzbestimmungen sowie Mitbestimmung, die *Technik* mit neuen Produkten und Verfahren und schließlich die *allgemeinen Trends* im öffentlichen Leben, der Bevölkerung und der gängigen Lebenseinstellung, die durchaus ein einzelnes Unternehmen beeinflussen können.

Generell ist festzustellen, dass die Globalisierung der Weltwirtschaft sämtliche Entwicklung in den genannten Feldern stark beschleunigt hat und vielfach durch den Begriff ‚Turbulentes Umfeld' charakterisiert wird.

Auf diese direkten und indirekten Einflüsse muss das Unternehmen angemessen reagieren und möglichst vorausschauend tätig werden. Daraus ergibt sich, dass es niemals zu einem Beharrungszustand kommen kann, sondern dass nur eins gewiss ist: die dauernde Veränderung.

Manche dieser Einflüsse treffen den hier besonders interessierenden Produktionsbereich stark, manche weniger. Um z. B. die Bedeutung einer nachhaltigen Wechselkursveränderung auf einen Produktionsstandort abschätzen zu können, müssen zunächst die grundlegenden Zusammenhänge in einem Produktionsbetrieb bekannt sein. Anschließend soll erläutert werden, welche Methoden und Hilfsmittel heute zu einer rationellen Unternehmensführung zur Verfügung stehen.

1.3 Die Unternehmensfunktionen

Zur Darstellung eines so komplexen Gebildes, wie es ein Produktionsunternehmen ist, hat sich die Systemtheorie (auch Systemtechnik genannt) bewährt. Hierunter versteht man allgemein die Theorie der Beziehungen zwischen den Elementen eines Systems, der Beziehung zwischen Struktur und Funktion von Systemen und der Beziehungen zwischen Teilsystemen und Gesamtsystem [Roh99]. Stark vereinfacht ausgedrückt arbeitet die Systemtheorie mit abstrakten Modellen, die nach folgenden Regeln aufgebaut sind:

- Ein *System* besteht aus einer Menge von Elementen und einer Menge von Beziehungen (Relationen), die zwischen diesen Elementen herrschen.
- Eine *Struktur* besteht aus einer Gruppe von Elementen, die über Beziehungen verknüpft sind.
- Jedes System kann in *Subsysteme* niederer Ordnung zerlegt werden.
- Elemente, die nach einer anderen Beziehung zusammengefasst werden, heißen *Teilsysteme.*
- Jedes Element, jedes Subsystem und das gesamte System kann mit einer *Systemgrenze* abgegrenzt und durch *Input* (Eingang), *Output* (Ausgang) und eine *Funktion* beschrieben werden (sogenannte Black-Box-Darstellung). Wenn das System als Ganzes keine Eingangs- und Ausgangsgrößen hat, spricht man von einem geschlossenen System. Sonst handelt es sich um offene Systeme.

Bild 1.5 stellt diese grundlegenden Begriffe in einem allgemeingültigen Zusammenhang dar, wobei es sich in diesem Fall um ein geschlossenes System handelt. Wendet man die Systemtechnik auf ein Produktionsunternehmen an, stellen die Elemente die einzelnen Funktionen dar, die zur Erzeugung von Produkten erforderlich sind.

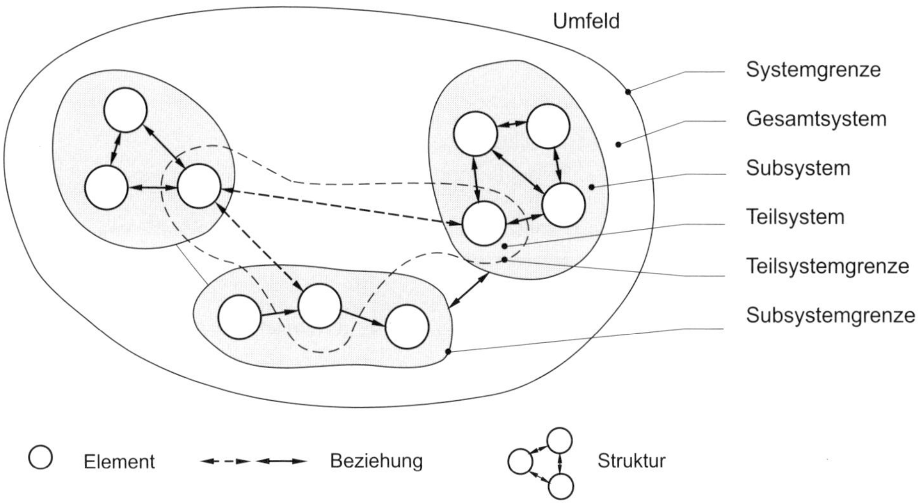

© IFA D3115

Bild 1.5 Grundbegriffe zur Systemdefinition

Die Beziehungen zwischen diesen Elementen werden durch die Grundgrößen Material, Energie, Information, Kapital und die menschliche Arbeitskraft hergestellt. Die Energiebeziehungen können im Folgenden vernachlässigt werden, da hier keine technischen Prozesse untersucht werden. Auch die Geldflüsse werden im Weiteren nicht betrachtet. Material- und Informationsfluss sind demnach im Folgenden die prägenden Beziehungen. Der Modell-Aufbau lässt sich nach Bild 1.6 in fünf Schritten vornehmen.

Ausgehend von der Black-Box-Darstellung (Grundmodell), erfolgt die Konkretisierung der Ein- und Ausgangsgrößen sowie der Gesamtfunktion, die mit „Produktion industrieller Erzeugnisse, die zum Absatz bestimmt sind" umschrieben werden kann. Diese Funktion des Gesamtsystems wird durch die drei Subsysteme 1. Ordnung Beschaffung, Produktion und Distribution realisiert, die ihrerseits aus den Subsystemen 2. Ordnung gemäß Schritt 3 bestehen. Die zunächst ungewöhnlich erscheinende Unterordnung der Konstruktion unter den Oberbegriff Produktion ist durch die hier gewählte Betrachtung des Informationsflusses als Beziehungsgröße begründet und darf nicht mit der organisatorischen Gliederung in Abteilungen verwechselt werden; auf diese wird noch gesondert eingegangen. Die Produktion selbst ist noch einmal in Subsysteme 3. Ordnung gemäß Schritt 4 zu unterteilen. Diese Subsysteme sind mit Hilfe übergeordneter Systeme der Steuerung, Gestaltung, Führung und Kontrolle im Sinne der Gesamtzielsetzung einer wirtschaftlichen Leistungserbringung den bereits geschilderten Einflussgrößen des engeren und weiteren Umfeldes anzupassen (Schritt 5).

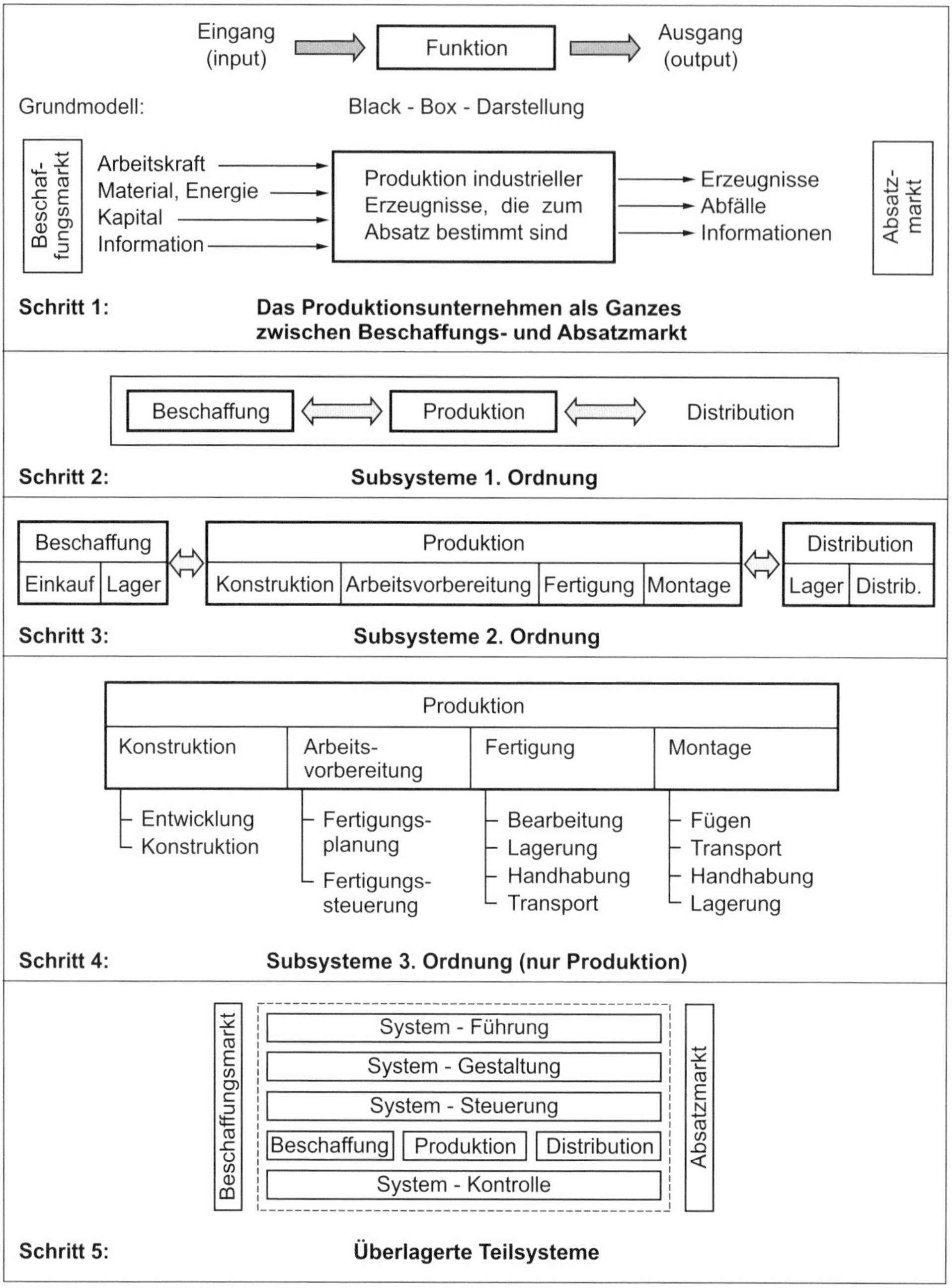

© IFA D3112

Bild 1.6 Schrittweiser Modellaufbau eines Produktionsunternehmens

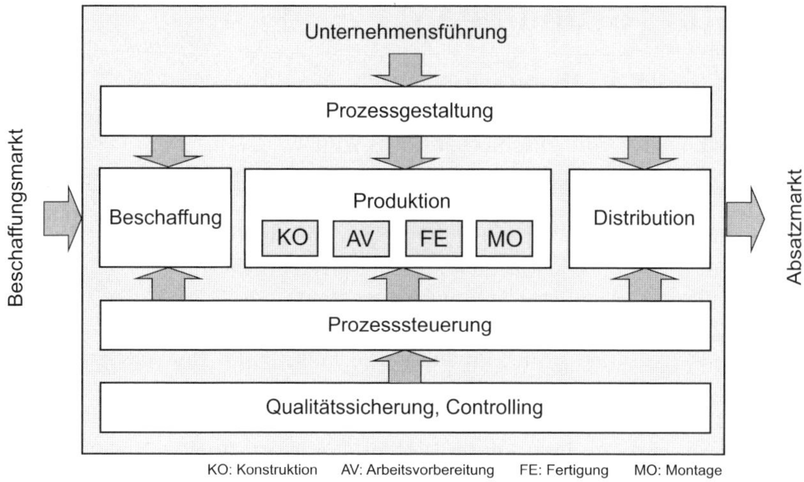

© IFA D3128PZ

Bild 1.7 Systemtechnisches Modell eines Produktionsunternehmens

In Bild 1.7 ist das aus den vorhergehenden Schritten entwickelte Modell als Ganzes dargestellt und konkretisiert. Der abstrakte Begriff „System-Führung“ wird so zur Unternehmensführung. Die Prozessgestaltung beschäftigt sich konkret mit den Methoden und Hilfsmitteln zur Gestaltung der Funktionen für Beschaffung, Konstruktion, Arbeitsvorbereitung, Fertigung, Montage und Distribution bzw. der Geschäftsprozesse für Produktentwicklung, Auftragsabwicklung und Marktbearbeitung. Die Prozesssteuerung beschäftigt sich hauptsächlich mit der Planung und Steuerung der Auftragstermine und -mengen sowie der Kapazitäten. Schließlich erstreckt sich das Controlling konkret auf die Überwachung der erzeugten Produkte im Rahmen des Qualitätsmanagements, auf die Überprüfung der Produktion bezüglich ökologischer Fragen durch das Umweltmanagement sowie auf das wirtschaftliche Controlling des gesamten Unternehmens. Nicht betrachtet werden in diesem Modell das gesamte Personalwesen mit Lohn- und Gehaltsfindung, Leistungsbeurteilung und Ausbildung sowie das Rechts- und Patentwesen und der Bereich der Daten- und Kommunikationstechnik. Auch Demontage- und Recyclingprozesse von Produkten werden nicht dargestellt, da diese häufig in speziellen Demontagefabriken durchgeführt werden. Das Modell zeigt nur diejenigen Bereiche, die vom Material- und Informationsfluss unmittelbar berührt werden, und bildet die Grundlage für die weiteren Betrachtungen.

Bevor die Unternehmensaufgaben im Erzeugnisdurchlauf erläutert werden, sind zunächst die Organisationsformen des gesamten Unternehmens sowie im Besonderen die der Fertigung und Montage zu erläutern, da sie den betrieblichen Ablauf wesentlich prägen.

1.4 Literatur (Grundlagen)

[Arn08] Arnold, D. et al. (Hrsg.): Handbuch Logistik. 3. Aufl., Berlin Heidelberg 2008

[BuSc06] Bullinger, H.-J. u. Scheer, A.-W.: Service Engineering. Entwicklung und Gestaltung innovativer Dienstleistungen. 2. Aufl., Berlin Heidelberg 2006

[CoGa04] Corsten, D., u. Gabriel, Ch.: Supply Management erfolgreich umsetzen. 2. Aufl., Berlin Heidelberg 2004

[Dan01] Dangelmaier, W.: Fertigungsplanung. Planung von Aufbau und Ablauf der Fertigung – Grundlagen, Algorithmen und Beispiele. 2. Aufl., Berlin Heidelberg 2001

[Eve956] Eversheim, W.: Prozessorientierte Unternehmensorganisation. 2. Aufl., Berlin Heidelberg 1996

[Eve02] Eversheim, W.: Organisation in der Produktionstechnik, Berlin Heidelberg. Band 1: Grundlagen, 3. Aufl., 1996; Band 2: Konstruktion, 3. Aufl., 1998; Band 3: Arbeitsvorbereitung, 4. Aufl., 2002; Band 4: Fertigung und Montage, 2. Aufl., 1989

[GaFi99] Gausemeier, J., u. Fink, A.: Führung im Wandel. Ein ganzheitliches Modell zur zukunftsorientierten Unternehmensgestaltung – Von der Vision zum Erfolg. München 1999

[Gei97] Geitner, U.W.: Betriebsinformatik für Produktionsbetriebe, München 1997. Teil 1: Betriebsorganisation 3. Aufl., 1993; Teil 2: Methoden der Informationsverarbeitung 3. Aufl., 1993; Teil 3: Methoden der Produktionsplanung und -steuerung 3. Aufl., 1995; Teil 4: Systeme der Produktionsplanung und -steuerung 3. Aufl., 1996; Teil 5: Produktionsinformatik 3. Aufl., 1997; Teil 6: Verwaltungsinformatik 3. Auflage 1997

[Gud05] Gudehus, T.: Logistik. Grundlagen, Strategien, Anwendungen. Berlin Heidelberg. 3. Aufl., 2005

[HC03] Hammer, M., Champy, J.: Business Reengineering, 7. Aufl., Frankfurt New York 2003

[IAB13] Institut für Arbeitsmarkt- und Berufsforschung (IAB) (Hrsg.) IAB-Kurzbericht Nr. 10/2013, Nürnberg, Juni 2013

[Koe11] Koether, R. (Hrsg): Taschenbuch der Logistik. 4. Aufl., München Wien 2011

[Luc10] Luczak, H.: Arbeitswissenschaft, 3. Aufl., Berlin Heidelberg 2010

[PaBe13] Pahl, G., Beitz, W., Feldhusen, J., Grote, K.H.: Konstruktionslehre. Grundlagen erfolgreicher Produktentwicklung. Methoden und Anwendung. 8. Aufl., Heidelberg 2013

[Pil06] Piller, F.T.: Mass Customization: ein wettbewerbsstrategisches Konzept im Informationszeitalter 4. Aufl., Wiesbaden 2006.

[Ref91] REFA (Hrsg.): Methodenlehre der Planung und Steuerung. 6 Bände. Teil 1: Grundlagen – Einflüsse auf das Unternehmen - Informationen und Daten - Erzeugnisse und Ausführungsunterlagen. Teil 2: Programm und Auftrag - Materialplanung und -steuerung – Kapazitätsplanung und -steuerung – Personalplanung und -steuerung – Betriebsmittelplanung und -steuerung. Teil 3: Zeitermittlung, Terminierung – Erstellen von Arbeitsunterlagen. Werkstattsteuerung. Teil 4: Qualitätsplanung und -steuerung. Teil 5: Planung und Steuerung von Kosten und Investitionen. Teil 6: Netzplantechnik – Projektmanagement – Betriebsstättenplanung. München 1991

[Roh99] Ropohl, G.: Allgemeine Technologie. Eine Systemtheorie der Technik. 2. Aufl., München Wien 1999

[Schm10] Schmitt, R.u. Pfeifer, T.: Qualitätsmanagement. Strategien, Methoden, Techniken. 4. Aufl. Hanser München 2010

[Schö11] Schönsleben, P.: Integrales Logistikmanagement. Planung und Steuerung von umfassenden Geschäftsprozessen. 6. Aufl., Berlin Heidelberg 2011

[Spa03] Spath, D. (Hrsg.): Ganzheitlich produzieren. Innovative Organisation und Führung. Stuttgart 2003

[Spa13] Spath, D. (Hrsg): Produktionsarbeit der Zukunft – Industrie 4.0. Fraunhofer Studie IAO Stuttgart 2013

[Spu94] Spur, G.: Handbuch der Fertigungstechnik, München Wien Band 1: Urformen, 1981, Band 2: Umformen und Zerteilen (in drei Teilbänden), 1983–1985, Band 3: Spanen (in zwei Teilbänden), 1979–1980, Band 4: Abtragen, Beschichten und Wärmebehandeln, 1987, Band 5: Fügen, Handhaben und Montieren, 1986, Band 6: Fabrikbetrieb, 1994

[Sta12] Statistisches Bundesamt (Hrsg.): Aus- und Ausfuhr Deutschland 2012, Warensystematik. DeStatis-Genesis Datenbank Abruf 03.09.2013

[VDM13] Verein Deutscher Maschinenbauanstalten VDMA (Hrsg.): Maschinenbau in Zahl und Bild. Frankfurt 2013

[War93b] Warnecke, H.-J.: Revolution der Unternehmenskultur – Das Fraktale Unternehmen, 2. Aufl., Berlin Heidelberg 1993

[Wes03] Westkämper, E. Die Digitale Fabrik. In: Bullinger, H.-J. u. Warnecke, H.J., Westkämper, E. (Hrsg.): Neue Organisationsformen im Unternehmen. Ein Handbuch für das moderne Management. 2. Aufl., Berlin Heidelberg 2003

[Wie14] Wiendahl, H.-P., Reichardt, J. u. Nyhuis, P.: Handbuch Fabrikplanung. 2. Aufl., Kap. 5: Systematik der Veränderungsfähigkeit. München 2014

[Wil98] Wildemann, H.: Die modulare Fabrik – Kundennahe Produktion durch Fertigungssegmentierung. 5. Aufl., München 1998

[Wil015] Wildemann, H.: Logistik-Prozess-Management. 3. Aufl., München 2005

[Wöh13] Wöhe, G. u. Döring, U.: Einführung in die allgemeine Betriebswirtschaftslehre. 25. Aufl., München 2013

2 Organisation des Industrieunternehmens

2.1 Begriffsabgrenzungen

Organisation ist ein vielschichtiger Begriff, der in Bezug auf ein Industrieunternehmen wie folgt definiert werden kann: Organisation ist ein System von dauerhaften Regelungen, welche die Aufgabenbereiche der Aufgabenträger festlegen und die optimale Aufgabenerfüllung gewährleisten. Allgemein ist die Organisation jedes Unternehmens durch vier Faktoren gekennzeichnet [Spu94, Sch92]:

- Die Organisation dient als Instrument zur Erreichung bestimmter Ziele, die wiederum Merkmal der Organisation sind (Zielorientierung).
- Die Organisation besteht aus Elementen, zwischen denen Beziehungen bestehen, die die Organisation regeln muss (Koordination).
- Die Organisation eines Unternehmens hat für einen bestimmten Zeitraum Bestand (Kontinuität).
- Den Elementen der Organisation, die aus Menschen und Sachmitteln bestehen, werden unterschiedliche Teilaufgaben zugeordnet, die der Erreichung von Zielen dienen (Arbeitsteilung).

Der Begriff Organisation steht in engem Zusammenhang mit den Begriffen Planung und Führung, ist jedoch von diesen streng zu unterscheiden.

Unter *Planung* versteht man das gedankliche Durchdringen eines zukünftigen Geschehens mit dem Ziel, diejenigen Entscheidungen vorzubereiten und zu treffen, die zur Erreichung des gewünschten Zustandes notwendig sind. Der gewünschte Zustand wird unter Beachtung denkbarer Entwicklungen, die u.a. mit Hilfe von Prognoseverfahren ermittelt werden, als Zielsetzung definiert. Hauptmerkmal der Planung ist demnach die Zukunftsbezogenheit sowie das im Gegensatz zur Improvisation rationale, nachvollziehbare Vorgehen. Die Unternehmensorganisation selbst kann auch Objekt der Planung sein, z.B. bei Umstrukturierungsmaßnahmen. Zur Erreichung ihrer Ziele bedient sie sich der Unternehmensplanung.

Die *Führung* befasst sich demgegenüber mit dem Menschen in der Organisation, seinen Bedürfnissen, seiner Motivation sowie seiner Leistung und Entlohnung. Grundlage hierfür ist ein einheitliches Führungskonzept, welches definiert, in welcher Weise Kompetenzen und Verantwortung einer Stelle im Rahmen der Aufbau- und Ablauforganisation von der

Unternehmensführung an die untergeordneten Organisationseinheiten delegiert werden. Zum Bereich der Führung im weiteren Sinne gehört auch die Weiterbildung sowie ein Beurteilungssystem als Grundlage einer gerechten Entlohnung und Beförderung (siehe auch Abschnitt 2.5.4).

Die formale Gestaltung der Organisation wird zum einen durch gesetzliche Vorschriften bestimmt und findet ihren Ausdruck in der Rechtsform des Unternehmens, wie z. B. Gesellschaft mit beschränkter Haftung (GmbH), Aktiengesellschaft (AG) oder Kommanditgesellschaft (KG), um nur einige wichtige zu nennen. Unabhängig von der Rechtsform ist zum anderen die innere Organisation des Unternehmens zu sehen, die mit den Begriffen Aufbauorganisation und Ablauforganisation beschrieben wird. Beide Begriffe können sowohl den Vorgang des Organisierens als auch das Resultat beschreiben, wobei in der heutigen Wirtschaft Organisation eher als stetiger Veränderungsprozess (z. B. Selbstorganisation in einer Arbeitsgruppe) denn als feststehendes Ergebnis verstanden wird.

Unter der *Aufbauorganisation* des Unternehmens wird die hierarchische Gliederung in sogenannte Organisationseinheiten unterschiedlichen Umfanges verstanden, wie z. B. Werk, Hauptabteilung, Abteilung, Meisterbereich, Arbeitsgruppe. Die Darstellung der Aufbauorganisation erfolgt im sogenannten Organisationsplan, auch Organisationsschema oder Organigramm genannt. Die von der jeweiligen Organisationseinheit zu erfüllende Aufgabe wird in Funktions- oder Aufgabenbeschreibungen festgelegt. Sofern sich die Aufgabenbeschreibung auf eine Person bezieht, spricht man von einer Stellenbeschreibung. Sie regelt den Aufgaben- und Verantwortungsumfang sowie die der Stelle zugeordneten Kompetenzen, z. B. hinsichtlich der Höhe der zu genehmigenden Investitionen, auswärtiger Bestellungen oder Einstellung von Mitarbeitern.

Die *Ablauforganisation* regelt demgegenüber den grundsätzlichen Ablauf der normalen Geschäftsvorfälle, um ein rationelles und einheitliches Vorgehen sicherzustellen. Beispiele sind Bestellungen, Fakturierung, Zeichnungserstellung, Personaleinstellung usw. Die daraus resultierenden Ablaufbeschreibungen werden in Form von Vorschriften, Handbüchern und Organisationsanweisungen festgelegt. Vielfach werden hierfür die Begriffe Workflow und Geschäftsprozess verwendet. Darunter versteht man eine Folge von Arbeitsschritten, die zur Erfüllung einer Aufgabe notwendig sind. Sie kann durch ein Workflow-Management-System unterstützt werden, das die notwendigen Daten bereitstellt und nach bestimmten Vorschriften an den jeweils nächsten Bearbeiter weiterleitet. Einen Überblick bietet z. B. [Ric04].

Aufbau- und Ablauforganisation werden vielfach als voneinander getrennte Begriffe behandelt. In Wirklichkeit sind sie untrennbar miteinander verknüpft und stellen lediglich zwei Betrachtungsweisen einer Organisation dar. Bild 2.1 verdeutlicht diesen Sachverhalt. Angedeutet ist eine hierarchische Aufbauorganisation, die von der Geschäftsführung über die Hauptabteilungsleiter und Abteilungsleiter bis zu den einzelnen Stellen reicht. Die Ablauforganisation für die hier beispielhaft genannten Geschäftsprozesse A (Auftragsabwicklung) und B (Einstellung eines Abteilungsleiters) verkettet die Tätigkeiten zur Erfüllung dieser Aufgaben und verbindet so die im Organisationsschema beschriebenen Stellen logisch miteinander.

Für das Verständnis eines Unternehmens ist die Kenntnis der Aufbauorganisation von besonderer Bedeutung. Die wesentlichen Erscheinungsformen sollen daher im Folgenden kurz erläutert werden.

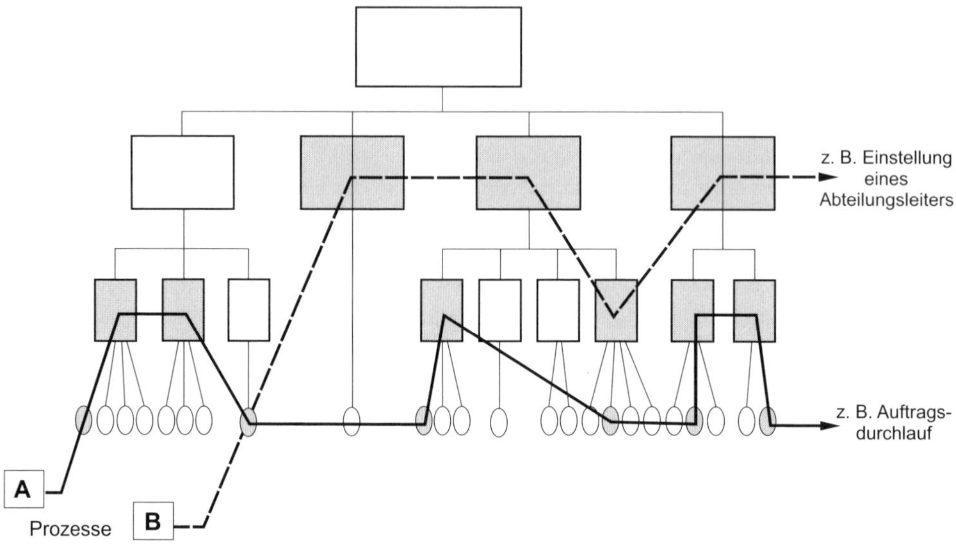

© IFA D3852

Bild 2.1 Ablaufregelungen in der Organisation

2.2 Formen der Organisation des Gesamtunternehmens

2.2.1 Aufbauorganisation

Die Aufbauorganisation wird bestimmt durch die Art, wie die Aufgaben, die zum Funktionieren des Unternehmens erforderlich sind, auf die einzelnen Instanzen und Stellen verteilt sind. Eine Stelle ist die kleinste organisatorische Einheit eines Unternehmens und umfasst den Aufgabenbereich einer Person. Instanzen sind die Fabrikleitung und die Abteilungen. Mehrere Personen mit den gleichen Aufgaben bilden zusammen mit ihrem Leiter eine Abteilung.

Unterscheidet man die Abteilungen nach Art der Aufgabenerteilung, so lassen sie sich nach Linien- und Stabsfunktionen unterscheiden.

Linienabteilungen leiten Aufgaben ein, planen, führen Aufgaben durch und kontrollieren das Arbeitsergebnis. Die Linie trägt damit eine Handlungs- und Entscheidungsverantwortung. Man spricht auch von einer direkten Funktion oder Kernfunktion im Sinn einer Wertschöpfung. Hierzu müssen ihre Stelleninhaber mit den notwendigen Rechten und Anordnungsbefugnissen ausgestattet sein, die als Kompetenz bezeichnet werden.

Stabsabteilungen haben demgegenüber eine beratende Funktion; sie planen, organisieren und informieren. Ihre Hauptaufgabe besteht in der Aufbereitung komplexer Probleme, im Erarbeiten von Lösungsvorschlägen und Vorbereiten der Entscheidungen zur Durchsetzung einer bestimmten Lösung. Stäbe haben demnach eine Informations- und Beratungsverantwortung. Sie werden auch als indirekte Funktionen oder Supportfunktionen bezeichnet.

Neben dieser Betrachtung direkt – indirekt prägt primär die Art der Verknüpfung der Funktionen die Form der Aufbauorganisation, (Bild 2.2). Die aus den Vorstellungen von F. W. Taylor entwickelte *funktionale Organisation* (Bild 2.2 a) fasst unter der Unternehmensleitung sämtliche Aufgaben für alle Produkte nach ihrer Funktion zusammen, also z. B. Vertrieb, Forschung und Entwicklung, Produktion und Service. Diese werden durch zentrale Stabsabteilungen wie Planung, Finanz- und Rechnungswesen, Personalwesen, Informationstechnologie usw. unterstützt.

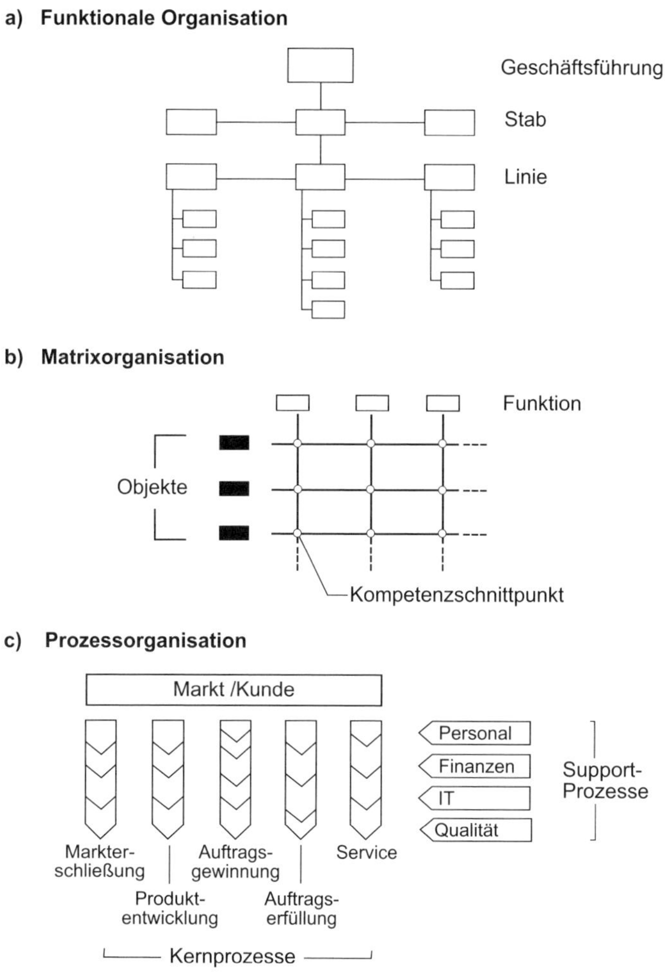

Bild 2.2 Grundformen der Aufbauorganisation

© IFA D3833A

Mit zunehmender Ausdehnung auf verschiedene Regionen und Märkte sowie im Zuge der Wandlung vom Verkäufer- zum Käufermarkt haben etwa Anfang der 1960er-Jahre viele Unternehmen Teilbereiche gebildet, die als Sparten, Divisionen oder Geschäftsbereiche bezeichnet werden. Die betrieblichen Leistungssysteme sind dabei eindimensional nach Objekten oder Verrichtungen organisiert. Eine mehrdimensionale Organisation liegt bei einer Überlagerung der Gliederungen vor.

Eine Spartenorganisation nach Objekten findet sich z. B. bei einem Automobilunternehmen, welches sich nach unterschiedlichen Fahrzeugtypen gliedert. Jeder Sparte steht ein Leiter vor (häufig Markenvorstand genannt), der direkt an die Unternehmensführung berichtet. Es kann auch die Art der Fertigung als Gliederungskriterium gelten, z. B. Serien- und Kundenfertigung, oder eine regionale Gliederung z. B. Europa, Asien, Amerika, oder bestimmte Abnehmergruppen bestimmend für eine Sparte sein, z. B. Haushalt, Industrie, Behörden. In einer derartigen Organisation sorgt ein Zentralstab für die Beratung der Sparten und der Unternehmensleitung. Häufig ist es aus wirtschaftlichen Gründen sinnvoll, in einer derartigen Spartenorganisation bestimmte Funktionen, wie z. B. Personalwesen, Einkauf, Datenverarbeitung usw., gemeinsam zu nutzen und nur die spartenspezifischen Funktionen in der Sparte zu belassen.

In diesem Fall entsteht die *Matrix-Organisation* (Bild 2.2 b). Ein Objektleiter ist z. B. ein Geschäftsbereichsverantwortlicher mit der Aufgabe, sein Geschäftsfeld mit einer eigenen Entwicklungs- und Verkaufsabteilung in Abstimmung mit dem Funktionsleiter Produktion, der auch die Fertigung der übrigen Produkte koordiniert, am Markt erfolgreich abzusetzen. Dabei entstehen zwangsläufig Interessenkonflikte, die sich in den sogenannten Kompetenzschnittpunkten bemerkbar machen. Deshalb muss in einer Geschäftsordnung festgelegt werden, welche Freiheitsgrade des Entscheides für die beteiligten Entscheidungsträger existieren (Bild 2.3).

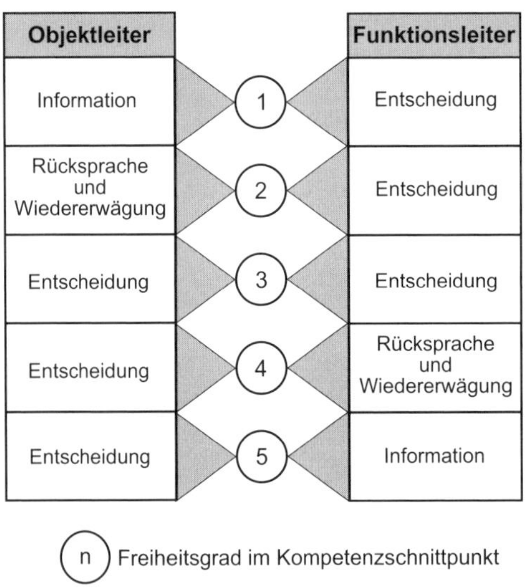

Bild 2.3 Freiheitsgrade der Entscheidung in der Matrixorganisation

© IFA D3830

Im Fall 1 entscheidet der Funktionsleiter; der Objektleiter wird lediglich informiert. Dies könnte z. B. die Anschaffung einer für alle Produkte genutzten Betriebseinrichtung sein. Fall 2 setzt bereits eine Rücksprache des Funktionsleiters mit dem Objektleiter vor der

Entscheidung voraus, z. B. bei der Ernennung eines Baustellenleiters für eine vom Betrieb zu montierende Anlage für einen bestimmten Produktionsbereich. Wenn der Produktleiter nicht einverstanden ist, kann er ein Überdenken des Entscheides verlangen, die sogenannte Wiedererwägung. Im Fall 3 handelt es sich um eine gemeinsam von Objekt- und Funktionsleiter zu treffende Entscheidung, beispielsweise die Festlegung der Einstellungskonditionen eines Abteilungsleiters, die der Produktleiter mit dem Personalleiter durchführt. Fall 4 könnte die Preisgestaltung für ein Angebot durch den Produktleiter sein, wozu vor Angebotsabgabe die kaufmännische Abteilung zu hören ist, und Fall 5 die Entscheidung über die Annahme eines Auftrages, über die der Betrieb informiert wird. Für den Fall, dass die sich im Kompetenzschnittpunkt treffenden Entscheidungsträger keine Einigung erzielen können, ist die Entscheidungsinstanz der nächste gemeinsame disziplinarische Vorgesetzte.

Um die Schwächen einer funktionalen Organisationsform auszugleichen, wird häufig das Produktmanagement eingesetzt. Der sogenannte *Produktmanager* betreut ein Produkt oder eine Produktgruppe über alle Funktionen von der Entwicklung bis zum Vertrieb (Querschnittsfunktion). Der *Regionalmanager* arbeitet nach demselben Prinzip, nur dass er an Stelle eines Produktes eine Region betreut. Beide Formen versuchen, die Vorteile von Sparten- und Funktionsorganisation miteinander zu verbinden.

Seit Beginn der 1990er-Jahre tritt infolge der Globalisierung der Märkte die Ausrichtung auf den Markt gegenüber der innerbetrieblichen Optimierung immer stärker in den Vordergrund der Unternehmensorganisation. Generell strebt man die Erhöhung der Reaktionsfähigkeit auf Kundenwünsche durch Verringerung der Komplexität an. Hierzu tragen die Bildung weitgehend autonomer Gruppen mit geringer Leistungsverflechtung, die Visualisierung von Prozessstörungen durch gute räumliche Überschaubarkeit und die Einführung der Gruppenarbeit bei. In diesem Zusammenhang hat die bereits erwähnte Orientierung der Aufbau- und Ablauforganisation nach Geschäftsprozessen große Bedeutung erlangt (Bild 2.2 c). Diese Prozessorientierung beinhaltet aus organisatorischer Sicht das sogenannte Reengineering und die Prozessorganisation.

Durch *Reengineering* soll eine radikale Verbesserung der Unternehmensabläufe erreicht werden. Dazu werden Idealgeschäftsprozesse entworfen, die aus unternehmens- bzw. geschäftsbereichsstrategisch neu definierten Zielen abgeleitet sind. Die bestehenden Aufbaustrukturen werden dabei weitgehend abgeschafft. Ergebnis soll eine tief greifende prozessorientierte Reorganisation des Unternehmens sein [HC03].

Die als *Prozessorganisation* bezeichnete Gestaltungsmethode definiert Stellen, Abteilungen und Bereiche „bottom-up" auf Basis der einzelnen in einer Ist-Analyse identifizierten Aktivitäten. Orientiert sich die Gestaltung dabei am Prozessfortschritt, wird eine konsequente Umsetzung des Material- und Informationsflusses in eine Aufbaustruktur ermöglicht. Grundlage für den Aufbau einer derartigen Organisation ist die Identifikation der für den Geschäftserfolg wichtigsten Prozesse. Diese werden uneinheitlich als „Geschäftsprozesse", „Unternehmensprozesse" oder „Leistungsprozesse" bezeichnet. Die prozessorientierte Unternehmensorganisation ist demnach aus den Kernprozessen und Supportprozessen aufgebaut (Bild 2.2 c). Die *Kernprozesse* umfassen die Markterschließung (Marktanalyse bis Produktspezifikation), die Produktentwicklung (Produktidee bis Serienreife), die Auftragsgewinnung (Kundenkontakt bis Auftragserteilung), die Auftragserfüllung (Auftragseingang bis Abrechnung) und den Produktservice. Die *Supportprozesse* übernehmen weitgehend Aufgaben der bisher üblichen Stabsabteilungen.

Die Organisationsform eines Unternehmens bedarf der ständigen Überprüfung und Anpassung. Spätestens nach 2 bis 5 Jahren ist eine Neuorientierung an gewandelte Verhältnisse erforderlich. Oft erzwingt auch die Änderung des Produktprogramms, die Erschließung oder Aufgabe von Märkten oder eine Änderung in den Eigentumsverhältnissen eine neue Organisationsform.

2.2.2 Projektorganisation

Neben den ständigen und in gewisser Weise auch routinemäßigen Aufgaben eines Unternehmens treten immer wieder einmalige und neuartige Aufgaben auf. Deren Lösung kann schlecht im Rahmen der bestehenden Organisation erfolgen, weil keine eindeutige Verantwortung und Kompetenz besteht. Derartige Aufgaben löst man mit Hilfe der sogenannten Projektorganisation, auch Projektmanagement genannt, das dann eine temporäre Leitungsstelle darstellt. Als Projekte bezeichnet DIN 69901 komplexe Vorhaben, die durch folgende Kriterien gekennzeichnet sind [DIN69901]:

- Zielvorgabe durch Beschreibung der Aufgabe oder des Objektes;
- personelle, sachliche, finanzielle und zeitliche Abgrenzung gegenüber anderen Vorhaben;
- Beteiligung mehrerer Organisationseinheiten, die in einer projektspezifischen Organisation zusammengefasst sind;
- Einmaligkeit der Bedingungen.

Typische Projekte in Industrieunternehmen sind Innovationen in Technik, Markt und der eigenen Organisation, der Neu- oder Umbau einer Fabrik sowie die Lösung von Aufgaben, die sich z. B. durch unvorhergesehene Störungen mit bedeutenden Auswirkungen für das ganze Unternehmen ergeben. Hierzu zählen beispielsweise der Ausfall wesentlicher Betriebsanlagen oder ganzer Betriebsteile (z. B. durch einen Brand) oder das Schließen eines regionalen Marktes (z. B. durch Verhängung von Einfuhrsperren). In diesen Fällen spricht man auch von Krisenmanagement und Krisenstäben.

Das Projekt selbst ist nach Sachzielen, Terminzielen, Kosten- und Kapazitätszielen zu definieren, und es ist ein Projektteam aufzustellen. Nur in Sonderfällen werden die Mitglieder des Teams völlig von ihrer üblichen Aufgabe freigestellt; in der Regel versucht man, das Projektteam aus der bestehenden Organisation zu rekrutieren, manchmal unterstützt durch externe Fachleute.

Bild 2.4 verdeutlicht diese Einbindung für den Fall der Linien- und der Matrix-Organisation. Der Projektleiter hat in Bezug auf das Projekt unmittelbare fachliche Weisungsbefugnis gegenüber den Mitgliedern des Projektes. Er selbst berichtet für die Dauer des Projektes meist unmittelbar an die Geschäftsführung; die Mitglieder der Projektgruppe bleiben disziplinarisch ihrem Vorgesetzten in der Unternehmensorganisation unterstellt. Im Prinzip handelt es sich hier für den einzelnen Mitarbeiter um dieselbe Situation wie in der Matrix-Organisation.

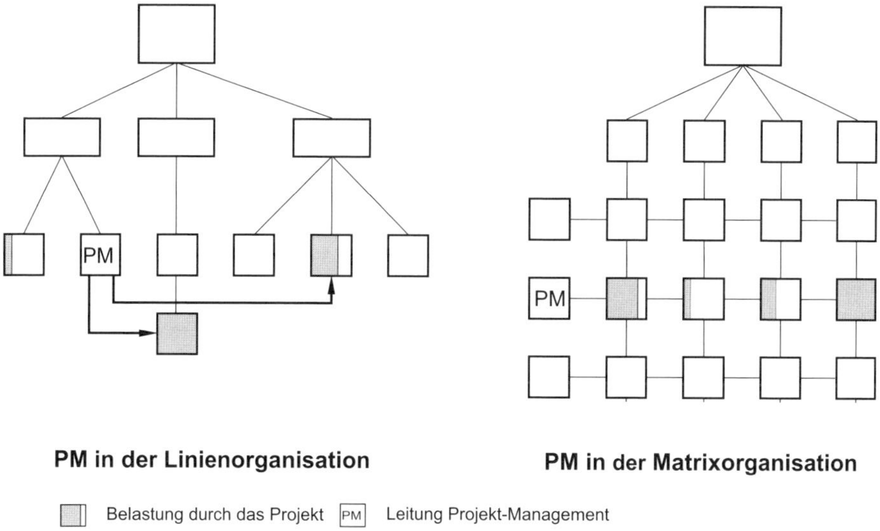

© IFA D3850

Bild 2.4 Projekt-Management in verschiedenen Organisationsstrukturen

Ein typischer Ablauf eines Projektes ist in Bild 2.5 am Beispiel der Einführung von Standardsoftware dargestellt. Ausgehend von einem Problem, welches als eine unbefriedigende Situation definiert werden kann, geht es zunächst im Rahmen einer Ist-Analyse darum, anhand von erhobenen Daten und Interviews die Aufgabe zu verstehen und die notwendigen Lösungspakete zu bestimmen.

Im Rahmen der Konzeptphase werden anschließend die Ziele für Leistungen und Prozesse zur Verbesserung der bestehenden Situation festgelegt. Dabei werden sachliche und interessenbedingte Zielkonflikte auftreten, die abgewogen und zur Entscheidung bezüglich ihrer Lösung vorzulegen sind. Daraus lassen sich die Aufgaben und Funktionen, die durch das Konzept erfüllt werden sollen, ableiten. Bei der anschließenden Lösungssuche werden prinzipiell mehrere Lösungen in einem Wechselspiel zwischen zerlegender (analytischer) und aufbauender (synthetischer) Vorgehensweise erarbeitet. Die so gefundenen Lösungen sind im Rahmen der anschließenden Bewertung vergleichbar zu machen, wobei die in der Zielformulierung definierten Ziele die wesentlichen Beurteilungskriterien liefern. In der folgenden Lösungsauswahl soll die beste Konzeptvariante ausgewählt werden. Dabei sind nicht nur die durch die Lösungsbewertung vorgegebenen Entscheidungskriterien maßgebend, sondern es fließen jetzt auch unternehmenspolitische Überlegungen mit in die Entscheidung ein, wie z. B. Liquiditätssicherung, personelle Konsequenzen, Auswirkungen auf den Markt usw. Das Ergebnis dieser Phase ist das Lösungskonzept. In der abschließenden Umsetzungsphase werden die beschlossenen Konzepte realisiert und eingeführt.

Ist-Analyse	Soll-Konzeption	Realisierung	Einführung
• Funktionsumfang • Materialfluss • Datenfluss • Schulungskonzept Projektteam • Organisationsstruktur	• Ziele für Leistungen und Prozesse • Aufgaben- und Funktionsumfang • Lösungskonzept – Funktionen – Daten – Software – Hardware – Tests	• Customizing • Ergänzungsprogrammierung • Schnittstellenprogrammierung • Testen/Freigabe Produktivsystem • Schulungsplan Anwender	• Organisationsanpassung • Systeme installieren und laden • Schulung Anwender • Projektabnahme

© IFA D4657

Bild 2.5 Projekt zur Einführung von Standardsoftware

Der geschilderte Vorgang verläuft dabei keineswegs linear in den angegebenen Phasen; vielmehr sind häufig Rücksprünge und mehrmaliges Durchlaufen einer Phase in verschiedenen Konkretisierungsstufen notwendig. Bei komplexen Projekten hat sich eine Projektorganisation als zweckmäßig erwiesen, bei der zwischen Projekt- oder Planungsteam und der Entscheidungsinstanz noch ein Beratungs- oder Koordinierungsgremium (Bild 2.6) zwischengeschaltet ist. Bei starken Interessenkonflikten ist ein neutraler Coach zu empfehlen, der die Verhaltensregeln formuliert, Sitzungen moderiert und die Einhaltung der Verhaltensregeln sicherstellt. Wesentlich ist auch ein „Projektpate" in der Geschäftsführung, der vom Projektleiter informell angesprochen werden kann.

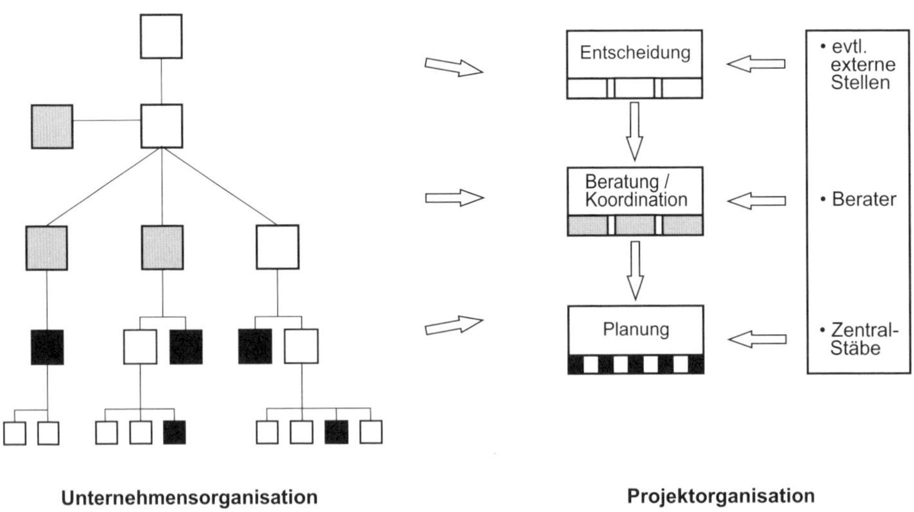

© IFA D3851

Bild 2.6 Unternehmensorganisation und Projektorganisation

Die Planungsgruppe präzisiert die vom Auftraggeber gestellte Aufgabe in Form einer Situationsanalyse und einer Zielformulierung, erarbeitet alternative Lösungen und bereitet die Bewertung vor. Die Beratungs- und Koordinationsgruppe überprüft die Aufgabenerfüllung der erarbeiteten Lösungen, führt die Bewertung durch und schlägt eine Lösung vor. Die Entscheidungsinstanz stimmt entweder der vorgeschlagenen Lösung zu oder lehnt sie ab und löst damit eine erneute Lösungssuche mit modifizierter Aufgabenstellung aus. Nach der Entscheidung besteht ihre wichtigste Aufgabe in der Unterstützung des Projektleiters bei der Durchsetzung der entschiedenen Lösung.

2.2.3 Informelle Organisation

Bei neueren Organisationsformen hat die Beachtung der menschlichen Beziehungen eine hohe Bedeutung. Sie besitzt in international aufgestellten Unternehmen eine zusätzliche kulturelle Komponente. Man spricht im Gegensatz zur formalen Organisation in diesem Zusammenhang von der informellen Organisation. Als informell gilt eine Organisation, wenn sich das Verhalten ihrer Mitglieder an persönlichen Wünschen und Erwartungen orientiert, wenn die Beziehungen auf den durch Herkunft und außerbetriebliche Rollen beeinflussten Sympathien und Gemeinsamkeiten basieren und wenn die Organisation spontan entsteht.

Wegen der immer komplexer werdenden Zusammenhänge und der zunehmenden Kommunikationsmöglichkeiten durch vernetzte Arbeitsplätze in Industrieunternehmen ist die informelle Organisation von großer Bedeutung und wird mit Hilfe des sogenannten Verhaltenstrainings und der Gruppendynamik in vielen Unternehmen bereits gezielt im Sinne der Verbesserung des Betriebsklimas verdeutlicht und beeinflusst. Mit der wissenschaftlichen Durchdringung dieses Bereichs beschäftigen sich speziell die Organisationspsychologie, „... die das Erleben und Verhalten von Personen in Organisationen zu beschreiben, zu prognostizieren und zu kontrollieren (beeinflussen) sucht“ [Ros11], und die Organisationssoziologie [Abr09]. Welche Auswirkungen die heute bekannten sozialen Netzwerke wie Facebook, YouTube, LinkedIn usw. auf die informelle Organisation haben werden, ist z.Zt. schwer abzusehen, sie werden jedoch bereits von vielen Unternehmen zur Kommunikation mit der Öffentlichkeit genutzt.

2.2.4 Unternehmensübergreifende Organisation

Unter der unternehmensübergreifenden Organisation in Form von Unternehmenszusammenschlüssen versteht man die völlige oder nur auf bestimmte Gebiete beschränkte Zusammenfassung mehrerer rechtlich selbstständiger Unternehmen zur Verwirklichung unterschiedlicher wirtschaftlicher Zielsetzungen. Dabei wird je nach dem Grad der Einschränkung der wirtschaftlichen Entscheidungsfreiheit zwischen Kooperation und Konzentration unterschieden [War93] (Bild 2.7).

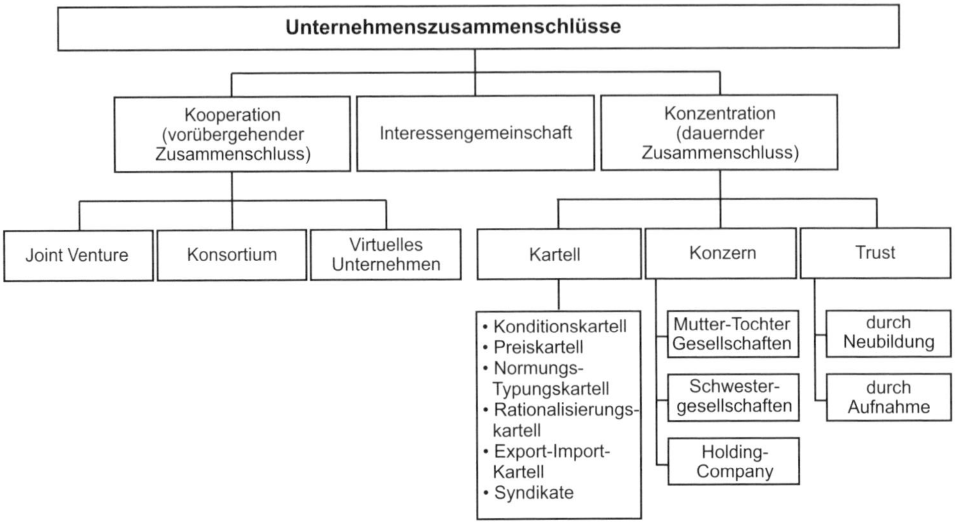

© IFA D4026Wd

Bild 2.7 Formen von Unternehmenszusammenschlüssen

▪ Kooperation

Bei der Kooperation bleibt die wirtschaftliche und rechtliche Selbstständigkeit erhalten. Durch Verträge wird die Verpflichtung zu betrieblicher Zusammenarbeit festgelegt; sie haben meist nur bis zur Verwirklichung des gemeinsam vereinbarten Zieles Gültigkeit (z. B. Arbeitsgemeinschaft bei größeren Bauvorhaben oder gemeinsame Rationalisierungsmaßnahmen). Das Spektrum der Kooperationen reicht von losen Vereinbarungen, z. B. für einmalige Hilfeleistungen, bis zum Joint Venture. Beim Joint Venture wird der höchste Grad der organisatorischen Einbindung und Bedeutung für die (globale) Aktivität der jeweiligen Partner erreicht. Eine wichtige Kooperationsform ist das (Bank-)Konsortium. So können sich mehrere Banken zu einem Kreditkonsortium zusammenschließen, um einen Großkredit gewähren zu können.

▪ Virtuelles Unternehmen

Der Begriff Virtuelles Unternehmen (VU) wurde in Anlehnung an die virtuelle Speichertechnik in der Informatik geprägt. So wie durch virtuelle Speicher zusätzliche Ressourcen (Hauptspeichererweiterungen) erübrigt werden, in dem man die Informationen geschickt zwischen dem vorhandenen Hauptspeicher und speziellen Bereichen auf Festplatten steuert, will man bei VU den Aufbau zusätzlicher Institutionen vermeiden. Ein VU besteht aus einem Netzwerk von Betrieben, die sich kurzfristig zusammenschließen, um eine sich bietende Wettbewerbschance zu nutzen. Da der Erwerb des notwendigen Know-hows durch Übernahmen oder Fusionen teuer sowie risikoreich und der interne Aufbau zu zeitaufwändig und in stark innovierenden Märkten z. T. unmöglich ist, bleibt den Betrieben nur die Kooperation mit anderen Unternehmen. In einem VU teilen die Partner Kosten, Risiken und Wissen. Sie treten gemeinsam auf den nationalen und globalen Märkten auf, wobei jeder Partner seine „komparativen Vorteile" einbringt. Ein entscheidender Erfolgsfaktor ist hierbei eine hoch entwickelte Informationsinfrastruktur, welche die „verteilten“ Partnerunternehmen auch über große Entfernungen zusammenbindet [MGE98, SMG98].

- **Interessengemeinschaft**

Sie reicht vom Erfahrungsaustausch bis zur engen wirtschaftlicher Zusammenarbeit, zum Teil mit Gewinnzusammenführung. Oft ist sie nur das Durchgangsstadium zu einer stärkeren Bindung. Sie ist in vielen Fällen eine Gewinn- und Verlustgemeinschaft.

- **Konzentration**

Bei den Konzentrationen erfolgt eine Zusammenfassung unter zentraler Leitung. Die wirtschaftliche und/oder rechtliche Selbstständigkeit geht dabei ganz oder teilweise verloren. Der Zusammenschluss erfolgt auf Dauer. Man unterscheidet je nach der Produktionsstufe der zusammengeschlossenen Unternehmen den horizontalen Zusammenschluss und den vertikalen Zusammenschluss. Konzentrationen werden ebenso wie Kartelle vom Kartellamt in Berlin überwacht.

- **Kartell**

Bei Kartellen handelt es sich um vertragliche Zusammenschlüsse von Unternehmen der gleichen Art hinsichtlich Branche und Produktionsstufe (horizontaler Zusammenschluss) unter Beibehaltung ihrer kapitalmäßigen und rechtlichen Selbstständigkeit. Durch Vertrag verlieren die Unternehmen jedoch einen Teil ihrer wirtschaftlichen Selbstständigkeit. Kartelle sind genehmigungspflichtig. Durch einheitliches Verhalten der Unternehmen am Markt wird der Wettbewerb zwischen ihnen völlig oder teilweise ausgeschaltet.

Das Syndikat ist die stärkste Form des Kartellzusammenschlusses. Der Verkauf und/oder der Einkauf der zusammengeschlossenen Unternehmen werden gemeinschaftlich abgewickelt und oft einer besonderen Gesellschaft - meist einer GmbH - übertragen.

- **Konzern**

Konzerne bestehen aus mehreren Unternehmen, die rechtlich selbstständig bleiben, aber wirtschaftlich ihre Selbstständigkeit völlig verlieren. Der vertikale Zusammenschluss ist hier vorherrschend. Die gesamte Geschäftsführung steht unter einheitlicher Leitung. Die Aktiengesellschaft ist die am besten geeignete Form zur Konzernbildung. Die gegenseitige Bindung erfolgt durch Aktienaustausch:

- Eine Aktiengesellschaft besitzt die Mehrheit anderer kleiner Aktiengesellschaften (Mutter-Tochter-Gesellschaft).
- Die Aktien werden gleichmäßig ausgetauscht (Schwestergesellschaften).
- Es werden alle oder die Mehrheit der Aktien der beteiligten Unternehmen einer Dachgesellschaft (Holding-Company) übertragen. Sie gibt dafür eigene Aktien aus und tritt damit auch an den Kapitalmarkt.

- **Trusts**

Hier ist auch die rechtliche Selbstständigkeit aufgehoben. Es handelt sich um eine einzige Großunternehmung. Eine Verschmelzung geschieht durch Aufnahme (Verlust eines Firmennamens) oder durch Neubildung (Verlust beider Firmennamen, neue Namensgebung).

Die unternehmensübergreifende Organisation wird in Zukunft weiter an Bedeutung gewinnen, da Unternehmen zunehmend gezwungen sind, sich auf dem Weltmarkt zu positionieren und hierfür schnelle und kostengünstige Wege finden müssen. Insbesondere Zusammenschlüsse über Landesgrenzen hinweg unter Berücksichtigung unterschiedlicher rechtlicher und wirtschaftlicher Grundlagen müssen dabei organisiert werden.

Nach der Übersicht über die Gesamtorganisation eines Unternehmens soll die Organisation der Produktion näher betrachtet werden, da sie von großem Interesse für den organisierenden Ingenieur ist und eine besondere Rolle hinsichtlich der Produktionsstrategie der Unternehmen bildet.

2.3 Formen der Organisation in der Produktion

2.3.1 Klassische Formen

Im Laufe der industriellen Entwicklung haben sich mit der zunehmenden Stückzahl und Vielfalt der Erzeugnisse eine Fülle von Organisationsformen der Fertigung herausgebildet, die durch verschiedene Einflüsse eines Unternehmens geprägt sind (Bild 2.8).

© IFA D4658

Bild 2.8 Einflussfaktoren auf die Organisationsform der Produktion (nach Vollmer, IPA Stuttgart)

Entscheidend sind dabei die Zielvorgaben aus der strategischen Zielplanung, mit denen gegenüber dem *Markt und den Kunden* im Vergleich zur Konkurrenz eine Differenzierung erreicht werden soll. Die wichtigsten Anforderungen sind hier die Lieferzeit, die Qualität, der zu erzielende Preis und die erforderliche Flexibilität bei Veränderungen des Marktes und der angebotenen Produkte.

Anforderungen, die aus den *Gegebenheiten im Unternehmen* selbst herrühren, kommen aus dem Personalbereich mit Qualifikation, Kapazität und Entgelt der Beschäftigten, den Erfordernissen der einzusetzenden Technologie und schließlich aus dem Zwang, wirtschaftlich fertigen zu müssen, um die notwendige Gewinnmarge zu erreichen.

Die *technologischen Einflüsse* stammen aus der konstruktiven Gestaltung der Einzelteile und sind im Wesentlichen durch die geometrische Form der Teile und Erzeugnisse mit ihren Abmessungen und Toleranzen, durch den verwendeten Werkstoff und den bearbeitungstechnischen Ähnlichkeitsgrad untereinander bestimmt.

Aus den Merkmalsgruppen Markt und Technologie ergeben sich schließlich die *wirtschaftlichen Einflussgrößen*, deren wichtigste die Losgröße der Fertigungsaufträge ist. Unter der Losgröße versteht man eine Anzahl gleicher Werkstücke, Baugruppen oder Erzeugnisse, die mit derselben Einrichtung und denselben Werkzeugen auf einer oder mehreren Bearbeitungsmaschinen in einem sogenannten Los hergestellt werden. Dabei versucht man, in optimalen Losgrößen zu fertigen. Diese bestimmen sich durch die Minimierung der Summe der Kosten, die zur Einrichtung der Maschine für ein Werkstück erforderlich sind und der Kosten für die Lagerhaltung und Kapitalbindung (s. auch Abschnitt 6.7.4). Weiterhin stellt sich jedem Unternehmen dauernd die Frage, ob es wirtschaftlicher ist, ein Teil selbst zu fertigen oder zu kaufen, woraus sich die sogenannte Fertigungstiefe ergibt. Sie reicht von Unternehmen, in denen bis auf Normteile alles selbst hergestellt wird, bis zu reinen Montageunternehmen, das die zugekauften Bauteile lediglich auftragsspezifisch zusammenbauen. Die Konzentration auf die Kernkompetenzen führt zum sogenannten Outsourcing, der Fremdvergabe von unrentablen Tätigkeiten an externe Spezialisten.

Eine für die Organisationsform äußerst wichtige Einflussgröße ist ferner der sogenannte *Wiederholcharakter* oder Stückzahlcharakter einer Fertigung. Allgemein wird hier zunächst zwischen Einzelfertigung und Mehrfachfertigung unterschieden. Bei Einzelfertigung wird die Stückzahl eins hergestellt. Kommt dieses Produkt nur ein einziges Mal zum Verkauf (z.B. eine Versuchsanlage), spricht man auch von einer Einmalfertigung oder Unikatfertigung. Bei einer Wiederholung des Auftrages bei dem die für den ersten Auftrag gefertigten Zeichnungen, Arbeitspläne und Betriebsmittel überwiegend noch genutzt werden können, spricht man von einer Wiederholfertigung. Die Mehrfachfertigung charakterisiert demgegenüber den Fall, dass das gleiche Teil oder Erzeugnis mehrfach unmittelbar hintereinander entsteht. Handelt es sich um ähnliche Erzeugnisse, also Varianten desselben Grundtyps, spricht man von einer Sorten- oder Variantenfertigung. Bei größeren Stückzahlen derselben Komponente ist der Begriff Serienfertigung üblich, und bei praktisch ununterbrochener Fertigung identischer Teile und Erzeugnisse über lange Zeiträume handelt es sich um die sogenannte Massenfertigung. Diese Erscheinungsformen der Fertigung nennt man auch *Fertigungstypen*.

Demgegenüber wird die räumliche Anordnung der Betriebsmittel zueinander, die Art des Durchlaufs der Werkstücke durch die Fertigung und die Einbindung des Menschen als *Organisationstyp der Fertigung* oder auch *Fertigungsprinzip* bezeichnet.

In der industriellen Praxis existiert eine nahezu unüberschaubare Vielfalt an Fertigungsprinzipien, nach denen die wesentlichen Systemkomponenten Werkstück, Mensch und Betriebsmittel einander zugeordnet sind, um den geschilderten Einflussfaktoren gerecht zu werden. Jedes reale Fertigungssystem lässt sich jedoch durch seine Bewegungsstruktur, seine räumliche Struktur sowie seine zeitliche und organisatorische Struktur unterscheiden. Die Beweglichkeit oder Transportierbarkeit des Werkstückes kann infolge seiner Größe oder seines Gewichtes eingeschränkt sein, wie Beispiele aus dem Schwermaschinenbau, Stahl- und Schiffbau zeigen. Der Beweglichkeit des Menschen kann einerseits durch physiologisch bedingte Einschränkungen, anderseits aber auch durch fehlende Qualifikation im Sinn eines Einsatzes an einem anderen Arbeitsplatz begrenzt sein. Die Umsetzung eines Betriebsmittels wird durch sein Gewicht und seine Größe, aber auch durch besondere Anforderungen, wie z. B. Sonderfundamentierungen oder Emissionsschutzmaßnahmen, behindert.

Eine praxisnahe Einteilung der Organisationstypen ergibt sich, wenn man die räumliche Struktur von Fertigungsprinzipien betrachtet. Bild 2.9 führt die in der Industrie wesentlichen Fertigungsprinzipien nach ihrem Ordnungskriterium, den gebräuchlichen Bezeichnungen und ihrer räumlichen Struktur jeweils mit einigen Beispielen auf. Da die Fertigung nach dem Verrichtungsprinzip und die Fertigung nach dem Fließprinzip (auch Flussprinzip genannt) die weitaus häufigsten Organisationsformen darstellen, sollen sie zuerst behandelt werden.

Ordnungskriterium	Fertigungsprinzip	Räumliche Struktur	Beispiele
Mensch	Werkbankprinzip	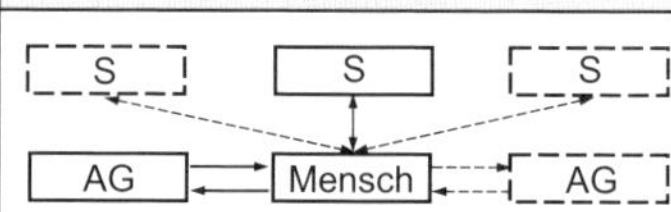	Handwerkliche Arbeitsplätze Werkzeugmacherei
Produkt	Baustellenprinzip	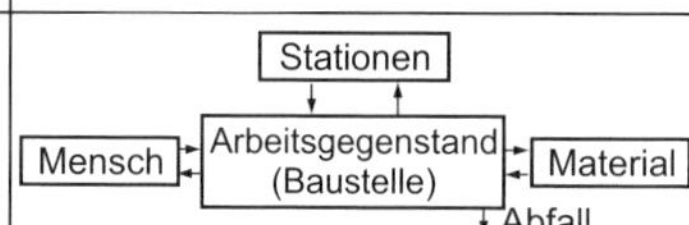	Großmaschinenbau Schiffswerft
Arbeitsaufgabe	Verrichtungsprinzip oder Werkstättenprinzip	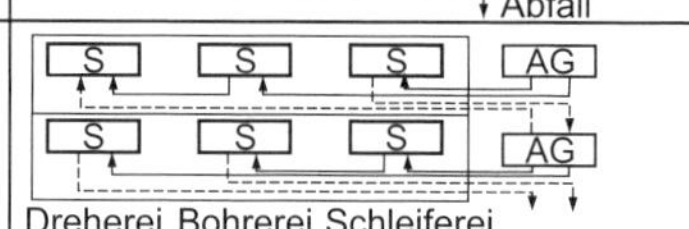	Dreherei Bohrerei Schleiferei Schweißwerkstatt
Arbeitsfolge einer Teilefamilie	Inselprinzip Gruppenprinzip	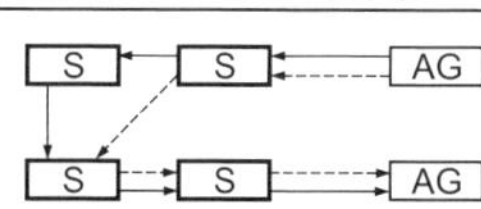	Fertigungsinsel Montageinsel Fertigungssegment
Arbeitsfolge definierter Varianten	Fließprinzip	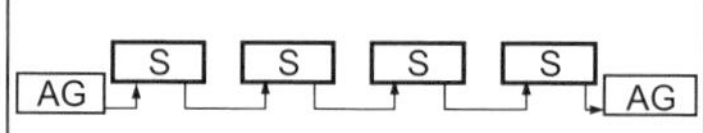	Fertigungslinie Montagelinie

AG : Arbeitsgang S : Station

© IFA D3838

Bild 2.9 Ordnungskriterien für die räumliche Struktur industrieller Fertigungsprinzipien

Die Fertigung nach dem Verrichtungsprinzip, auch funktionale Fertigung oder *Werkstattfertigung* genannt, ordnet die Arbeitsplätze nach den Bearbeitungsverfahren an (Bild 2.10 links). Die Werkstücke werden einzeln oder in Losen von Arbeitsplatz zu Arbeitsplatz transportiert. Das Verrichtungsprinzip besitzt den großen Vorteil der flexiblen Anpassung an unterschiedliche Werkstücke und deren unterschiedliche Bearbeitungsfolgen. Nachteilig ist jedoch die lange Durchlaufzeit. Bild 2.10 rechts verdeutlicht dies anhand der zeitlichen Struktur des Durchlaufs eines Loses mit drei gleichen Werkstücken. Das einzelne Teil muss vor und nach jeder Bearbeitung warten, bis alle Teile des Loses bearbeitet sind. Das gesamte Los wandert dann zur nächsten Maschine und muss wieder warten, bis die in der Warteschlange vor ihm liegenden Lose abgearbeitet sind.

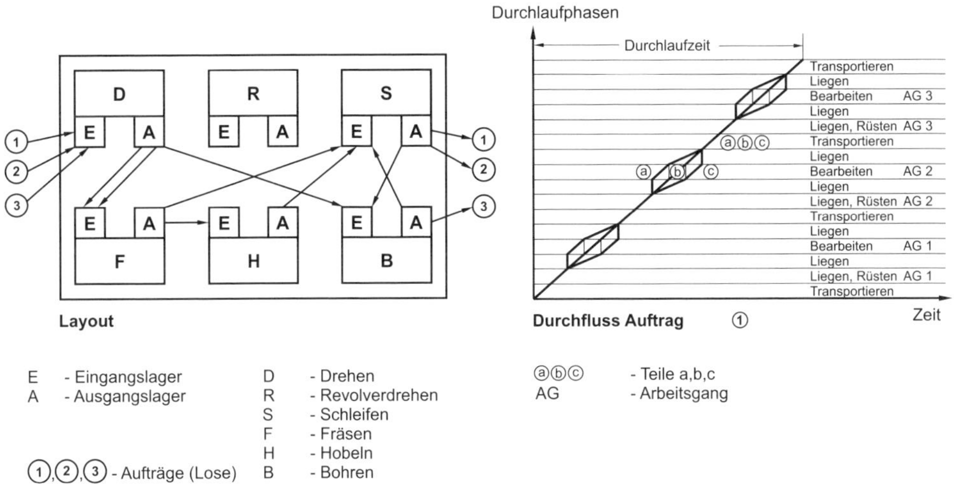

© IFA D3843

Bild 2.10 Räumliche und zeitliche Struktur der Werkstattfertigung

Zur zahlenmäßigen Untermauerung des oben genannten Nachteils zeigt Bild 2.11 das Ergebnis einer Durchlaufzeitanalyse in einer Werkstättenfertigung, wie sie in dieser und ähnlicher Form immer wieder bestätigt wurde. In diesem konkreten Fall wurden die Werkstücke nur während 10 % der gesamten Durchlaufzeit bearbeitet, wobei in der Praxis oft ein noch niedrigerer Bearbeitungszeitanteil besteht.

Im Gegensatz zum Verrichtungsprinzip ist bei der *Fließfertigung* (durch Henry Ford in den USA eingeführt) die Fertigung nach den Arbeitsfolgen des Erzeugnisses aufgebaut und wird daher auch Erzeugnisprinzip oder Fließprinzip genannt (Bild 2.12 links).

Bei der Fließfertigung ist der Durchlauf der Teile sehr kurz, weil die Werkstücke nach einer Bearbeitungsoperation direkt zur nächsten Arbeitsstation transportiert werden und nicht auf die Fertigstellung anderer Teile warten müssen. Bild 2.12 rechts verdeutlicht den Ablauf anhand der Zeitstruktur einer Fließfertigung, deren einzelne Arbeitsstationen durch Pufferstrecken so miteinander verkettet sind, dass bei kleineren Störungen an einer einzelnen Arbeitsstation nicht sofort die ganze Anlage steht. Man bezeichnet diese Struktur als lose oder elastische Verkettung im Gegensatz zur starren Verkettung, die keine Zwischenpuffer zur vorübergehenden Aufnahme von Werkstücken enthält. Der Nachteil der Fliessfertigung besteht darin, dass nicht alle Stationen gleich ausgelastet sind und

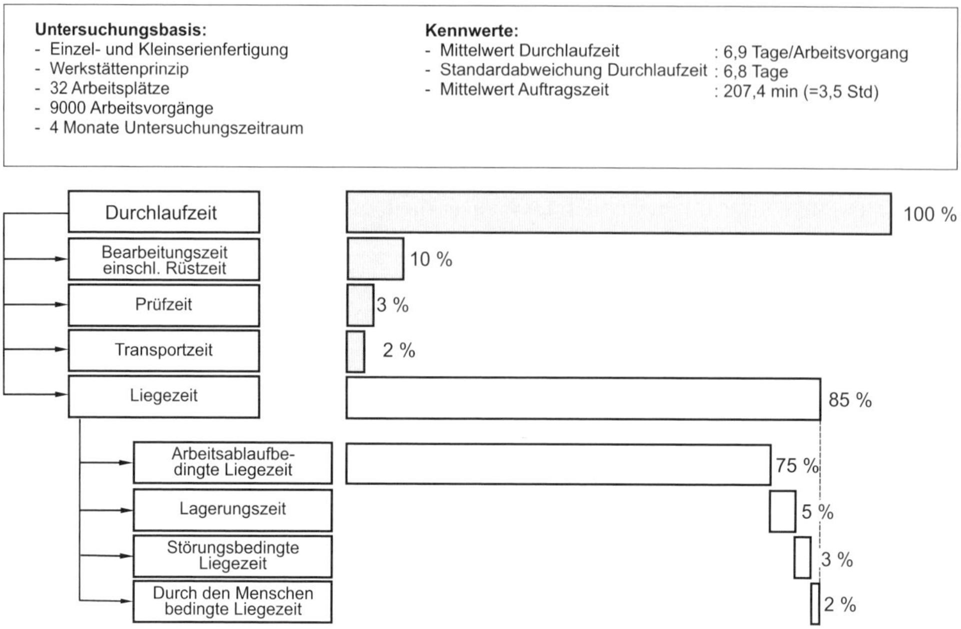

© IFA D3438

Bild 2.11 Aufteilung der Arbeitsvorgangs-Durchlaufzeit in einem Betrieb der Metallverarbeitenden Industrie mit Einzel- und Serienfertigung (Stommel/Kunz)

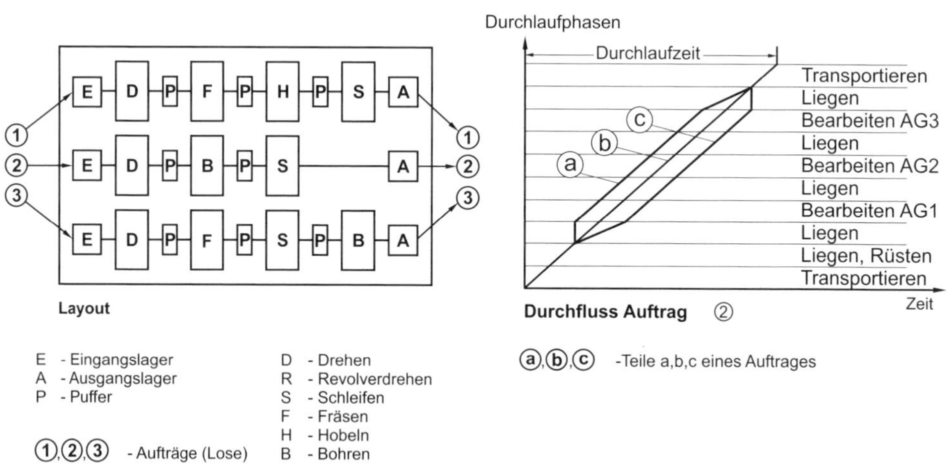

© IFA D3844

Bild 2.12 Räumliche und zeitliche Struktur der Fließfertigung

wegen der Einrichtung auf ein bestimmtes Werkstück die Anlage bei technischen Änderungen der Werkstücke meist nur mit großem Aufwand umzurüsten ist. Weiterhin wird die Fertigung der Teile dann teuer, wenn bei fehlendem Bedarf keine wirtschaftliche Auslastung der Betriebseinrichtungen möglich ist.

Neben diesen beiden wichtigsten Organisationstypen spielt die *Baustellenfertigung* noch eine Rolle bei der Fertigung von Werkstücken mit großen Abmessungen und Gewichten, verglichen mit den Bearbeitungseinrichtungen. Diese Fälle treten im Anlagen- und Großmaschinenbau auf, wie z. B. bei Druckgehäusen für Wasserkraftturbinen. In diesen Fällen richtet man die Werkstücke auf einer Spannplatte aus und setzt die Werkzeugmaschinen an die zu bearbeitenden Stellen. Den Extremfall der Baustellenfertigung stellen Werkstücke dar, die erst am Ort der Verwendung zusammengebaut und fertig bearbeitet werden müssen, weil sie nicht mehr als Ganzes transportierbar sind.

Ein in der Industrie relativ seltener Organisationstyp ist das *Werkbankprinzip*, das bei vorzugsweise handwerklichen Arbeitsgängen ohne großen Maschinenaufwand Anwendung findet. Solche Arbeitsplätze finden sich noch im Werkzeug- und Vorrichtungsbau.

2.3.2 Dezentrale Organisationsformen

Unter Dezentralisierung im produktionstechnischen Sinne wird eine Verteilung zentral organisierter Aufgaben oder Befugnisse an Mitarbeiter oder Abteilungen auf untere Hierarchieebenen verstanden. Sie haben in der Vergangenheit zu verschiedenen Organisationsformen geführt; die wichtigsten sollen im Folgenden kurz vorgestellt werden.

- **Fertigungsinseln**

Fertigungsinseln sind auf einer niedrigen Stufe der Dezentralisierung angesiedelt. Sie werden verstanden als die räumlich und organisatorisch zusammengefasste Anordnung sämtlicher Betriebsmittel, die erforderlich sind, um eine Gruppe ähnlicher Werkstücke oder Erzeugnisse möglichst vollständig herzustellen.

Dabei überträgt man nicht nur die eigentlichen Fertigungsoperationen, sondern auch organisatorische, planerische und kontrollierende Funktionen an eine Gruppe von Mitarbeitern, welche die Fertigungsinsel in weitgehender Selbstverantwortung betreiben. Zu diesen Funktionen zählen die Materialanforderung, die Feinterminierung und Reihenfolgebildung der Aufträge, die Arbeitsplanung einschließlich Erstellung der Steuerprogramme für die numerisch gesteuerten Werkzeug- und Messmaschinen. Die Aufhebung der strengen Arbeitsteilung zwischen planenden und ausführenden Tätigkeiten bewirkt zusammen mit der räumlichen Konzentration der Arbeitsmittel gegenüber der konventionellen Werkstattfertigung eine wesentlich kürzere Durchlaufzeit der Erzeugnisse bei deutlich erweitertem Handlungsspielraum der beteiligten Mitarbeiter.

Der Durchlauf der Teile durch eine Inselfertigung geht aus Bild 2.13 hervor. Ein langes Liegen zwischen den einzelnen Arbeitsschritten wird durch eine flussorientierte Maschinenaufstellung und überlapptes Fertigen vermieden. Überlapptes Fertigen bedeutet sofortiges Weiterleiten von einem Teil (One-Piece-Flow: Stückweise Fertigung) oder mehreren Teilen (One-Set-Flow: Satzweise Fertigung) nach Fertigbearbeitung an einer Station statt einer Weitergabe in vollständigen Losen.

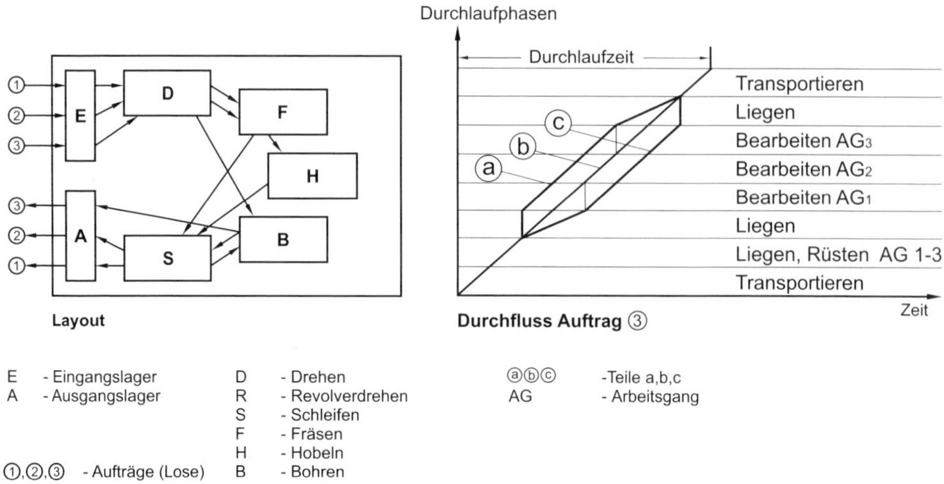

© IFA D3917

Bild 2.13 Räumliche und zeitliche Struktur der Inselfertigung

▪ Fertigungssegmente

In Fertigungssegmenten werden die Organisationseinheiten der Produktion zusammengefasst, welche mehrere Stufen der Wertschöpfungsstufen eines Produktes umfassen und mit denen eine spezifische Wettbewerbsstrategie verfolgt wird. Darüber hinaus zeichnen sich Fertigungssegmente auch durch die Integration planender und indirekter Funktionen aus und sind in der Regel als Cost-Center organisiert.

Fertigungssegmente lassen sich nach Wildemann [Wil98] durch folgende fünf Merkmale beschreiben und grenzen sich dadurch von flexiblen Produktionssystemen ab:

Fertigungssegmente weisen eine Markt- und Zielausrichtung auf. Sie zielen also auf die Bildung von Produkt – Markt – Produktion – Kombinationen ab. Dabei werden auf spezifische Wettbewerbsstrategien ausgerichtete Fertigungsbereiche aufgebaut. Fertigungssegmente müssen nicht zwingend an einen Endkunden liefern, es ist auch eine Lieferung an weiterverarbeitende Kunden im eigenen Unternehmen denkbar. Mit der Produktorientierung wird die Reduzierung des Koordinationsaufwandes gegenüber einer Mehrproduktfertigung verfolgt. Voraussetzung ist ein heterogenes Leistungsprogramm mit einem genügend großen Produktionsvolumen. Zwischen den einzelnen Segmenten sollen Synergie- und Spezialisierungsvorteile realisiert und Leistungsverflechtungen vermieden werden.

Voll entwickelte Fertigungssegmente, die dann auch als Mini-Company (Bild 2.14) bezeichnet werden, sind in der Lage, alle Stufen der logistischen Kette flussoptimiert zu realisieren. Damit grenzen sie sich gegenüber Fertigungszellen, Flexiblen Fertigungssystemen und Fertigungsinseln ab, die in der Regel nur eine Stufe der logistischen Kette beinhalten. Durch die Übertragung indirekter Tätigkeiten in das Segment wird ein hoher Autonomiegrad angestrebt.

In diesem Zusammenhang ist auch die Bildung von teilautonomen Arbeitsgruppen im Segment von Bedeutung. Der Abbau von Schnittstellen zwischen den planenden und ausführenden Stellen einerseits und den direkten und indirekten Funktionen andererseits ermöglicht Kosteneinsparungen und kurze Durchlaufzeiten sowie eine stärkere

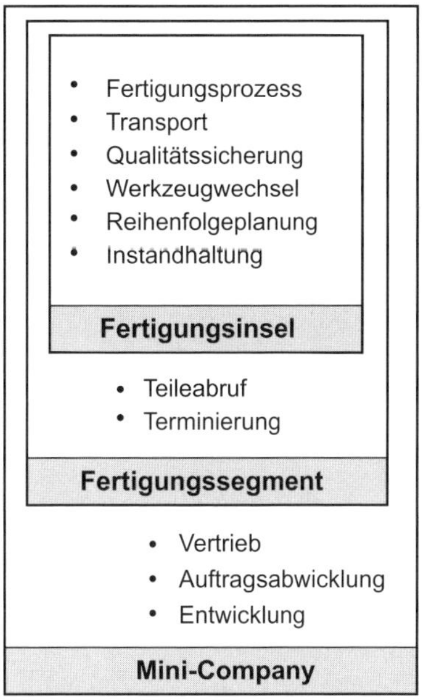

Bild 2.14 Dezentralisierungsebenen der Produktion

© IFA D4025

Verinnerlichung der Planziele bei den Mitarbeitern. Durch die Verlagerungsmöglichkeit aller Wertschöpfenden Funktionen in das Segment ergibt sich ein hohes Maß an Kostenverantwortlichkeit. Dies führt unter anderem zu einem Bestreben, alle nicht Wertschöpfenden Tätigkeiten, wie z. B. Nacharbeit, zu vermeiden.

- **Gruppentechnologie und flexibel automatisierte Fertigungskonzepte**

Die Entwicklung von Fertigungssegmenten bis hin zur Mini-Company kann als Fortsetzung der in den 1960er-Jahren bekannt gewordenen Teilefamilienfertigung gesehen werden. Den Ansatz hierfür lieferte neben den Arbeiten von Lange und Roßberg in Deutschland die von Mitrofanow in Russland entwickelte Gruppentechnologie [Mit60]. Der Zwang zu kürzeren Durchlaufzeiten auch in der Einzel- und Kleinserienfertigung führte damals zu Überlegungen, wie die Vorteile des schnellen Teiledurchlaufs der Fließfertigung mit der Flexibilität der Werkstättenfertigung verknüpft werden können.

Untersuchungen haben gezeigt, dass es in jedem Produktspektrum einen beträchtlichen Anteil von Werkstücken gibt, deren Bearbeitungsoperationen sich hinsichtlich der Fertigungsverfahren und Reihenfolge auch bei einer Variation des Produktionsprogramms nicht wesentlich ändern. Derartige Gruppen von Teilen - sogenannte Teilefamilien - haben einen ähnlichen Arbeitsablauf und erfordern damit auch eine Reihe gleicher Maschinen. Um die verschiedenen Lose einer derartigen Teilefamilie hintereinander bearbeiten zu können, sind lediglich kleinere Umstellungen (z. B. Wechsel der Werkzeuge und Spannmittel oder Programmänderung) erforderlich. Damit werden, verglichen mit der klassischen Werkstattfertigung, Rüstzeiten eingespart. Ferner werden die Voraussetzungen für den Einsatz höher automatisierter Maschinen aufgrund größerer Stückzahlen geschaffen.

Der breite Einsatz der Teilefamilienbildung blieb in den 1970er-Jahren zunächst aus, weil der Organisationsaufwand für das Zusammenstellen der Teilefamilien aus den vielen laufenden Aufträgen und ihre terminliche Steuerung und Überwachung die Unternehmen häufig überforderte. Erst der Durchbruch der numerischen Steuerung von Werkzeugmaschinen und die damit mögliche automatische Durchführung kompletter Bearbeitungsoperationen unterschiedlicher Teile unmittelbar hintereinander eröffneten dem Gedanken der Teilefamilienfertigung neue Realisierungsmöglichkeiten. Bild 2.15 zeigt die wesentlichen Automatisierungskonzepte der Fertigung, die sich nach dem Grad der automatisierten Funktionen unterscheiden.

	Typ			
Automatisierte Funktion	Bearbeitungszentrum	Fertigungszelle	Flexibles Fertigungssystem	Flexible Fertiungsanlage
Hauptfunktionen	●	●	●	●
Nebenfunktionen	●	●	●	●
Werkstückfluss	○	○	●	○
Werkzeugfluss	○	●	●	○
Informationsfluss	○	○	●	○

● vollautomatisiert ○ teilautomatisiert

© IFA D3835

Bild 2.15 Übersicht Automatisierungskonzepte (Warnecke)

Ein erster wichtiger Schritt war die Entwicklung von *Bearbeitungszentren,* mit denen es möglich wurde, Werkstücke in einer Aufspannung von mehreren Seiten mit verschiedenen Verfahren, wie Fräsen, Bohren, Gewindeschneiden usw., zu bearbeiten. Die Hauptfunktionen (z. B. Drehzahl, Vorschub) und Nebenfunktionen (z. B. Eilgang, Kühlmittel) erfolgen programmgesteuert. Durch Hinzufügen eines automatischen Werkzeugwechsels aus einem integrierten Werkzeugspeicher entstehen *Fertigungszellen.* Aus der Kombination von einzelnen automatisierten Maschinen und Komponenten ist dann eine Vielfalt von *flexiblen Fertigungssystemen* entstanden. Hierbei handelt es sich nicht um eine konkrete Maschinenkonfiguration, sondern um ein generelles Konzept zur automatischen, ungetakteten, richtungsfreien und damit hochflexiblen Fertigung einer definierten Gruppe ähnlicher Teile. Voraussetzung ist der automatisierte Werkstück- und Informationsfluss.

Bekannt sind zwei Grundkonzepte flexibler Fertigungssysteme, die als ein- bzw. mehrstufiges System bezeichnet werden. Beim einstufigen System kann jede Maschine die gleichen Bearbeitungsfolgen ausführen und wird demzufolge direkt aus einem gemeinsamen Werkstücktransportsystem beschickt. Diese Systeme sind aufgrund ihres universellen und sich substituierenden Charakters weitgehend unabhängig von der täglichen Auftragszusammensetzung und gewährleisten dadurch ein außerordentlich hohes Maß an Flexibilität. Dafür muss meist eine niedrigere Auslastung einzelner Maschinen in Kauf genommen werden. Mehrstufige Systeme sind demgegenüber durch eine Arbeitsteilung innerhalb des Gesamtsystems gekennzeichnet. Nach Abschluss einer bestimmten Bearbeitungsstufe oder -folge wird das Teil entweder im Zentrallager zwischengelagert oder direkt zur Weiterbearbeitung an die nachfolgende Maschine bzw. in den zugeordneten Maschinenpuffer transportiert. Das kombinierte System ist technisch weniger aufwändig als das einstufige System, umgeht jedoch durch die Kombination von Bearbeitungszentren mit Ein-Verfahren-Maschinen die Schwierigkeiten der Kapazitätsauslastung des einstufigen Systems.

Das Prinzip eines kombinierten flexiblen Fertigungssystems zeigt Bild 2.16. Zusätzlich zu den Bearbeitungs- und Hilfsstationen sind je ein zentrales Werkstück- und Werkzeuglager integriert. An den Stationen befinden sich zusätzliche Speicher für Werkstücke und Werkzeuge, die der lokalen Bevorratung dienen. Die Steuerung des Systems erfolgt durch einen übergeordneten Leitrechner, der die Reihenfolge der aus dem PPS-System übernommenen Aufträge steuert und die Zellenrechner verknüpft.

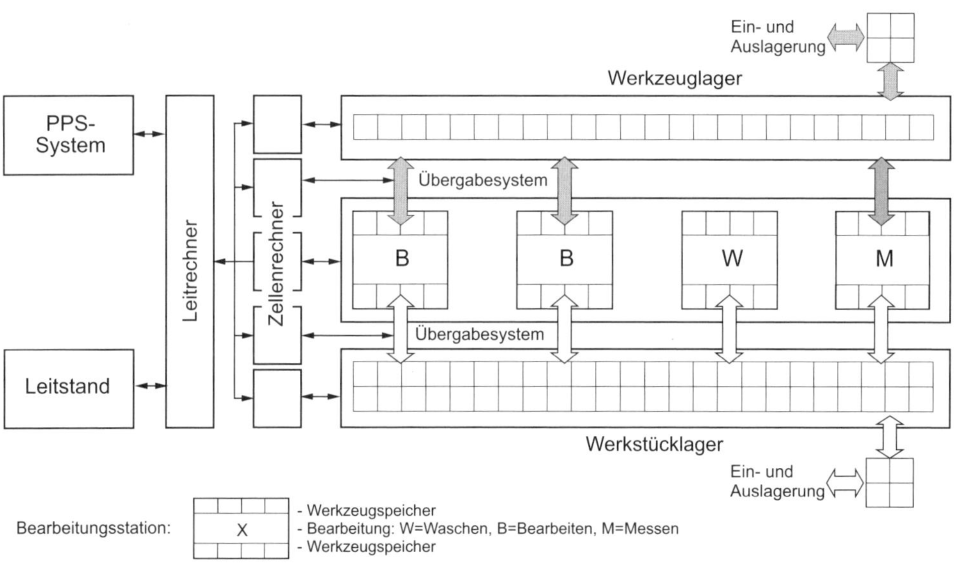

© IFA D3837

Bild 2.16 Prinzip eines flexiblen Fertigungssystems

Das Übergabesystem für die Werkstücke und Werkzeuge besteht häufig aus schienengebundenen Transportwagen; aber auch fahrerlose Transportsysteme (FTS) und numerisch gesteuerte Handhabungsgeräte finden Verwendung.

Die Verknüpfung mehrerer Fertigungszellen und/oder Fertigungssysteme einschließlich Einzelmaschinen und manueller Arbeitsplätze führt zu sogenannten *Fertigungsnetzen*, auch *Fertigungsverbundsysteme* genannt. Kennzeichnend ist die gemeinsame Werkstück- und Werkzeugversorgung. Dabei stellen die Fertigungszellen und -systeme autonome Subsysteme dar, die über ein Kommunikationsnetz Daten austauschen und mit Hilfe eines Leitrechners koordiniert und überwacht werden.

Vornehmlich in den USA ist die Entwicklung von *flexiblen Fertigungslinien* vorangetrieben worden. Ihre Konzeption baut auf dem Prinzip der Fließfertigung auf und ist gekennzeichnet durch einen gerichteten Materialfluss mit getaktetem Werkstücktransport, wobei Verzweigungen zwischen den einzelnen Bearbeitungsstationen möglich sind. Diese Konzeption eignet sich vorrangig für große Stückzahlen, wobei eine starke Teileähnlichkeit als Voraussetzung anzusehen ist. Die Flexibilität dieser Transferstraßen wird durch den Einsatz von Bearbeitungszentren gewährleistet. Durch geeignete Zwischenpuffer können kurzfristige Störungen ausgeglichen werden. Zu den Funktionen der Fertigungszelle tritt also noch das Transportieren und Lagern hinzu. Auch die Material-Versorgung und -Entsorgung wird wegen des Anlagenumfangs häufig bereits in das System integriert.

Seit Mitte der 1990er-Jahre wird das Konzept rekonfigurierbarer Werkzeugmaschinen und Fertigungssysteme diskutiert. Ausgehend von einem modularen Aufbau sollen bei Änderung des Teilespektrums und/oder der Stückzahl Einzelmodule neu zusammengestellt werden [KJH99, Abe07]. Wegen der bisher ungelösten technischen und wirtschaftlichen Fragen ist ein industrieller Einsatz jedoch noch nicht erfolgt.

Bild 2.17 versucht eine grobe Einordnung der bisher bekannten und kurz skizzierten automatischen, flexiblen Fertigungskonzepte anhand der Kriterien „Anzahl der Varianten“ und „Stückzahl je Variante“. Man erkennt, dass sich die gruppentechnologischen Fertigungsformen einerseits von der Universalmaschine über die numerisch gesteuerte Maschine zu den Fertigungszellen hin entwickelt haben. Die Ausgangssituation bezüglich der Organisationsform der Fertigung war dabei eindeutig das Verrichtungsprinzip. Andererseits erzwang die zunehmende Variationsbreite der Teile auch bei Großserienprodukten die rasche Umrüstbarkeit der bis dahin nur an einem Erzeugnis orientierten Transferstraßen und damit die flexible Fertigungslinie. Die flexiblen Fertigungssysteme bilden den Übergangsbereich zwischen dem automatisierten Verrichtungsprinzip und dem Fließprinzip und finden heute Anwendung bei variantenreichen Serien, im Ersatzteilgeschäft, bei Serienanläufen und Fertigung von Versuchsteilen.

Die Frage, wann welche Organisationsform anzuwenden ist, lässt sich anhand einer Gegenüberstellung der Fertigungsarten und Organisationstypen der Fertigung diskutieren. Aus Bild 2.18 wird deutlich, dass der Organisationstyp im Wesentlichen durch die Art der Leistungswiederholung bestimmt wird und dass mit zunehmender Stückzahl eine immer stärkere Ausrichtung auf das spezielle Werkstück hin erfolgt.

Überlagert wird dieser Grundtrend durch die Forderung nach der Fertigung ähnlicher Werkstücke in beliebiger Reihenfolge, die aus einer generellen Individualisierung der Einzel- und Kleinserienfertigung resultiert. Dieser immer wichtigere Bereich wird neben der Werkstättenfertigung und Segmentfertigung zunehmend von flexibel automatisierten Fertigungskonzepten abgedeckt.

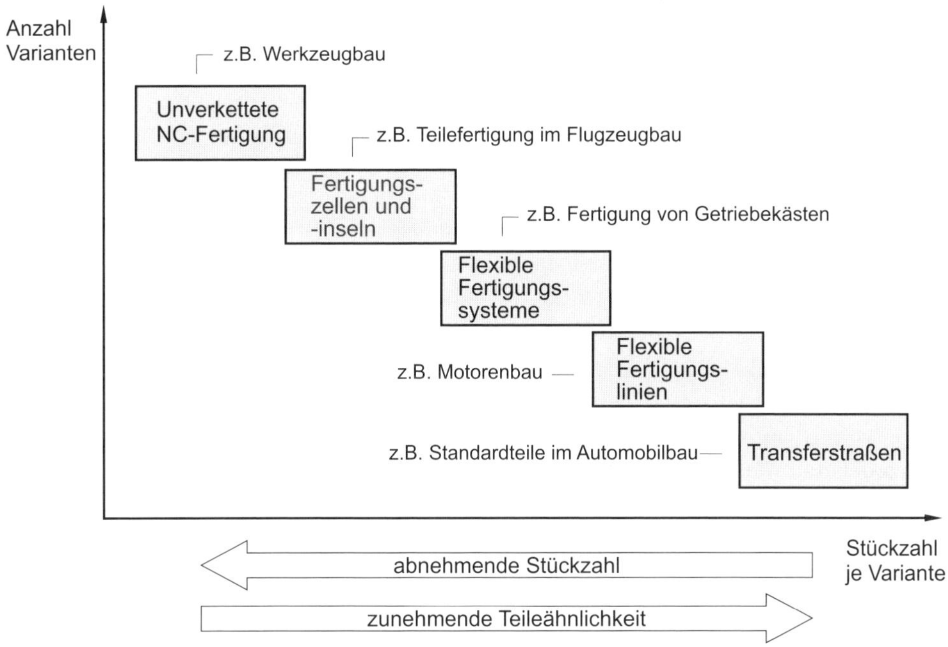

© IFA D3829

Bild 2.17 Einsatzbereiche unterschiedlicher Grundkonzeptionen von automatisierten Fertigungskonzepten (nach Eversheim)

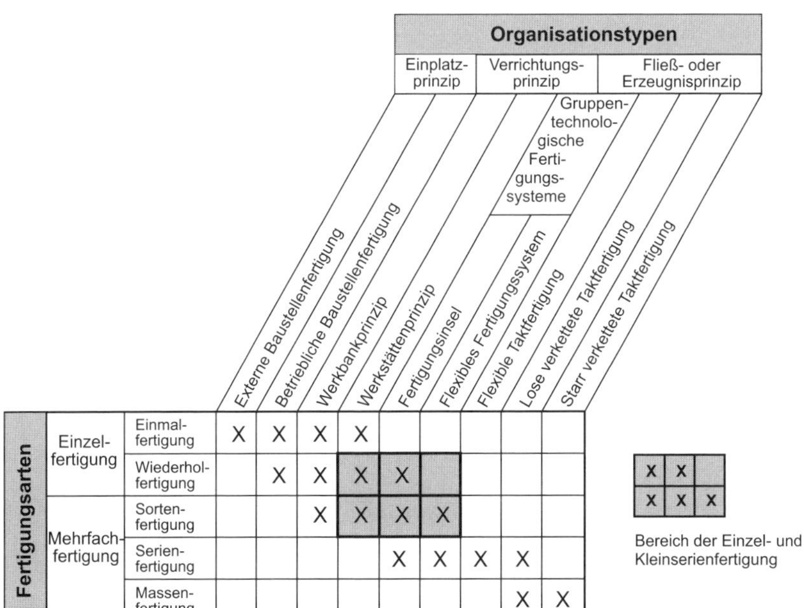

© IFA D3836

Bild 2.18 Zuordnung von Fertigungsarten und Organisationstypen

2.3.3 Klassische Formen der Montage

Ähnlich wie für die Teilefertigung lassen sich auch für die Montage unterschiedliche Organisationsformen definieren. Gemäß Bild 2.19 lässt sich als Ordnungskriterium ebenfalls die relative Bewegung von Montageobjekt und Montageplätzen benutzen. Die Baustellenmontage ist identisch mit der Baustellenfertigung. Die Gruppenmontage arbeitet an einem feststehenden Objekt mit periodischer oder aperiodischer Bewegung der Arbeitsplätze. Reihenmontage oder Taktstraßenmontage sind unter dem Oberbegriff Fließmontage durch bewegte Montageobjekte gekennzeichnet und unterscheiden sich im Wesentlichen durch die Art der Bindung des Menschen an die Taktzeit bzw. Fließgeschwindigkeit bei kontinuierlich laufenden Werkstückträgern.

Vergleichbar der Fertigung werden auch Montagevorgänge mehr und mehr automatisiert, vor allem für variantenreiche elektrische und elektronische Produkte, die in großen Stückzahlen zu fertigen sind, wie z. B. Computer, Geräte der Audio- und Videotechnik, Haushaltsgeräte und Automobilkomponenten [LoWi12].

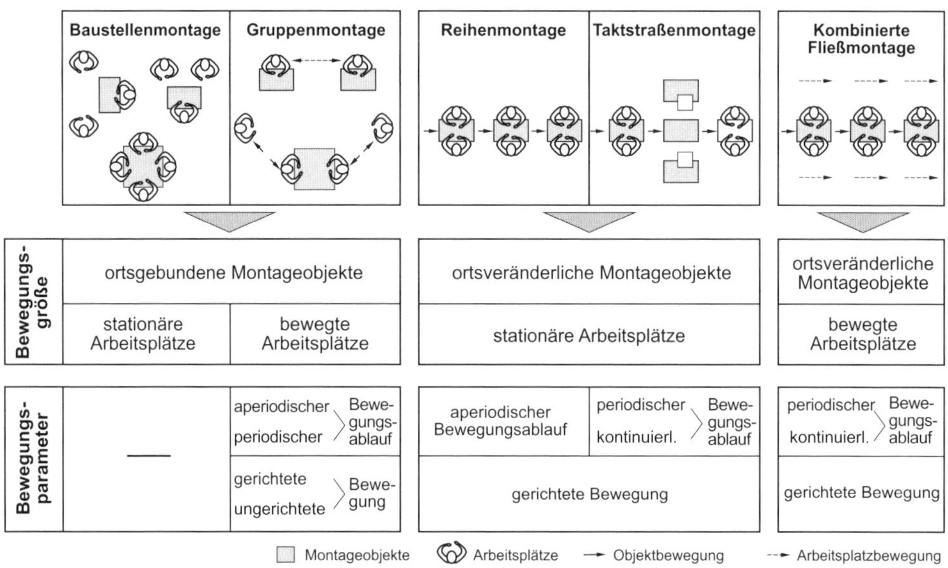

© IFA D3853

Bild 2.19 Organisationsformen in der Montage (nach Eversheim)

Dabei sind gemäß Bild 2.20 unterschiedliche Ansätze erkennbar, um die Grundfunktionen der Montage – nämlich das Zuführen der Teile aus einem Vorrat in die Fügeposition, das Fügen der Teile zu Baugruppen sowie das Prüfen der Montagevorgänge und der Produkteigenschaften – mehr oder weniger automatisch zu realisieren. Insgesamt werden 6 Montagearten unterschieden, die zunächst in starr und flexibel eingeteilt werden. Innerhalb der beiden Gruppen erfolgt eine Unterscheidung nach der Ausbringungsleistung und der Produktkomplexität [Lot85].

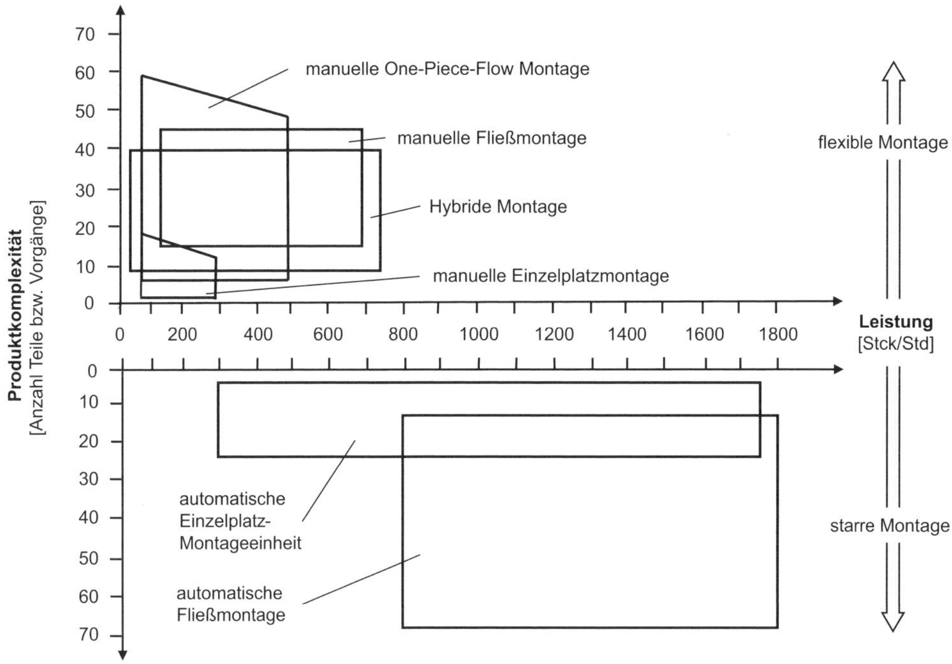

© IFA D3856

Bild 2.20 Einteilung der Montagesysteme nach Leistung und Produktkomplexität [Lotter]

Einfache Produkte mit kleinen Stückzahlen werden manuell an Einzelplätzen montiert. Mit zunehmender Produktkomplexität wird eine Aufteilung der Montagevorgänge auf mehrere Stationen erforderlich, die bei kleineren Stückzahlen im One-Piece-Flow-Modus durch einen Mitarbeiter montiert werden, oder die einzelnen Stationen sind mit je einem Mitarbeiter besetzt (manuelle Fließmontage). Gelingt es, einzelne Vorgänge zu automatisieren (z. B. Einpressen eines Teils), entsteht die sogen. hybride Montage. Die Flexibilität bezieht sich auf die Stückzahl und den Produktwechsel.

Die Grenzwerte für die manuelle Montage liegen bei 750 Stück/Stunde. Für darüber hinaus gehende Stückzahlen werden Einzelplatzautomaten (z. B. in Form von Rundtakttischen oder schnellen Robotern) oder verkettete automatische Einzelplätze eingesetzt.

Die prinzipiellen Ansätze zur Automatisierung bestehen zum einen darin, dass man ausgehend von mechanischen konventionellen Montagemaschinen die einzelnen Montageoperationen in Handhabungsvorgänge auflöst, die durch frei programmierbare Bausteine realisiert werden und Montagestationen bilden. Diese sind durch Transportsysteme miteinander verknüpft, welche die Übergabe der Teile bzw. Baugruppen von Station zu Station auf Werkstückträgern bewirken.

Der zweite Ansatz bildet die personelle Montage in der Weise nach, dass möglichst viele der für eine Objektmontage notwendigen Operationen räumlich an einem Arbeitsplatz zusammengefasst sind. Dabei steht im Mittelpunkt ein frei programmierbarer Bewegungsautomat (Industrieroboter). Er führt einerseits die notwendigen Handhabungsvorgänge durch, um die Teile mit speziellen Greifwerkzeugen von der Bereitstellungs- in die Fügeposition zu bringen, und erledigt andererseits die Fügeoperationen selbst mit Hilfe auswechselbarer Werkzeuge oder durch Einlegen in Fügestationen.

Für die Montage zeichnet sich die Entwicklung hin zu adaptiven Systemen ab, die eine verlangte Produktvariante mit der Stückzahl eins in kürzester Zeit bereitzustellen vermögen [WGK04]. Je nach Stückzahlbereich und lokalen Lohnbedingungen wird dabei die wirtschaftlich günstigste Arbeitsteilung zwischen manuellen und automatischen Arbeitsvorgängen gewählt, was zu sogenannten hybriden Montagesystemen führt [LoWi12]. Eine ausführliche Übersicht über Montagezellen und -systeme bietet [Fel14].

2.3.4 Entwicklungstrends in der Produktion

- **Mitarbeiterorientierung**

Die bisher geschilderten Organisationsformen der Fertigung und Montage betonen in erster Linie die Sachbeziehungen zwischen Betriebsmittel, Material und Werker. Mit zunehmenden Ansprüchen des arbeitenden Menschen nicht nur im privaten, sondern auch im betrieblichen Bereich tritt ein weiterer wesentlicher Ordnungsgesichtspunkt auf, der den Menschen und die Art seiner Mitwirkung am Arbeitsprozess betrachtet.

So haben Untersuchungen gezeigt, dass es eine Hierarchie der menschlichen Bedürfnisse gibt, die von den physiologischen Grundansprüchen über das Sicherheitsbedürfnis und einen guten sozialen Kontakt bis zur Selbstachtung, Anerkennung durch andere und Selbstverwirklichung entsprechend den individuellen Fähigkeiten reicht [Mas54]. Mit zunehmender Befriedigung der Grundansprüche, eines längerfristig gesichert erscheinenden Arbeitsplatzes und Einkommens sowie der Verstärkung sozialer Kontakte im Arbeitsleben bei komplexer werdenden Aufgabenstellungen wuchs auch das Bedürfnis nach größerer Selbstständigkeit im eigenen Arbeitsbereich.

Die von F. W. Taylor in den USA begründete Arbeitsteilung für die industrielle Fertigung weist jedem Mitarbeiter eine genau umschriebene Tätigkeit auf längere Dauer zu [Tay03]. Dies führt durch die immer stärkere Zerlegung der Arbeit zu Arbeitsplätzen mit geringem Arbeitsinhalt, zu Monotonie, einseitiger Belastung und Taktbindung. Nur bei einem Produktwechsel, einer Umstellung des Arbeitsprozesses oder bei einem Arbeitsplatzwechsel ergeben sich für den Mitarbeiter Änderungen in seinem Arbeitsablauf. Die angesprochenen Bedürfnisse der Werker nach Selbstständigkeit und Selbstverwirklichung mit der Möglichkeit, sich auch mit dem Ergebnis ihrer Tätigkeit zu identifizieren, können in dieser Arbeitsform nicht verwirklicht werden.

Die Konzepte, mit denen diese Nachteile vermieden werden, lassen sich unter dem Begriff *Gruppenarbeit* zusammenfassen [AHB03]. Darunter versteht man die Zusammenarbeit mehrerer Menschen unter einer gemeinsamen Zielsetzung. Die Gruppe übernimmt eigenverantwortlich eine ganzheitliche Aufgabe teilweise oder vollständig in einem räumlich zusammengefassten Arbeitssystem. Die Gruppenmitglieder verteilen die Teilaufgaben innerhalb des Arbeitssystems selbstständig. Eine individuelle Ablaufkontrolle durch Vorgesetzte entfällt; an ihre Stelle tritt die ergebnisorientierte Kontrolle des gesamten Arbeitssystems (siehe auch Abschnitt 2.3.2).

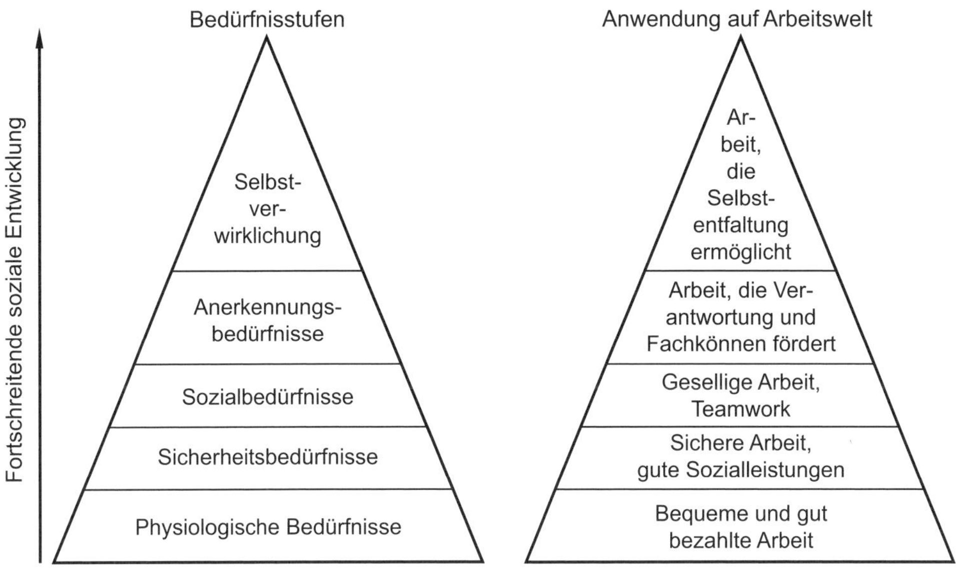

© IFA C2564

Bild 2.21 Motivationspyramide nach A. H. Maslow und ihre Anwendung auf die Arbeitswelt

Man unterscheidet verschiedene Formen der Gruppenarbeit, die in Bild 2.22 am Beispiel einer Montageaufgabe skizziert wird. Dabei bildet die klassische Arbeitsteilung mit strikter Funktionstrennung den Ausgangspunkt für drei Arbeitsformen mit zunehmendem Autonomiegrad.

Um auf Maschinen- oder Personalausfälle möglichst rasch reagieren zu können, haben die Betriebe schon immer sogenannte Springer ausgebildet, die innerhalb eines überschaubaren Teilbereiches mehrere Arbeitsplätze ausfüllen konnten. Erhebt man diese Ausnahmen zur Regel, entsteht die als *Arbeitsplatzwechsel* (engl. job rotation) bezeichnete Arbeitsform. Der einzelne Arbeitsplatz bleibt dabei unverändert. Auch bestimmte Funktionen wie Einrichten der Maschinen, Kontrolle und Reparatur von beanstandeten Produkten sind hiervon ausgenommen. Es findet aber bereits ein Abbau der Monotonie statt.

Bei der *Arbeitserweiterung* (engl. job enlargement) versucht man demgegenüber bereits, mehrere verschiedenartige Tätigkeiten zu einer neuen, inhaltlich erweiterten Aufgabe so zusammenzufassen, dass ein überschaubares Arbeitsergebnis entsteht. Neben der Erhöhung der sogenannten Zykluszeit fließen hierbei auch administrative und kontrollierende Tätigkeiten in den Arbeitsablauf ein. Zusätzlich zur Verbesserung der Arbeitszufriedenheit erhofft man sich eine Identifizierung des Werkers mit „seinem" Produkt. Voraussetzung hierfür ist eine angemessene Qualifikation des Arbeitnehmers.

Bei der *Arbeitsbereicherung* (engl. job enrichment) geht man noch einen Schritt weiter in Richtung der sogenannten teilautonomen Arbeitsgruppe. Hierbei werden nicht nur die direkt produktiven Tätigkeiten, sondern auch alle übrigen indirekt produktiven Tätigkeiten, wie Qualitätsprüfung, Materialbeschaffung, Instandhaltung usw., einer Arbeitsgruppe übertragen. Damit kann diese Gruppe z. B. die komplette Montage eines Gerätes einschließlich Funktionsprüfung und Verpackung durchführen.

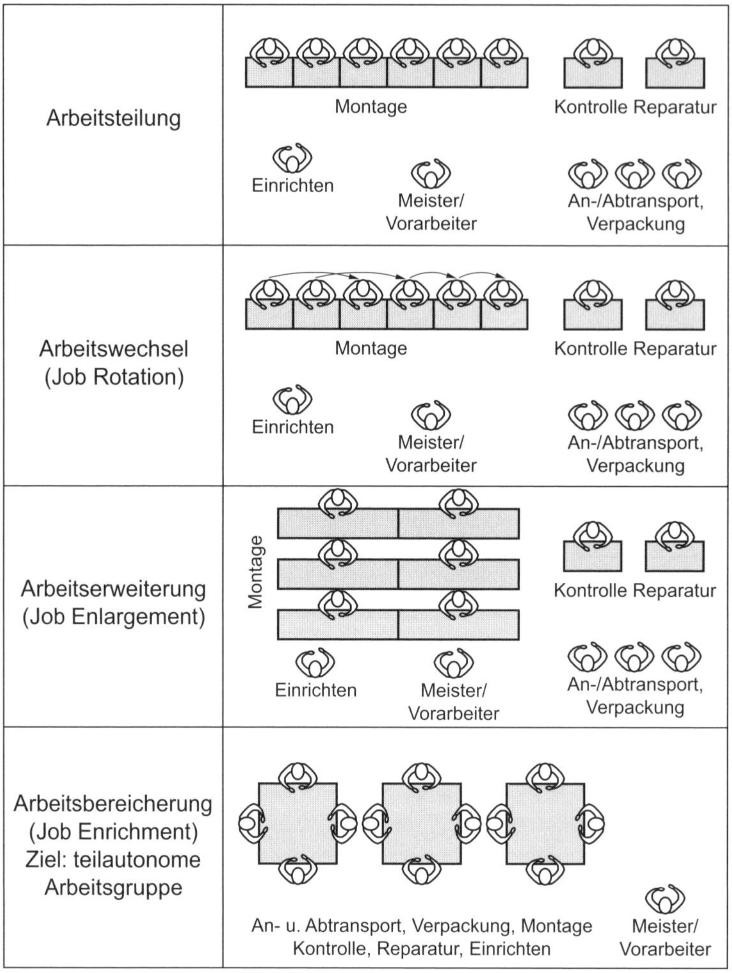

© IFA C2949

Bild 2.22 Formen von Arbeitsstrukturen (Bullinger)

Diese Arbeitsform kommt den Bedürfnissen nach Selbstverwirklichung am nächsten, stellt aber auch die höchsten fachlichen und menschlichen Anforderungen und ist bezüglich der Entlohnung nicht ohne Probleme. Auch die Leistungsausbringung und Produktqualität erfüllten zunächst nicht immer die in diese Arbeitsform gesetzten Erwartungen. Die Gruppenarbeit findet speziell in der Bundesrepublik Deutschland eine breite Anwendung, insbesondere in Form von Fertigungs- und Montagesegmenten.

- **Informationsflussgestaltung/CIM/Digitale Fabrik/Industrie 4.0**

Die Bedeutung der Informationsflussgestaltung erwächst aus der Tatsache, dass heute die Mehrzahl der Mitarbeiter in einem Industrieunternehmen ausschließlich mit der Erfassung, Verarbeitung, Speicherung und Übertragung von Daten und Informationen sowie der Entscheidungsfindung betraut sind. Es ist zu erwarten, dass sich diese Tendenz bei zunehmender Automatisierung und mit wachsendem Datenvolumen noch verstärken wird.

Seit Mitte der 1980er-Jahre wird unter dem Begriff CIM (Computer Integrated Manufacturing: rechnerintegrierte Produktion) ein Produktionskonzept verstanden, dessen Einrichtungen automatisiert und flexibel zugleich sind und das auf einer durchgängigen Verknüpfung des gesamten Material- und Informationsflusses beruht [Sch90]. Damit sollte eine bessere Kundenorientierung und Reaktionsschnelligkeit bei niedrigeren Beständen erreicht werden [RSV92]. Die anfängliche Euphorie legte sich allerdings, da bei der Einführung von CIM Probleme verschiedenster Art auftraten. Die Gründe werden heute neben mangelnden technischen Standards in einer fehlenden ganzheitlichen Betrachtung von technischen, organisatorischen und personellen Aspekten gesehen. Erst die Reorganisation der Unternehmen nach Geschäftsprozessen [RSV92] hat eine neue Deutung von CIM ermöglicht [Schö02].

Die Entwicklung zu rechnerintegrierten Produktionsstrukturen muss von einer Analyse der Ablaufbedingungen der Logistik, der Fertigung und Montage, der Unternehmensorganisation und des Produktprogramms begleitet werden. Bei aller Vielfalt der in der Produktion entstehenden und benutzten Informationen ist eine durchgängige Nutzung aller Datenbestände nur dann möglich, wenn alle beteiligten Abteilungen sich auf verbindliche Konventionen und Abläufe umstellen. Weiterhin ist die Entwicklung und Verwendung einer einheitlichen Sprache erforderlich [Spu94].

In der Bundesrepublik Deutschland hat der Ausschuss für wirtschaftliche Fertigung (AWF) eine betriebsübergreifende Empfehlung zur Definition des CIM-Begriffes erarbeitet [Awf85].

Tabelle 2.1 enthält die Definitionen, die gegenüber der AWF-Definition noch um die deutschen Begriffe für CIM, CAD, CAP, CAM und CAQ sowie den englischen Begriff für PPS ergänzt sind. Weiterhin wurde unter CAP noch die Aufgabe „Vorgabezeitermittlung“ eingefügt.

Die in Tabelle 2.1 definierten technischen Bereiche CAD, CAP, CAM und CAQ realisieren zunächst die technischen Funktionen eines Produktionsunternehmens, die von der Konstruktion (CAD) über die Arbeitsplanung (CAP) bis hin zur Fertigung und Montage (CAM) erforderlich sind, um ein Produkt herzustellen. Diese Aufgaben sind vorzugsweise geometrie- und funktionsorientiert und werden häufig unter dem Begriff CAD/CAM zusammengefasst. Die Produktionsplanung und -steuerung (PPS) befasst sich demgegenüber mit Aufträgen, Mengen, Terminen, Beständen und Durchlaufzeiten, ist also logistisch orientiert.

Es sind zahlreiche Darstellungen bekannt, die das Zusammenwirken dieser Teilfunktionen verdeutlichen, z. B. [Awf85, Sch90, RSV92]. Bild 2.23 deutet die produkt- und auftragsbezogene Prozesskette an, die sich in der Fertigung und Montage trifft und auch als *digitale Fabrik* bezeichnet wird. Zur reibungslosen Verknüpfung dienen zum einen das Produktdatenmanagement (PDM), das alle produktrelevanten Daten in sich vereint (s. Abschnitt 3.5), und zum anderen das logistische Ablaufmodell, dessen Stammdaten und Bewegungsdaten die Basis für die Auftragsabwicklung mit Hilfe von PPS-Systemen bilden (s. Abschnitt 6.3.).

Tabelle 2.1 Erweiterte Definition des CIM-Begriffes (nach AWF)

Computer Integrated Manufacturing (CIM):
Rechnerintegrierte Produktion beschreibt den integrierten EDV-Einsatz in allen mit der Produktion zusammenhängenden Betriebsbereichen. CIM umfasst das informationstechnologische Zusammenwirken zwischen CAD, CAP, CAM, CAQ und PPS. Hierbei soll die Integration der technischen und organisatorischen Funktionen zur Produkterstellung erreicht werden. Dies bedingt die gemeinsame, bereichsübergreifende Nutzung einer Datenbasis.
Computer Aided Design (CAD):
Rechnerunterstützte Konstruktion ist ein Sammelbegriff für alle Aktivitäten, bei denen die EDV direkt oder indirekt im Rahmen von Entwicklungs- und Konstruktionstätigkeiten eingesetzt wird. Dies bezieht sich im engeren Sinne auf die graphisch-interaktive Erzeugung und Manipulation einer digitalen Objektdarstellung, z. B. durch die zweidimensionale Zeichnungserstellung oder durch die dreidimensionale Modellbildung.
Computer Aided Planning (CAP):
Rechnerunterstützte Arbeitsplanung bezeichnet die EDV-Unterstützung bei der Arbeitsplanung. Hierbei handelt es sich um Planungsaufgaben, die auf den konventionell oder mit CAD erstellten Arbeitsergebnissen der Konstruktion aufbauen, um Daten für Teileanfertigungs- und Montageanweisungen zu erzeugen. Darunter werden verstanden: die rechnerunterstützte Planung der Arbeitsvorgänge und der Arbeitsvorgangsfolgen, die Auswahl von Verfahren und Betriebsmitteln zur Erzeugung der Objekte, die Vorgabezeitermittlung sowie die rechnerunterstützte Erstellung von Daten für die Steuerung der Betriebsmittel des CAM.
Computer Aided Manufacturing (CAM):
Rechnergesteuerte Fertigung bezeichnet die EDV - Unterstützung zur technischen Steuerung und Überwachung der Betriebsmittel bei der Herstellung der Objekte im Fertigungsprozess. Dies bezieht sich auf die direkte Steuerung von Arbeitsmaschinen, verfahrenstechnischen Anlagen, Handhabungsgeräten sowie Transport- und Lagersystemen.
Computer Aided Quality Assurance (CAQ):
Rechnerunterstützte Qualitätssicherung bezeichnet die EDV-unterstützte Planung und Durchführung der Qualitätssicherung. Hierunter wird einerseits die Erstellung von Prüfplänen, Prüfprogrammen und Kontrollwerten verstanden, andererseits die Durchführung rechnerunterstützter Mess- und Prüfverfahren. CAQ kann sich dabei der EDV-technischen Hilfsmittel des CAD, CAP und CAM bedienen.
Produktionsplanung und -steuerung (PPS):
(engl.: Production Planning and Control) bezeichnet den Einsatz rechnerunterstützter Systeme zur organisatorischen Planung, Steuerung und Überwachung der Produktionsabläufe von der Angebotsbearbeitung bis zum Versand unter Mengen-, Termin- und Kapazitätsaspekten.

Das *Fabrikmodell* diente zunächst nur der Kapazitätsbeschreibung der Fertigungsmittel. Durch die erheblichen Fortschritte in der Simulationstechnik, der 3D-Darstellung und der Virtuellen Realität ist seit Mitte der 1990er-Jahre das Konzept der Digitalen Fabrik entstanden. Damit ist eine ablauffähige, im virtuellen Raum manipulierbare, geometrische Abbildung einer geplanten Fabrik mit ihren Prozessen, Betriebsmitteln, Menschen und Gebäuden möglich. Je nach Detaillierungsgrad werden Fertigungsvorgänge (z. B. in Umformpressen), kinematische Abläufe (z. B. von Robotern und Menschen), logistische Abläufe (z. B. in Transportsystemen) einschließlich ihrer Verknüpfungen modelliert, simu-

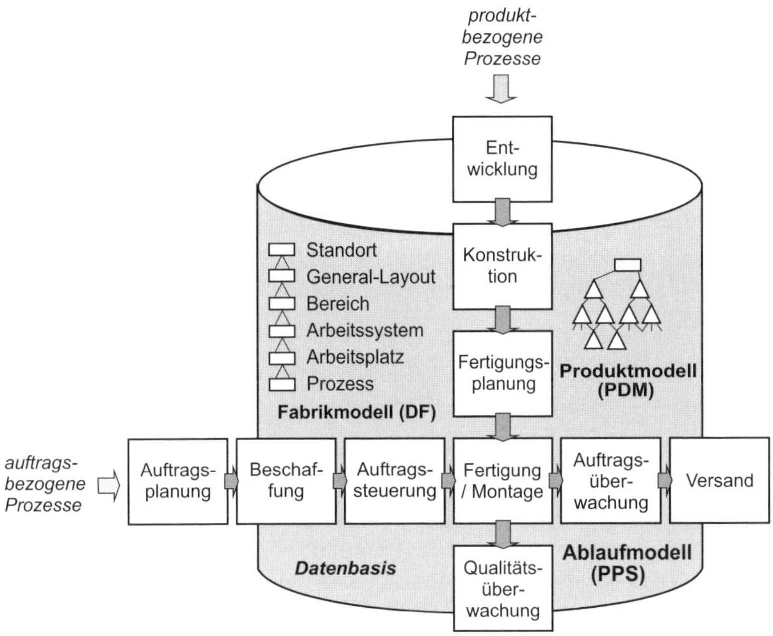

© IFA D3468

Bild 2.23 Funktionen der Digitalen Fabrik

liert und sichtbar gemacht [Wes03, Kü06, Bra11]. Man erhofft sich davon die Vermeidung von Planungsfehlern, die Verkürzung der Planungsdauer sowie einen schnelleren Hochlauf der Fabrik. Als Vorreiter gilt die Automobilindustrie.

Als nächster Entwicklungsschritt kündigt sich unter dem Begriff Industrie 4.0 die vollständige digitale Vernetzung industrieller Abläufe mit Hilfe sogenannter *Cyber Physical Systems* an. Dabei handelt es sich um intelligente, sich selbst steuernde Objekte wie Anlagen, Behälter, Produkte und Werkstücke. Dank eingebauter Sensorik und intelligenter Bausteine sollen sich Aufträge selbständig den optimalen Weg durch ihre Wertschöpfungsketten suchen, dabei ihr Rohmaterial bestellen, ihre Bearbeitungsmaschinen belegen, und die Auslieferung zum Kunden organisieren [Spa13].

- **Logistik/Recycling**

Neben der informationstechnischen Integration ist seit Beginn der 1990er-Jahre eine zunehmende Logistikorientierung des Unternehmens erkennbar. Hauptanliegen ist hierbei die bedarfsgerechte Kundenversorgung durch Aufbau der logistischen Versorgungskette. Sie verbindet den Käufermarkt über das Unternehmen mit dem Beschaffungsmarkt und betrachtet dabei den Materialfluss sowie den begleitenden Informationsfluss mit dem Ziel, bei minimaler Durchlaufzeit und niedrigstmöglichen Beständen dem Kunden das richtige Produkt in der richtigen Menge und mit der richtigen Qualität an den richtigen Ort zu liefern [Schö11, Pfo04]. Eine derartig auf logistische Leistung ausgerichtete Produktion wird auch als „Just-in-time"-Produktion bezeichnet. Hier werden durch die Verkürzung der Durchlaufzeit zusätzlich Kosten vermindert.

Die Grundgedanken der Logistik entstammen der militärischen Nachschubversorgung (frz.: Logis) und wurden zunächst in Handelshäusern und zur ganzheitlichen Lösung innerbetrieblicher Transport- und Lagerprobleme eingesetzt. Mittlerweile hat sich hieraus für Produktionsbetriebe die Unternehmenslogistik mit den Teilbereichen Beschaffungs-, Produktions- und Distributionslogistik entwickelt (Bild 2.24).

Eine ähnliche Entwicklung zeigt sich auch für Recyclingbetriebe. Die Redistributionslogistik führt Produkte nach ihrer Nutzung einem Recyclingunternehmen zu, von wo sie über die interne Logistik des Unternehmens über eine Distributionslogistik wieder einem Beschaffungsmarkt zugeführt werden. Für die Entsorgung ist auf allen Ebenen eine eigene Entsorgungslogistik zuständig.

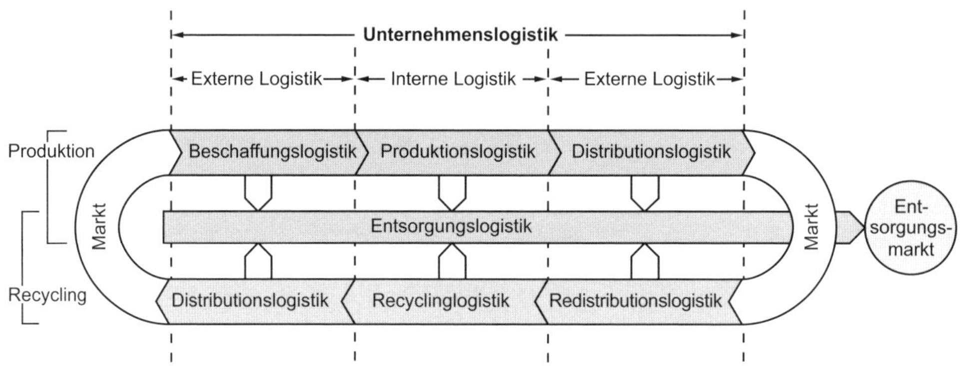

© IFA D3831

Bild 2.24 Bereiche der Unternehmenslogistik (in Anlehnung an Jünemann und Pfohl)

Die betrieblichen Teilaufgaben der Logistik umfassen neben den Grundfunktionen Lagern, Transportieren, Verteilen und Kommissionieren (darunter versteht man das auftragsbezogene Zusammenstellen einer Gruppe von losen Teilen aus einem Lager) insbesondere auch die Funktionen Informieren, Organisieren und Steuern. Die Logistik bildet also gewissermaßen das konzeptionelle Rückgrat für die Gestaltung des Materialflusses.

Die Unternehmenslogistik grenzt sich damit einerseits von der *Handelslogistik* ab, (Marktversorgung) und andererseits von der *Verkehrslogistik* (Lagerung und Transport von Gütern einschließlich einer Reihe von integrierten Dienstleistungen).

- **Schlanke Fabrikorganisation**

Der Begriff der schlanken Produktion (engl.: lean production) geht auf eine vergleichende Studie des MIT, Boston, über die Produktionskonzepte der japanischen, amerikanischen sowie europäischen Automobilindustrie zurück [WJ92]. Die schlanke Produktion ist kein geschlossenes, theoretisch begründetes Unternehmenskonzept, sondern die Quintessenz aus der Analyse erfolgreicher Unternehmen [WJ13]. Sie beruht im Wesentlichen auf dem von der Toyota Motor Company kontinuierlich entwickelten Toyota Produktionssystem (TPS), das allerhöchste Produktqualität zu niedrigstmöglichen Kosten mit geringsten und stabilen Lieferzeiten anstrebt. Die daraus abgeleiteten Ziele der Produktion sind:

- *Produktivität* durch Beseitigung jeglicher Art von Verschwendung;
- *Qualität* durch sichere Prozesse, die eine hohe Produktqualität ermöglichen;
- *Flexibilität* durch reaktionsfähige Arbeitsplätze und Mitarbeiter;
- *Humanität* durch maximale Einbeziehung des Mitarbeiterwissens.

Aus diesem Ansatz heraus haben sich fünf aufeinander bezogene Elemente des Toyota Produktionssystems entwickelt [Ohn86], die Bild 2.25 in Anlehnung an eine Darstellung von Oeltjensbruns [Oelt00] zusammenfasst.

Das Fundament von TPS bildet die *Vermeidung von Verschwendung* durch den minimalen Einsatz von Betriebsmitteln, Material, Teilen, Platz und Arbeitszeit. Der Prozess der kontinuierlichen Verbesserung (KVP) hat in diesem Zusammenhang eine besondere Bedeutung. Ziel ist es, durch die von den Mitarbeitern vorgeschlagenen und umgesetzten ständigen kleinen Verbesserungen der Prozesse und Abläufe eine stetige Steigerung von Produktivität und Qualität zu erreichen.

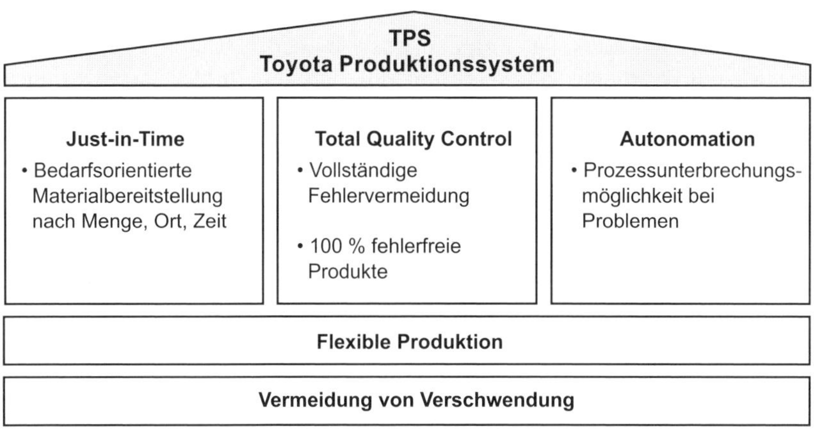

© IFA

Bild 2.25 Elemente des Toyota Produktionssystems TPS (nach Oeltjenbruns)

Mit der *Flexiblen Produktion* reagiert das Unternehmen auf Änderungen der Produkte sowie ihrer Absatzmengen und Varianten. Dies geschieht durch eine möglichst gleichmäßige Verteilung der Arbeit auf Basis einer ausgewogenen Folge von Produktvarianten mit großen und kleinen Arbeitsinhalten, die rasche Reaktion auf Fehler mit dem Ziel ihrer dauerhaften Beseitigung mit Hilfe breit qualifizierter Mitarbeiter, die je nach Bedarf einen oder mehrere Arbeitstakte beherrschen. Dies setzt die bereits beschriebene Gruppenarbeit voraus.

Mit seinem dritten Element *Total Quality Control* strebt das TPS eine vollständige Fehlervermeidung mit dem Ziel an, 100% fehlerfreie Produkte im ausgepackten Zustand beim Kunden zu erreichen. Dies setzt eine durchgängige Betrachtung aller Geschäftsprozesse vom Marketing über die Produktentwicklung und den Vertrieb bis hin zur Auftragsabwicklung und dem Service voraus. Stabile, nach Regeln der Qualitätsmanagements gestaltete

Prozesse, das interne Kunden-Lieferanten-Prinzip (nur 100% Gutteile an den nächsten Arbeitsabschnitt) und kleine Regelkreise bewirken die frühestmögliche Entdeckung von Fehlern und ihre Beseitigung durch den Verursacher ohne Einschaltung einer zusätzlichen Qualitätsprüfung. Die Folgekontrolle durch den Ausführenden des nächsten Arbeitsschrittes vermeidet seltene Fehler.

Das vierte wesentliche Element des TPS-Systems zielt unter dem von Taiicho Ohno geprägten Begriff *Just in Time* (JIT) darauf ab, sämtliche zur Produktion notwendigen Faktoren „Gerade rechtzeitig“ bereit zu stellen [Ohn86]. Damit werden die Ziele niedrige Bestände, kurze Durchlaufzeiten und hohe Termintreue unterstützt. Das JIT-Konzept betrachtet deshalb die gesamte Wertschöpfungskette vom Lieferanten über die eigene Produktion bis zur Auslieferung an den Kunden.

Das letzte Hauptelement des Toyota Produktionssystems wird mit dem Kunstwort *Autonomation* bezeichnet. Damit wird die Fähigkeit eines automatischen Systems umschrieben, beim Auftreten von Problemen wie Maschinenstörungen, Qualitätsprobleme oder Montagefehler entweder selbsttätig oder durch Eingriff der Werker anzuhalten.

Mittlerweile haben praktisch alle Unternehmen der Automobilindustrie den Toyota-Ansatz aufgegriffen, z. B. in Form des Mercedes Produktionssystems MPS [Oelt00]. Einen systematischen Überblick mit Beispielen gibt Spath [Spa03]. Seit den 2000er Jahren ist auch eine zunehmende Verbreitung im Mittelstand festzustellen.

- **Fraktale Fabrik**

Ein am Fraunhofer Institut IPA Stuttgart entwickelter Ansatz zur Unternehmensorganisation, der nicht pauschal bestimmten Ordnungskriterien folgt, ist unter dem Namen „Fraktale Fabrik“ bekannt geworden [War92].

Die Fraktale Fabrik ist ein offenes System, das aus selbstständig agierenden und in ihrer Zielausrichtung selbstähnlichen Einheiten – den Fraktalen – besteht und durch dynamische Organisationsstrukturen einen vitalen Organismus bildet.

Die ursprüngliche Idee war, das Unternehmen orientiert an natürlichen Strukturen zu gestalten. Als Vorbild wurden Fraktale gewählt. Der Begriff stammt aus einem neueren Zweig der Mathematik, der sogenannten Fraktalen Geometrie und bezeichnet ein selbstähnliches Gebilde. Ein Fraktal dient zur Beschreibung von Organismen und Gebilden in der Natur, die mit wenigen, sich wiederholenden Bausteinen zu sehr vielfältigen komplexen, aber aufgabenangepassten Lösungen kommen. Diese Vielfalt der Lösungen lässt sich auch in der Organisation von Industriebetrieben beobachten.

Das Konzept hebt vier wesentliche Organisationsprinzipien hervor:

- Selbstorganisation durch Eigenverantwortung und Funktionsintegration;
- Selbstoptimierung durch eine kontinuierliche Unternehmensentwicklung;
- Zielorientierung durch ein ganzheitliches, am Markt ausgerichtetes Unternehmenszielsystem;
- Dynamik gemessen am Zielerreichungsgrad der einzelnen Unternehmensfraktale.

Grundlagen enthält [War92], Erfahrungen über den Einsatz dieser Organisationsform finden sich in [War95].

- **Agile Fabrik**

In den USA ist unter dem Begriff „Agile Manufacturing“ ein Konzept entwickelt worden, das über die Ideen der schlanken Fabrik hinausgeht [Kid94]. Kennzeichen ist eine nochmals deutlich gesteigerte Reaktionsfähigkeit (eben „Agilität“) gegenüber jeglichem Kundenwunsch, die in erster Linie durch systematische Steigerung der Kooperationsmöglichkeiten zwischen Zulieferern, Partnerunternehmen und auch Konkurrenten ermöglicht werden soll. Die hierfür nötige Infrastruktur zeichnet sich durch kurzfristig umkonfigurierbare und computerunterstützte Netzwerke zwischen den Partnern aus, die ein schnelles Zustandekommen von Kooperationen gewährleisten. Alle übrigen Komponenten der agilen Fabrik sollen auf einen ständigen Wandel ausgerichtet sein.

- **Holonische Fabrik**

Aus Japan stammt die Idee, die Fertigung nach dem Vorbild eines Holons zu gestalten. Holon ist ein Kunstwort, abgeleitet von dem griechischen „Holos“ (ganz, Gesamtheit) und dem Suffix „on“ (Partikel, Teil). Der Begriff Holon wurde von Arthur Koestler in seinem Buch „The Ghost in the Machine“ zur Beschreibung eines zellulären Automaten gewählt [Ko67]. Damit wird ausgedrückt, dass ein Holon einerseits eine autonome, abgeschlossene Einheit bildet, andererseits im hierarchischen Kontext der gesamten Fertigung steht und aus weiteren Holons aufgebaut sein kann [Win 94, BMc99]. Ein holonisches Fertigungssystem ist gekennzeichnet durch autonomes, kooperatives Verhalten, und es bildet eine offene und verteilte, dezentralisierte Organisationsstruktur sowohl für Fließ- als auch für Stückfertigung.

Wichtige Kriterien für ein holonisches Fertigungssystem sind Autonomie (Selbstdiagnose, Selbststeuerung, ...), Flexibilität, Integrierbarkeit (Portabilität, Konfigurierung, ...) und Zuverlässigkeit (Selbstreparatur, Notlauf, Kooperation, ...). Dieses Konzept ist eng verwandt mit dem der fraktalen Fabrik, wird aber immer noch primär auf der Forschungsebene im Rahmen des Intelligent Manufacturing Systems-Programms verfolgt [De03].

2.4 Unternehmensplanung

2.4.1 Übersicht

Schon immer haben erfolgreiche Unternehmen eine Unternehmensplanung durchgeführt, häufig jedoch ohne eine starke Formalisierung. Mit der zunehmenden Wandlung vom Verkäufermarkt zum Käufermarkt erkannte man, dass die Planung einzelner Bereiche, wie z. B. Produktion, Personal oder Finanzen, nicht mehr ausreicht. Vielmehr ist eine integrierte Unternehmensplanung erforderlich, die alle Teilbereiche des Unternehmens in eine logische Beziehung zueinander setzt, um die Auswirkungen geplanter Maßnahmen auf übergeordnete Ziele (z. B. Umsatzrendite 10 %) zu erkennen.

Eine einheitliche Definition für Planung besteht bisher nicht. Charakteristische Aussagen sind:

- Treffen von Entscheidungen in der Gegenwart unter Berücksichtigung ihrer zukünftigen Auswirkungen;

- systematisches Durchdenken und Festlegen von Zielen, Verhaltensweisen und Maßnahmen für die Zukunft;
- Durchführung eines willensbildenden, informationsverarbeitenden und prinzipiell systematischen Entscheidungsprozesses mit dem Ziel, zukünftige Entscheidungs- oder Handlungsspielräume problemorientiert einzugrenzen und zu strukturieren.

Zusammenfassend kann man die Planung auch durch drei Schritte charakterisieren: Ziele setzen, Annahmen festlegen, Maßnahmen treffen.

Planung ist systemindifferent und in allen Gesellschaftsformen anzutreffen. Kennzeichen der Planung zentral regierter Länder ist die normative Planung. Hier ist der Planungsträger auch Inhaber zentraler Kompetenzen und legt daher auch die Planungsannahmen fest. In demokratischen Ländern ist dagegen überwiegend eine dezentrale Planung ohne legislativen Charakter anzutreffen, bei der das einzelne Unternehmen von wahrscheinlichen Annahmen in einem Markt mit konkurrierenden Teilnehmern ausgeht. Es ist Aufgabe der Prognose, diese wahrscheinlichen Annahmen zu liefern.

Die Unternehmensplanung erfolgt in mehreren aufeinander folgenden Schritten zunehmender Genauigkeit (Bild 2.26).

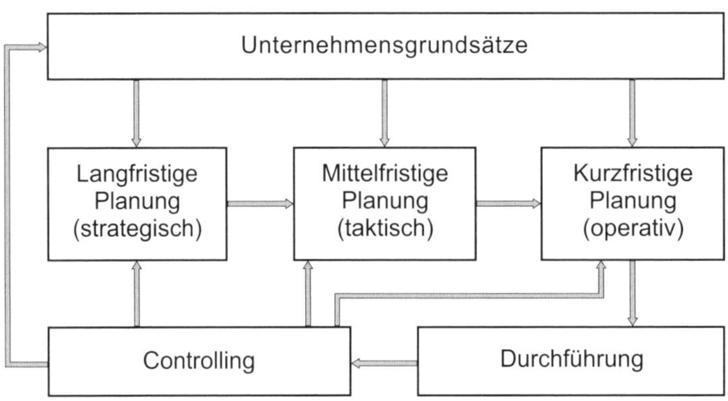

© IFA D3506A

Bild 2.26 Elemente der Unternehmensplanung

Ausgangspunkt sind die Unternehmensgrundsätze, häufig auch als Leitbild bezeichnet. Unternehmensgrundsätze beschreiben kurz und prägnant die langfristig geltenden Ziele (Vision) eines Unternehmens, das Marktangebot (Mission) und die wesentlichen Orientierungen (Leitsätze) zu ihrer Umsetzung. Sie sind schriftlicher Ausdruck der Unternehmensidentität. Daraus leitet sich die Langfristplanung (strategische Planung) ab, in der grundlegende Aspekte durchdacht werden, wie z. B. das Produktsortiment, der Unternehmensstandort, die Rechtsform des Unternehmens, die Rohstoff- oder Energieversorgung usw. Sie erfolgt fallweise und überspannt einen Planungshorizont von 10 bis 15 Jahren oder länger. Die mittelfristige Planung (taktische Planung) betrachtet für jedes Geschäftsfeld je nach Produktlebensdauer einen Zeitraum von 3 bis 5 Jahren und erfolgt alle ein bis zwei Jahre. Die kurzfristige Planung (operative Planung) entspricht der allgemein üblichen Jahres-, Budget- oder Etatplanung und erfolgt jährlich. Das Ergebnis der Durchführung wird im Rahmen des Controllings regelmäßig überwacht und mit den Planungen verglichen.

Dadurch, dass die mittelfristige Planung, die Jahresplanung und die Kontrolle in regelmäßigen Abständen erfolgen, entsteht eine sogenannte rollierende Planung (Bild 2.27). Ein bestimmtes Planungsjahr der mittelfristigen Planung rückt dadurch immer näher, kann somit auch immer genauer geplant werden, wird schließlich zum Jahresplan und ist im nächsten Jahr Vergangenheit.

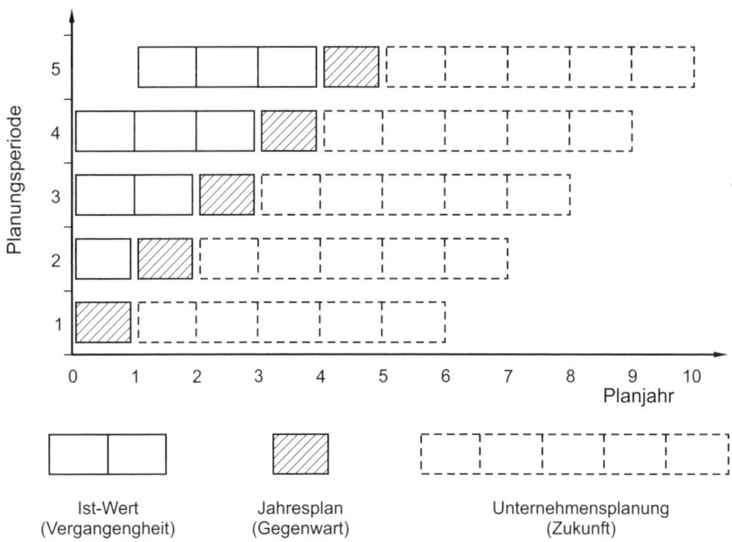

© IFA D3533

Bild 2.27 Die Unternehmensplanung als rollierende Planung

Diese Unternehmensplanung ist eng mit der später in Abschnitt 3.2.1 skizzierten strategischen Produktplanung verknüpft. Während die Produktplanung jedoch vom einzelnen Produkt und seinen Märkten ausgeht, betrachtet die Unternehmensplanung das Unternehmen in seinen sämtlichen Geschäftsfeldern (auch Geschäftsbereiche oder Business Units genannt) und fügt die Bestandteile im Sinne einer operativen Einheit zusammen. Hierbei sind z. B. Überlegungen hinsichtlich einer örtlichen, für mehrere Produktbereiche zu nutzenden Infrastruktur zu berücksichtigen, die man bei einer Einzelbetrachtung der Produktbereiche nicht erkennen würde.

In Bild 2.28 sind die wesentlichen Bestandteile der Unternehmensplanung eines Produktionsunternehmens und ihre Beziehungen zueinander dargestellt (weitere Beispiele finden sich bei [War93] und [Hah96]).

Ausgangspunkt ist das *Leitbild* des Unternehmens, das sich auch auf die Unternehmensführung (s. Abschnitt 2.5) auswirkt [Ble96]. Weiterhin ist das Betätigungsfeld des Unternehmens knapp in Form von Geschäftsfeldern zu beschreiben. Das Leitbild ist im Rahmen

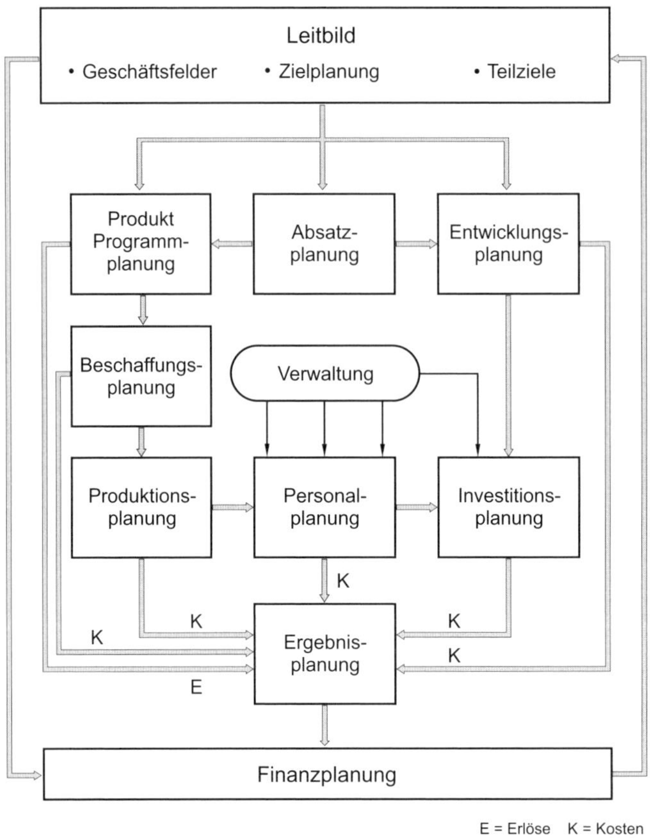

© IFA D3507A

Bild 2.28 Prinzipieller Aufbau der Unternehmensplanung eines Produktionsunternehmens

der *Zielplanung* weiter zu konkretisieren. Hierzu ist eine allgemeine *Situationsanalyse* der vom Unternehmen auf absehbare Zeit nicht beeinflussbaren Umweltfaktoren erforderlich (vgl. auch Bild 1.3). Sie wird ergänzt durch eine Analyse der vom Unternehmen mittel- bis langfristig beeinflussbaren Faktoren wie der Position im Markt, der Zukunftsaussichten der in den Geschäftsfeldern angebotenen Produkte und Leistungen sowie der technischen, organisatorischen und finanziellen Stärken und Schwächen. Der Analyse folgt die *Prognose* der zukünftigen Entwicklung der allgemeinen Faktoren, die durch das Unternehmen nicht beeinflusst werden können, wie z. B. Einkommen, Arbeitszeit, Bruttolöhne, Rohstoffpreise usw. Bei zunehmend dynamischen Entwicklungen hat sich besonders die Szenariotechnik bewährt. Sie generiert mögliche Zukunftsbilder, Szenarien genannt [GFS96]. Wichtig sind grundsätzliche Überlegungen, in welcher Weise die im Rahmen der Produktplanung definierten einzelnen Unternehmenseinheiten oder strategischen Geschäftsfelder so zu einem Unternehmensganzen verflochten werden können, dass sich Wettbewerbsvorteile durch eine gemeinsame Technologieentwicklung, Beschaffung und Komponentenfertigung ergeben [Por99, Por00].

Aufgrund dieser Vorarbeiten erfolgt eine Überprüfung des Leitbildes und der Geschäftsfelder des Unternehmens. Dies bedeutet jedoch zunächst nur eine Bestätigung oder eine Änderung der allgemeinen Unternehmenspolitik. Es sind daher anschließend Teilziele für die Geschäftsfelder zu definieren und damit das Leitbild zu konkretisieren. In der Literatur und Praxis findet man hierfür den Begriff *Zielsystem*. Er besagt, dass man die Globalziele in Teilziele niederer Ordnung auflöst, wobei die Teilziele wiederum die Maßnahmen darstellen, mit denen das jeweilige Oberziel erreicht werden kann.

Bild 2.29 stellt ein mögliches Zielsystem für ein Geschäftsfeld vor [Wild82]. Man erkennt drei Zielebenen. Die strategischen Oberziele, die in den nächsten fünf Jahren erreicht werden sollen, sind in diesem Beispiel eine bestimmte Verzinsung des eingesetzten Kapitals, das Wachstum des Leistungspotenzials sowie die Verbesserung der Marktstellung. Jedes dieser Oberziele ist in der nächsten Stufe in je zwei Unterziele zerlegt, die ihrerseits wiederum in je vier bis sechs Bereichsziele gliedern.

Strategische Oberziele (1. Zielebene)	**Konkretisierte Unterziele** (2. Zielebene)	**Bereichsziele** (3. Zielebene)
12 % Return on Investment vor Steuern	Umsatzsteigerung auf 300 Mio. € in 5 Jahren	• Ausdehnung des Marktanteils • Werbeanstrengungen • Erschließung neuer Märkte • Produktanpassung • Neuproduktentwicklung
	Bruttogewinnsteigerung auf 12 Mio. € in 5 Jahren	• Abbau von Gemeinkosten durch Reorganisation • Verkauf unrentabler Anlagen • Schlanke Prozesse in Produktion und Büros • Senkung der Marketing-Kosten
Wachstum des Leistungspotenzials	Errichtung neuer Betriebsstätten mit voller Auslastung	• Errichtung von Neubauten • Erneuerung von Werkzeugen • Rationalisierung der Produktion • Abbau von Lagerbeständen • Höhere Kapazitätsauslastung • Ausschusssenkung
	Förderung der Qualifikation der Mitarbeiter	• Management-Trainee-Programme • Stellen- und Karriereplanung für Führungskräfte • Einstellung neuer Führungskräfte
Verbesserung der Marktstellung	Förderung von Produkt- und Firmenimage, bessere Marktpräsenz	• Werbung • Sales Promotion • Öffentlichkeitsarbeit • Ausbau von Vertriebswegen • Sortimentsgestaltung

© IFA D3494

Bild 2.29 Mögliches Zielsystem einer Unternehmung (nach Wild)

Der Begriff Bereichsziel deutet an, dass hier bestimmte Unternehmensbereiche angesprochen werden. In den noch zu diskutierenden Teilbereichsplänen sind die Maßnahmen zu erarbeiten, mit denen diese Ziele erreicht werden sollen. In der Praxis kann man jedoch ein derartiges Zielsystem zu Beginn der Unternehmensplanung noch nicht komplett aufstellen; vielmehr ist es das Ergebnis des gesamten Planungsdurchlaufs.

Nach Bestätigung oder Änderung der strategischen Zielsetzung beginnt die *Teilbereichsplanung* mit einem vorläufigen Absatz- und Entwicklungsplan (vgl. Bild 2.28).

Der *Absatzplan* enthält je Absatzgebiet (z. B. Inland, Ausland) die Absatzzahlen – in Stück oder Geldeinheiten – je Produktbereich. Der *Entwicklungsplan* beschreibt die hierzu notwendigen technischen Entwicklungen der Produkte und Dienstleistungen. Beide Pläne sind Basis eines vorläufigen *Produktprogramms*, welches die am Markt angebotenen Produkte beschreibt. Die *Beschaffungsplanung* legt dann fest, was selbst gefertigt und was zugekauft wird. Aus Absatzplan und Eigenfertigungsanteil berechnet die *Produktionsplanung* die internen Produktionsstunden und unterteilt diese weiter nach Art der Leistung, z. B. in Fertigungs- und Montagestunden. Der Produktionsplan liefert so die Basis zur Berechnung des direkt produktiven Personals. Unter Berücksichtigung des indirekt produktiven Personals (Konstruktion, Arbeitsvorbereitung, Logistik usw.) sowie der Verwaltung erhält man den *Personalplan*.

Aus dem Produktionsplan leitet sich aber auch der Bedarf an Betriebsmitteln und Gebäuden ab, die zusammen mit Investitionen für die Verwaltung (Informationstechnik, Büroeinrichtungen usw.) in den *Investitionsplan* eingehen. Alle Teilpläne erfahren im abschließenden *Ergebnisplan* eine betriebswirtschaftliche Betrachtung. Den Erlösen aus dem Absatzplan stehen Kosten aus allen übrigen Teilplänen gegenüber, sodass nun erkennbar wird, ob überhaupt mit einem wirtschaftlichen Erfolg im Sinne der Zielplanung zu rechnen ist. Da dies häufig zunächst nicht der Fall ist, werden die Teilpläne in einem zweiten oder dritten Durchlauf so lange geändert, bis das Ergebnis unter den gegebenen Annahmen befriedigend und realistisch erscheint. Den Abschluss bildet stets der *Finanzplan*, welcher darlegt, ob und gegebenenfalls wie das erforderliche Kapital aufgebracht werden kann.

Da ein Unternehmen meist mehrere Produkte in verschiedenen Märkten vertreibt, sind Absatz- und Entwicklungsplan für jedes Produkt getrennt aufzustellen, ebenso wie der Produktionsplan. Sind für die einzelnen Produktbereiche eindeutig abgrenzbare Produktionseinrichtungen vorhanden, lassen sich auch der Investitions- und der Personalplan für jeden Produktbereich bestimmen. Meist werden aber diese Einrichtungen und vor allem der Verwaltungsbereich, wie z. B. Einkauf, Informationsverarbeitung, betriebliches Rechnungswesen, Personalabteilung, für mehrere Produktbereiche eingesetzt. Dann ist aus dem Gesamtpersonal- und Investitionsplan mit Hilfe der Kostenrechnung eine verursachungsgerechte Kostenzuordnung auf die einzelnen Produktbereiche vorzunehmen. Der Ergebnisplan ist aber auf jeden Fall zunächst für jeden einzelnen Produktbereich aufzustellen und dann zum Gesamterfolgsplan des Unternehmens zu verdichten.

Die in Produktionsunternehmen üblichen Einzelpläne sollen nun genauer betrachtet werden.

2.4.2 Absatzplan

Für den Aufbau des Absatzplans ist die Kenntnis des Marktes, in dem das betreffende Produkt verkauft wird, von grundlegender Bedeutung. Meist wird man zunächst von bestehenden Produkten ausgehen und das zugehörige Marktsegment genau analysieren (Bild 2.30). Bei einem Hersteller von Gasturbinen könnte dieses Marktsegment z. B. aus den Teilsegmenten Stahlindustrie, petrochemische Industrie und Kraftwerksindustrie bestehen, ggf. noch unterteilt in die wichtigsten Marktregionen, z. B. Europa, USA und Asien. In jedem Teilsegment wird der zukünftige Bedarf grundsätzlich durch die drei Sektoren Wachstum, Ersatzbedarf und Substitutionsbedarf bestimmt, wobei sich alle Sektoren sowohl in negativer als auch in positiver Weise verändern können. Meist deckt ein einzelnes Unternehmen aber dieses Marktsegment nicht vollständig ab. Bei den Gasturbinen könnte sich dies z. B. in einer Leistungsbegrenzung nach unten oder oben ausdrücken. In dem so abgeschätzten technisch zugänglichen Segment ist nun zu ermitteln, ob alle geographischen Regionen trotz des vorhandenen Bedarfs überhaupt bedient werden können; dies könnte beispielsweise wegen bestimmter Importbeschränkungen nicht der Fall sein. In dem übrig bleibenden geographisch zugänglichen Segment ist nun für jede wichtige Region die Wettbewerbssituation abzuschätzen und so der mögliche Marktanteil zu ermitteln.

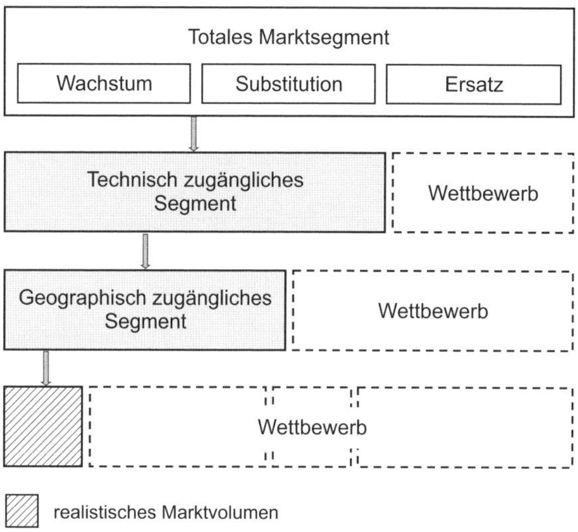

Bild 2.30 Eingrenzung des Marktvolumens im Absatzplan

© IFA D3518

Nach dieser Analyse beginnt die eigentliche Absatzplanung. Unter der Annahme verbesserter oder neuer Produkte und bestimmter marktstrategischer Maßnahmen, wie z. B. Aufbau eines eigenen regionalen Vertriebsnetzes oder Abschluss von Lizenzvereinbarungen, prüft der Vertrieb, ob der bestehende Marktanteil in den einzelnen Segmenten zurückgehen wird, relativ konstant bleibt oder ausgebaut werden kann. Diese Überlegungen schließen auch das voraussehbare Verhalten des Wettbewerbs mit ein. Hier wird die enge Beziehung zu der in Abschnitt 3.2 noch genauer geschilderten Produktplanung deutlich. Häufig fließen die dort erarbeiteten Vorschläge in die Absatzplanung ein oder stellen umgekehrt der Produktplanung neue Aufgaben.

Als Ergebnis der Absatzplanung liegt je Produktbereich ein in Stückzahlen oder Verkaufserlösen bewertetes Absatzvolumen für die einzelnen Planjahre vor.

2.4.3 Entwicklungsplan

Der zeitlich parallel zum Absatzplan erarbeitete Entwicklungsplan geht von den gegenwärtigen Stärken und Schwächen der einzelnen Produkte in technischer Hinsicht aus (Bild 2.31). Dies geschieht zweckmäßig auf der Grundlage einer funktionalen Betrachtung, wie sie auch für die Produktplanung hilfreich ist. Aber nicht nur die eigenen Produkte, sondern auch die des Wettbewerbs sollten nach ihrer Funktion und den gewählten Lösungs-

- **Gegenwärtige Stärken und Schwächen der Produkte und Produktbereiche**
  - technische Markterfüllung
  - technischer Wettbewerbsvergleich
- **Wesentliche Entwicklungsmöglichkeiten**
  - Verbesserung
  - Neuentwicklung
- **Geplante Kosten**
  - Projekt je Produktbereich
  - Herstellungskosten / Personalkosten
  - Entwicklungsaufwand bezogen auf Umsatz

© IFA D3519

Bild 2.31 Gliederung des Entwicklungsplans im Unternehmensplan

prinzipien beschrieben werden, um so einen sachlich fundierten technischen Wettbewerbsvergleich zu ermöglichen.

Im nächsten Schritt sind wesentliche technische Entwicklungsmöglichkeiten in enger Zusammenarbeit mit Marketing und Vertrieb zu erarbeiten. Diese können in Funktionserweiterungen bereits vorhandener Produktfamilien bestehen, indem z. B. ein Hersteller von Warenlagern auch Transport- und Lagerhilfsmittel anbietet. Andere Entwicklungsmöglichkeiten ergeben sich durch eine neu verfügbare Technik, z. B. die Mikroelektronik oder die Lasertechnologie, mit deren Hilfe ein bestehendes Produkt neue Anwendungsmöglichkeiten durch eine wesentlich höhere Leistung und Genauigkeit eröffnet. Die überwiegenden Entwicklungsmöglichkeiten ergeben sich jedoch aus einer Verbesserung der bestehenden Produkte. Seltener wird es sich um völlige Neuentwicklungen handeln, die z. B. in zentralen Labors entwickelt wurden oder dem Unternehmen häufig auch als Idee angeboten werden.

Die gefundenen Ideen sind abschließend mit dem Vertrieb in Hinblick auf ihre Marktchancen zu bewerten, und die voraussichtlichen Kosten für die erforderlichen Versuche und Entwicklungen sind abzuschätzen. Zur Kontrolle über den Gesamtaufwand führt man vielfach noch Kennzahlen im Entwicklungsplan auf (z. B. Entwicklungsaufwand bezogen auf den Umsatz), die wiederum einen Vergleich mit branchenüblichen Werten erlauben.

2.4.4 Produktionsplan

Die im Absatzplan festgelegten Zahlen für die einzelnen Produkte verdichten sich zum *Produktprogramm*. Es enthält neben den Produktmengen (Primärbedarf) auch noch den Bedarf, der sich aus den Ersatzteilbestellungen und dem Eigenbedarf ergibt.

Im sich anschließenden *Produktionsplan* gilt es nun, diese Zahlen für einen Produktionsstandort in Produktionsstunden umzusetzen, um die Konsequenzen für die Fertigung und Montage zu erkennen. In vielen auch mittelständischen Unternehmen bestehen mehrere

Standorte, auch im Ausland. Daher ist zunächst in einer globalen Produktionsstrategie festzulegen, welche Produktgruppen und deren Baugruppen an welchem Standort montiert, und wo die Teilefertigung erfolgt. Bild 2.32 zeigt eine schematische Aufteilung der Endmontage, Baugruppenmontage und Teilefertigung für die Produktgruppen PG1 bis PG*n* auf die Standort S1 bis S*n*. Dabei sind die im Bild genannten Kriterien für Beschaffung, Eigenproduktion und marktnahe Komplettierung zu beachten Die Produktgruppen sind eine Verdichtung der in den Geschäftsfeldern angebotenen Einzelprodukte mit ihren Varianten zu produktionstechnisch ähnlichen Produktgruppen [Wie14].

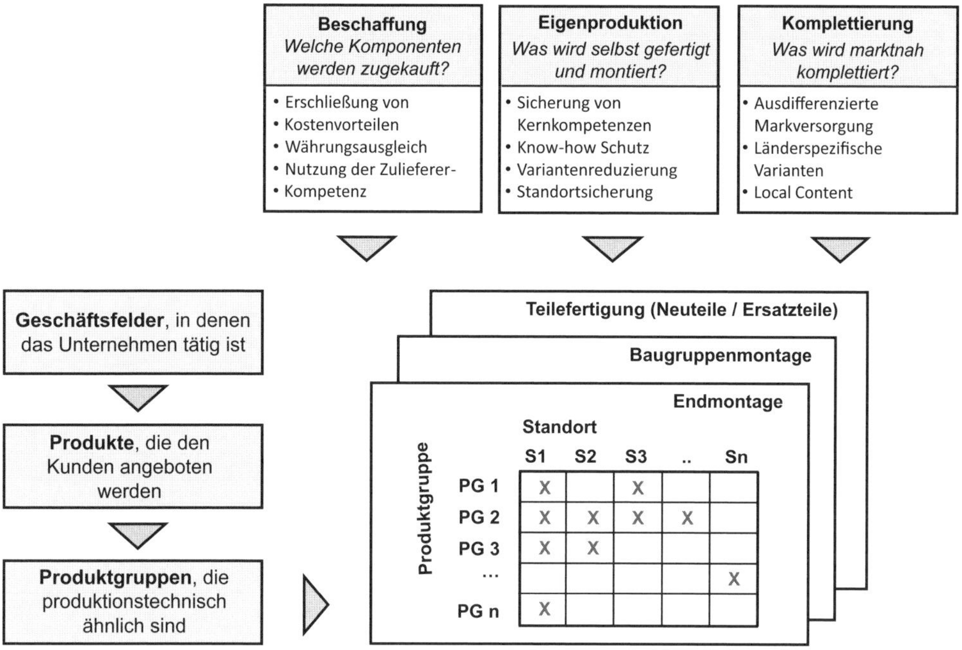

© IFA 17.664

Bild 2.32 Entwicklung der Produktionsstrategie für ein Netzwerk

Soweit es sich bei den geplanten Produkten um vorhandene oder leicht modifizierte Erzeugnisse handelt, kann nun für jeden Standort aus den Teilestammdaten und Arbeitsplänen mit Hilfe der Zahlen des Produktprogramms relativ einfach der Stundenbedarf für die Eigenfertigung errechnet werden. In der kundenspezifischen Einmalfertigung (z.B. Anlagenbau) liegen diese Angaben jedoch nicht vor, und man muss mit einer Art Kennzahlenmethode je Produkt in zwei Schritten arbeiten (Bild 2.33).

Im ersten Schritt entnimmt man dem Absatzplan für jeden Produktbereich den geplanten Absatz, der auch die geplanten Herstellkosten enthalten muss. Aus den Herstellkosten ergeben sich unter Verwendung eines aus Vergangenheitswerten bekannten Umrechnungsfaktors die im Absatz enthaltenen Produktionsstunden. Sie fallen bei einer langen Durchlaufzeit der Produkte aber meist nicht vollständig im Jahr des Auftragseinganges an, sondern verteilen sich ggf. auf mehrere Jahre. Dieser Verteilungsfaktor ist aus der Analyse abgeschlossener Aufträge bekannt und beträgt im Beispiel des Bildes 2.33 im ersten Jahr 30 % und im zweiten Jahr 70 %. Die Produktionsstunden werden entsprechend diesem Verteilungsfaktor zum wirksamen Bedarf. Unter Beachtung von Auftragsbestand und geplanter Rationalisierung ergibt sich so der wirksame Produktionsstundenbedarf, der aufgrund von Verlagerungen und sonstigen Korrekturen (z. B. Sonderfall einer geplanten Kundeneigenfertigung) zum endgültigen Produktions-Stundenbedarf der Fertigung im eigenen Werk wird.

Produkt A	Budget		Mittelfristige Planung									
Planjahr ⇒	0		1		2		3		4		5	
Absatz [T€]	26.500		33.800		38.400		43.300		47.200		51.700	
Herstellkosten [T€]	11.800		14.600		16.000		17.700		18.900		20.400	
Faktor [€ /Std]	176		195		213		221		210		204	
Produktionsstunden [TStd]	67		75		75		80		90		100	
Wirksamer Bedarf [TStd] entsprechend Durchlaufzeit Aufteilung: (30/70) %	⇒	20		47								
			⇒	23		52						
					⇒	23		52				
							⇒	24		56		
									⇒	27		63
											⇒	30
Auftragsbedarf [TStd]		55		14		–		–		–		–
Rationalisierung 2 % / Jahr		–		-2		-3		-5		-7		-9
Effektiver Bedarf [TStd]		75		82		72		71		76		84
± Branchenverlagerung		–		–		–		–		–		–
Eigenfabrikation [TStd]		75		82		72		71		76		84
Korrekturen [TStd]		+4		-4		–		+1		-1		–
Fertigung Werk [TStd]		79		78		72		72		75		84

© IFA D3497A

Bild 2.33 Mittelfristiger Produktionsplan (Stundenbedarfsrechnung)

Die Summe aller Stunden der einzelnen Produktbereiche ergibt den Gesamtstundenbedarf eines ganzen Werkes. Durch Vergleich mit dem wirtschaftlichen Kapazitätsbereich kann der Planer erkennen, ob eine wesentliche Über- oder Unterbelastung zu erwarten ist. In einer wechselseitigen Abstimmung zwischen den einzelnen Produktbereichen und der Produktion erfolgt eine möglichst gute Anpassung von Angebots- und Bedarfswerten.

Im zweiten Schritt ist nun dieser Gesamtstundenbedarf auf die einzelnen Kapazitätsbereiche, wie z. B. mechanische Werkstatt, Gießerei, Stahlbau, Montage usw., aufzuteilen, um gegebenenfalls zu erwartende Über- oder Unterbelastungen in diesen Teilbereichen aufzudecken. Auch hier können aus Daten der Vergangenheit, korrigiert um absehbare Veränderungen der zukünftigen Produkte, Kennzahlen eingesetzt werden, welche die prozentuale Aufteilung der Produktionsstunden eines Produktbereiches angeben. Auf diese Weise entstehen die Bedarfswerte für die Teilkapazitäten. Ähnlich wie bei den Gesamtstunden deckt die Gegenüberstellung von Bedarf und Angebot Unter- oder Überlastungen auf. Ist zu erkennen, dass mittelfristig eine derartige Situation zu erwarten ist, muss die betreffende Kapazitätsgruppe entweder abgebaut oder aufgebaut werden. Der letztgenannte Fall bedeutet meist eine Investition und erscheint demnach im Investitionsplan.

Vor Aufbau einer Kapazität wird auch die Möglichkeit einer Kapazitätsreservierung im Produktionsnetz sowie bei einem Dienstleister oder Kooperationspartner zu prüfen sein.

2.4.5 Investitionsplan

Der Investitionsplan enthält in der Regel nur zum geringsten Teil Investitionen aufgrund eines Zusatzbedarfs. Der überwiegende Teil ergibt sich vielmehr aus Ersatz- und Rationalisierungsinvestitionen und ist daher in mehrere Investitionskategorien unterteilt, die nach der voraussichtlichen Nutzungsdauer gegliedert sind.

Bild 2.34 verdeutlicht den Aufbau eines typischen mittelfristigen Investitionsplans eines Maschinenbau-Unternehmens. Man erkennt sechs Investitionskategorien, welche Gebäude, Werkzeugmaschinen, Betriebsmittel und Werkzeuge unterscheiden. Den zum Vergleich mitgeführten Vergangenheitswerten der letzten drei Jahre und dem laufenden Investitionsbudget stehen die Zahlen der nächsten fünf Planjahre gegenüber. Aber nicht nur der Fertigungsbetrieb, auch die Produktbereiche und die Verwaltung benötigen Investitionen. Sie alle fließen im Investitionsplan zusammen, wobei in diesem Fall Großobjekte mit einem Wert von mehr als einer Million € gesondert ausgewiesen werden.

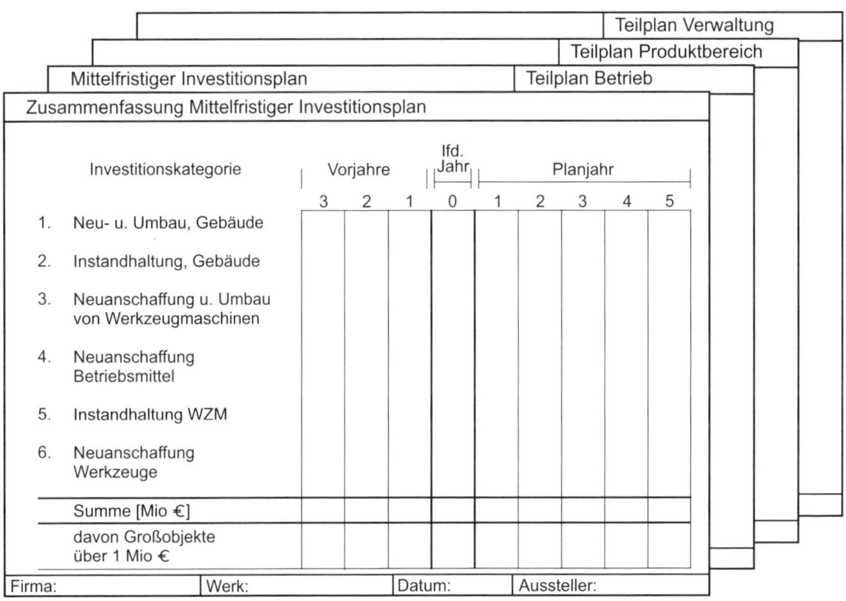

© IFA D3493A

Bild 2.34 Typischer Aufbau eines mittelfristigen Investitionsplans

2.4.6 Ergebnisplan

Der Ergebnisplan stellt die geplanten Erlöse aus dem Absatzplan den voraussichtlichen Kosten aus den übrigen Teilplänen gegenüber. Die Art und Weise, in der dies geschieht, hängt sehr stark vom Aufbau des jeweiligen betrieblichen Rechnungswesens ab; jedoch sollte generell vermieden werden, in einer mittelfristigen Planung den Genauigkeitsgrad der Jahresplanung anzustreben.

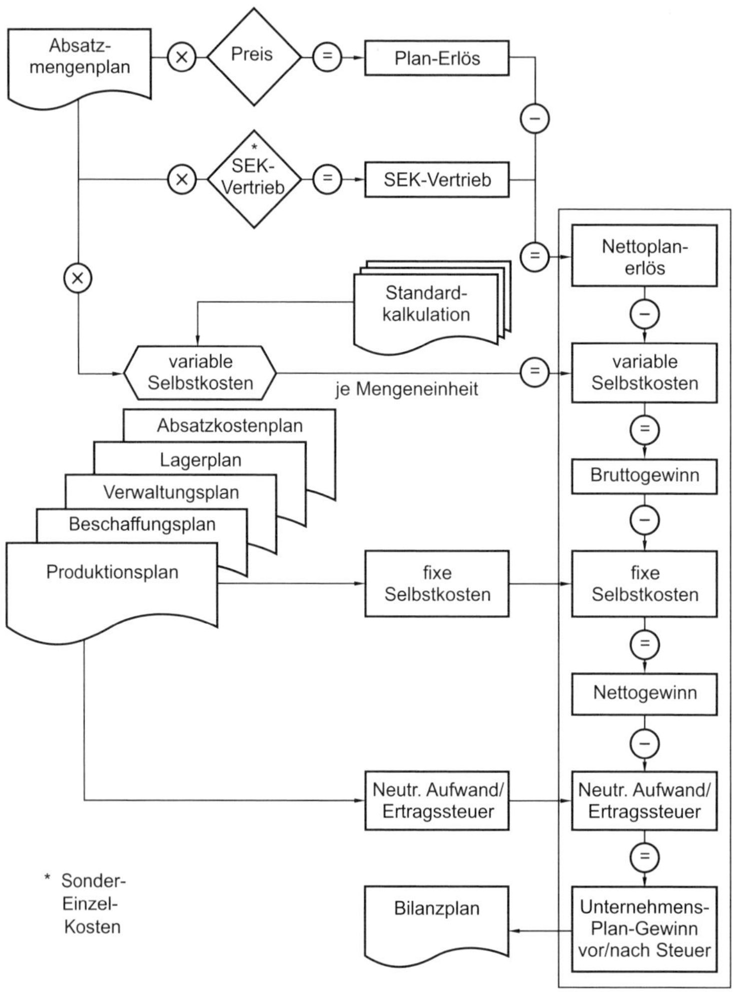

© IFA D3500

Bild 2.35 Prinzip des Unternehmens-Ergebnisplans (Kramer)

Das Bild 2.35 kann daher nur als ein Beispiel eines derartigen Ergebnisplans gelten [Kra75]. In diesem Fall werden Standardprodukte vorausgesetzt, die im Absatzmengenplan für jedes Planjahr definiert sind. Zunächst ist der *Netto-Planerlös* als Differenz aus dem Planerlös und den Sondereinzelkosten des Vertriebs (Verpackung, Transport, Provision usw.) zu berechnen. Hiervon werden die variablen Selbstkosten abgezogen und ergeben den *Bruttogewinn*. Die fixen Selbstkosten entnimmt man den übrigen Teilplänen und erhält so durch Umlage auf die Produktbereiche den *Nettogewinn* für jedes Planjahr je Produktbereich.

Dieser Nettogewinn je Produktbereich ist der eigentliche Beurteilungsmaßstab für das geplante Unternehmensergebnis, weil die noch folgenden Aufwendungen und Steuern nicht mehr durch die Produkte bedingt sind, sondern das Unternehmen als Ganzes betreffen. Es ist Aufgabe des betrieblichen Rechnungswesens, den Nettogewinn so zu definieren, dass dabei die Unternehmenssubstanz erhalten bleibt, indem z. B. die eingesetzten Betriebsmittel entgegen den steuerlichen Vorschriften zum Wiederbeschaffungswert abgeschrieben werden. Um den Nettogewinn der einzelnen Produktbereiche vergleichen zu können, setzt man ihn auch häufig zum eingesetzten Eigenkapital oder zum Umsatz des betreffenden Unternehmens in Beziehung.

Die Ergebnispläne der einzelnen Produkte werden zum *Unternehmens-Ergebnisplan* verdichtet. Meist wird das Ergebnis des ersten Durchlaufs nicht befriedigen, sodass erst nach mehrfachen Änderungen in den vorgelagerten Teilplänen der endgültige Ergebnisplan vorliegt. Der Unternehmens-Ergebnisplan liefert wiederum die Grundlage für den Bilanzplan und den Finanzplan.

2.4.7 Finanzplan

Im Finanzplan werden Einnahmen und Ausgaben zum Zweck der Liquiditätsbetrachtung einander gegenübergestellt. Bild 2.36 zeigt einen Vorschlag, der noch zwischen den einmaligen und den laufenden Einnahmen und Ausgaben des jeweiligen Planjahres unterscheidet [Kra75].

Ergibt die Durchrechnung, dass das vorhandene Eigenkapital zur Deckung des Finanzbedarfs nicht ausreicht, muss entweder durch eine Kapitaleinlage oder durch eine Kreditaufnahme oder andere Finanzierungsinstrumente für den notwendigen Ausgleich gesorgt werden. Manchmal muss die Geschäftsführung an dieser Stelle aber auch erkennen, dass ein an sich sehr interessanter Ergebnisplan nicht zu realisieren ist, weil das notwendige Kapital nicht bereitgestellt werden kann. Dann ist eine erneute Planungsrunde mit der Annahme eines limitierten Kapitaleinsatzes erforderlich.

Der gesamte so aufgestellte Plan kann nur Wirklichkeit werden, wenn entsprechende Maßnahmen folgen. Sie sind in einem Maßnahmenkatalog so zusammenzustellen, dass in der nächsten Planungsrunde eine Überprüfung möglich ist, ob die Maßnahmen eingeleitet wurden und welche Ergebnisse sie erbracht haben. Damit schließt sich der Kreis zur Zielplanung.

3. Planjahr

2. Planjahr

			Einnahmen-Ausgaben Monat: Jahr:	1. Planjahr
lfd Nr.			Position	Ist €
1	Einnahmen	laufend	Warenlieferungen	
2				
3				
4			andere laufende Einnahmen	
8			Summe laufender Einnahmen (Zeile 1-4)	
9		einmalig	Verkäufe von Rohmaterial	
10			Verkäufe von Maschinen	
11			Verkäufe von Anlagen	
12			Verkäufe von Wertpapieren	
14			Kreditaufnahmen	
15			Einlagen (Kapitalerhöhung)	
16			Andere einmalige Einnahmen	
17			Steuerrückzahlung	
19			Summe einmaliger Einnahmen (Zeile 9-17)	
20			Summe Einnahmen (Zeile 8 + 19)	
21	Ausgaben	laufend	Löhne	
22			Gehälter	
23			Roh-, Hilfs-, Betriebsstoffe	
26			Steuern	
29			Einlösung von Schuldwechseln	
30			Summe laufender Ausgaben (Zeile 21-29)	
34		einmalig	Kauf von Maschinen	
35				
37			Kreditrückzahlung	
38			Zahlung an Gesellschafter	
45			Summe der einmaligen Ausgaben (Zeile 34-38)	
46			Privatentnahme	
47			Summe Ausgaben (Zeile 30+45+46)	

© IFA D3492

Bild 2.36 Finanzgrundplan (Kramer)

2.5 Unternehmensführung

2.5.1 Grundsätze und Aufgaben

Unter dem Begriff Unternehmensführung (auch Unternehmungsführung oder Unternehmensmanagement genannt) werden zum einen die Aufgaben verstanden, welche die oberste Führungsinstanz eines Unternehmens wahrzunehmen hat. Zum anderen wird diese Instanz selbst auch Unternehmensführung genannt.

Als *Grundsätze einer professionellen Führung*, die für alle Manager, besonders aber für die oberste Leitung gilt, nennt F. Malik [Mal06]:

- die Orientierung an Resultaten;
- den Beitrag zum Ganzen sehen;
- die Konzentration auf Weniges;
- vorhandene Stärken nutzen;
- gegenseitiges Vertrauen schaffen.

Die Gesamtheit von Werten, Zielen, Wahrnehmungen, Vorstellungen, Symbolen, Visionen, Leitbildern, Mythen, Denkweisen und Verhaltensweisen, die von Menschen in einem Unternehmen als gemeinsame Grundlage ihres Handelns akzeptiert wird, bezeichnet man als *Unternehmenskultur* [BMS96]. Geprägt wird diese Unternehmenskultur durch die Gesellschaft, in die das Unternehmen eingebunden ist. Der fortwährende Wandel dieser Gesellschaft und ihrer Wertvorstellungen, der sich mit wachsender Geschwindigkeit vollzieht, steigert auch die Anforderungen an die Unternehmen und ihre Mitarbeiter.

Die *Führungskultur* ist ein sichtbarer Ausdruck der Unternehmenskultur und setzt sich aus Führungsethik, Führungstechnik und Führungsstil zusammen. Sie sollte fortwährend überdacht und in sinnvoller Weise dem Wandel angepasst werden.

Führen heißt vor allem, Entscheidungen zu treffen. Dazu sind die in jedem Mitarbeiter vorhandenen Fähigkeiten zu wecken und er ist zu bewegen, sich selbst zu seinen besten Leistungen zu motivieren. Führen heißt aber auch, Widerstände zu überwinden. Mitarbeiter werden zum Teil durch gewachsene oder sich ständig verändernde Strukturen im Betrieb geführt, durch Regeln und Vorschriften, die weitergegeben werden. Darüber steht die Führungskraft als Person, die die Mitarbeiter beeinflussen soll, ihre Fähigkeiten und ihre Bereitschaft zur Erreichung eines gemeinsamen Zieles einzusetzen.

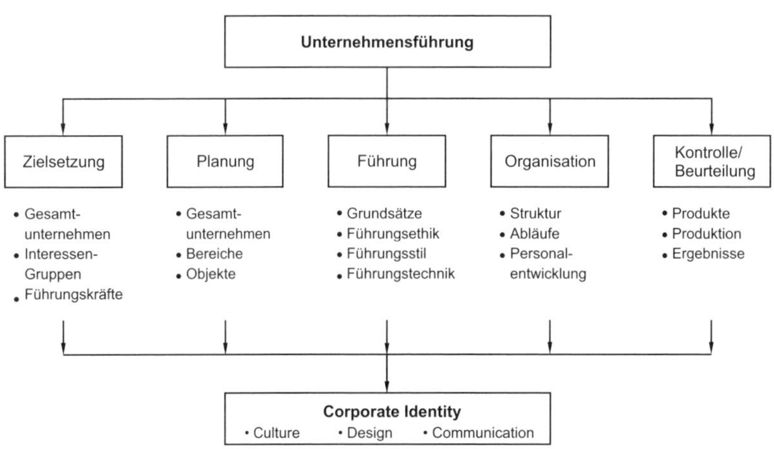

© IFA D3517

Bild 2.37 Bestandteile der Unternehmensführung

Im Allgemeinen sieht man heute – gegebenenfalls mit unternehmensspezifisch bedingten Modifizierungen – die in Bild 2.37 genannten fünf Begriffe als die wesentlichen Aufgabenbereiche der Unternehmensführung an. Sie sollen kurz charakterisiert werden.

Um überleben zu können, muss sich jedes Unternehmen ständig den Gegebenheiten des Marktes, der Technik und der Umwelt anpassen. Aus der sorgfältigen Analyse dieser Faktoren muss die Führung die in Abschnitt 2.4.1 bereits angesprochenen langfristigen *Zielsetzungen* entwickeln, die sich auf das Unternehmen als Ganzes beziehen und das Leitbild für alle Unternehmenstätigkeiten bildet.

Bild 2.38 zeigt das Beispiel eines Technologiekonzerns (www.sulzer.com). Das Unternehmen stellt in der Vision die Kunden in den Vordergrund, um daraus die vier im Bild genannten strategischen Prioritäten abzuleiten. Die Werte beschreiben schließlich die von den Kunden wahrgenommene Art der Leistung, die Form der Leistungserbringung und betonen schließlich die Bedeutung der engagiert Mitarbeitenden.

Die Vision und die strategischen Prioritäten bestimmen unsere Grundausrichtung. Unsere Werte sind ein innerer Kompass für all unsere Aktivitäten. Sie bestimmen, wer wir sind und wie wir uns verhalten.

Vision
Unsere Kunden schätzen uns für unsere führenden Technologien und Services, die ihnen innovative und nachhaltige Lösungen bieten.

Strategische Prioritäten
Die strategischen Prioritäten sind auf unsere Kunden ausgerichtet und zielen auf nachhaltige Wertschöpfung und profitables Wachstum.
Technologische Führungspositionen
Hervorragender Service
Kontinuierliche operative Verbesserungen
Vorteile durch Zusammenarbeit

Werte
Der Kunde als Partner:
Wir übertreffen die Erwartungen unserer Kunden mit attraktiven, innovativen Lösungen.
Operational Excellence:
Strukturierte Arbeitsprozesse und Lean-Prinzipien sind die Grundlage für unsere Leistung
Engagierte Mitarbeitende:
Wir setzen hohe Maßstäbe und verhalten uns anderen gegenüber respektvoll

© IFA D4533

Bild 2.38 Die Unternehmensvision des Sulzer-Konzerns

Diese Gesamtzielsetzung ist in einem weiteren Schritt für die am Unternehmen interessierten Gruppen zu konkretisieren und als persönliche Jahresziele für die obersten Führungskräfte zu vereinbaren.

Aus dieser Zielsetzung folgen bereits konkrete Vorgaben für die nächste Aufgabe der Unternehmensführung, die bereits in Abschnitt 2.4 behandelt wurde, nämlich die *Unternehmensplanung*, die sich auf das ganze Unternehmen, seine Bereiche und bestimmte Objekte (Produkte, Finanzierung) bezieht. Grundsätzlich ist davon auszugehen, dass sich ohne Planung jedes Unternehmensergebnis allmählich verschlechtert und dadurch gegenüber der Zielsetzung eine immer größere Lücke entsteht.

Aus der Zielsetzung, der Planung und dem gewählten *Führungsstil* ergibt sich die *Organisation* eines Unternehmens, wie sie bereits ausführlich in den Abschnitten 2.2 und 2.3 dargelegt wurde. Es ist die Aufgabe der Unternehmensführung, die Grundsätze hierzu festzulegen und die Organisation ständig zu überprüfen und ggf. anzupassen.

Eine besonders wichtige Aufgabe der Führungskräfte ist die *Personalentwicklung* in einer Organisation. Dazu gehört, ihre bereits vorhandenen Stärken weiter zu entwickeln, selbst ein Vorbild zu sein und sparsam mit Lob umzugehen [Mal06].

Jede Planung setzt die Kenntnis der bisherigen Ergebnisse voraus, um rechtzeitig Maßnahmen zur Zielerreichung einleiten zu können. Dies ist Aufgabe der *Kontrolle*, die periodisch meist je Monat, Quartal und Jahr anhand von Kennzahlen erfolgt. Sie darf sich aber nicht auf eine Darstellung der Ist-Werte beschränken, sondern hat bei Auftreten von Zielabweichungen die Gründe zu analysieren und nach beeinflussbaren und nicht beeinflussbaren Ursachen zu differenzieren. Nur so kann die Unternehmensführung entscheiden, ob neben korrigierenden Maßnahmen eventuell auch die Zielsetzung geändert werden muss. Als wichtigste Kontrollinstrumente stehen das Qualitätsmanagement für die Produkte und Prozesse und das betriebliche Rechnungswesen (Controlling) für das wirtschaftliche Geschehen zur Verfügung.

Aus den skizzierten Tätigkeiten der Unternehmensführung entwickelt sich die Unternehmensidentität (Corporate Identity), die in der Unternehmenskultur (Corporate Culture), dem Erscheinungsbild (Corporate Design) und der Art der Kommunikation nach innen und außen sichtbar wird [BSM02].

Die folgenden Abschnitte gehen nun auf die Teilbereiche der Unternehmensführung und die gesetzlichen Randbedingungen ein, soweit sie die Aufgaben des Betriebsingenieurs berühren.

2.5.2 Führungsethik

Führungsethik befasst sich mit den moralischen Fragen der Legitimation (Berechtigung), der Begrenzung und der verantwortungsvollen Ausübung der Weisungsbefugnisse (Verfügungsmacht) von Führungskräften über ihre Mitarbeiter in formal organisierten, arbeitsteilig und hierarchisch strukturierten sozialen Systemen [Kie95].

In ausschließlich betriebswirtschaftlichen Betrachtungen sind für ein Unternehmen primär die Arbeitskraft und die fachliche Qualifikation eines Mitarbeiters von Interesse. Unter dem Begriff „homo oeconomicus“ wird der Mensch als eine für den Produktionsprozess notwendige Ressource gesehen; dabei bleiben seine individuellen Wünsche und Bedürfnisse unbeachtet [Kos90]. Das bedeutet nicht, dass moralische Grundsätze bisher völlig vernachlässigt wurden. Der Mangel an Mitarbeitermotivation, der sich in vielen Unternehmen zu einem Problem für die Unternehmensführung entwickelt hat, zeigt jedoch, dass diese begrenzte Sichtweise nicht hinreichend ist.

Ein nur zweckorientierter Umgang mit Mitarbeitern missachtet die menschliche Würde. Außerdem vernachlässigt er die enormen Potenziale, die gerade in der Individualität jedes

Menschen liegen. Die Einbindung von ethischen Überlegungen in den Wirtschaftsprozess gewinnt daher, auch in Hinblick auf die Sinnhaftigkeit einer Tätigkeit, an Bedeutung [Kos90].

Der kategorische Imperativ von Immanuel Kant: „Handle so, dass du die Menschheit, sowohl in deiner Person, als in der Person eines jeden anderen, jederzeit zugleich als Zweck, niemals bloß als Mittel brauchest!“, schließt die Einbindung von Personen für unternehmerische Zwecke nicht aus. Entscheidend ist jedoch der Begriff Person. Mitarbeiter nicht mehr zweckorientiert, sondern als Personen zu betrachten, ist für das Erkennen der Führungsverantwortung von hohem Stellenwert. Das Vermögen einer Führungskraft, sich in die Situation der ihr anvertrauten Mitarbeiter hineinzuversetzen und die eigene Perspektive verlassen zu können, ist eine wichtige Voraussetzung für die nach ethischen Maßstäben ausgerichtete Führung.

Der Mensch, der sich als Person wahrgenommen sieht, vernachlässigt seine unmittelbaren, egoistischen Bedürfnisse und Interessen, wenn ihm durch die Rahmenbedingungen des Unternehmens die Möglichkeit zur Selbstverwirklichung gegeben wird. Ein wahrhaft engagierter Mitarbeiter wird sich immer mit seiner Arbeit und seinem Unternehmen identifizieren, d. h., er wird die fremden Zwecke und Interessen bis zu einem gewissen Grade zu seinen eigenen machen. Das Unternehmen muss dazu organisatorische Strukturen bereitstellen, die der Einzelperson die Wahrnehmung von Verantwortung ermöglichen und erleichtern [Kie95].

2.5.3 Führungsstil

Wie die Unternehmenskultur geprägt ist von der Kultur der Gesellschaft, in die das Unternehmen eingebunden ist, so ist auch der Führungsstil in einem Unternehmen oftmals ein Abbild des gültigen Wertesystems. Durch den Wandel der Wertvorstellungen haben sich unterschiedliche Führungsstile entwickelt, die je nach Unternehmensorganisation unterschiedliche Ausprägung finden.

Einen Führungsstil, der mit der sozialen Verantwortung für die Untergebenen eng verknüpft ist, beschreibt der *patriarchalische Führungsstil.* In Anlehnung an die Autorität des Familienvaters trifft der Patriarch alle Entscheidungen und nimmt diese den Geführten ab, sorgt dafür aber auch für ihre Bedürfnisse. Als Gegenleistung wird dafür unbedingter Gehorsam, Treue und Loyalität erwartet [Kie95].

Die Ausstrahlungskraft einer Person ist das Kennzeichen einer *charismatischen Führung,* um für einen patriarchalischen Führungsstil ähnliche Beziehungen zu erzeugen. Die Übernahme sozialer Verantwortung wird jedoch vernachlässigt.

Werden sozio-emotionale Überlegungen völlig außer Acht gelassen und bilden nur sachrationale Argumente die Grundlage jeder Entscheidung, so spricht man von einem *liberal-individualistischen* Führungsstil.

Patriarchalischer, charismatischer und liberal-individualistischer Führungsstil lassen sich unter dem Oberbegriff *autokratischer* oder *autoritärer Führungsstil* zusammenfassen. Grundlage dieser Führungsstile ist stets eine hierarchisch gestaltete Führungsorganisation, der eine herrschende Person, der Autokrat, vorsteht [Ric99].

Eine Weiterentwicklung des autokratischen Führungsstils führt zum *bürokratischen Führungsstil*. Die Sachkompetenz der Bürokraten tritt an die Stelle der Willkür des Autokraten. Im bürokratischen Führungsstil sind die Verhaltensweisen in starkem Maße reglementiert und strukturiert. Hilfsmittel sind beispielsweise Richtlinien, Stellenbeschreibungen oder Dienstordnungen. Eine bürokratische Führung kann zu Überorganisation und Entfremdung führen.

Eine wichtige Konsequenz der sich ständig vollziehenden gesellschaftlichen Veränderungen besteht in stark veränderten Ansprüchen und Erwartungen der Arbeitskräfte an ihre Tätigkeit. Diese erwarten im Beruf vermehrt Abwechslungsreichtum, Partizipations- und Entscheidungsmöglichkeiten, Kommunikationsgelegenheiten, Lern- und Selbstverwirklichungschancen und persönliche Verantwortlichkeit in gesellschaftlichen Fragen, ohne deshalb auf eine erlebnisreiche Freizeit verzichten zu wollen. Dazu ist ein Führungsstil erforderlich, der nicht von einer festgelegten Vorgesetztenrolle bestimmt wird, sondern sogar nach Art und Umfang der Aufgabe wechseln kann. Dies wird als *kooperativer Führungsstil* bezeichnet. Führen bedeutet hier nicht anordnen, sondern zuhören und vereinbaren. Nicht die Kontrolle steht im Vordergrund, sondern das Setzen klarer Ziele und rechtzeitige Beschaffen aller Arbeitsfaktoren, die das Erreichen der vereinbarten Ziele ermöglichen.

Zielsetzung, Planung und Führung des Unternehmens hängen eng miteinander zusammen. Je höher der Planungsgrad eines Unternehmens ist, umso kooperativer muss der Führungsstil sein (Bild 2.39). Umgekehrt gilt aber auch, dass die Unternehmensplanung umso formeller und detaillierter sein muss, je mehr Kompetenz und Verantwortung in einem kooperativen Führungsstil von der Unternehmensleitung an die Folgeinstanzen delegiert worden sind.

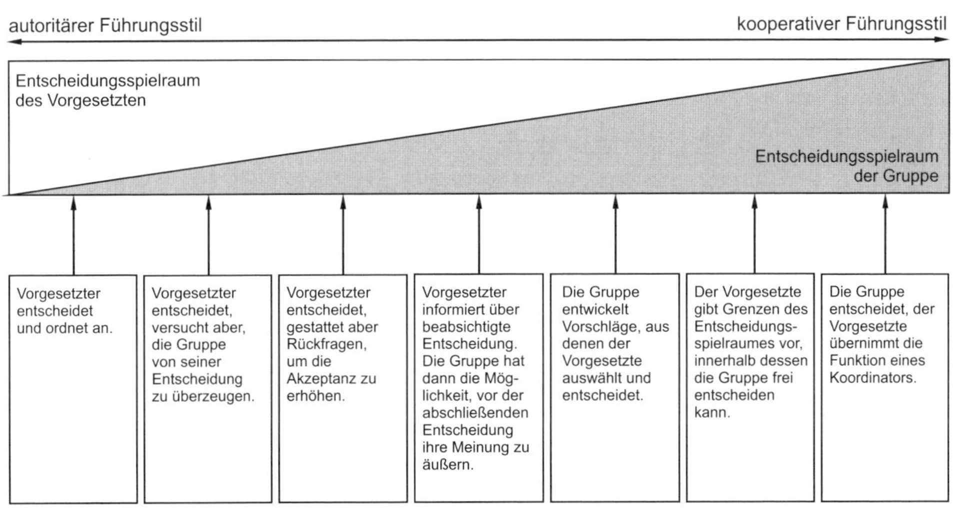

© IFA D3535

Bild 2.39 Führungsstile (nach Tannenbaum und Schmidt)

2.5.4 Führungstechnik

Aus Untersuchungen von Frederick Herzberg in US-Unternehmen in den 1950er-Jahren ist bekannt, dass Motivation zwei Aspekte hat, Bild 2.40 [Her59]. Das Erlebnis der eigenen Leistung, deren Anerkennung, Arbeitsinhalt und die Verantwortung dafür sind sowohl nach der Häufigkeit des Auftretens als auch nach der Dauer der Wirkung die stärksten Motivationsfaktoren. Sie sind eng verwandt mit dem Begriff der Selbstverwirklichung von Maslow (s. Bild 2.21). Herzberg nennt diese Faktoren Satisfier (engl. satisfy: zufrieden stellen). Personalpolitik, Kontrolle, Verdienst, zwischenmenschliche Beziehungen und Arbeitsumstände (Betriebsklima) sind demgegenüber Hygienefaktoren - von Herzberg Dissatisfier genannt. Sie bewirken für den Fall, dass sie fehlen, eine Demotivation. Sind sie jedoch vorhanden, werden sie als selbstverständlich empfunden.

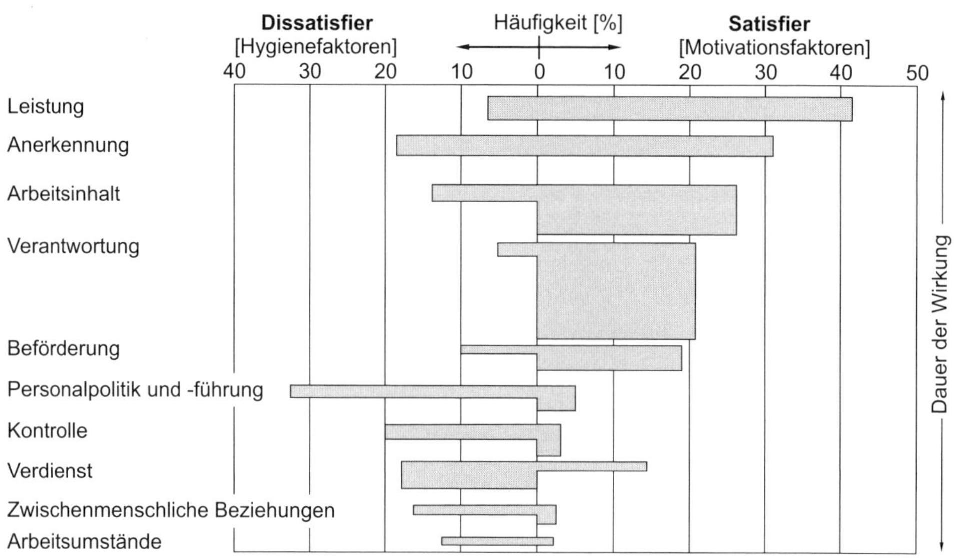

© IFA D3485

Bild 2.40 Betriebliche Motivation (Herzberg)

Aus der Kenntnis dieser Zusammenhänge haben sich zunächst in den USA und dann in Europa bestimmte Management-Techniken oder Führungsprinzipien entwickelt. Sie basieren auf der Überlegung, dass es bei den immer komplexer werdenden Zusammenhängen einerseits und dem allgemeinen Wunsch nach persönlicher Entfaltung andererseits für einen Vorgesetzten weder möglich noch sinnvoll ist, alle Kenntnisse seiner Mitarbeiter zu besitzen. Vielmehr bedarf es einer sachgerechten Aufgabenverteilung von der Unternehmensspitze bis zum Mitarbeiter einer Arbeitsgruppe, die dem Einzelnen einen selbstständigen Handlungs- und Entscheidungsspielraum gibt.

Von den zahlreichen Modellen sind das „Management by Exception" (Führen nach dem Ausnahmeprinzip) und das „Management by Objectives" (Führen durch Zielvereinbarung) die bekanntesten. Weitreichende Beachtung hat das St. Galler Management-Modell unter der Bezeichnung Integriertes Management gefunden [Ble11]. Es wurde mittlerweile erweitert [RS02]. Dabei geht es darum, ein angemessenes Problemverständnis für das Unternehmen bei wachsender Komplexität und Dynamik des Umfeldes zu gewinnen, die Integrationslücken zu erkennen und in einem normativen, strategischen und operationalen Rahmen aufeinander abgestimmte Strukturen und ein entsprechendes Verhalten zu entwickeln.

Alle Management-Modelle sind keine Alternativen, die sich gegenseitig ausschließen, sondern setzen unterschiedliche Schwerpunkte in der praktischen Ausführung. Voraussetzung für die Modelle ist eine klare Abgrenzung von Kompetenz und Verantwortung jedes Mitarbeiters, ferner die Bereitstellung der Informationen, die zur Erfüllung seiner Aufgabe notwendig sind, sowie eine regelmäßige Kontrolle der Ergebnisse.

Am Beispiel des „Management by Exception“ soll ein Führungsmodell erläutert werden, das als Ursprung der übrigen Management-Modelle gilt (Bild 2.41).

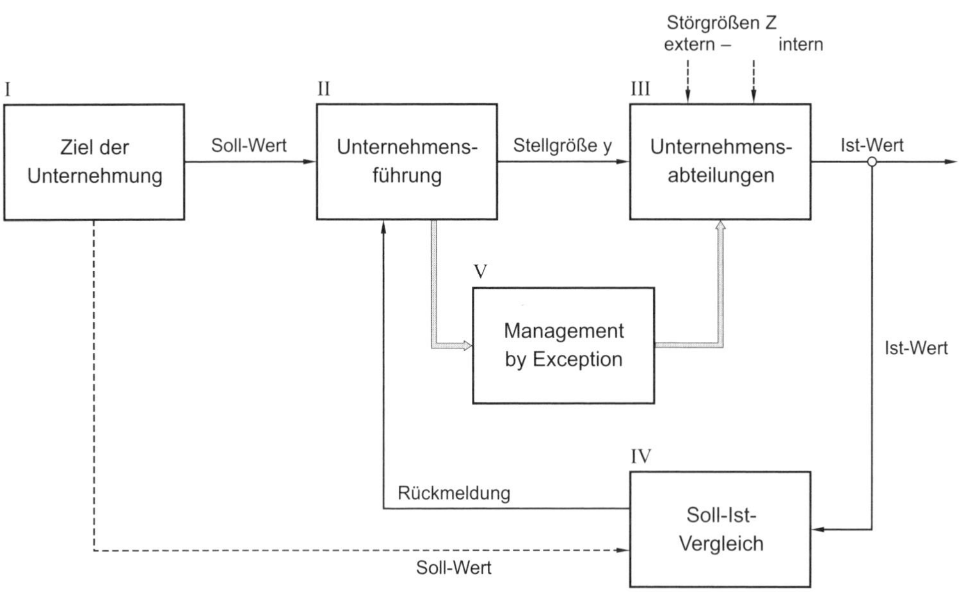

© IFA D3516

Bild 2.41 Unternehmensführung nach dem Prinzip der Ausnahmeregelung (Management by Exception)

Den Ausgangspunkt bilden die im langfristigen Unternehmensplan festgelegten Unternehmensziele. Sie werden von der Unternehmensführung in der beschriebenen Weise zunächst in mittelfristige und dann in kurzfristige Zielsetzungen umgesetzt, welche als Vorgaben für die einzelnen Unternehmensabteilungen gelten. Diese Vorgaben bestehen jedoch nicht nur aus reinen Leistungszahlen, wie z. B. Auftragseingang oder Produktionsstunden, sondern enthalten auch für den nächsten Planungszeitraum differenzierte Ziele zur Verbesserung der Gewinnsituation, wie z. B. Senkung der Fertigungszeit für bestimmte Produkte um *x* Prozent, Verringerung des Energieverbrauchs pro Tonne erzeugten Materials um *y* Prozent, Senkung der Umlaufbestände um *z* Prozent oder die Verbesserung der Termintreue von 80 auf 95 %.

Durch verschiedene interne und externe Störgrößen sind Abweichungen zu erwarten, sodass nach Erfassen der Ist-Werte positive und negative Abweichungen im Soll-Ist-Vergleich auftreten. Diese Informationen gehen verdichtet, aber ungefiltert an die Unternehmensführung, meist in Form eines Monatsberichtes. Treten nun ungewöhnliche Abweichungen auf, tritt das *Management by Exception* in Kraft. Welche Abweichung als ungewöhnlich gilt, wird ebenfalls festgelegt. Nun greift die Unternehmensführung in Absprache mit dem jeweiligen Vorgesetzten in einzelne Abteilungen und Vorgänge ein. Dabei lässt sich auch hier meist das Prinzip der ABC-Analyse anwenden, d. h. dass wenige Fälle den überwiegenden Teil der Abweichung verursachen. Diesen Fällen gilt es nachzugehen, die Ursachen zu bestimmen und durch Beschluss von Maßnahmen für eine Verbesserung zu sorgen. Je nach Umfang und Bedeutung der Abweichung wird entweder nach einer vereinbarten Zeit oder im Rahmen des laufenden Soll-Ist-Vergleichs die Wirksamkeit der getroffenen Maßnahmen überprüft. Als Vorteil dieser Management-Methode gilt die Entlastung der Führungskräfte von Routinetätigkeiten. Nachteilig kann sich dagegen die Beschränkung der Kommunikation zwischen Vorgesetzten und Mitarbeitern auf Ausnahmefälle auswirken.

Das *Management by Objectives System* ist in seinen Grundzügen sehr ähnlich aufgebaut. Peter F. Drucker gilt als der Vater des „Management by Objectives“ [Dru95]. Hier liegt der Schwerpunkt auf dem gemeinsamen Erarbeiten von Zielen durch den Vorgesetzten und seine Mitarbeiter. Aufgabenbereich und Kompetenzen des Mitarbeiters sind so abgegrenzt, dass er diese Ziele im Rahmen seines Budgets mit den Mitteln seiner Wahl erreichen kann. Am Ende einer Planperiode interessiert in erster Linie das Ergebnis, das auch den Beurteilungsmaßstab für die persönliche Entlohnung und Beförderung liefert.

Eine aus dem japanischen Qualitätsmanagement erwachsene Führungstechnik wird mit dem Begriff *Kaizen* beschrieben. Wörtlich aus dem Japanischen übersetzt bedeutet Kaizen, das sich aus „Kai“ (jap.: Veränderung) und „Zen“ (jap.: zum Besseren) zusammensetzt, nichts anderes als die ununterbrochene Verbesserung von Abläufen. Das daraus entstandene Prinzip *KVP* (Kontinuierlicher Verbesserungsprozess) soll die Mitarbeiter dazu anregen, jeden Zustand in Frage zu stellen und nach dessen Verbesserung zu suchen. Verbesserung ist kein einzelner großer Schritt, sondern eine Vielzahl kleiner Schritte, deren Intention es ist, immer ein kleines bisschen weiterzukommen [Ima01].

Beim KVP geht es nicht um eine neue Technik oder ein neues System, sondern um eine Änderung im Denken und Handeln aller in eine Organisation eingebundenen Mitarbeiter. Ziel ist die ständige Verbesserung aller Abläufe, Arbeitsplätze, Produkte und der internen und externen Kundenbeziehungen. Ohne Quantensprünge durch Innovation reichen die kleinen Verbesserungsschritte jedoch nicht aus, um eine überlegene Wettbewerbsposition zu erreichen (Bild 2.42).

Neben dieser personenbezogenen Betrachtung der Unternehmensführung ist ihre vorgehensbezogene Betrachtung von gleichrangiger Bedeutung. Durch die Delegation der Aufgaben ist es einem Vorgesetzten heute nicht mehr möglich, alle Tätigkeiten seiner Mitarbeiter auch selbst auszuführen. Er gibt zwar die Ziele vor und kontrolliert die Ergebnisse, kann aber in den Arbeitsprozess selbst in der Regel nicht mehr eingreifen. Um ins-

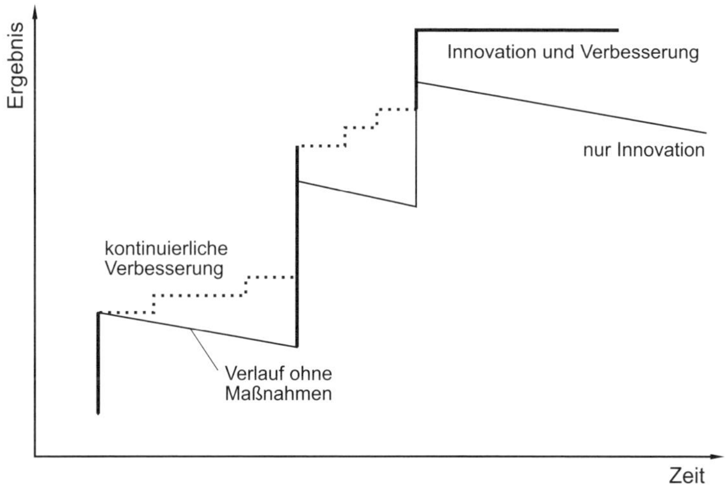

© IFA D4331

Bild 2.42 Vergleich Verbesserung – Innovation

besondere bei neuartigen und kostenintensiven Aufgaben, z.B. im Entwicklungs- oder Produktionsbereich, nicht die Kontrolle zu verlieren, ist es eine wesentliche Aufgabe der Führungskräfte, klare Zielvorgaben zu formulieren, auf ein systematisches Vorgehen bei der Abwicklung der Aufgaben hinzuwirken sowie geeignete Methoden und Hilfsmittel bereitzustellen.

Hierzu hat sich heute allgemein der *systemtechnische Problemlösungszyklus* durchgesetzt [Hab12]. Er geht von drei Lösungsphasen aus, die nicht nur systemtechnisch, sondern auch führungstechnisch bedeutsam sind. Es liegt in der Natur der meisten Praktiker, sich nach Kenntnis eines vermeintlichen oder tatsächlichen Problems sofort auf die Lösungssuche zu begeben. Der Problemlösungszyklus zwingt jedoch dazu, zunächst eine Situationsanalyse vorzuschalten. Erst wenn diese das Vorhandensein des Problems bestätigt, erfolgt durch den Vorgesetzten der Entscheid, die Zielsetzung auszuarbeiten, die wiederum zu genehmigen ist. Das zweite wesentliche Merkmal des Lösungszyklus ist, dass man sich nicht mit einer einzigen Lösung zufrieden gibt, sondern immer mehrere Lösungen erarbeitet, die anschließend bewertet und ausgewählt werden. Schließlich ist zu beachten, dass Rückführungen im Sinne einer Korrektur des jeweils vorgelagerten Schrittes möglich sein müssen.

Dieser Problemlösungszyklus kann damit als generelles Führungsinstrument betrachtet werden, weil er sowohl für eine allgemeine als auch für eine spezielle Aufgabe anzuwenden ist und gleichermaßen für ein großes Projektteam wie auch für einen einzelnen Mitarbeiter gilt.

Wie bereits erwähnt, gehört zur Führung und Planung eines Unternehmens unabdingbar die *Kontrolle*. Kontrollieren setzt voraus, dass für die betrachtete Zeitperiode Plan-Werte vorliegen und die Ist-Werte bekannt sind. Während es Aufgabe der Planung ist, die Plan-Werte in der geschilderten Weise regelmäßig für einen definierten Planungszeitraum zu erarbeiten, werden die Ist-Werte durch das betriebliche Berichtswesen geliefert, das heute meist Controlling genannt wird. Viele Unternehmen haben hierfür Controllingsysteme eingerichtet, um einerseits die optimale Gestaltung der betrieblichen Abläufe im Hinblick auf die gesteckten Ziele zu erreichen und um andererseits einen Vergleich mit den Wettbewerbsunternehmen zu ermöglichen [Hor11].

Organisatorisch sind insbesondere in großen Unternehmen eigene Controlling-Abteilungen für die wirtschaftliche und finanzielle Überwachung der Unternehmensabläufe verantwortlich [Rei06].

Die eigentliche Kontrolle besteht in der Gegenüberstellung von Plan- und Ist-Werten vorzugsweise in Form von Grafiken sowie in der Abweichungsanalyse. Sind die Ursachen der Abweichung bekannt, müssen bei nicht beeinflussbaren Ursachen die Zielvorgaben geändert und bei beeinflussbaren Ursachen entsprechende Maßnahmen eingeleitet werden [Hah96].

In der Praxis entsprechen die Kontrollbereiche den einzelnen Unternehmensbereichen, die sich von den einzelnen Abteilungen über die Hauptabteilungen bis hin zur Geschäftsführung verdichten. Es werden auf jeder dieser Ebenen bereichsspezifische Informationen erhoben, wie z. B. Auftragseingangs- und Umsatzzahlen für den Verkauf, Projekt- und Kosteninformationen für die Entwicklung, Produktions- und Personalzahlen für den Betrieb usw. Die Zahlen sind in der jeweils nächsten Ebene so zu Kennzahlen verdichten, dass keine bewusste oder unbewusste Informationsfilterung erfolgt.

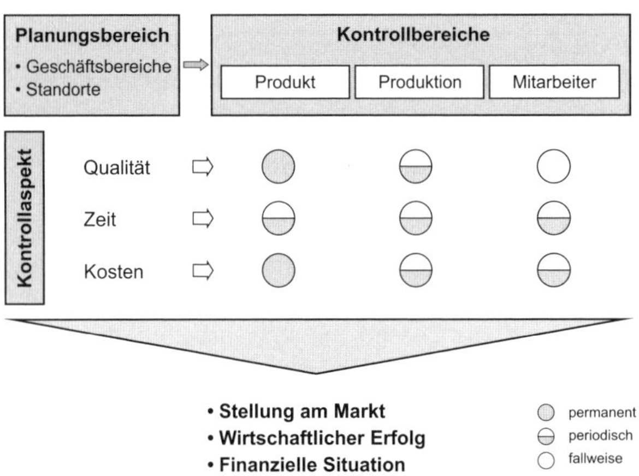

Bild 2.43 Kontrolle im Unternehmen

© IFA D3531

Aus der Sicht der Unternehmensführung lässt sich Kontrolle stark vereinfacht gemäß Bild 2.43 deuten. Die drei Kontrollbereiche Produkt, Produktion und Mitarbeiter sind auf Basis der Planungen der Geschäftsbereiche und Standorte unter den Aspekten Qualität, Zeit und Kosten zu betrachten, um eine stets aktuelle Aussage über die Stellung des Unternehmens am Markt, den wirtschaftlichen Erfolg und die finanzielle Situation, insbesondere die Liquidität, zu sichern. Die Kontrolle erfolgt dabei für einige Bereiche permanent, wie die Qualitäts- und Kostenkontrolle, überwiegend jedoch periodisch im Rahmen der monatlichen Berichterstattung. Für den Aufsichtsrat werden i. d. R. Quartalsberichte erstellt.

Als Beispiel für den Quartalsbericht eines mitteständischen Unternehmens des Maschinenbaus kann die folgende Gliederung dienen:

- Auftragseingang, Umsatz, Auftragsbestand, Leistung;
- Deckungsbeitragsrechnung der Geschäftsbereiche;
- Kostenstellenrechnung;
- Kostenartenrechnung;
- Entwicklungsbudget;
- Nachkalkulation nach Auftragstypen mit Abweichungsanalyse;
- Qualitätskosten;
- Lieferzeit und Liefertreue abgeschlossene Aufträge;
- Gewinn vor Steuern;
- Finanzplan.

Man erkennt den starken Fokus auf die Kostenüberwachung der Aufträge, Kostenstellen und Kostenarten, gefolgt von den Qualitätskosten einschließlich Garantie- und Nacharbeit, der logistischen Qualität hinsichtlich Lieferzeit und Liefertreue sowie schließlich die Gewinn- und Finanzkontrolle einschließlich der Liquiditätsüberwachung.

Die Kontrolle erfolgt jedoch nicht nur ergebnisbezogen, sondern auch ausführungsbezogen (Bild 2.44). Während die Ergebniskontrolle so Grundlage der Leistungsbeurteilung wird, dient die Frage nach Einhaltung der Abläufe sowie der Pflichten als Vorgesetzter und Mitarbeiter der Verhaltensbeurteilung. Erst Leistungs- und Verhaltensbeurteilung zusammen bestimmen das Gesamtbild des Mitarbeiters.

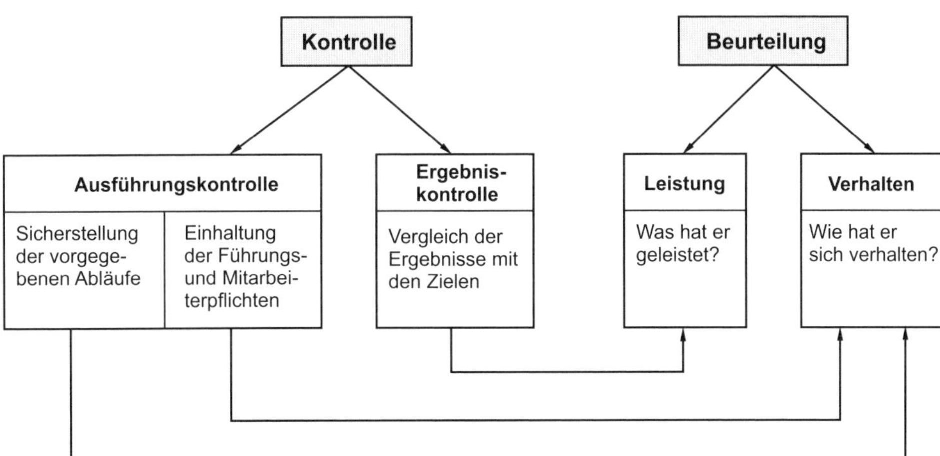

© IFA D3534

Bild 2.44 Zusammenhang zwischen Kontrolle und Beurteilung (Bataillard)

Sämtliche bisher diskutierten Fragen der Unternehmensführung lassen sich zu einem kybernetischen Modell des Führungsprozesses verdichten [Wil82] (Bild 2.45).

Ausgehend von der Formulierung des generellen Unternehmensziels erfolgt aufgrund einer Situationsanalyse die Problemerkenntnis, unterstützt durch die Rückkoppelung vorhandener Informationen und die laufende Gewinnung neuer Informationen. Die Planung besteht dann aus den drei Teilschritten Prognose, Suche alternativer Lösungen und Bewertung. Sie schließt mit der Entscheidung über eine bestimmte Lösung ab. Die Durchsetzung der Maßnahmen in der Realisationsphase wird von einer laufenden Messung der Ist-Werte begleitet. Die Kontrolle stellt den Vergleich zwischen Plan und Ist dar. Die abschließende Abweichungsanalyse schließt den Regelkreis zur Zielsetzung und Planung.

Dieser Zyklus gilt sowohl für das ganze Unternehmen als auch für einen einzelnen Bereich. Er enthält in sich Teilzyklen, die fallweise je nach Informationsstand in den einzelnen Phasen durchlaufen werden.

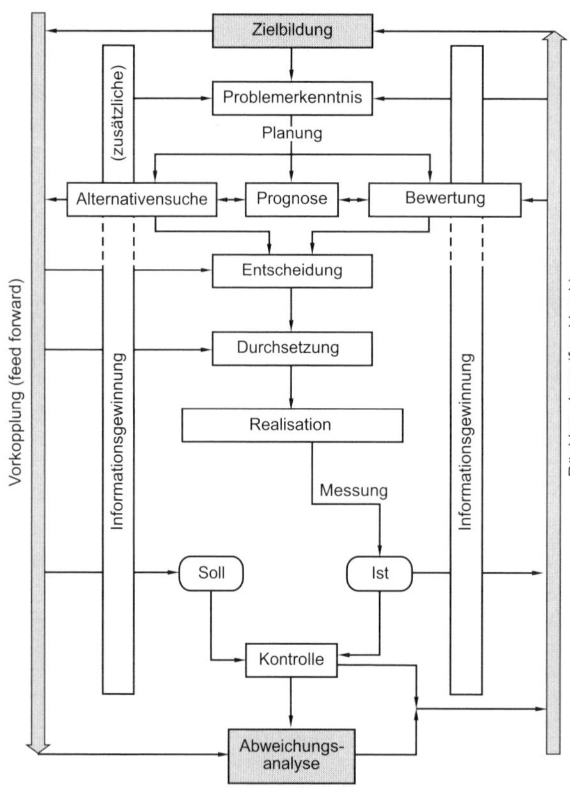

© IFA D3499

Bild 2.45 Phasenstruktur des Führungsprozesses (Managementzyklus) (Wild)

2.6 Rechtliche Randbedingungen

Für die praktische Betriebsführung spielt eine große Zahl von Vorschriften, Gesetzen und Verordnungen eine wichtige Rolle, die in ihren Grundzügen auch dem Betriebsingenieur vertraut sein müssen. Dabei sind für ihn zwei Bereiche von besonderer Bedeutung, weil sie seinen Tätigkeitsbereich unmittelbar berühren. Zum einen hat der Gesetzgeber den Schutz des Arbeitnehmers in der gewerblichen Wirtschaft sehr stark ausgebaut und die Einrichtung und den Betrieb gewerblicher Arbeitsstätten detailliert mit Vorschriften belegt. Zum anderen bedeutet die gesetzliche Mitbestimmung eine weit reichende Beteiligung des einzelnen Arbeitnehmers und des Betriebsrats in sozialen, personellen und wirtschaftlichen Belangen. Zunehmend berühren jedoch auch umweltrechtliche Aspekte den betrieblichen Ablauf. Mit den folgenden Ausführungen werden diese Themenkreise nur kurz angerissen; sie sollen zur vertieften Beschäftigung mit diesen Themen anregen, da sie in der technisch orientierten Literatur zur Betriebsorganisation wenig angesprochen werden.

2.6.1 Vorschriften zur Einrichtung und zum Betrieb gewerblicher Arbeitsstätten

Die Verordnung über Arbeitsstätten (ArbStättV) [Arb04] trat am 1. Mai 1976 in Kraft (zuletzt geändert durch Verordnung vom Dezember 2010) und stellt zusammen mit den Arbeitsstättenrichtlinien (ASR) [ASR06] das bisher letzte Glied der Arbeitsschutzgesetzgebung in der Bundesrepublik Deutschland dar. Sie fasst zahlreiche geltende Einzelvorschriften des Arbeitsstättenrechts zusammen, modernisiert sie und ergänzt sie durch die neuesten Erkenntnisse des Arbeitsschutzes, der Arbeitsmedizin, der Arbeitshygiene und der Arbeitswissenschaft. Neu hinzugekommen ist der Nichtraucherschutz. Die Verordnung gilt für alle Arbeitsstätten in Industrie, Handel und Dienstleistungsbetrieben [OSP05].

Gemäß § 3 ArbStättV hat der Arbeitgeber die Arbeitsstätte einschließlich der dazu gehörenden Verkehrswege, Lager-, Maschinen- und Nebenräume, Erholungs-, Sanitär- und Sanitätsräume nach dieser Verordnung, den sonst geltenden Arbeitsschutz- und Unfallverhütungsvorschriften und nach den allgemein anerkannten sicherheitstechnischen, arbeitsmedizinischen und hygienischen Regeln sowie den sonstigen gesicherten arbeitswissenschaftlichen Erkenntnissen einzurichten und zu betreiben.

Die hier wesentlichen Arbeitsschutz- und Unfallverhütungsvorschriften sind sachbezogen, insbesondere die Verordnung für überwachungsbedürftige Anlagen, die Druckluftverordnung, die Arbeitsstoffverordnung, das Gesetz über technische Arbeitsmittel und die Strahlenschutzverordnung. Mehr personenbezogen sind demgegenüber das Jugendarbeitsschutzgesetz, das Mutterschutzgesetz und die Unfallverhütungsvorschriften der gewerblichen Berufsgenossenschaften.

Als allgemein anerkannte sicherheitstechnische, arbeitsmedizinische und hygienische Regeln gelten sowohl die einschlägigen Normen, VDI- und VDE-Richtlinien usw., als auch allgemein von Fachleuten anerkannte und in der Praxis bewährte Regeln. Sie sind insbesondere den 30 Arbeitsstättenrichtlinien (ASR) zu entnehmen, welche vom Bundesminister für Arbeit und Soziales veröffentlicht werden [ASR06]. Sie betreffen hauptsächlich Lüftung, Beleuchtung, Türen, Treppen, Gänge sowie Sanitär- und Sozialräume. Diese Richtlinien stellen zwar keine rechtsverbindlichen Vorschriften dar; jedoch darf von ihnen und den übrigen anerkannten Regeln nur abgewichen werden, wenn Maßnahmen getroffen werden, die ebenso wirksam sind. Ergänzt werden diese Vorschriften durch die Bauordnungen der Länder, die sich zum Teil auch mit diesen überschneiden [OSP05]. Die Kontrolle der Ausführung der Arbeitsstättenverordnung und der übrigen Rechtsvorschriften des Arbeitsschutzes obliegt den Bundesländern. Diese haben die Gewerbeaufsichtsämter und die Berufsgenossenschaften mit der Durchführung beauftragt.

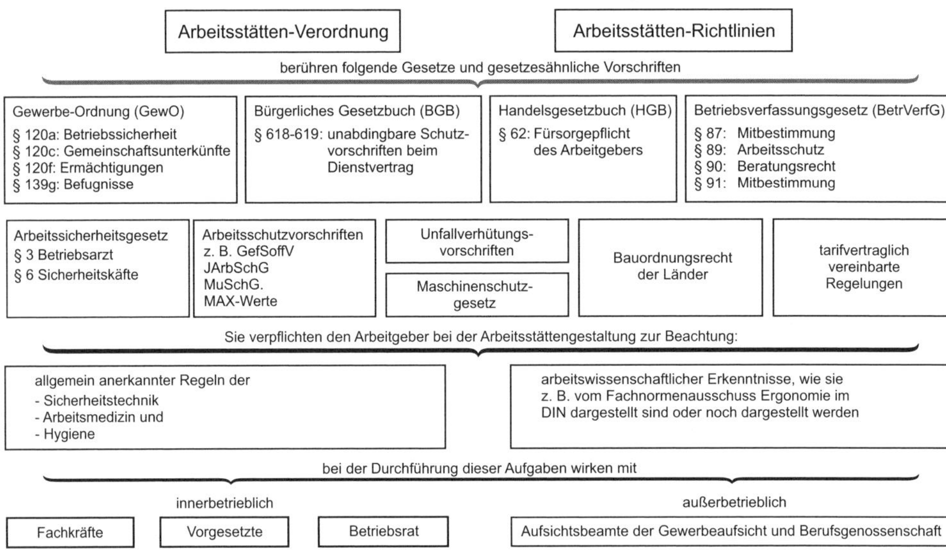

© IFA D3823

Bild 2.46 Zusammenhang der Arbeitsstätten-Verordnung mit anderen Gesetzen (nach Avenarius und Pfitzner)

Eine Übersicht über die wesentlichen Gesetze und Vorschriften vermittelt Bild 2.46 [Ave76]. Man erkennt, dass neben der bereits genannten Gewerbeordnung noch allgemeine Berührungspunkte zum Bürgerlichen Gesetzbuch, zum Handelsgesetzbuch und zum Betriebsverfassungsgesetz bestehen und dass spezielle Beziehungen durch das Arbeitssicherheitsgesetz, die Arbeitsschutzvorschriften, das Maschinenschutzgesetz, die Unfallverhütungsvorschriften, das Bauordnungsrecht und gegebenenfalls speziell tarifvertraglich vereinbarte Regelungen bestehen.

Mit der Richtlinie 89/391 EWG (ArbeitsschutzRahmenRL) des Rates der Europäischen Gemeinschaft vom 12. Juni 1989 über die Durchführung von Maßnahmen der Sicherheit und des Gesundheitsschutzes der Arbeitnehmer bei der Arbeit gewinnt die Europäische Gesetzgebung an Bedeutung. Die Richtlinie verpflichtet Arbeitgeber und Arbeitnehmer gleichermaßen zu vorbeugenden Maßnahmen der Sicherheit und des Gesundheitsschutzes. Die entsprechenden Maßnahmen sind mit dem Qualitäts- und Umweltmanagement durch ein Arbeitsschutzmanagement umzusetzen [KKSW01, KuKi05].

2.6.2 Mitbestimmung

Grundsätzlich gilt in der marktwirtschaftlichen Ordnung der Bundesrepublik Deutschland die Unternehmensautonomie. Sie basiert auf dem Grundsatz, dass derjenige, der das Kapital für ein Unternehmen bereitstellt, auch die Entscheidungsfreiheit innerhalb des Betriebsgeschehens besitzt. Diese Entscheidungsfreiheit ist durch drei wichtige Gesetze eingeschränkt, die zusammenfassend häufig als gesetzliche oder betriebliche Mitbestimmung bezeichnet werden. Es handelt sich dabei um das Betriebsverfassungsgesetz (BetrVG) in der Fassung vom 15.01.1972 (neu gefasst 25.09.2001, zuletzt geändert am 20.4.2013), das Gesetz über die Mitbestimmung der Arbeitnehmer (MitbestG) vom 04.05.1976 (zuletzt geändert 22.12.2011) und das Gesetz über die Mitbestimmung der Arbeitnehmer (MitbestG) vom 04.05.1976 (zuletzt geändert am 22.12.2011). Die jeweils gültige Fassung findet sich in [http://bundesrecht.juris.de].

Während das Betriebsverfassungsgesetz eine arbeitsrechtliche Mitbestimmung der Arbeitnehmer auf Arbeitsplatzebene und Betriebsebene bewirkt, regeln die beiden anderen Gesetze die unternehmerische Mitbestimmung der Arbeitnehmer (auch qualifizierte Mitbestimmung genannt) bei allen wichtigen Planungen und Entscheidungen, die das Unternehmen als Ganzes betreffen.

Für den Betriebsingenieur ist die arbeitsrechtliche Mitbestimmung gemäß Betriebsverfassungsgesetz tägliche Wirklichkeit und soll deshalb anhand Bild 2.47 näher betrachtet werden. Man unterscheidet bei der Mitbestimmung nach der Beteiligungsebene, den Beteiligungsberechtigten, dem Beteiligungsgegenstand und den Beteiligungsrechten [Dlu80].

Die *Beteiligungsebene* ist entweder der einzelne Arbeitsplatz oder der gesamte Betrieb. Die *Beteiligungsberechtigten* sind entweder der einzelne Arbeitnehmer (direkte Mitbestimmung) oder der Betriebsrat (indirekte Mitbestimmung). Während der Arbeitnehmer nur *Beteiligungsrechte* am eigenen Arbeitsplatz hat, umfasst die Beteiligungsebene des Betriebsrates sowohl den einzelnen Arbeitsplatz als auch Betriebsteile oder den ganzen Betrieb.

Der *Betriebsrat* ist ein von den Arbeitnehmern für vier Jahre (seit dem 01.01.1989) geheim und direkt gewähltes Gremium, welches die Belegschaft nach Berufen, Abteilungen und Geschlecht sowie Zahl der Angestellten und Arbeiter repräsentieren soll. Die Anzahl der Betriebsratsmitglieder wächst unterproportional mit der Anzahl der Arbeitnehmer; z.B. sind es bei 100 Arbeitnehmern fünf Betriebsräte und bei 1000 Arbeitnehmern elf Betriebsräte. Bei mehr als acht Mitgliedern bildet der Betriebsrat einen Betriebsausschuss zur Führung der laufenden Geschäfte. In großen Unternehmen werden zur praktischen Wahrnehmung der Mitbestimmungsrechte häufig Fachausschüsse gebildet, z.B. für Personal, Soziales, Ausbildung, Unfallverhütung usw., denen auch Mitarbeiter von Linien- und Stabsabteilungen angehören. Der Betriebsrat ist zur Geheimhaltung von Betriebs- und Geschäftsgeheimnissen verpflichtet.

Die primäre Aufgabe des Betriebsrats besteht darin, den Arbeitnehmer vor Nachteilen zu schützen, die sich aus unternehmerischen Entscheidungen ergeben können. Er ist deshalb nicht Bestandteil der Unternehmenshierarchie, sondern Verhandlungspartner des Arbeitgebers. Zur Unterstützung seiner Arbeit kann der Betriebsrat Sachverständige hinzuziehen, die auch Gewerkschaftsvertreter sein können.

Bei den Beteiligungsrechten der Arbeitnehmer und des Betriebsrates ist zunächst zwischen Mitwirkung und Mitbestimmung zu unterscheiden. Bei der *Mitwirkung* haben die Beteiligungsberechtigten das Recht der Information, der Anhörung oder der Beratung; die Entscheidung jedoch wird vom Arbeitgeber getroffen. Die *Mitbestimmung* bedeutet demgegenüber ein Mitentscheidungsrecht, wobei drei Formen zu unterscheiden sind: Beim Initiativrecht können vom Arbeitnehmer oder vom Betriebsrat bestimmte Maßnahmen verlangt bzw. erzwungen werden. Das Widerspruchsrecht ermöglicht dem Betriebsrat den Einspruch gegen Maßnahmen, die der Arbeitgeber selbstständig treffen kann. Durch das Zustimmungsrecht schließlich ist die Zustimmung des Betriebsrats zu bestimmten Maßnahmen des Arbeitgebers erforderlich.

In Bild 2.47 ist weiterhin erkennbar, auf welche Angelegenheiten sich die Beteiligungsrechte von Arbeitnehmer und Betriebsrat erstrecken.

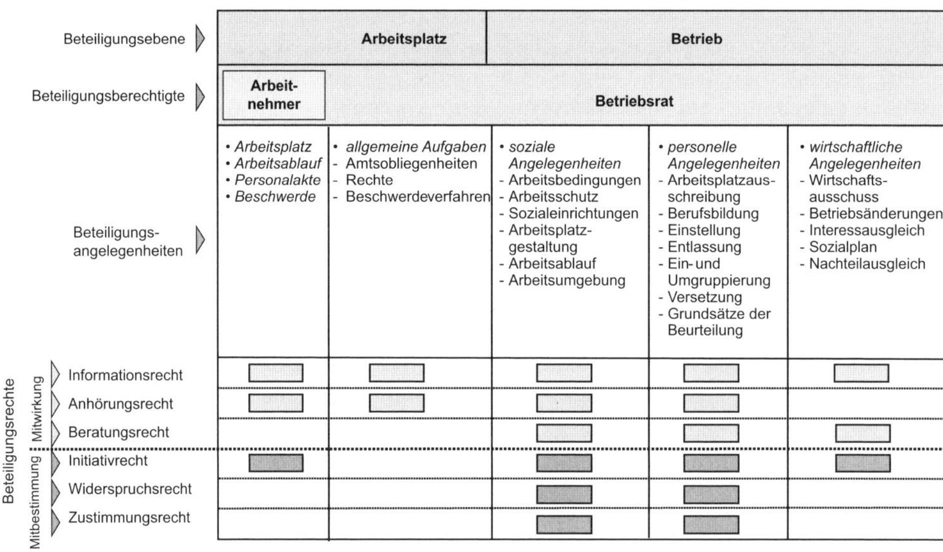

© IFA D3495

Bild 2.47 Prinzip der arbeitsrechtlichen Mitbestimmung (nach Dlugos)

So besitzt der Arbeitnehmer *Informations-, Anhörungs- und Initiativrechte*, die sich auf seinen Arbeitsplatz, den Arbeitsablauf und seine Person beziehen. Der Betriebsrat hat darüber hinaus noch wesentlich erweiterte Gebiete der Beteiligung. Diese betreffen neben den allgemeinen, ihn selbst berührenden Aufgaben vor allem soziale und personelle Angelegenheiten der Arbeitnehmer. Gemäß den Absichten des Gesetzgebers, den Arbeitnehmer vor eventuellen negativen Auswirkungen unternehmerischer Entscheidungen zu schützen, bestehen hier auch die stärksten Beteiligungsrechte. Wie die Aufzählung in den beiden Gruppen zeigt, wird hier eine intensive Information, Beratung und Zustimmung des Betriebsrates in allen Belangen der Arbeitsplatzgestaltung und der Arbeitsplatzbesetzung gesichert, die im Gesetz detailliert geregelt ist [Fit12]. Die Beteiligung in wirtschaftlichen Angelegenheiten ermöglicht dem Betriebsrat durch die Einrichtung eines Wirtschaftsausschusses zunächst eine laufende Information über die wirtschaftliche Situation des Unternehmens sowie eine Mitwirkung bei den personenbezogenen Folgen größerer Betriebsveränderungen.

Als beherrschender Grundsatz des Betriebsverfassungsgesetzes ist schließlich das *Gebot der vertrauensvollen Zusammenarbeit* zwischen Arbeitgeber und Betriebsrat zum Wohle der Arbeitnehmer und des Betriebes hervorzuheben. Kann in bestimmten Fällen keine Übereinstimmung zwischen Arbeitgeber und Betriebsrat oder Arbeitnehmer erzielt werden, sind zunächst eine Einigungsstelle anzurufen und erst dann das Arbeitsgericht.

Die beschriebene arbeitsrechtliche Mitbestimmung wird ergänzt durch die bereits erwähnte *unternehmerische Mitbestimmung*, welche die Arbeitnehmer zu Partnern des Unternehmens macht. In der Montanindustrie (Bergbau, Stahl und Eisen erzeugende Industrie) wird die Mitbestimmung durch die paritätische (gleichberechtigte) Besetzung des Aufsichtsrates mit Arbeitnehmern verwirklicht (MontanMitbestG vom 21.05.195, zuletzt geändert am 31.10.2006). Hinzu tritt hier die Entsendung eines Arbeitsdirektors in den Vorstand durch die Arbeitnehmer. Der Aufsichtsrat umfasst je nach Größe des Nennkapitals 11, 15 oder 21 Mitglieder. Er setzt sich zu gleichen Teilen aus Vertretern der Anteilseigner und der Arbeitnehmer sowie dem Unparteiischen zusammen. Der Unparteiische wird von den übrigen Mitgliedern des Aufsichtsrates gewählt; bei Stimmengleichheit gibt seine Stimme den Ausschlag.

Die Mitbestimmung der Arbeitnehmer ergibt sich aus den Rechten des Aufsichtsrates, wozu in erster Linie die Feststellung des Jahresabschlusses sowie die Bestellung und Abberufung des Vorstandes gehören. Die Mitbestimmung betrifft aber auch alle Entscheidungen grundsätzlicher Art, die der Vorstand treffen will und die vom Aufsichtsrat genehmigt werden müssen, wie z.B. Änderung der Rechtsform, einschneidende Veränderungen in der Organisation, größere Investitionen oder Geschäfte mit besonderem Risiko.

Unternehmen außerhalb der Montanindustrie mit mehr als 2000 Arbeitnehmern fallen unter das Mitbestimmungsrecht von 1976. Der Aufsichtsrat besteht dort zu gleichen Teilen aus Vertretern der Arbeitnehmer und der Anteilseigner. Zwei der Arbeitnehmervertreter sind Gewerkschaftsvertreter, einer muss ein leitender Angestellter sein. Der Aufsichtsratsvorsitzende wird mit Zwei-Drittel Mehrheit gewählt. Einen Unparteiischen gibt es hier nicht; jedoch hat der Aufsichtsratsvorsitzende bei Stimmengleichheit in der zweiten Abstimmung eine doppelte Stimme. Im Vorstand sitzt ebenfalls ein Arbeitsdirektor, der aber im Gegensatz zu jenem in der Montanindustrie wie die übrigen Vorstandsmitglieder bestellt wird. In der Praxis wird das Zusammenwirken zwischen Betriebsrat und dem Arbeitgeber und seinen Führungskräften maßgeblich durch die jeweiligen Persönlichkeiten bestimmt. Eine vertrauensvolle Zusammenarbeit wird umso wichtiger, je mehr sich durch die Globalisierung, der Zwang zur laufenden Rationalisierung bei immer neuen technischen Möglichkeiten bedeutende Auswirkungen auf den einzelnen Arbeitsplatz und ganze Betriebsbereiche ergeben.

2.6.3 Umweltrecht

Der Begriff „Umweltrecht" umfasst alle Rechtsvorschriften, die – entweder als Hauptzweck oder als Nebenwirkung – sich mit Schutz und Pflege der Umwelt und der natürlichen Lebensgrundlagen befassen. Das Bundesverfassungsgericht hat ausdrücklich festgelegt, dass der Gesundheits- und Umweltschutz als wichtiges Gemeinschaftsgut sogar Eingriffe in Grundrechte rechtfertigt, wie z. B. das Eigentum oder die Berufsfreiheit. Dennoch kann der Begriff „Umweltrecht" auch heute noch nicht als ein klar abgrenzbares Rechtsgebiet betrachtet werden. Eine übersichtliche Zusammenfassung der Gesetzestexte findet sich in [KK01].

Unter die vom Umweltrecht erfassten Gebiete fallen alle Regelungen, die sich mit folgenden Themen beschäftigen:

- der räumlichen Planung der Umwelt, wie sie für die geordnete Entwicklung von Industrie, Landwirtschaft, Natur, Städtebau usw. erforderlich ist;
- dem Schutz von Boden und Natur, z. B. Bauvorschriften, aber auch der Natur- und Landschaftsschutz;
- dem Umgang mit Wasser, z. B. der Nutzung von Wasser in jeglicher Form, der Einleitung bestimmter Stoffe in Gewässer, der Entnahme von Grundwasser usw.;
- der Reinhaltung der Luft, insbesondere von dampf-, gas- oder staubförmigen Emissionen;
- den Abfallstoffen aus Haushalten, Industrie, Gewerbe usw.;
- dem Schutz von Menschen vor der Einwirkung gefährlicher Stoffe, insbesondere am Arbeitsplatz oder in Wohnräumen;
- dem Umgang mit strahlender Materie oder kerntechnischen Anlagen;
- der Haftung für Umweltschäden und der Beseitigung von Altlasten.

Auf dem Gebiet der räumlichen Planung sind für die Erstellung industrieller Anlagen neben den Flächennutzungs- und Bebauungsplänen, die Verordnung über die bauliche Nutzung der Grundstücke *(BaunutzungsVO)* sowie das *Raumordnungsgesetz* des Bundes (ROG) von Bedeutung. In den Bebauungsplänen wird beispielsweise Art und Größe der Gebäude, das Verhältnis zwischen bebaubarer und freizuhaltender Grundstücksfläche, die Straßenanbindung, Trassen für Versorgungsleitungen usw. geregelt.

Explizite bundesgesetzliche Regelungen zum Schutz des Bodens gibt es, im Gegensatz zu den Schutzgesetzen für Wasser und Luft, bisher nicht. Bundesrechtlich wird die Inanspruchnahme des Bodens vor allem durch das Baurecht und indirekt durch das *Bundes-Immissionsschutzgesetz* (BImSchG) geregelt. Prinzipiell ist jedermann verpflichtet, sich so zu verhalten, dass Bodenbelastungen auf das unvermeidbare Maß beschränkt werden.

Rahmenvorschrift für die Nutzung von Gewässern und Grundwasser ist das Gesetz zur Ordnung des Wasserhaushalts, *Wasserhaushaltsgesetz* (WHG). Hier werden Benutzungen von Gewässern geregelt, wie das Entnehmen und Ableiten von Wasser aus oberirdischen Gewässern oder dem Grundwasser, aber auch das Einbringen und Einleiten von Stoffen in oberirdische Gewässer, Küstengewässer oder Grundwasser.

Eine der wichtigsten Vorschriften im Bereich des Umweltrechts ist das 1974 in Kraft getretene Gesetz zum Schutz vor schädlichen Umwelteinwirkungen durch Luftverunreinigungen, Geräusche und Erschütterungen, besser bekannt als *Bundes-Immissionsschutzgesetz* (BImSchG). Schädliche Umwelteinwirkungen sind danach Immissionen, die nach Art, Ausmaß oder Dauer geeignet sind, Gefahren, erhebliche Nachteile oder erhebliche Belästigungen für die Allgemeinheit oder die Nachbarschaft herbeizuführen.

Regelungen für den Umgang mit Reststoffen und Abfällen finden sich im *Gesetz zur Förderung der Kreislaufwirtschaft und Sicherung der umweltverträglichen Beseitigung von Abfällen* (Krw/AbfG), vom 27.09.1994, zuletzt geändert am 29.10.2001. Es betont die Kreislaufführung der Rohstoffe, um die natürlichen Rohstoffe zu schonen. Zentrales Element ist der Grundsatz „Vermeiden vor Verwerten vor Beseitigen".

Der in vorhergehenden Kapiteln bereits angesprochene *Arbeitsschutz* wird als Bestandteil des Umweltschutzes angesehen. Dies gilt insbesondere für den Umgang mit gefährlichen Stoffen. Zum Schutz der Gesundheit am Arbeitsplatz wird von der Deutschen Forschungsgemeinschaft u. a. jährlich die sogenannte MAK-Werte-Liste veröffentlicht. Der *MAK-Wert* ist die höchste zulässige Konzentration eines Arbeitsstoffes als Gas, Dampf oder Schwebstoff in der Luft am Arbeitsplatz, die auch bei langfristiger, in der Regel täglich achtstündiger Exposition im Allgemeinen „die Gesundheit der Beschäftigten nicht beeinträchtigt und diese nicht unangemessen belästigt".

Mit dem Gesetz zum vorsorgenden *Schutz der Bevölkerung gegen Strahlenbelastung* (StrVG) soll der Schutz der Bevölkerung dadurch sichergestellt werden, dass die Radioaktivität in der Umwelt überwacht wird.

Die Vorschriften zum Umweltschutz (BImSchG, WHG, Krw/AbfG usw.) enthalten eine Auflistung von Zuwiderhandlungen gegen den jeweiligen Inhalt. Aus dem Strafgesetzbuch ergibt sich eine Reihe von Tatbeständen, die Schädigungen der Umwelt unter Strafe stellen. Als weitere Rechtsfolgen können sich zivilrechtliche Haftungsansprüche ergeben, die ein Geschädigter aufgrund der Verletzung von Rechtsvorschriften gegen die dafür verantwortliche Person oder ein Unternehmen geltend machen kann [Sto10].

Nach diesem Überblick soll nun die Entstehung und der Durchlauf der Produkte durch das Unternehmen genauer betrachtet werden. Den Schwerpunkt bildet dabei die industrielle Einzel- und variantenreiche Serienfertigung von Konsum- und Investitionsgütern.

■ 2.7 Literatur

[Abe07] Abele, E. (Hrsg.): Mehrtechnologie orientierte rekonfigurierbare Werkzeugmaschine, Bamberg 2007

[Abr09] Abraham, M. u. Büschges, G.: Einführung in die Organisationssoziologie. 4. Aufl., Wiesbaden 2009

[AHB03] Antoni, C, Hofmann, K., und Bungard, W.: Gruppenarbeit. In: Bullinger, H.-J., Warnecke, H.J., u. Westkämper, E.: (Hrsg.): Neue Organisationsformen in Unternehmen. Ein Handbuch für das moderne Management, 2. Aufl., Berlin Heidelberg 2003

[Arb04] Arbeitsstättenverordnung: ArbStättV. Bundesgesetzblatt Jg. 2004, Teil I, Nr. 44, S. 2149 - 2189

[ASR06] Arbeitsstättenrichtlinien. Vorschriften und Empfehlungen zur Gestaltung von Arbeitsstätten, Filderstadt 2006
[Ave76] Avenarius, A., Pfützner, R.: Arbeitsplätze richtig gestalten nach der Arbeitsstättenverordnung, München 1976
[Awf85] AWF (Hrsg.): CIM - Integrierter EDV-Einsatz in der Produktion, Beispiele, Definitionen, Funktionszuordnungen, Eschborn 1985
[Ble11] Bleicher, K.: Das Konzept Integriertes Management. Visionen, Missionen, Programme. 8. Aufl,. Frankfurt/M. 2011
[Ble96] Bleicher, K.: Leitbilder als Ausdruck normativen Managements. In: Eversheim, W., und Schuh G. (Hrsg.): Betriebshütte, Produktion und Management, 7. Aufl., S. 2 - 50 ff Berlin Heidelberg 1996
[BMc99] Bussmann, S., and McFarlane, D. C.: Rationales for Holonic Manufacturing Control. 2nd Intern. Workshop on Intelligent Manufacturing Systems. Sept. 22 - 24, 1999, Leuven, Belgien
[BMS96] Bleicher, K., Müller-Stewens, G.: Unternehmenskultur. In: Eversheim, W., und Schuh G. (Hrsg.): Betriebshütte, Produktion und Management, 7. Aufl., S. 2 - 38 ff. Berlin Heidelberg 1996
[Bra11] Bracht, U., Geckler, D. u. Wenzel, S.: Digitale Fabrik. Methoden und Praxisbeispiele, Berlin Heidelberg 2011
[BSM02] Birkigt, K., Stadler M. M., Funck, H. J.: Corporate Identity: Grundlagen, Funktionen, Fallbeispiele, 11. Aufl., Landsberg/Lech 2002
[De03] Deen, S. M. (Hrsg.): Agent Based Manufacturing: Advances in the Holonic Approach (Advanced Information Processing), Berlin Heidelberg 2006
[DIN69901] DIN 69901: Projektmanagement - Begriffe, Köln 1987
[Dlu80] Dlugos, G.: Mitbestimmung. In: Grochla, E. (Hrsg.): Handwörterbuch der Organisation, 2. Aufl., Stuttgart 1980
[Dru95] Drucker, P. F.: The Practice of Management. 17. Aufl., New York 1995
[Fel14] Feldmann, K., Schöppner, V. und Spur, G. (Hrsg.): Handbuch Fügen, Handhaben, Montieren. Edition Handbuch der Fertigungstechnik. München 2014
[Fit12] Fitting, K. u. a. (Hrsg.): Betriebsverfassungsgesetz (BetrVG), Handkommentar 26. Aufl., München 2012
[GFS96] Gausemeier, J., Fink, O. u. Schlake, O.: Szenario-Management 2. Aufl., München Wien 1996
[Hab12] Haberfellner, R. (zus. mit P. Nagel, M. Becker, A. Büchel, H. von Massow): Systems Engineering - Methoden und Praxis. Zürich 2012
[Hah96] Hahn, D.: PuK Controllingkonzepte. 6. Aufl., Wiesbaden 1996
[HC03] Hammer, M., Champy, J.: Business Reengineering. Die Radikalkur für das Unternehmen. 7. Aufl., Frankfurt New York 2003
[Her59] Herzberg, F. H.: The Motivation to Work, New York 1959
[Hor11] Horváth, P.: Controlling. 12. Aufl., München 2011
[Ima01] Imai, M.: Kaizen. München 2001
[Kid94] Kidd P. T.: Agile manufacturing. Forging New Frontiers. Addison-Wesley, 1994
[Kie95] Kieser, A., Reber, G., Wunderer, R.: Handwörterbuch der Führung, 2. Aufl., Stuttgart 1995
[KK01] Kröger, D., u. Klauß, I.: Umweltrecht. Schnell erfasst, Berlin Heidelberg 2001
[KKSW01] Koether, R., Kurz, B, Seidel, U. A., u. Weber, F.: Betriebsstättenplanung und Ergonomie. Kap. 10.3: Arbeitsschutzmanagement S. 335 ff, München Wien 2001
[Ko67] Koestler, A.: The Ghost in the Machine. London 1967.

[KJH99] Koren, Y., Jovane, F., Heisel, U., et al.: Reconfigurable Manufacturing Systems. Keynote Paper, Annals of CIRP, 48 (1999) 2: S. 527 - 540.

[Kos90] Koslowski, P., Löw, R. (Hrsg.): Jahrbuch des Forschungsinstitutes für Philosophie und Religion Bd. 3, 5 u. 7 Hannover 1990/91/92/93

[Kü06] Kühn, W.: Digitale Fabrik. Fabriksimulation für Produktionsplaner. München Wien 2006

[Kra75] Kramer, F.: Integrierte Unternehmensplanung. In: Brankamp, K. (Hrsg.) Handbuch der modernen Fertigung und Montage, S.1154 -1188, München 1975

[KuKi05] Kubitscheck, S., u. Kirchner, J-H.: Kleines Handbuch der praktischen Arbeitsgestaltung: Grundsätzliches, Gestaltungshinweise, Gesetze, Vorschriften und Regelwerke, weiterführende Literatur. München Wien 2005

[Lot85] Lotter, B.: Aufbau und Einsatz flexibler Montagesysteme. 6. Dt. Montagekongress, 24./24. 10. 1985 München

[LoWi12] Lotter, B., u. Wiendahl, H.-P.: Montage in der industriellen Produktion. Ein Handbuch für die Praxis. 2. Aufl., Berlin Heidelberg 2012

[Mal06] Malik, F.: Führen. Leisten. Leben. Wirksames Management für eine neue Zeit, Stuttgart München 2006

[Mas54] Maslow, A. H.: Motivation and Personality. New York 1954. Deutsche Ausgabe: Motivation und Persönlichkeit. 2. Aufl., Freiburg 1978

[Mit60] Mitrofanow, S. P.: Wissenschaftliche Grundlagen der Gruppentechnologie. 2. Aufl., Berlin 1960

[MGE98] Mertens, P., Griese, J., und Ehrenberg, D.: Virtuelle Unternehmen und Informationsverarbeitung. Berlin Heidelberg 1998

[Oelt00] Oeltjensbruns, H.: Organisation der Produktion nach dem Vorbild Toyotas. Diss. TU Clausthal, Aachen 2000

[Ohn86] Ohno, T.: The Origin of Toyota Production System and Kanban System. In: Monden, Y.: Applying Just in Time. The American/Japanese Experimence. Georgia 1986, S. 3 - 8

[OSP05] Opfermann, R., Streit, W. u. Pernack, E. F.: Arbeitsstätten. 7. Aufl., Heidelberg 2005

[Pfo04] Pfohl, H.-Ch.: Logistiksysteme, Betriebswirtschaftliche Grundlagen, 7. Aufl., Berlin Heidelberg 2004

[Por00] Porter, M. E.: Wettbewerbsvorteile, Spitzenleistungen erreichen und behaupten, Frankfurt, 6. Aufl., Frankfurt New York 2000

[Por99] Porter, M. E.: Wettbewerbsstrategie, Methoden zur Analyse von Branchen und Konkurrenten, 10. Aufl., Frankfurt New York 1999

[Rei06] Reichmann, T.: Controlling mit Kennzahlen und Managementberichten. 7. Aufl., München 2006

[Ric99] Richter, M.: Personalführung im Betrieb, Grundlagen und betriebliche Praxis, 4. Aufl., Stuttgart 1999

[Ric04] Richter-von-Hagen, C., u. Stucky, W.: Business-Process- und Workflow-Management: Prozessverbesserung durch Prozess-Management, Wiesbaden 2004

[Ros11] Rosenstiel, L., u. Nerdinger, F. W.: Grundlagen der Organisationspsychologie. Basiswissen und Anwendungshinweise. 7. Aufl., Stuttgart 2011

[RS02] Rüegg-Stürm, J.: Das neue St. Galler Management-Modell, Grundkategorien einer integrierten Managementlehre, der HSG-Ansatz. Bern usw. 2002

[RSV92] Rück, R., Stockert, A., Vogel, F.-O.: CIM und Logistik im Unternehmen, Praxiserprobtes Gesamtkonzept für die rechnerintegrierte Auftragsabwicklung, München Wien 1992

[Sch90] Scheer, S.-W.: CIM Computer Integrated Manufacturing: Der computergesteuerte Industriebetrieb, 4. Aufl., Berlin Heidelberg 1990

[Sch92] Schanz, G.: Organisation. In: Frese, E. (Hrsg.): Handwörterbuch der Organisation, 3. Aufl., Stuttgart 1992

[Schö11] Schönsleben, P.: Integrales Logistikmanagement. Planung und Steuerung von umfassenden Geschäftsprozessen. 6. Aufl., Berlin Heidelberg 2011

[SMG98] Schuh, G., Millarg, K., u. Göransson A.: Die virtuelle Fabrik. 2. Aufl., München 1998

[Spa03] Spath, D. (Hrsg.): Ganzheitlich produzieren. Innovative Organisation und Führung, Stuttgart 2003

[Spa13] Spath, D. (Hrsg.): Produktionsarbeit der Zukunft - Industrie 4.0. Studie Fraunhofer IAO Stuttgart 2013

[Spu94] Spur, G.: Fabrikbetrieb, Das System Planung - Steuerung - Organisation - Information - Qualität - Die Menschen, München Wien 1994

[Sto10] Storm, P.C.: Umwelt-Recht, 9. Aufl., München 2010

[Tay03] Taylor, F.W.: Die Betriebsleitung, insbesondere der Werkstätten. Autorisierte deutsche Bearbeitung der Schrift Shop Management, New York 1903 von A. Wallichs, erschienen Berlin 1909

[War92] Warnecke, H.J.: Die Fraktale Fabrik. Revolution der Unternehmenskultur, 2. Aufl., Berlin Heidelberg 1993

[War93] Warnecke, H.J.: Der Produktionsbetrieb Band 3: Betriebswirtschaft, Vertrieb, Recycling, 2. Aufl., Berlin Heidelberg 1993

[War95] Warnecke, H.J.: Aufbruch zum Fraktalen Unternehmen, Berlin 1995

[Wes03] Westkämper, E. Die Digitale Fabrik. In: Bullinger, H.-J. u. Warnecke, H.J., Westkämper, E. (Hrsg.): Neue Organisationsformen im Unternehmen. Ein Handbuch für das moderne Management. 2. Aufl., Berlin Heidelberg 2003

[Wie14] Wiendahl, H.-P., Reichardt, J., u. Nyhuis, P.: Handbuch Fabrikplanung. 2. Aufl., München 2014

[WGK04] Wiendahl, H.-P., Gerst, D., u. Keunecke, L. (Hrsg.): Variantenbeherrschung in der Montage. Konzept und Praxis der flexiblen Produktionsendstufe, Berlin Heidelberg 2004

[Wil98] Wildemann, H.: Die modulare Fabrik - Kundennahe Produktion durch Fertigungssegmentierung. 5. Aufl., München 1998

[Wil82] Wild, J.: Grundlagen der Unternehmensplanung, 4. Aufl., Opladen 1982

[Win94] Winkler, M., Mey, M.: Holonic Manufacturing Systems. In: European Production Engineering, Vol. 18, 1994

[WJ92] Womack, J.P., Jones, D.T., Ross, D.: Die zweite Revolution in der Automobilindustrie, Frankfurt 1992. 8. Aufl., 1994

[WJ13] Womack, J.P., Jones, D.T.: Lean Thinking. 3. Aufl., Campus Frankfurt 2013

3 Produktentstehung

Die von einem Unternehmen am Markt angebotenen Produkte unterliegen einem ständigen Veränderungsprozess. Genügte es früher häufig, das Basisprodukt der Firma neuen Ansprüchen der Kunden hier und da in Details anzupassen, so ist heute das Planen, Entwickeln und Gestalten neuer Produkte mit zahlreichen Varianten zu einer Daueraufgabe geworden. Die Auswirkungen sind in den nachfolgenden Abteilungen Arbeitsvorbereitung, Fertigung und Montage als zunehmende Anforderungen an die Flexibilität spürbar. Um ihnen gerecht werden zu können, ist daher für jeden Ingenieur die Kenntnis der grundlegenden Abläufe des Produktentstehungsprozesses (PEP) unerlässlich. Beginnend mit dem sogenannten Produktlebenszyklus werden zunächst die Produktplanung und die Entwicklung von Produkten in ihren wesentlichen Schritten geschildert. Anschließend folgt ein Überblick über die organisatorischen Abläufe in einer Konstruktionsabteilung sowie über den Rechnereinsatz in Entwicklung und Konstruktion.

3.1 Produktlebenszyklus

Jedes Produkt wird – auch gegen den Willen des Herstellers – einmal abgelöst und durch ein anderes Produkt ersetzt. Dies liegt in der stetigen Verbesserung bekannter und der Entwicklung neuer Verfahren begründet, die infolge des globalen Wettbewerbs der Industrienationen und neuer aggressiver Akteure aus Schwellenländern wie China, Indien und demnächst auch Russland beschleunigt verläuft. Der Zeitraum, in dem sich eine Idee zu einem verkaufsfähigen Produkt entwickelt – die Innovationszeit –, hat sich dabei stetig verkürzt. Ein typisches Beispiel ist der Laser, der innerhalb weniger Jahre nach Vorstellung der ersten kommerziell erhältlichen Ausführung in zahllose Geräte der Messtechnik Eingang gefunden hat und ständig zu weiteren Produkten führt, z. B. als Skalpell in der Chirurgie, als Schneidwerkzeug für Bleche und als Laserdrucker in der Datenverarbeitung.

Die Folge dieser Entwicklung ist eine immer kürzere Verkäuflichkeitsspanne der Produkte am Markt. So sank z. B. die sogenannte wirtschaftliche Lebensdauer für Produkte aus dem Computerbereich von 1980 bis 1990 um 46 % und im Automobilbau um 12,5 % [Ehr02]. Diese Entwicklung ist noch nicht zum Stillstand gekommen. Damit sind nicht nur das auftragsbezogene Konstruieren und das Anpassen durch kleinere Verbesserungen, sondern auch das Entwickeln und Planen weitgehend neuer Produkte zur permanenten Aufgabe in allen Produktionsunternehmen geworden.

Die Vorgänge für ein einzelnes Produkt lassen sich anschaulich am erweiterten Produktlebenszyklus verdeutlichen, der zehn typische Phasen umfasst (Bild 3.1). Ausgehend von der Produktfindung erfolgt nach der Produktrealisierung die Markteinführung, der als vierte Phase die Wachstumsphase folgt. Erst hier ist normalerweise nach dem Break-Even-

Point mit einem Rückfluss des investierten Kapitals zu rechnen, der in der Phase der Reifezeit über die Phasen Marktsättigung, Abstieg, Auslauf der Produktion bis zur Ersatzteilproduktion wieder absinkt.

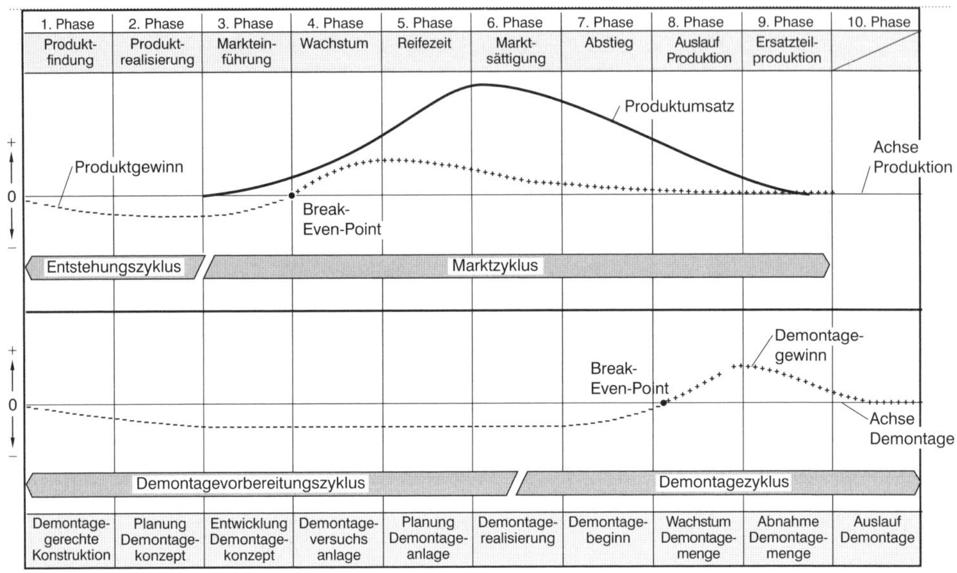

© IFA D3129A

Bild 3.1 Der erweiterte Produktlebenszyklus

Parallel zum Produktlebenszyklus vollzieht sich der Demontagezyklus. Während der Produktfindung wird bereits eine demontagegerechte Konstruktion im Sinne des Simultaneous Engineering (vergl. Abschnitt 3.3) angestrebt und in den sich anschließenden Phasen ein Demontagekonzept entwickelt. Eine Demontageversuchsanlage wird erst nach der Markteinführung des Produktes erstellt, da erst dann Rückläufe erwartet werden können. Anhand der Umsatzzahlen aus der Wachstums- und Reifezeit des Marktzyklus kann man auf die zu erwartende Demontagemenge schließen und für den Fall einer eigenen Demontage eine Demontageanlage planen, die in der sechsten Phase realisiert wird. Das Ansteigen der Demontagemenge bewirkt, dass erstmals ein Gewinn erzielt wird, der über die Phasen Abnahme der Demontagemenge und schließlich Auslaufen der Demontage hinweg wieder absinkt. In der Regel erfolgt die Demontage aber nicht im produzierenden Unternehmen.

Der erweiterte Produktlebenszyklus wirkt sich direkt auf den Entwicklungs- und Konstruktionsprozess aus, der den gesamten Produktentstehungs-, Markt- und Demontagezyklus beeinflusst, Bild 3.2 [VDI93]. Man zieht frühzeitig besonders die Demontage- bzw. ggf. die Entsorgungsphase in die Betrachtung mit ein, was zu einer neuen Bewertung unterschiedlicher Produktvarianten, vor allem unter Kostengesichtspunkten, führt [Alt93]. Inzwischen haben Unternehmen den werbewirksamen Effekt umweltpolitischer Begriffe des Recyclings wie Wiederverwertung (Auflösung der Produktgestalt) und -verwendung (weitgehende Beibehaltung der Produktgestalt) entdeckt. So wird zum Beispiel damit geworben, die Produkte aus nachwachsenden Rohstoffen zu fertigen und insgesamt die

Werkstoffvielfalt zu limitieren. Zudem sollen Teile ab 100g Gewicht eine Werkstoffkennzeichnung erhalten. Solche Betrachtungen werden unter dem Begriff *Life-Cycle Design* zusammengefasst [Alt93, BJP97] und sind als Produktkreislauf in Bild 3.2 dargestellt [VDI93]. Der Gesetzgeber hat die Notwendigkeit des Handelns ebenfalls erkannt und das *Kreislaufwirtschaftsgesetz* KrWG vom 24.04.2012 verabschiedet [BGBL12]. Darin heißt es: „Erzeugnisse sind möglichst so zu gestalten, dass bei ihrer Herstellung und ihrem Gebrauch das Entstehen von Abfällen vermindert wird und sichergestellt ist, dass die nach ihrem Gebrauch entstandenen Abfälle umweltverträglich verwertet oder beseitigt werden". Die Europäische Union hat weiterhin Richtlinien zu Elektro- und Elektronik-Altgeräten erlassen, die eine erneute Verwendung und Verwertung von zurückgenommenen Geräten und Geräteteilen vorsieht [EG03a, EG03b] und in eine nationale Verordnung (ElektroV) umgesetzt werden sollen.

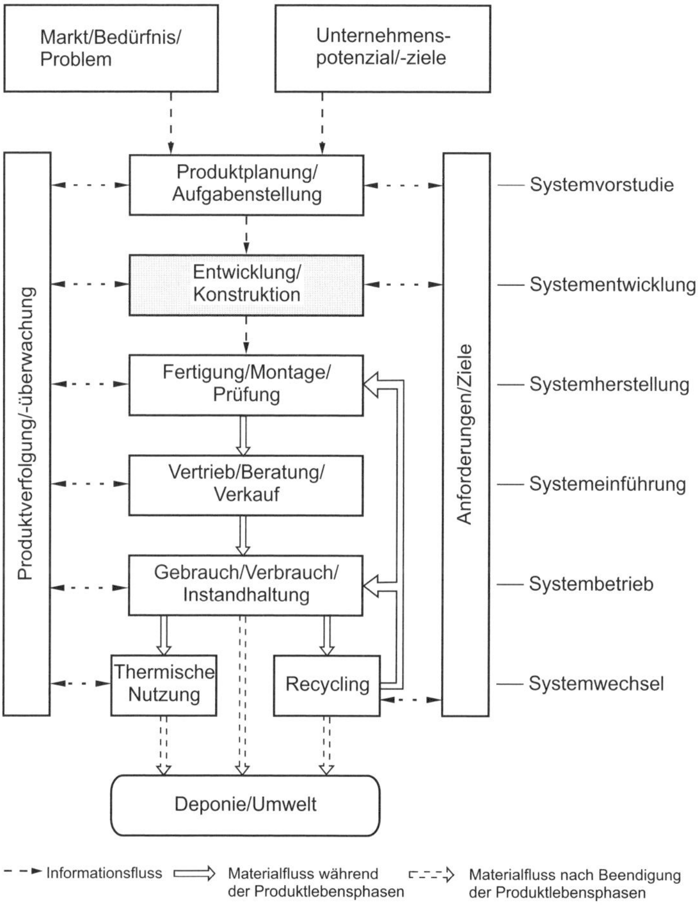

© IFA D3137

Bild 3.2 Lebensphasen eines Produktes (VDI 2221)

3.2 Produktplanung

Die systematische Produktplanung ist seit den 1970er Jahren aus den erwähnten Gründen auch in der Literatur intensiv behandelt worden. Während ein Teil der mehr ingenieurwissenschaftlich geprägten Literatur [Bran71, VDI78, VDI80, GEK01, Eve03] den formalen Aspekt hervorhebt, betont die Managementliteratur [Por03, Dun82, Hen84] eher die strategischen Gesichtspunkte. Daher sind die folgenden Ausführungen in einen strategischen und einen operativen Teil der Produktplanung gegliedert. Der strategische Teil ist eng mit der Unternehmensplanung verknüpft (siehe Abschnitt 2.4). Hier wird die Frage gestellt, in welchem Stadium ihres Lebenszyklus sich die derzeitigen Produkte in den derzeitigen Märkten befinden und ob neue Produkte entwickelt werden müssen. Neue Produkte können entweder eine Marktneuheit im Sinne einer völlig neuartigen Problemlösung darstellen und werden dann als Innovation (lat.: Neuerung) bezeichnet. Oder sie sind lediglich für das betreffende Unternehmen neu und erschließen neue Anwendungen für bekannte Produkte oder sind Imitationen vorhandener Wettbewerbsprodukte [Kra12].

3.2.1 Strategische Produktplanung

Das Ergebnis der strategischen Produktplanung sind sogenannte *strategische Geschäftsfelder* oder *-einheiten*, worunter definierte Marktleistungsangebote in bestimmten Marktsegmenten verstanden werden [Kra12, Por03]. Grundsätzlich ergeben sich daraus vier Planungsfelder für die strategische Produktplanung, die Bild 3.3 in Form der sogenannten *Produkt-Markt-Matrix* zeigt [Kra12]. Diese gilt für eine Region, meist für ein Land. Ist das Unternehmen in mehreren Regionen tätig, so sind entsprechend mehrere Matrizen aufzustellen.

Feld 1 dient der Darstellung des laufenden Geschäftes, indem die derzeitigen Produkte P_1 bis P_n den derzeitig bedienten Märkten M_1 bis M_n zugeordnet werden. Aus der Bewertung der voraussichtlichen Marktentwicklung und den Chancen der eigenen Produkte bezüglich ihres technischen, wirtschaftlichen und emotionalen Nutzens für den Abnehmer ergibt sich meist eine Strategie der Intensivierung der Vertriebsaktivitäten. Sind die vorhandenen Märkte gesättigt oder im Rückgang begriffen, müssen entweder die vorhandenen Produkte in angrenzende oder neue Märkte eingebracht werden (Feld 2: Markterweiterung), oder das Unternehmen muss sich auf die neuen Bedürfnisse der vorhandenen Märkte in Form neuer Produkte einstellen (Feld 3: Produktneuplanung). Schlecht gelöste oder noch nicht erkannte Probleme des Kunden sind also die Basis neuer Produkte.

Neue Produkte haben jedoch nur eine Erfolgsaussicht, wenn sie eigenartig und anders sowie technisch und wirtschaftlich vorteilhaft gegenüber den bisherigen Lösungen sind. Sie müssen darüber hinaus zuverlässig sein. Der risikoreichste Schritt der Produktplanung ist die Diversifikation, d. h. die Planung neuer Produkte in neuen Märkten (Feld 4). Diese erfolgt in der Praxis meist durch Zukauf von Unternehmen, durch eine Beteiligung an anderen Unternehmen oder in Form von Joint Ventures, worunter rechtlich selbstständige Gesellschaften mit gemeinsamer Beteiligung der Gründungsgesellschafter verstanden werden.

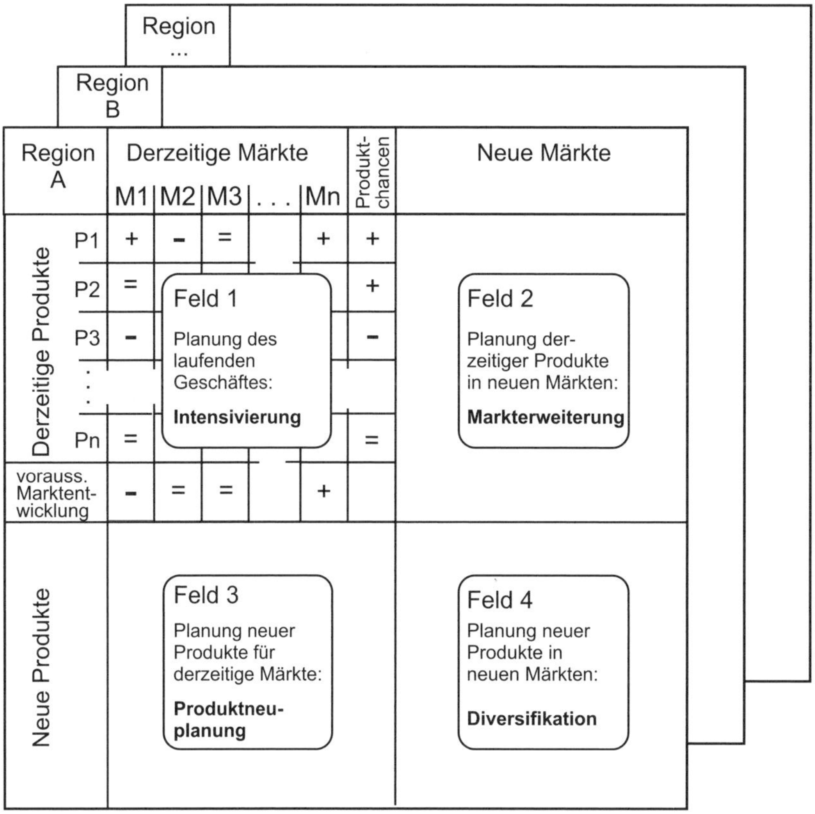

© IFA D3405

Bild 3.3 Strategische Varianten in der Produkt-Markt-Matrix (Kramer)

Aus Gründen der Risikominimierung sind fast alle Unternehmen in mehreren *Geschäftsfeldern* und Regionen tätig. Eine wichtige Aufgabe der Unternehmensführung besteht darin, ein gewisses Gleichgewicht zwischen Geschäftsfeldern mit hohem und solchen mit niedrigem Risiko zu wahren. Hierzu hat sich die sogenannte *Portfolio-Technik* bewährt, die ursprünglich zur Anlage von Wertpapieren entwickelt wurde. Eine der bekanntesten Darstellungen ist die *Marktanteils-Marktwachstums-Matrix* der Unternehmensberatung Boston Consulting Group, Bild 3.4, zitiert nach Eversheim [Eve03].

Die einzelnen Geschäftsfelder werden entsprechend ihrem jährlichen prozentualen Marktwachstum und ihrem relativen Marktanteil in der Vierfelder-Matrix positioniert. Der relative Marktanteil ist definiert als der Quotient aus dem Wert des eigenen Marktanteils und dem Marktanteilswert des stärksten Konkurrenten. Als Wertgröße wird meist der Umsatz benutzt. Die Trennungslinien zwischen den vier Feldern sind branchen- und fallspezifisch. Der Flächeninhalt der Kreise ist proportional zum Umsatz des jeweiligen Geschäftsbereiches. Auch das investierte Kapital, der Deckungsbeitrag oder der Cash-Flow können als Flächengrößen dargestellt werden.

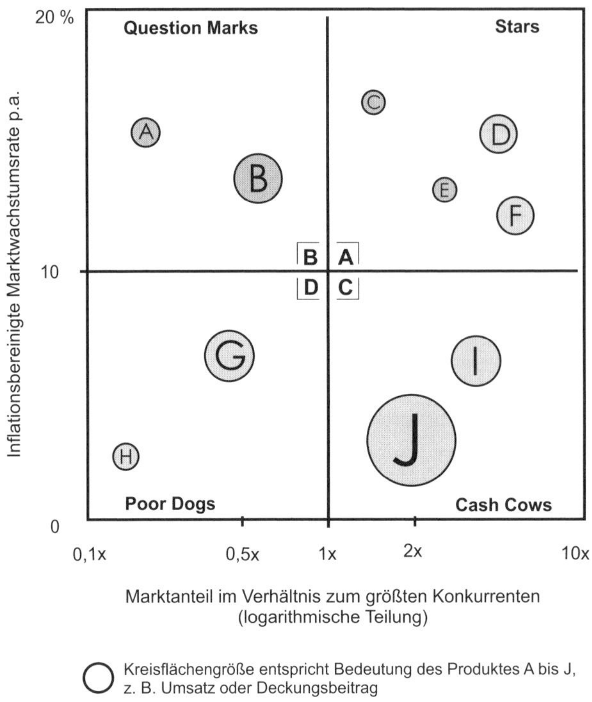

Bild 3.4 Marktportfolio der Boston Consulting Group (nach Eversheim 2003)

© IFA D3406

Feld A kennzeichnet die sogenannten *Star-Produkte*, die mit hohem Marktwachstum und hohem relativem Marktanteil meist in der Anfangsphase des Produktlebenszyklus stehen, hohe Investitionen in Technik und Markteinführung erfordern und bei meist kleinem Geschäftsvolumen noch keine Gewinne erwirtschaften. Es wird in diesem Stadium angestrebt, den Marktanteil mindestens zu halten und den Cash-Flow auszugleichen. Das Feld B enthält Geschäftsbereiche, die mit *Fragezeichen* versehen sind und sich meist in der Wachstumsphase befinden. Ihre Position ist wegen des niedrigen Marktanteils trotz des hohen Marktwachstums gefährdet. Der Kapitalbedarf ist hoch, die Gewinne sind dagegen noch gering. Diese Produkte erfordern besondere Anstrengungen, um den relativen Marktanteil zu erhöhen. Feld C fasst die sogenannten *Cash-Cow-Produkte* zusammen, auch als Milchkühe des Unternehmens bezeichnet. Sie sind im Sättigungsbereich des Lebenszyklus und bringen infolge ihres relativ hohen Marktanteils und des großen Geschäftsvolumens die größten Gewinne, da sie auch nur noch einen geringen Finanzbedarf haben. Die erreichte Position gilt es so lange wie möglich zu halten und einen Teil der so erzielten Gewinne in Star- und Fragezeichenprodukte zu investieren. In Feld D finden sich schließlich die *Dog-Produkte*, die sich in der Abstiegsphase des Lebenszyklus in schrumpfenden Märkten bei niedrigem relativem Marktanteil befinden. Diese Geschäftsbereiche sind geordnet aufzugeben, häufig in Form des Verkaufs an einen Wettbewerber, der damit wiederum seine Position verbessern kann.

Die Portfolio-Darstellung lässt sich nicht nur zur Positionierung der eigenen Geschäftsfelder nutzen, sondern gestattet auch den Wettbewerbsvergleich, indem man die entsprechenden Geschäftsfelder des oder der Wettbewerber ebenfalls in die Portfolio-Felder einträgt.

Neben diesem Vier-Felder-Portfolio sind weitere Darstellungen von den Beratungsfirmen McKinsey und A.D. Little sowie von K. Schwab entwickelt worden, mit denen sich die strategischen Geschäftsfelder analysieren und entwickeln lassen. Eine Übersicht mit Beispielen und weiterführender Literatur findet sich in [Kra87].

Da sich der Wettbewerb im gleichen Markt befindet und demzufolge das gleiche Marktwachstum hat, kommt dem relativen Marktanteil eine entscheidende strategische Bedeutung zu. Dies resultiert aus der sogenannten *Kosten-Erfahrungskurve*, welche die Beratungsfirma Boston Consulting Group aufgrund empirischer Untersuchungen veröffentlichte [Hen84, Oet03]. Sie bedeutet, dass die Gesamtstückkosten eines Produktes mit jeder Verdoppelung der kumulierten Produktionsmenge sowohl in einem Industriezweig als auch in einem einzelnen Unternehmen jeweils um 20 bis 30 % sinken. Die Kostensenkung stellt sich allerdings nicht von selbst ein, sondern ist als potenzielle Möglichkeit zu betrachten, die es durch konkrete Maßnahmen – wie z.B. Fertigungsablaufverbesserungen, Prozessänderungen, Gemeinkostensenkung und Vertriebsaktionen – zu nutzen gilt. Wichtig ist auch, die erzielten Kostenvorteile an den Markt weiterzugeben, um nicht durch überhöhte Gewinne Imitatoren anzulocken, die die relative Marktposition verschlechtern würden.

Tritt im Zuge des fortschreitenden Produktlebenszyklus die Phase ein, in der der Absatz in den bisher bedienten Marktsegmenten sinkt oder zunächst nur stagniert, versuchen einige Unternehmen in neuen, meist weniger attraktiven Segmenten freie Kapazitäten auszulasten, um so den Umsatz zu sichern. Durch die zusätzliche Schaffung von Typen und Sonderausstattungen steigt die unternehmensinterne (endogene) Komplexität, wodurch wiederum die Komplexitätskosten steigen. Dies wird vor allem dadurch verursacht, dass aufgrund nur geringer Mengenausweitungen die durch die Varianten verursachten Kosten nicht gedeckt werden können. Diese zusätzlichen Kosten müssen in aller Regel an den Markt weitergegeben werden. Der *Teufelskreis des Variantenmanagements* schließt sich hier mit der Verschlechterung der Wettbewerbsfähigkeit, wie Bild 3.5 anschaulich darstellt [Schu95].

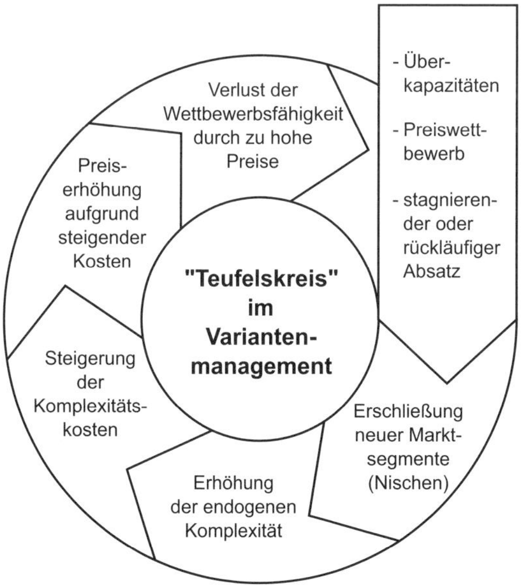

Bild 3.5 Teufelskreis im Variantenmanagement (Schuh)

© IFA D3576

Für die strategische Produktentwicklung ist daher von großer Bedeutung, vorab eine Variantenauswahl zu treffen, die einerseits die kundenspezifischen Wünsche des Marktes berücksichtigt und andererseits Kostenaspekte in die Überlegungen mit einbezieht. Daraus hat sich das sogenannte *Variantenmanagement* entwickelt. Generell ist dabei die Minimierung der internen Vielfalt von Teilen, Komponenten und Baugruppen bei Maximierung der vom Kunden wahrgenommenen sogenannten externen Vielfalt anzustreben. Eine Möglichkeit zur Beherrschung der Komplexität bei steigender Variantenvielfalt besteht im Einsatz von Produktkonfiguratoren, die zunehmend Verwendung finden [Pil06]. Systematische und praxiserprobte Ansätze für die variantenorientierte Produkt- und Prozessgestaltung finden sich bei Schuh und Schwenk [Sch05], Franke et al. [FHH02], Wildemann [Wil06a] und Wiendahl et al. [WGK04].

Insgesamt stellt sich die strategische Produktplanung als permanente Herausforderung an die Unternehmensführung dar, *Wettbewerbsstrategien* zu entwickeln und durchzusetzen, welche die langfristige Rentabilität des Unternehmens sichern. Nach grundlegenden Untersuchungen von M.E. Porter zählen hierzu insbesondere eine Konzentration auf selektierte Marktsegmente, die Produkt- und Leistungsdifferenzierung gegenüber dem Wettbewerb sowie das Erringen einer umfassenden Kostenführerschaft [Por99].

Die Wettbewerbskräfte und Bestimmungsgrößen, die es hierbei zu analysieren und zu bewerten gilt, sind in Bild 3.6 in fünf Kategorien stichwortartig zusammengefasst. Ausgangspunkt ist die Anzahl Wettbewerber und die Intensität der Rivalität in der eigenen Branche. Letztere wird z.B. durch Überkapazitäten, die Markenidentität und Austrittsbarrieren bestimmt. Es folgt die Untersuchung über mögliche neuer Anbieter und ihre Eintrittsbarrieren in den eigenen Markt. Der dritte Komplex betrifft die Abnehmer mit ihrer Verhandlungsmacht und Preisempfindlichkeit. Im vierten Komplex werden mögliche Ersatzprodukte und die daraus resultierende Substitutionsgefahr der eigenen Produkte untersucht. Der fünfte Komplex betrachtet schließlich die Verhandlungsmacht der Lieferanten. Neuere Ansätze einer strategisch angelegten Produktinnovation für technische Produkte finden sich in [GEK01] und [Eve03].

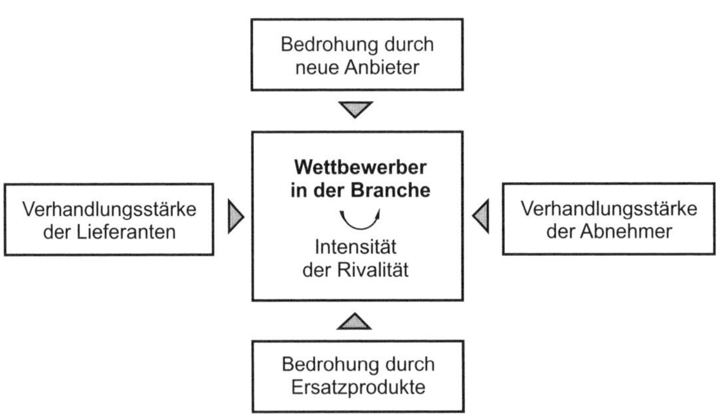

© IFA D3436

Bild 3.6 Elemente des Wettbewerbs in einer Branche (nach Porter)

3.2.2 Operative Produktplanung

Die entwickelten Strategien sind im Folgenden in konkrete Produkte oder Dienstleistungen umzusetzen. Hierzu sind zahlreiche Handlungsanleitungen entwickelt worden, über die [Kra12] einen umfassenden Überblick gibt. Als praxisbewährte Methode soll ein allgemeiner Ablaufplan der Produktplanung vorgestellt werden, der von einem Ausschuss des Vereins Deutscher Ingenieure entwickelt wurde und der unabhängig von einer bestimmten Branche oder einem Unternehmen anwendbar ist [VDI80]. Bild 3.7 zeigt einen aus diesem Vorschlag und anderen Konzepten entwickelten Ablaufplan der Produktplanung in seinen wesentlichen Einzelschritten [PB0313], der auf die später in Abschnitt 3.3 vorgestellte Produktentwicklung abgestimmt ist. Man erkennt, dass die Informationen aus Markt und Umfeld sowie aus dem eigenen Unternehmen die Ausgangssituation der Produktplanung darstellen, die aus der strategischen Produktplanung stammen.

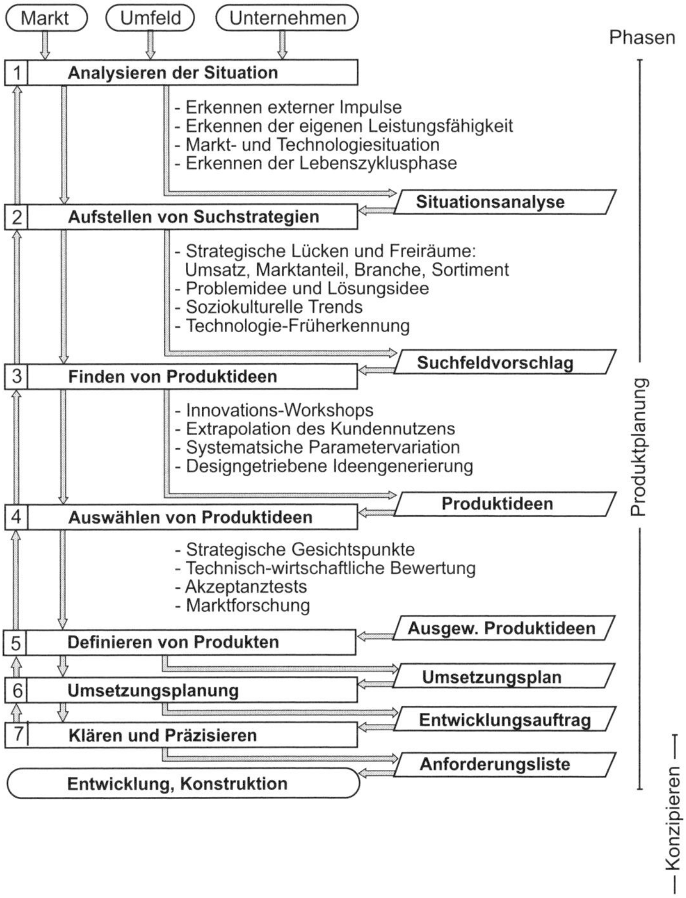

© IFA D3135

Bild 3.7 Vorgehen bei der Produktplanung (in Anlehnung an VDI 2220 und Kramer 1986, zitiert nach Pahl/Beitz 2013)

Die Operative Produktplanung besteht in ihrem Kern aus einer verfeinerten *Situationsanalyse* hinsichtlich externer Impulse, der eigenen Leistungsfähigkeit, der Abschätzung zukünftiger Entwicklungen im betrachteten Markt sowie dem Erkennen von zukünftigen Bedürfnissen und Trends im Rahmen sogenannter *Suchfelder*. Erst danach beginnt das eigentliche Finden von Produktideen in Form von abstrakten Funktions-, Wirk- und Baustrukturen. Betont wird hier besonders der Kundennutzen. Die *Auswahl* der endgültigen *Produktvorschläge* erfolgt auf Basis der eigenen Strategie, einer technisch-wirtschaftlichen Bewertung und ggf. Akzeptanztests und einer vertieften Marktforschung.

Der folgende *Umsetzungsplan* mündet in einen *Entwicklungsauftrag*, der den vorläufigen Mengen, Kosten- und Terminplan präzisiert und schließlich zur *Anforderungsliste* führt. Eine genaue Beschreibung bietet [PB13] S. 301 ff.

Sowohl bei der Ideensuche als auch bei der Beurteilung der Realisierungschancen spielt das Unternehmenspotenzial eine große Rolle. Es beschreibt die speziellen Erfahrungen, Einrichtungen und das Mitarbeiterwissen in den Bereichen Entwicklung, Beschaffung, Produktion und Vertrieb sowie das Finanz- und Management-Potenzial im derzeitigen Betätigungsfeld des Unternehmens.

Das Unternehmenspotenzial kennzeichnet demnach die Gesamtheit der Möglichkeiten eines Unternehmens, eine Nachfrage nach Problemlösungen (Produkten) erfüllen zu können. In den vier *Potenzialbereichen* sind jeweils die *Potenzialarten* Information, Sachmittel, Personal und Finanzen zu unterscheiden (vergl. Bild 3.8). Je nach Unternehmen und Produkt sind die Potenzialarten von unterschiedlicher Bedeutung [VDI80].

Potentizial bereich / Potenzialart	**Entwicklungs-potenzial**	**Beschaffungs-potenzial**	**Produktions-potenzial**	**Vertriebs-potenzial**
Informations-potenzial	Erfahrung - Entwicklung von Funktionen und Eigenschaften - Arbeitsprinzipien - Organisations-methoden Schutzrechte - Patente - Lizenzen usw.	Erfahrung - Aushandeln von Lieferbedingungen - Organisations-methoden Beschaffungsorganisation Lieferantenbeziehungen - Material, Zukaufteile - Betriebsmittel usw.	Erfahrung - Verfahren - Bearbeitung Werkstoffe Abmessungen Genauigkeit - Organisations-methoden - Organisationsstruktur usw.	Erfahrung - Werbung - Kundendienst - Organisations-methoden Vertriebsorganisation Abnehmerbeziehungen - Absatzmittler - Endabnehmer usw.
Sachmittel-potenzial	Entwicklungsmittel - Versuchsfelder - Prüfmittel Informationsmittel usw.	Ausstattung Transportmittel Informationsmittel usw.	Grundstücke, Gebäude Infrastruktur Produktionsmittel Informationsmittel usw.	Niederlassungen Ausstattung Transportmittel Informationsmittel usw.
Personal-potenzial	Forschungspersonal Konstrukteure Zeichner usw.	Personal im - Innendienst - Außendienst usw.	Fachpersonal Hilfspersonal usw.	Personal im - Innendienst - Außendienst usw.
Finanzmittel-potenzial	Budgetierung: langfristige Finanzierungsmöglichkeiten			

© IFA D3476Wd

Bild 3.8 Potenzialbereiche und Potenzialarten (VDI 2220)

Mit der Kenntnis des in Dateien und Berichten aufbereiteten Unternehmens-Potenzials kann unter Einbeziehung des aus der Unternehmensplanung fließenden langfristigen Unternehmensziels und der Abschätzung bzw. Betrachtung zukünftiger Trends am Markt, wie z.B. steigende Energiepreise, weltweite Kommunikation und demographischer Wandel, im Rahmen der vorab definierten Geschäftsfelder das bereits erwähnte Suchfeld definiert werden.

Das *Suchfeld* hat die Aufgabe, die Ideensuche auf einen Bereich mit hoher Erfolgswahrscheinlichkeit zu konzentrieren. Um solche aussichtsreichen Suchfelder definieren zu können, ist es nützlich, unter Berücksichtigung der genannten Kriterien systematisch Suchfeldhierarchien aufzubauen, die aus Suchfeldern unterschiedlichen Konkretisierungsgrades bestehen, wie Bild 3.9 an einem Beispiel verdeutlicht. Eine Suchfeldhierarchie reicht von einem wenig konkreten Hauptsuchfeld (z.B. Transportieren) zu mehrfach abgeleiteten, stärker konkretisierten Suchfeldern (z.B. Kohle fördern, Getreide verladen). Der Konkretisierungsgrad der Suchfelder richtet sich nach der Dringlichkeit der Produktfindung [VDI80]. Wichtig ist auch, welche Strategie das Unternehmen einschlagen will: ob man z.B. der Produktart, der Problemart, der Kundengruppe oder der Produktionsart treu bleiben will [Ehr07]. Oft wird als Suchfeld auch die sogenannte Kernkompetenz definiert, die in einer besonderen Fähigkeit besteht, z.B. die Beherrschung einer komplexen Technologie oder die Kenntnis bestimmter Vertriebswege.

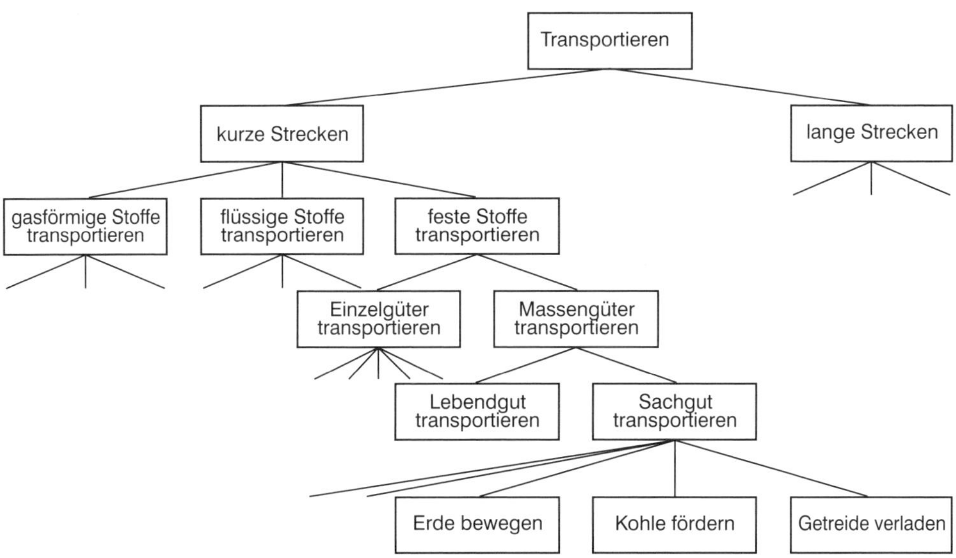

© IFA D3134

Bild 3.9 Aufstellung und Strukturierung einer Suchfeldhierarchie (VDI 2220)

Häufig ist auch ein neues Bauelement Ausgangspunkt für ein Suchfeld. So hatte z.B. ein Unternehmen die Idee, eine hydrostatisch von innen abgestützte Walze zu entwickeln, mit welcher der Linienkraftverlauf in einem Walzspalt beeinflussbar ist [Leh73] (vergl. Bild 3.10).

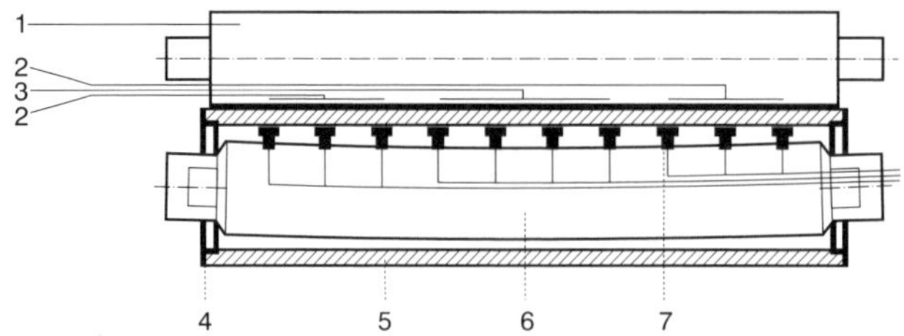

Bild 3.10 Prinzip der NIPCO-Walze (Werkbild Escher Wyss)

© IFA D3432

Nachdem die Idee zunächst bei Papiermaschinen eingesetzt worden war, begann man bald ein Suchfeld „Bahnbehandlung" zu entwickeln (Bild 3.11). Es entstand aus Prozessen, die mit Hilfe eines regelbaren Walzspaltes realisierbar sind, wie „Bahn entwässern", „Querschnitt reduzieren", „Oberfläche glätten", und den Bahnwerkstoffen, wie „Papier", „Karton" und „Textilien". Nicht jeder Verfahrensschritt ist mit jedem Werkstoff kombinierbar, sodass das Suchfeld in seiner endgültigen Form eine nur teilweise ausgefüllte Matrix darstellt [Wie78].

Material \ Verfahrensschritt	Bahn entwässern	Querschnitt reduzieren	Oberfläche glätten	Oberfläche bedrucken	Bahn heizen / kühlen	. . .
Papier	X		X	X		
Karton	X		X	X		
Textil	X		X	X	X	
Folien		X		X	X	
. . .						

Bild 3.11 Suchfeld Bahnbehandlung zur Anwendung der NIPCO-Walze (Escher Wyss)

© IFA D3407

Derartige Suchfelder können je nach Branche nach vielen anderen Kategorien, wie z. B. Funktion, Arbeitsprinzip, verarbeiteter Stoff, Verfahren, Abnehmerbereich, Trends, Design und Bionik, beschrieben werden [Ehr07, VDI80]; ihre sorgfältige Definition bildet die Grundvoraussetzung für eine erfolgreiche Ideensuche.

Auf der Grundlage des Suchfeldes und des Unternehmens-Potenzials besteht der nächste wesentliche Schritt der Produktplanung in der eigentlichen Produktfindung mit den Phasen *Ideenfindung, Selektion* und *Produktdefinition.* Ihr Ergebnis ist der *Realisierungsvorschlag* (Bild 3.12) [VDI80]. Zur Ideenfindung werden neben der Sammlung der Ideen, die vielfach bereits ungeordnet im Unternehmen vorhanden sind, die bekannten Ideenfindungsmethoden, wie *Brainstorming, morphologische Matrix* und *Problemlösungsbaum,* eingesetzt [Schl04], bei denen gemischte Teams aus Entwicklung, Konstruktion, Verkauf und Produktion häufig mehrere hundert Ideen entwickeln. Sie müssen in einem gestuften Verfahren, unter Beachtung der *Marktchancen*, des voraussichtlichen *Wettbewerbsverhaltens* und der *Konsequenzen für das Unternehmens-Potenzial*, auf wenige zukunftsträchtige Vorschläge reduziert werden, welches in Bild 3.12 dem Schritt der Ideenselektion entspricht.

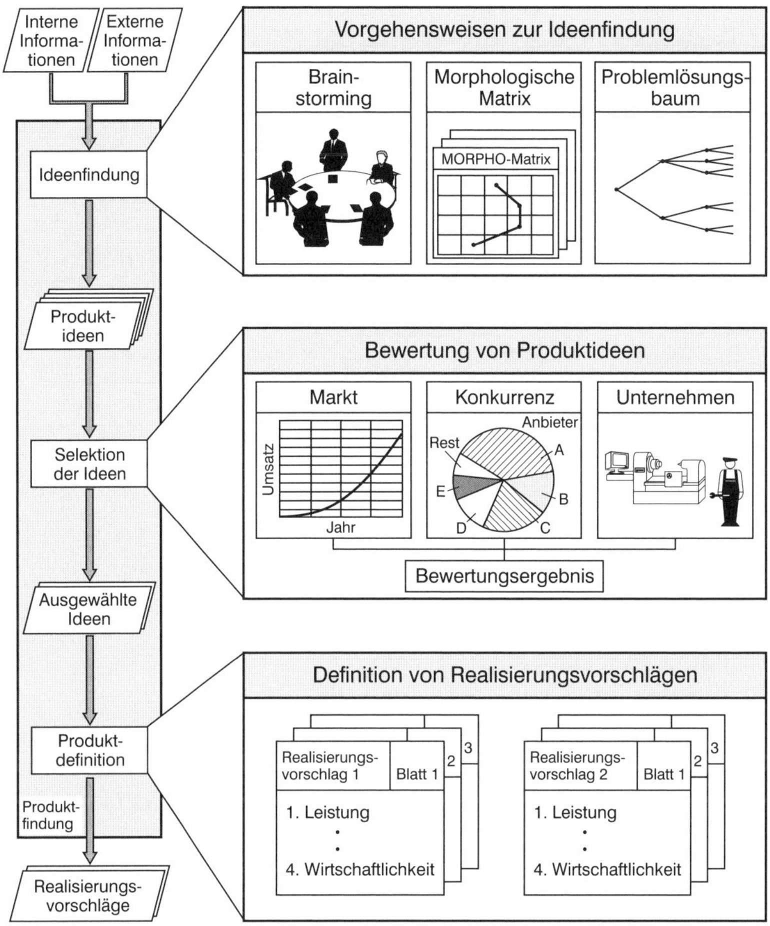

© IFA D3154Wd

Bild 3.12 Ablauf der Produktfindung (VDI 2220)

Hierzu hat sich eine Vorgehensweise in drei Stufen bewährt [VDI80] (Bild 3.13). In der *Bewertungsstufe 1*, die direkt im Anschluss an die Ideenfindung stattfindet, nimmt ein Team von Fachleuten aufgrund der Erfahrung der Mitglieder eine qualitative Grobbewertung vor, um offensichtlich ungeeignete Ideen auszusondern. Für die aussichtsreich erscheinenden Vorschläge erfolgt in der *Bewertungsstufe 2* (nach ca. zwei Wochen) eine qualitative Feinbewertung basierend auf Kurzanalysen hinsichtlich Markterfüllung und

Übereinstimmung mit dem Unternehmens-Potenzial. Nur für wenige, besonders Erfolg versprechende Ideen wird eine zusätzliche qualitativ-quantitative Bewertung innerhalb von drei bis sechs Monaten aufgrund umfangreicher Detailanalysen, wie z. B. Marktstudien, Prüfstandsversuchen und Labormustern, vorgenommen *(Bewertungsstufe 3)*.

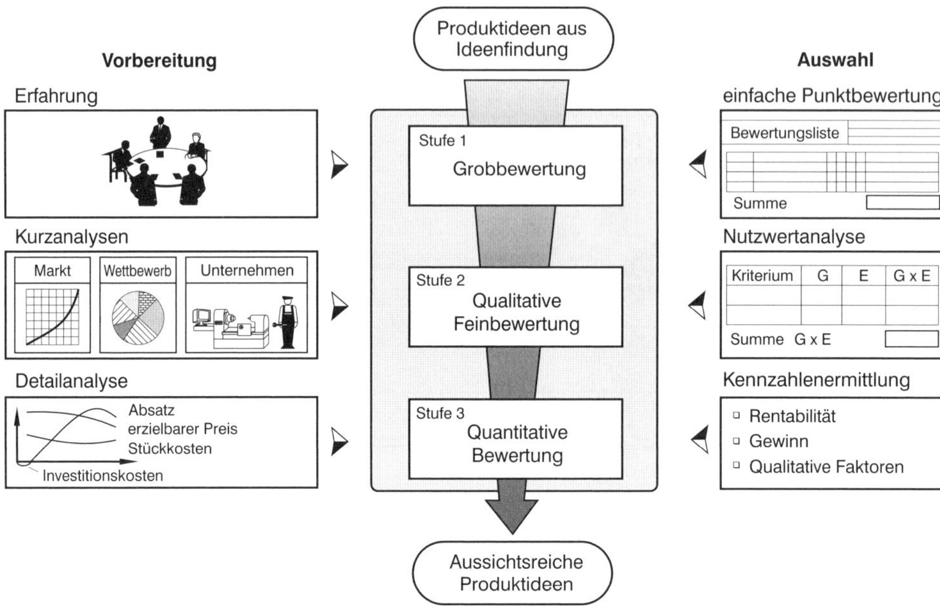

© IFA D3152Wd

Bild 3.13 Stufen der Ideenbewertung und Ideenauswahl in der Produktfindung (nach VDI 2220)

Sämtliche Bewertungsstufen verlaufen nach einem bestimmten Grundmuster, welches Bild 3.14 andeutet [Wie76]. Nach der Vorprüfung hinsichtlich der Übereinstimmung mit der generellen Unternehmenszielsetzung und dem vorgegebenen Suchfeld teilen sich die Bewertungskriterien nach unternehmensexternen und -internen Aspekten auf.

In der Bewertungsstufe 1 ist von Mitarbeitern des Unternehmens, die an der Ideenfindung beteiligt waren, ein Formular auszufüllen, wobei die Bewerter prüfen, in welchem Maße die einzelnen Kriterien erfüllt werden (vergl. Bild 3.14). In dem für das Produkt angestrebten Markt interessieren primär die *Marktentwicklung* zur Abschätzung des Absatzvolumens, die *allgemeinen Trends* und die *technologischen Trends* als Kriterien. Auf der Unternehmensseite wird für die Produktidee das vorhandene bzw. zu schaffende *Potenzial* in *Entwicklung, Beschaffung, Produktion* und *Vertrieb* abgefragt. Die Kriterien sind entsprechend der Unternehmenszielsetzung und dem Suchfeld auszuwählen. Es werden dafür drei mögliche Bewertungszahlen (in Bild 3.14: 1 negativ, 2 neutral, 3 positiv) vorgeschlagen. Der arithmetische Mittelwert über alle Kriterienwerte gibt die Gesamtbewertung W der Produktidee an.

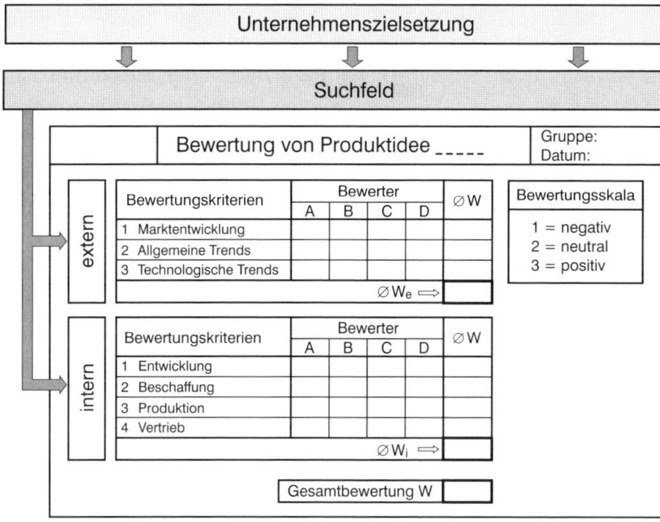

© IFA D3149

Bild 3.14 Formular zur Bewertung von Produktideen (nach VDI 2220)

Neben dieser reinen Punktbewertung ist noch eine gewichtete Punktbewertung für die Bewertung in den Stufen 2 und 3 (mit detaillierteren Kriterien als in Stufe 1) üblich. Diese *Nutzwertanalyse* wird immer dann eingesetzt, wenn die einzelnen Kriterien unterschiedliche Bedeutung haben [VDI80].

Die beschriebenen Bewertungsverfahren zur Auswahl von Suchfeldern und Produktideen basieren auf folgendem Grundsatz: Alle für die Beurteilung der Idee wichtigen Kriterien sind zusammenzutragen, die einzelnen Ideen sind mit einer Art Erfüllungsgrad in Form eines Punktwertes zu benoten, und diejenige Idee ist dann als die beste anzusehen, die die höchste Punktzahl erhalten hat.

Dieses Vorgehen stößt auf bestimmte Grenzen, die sich auf folgende Argumente bringen lassen:

1. Die Beurteilung und Auswahl einer Idee erfolgt nur unter einem einzigen Blickwinkel, nämlich dem maximalen Punktwert, und liefert daher auch nur eine einzige Aussage. Diese ist insbesondere bei einzelnen Ideen sehr schwer für die Entscheidung zu nutzen.

2. Ideen mit ungewöhnlichen Chancen und ungewöhnlichen Risiken können mit einer Punktbewertung völlig falsch beurteilt werden, weil ein einziges, risikoreiches Bewertungskriterium die Gesamtpunktzahl kaum beeinflusst, in der Praxis jedoch den Erfolg oder das völlige Versagen der Idee und damit unter Umständen auch eine ernste Bedrohung des Unternehmens bedeuten kann.

3. Die Punktbewertung lässt keinen der Gründe sichtbar werden, die zu einem bestimmten Punktwert geführt haben. Für denjenigen, der die Entscheidung über die Idee zu treffen hat, ist die Bewertung dementsprechend nur sehr schwer nachzuvollziehen.

Im Folgenden soll daher eine Methode beschrieben werden, die eine *verbale Beurteilung von Ideen* zum Ziel hat. Dabei ist man von der Überlegung ausgegangen, dass immer wieder einzelne interessante Ideen an ein Unternehmen herangetragen werden, ohne dass eine Unternehmenszielsetzung oder ein Suchfeld vorliegen. Die Methode wurde unter dem Namen ICEPS (Interactive Cross Evaluation and Portfolio Selection) im Rahmen der Arbeitsgruppe 16a der EIRMA (European Industrial Research Management Association, Paris, gegründet unter der Schirmherrschaft der OECD) in Zusammenarbeit mit einer größeren Anzahl europäischer Industrieunternehmen entwickelt [Dus79].

Beurteilungskriterien / Bewertungskriterien			a) Stärken Werden die Stärken unserer Firma ausgenutzt und wie weit genügen diese den Anforderungen des Projektes?	b) Gelingen Welche Kriterien sind für den Erfolg wichtig und wie weit können sie durch unsere Firma beeinflusst werden?	c) Risiken Welche Gefahren drohen durch einen erfolgreichen Verlauf des Projektes und welche Folgen entstehen für unsere Firma bei einem Abbruch oder Misserfolg?	d) Interesse Passt das Projekt zu unserer Firmenpolitik oder bestehen andere Interessen am Projekt?
1 Technik Welches sind die Eigenschaften des Projektes und was benötigen wir für seine Entwicklung und Realisierung?	Innovation	11				
	Know-how	12				
	Forschung u. Entw.	13				
	Realisierung	14				
2 Markt Welches sind die Märkte und unsere Möglichkeiten in diesen Märkten?	Marktumriss	21				
	Konkurrenz	22				
	Marketingfaktoren	23				
	Absatz	24				
3 Vorgehen Welche Vorgehenswege sind möglich und welche Variante wird zugrunde gelegt?	Formulierung	31				
	Programm	32				
	Gesamtmittelbedarf	33				
4 Folgen Welche Auswirkungen hat die neue Tätigkeit auf die Situation der Firma und die Umwelt?	Finanzen	41				
	Unternehmen	42				
	Markt	43				
	Umwelt	44				

© IFA D3446

Bild 3.15 Beurteilungsverfahren für Projekte (Sulzer AG)

Das Vorgehen ist für die Beurteilung von Projekten aller Art geeignet, über die ein Unternehmen entscheiden muss, und umfasst den Spielraum von der ersten Idee bis zur konkreten Realisierung. Der Begriff „Projekt" bezeichnet sowohl neue Produkte, Verfahren und Leistungen als auch die Modifikationen und Variationen vorhandener Produkte. Das Verfahren arbeitet ebenso wie das vom VDI für die Produktbewertung empfohlene Punktbewertungsverfahren mit drei Stufen zunehmender Genauigkeit.

Stufe I beinhaltet die Ideenprüfung, Stufe II die Vorstudien und Stufe III die Auswahl der Entwicklungsprojekte. Innerhalb der einzelnen Stufen läuft die Bewertung und Beurteilung in folgenden Schritten ab (Bild 3.15):

Im ersten Schritt wird das *Projekt dargestellt*, jedoch nicht formlos, sondern anhand einer vorgegebenen Struktur, die vier Hauptabschnitte umfasst. Die ersten beiden Abschnitte betreffen Technik und Markt. Unter *Technik* werden die Eigenschaften der Idee und ihre Entwicklungs- und Realisierungsnotwendigkeiten nach den vier Detailkriterien Innovation, Know-how, Forschung und Realisierung beschrieben. Der Abschnitt *Markt* beschreibt demgegenüber das zukünftige Absatzgebiet, z.B. nach den Anwendungsbereichen, den

Wachstumstrends und dem Marktpotenzial. Weiterhin beschreibt dieser Abschnitt die voraussichtliche Konkurrenzsituation sowie die Marketingfaktoren und analysiert schließlich den erwarteten Absatz. Man erkennt hier in etwa die beschriebenen externen Aspekte wieder, die in der VDI-Richtlinie zur Bewertung von Produktideen empfohlen werden.

Unter dem dritten Hauptabschnitt ist sodann zu erläutern, wie man sich das detaillierte *Vorgehen* zur Durchführung vorstellt. Dieser Abschnitt kann bei einer sehr konkreten Idee einen kompletten Vorschlag zum Bau einer Fabrik oder zum Kauf eines Unternehmens umfassen und enthält die Formulierung, das Vorgehensprogramm und den Gesamtmittelbedarf. Erst im letzten Abschnitt 4 überdenkt man die *Folgen der Idee* unter der Annahme eines planmäßigen Verlaufs. Dabei interessieren insbesondere die Finanzierung, die Auswirkungen auf die bisherige Tätigkeit der Firma, die neue Situation für Kunden und Konkurrenten sowie eventuelle Folgen für die lokale, politische und soziale Umwelt. Das Ergebnis dieses ersten Schrittes liegt schließlich als eine Art Management-Zusammenfassung vor, die in standardisierter Form die wichtigsten Informationen über das Projekt enthält.

Der zweite wesentliche Schritt umfasst die eigentliche *Beurteilung*. Im Gegensatz zu einer Punktbewertung wird das Projekt jedoch nicht nach einem einzelnen Kriterium, nämlich gut oder weniger gut, sondern nach den vier Kriterien Stärken, Gelingen, Risiko und Interesse beurteilt (vergl. Bild 3.15).

Hier kommen alle die Aspekte zum Zuge, die das Projekt speziell für das Unternehmen an Chancen, aber auch an Risiken in sich birgt. So wird zunächst nach den *Stärken* des Unternehmens in Bezug auf die Projektrealisierung gefragt und unter dem Kriterium *Gelingen* die Chance abgeschätzt, das Projekt erfolgreich durchzuführen. Ebenso werden die *Risiken* diskutiert; insbesondere wird gefragt, ob nicht auch ein Erfolg des Projektes Gefahren in sich birgt. Beispielsweise kann mit einem erfolgreichen Produkt die etablierte Konkurrenz zu einer wesentlichen Gegenreaktion gegen den neuen Mitbewerber veranlasst werden, oder das Konzept ist trotz eines großen Entwicklungsaufwandes leicht nachzubauen. Erst zum Schluss wird nach dem *Interesse* des Unternehmens und der Übereinstimmung mit der Firmenpolitik gefragt und so sichergestellt, dass interessante Ideen nicht zu früh abqualifiziert werden.

Die Hauptidee des Beurteilungsverfahrens liegt nun darin, das Projekt nicht global nach diesen vier Kriterien zu beurteilen, sondern anhand der im ersten Schritt erstellten Projektdefinition und der darin enthaltenen Bewertungskriterien 1.a bis 4.d. Die Projektbeschreibung wird so in ihren einzelnen Abschnitten noch einmal durchdacht, und der Beurteilende stellt sich zu jedem Berichtspunkt die vier Fragen nach Stärken, Gelingen, Risiken und Firmeninteresse. Auf diese Weise entsteht ein zweiter Bericht, die eigentliche Beurteilung, die man auch als subjektive Bewertung bezeichnen kann.

Die Beurteilung führt zunächst der Antragsteller selbst durch, um sich vor Augen zu halten, wonach seine Idee beurteilt wird. Dann beurteilen einige, fallweise ausgewählte Experten die Idee. Diese Beurteilungen gelangen gemeinsam mit der Projektbeschreibung zum Entscheidungsträger und werden dort entweder zum nächsten Realisierungsschritt zur Bearbeitung freigegeben oder abgelehnt. Wesentlich ist, dass die Zustimmung oder Ablehnung schriftlich begründet wird, und zwar wiederum anhand der ausschlaggebenden Beurteilungskriterien.

Die Erfahrungen mit diesem Verfahren haben gezeigt, dass die Entscheidungsfindung eine gewisse Einarbeitung erfordert. Der Vorteil liegt einerseits in der differenzierten und einheitlichen Betrachtung einzelner, ungewöhnlicher Ideen und andererseits in der Transparenz der Beurteilung für alle Beteiligten. Schließlich werden, wesentlich deutlicher als bei einer Punktbewertung, das Risiko und die Chancen sowie die Konsequenzen einer Idee herausgearbeitet.

Je weniger Ideen sich im Bewertungsprozess herausschälen, desto genauer werden die Bewertungsverfahren. Sie enthalten zunehmend quantitative Aussagen bezüglich des zu erwartenden Absatzes hinsichtlich Menge und Preis, des Realisierungsaufwandes und der voraussichtlichen Selbstkosten. Besonderes Augenmerk ist in der Phase der Produktauswahl einer kritischen Kosten-Nutzen-Analyse beim potenziellen Abnehmer zu schenken [VDI78]. Diese ist auf den gesamten Lebenszyklus zu beziehen [Alt93].

Der dritte und letzte Schritt im Rahmen der Produktfindung ist gemäß Bild 3.12 der *Produktdefinition* der ausgewählten Idee gewidmet. Sie beschreibt lösungsneutral den von der Geschäftsleitung freigegebenen Realisierungsvorschlag, wobei die Dokumentation der technischen Anforderungen überwiegt. Außer den technischen Anforderungen sind im Realisierungsvorschlag festzulegen [VDI80]:

- vorgesehener Markt bzw. Zielgruppe,
- zulässiger Entwicklungs- und Investitionsaufwand,
- voraussichtliche Stückzahl pro Jahr,
- zulässige Herstellkosten und/oder jährliche Betriebskosten,
- Projektplan mit Terminen und Verantwortlichen.

Das Produkt tritt anschließend in die *Realisierungsphase* ein. Ein begleitendes Produktplanungscontrolling hat die Aufgabe, mit einem geeigneten Berichtswesen die Zukunftsträchtigkeit des Produktes bis zur Markteinführung mit Hilfe von Kennzahlen hinsichtlich markt-, unternehmens- und produktseitiger Abweichungen gegenüber der ursprünglichen Planung zu kontrollieren. Folgende Teilaufgaben müssen dabei erfüllt werden:

- Aufbau eines geeigneten Produktverfolgungsplanes,
- periodische Ist-Festlegungen und Vergleiche mit dem Soll der im Entwicklungsauftrag enthaltenen Daten, vielfach als *Quality Gates* bezeichnet,
- Analyse auftretender Soll-Ist-Abweichungen,
- Entscheidung über die Notwendigkeit von Anpassungsmaßnahmen und ggf. Aufstellung von Anpassungsvorschlägen.

Ein Produktplanungscontrolling empfiehlt sich insbesondere dann, wenn mehrere Entwicklungsaufträge während ihrer Realisierungsphase überwacht werden müssen. Dieser sollte in Form eines Meilensteinplanes aufgebaut sein, in dem die wichtigsten Plandaten im Hinblick auf die Durchführung des Soll-Ist-Vergleiches festgehalten werden, wie z.B. Kosten, Ecktermine, Absatzwerte und Amortisationskennzahlen [VDI80].

Die Kontrolle des Produkterfolgs ist Voraussetzung für eine Erfolg versprechende strategische Produktplanung, und beginnt mit der Markteinführung des Produktes. Sie ist ein kombinierter Kontroll- und Überwachungsprozess und meist Bestandteil des periodischen Controlling Berichts, der bei der Erläuterung von Bild 2.26 beschrieben wurde. Der erste

Schritt besteht aus der Bewertung des Kosten- und Erfolgsverhaltens der Produkte. Bei relevanten Planungsabweichungen wird eine *Schwachstellenanalyse* durchgeführt (z. B. über Kundenreklamationen, Reparaturmeldungen und Schwachstellenkataloge) und die Beseitigung der Schwachstellen veranlasst. So schließt sich der Kreis der Produktplanung zum nächsten Lebenszyklus eines neuen Produktes.

3.3 Produktentwicklung

Die im Rahmen der Produktplanung definierten Produktideen sind im weiteren Verlauf der Produktentstehung zu realisieren, wozu gemäß Bild 3.2 als erster Schritt die Entwicklung gehört. Dabei muss man sich vor Augen halten, dass in dieser Phase die Herstellkosten des Produktes weitgehend bestimmt werden. Aus Vergleichen zwischen Kostenverursachung und Kostenverantwortung der einzelnen Produktionsbereiche ist nämlich bekannt, dass die Entwicklungs- und Konstruktionskosten zwar nur ca. 25 % der Produktkosten betragen, die Herstellkosten aber zu 70 % festgelegt sind, wenn Zeichnungen und Stücklisten das Konstruktionsbüro verlassen. Aus diesem Grund bemüht man sich seit langem, die Entwicklung und Gestaltung eines Produktes methodisch zu durchdringen, um wegen der Forderung nach immer kürzeren Entwicklungszeiten konkurrenzfähige Produkte zu günstigen Kosten zu erhalten.

Bei Produkten der Serienfertigung im Maschinen-, Fahrzeug- und Gerätebau sowie im Feingerätebau versucht man das Risiko einer sofortigen Serienproduktion dadurch zu mindern, indem ein vorläufiger Konstruktions-, Fertigungs- und Montageprozess bis zu einem Funktionsmuster durchlaufen wird. Dadurch erkennbare Verbesserungsmöglichkeiten der Konstruktion fließen erneut in einen Entwicklungs-, Konstruktions- und Fertigungszyklus ein, um dann z. B. einen Prototypen zu erstellen oder um bereits eine Nullserie zu starten. Durch generative Fertigungsverfahren, wie z. B. das Rapid Prototyping, versucht man, Prototypen möglichst rasch direkt in der Entwurfsphase zu erzeugen [Zae06, Geb08]. Aus dem rechnerinternen Geometriemodell des Produktes wird dabei z. B. mittels Stereolithographie oder selektivem Laser-Sintern ein für den Menschen erfassbares Modell erzeugt [Spu94]. Nach dieser Erprobung werden wiederum erkannte Verbesserungsvorschläge genutzt, um schließlich durch einen weiteren Durchlauf des Produktentstehungsprozesses das Produkt zur Serienreife zu führen [VDI93].

Man hat zudem erkannt, dass die Entwicklung eines Produktes nicht mit einem oder zwei Entwürfen beginnen darf, sondern dass der davor liegende Abschnitt der Konzeptfindung systematischer durchlaufen werden muss. Zu diesem Problemkreis hat der Verein Deutscher Ingenieure die VDI-Richtlinie 2222, Blatt 1 (Konstruktionsmethodik – Konzipieren technischer Produkte) [VDI77] und die VDI-Richtlinie 2221 (Methodik zum Entwickeln und Konstruieren technischer Systeme und Produkte) [VDI93] herausgegeben, die von den vier Phasen Planen, Konzipieren, Entwerfen und Ausarbeiten ausgehen. Bild 3.16 zeigt den Vorgehensplan nach VDI 2221.

Das Gesamtvorgehen lässt sich in sieben Arbeitsabschnitte gliedern, aus denen entsprechend sieben Arbeitsergebnisse hervorgehen. Grundidee ist dabei, in den verschiedenen Phasen Lösungsvarianten zunehmender Konkretisierung zu erzeugen und die aussichtsreichsten Lösungen aufgrund einer Bewertung weiterzuverfolgen. Die Abschnitte können dabei mehrmals iterativ durchlaufen werden. Einen zentralen Begriff bildet der Funktionsbegriff, der die Aufgabe eines Teiles, einer Baugruppe oder des gesamten Erzeugnisses in abstrakter, d.h. lösungsneutraler Form beschreibt (also z.B. nicht „Getriebe“, sondern „Drehmoment wandeln“). Die Ähnlichkeit mit dem stufenweisen Vorgehen bei der Produktfindung ist unverkennbar.

Am Beispiel eines Papier-Längsschneiders sollen die vier grundlegenden Entwicklungsphasen erläutert werden.

Phase 1: Planen

Ein Hersteller von Kleindruckmaschinen erkennt aufgrund von Marktstudien im Rahmen der Produktplanung, dass die Entwicklung eines Längsschneiders als Erweiterung seiner Produktpalette aussichtsreich ist. Das Gerät schneidet eine Papierrolle in mehrere Bahnen unterschiedlicher Breite. Ein genereller Entwicklungsauftrag wird formuliert.

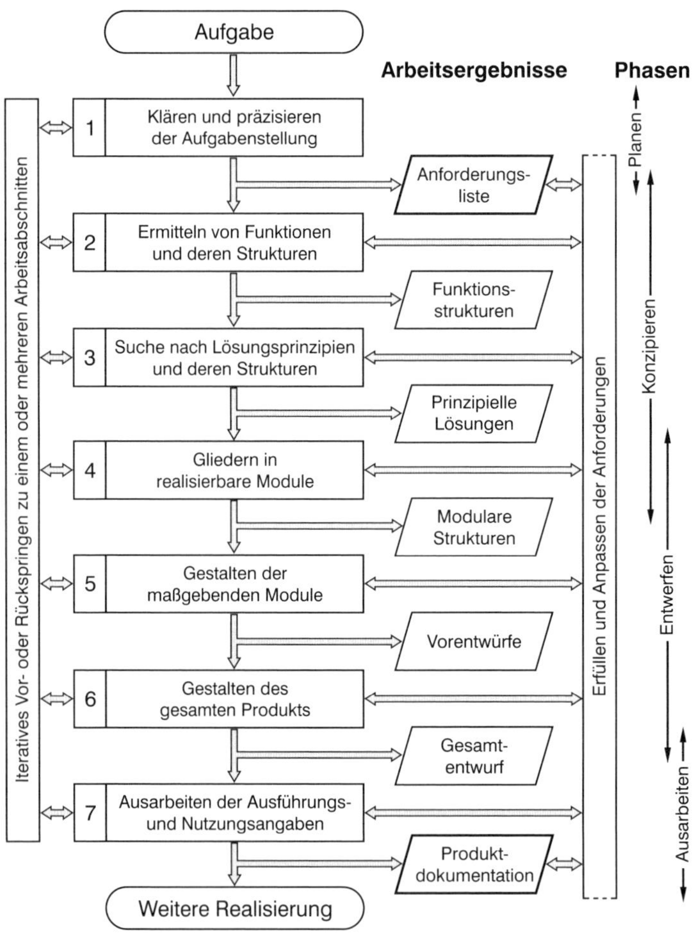

© IFA D3153

Bild 3.16 Generelles Vorgehen beim Entwickeln und Konstruieren (VDI 2221)

Phase 2: Konzipieren

Der Entwicklungsauftrag reicht jedoch noch nicht aus, um bereits mit der Lösungssuche beginnen zu können. Als Erstes entsteht daher in Zusammenarbeit zwischen Vertrieb, Konstruktion und Produktion die Anforderungsliste (Bild 3.17). Sie spezifiziert Festforderungen, Mindestforderungen und Wünsche. *Fest- und Mindestforderungen* sind möglichst zu quantifizieren. Die Mindestforderungen sind darüber hinaus ihrer relativen Bedeutung nach zu kennzeichnen, beispielsweise durch Vergabe eines Punktwertes zwischen 1 (weniger wichtig) und 4 Punkten (sehr wichtig). Diese zusätzlichen Informationen sollen den Lösungsprozess, der meist unter Zeit- und Kostendruck steht, auf die wesentlichen Punkte konzentrieren. *Wünsche* sollen möglichst ohne Zusatzaufwand erfüllbar sein. Die Anforderungsliste ist damit ein wichtiges Dokument für die gesamte Entwicklung.

Anforderungsliste *Papier-Längsschneider*		
Anforderungen	**Quantifizierung**	**Bedeutung**
1. Festforderungen		
1.1 Arbeitsbreite	*200 mm*	
1.2 Anbaubarkeit		
1.3 Verarbeitbare Qualität	*40 - 130 g/m²*	
1.4 Unfallschutz	*intern. Normen*	
2. Mindestforderungen		
2.1 Arbeitsgeschwindigkeit	*≥ 100 m/min*	●
2.2 Schnittqualität	*faserfrei*	● ● ●
2.3 Anzahl Bahnen	*≥ 4*	● ●
2.4 Minimale Bahnbreite	*15 mm*	● ●
2.5 Bahnbreitentoleranz	*≤ 0,5 mm*	● ● ●
2.6 Anbauaufwand	*≤ 10 min*	●
2.7 Umrüstaufwand	*≤ 7 min*	● ● ● ●
2.8 Herstellkosten	*≤ . . . .*	● ● ● ●
3. Wünsche		
3.1 Hohe Betriebssicherheit		
3.2 Einfache Bedienung		
3.3 Anbau durch Kunden		
3.4 Wartungsfreie Ausführung		

Genehmigt:	Abteilung:	Name:	Datum:

© IFA D3408

Bild 3.17 Lösungsvorschlag einer Anforderungsliste für einen Papier-Längsschneider

Die gemäß Anforderungsliste zu lösende Aufgabe wird im nächsten Schritt der Konzeptphase zu einem einzigen Begriff abstrahiert und als *Gesamtfunktion* bezeichnet.

Beispielsweise ist die Funktion des Papierschneiders durch „Papierbahn trennen" beschreibbar. Nachdem die Gesamtfunktion definiert ist, erfolgt die Gliederung in *Teilfunktionen* erster Ordnung. Im Fall des Papier-Längsschneiders sind dies z. B. die folgenden Teilfunktionen: 1. „Relativbewegung erzeugen" (gemeint ist die zur Trennung erforderliche Bewegung zwischen der Papierbahn und der Trenneinrichtung), 2. „Papier trennen", 3. „Einstellung ermöglichen" (die Anforderungsliste verlangt das Trennen mehrerer Bahnen mit variabler Breite), 4. „Trennprozess überwachen" (bei Papierriss soll sich die Maschine abstellen), 5. „Befestigung ermöglichen", 6. „Unfallschutz gewährleisten". Die Aufzählung lässt erkennen, dass in der Aufstellung dieser Teilfunktionen bereits ein bestimmter Lösungsansatz enthalten ist, eine völlig „lösungsneutrale" Funktionsgliederung also nicht möglich ist.

Teilfunktionen	Lösungsprinzipien und -elemente				
Relativbewegung erzeugen	Eigenantrieb	Fremdantrieb			
Papier trennen	Klinge	Kreismesser	Laserstrahl		
Einstellung ermöglichen	mechanisch	Elektro-mechanisch	pneumatisch	von Hand	hydraulisch
Trennprozess überwachen	elektronisch	Elektro-mechanisch	fluidisch	mechanisch	
Befestigung ermöglichen	Schraub-verbindung	Schnell-verschluss	Steck-verbindung	Klemm-verbindung	Fest-verbindung
Unfallschutz gewährleisten	Schutzblech	optischer Schutzvorhang	Warnschild		
Variante	2 1	3			

© IFA D3435

Bild 3.18 Morphologische Matrix: Papier-Längsschneider

Zum Finden realer Lösungsvorschläge sucht man nun aufgrund der Erfahrungen der Konstrukteure mit Hilfe von firmeninternen Lösungssammlungen sowie Konstruktionskatalogen [VDI77, Rot00, Rot01] Lösungsprinzipien und -elemente, die in ein Schema eingetragen werden (Bild 3.18).

Der von ihrem Erfinder Zwicky als morphologischer Kasten (heute *morphologische Matrix*) [Zwi82] benannte Ansatz erlaubt nun durch Kombinieren der einzelnen Lösungselemente das „Erzeugen" sehr vieler Lösungen. Um nicht zu viele Lösungen zu erhalten, streicht man in der Matrix die Teillösungen, die für den zu erfüllenden Leistungsbereich nicht geeignet sind oder aus sonstigen Gründen, wie z. B. wenig Erfahrung (Unternehmens-Potenzial) in der Herstellung oder die voraussichtlich hohen Kosten unrealistisch erscheinen. Die restlichen Elemente ergeben durch ihre systematische Kombination immer noch eine große Anzahl von Ideen: Im Fall des Beispiels in Bild 3.18 sind es theoretisch 2 · 3 · 3 · 3 · 4 · 2 = 432 Lösungen. Ein großer Teil dieser Lösungen ist aber unrealistisch, weil bestimmte Teillösungen technisch nicht kombinierbar sind. Immerhin bleiben noch einige Dutzend Lösungen übrig, die anhand skizzenhafter Darstellungen zu bewerten und auszuwählen sind. In Bild 3.19 sind drei Lösungen (Konzept 1 bis 3) skizziert, deren technische Realisierung sich im Wesentlichen durch die Art der Papiertrennung unterscheidet. (Die Erläuterung des Diagramms folgt später).

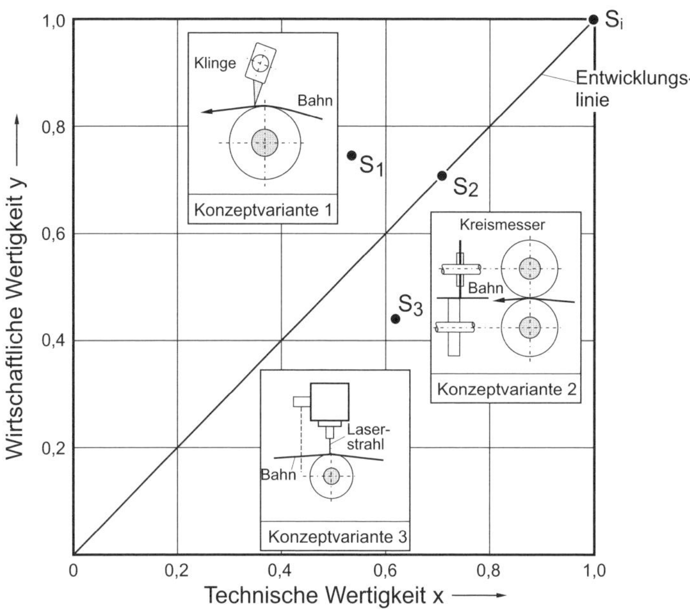

© IFA D3163

Bild 3.19 Technisch-wirtschaftliche Bewertung von Konzeptvarianten eines Papier-Längsschneiders im Stärke-Diagramm

Bei größeren Aufgabenstellungen, wie z. B. der Entwicklung einer komplexen Maschine oder einer Anlage, reicht eine Funktionsebene nicht aus, sodass man Teilfunktionen niederer Ordnung für jede Teilfunktion der nächsthöheren Ebene bildet. Für jede Teilfunktion jeder Funktionsebene kann erforderlichenfalls eine eigene morphologische Matrix aufgestellt werden.

Die Bewertung der gefundenen prinzipiellen Lösungen erfolgt nun mit Hilfe von Kriterienlisten und einer Punktbewertung, die bei der Bewertung und Auswahl der Produktideen geschildert wurde. In dieser Phase der Produktentwicklung empfiehlt sich eine Unterscheidung nach technischen und wirtschaftlichen Kriterien, wie sie Bild 3.20 als Vorschlag für den Papier-Längsschneider aufführt. Durch Division der Punktsummen der einzelnen

Lösung durch die maximale Punktsumme einer gedachten Ideallösung entsteht die *technische Wertigkeit* (*x*) (vergl. Gleichung (1) in Bild 3.20 links unten). Die technische Wertigkeit der Ideallösung ist $x = 1{,}0$. Eine technische Wertigkeit über 0,8 ist im Allgemeinen als sehr gut, von 0,7 als gut, unter 0,6 als nicht befriedigend anzusehen. Es ist darauf zu achten, dass eine hohe technische Wertigkeit nicht zulasten der wirtschaftlichen Wertigkeit geht.

Technische Bewertung

Technische Bewertungsmerkmale	Punktwerte			
	Variante 1	Variante 2	Variante 3	Ideal
1. Arbeitsgeschwindigkeit	2	3	4	4
2. Bahnbreite	3	3	0	4
3. Anzahl Bahnen	3	3	0	4
4. Raumbedarf	3	2	1	4
5. Schnittqualität	1	3	4	4
6. Bahnbreitentoleranz	2	3	4	4
7. Materialsorten	1	3	4	4
Summe Punktwerte	15	20	17	28
Technische Wertigkeit x	0,54	0,71	0,61	1,00

P: Punktwert je Merkmal
P_{max}: Idealbewertung (4 Punkte)
n: Anzahl der Merkmale

Punktbewertungsskala:

sehr gut	P = 4 Punkte
gut	P = 3 Punkte
ausreichend	P = 2 Punkte
gerade noch tragbar	P = 1 Punkt
unbefriedigend	P = 0 Punkte

Technische Wertigkeit x:

$$x = \frac{P_1 + P_2 + \ldots + P_n}{N \cdot P_{max}} \quad (1)$$

Wirtschaftliche Bewertung

Wirtschaftliche Bewertungsmerkmale	Kosten			
	Variante 1	Variante 2	Variante 3	Ideal
H_{zul} [€]	8000	8000	8000	8000
H_i [€]	5600	5600	5600	5600
H [€]	7467	8000	12444	5600
Wirtschaftliche Wertigkeit y	0,75	0,70	0,45	1,00

H_{zul} Zulässige Herstellkosten
P_H Marktpreis konkurrierender Produkte
H_i Ideale Herstellkosten
H Herstellkosten
β Umrechnungsfaktor

$$H_{zul} = \frac{P_{Hmin}}{\beta} \quad (2)$$

$$H_i = 0{,}7 \cdot H_{zul} \quad (3)$$

Wirtschaftliche Wertigkeit y :

$$y = \frac{H_i}{H} = \frac{0{,}7 \cdot H_{zul}}{H} \quad (4)$$

© IFA D3160qWd

Bild 3.20 Technisch-wirtschaftliches Bewertungsverfahren (Beispiel: Papier-Längsschneider, nach VDI 2225 Blatt 3)

Im Gegensatz zur technischen Wertigkeit werden für die wirtschaftliche Bewertung die Herstellkosten als alleiniger Maßstab angesetzt. Andere wirtschaftliche Faktoren, wie z. B. die Verlängerung der Lebensdauer, ein geringerer Wartungsaufwand und ein höherer Wirkungsgrad, sollten so weit wie möglich in der technischen Bewertung Berücksichtigung finden. Zunächst wird eine wirtschaftliche Ideallösung definiert, deren Herstellkosten (H_i) als ideal angesehen werden können. Gemäß Gleichung (2) (Bild 3.20 rechts unten) wird dazu der niedrigste Preis konkurrierender Produkte auf dem Markt durch Marktuntersuchungen ermittelt und durch einen Umrechnungsfaktor β dividiert. Gemäß VDI 2225 Blatt 1 [VDI84] ergeben sich daraus die zulässigen Herstellkosten H_{zul}. Um eine ausreichende Marktlebensdauer zu gewährleisten, empfiehlt es sich, die idealen Herstellkosten H_i kleiner als H_{zul} anzusetzen und entsprechend Gleichung (3) mit dem Faktor 0,7 zu multiplizieren. Die *wirtschaftliche Wertigkeit* (*y*) errechnet sich nach Gleichung (4) durch Division der idealen Herstellkosten durch die je Lösung ermittelten Herstellkosten (*H*). Wird eine wirtschaftliche Wertigkeit $y = 0{,}7$ erreicht, so bedeutet dies, dass $H = H_{zul}$ ist, welches als ein gutes Ergebnis zu werten ist [VDI90a].

Das Eintragen der *x*- und *y*- Werte für jede Lösung in das sogenannte *s*-Diagramm (*S* steht für die Stärke einer Lösung) positioniert eine Lösung in technischer und wirtschaftlicher Hinsicht. Dabei bildet die wirtschaftliche Wertigkeit die Ordinate und die technische Wertigkeit die Abszisse. Die Ideallösung ist durch den Punkt S_i mit den Koordinaten $x = 1,0$ und $y = 1,0$ festgelegt. Die Linie vom Koordinatenursprung 0 bis zu dem Punkt S_i wird als Entwicklungslinie bezeichnet und entspricht Punkten gleicher technischer und wirtschaftlicher Wertigkeit [VDI90a]. Bild 3.19 zeigt die im morphologischen Schema angedeuteten drei Lösungen als Prinzipskizze mit den zugehörigen Stärke-Werten S_1, S_2 und S_3. Demnach ist die Kreismesser-Lösung wegen der besseren Schnittqualität die technisch günstigste Lösung, während die stillstehende Klinge nur wirtschaftlich vorteilhafter ist. Charakteristisch für den Punkt S_2 ist zudem, dass er der Entwicklungslinie und dem Punkt S_i am nächsten liegt und damit die aussichtsreichste Lösung darstellt. Die Laserstrahl-Lösung bietet für diesen Fall nach dem untersuchten Stand der Technik weder wirtschaftliche noch technische Vorteile.

Darstellungen dieser Art erleichtern den Entscheidungsträgern wesentlich die Auswahl der weiterzuverfolgenden Lösung, besonders wenn auch die bisherigen Lösungen sowohl des eigenen Unternehmens als auch die des Wettbewerbs zum Vergleich mit in das Schema eingetragen werden.

Phase 3: Entwerfen

Nur die aussichtsreichste Lösung „Kreismesser" wird in realisierbare Module gegliedert, bevor eine Konkretisierung in Form eines maßstäblichen Vorentwurfs mit Hilfe begleitender Berechnungen ausgearbeitet und erneut bewertet wird. In dieser Phase verzweigt sich die Produktentwicklung oft in parallel zu bearbeitende Baugruppen und Einzelteile. An dieser Stelle sind auch Überlegungen über die Montage, Wartung, Bedienung, Demontage und Recyclingfähigkeit der eingesetzten Werkstoffe zu berücksichtigen.

Für die funktional wesentlichen Bereiche des Konstruktionsentwurfs erfolgt eine nochmalige Kostenoptimierung durch Erarbeiten alternativer Vorschläge für die Gestaltungszonen. Für diese Aufgaben werden zweckmäßig *Relativkostenkataloge* eingesetzt, mit denen die Kosten alternativer Lösungen für ein Detailproblem ohne aufwändige Kalkulation hinsichtlich ihrer Herstellkosten rasch abschätzbar sind [Schu77]. Als Beispiel sei eine Welle-Nabe-Verbindung gewählt, wie sie zur Verbindung des Kreismessers mit der Antriebswelle erforderlich ist. Bild 3.21 zeigt sechs Ausführungen einer Welle-Nabe-Verbindung, von denen die oberen drei feste und die unteren drei axial verschiebbare Lösungen darstellen. Als unabhängige Variable dient hier naturgemäß das zu übertragende Drehmoment. Der Konstrukteur erkennt auf einen Blick, dass unterhalb von ca. 15 000 Ncm innerhalb der beweglichen Verbindungen die Polygon-Verbindung gegenüber der Keilwellen-Verbindung die kostengünstigere Lösung darstellt und oberhalb dieses Wertes die Keilwellen-Verbindung billiger ist. Methodische Anleitungen zum kostengünstigen Konstruieren finden sich in [EKL14, VDI77a, VDI87, PB13, Ger94].

Neuere Verfahren gehen von einem marktorientierten Kostenziel aus, indem einerseits die Konkurrenzprodukte und -prozesse z. B. mit einem sogenannten *Benchmarking* und andererseits die Möglichkeiten des eigenen Unternehmens analysiert werden. Bei dieser Methode, auch als *Target Costing* bezeichnet, rechnet man die Zielkosten des Endproduktes auf einzelne Baugruppen und Teile herunter (Top-Down-Berechnung). Parallel dazu kal-

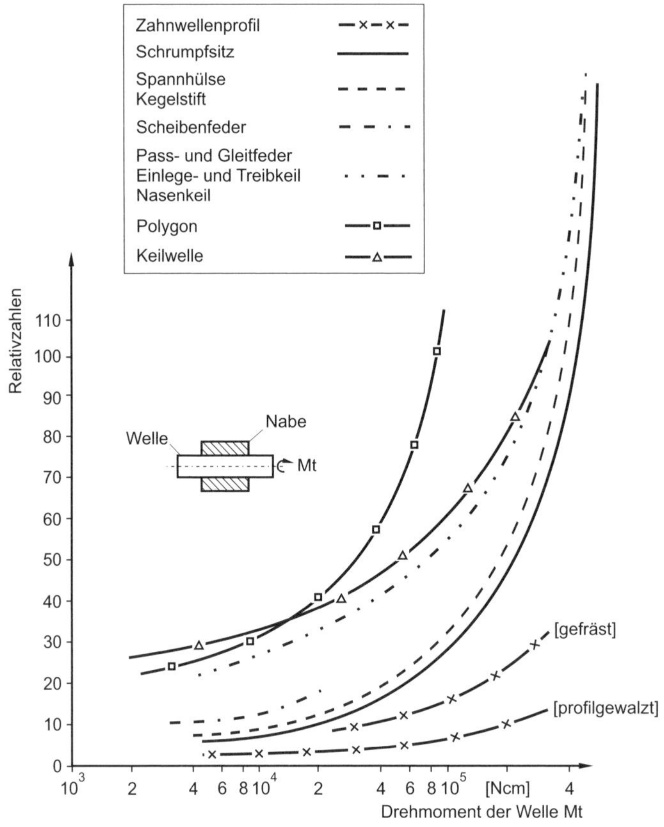

© IFA D3636

Bild 3.21 Relativkosten Welle-Nabe-Verbindungen (DEMAG)

kuliert man aus Vergangenheitsdaten die wahrscheinlichen Kosten des neuen Produktes kalkuliert (Bottom-Up-Berechnung) und vergleicht sie mit dem gesetzten Kostenziel. Um die meist notwendige Kostensenkung zu erreichen, müssen realistische Kostensenkungs-Potenziale erschlossen werden [EKL05].

Um solche Potenziale aufzudecken, bietet es sich an, ein Team aus Mitarbeitern mehrerer Abteilungen (z. B. Vertrieb, Konstruktion, Produktion, Logistik, Einkauf) zu bilden, die gemeinsam an diesem Problem arbeiten. Diese Vorgehensweise nennt man *Simultaneous Engineering* [Eve95]. Sie besteht in einer zielgerichteten und interdisziplinären Zusammen- und Parallelarbeit mehrerer Abteilungen, die unter der Führung eines Projektmanagers Produkt-, Produktions- und Vertriebskonzepte für den gesamten Produktlebenslauf erarbeiten. Grundsätzlich hat Simultaneous Engineering zum Ziel, qualitativ optimale, kostengünstige Lösungen in kürzester Zeit zu finden. Dabei stellt die Verkürzung der Entwicklungszeiten den größten Motivationsfaktor für den Einsatz dieser Methode dar, gefolgt von dem Ziel der Fertigungskostenreduzierung und der Qualitätsverbesserung. Im Rahmen einer möglicherweise international aufgeteilten Produktion gewinnen zusätzlich Gesichtspunkte der logistikgerechten Konstruktion an Bedeutung. Die abgestimmten Entscheidungen in frühen Phasen der Produktentwicklung reduzieren die Anzahl der Änderungen in späteren Phasen der Produktentstehung und erschließen Verbesserungs-Potenziale [EKL0214].

Neben dem Simultaneous Engineering hat sich das sogenannte *Concurrent Engineering* als Vorgehensweise zur Lösung ingenieurtechnischer Probleme entwickelt. Der Unterschied zum Simultaneous Engineering besteht dabei in einer möglichst parallel versetzten Bearbeitung aller Aufgaben der Produktplanung und -entwicklung, anstatt einer sequentiellen Ausführung der jeweils gleichen Aufgaben [Ehr05].

Phase 4: Ausarbeiten

Die Einzelteile werden unter Beachtung von DIN- und Werksnormen sowie Konstruktionsrichtlinien fertigungsgerecht detailliert. Zunehmend erfolgt in diesem Stadium eine Beratung durch Mitarbeiter der Arbeitsvorbereitung im Sinne des Simultaneous Engineering [VDI78a]. Ebenso ist an dieser Stelle zu entscheiden, ob nicht bestimmte Teile, Maschinenelemente oder ganze Baugruppen als Zukaufteile integriert werden. In diesem Zusammenhang spricht man von der *Make-Or-Buy*-Entscheidung, wobei unterschiedliche Unternehmensstrategien (wie z. B. Konzentration auf das Kerngeschäft, Kostenreduzierung, Durchlaufzeitreduzierung bei kürzeren Lieferzeiten) Berücksichtigung finden müssen [Wil06b]. Oft wird der Begriff *Outsourcing* verwendet, wobei das Outsourcing eine spezielle Form der Make-Or-Buy-Entscheidungen darstellt, bei dem lediglich eine Teilmenge von internen Unternehmensaufgaben, vornehmlich Dienstleistungen, wie z. B. der Softwareentwicklung und der Betrieb von Netzwerken, hinsichtlich ihrer Auslagerungsfähigkeit geprüft werden [Zil95]. Auch nach dem Outsourcing sind Restfunktionen weiterhin vom Unternehmen wahrzunehmen. Neben dem Outsourcing etablieren sich zunehmend auch Entwicklungspartnerschaften [Wil04c], die heute im Rahmen eines *Collaborative Engineering* weltweit rund um die Uhr in einem virtuellen Projektraum auf Basis von rechnerunterstützten Plattformen zusammenarbeiten. Als Ergebnis der Ausarbeitungsphase liegt die Produktdokumentation in Form von Zeichnungen und Stücklisten vor, heute fast nur noch in digitaler Form (vergl. Abschnitt S. 4).

Charakteristisch für die methodische Produktentwicklung sind demnach:

- Aufgabenstellung in Form einer Anforderungsliste;
- Entwicklungsphasen mit definierten Entscheidungspunkten über die weiterzuverfolgenden Lösungen;
- Auswahl von Entwicklungspartnern;
- Erzeugen von Varianten zunehmender Konkretisierung;
- Bewertung der Varianten sowohl technisch als auch wirtschaftlich und Auswahl des relativen Optimums;
- Beteiligung der betroffenen Abteilungen des Unternehmens an der gesamten Produktentwicklung (Simultaneous Engineering).

3.4 Organisation der Konstruktion

Wegen der großen Bedeutung organisatorischer Aspekte für die Erreichung der Leistungs-, Qualitäts-, Kosten- und Zeitziele sollen Konstruktionsarten, Konstruktionstätigkeiten, die Ablaufschritte in einer Konstruktionsabteilung sowie das Änderungswesen näher betrachtet werden.

3.4.1 Konstruktionsarten

Nach [Ehr05, Rom95, Lin95, PB13] werden Konstruktionen unterschiedlicher Bearbeitungstiefe in die Konstruktionsarten Neukonstruktion, Anpassungskonstruktion, Variantenkonstruktion und Wiederholkonstruktion unterschieden (Bild 3.22).

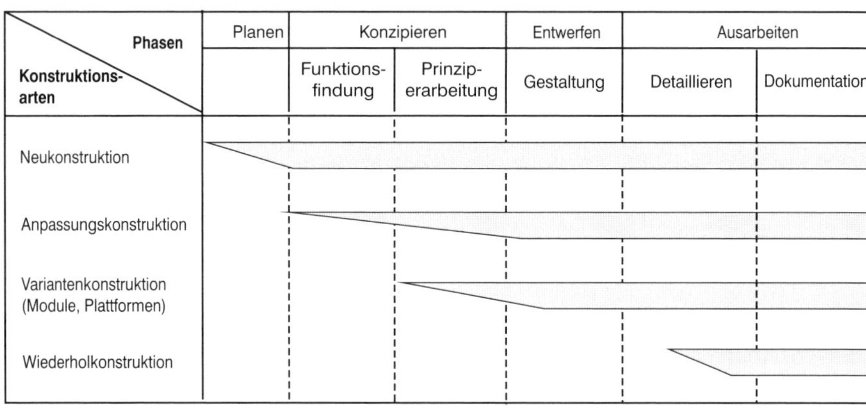

© IFA D3166Wd

Bild 3.22 Zuordnung der Konstruktionsarten zu den Entwicklungsphasen (nach VDI 2210)

Eine *Neukonstruktion* (auch Entwicklungskonstruktion genannt) ist durch eine bisher nicht ausgeführte Anordnung neuer oder bekannter Elemente zu einem neuen Arbeitsprinzip gekennzeichnet. Deshalb sind nach der Planungsphase auch alle weiteren Entwicklungsphasen wie Konzipieren, Entwerfen und Ausarbeiten zu durchlaufen. Das Ausarbeiten ist hier noch einmal in das Detaillieren der Einzelteilzeichnungen und Dokumentieren gegliedert. Die Dokumentation umfasst neben Zeichnungen und Stücklisten für die Fertigung eine Arbeitssicherheitsanalyse des Produktes entsprechend den Vorschriften am Aufstellungsort, Betriebs- und Wartungsvorschriften in der vereinbarten Sprache, sowie die Ersatzteilkennung und ggf. Zeichnungen für Montagevorrichtungen.

Die *Anpassungskonstruktion* (auch Änderungskonstruktion genannt) ändert einzelne Elemente in der Anordnung, der Gestalt oder bezüglich des Arbeitsprinzips, um kundenwunschabhängige Anpassungen einer bewährten Standardkonstruktion durchzuführen. Es ist also nur teilweise die Konzipierung, jedoch meist eine vollständige Gestaltung und Detaillierung erforderlich. Beispiele finden sich im Anlagenbau, z. B. bei Papiermaschinen und Walzwerken.

Bei der *Variantenkonstruktion* wird lediglich die Gestalt und Dimension der Elemente einer Standardkonstruktion verändert, sodass hierbei nur die Gesamtkonfiguration sowie die Gestaltung und Detaillierung der betroffenen Elemente notwendig sind. Dabei werden unterschiedliche Ansätze verfolgt. „*Baureihen* sind Maschinen, Baugruppen oder Einzelteile, die dieselbe Funktion mit der gleichen Lösung, in mehreren Größenstufen bei möglichst gleicher Fertigung in einem weiten Anwendungsbereich erfüllen" [PB13]. „Unter einem *Baukasten* versteht man Maschinen, Baugruppen und Einzelteile, die als Bausteine mit oft unterschiedlichen Lösungen durch Kombination verschiedene Gesamtfunktionen erfüllen" [PB13]. Solche Ansätze werden auch als modulare Produkte bezeichnet, die eine modulare Produktarchitektur besitzen. Dabei ist ein Modul eine physisch abgeschlossene Einheit, die eine bestimmte Funktion erfüllt.

Das von der Automobilindustrie vorangetriebene *Plattformkonzept* geht noch einen Schritt weiter und verfolgt den Einsatz von Modulen in verschiedenen Produkten. Beispielsweise besitzen im VW-Konzern bestimmte Modelle von VW, Audi, Seat und Skoda eine gemeinsame Unterbodenbaugruppe. Auch im Maschinenbau werden zunehmend Plattformkonzepte verfolgt, wobei man versucht, den Anteil der kundenspezifischen Elemente auf 10 bis 20 % des Gesamtumfangs zu begrenzen.

Die *Wiederholkonstruktion* ist durch die komplette Wiederverwendung eines bereits früher ausgeführten Auftrags gekennzeichnet. Manchmal sind noch geringfügige Detaillierungsarbeiten an die örtlichen Aufstellungsbedingungen erforderlich, im Wesentlichen geht es aber um die Erstellung der Dokumentation.

3.4.2 Konstruktionstätigkeiten

Um die Konstruktionsphase als eine der Produktentwicklungsphasen vollständig beschreiben zu können, sind neben den beschriebenen Konstruktionsarten und den in Abschnitt 3.4.3 ausgeführten organisatorischen Abläufen auch die eigentlichen Konstruktionstätigkeiten zu betrachten. Unter Konstruktionstätigkeiten werden alle Arten von Denkvorgängen verstanden, welche zum Schaffen technischer Lösungen notwendig sind. Zur Entwicklung technischer Produkte sind sehr unterschiedliche Tätigkeiten notwendig, die sich nach [Kol98] folgendermaßen unterscheiden lassen:

- Synthesevorgänge, deren Ergebnisse alternative Lösungen sind;
- Analyse- oder Prüfvorgänge, welche die gefundenen Lösungsalternativen bezüglich gestellter Forderungen auf Brauchbarkeit prüfen;
- Bewerten und Selektieren (Ausscheiden) von weniger geeigneten Lösungen oder Details;
- Verbessern nicht genügend tauglicher Lösungen oder Details durch erneute bzw. wiederholte Syntheseprozesse.

Für das Verständnis des Konstruktionsprozesses ist es zudem hilfreich, zwischen der nicht direkt sichtbaren eigentlichen Tätigkeit des Konstruierens und jener des Darstellens, Dokumentierens und Zeichnens zu unterscheiden. Beide Tätigkeiten werden in der Praxis oft simultan durchgeführt, sie sind jedoch sehr unterschiedlich.

Bild 3.23 verdeutlicht den Unterschied zwischen Zeichnen und Konstruieren. Unter den nicht sichtbaren Tätigkeiten werden die Denkprozesse des Konstrukteurs verstanden, um

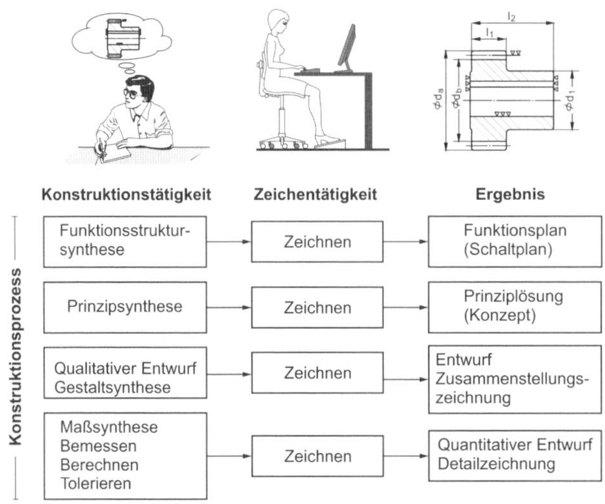

Bild 3.23 Konstruktionstätigkeiten (Koller)

© IFA D3165

Lösungsprinzipe für eine bestimmte Aufgabe unter Berücksichtigung spezieller Bedingungen zu finden. Das Zeichnen hingegen umfasst manuelle Tätigkeiten des bildlichen Darstellens und Dokumentierens von Konstruktionsergebnissen, die heute durch entsprechende CAD-Systeme unterstützt werden. Als Ergebnisse der Konstruktionstätigkeiten sind jeweils äquivalent zu Bild 3.16 die Funktionsstrukturen als Funktions- oder Schaltplan, konzeptionelle Prinziplösungen, Entwurfs- und Zusammenstellungszeichnungen sowie qualitative Entwürfe in Form von Detailzeichnungen anzuführen [Kol98].

3.4.3 Organisatorische Abläufe

Für die folgende Betrachtung der Verdeutlichung der organisatorischen Abläufe in einem Konstruktionsbüro wird angenommen, dass sich das Produkt in seiner Grundkonzeption in der Praxis bewährt hat und im Auftragsfall entweder in seiner Leistung, Anordnung oder einzelnen Teilfunktionen den Kundenwünschen anzupassen ist (Anpassungs-Konstruktion). Innerhalb des Konstruktionsbüros entstehen die Zeichnungen und Stücklisten in mehreren Schritten. Bild 3.24 verdeutlicht den Gesamtablauf. Die einzelnen Schritte gestalten sich wie folgt:

Schritt 1: Auftrag prüfen

Bevor die eigentliche Konstruktionsarbeit beginnt, prüft der verantwortliche Konstrukteur – meist der Gruppen- oder Abteilungsleiter – die Auftragsunterlagen, die er vom Verkauf erhält. Diese bestehen aus drei Teilunterlagen:

- Die Auftragsbeschreibung enthält Angaben über den Kunden, den Aufstellungsort, den Liefer- bzw. Inbetriebnahmetermin sowie allgemeine und örtliche Bedingungen, z. B. bestimmte Normen oder Angaben über Wasser- und Druckluftanschlüsse.
- Der zweite wichtige Unterlagenteil ist die Auftragsspezifikation mit Angabe der vertraglich vereinbarten Leistung sowie des Lieferumfanges.

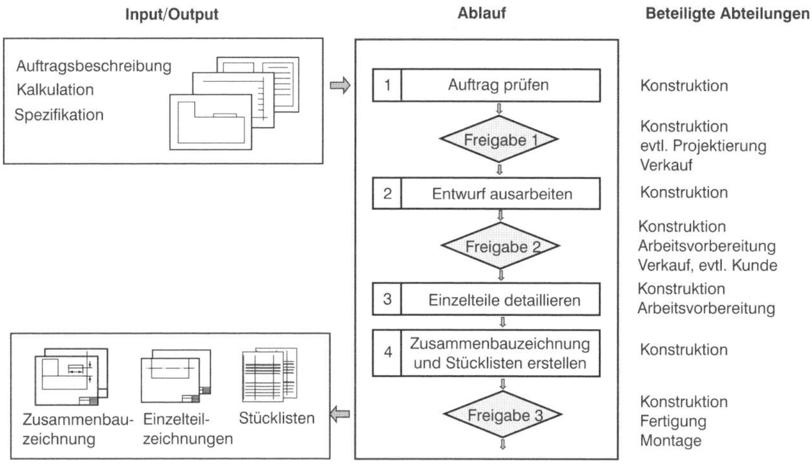

© IFA D3167

Bild 3.24 Ablaufschritte in der Konstruktionsabteilung

- Schließlich ist es in kostenbewusst operierenden Unternehmen üblich, auch die interne Kalkulation beizufügen, also die geplanten Kosten für Material, Fertigungsstunden und Zukaufteile, sodass der Konstrukteur den finanziellen Rahmen kennt, der dem Auftrag zugrunde liegt.

In der Regel basiert der Auftrag auf einem Angebot, das meist eine Skizze enthält, aus der das technische Lösungsprinzip und der ungefähre Platzbedarf hervorgehen.

Der Konstrukteur klärt ggf. auftretende Unklarheiten mit dem Verkauf und/oder dem Kunden. Man erkennt hier deutlich eine gewisse Parallele zur Konzeptionsphase in Bild 3.16; allerdings wird meist keine formelle Anforderungsliste erstellt. Bei manchen Aufträgen liegen seitens des Kunden jedoch umfangreiche Pflichtenhefte vor, in denen Auflagen über bestimmte Details der Konstruktion, wie z. B. Beachtung von Normen, Qualität von Oberflächen und Art der Qualitätsprüfung enthalten sind. Dies trifft vor allem für Produkte mit hohen Sicherheitsanforderungen zu, wie sie u. a. im Druckbehälterbau, Schiffbau und Flugzeugbau üblich sind. Der Schritt schließt mit einem Freigabeschritt 1 ab, der sicherstellt, dass die Konstruktion den Auftrag wirklich verstanden hat.

Schritt 2: Entwurf

Der Konstrukteur prüft zunächst die Möglichkeit, vorhandene Unterlagen wieder zu verwenden. Diese betreffen vor allem Standardkomponenten, Module und Baukästen. Dazu stehen ihm verschiedene Informationssammlungen von den Unterlagen alter Aufträge in Papierform, Mikrofilmen, elektronischen Datenarchiven sowie der Zugriff auf CAD-Daten zur Verfügung. Erst nach dieser Vorprüfung beginnt die eigentliche Entwurfsarbeit, die zum Ziel hat, die verkaufte Maschine oder Anlage mit der vereinbarten Leistung und den spezifizierten Elementen in einen meist vorgegebenen maßlichen Rahmen einzupassen. Heute ist die Bearbeitung mithilfe von CAD-Systemen in 3D Stand der Technik. Bei großen Maschinen und Anlagen erfolgt an dieser Stelle eine Unterteilung des Auftrages in mehrere Hauptbaugruppen, die parallel von mehreren Konstruktionsgruppen weiterbearbeitet werden. Dabei sind die Schnittstellen zu anderen Gewerken zu beachten. Teilweise können jetzt sogar schon kinematische Funktionsprüfungen erfolgen, indem die Teile virtuell zueinander bewegt werden. Diese bis zu mehreren Wochen dauernde Phase schließt mit einer Freigabe 2 durch den Konstruktionsleiter ab. Bei umfangreichen oder risikoreichen Projekten werden Verkauf und Arbeitsvorbereitung einbezogen. Aber auch der Kunde verlangt zu diesem Zeitpunkt häufig Einsicht in den Entwurf, um sich neben der funktionalen Lösung bereits über die Bedienung, Wartung und Instandhaltung zu informieren. Zur Verkürzung der Durchlaufzeit werden zu diesem Zeitpunkt auch bereits sog. Langläufer (z. B. große Guss- oder Schmiedeteile) definiert und zur Bestellung des Rohmaterials vorab frei gegeben.

Schritt 3: Detaillierung

Der freigegebene Entwurf wird weiter zerlegt in Gruppen niederer Ordnung. Daraus können nun die Einzelteile so herausgezeichnet (detailliert) werden, dass aus der Zeichnung alle notwendigen Angaben für die Fertigung des Teiles ersichtlich sind. Hierzu zählen neben dem Werkstoff insbesondere Form, Abmessungen, Toleranzen und zulässige Oberflächenrauheitswerte. Durch moderne CAD-Systeme wird dieser früher sehr aufwändige Prozess wesentlich erleichtert. Ggf. finden auch in Zusammenarbeit mit der Arbeitsvorbereitung und dem Einkauf bereits Verhandlungen mit möglichen Lieferanten statt, wenn das Teil nicht selbst gefertigt werden soll oder kann.

Alle Einzelteile werden nun wieder zur sogenannten Zusammenbauzeichnung (vergl. Abschnitt 4.2) zusammengesetzt, um sicherzustellen, dass die Teile zusammenpassen, die Baugruppen montierbar sind, Verschleißteile bei Instandhaltungsarbeiten leicht ausgewechselt werden können und nichts vergessen wurde. In CAD-Systemen (vergl. Abschnitt 3.5) wird dieser Vorgang durch das System unterstützt. Alle Teile werden in einer besonderen Liste, der Stückliste (vergl. Abschnitt 4.3), zusammengestellt. Besonders in dieser Phase finden Abstimmungen mit der Arbeitsvorbereitung, der Fertigung und Montage statt (vergl. Simultaneous Engineering in Abschnitt 3.3), um eventuell auftretende Probleme möglichst früh zu erkennen [VDI78a]. Nach der Freigabe 3, mit der die fertigungstechnische Machbarkeit abschließend geklärt wird, ist die Auftragskonstruktion abgeschlossen.

Schritt 4: Zusammenbauzeichnung und Stücklisten erstellen

Als Ergebnis liegen Zusammenbauzeichnungen, Einzelteilzeichnungen und Stücklisten vor. Bei ihrer Erstellung sind die einschlägigen DIN- und Werksnormen ebenso zu beachten wie Lagerlisten über vorrätige Halbzeuge und Normteile. Weiterhin ist der Zugriff auf ausgeführte Aufträge über ein zentrales oder lokales Zeichnungsarchiv unerlässlich. Dieses wird noch vereinzelt in Form von Zeichnungspausen geführt; weite Verbreitung haben auch Mikrofilmkarteien gefunden. Im Zuge des Einsatzes von CAD-Systemen (siehe Abschnitt 3.5) und EDV sind heute elektronische Zeichnungsarchive Stand der Technik. Sie werden im Rahmen eines sogenannten PDM-Systems (Produkt Daten Management) gepflegt. Unabhängig davon, ob eine Zeichnung manuell oder mit Hilfe eines CAD-Systems entstanden ist, durchläuft sie eine Zeichnungsprüfung, die meist Aufgabe der sogenannten Normenstelle ist. Nach eventuellen Änderungen wandern die Zeichnungen in ein Archiv, das der Konstruktionsabteilung entweder Mikrofilme bzw. Belegpausen zur Verfügung stellt oder die elektronisch gespeicherten Zeichnungen zur Benutzung freigibt. Zeichnungen und Stücklisten sind also die Basis und bilden damit den geometrieorientierten auftragsneutralen Teil des betrieblichen Informationssystems (s. Kapitel 4). Alle übrigen im folgenden Ablauf benutzten bzw. noch zu erzeugenden Unterlagen bauen auf diesen Dokumenten auf. Dazu gehören Betriebs- und Wartungsvorschriften, Ersatzteilkennzeichnung sowie ggf. Montagevorrichtungen.

3.4.4 Änderungswesen

Trotz größter Sorgfalt und Planung lassen sich Änderungen in Erzeugnissen und ihren Teilen nicht vermeiden. Wegen der großen vor allem kostenintensiven Auswirkungen, die eine Änderung im Herstellungsprozess, aber auch im Gebrauch des Erzeugnisses nach sich ziehen kann, dürfen Änderungen nur von einem Personenkreis beantragt und auch durchgeführt werden, der die Notwendigkeit und die Konsequenzen beurteilen kann. Durch integrative Maßnahmen, die heute wie beschrieben durch Simultaneous Engineering durchgeführt werden, ist die Änderungshäufigkeit in den Unternehmen erheblich gesunken. Zudem bieten moderne CAD-Systeme dem Konstrukteur enorme Rationalisierungspotenziale insbesondere bei Varianten- und Änderungskonstruktionen. Zeit raubende Routinetätigkeiten können durch den Zugriff auf Norm- und Wiederholteilbibliotheken und durch Verwendung vordefinierter Makros vermieden werden.

Formal werden Änderungen mit Hilfe des *Änderungswesens* oder *Änderungsdienstes* gesteuert. Man unterscheidet zunächst zwischen verschiedenen *Dringlichkeitsstufen* einer Änderung [Fre75]. Stufe 1 umfasst *funktionswichtige dringliche Änderungen*, bei denen in Arbeit befindliche oder bereits fertig gestellte Teile nicht mehr benutzt werden dürfen und gegebenenfalls in bereits eingebauten oder in Benutzung befindlichen Erzeugnissen auszutauschen sind, z. B. in Form von Rückrufaktionen von Automobilherstellern. Stufe 2 betrifft *konstruktive* oder *fertigungstechnische Verbesserungen* aus wirtschaftlichen Gründen, die nach Verbrauch vorhandener Teile eingeführt werden. In Stufe 3 schließlich gehören *zeichnerische Berichtigungen*, die keine Änderung der Fertigung zur Folge haben.

Der Anstoß zu einer Änderung kann durch die Fertigung, den Kunden oder sonstige Antragsteller, z. B. aufgrund eines Verbesserungsvorschlages, erfolgen. Die entsprechenden Anträge werden von den zuständigen Fachabteilungen, wie Konstruktion, Arbeitsvorbereitung und Vertrieb, beurteilt und liegen der *Änderungskonferenz* als Entscheidungsunterlage vor. Im Fall eines Änderungsbeschlusses erfolgt eine *Änderungsmitteilung* an die Konstruktionsabteilung. Diese führt in den Zeichnungs- und Stücklisten-Originalen die betreffende Änderung durch. Falls eine reversible *Austauschbarkeit* vorliegt (alt kann gegen neu, neu kann gegen alt getauscht werden), wird der Teilenummer lediglich ein *Änderungsindex* hinzugefügt. Andernfalls erhält das Teil eine neue Sachnummer. Die Arbeitsvorbereitung hat die aus der Änderung resultierenden Aktionen, wie Sperren alter Teile, Freigabe neuer Teile sowie Austausch von Unterlagen, im Betrieb zu überwachen.

Der Änderungsdienst ist in Unternehmen mit Serienfertigung naturgemäß strenger organisiert als bei Einzelfertigern. Insbesondere bei Einsatz der elektronischen Datenverarbeitung im Produktionsbereich ist ein funktionierender Änderungsdienst die unabdingbare Voraussetzung für einen störungsfreien Ablauf der NC-Programme.

3.5 Rechnereinsatz in Entwicklung und Konstruktion

Ein hohes Potenzial zur Leistungssteigerung und damit zur Kostensenkung kann durch den Einsatz rechnerunterstützter Systeme vor allem in den Bereichen Entwicklung und Konstruktion durch die sogenannten *C-Techniken* erschlossen werden [Spu94].

Zu den bekanntesten *C-Systemen* im Bereich Konstruktion und Entwicklung gehören *Computer Aided Design* (CAD) und *Computer Aided Engineering* (CAE). Von CAE spricht man, wenn Konstruktionsprogramme mit DV-Systemen für andere technische Aufgaben verbunden werden, wie z. B. für die Lösung komplexer Berechnungs-, Optimierungs- und Simulationsaufgaben im Bereich der Neukonstruktion oder der auftragsbezogenen Projektierung [PB13, Zil95].

CAD-Systeme sind in den meisten Unternehmen als Stand der Technik anzusehen. Sie erfordern einen methodischen Entwicklungs- und Konstruktionsablauf, für den sich das Vorgehen, wie in Bild 3.16 dargestellt, anbietet [VDI93]. Grundsätzlich sollte vor der Einführung von Rechnersystemen eine Systematisierung hinsichtlich der Prozesse und Abläufe in den betreffenden Abteilungen erfolgt sein. Erst nach dieser methodischen Durchdringung der Vorgänge kann der Rechnereinsatz effektiv genutzt werden, der die Ablaufschritte unterstützt.

Stand zunächst nur die rechnerinterne Darstellung und die Ausgabe von Werkstückzeichnungen im Vordergrund, umfasst heute der Begriff CAD zum einen die funktions- und geometrieorientierten Aufgaben des Berechnens und Gestaltens, der Zeichnungserstellung, der geometrischen Modellierung und der Simulation von Funktions- und Bewegungsabläufen. Zum anderen zählen die geometrie- und technologieorientierten Aufgaben der Arbeitsplanerstellung und der Programmierung numerisch gesteuerter Werkzeugmaschinen auch zum CAD-Begriff; allerdings wird bei dieser umfassenden Aufgabenkombination häufig auch der Begriff CAD/CAM (CAM = *Computer Aided Manufacturing*) benutzt, um anzudeuten, dass auch die fertigungstechnischen Funktionen mit enthalten sind. Schließlich umfasst der CAD-Begriff auch bereits administrative Aufgaben, wie das Erstellen von Stücklisten und die Produktion technischer Dokumentationsunterlagen [Eve98, SK97].

Durch zahlreiche Analysen des Konstruktionsablaufes in der Praxis hat sich gezeigt, dass das Zeichnen den größten Zeitaufwand beansprucht, gefolgt vom Entwerfen und Konzipieren (siehe Bild 3.25). Weiterhin wird deutlich, dass über die Hälfte der gesamten Konstruktionszeit für das Ausarbeiten benötigt wird. Durch den Einsatz von CAD-Systemen konnten diese Zeitanteile erheblich reduziert und damit laut VDI 2216 beachtliche Produktivitätssteigerungen erzielt werden [VDI94].

CAD-Systeme lassen sich in ihren Entwicklungsstufen in unterschiedliche Generationen einteilen. Die CAD-Systeme der 1. Generation, die auf Arbeiten Anfang der 1960er-Jahre zur rechnerunterstützten Programmierung numerisch gesteuerter Werkzeugmaschinen am M. I. T. in Cambridge (USA) basieren, waren reine 2D-Zeichnungssysteme. Im Zuge der weiteren Entwicklung wurden aus den 2D-Systemen 2½D-Systeme. Hier konnte zusätzlich rechnerintern die dritte Dimension durch einen Verschiebe- oder Rotationsvektor erzeugt werden. Zur 2. Generation der CAD-Systeme zählen 3D-Systeme. Man unterscheidet hier

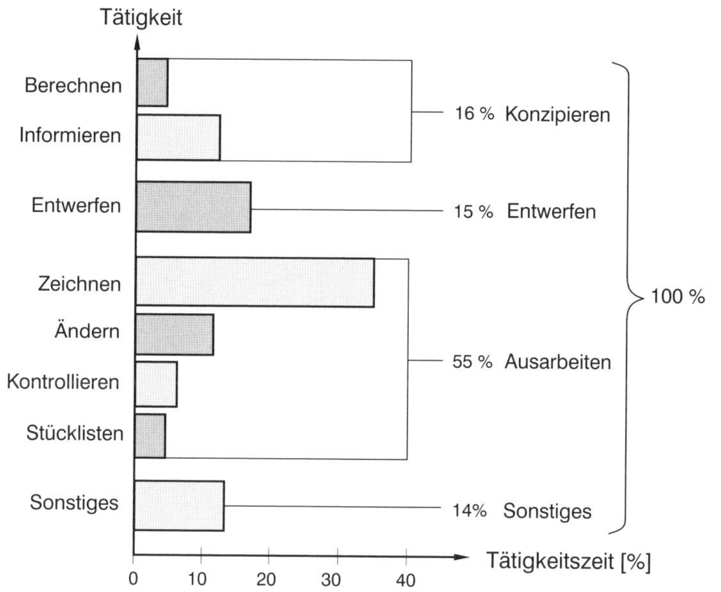

© IFA D3611

Bild 3.25 Zeitliche Anteile an den Konstruktionstätigkeiten (WZL, Aachen)

drei Arten der Darstellung: Draht-, Flächen- und Volumenmodelle. Die Modelle unterscheiden sich durch die Menge der Daten, die eingegeben und die in der rechnerinternen Darstellung gespeichert werden müssen. Änderungen werden automatisch in allen Ansichten durchgeführt und zusätzliche Ansichten können automatisch generiert werden [Obe03, Spu92]. Bild 3.26 stellt anhand eines Schmiedeteiles die 2D-Draufsicht und Seitenansicht sowie eine 3D-Darstellung gegenüber. In dem gekennzeichneten Übergangsbereich ist die 3D-Modellierung von der Berechnung her u. a. aufgrund der Radienangaben sehr aufwändig [Doe94].

CAD-Systeme der 3. Generation sind volumenorientiert und besitzen darüber hinaus grundlegend neue Eigenschaften. Sie erlauben z. B. das sogenannte *Parametrische Konstruieren* (Parametric Design). Hierbei sind im Modell des Werkstücks Geometrie und Abmessungen assoziativ verknüpft. Die Veränderung einer Maßzahl zieht die automatische Anpassung der Geometrie nach sich. Ein nächster Schritt besteht im *Konstruieren mit Zwangsbedingungen* (Constraint Modeling). Damit werden Abhängigkeiten zwischen Werkstückabmessungen, Werkstückgeometrieelementen oder auch funktionale Zwangsbedingungen wie z. B. eine zu übertragende Kraft im CAD-Modell hinterlegt und stellen so die Beachtung von Konstruktionsregeln sicher.

Eine weitere wichtige Entwicklung, die sowohl das Detaillieren als auch die Weitergabe der Werkstückinformation an die folgende Arbeitsplanung, NC-Programmierung, Montage und Qualitätsplanung wesentlich vereinfacht, stellt die *Konstruktion mit Technischen Elementen* (Feature Based Design) dar. Technische Elemente sind Bestandteile eines Werkstücks und bestehen aus einer geometrischen Beschreibung und einer ihr zugeordneten technischen Bedeutung hinsichtlich Abmessungen, Technologie und Funktion. Der Kons-

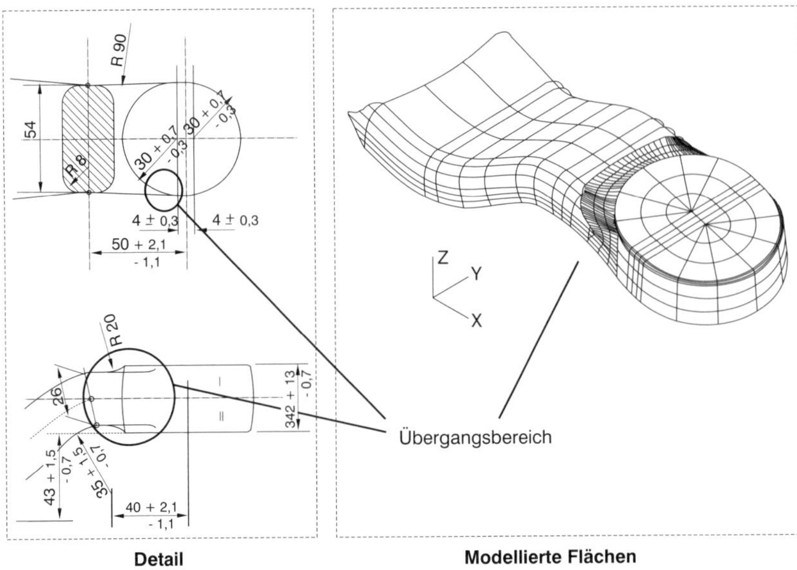

© IFA D3610

Bild 3.26 Übergang von einer 2D- zur 3D-Darstellung am Beispiel eines Schmiedeteiles (IFUM, Uni Hannover)

trukteur kann so häufig verwendete Standardelemente wie z. B. Bohrungsbilder oder Passfedernuten in einem Schritt generieren. Aus diesen Konstruktionselementen entstehen im Rahmen der Arbeitsplanung Planungselemente, denen wiederum standardisierte Arbeitsvorgangsformen bis hin zu NC-Programmbausteinen zugeordnet sind [Tön00].

Mittlerweise existiert ein umfassendes Angebot an CAD-Systemen, die viele dieser Anwendungsmöglichkeiten bieten. Hierzu zählen AUTOCAD, CATIA, UNIGRAPHICS, IDEAS und PRO ENGINEER Bild 3.27 zeigt zwei Darstellungen des Zapfenkreuzes einer LKW-Antriebswelle, die mit PRO ENGINEER erstellt wurden. Im dreidimensionalen Bild ist das Gitternetz angedeutet, das als Eingabe zur Festigkeitsberechnung mit Hilfe eines Finite-Elemente-Berechnungssystems dient. Alle Anbieter versuchen heute, die Übergabe der Werkstückdaten von einem Schritt zum nächsten (Konstruieren, Berechnen, NC-Programmieren) möglichst einfach zu gestalten.

In dem Bemühen, die Funktion einer Konstruktion möglichst weitgehend schon im Entwurfsstadium zu überprüfen, gewinnen Verfahren der Mehrkörpersimulation an Bedeutung. So sind mit Hilfe sogenannter Simulationsprototypen z. B. kinematische Untersuchungen der Werkzeugbewegungen im Arbeitsraum von Werkzeugmaschinen mit dem Ziel von Kollisionsbetrachtungen und Wegeoptimierungen möglich [SK97]. Diese Prototypen können auch mit Hilfe spezieller Techniken stereoskopisch betrachtet werden oder mit Hilfe der Virtuellen Realität in einen Raum projiziert und als virtuelles Gebilde von allen Seiten betrachtet und manipuliert werden.

Den strukturellen Aufbau von CAD-Systemen mit ihren problemunabhängigen und problemabhängigen Modulen zeigt Bild 3.28 [Spu84]. Der Dialog mit dem System erfolgt vor-

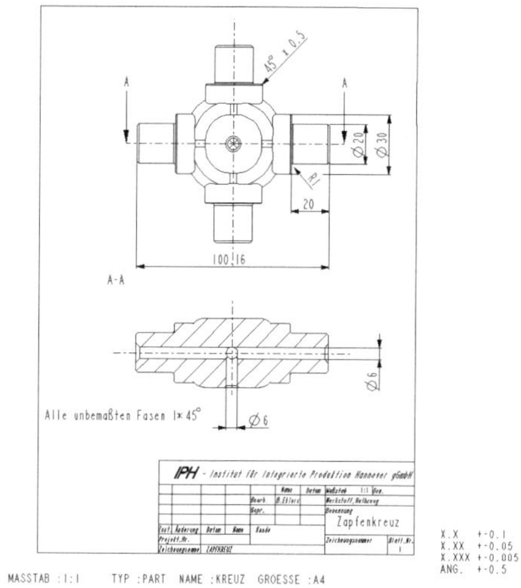

2-D-CAD-Darstellung mit Bemaßung des Zapfenkreuzes

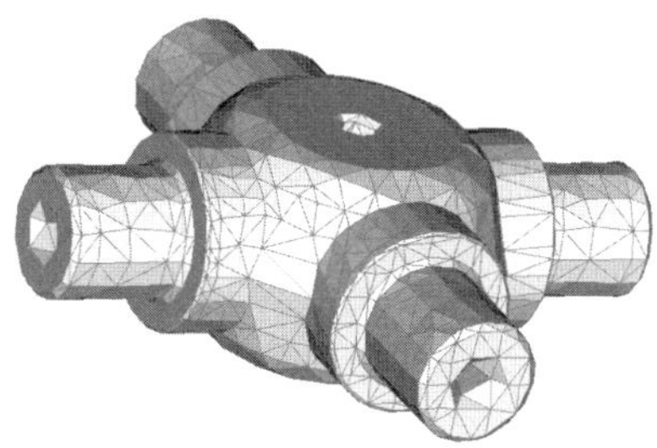

3-D-FEM-Modell des Zapfenkreuzes in schattierter Darstellung

© IFA D4265

Bild 3.27 Zapfenkreuz einer LKW-Antriebswelle erstellt mit PRO ENGINEER (IPH)

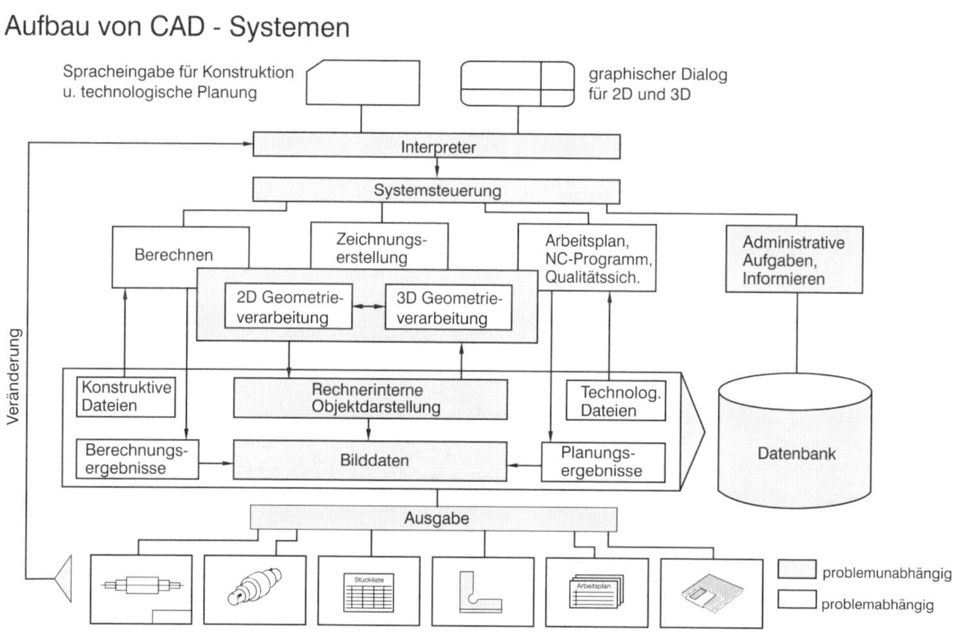

© IFA D3532

Bild 3.28 Aufbau von CAD-Systemen (Spur, Krause)

zugsweise über einen Bildschirm mit Hilfe graphischer Symbole. Kern des Systems ist die rechnerinterne Objektdarstellung, die je nachdem, ob es sich um flächige Gebilde mit zwei Dimensionen oder volumenförmige Gebilde mit drei Dimensionen handelt, unterschiedlich ist. Ein- und Ausgabedaten sowie Zwischenergebnisse werden in entsprechenden Dateien für Konstruktion, Berechnung, Technologie und Planung geführt und sind in Form von Zeichnungen, Stücklisten, Berechnungsergebnissen, Arbeitsplänen und NC-Daten für den Benutzer verfügbar. Allerdings sind die genannten Aufgaben nicht mit einem einzigen CAD-System lösbar, sondern erfordern jeweils geeignete CAD-Systeme, die im Rahmen des bereits erläuterten CIM-Konzeptes zu verknüpfen sind. Die durch die Anwendung des CAD-Systems entstandenen Produktdaten müssen demnach den nachfolgenden Produktionsbereichen als Eingangsgrößen übergeben werden.

Nicht nur bei der Anwendung des Simultaneous Engineering und Concurrent Engineering, sondern auch durch die anzustrebende Integration der verschiedenen eingesetzten Systeme (CAD, CAP, PPS, etc.) in einem Unternehmen ist ein gemeinsamer Zugriff auf Produktdaten notwendig. Die ISO-Norm STEP (Standard for the Exchange of Product Model Data) bietet hierzu einen Ansatz, einem durchgängigen Konzept des Rechnereinsatzes im gesamten Produktlebenszyklus näher zu kommen (vergl. Bild 3.29). STEP wird seit 1984 unter der Bezeichnung ISO 10303 Product Data Representation and Exchange entwickelt und dient dem Austausch von CAD-Dateien mit einer standardisierten Beschreibung von Produkt- und Prozessdaten. Um den Austausch nicht nur auf CAD-Daten zu beschränken, wurde ein Produktdatenmodell definiert, das alle Produktdaten im gesamten Produktlebenszyklus von der Entwicklung bis zur Entsorgung umfasst. Zusätzlich sollen auch Funktionen der Produktdatenverarbeitung, wie z. B. interaktive Verarbeitung, und Speicherung in Datenbanken unterstützt, sowie eine normierte Zugriffsschnittstelle für Produktdaten geschaffen werden.

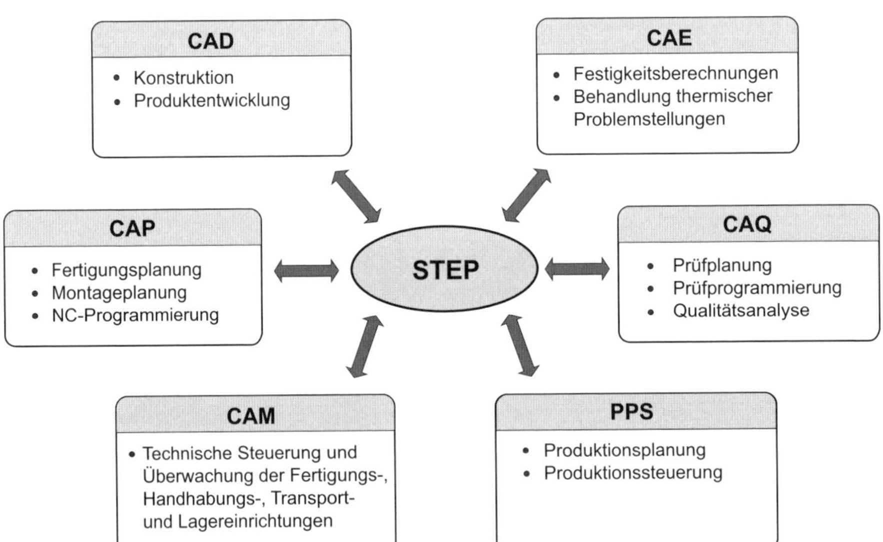

© IFA D4330

Bild 3.29 STEP als Integrationsplattform für CA-Systeme (Grabowski)

Die im Rahmen von STEP entwickelte Programmiersprache EXPRESS erfüllt die Anforderungen zur Beschreibung von Datenstrukturen, um durch eine objektorientierte Programmierung eine Typhierarchie des Produktmodells aufzubauen. Der grundsätzliche Aufbau von STEP ist in [Gra94, Gra94a, Gra94b, And00] beschrieben. Weitere Informationen über den aktuellen Stand der Entwicklung der Norm lassen sich über Internet abrufen (www.iso.org).

Die wesentlichen Hardware-Bausteine eines CAD-Arbeitsplatzes zeigt Bild 3.30. Neben der eigentlichen CAD-Arbeitsstation bildet ein Farbgraphikbildschirm das zentrale Element eines CAD-Arbeitsplatzes. Die Eingabe von Daten und Befehlen erfolgte entweder über eine alphanumerische Tastatur oder über ein sogenanntes Menütablett. Ein *Menütablett* enthält Symbole für immer wiederkehrende Aufgaben, wie z. B. Erzeugen einer Linie, Vergrößern, Verkleinern, Einfügen oder Löschen von definierten Elementen, die mit Hilfe eines Eingabestiftes (Digitalisierstift), eines beweglichen Fadenkreuzes oder einer Maus ausgewählt und aktiviert werden können. Diese Funktion wird heute durch Menüleisten in der Arbeitsoberfläche realisiert.

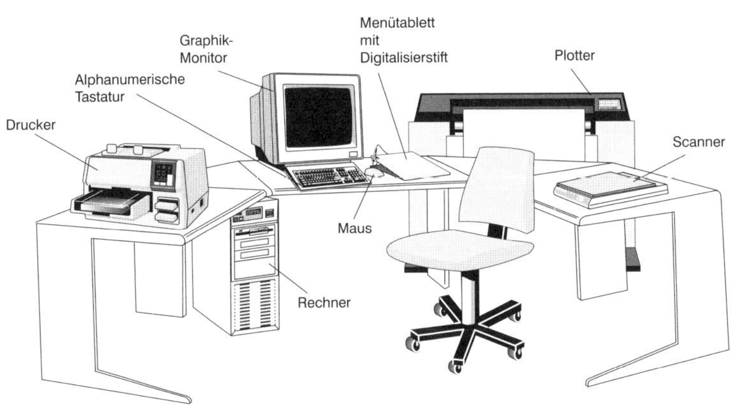

© IFA D3608

Bild 3.30 Hardwarebausteine eines CAD-Arbeitsplatzes

Als weitere Eingabeeinheit dient ein *Digitalisierer*. Eingesetzt wird er vornehmlich für die Übertragung einer bereits fertigen Zeichnung in eine rechnerinterne Darstellung. Dazu wird die Zeichnung auf den Digitalisierer aufgelegt, mit einem Tastknopf fährt man die Endpunkte der einzelnen Linien an und übergibt die aktuellen Koordinaten per Knopfdruck an den Rechner. Eine Weiterentwicklung stellen die sogenannten *Scanner* dar, die eine Zeichnung automatisch abtasten und in digitale Informationen umsetzen. Zunehmend ist man daran interessiert, reale Objekte, z. B. Designermodelle, in ein CAD-System einzuspeichern. Mittlerweile gibt es Systeme, die mittels eines Laserstrahls und einer Videokamera ein räumliches Objekt abtasten. Das System fährt die Oberfläche eines Körpers ab und digitalisiert dabei jeweils einen Profilschnitt. Das komplette Modell wird anschließend aus den einzelnen Schnitten errechnet [Obe03]. Mittlerweile sind auch 3D-Laserscanner im Einsatz, die die Umgebung großer Maschinen erfassen, um beispielsweise Kollisionsprüfungen zu ermöglichen oder die Erstellung von Verrohrungszeichnungen bei Umbauten zu unterstützen.

Unerlässlich, aber nicht zu jedem einzelnen Arbeitsplatz gehörig, ist eine automatische Zeichenmaschine *(Plotter)*, die hochwertige Zeichnungen insbesondere auch in größeren Formaten und in mehreren Farben liefert. Etabliert haben sich zudem DIN A3/A4 Laserdrucker.

Der Arbeitsplatz ist meist Teil eines größeren Rechnersystems oder ist an Datennetze und Speichereinheiten über ein Modem angeschlossen. Stand der Technik sind schlüsselfertige Arbeitsplätze, die ein betriebsbereites Produkt aus Hard- und Software darstellen, für welches ein Hersteller die Gesamtverantwortung übernimmt.

Wegen der immensen Datenmengen, welche die digitale Produktdarstellung nach sich zieht, gewinnt deren Archivierung und Verwaltung an Bedeutung. Viele Unternehmen haben kein klassisches Zeichnungsarchiv mehr und verlassen sich ganz auf die papierlose Speicherung in Datenbanksystemen. Diese müssen sicherstellen, dass die Produktdaten auch noch nach vielen Jahren z. B. für die Ersatzteilfertigung von den dann benutzten CAD-Systemen lesbar sind. Solche Datenbanksysteme verwalten nicht nur die eigentlichen geometrischen Produktdaten, sondern alle Daten, die im Laufe der Produktentstehung anfallen. Hierzu gehören z. B. Berechnungs- und Versuchsergebnisse, Arbeitsplanungs- und Qualitätsdaten. Sie enthalten auch die Stücklisten, Planungsstände (Prototyp, Serie und Auslauf) und Änderungszustände der Produkte und ihrer Teile. Für die Anlage, Verwaltung, Zugriffsberechtigung und Sicherheit dieser Daten hat sich der Begriff Product Data Management (PDM) herausgebildet, in der englischsprachigen Literatur synonym auch Engineering Data Management (EDM). Nähere Erläuterungen finden sich in Abschnitt 4.6.

Die Versorgung des Managements und der Mitarbeiter mit den notwendigen Informationen, um den organisatorischen Ablauf von Routineaufgaben sicherzustellen, wird heute vielfach durch das sogenannte *Computer Supported Cooperative Work* (CSCW) unterstützt. Dieses CSCW-Konzept gliedert sich in folgende Module [Rul96]:

- Mailsysteme, die primär zur Überbrückung von Raum- und Zeitunterschieden dienen;
- Groupware Computing, welches die gleichzeitige Bearbeitung eines Vorganges (Objektes) durch mehrere Benutzer unterstützt;
- Workgroup Computing zur passiven Bereitstellung von Infrastruktur und Ressourcen;
- Workflow-Management-Systeme (WMS) zur computerunterstützten Gruppenarbeit, durch die strukturierte Abläufe über verschiedene Bearbeitungsplätze kontrolliert und verwaltet werden.

Bild 3.31 zeigt Funktionsbereiche und integrierte Anwendungssysteme von Workflow-Management-Systemen [Mer96] am Beispiel einer Angebotserstellung.

Grundsätzlich zielen WMS auf das Modellieren und Abwickeln von Geschäftsprozessen ab, um Durchlaufzeiten und Kosten während der organisatorischen Abwicklung von Prozessen zu reduzieren [Mer96, Hor95]. Unter einem Workflow versteht man nach [Rul96] „mehrere Aufgaben oder Aktionen, die miteinander verbunden sind und von Aufgabenträgern nach festgelegten Regeln ausgeführt werden“. Mit Hilfe von WMS werden Informationsobjekte, wie z. B. hier die Auftragspapiere des Kunden, durch die in den organisatorischen Ablauf involvierten betrieblichen Instanzen geleitet. Die jeweils fehlenden Informationen in dem elektronischen Dokument werden von den zuständigen Abteilungen ergänzt und anschließend durch das WMS automatisch an die nächste Instanz weitergeleitet. Das WMS selektiert dabei für jede Aktivität eines Prozesses geeignete Bearbeiter und unterstützt sie bei der Vorgangsabwicklung durch die Integration von Programmen (vergl. Bild 3.30). Endprodukt ist dann z. B. ein vollständiger Angebots- oder Auftragsunterlagensatz [Mer96].

Heutige WMS sind in der Regel keine eigenständigen Anwendungen. Als Stand der Technik ist ihre Einbettung in ein ERP-System anzusehen [Gat10].

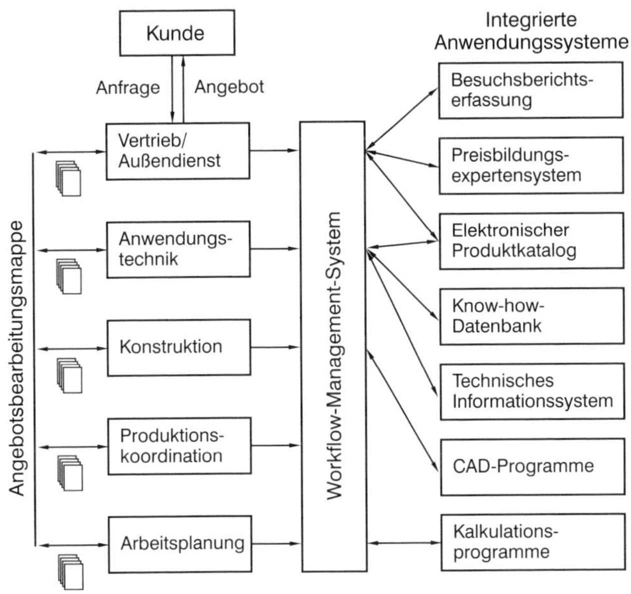

Bild 3.31 Anwendungsbeispiel für ein Workflow-Management-System (Mertens)

© IFA D4048

Nach diesem Überblick über den Rechnereinsatz im Entwicklungs- und Konstruktionsbereich sollen nun die organisatorischen Grundlagen zur weiteren Auftragsabwicklung betrachtet werden.

3.6 Literatur

[Alt93] Alting L.: Life-Cycle Design Of Products: A New Opportunity For Manufacturing Enterprises, Concurrent Engineering Automation, Tools And Techniques, John Wiley & Sons, USA 1993

[And00] Anderl, R. und Trippner, D. (Hrsg.): STEP. Standard for the Exchange of Product Model Data. Eine Einführung in die Entwicklung, Implementierung und industrielle Nutzung der Normenreihe ISO 10303 (STEP). Stuttgart Leipzig 2000

[BGBL12] Gesetz zur Förderung der Kreislaufwirtschaft und Sicherung der umweltverträglichen Beseitigung von Abfällen. Kreislaufwirtschaftsgesetz – KrW vom 24.02.2012, Bundesgesetzblatt BGBl. I S. 21

[BJP97] Behrendt, S., Jasch, C., Peneda, M. C., Weenen, H. v. (Hrsg.): Life Cycle Design. A Manual for Small and Medium Sized Companies, Berlin Heidelberg 1997

[Bran71] Brankamp, K.: Planung und Entwicklung neuer Produkte, Berlin 1971

[Doe94] Doege, E., Stockter, R.: Unterstützung durch CAD, Rechnereinsatz in der Schmiedewerkzeugkonstruktion, Werkzeuge, Juni 1994

[Dun82] Dunst, K.H.: Portfolio Management, Konzeption für die strategische Unternehmensplanung, 2. Aufl., Berlin 1982

[Dus79] Dusseiller, B.: ICEPS – Ein Verfahren zum Bewerten und Beurteilen von Innovationen, Methode und Erfahrungen, Techn. Rundschau Sulzer (1979), 1, S. 39 – 42, Winterthur (Schweiz)

[EG03a] Richtlinie 2002/95/EG des Europäischen Parlaments und des Rates vom 27. Januar 2003 zur Beschränkung der Verwendung bestimmter gefährlicher Stoffe in Elektro- und Elektronikgeräten (ABl. 2003 L37 S. 19 vom 13. Februar 2003)

[EG03b] Richtlinie 2002/96/EG des Europäischen Parlaments und des Rates vom 27. Januar 2003 über Elektro- und Elektronik-Altgeräte (ABl. 2003 L37 S. 24 vom 13. Februar 2003)

[Ehr07] Ehrlenspiel, K.: Integrierte Produktentwicklung. Denkabläufe, Methodeneinsatz, Zusammenarbeit. 3. Aufl., München Wien 2007

[EKL14] Ehrlenspiel, K., Kiewert, A, Lindemann, U.: Kostengünstig Entwickeln und Konstruieren. Kostenmanagement bei der integrierten Produktentwicklung. 6. Aufl., Berlin Heidelberg 2014

[Eve03] Eversheim, W. (Hrsg.): Innovationsmanagement für technische Produkte. Berlin Heidelberg 2003

[Eve95] Eversheim, W., Bochtler, W., Laufenberg, L.: Simultaneous Engineering, Berlin Heidelberg 1995

[Eve98] Eversheim, W.: Organisation in der Produktionstechnik. 2. Band: Konstruktion. 3. Aufl., Berlin Heidelberg 1998

[FHH02] Franke, H.J., Hesselbach, J., Huch, B., Firchau, N.L. (Hrsg.): Variantenmanagement in der Einzel- und Kleinserienfertigung, München u.a. 2002

[Fre75] Fremgens, G.-J.: Änderungswesen für die Unterlagen und Informationsträger der Fertigung und Montage. In: Brankamp, K. (Hrsg.): Handbuch der modernen Fertigung und Montage, München 1975

[Gat10] Gatling, G. et al.: Workflow-Management mit SAP. 2. Aufl. SAP Press, Bonn 2010

[GEK01] Gausemeier, J., Ebbesmeyer, P., Kallmeyer, F.: Produktinnovation. Strategische Planung und Entwicklung der Produkte von morgen, München Wien 2001

[Ger94] Gerhard, E. et al.: Kostenbewusstes Entwickeln und Konstruieren. Grundlagen und Methoden zur Kostenbestimmung und Kostenabschätzung während eines entwicklungs- und herstellkostenorientierten Vorgehens. 1994

[Geb08] Gebhardt, A.: Generative Fertigungsverfahren: Rapid Prototyping – Rapid Tooling – Rapid Manufacturing. 3. Aufl., München 2008

[Hen84] Henderson, B.D.: Die Erfahrungskurve in der Unternehmensstrategie, Frankfurt 1984

[Hor95] Horn, H., Brockhaus, R.: Workflow-Management- und EDM-Systeme, ZWF (1995), 7 – 8, S. 378 – 380

[Kol98] Koller, R.: Konstruktionslehre für den Maschinenbau, 4. Aufl., Berlin Heidelberg 1998

[Kra87] Kramer, F.: Innovative Produktpolitik, Strategie – Planung – Entwicklung – Durchsetzung, Berlin Heidelberg New York 1987

[Kra12] Kramer, F., Kramer, M.: Modulare Unternehmensführung. Springer London 2012

[Leh73] Lehmann, R.: Die Escher-Wyss NIPCO-Walze und deren Anwendung in der Papierindustrie, Wochenblatt für Papierfabrikation 101 (1973) 22, S. 871 – 874

[Lin95] Linner, S.: Konzept einer integrierten Produktentwicklung, Berlin u.a. 1995

[Mer96] Mertens, P.: Integrierte Daten- und Dokumentenverarbeitung in einem Workflow-Management-System, Tagungsbericht zum Managementseminar Informationsströme in Unternehmensnetzwerken, 13. – 14. 02., München 1996

[Obe03] Obermann, K.: CAD/CAM/PLM-Handbuch 2003/04, München 2003
[Oet03] Oetinger, Bolko von: Das Boston Consulting Group Strategie-Buch, München 2003
[PB13] Pahl, G., Beitz, W., Feldhusen, J., Grote, K. H.: Pahl/Beitz.- Konstruktionslehre. Grundlagen erfolgreicher Produktentwicklung. Methoden und Anwendung. 8. Aufl. Berlin Heidelberg 2013
[Pil06] Piller, F. T.: Mass Customization. Ein wettbewerbsstrategisches Konzept im Informationszeitalter. 4. Aufl., Wiesbaden 2006
[Por03] Porter, M. E.: Wettbewerbsvorteile, Spitzenleistungen erreichen und behaupten, Frankfurt, 6. Aufl., Frankfurt New York 2003
[Por99] Porter, M. E.: Wettbewerbsstrategie – „Methoden zur Analyse von Branchen und Konkurrenten“, 10. Aufl., Frankfurt/M. 1999
[Rom95] Romanow, P.: Konstruktionsbegleitende Kalkulation von Werkzeugmaschinen, Berlin 1995
[Rot00] Roth, K.: Konstruieren mit Konstruktionskatalogen, Band 1: Konstruktionslehre, 3. Aufl., Berlin Heidelberg New York 2000
[Rot01] Roth, K.: Konstruieren mit Konstruktionskatalogen, Band 2: Konstruktionskataloge, 3. Aufl., Berlin Heidelberg New York 2001
[Rul96] Rullkötter, J.: Workflow-Systeme und Datawarehouse-Konzepte, Tagungsbericht zum Managementseminar Informationsströme in Unternehmensnetzwerken, 13.–14.02., München 1996
[Sch015] Schuh, G., Schwenk, U.: Produktkomplexität managen. Strategien, Methoden, Tools. 2. Aufl., München Wien 2005
[Schl04] Schlicksupp, H.: Innovation, Kreativität und Ideenfindung, Würzburg 2004
[Schu77] Schuppar, H.: Rechnerunterstützte Erstellung und Aktualisierung von Relativkostenkatalogen, Dissertation, Aachen 1977
[Schu95] Schuh, G., Kaiser, A., Herf, H.-D.: Beherrschung der Variantenvielfalt in Produktplanung, Produktentwicklung, Produktion und Vertrieb, CIM Management 11 (1995)
[Sen11] Sendler, U., u. Wawer, V.: Von PDM zu PLM: Prozessoptimierung durch Integration. 3. Aufl., München 2011
[SK97] Spur, G., Krause, F.-L.: Das virtuelle Produkt: Management der CAD-Technik. München Wien 1997
[Spu84] Spur, G., Krause, F.-L.: CAD-Techniken, München 1984
[Spu92] Spur, G.: Datenbanken für CIM, Berlin/Heidelberg 1992
[Spu94] Spur, G.: Fabrikbetrieb, München Wien 1994
[Tön00] Tönshoff, H.-K.: Rechnerunterstütze Konstruktion und Arbeitsplanung (CAD/CAPP). Skript zur gleichnamigen Vorlesung. Teil 1: CAD. Institut für Fertigungstechnik und Werkzeugmaschinen der Universität Hannover. Download: www.ifw.uni-hannover.de
[VDI77] Verein Deutscher Ingenieure (Hrsg.): VDI-Richtlinie 2222, Blatt 1: Konzipieren technischer Produkte, Blatt 2: Erstellung und Anwendung von Konstruktionskatalogen, Düsseldorf 1977, 1982
[VDI77a] Verein Deutscher Ingenieure (Hrsg.): VDI-Richtlinie 2225, Blatt 2: Technisch-wirtschaftliches Konstruieren – Tabellenwerk, Berlin Köln 1977
[VDI78] Verein Deutscher Ingenieure (Hrsg.): Arbeitshilfen zur systematischen Produktplanung, VDI-Taschenbücher T 79, Düsseldorf 1978
[VDI78a] Verein Deutscher Ingenieure (Hrsg.): Elektronische Datenverarbeitung bei der Produktionsplanung und -steuerung VIII, Zusammenarbeit zwischen Konstruktion und Arbeitsvorbereitung, VDI-Taschenbücher T 81, Düsseldorf 1978
[VDI80] Verein Deutscher Ingenieure (Hrsg.): VDI-Richtlinie 2220: Produktplanung – Ablauf, Begriffe und Organisation, Berlin Köln 1980

[VDI83] Verein Deutscher Ingenieure (Hrsg.): Systematische Produktplanung, ein Mittel zur Unternehmenssicherung, VDI-Taschenbücher T 76, Düsseldorf 1983

[VDI84] Verein Deutscher Ingenieure (Hrsg.): VDI-Richtlinie 2225 (Entwurf), Blatt 1: Technisch-wirtschaftliches Konstruieren – Vereinfachte Kostenermittlung, Düsseldorf 1984

[VDI87] Verein Deutscher Ingenieure (Hrsg.): VDI-Richtlinie 2235: Wirtschaftliche Entscheidungen beim Konstruieren, Methoden und Hilfen, Berlin Köln 1987

[VDI90] Verein Deutscher Ingenieure (Hrsg.): VDI-Richtlinie 2234: Wirtschaftliche Grundlagen für den Konstrukteur, Berlin Köln 1990

[VDI90a] Verein Deutscher Ingenieure (Hrsg.): VDI-Richtlinie 2225 (Entwurf), Blatt 3: Konstruktionsmethodik – Technisch-wirtschaftliches Konstruieren – Technisch-wirtschaftliche Bewertung, Düsseldorf 1990

[VDI93] Verein Deutscher Ingenieure (Hrsg.): VDI-Richtlinie 2221: Methodik zum Entwickeln und Konstruieren technischer Systeme und Produkte, Berlin 1993

[VDI94] Verein Deutscher Ingenieure (Hrsg.): VDI-Richtlinie 2216: Datenverarbeitung in der Konstruktion – Einführungsstrategien und Wirtschaftlichkeit von CAD-Systemen, Düsseldorf 1994

[Wei94] Weinbrenner, V.: Produktlogik als Hilfsmittel zum Automatisieren von Varianten- und Anpassungskonstruktionen, München 1994

[WGK04] Wiendahl, H.-P., Gerst, D., Keunecke, L. (Hrsg.): Variantenbeherrschung in der Montage. Konzept und Praxis der flexiblen Produktionsendstufe. Berlin Heidelberg 2004

[Wie76] Wiendahl, H.-P.: Bewertung von Produkten und Produktideen, VDI-Berichte Nr. 229, S. 63 – 70, Düsseldorf 1976

[Wie78] Wiendahl, H.-P.: Planung neuer Produkte auf der Basis eines selbst einstellenden hydrostatischen Lagers, VDI-Berichte Nr. 319, S. 105 – 111, Düsseldorf 1978

[Wil04c] Wildemann, H.: Entwicklungspartnerschaften in der Automobil- und Zulieferindustrie – Ergebnisse einer Delphi-Studie, München 2004

[Wil06a] Wildemann, H.: Variantenmanagement. Leitfaden zur Komplexitätsreduzierung, -beherrschung und -vermeidung. 14. Aufl., München 2006

[Wil06b] Wildemann, H.: Leitfaden zur Optimierung von Leistungsumfängen in Produktion und Logistik 14. Aufl., München 2006

[Zae06] Zäh, M.: Wirtschaftliche Fertigung mit Rapid-Technologien. Anwender-Leitfaden zur Auswahl geeigneter Verfahren, München 2006

[Zil95] Zilahi-Szabó, M. G. (Hrsg.): Kleines Lexikon der Informatik und Wirtschaftsinformatik, München Wien 1995

[Zwi82] Zwicky, F.: Entdecken, Erfinden, Forschen im morphologischen Weltbild, München 1982

4 Produktdatenmanagement

Sämtliche zur Herstellung eines Produktes benötigten Daten müssen über den gesamten Lebenszyklus hinweg eindeutig dokumentiert und der Zugriff darauf sicher geregelt sein. Hierzu gehören neben der geometrischen Beschreibung der Eigenfertigungsteile in Form von CAD-Modellen die Darstellung des Erzeugnisaufbaus mit den darin enthaltenen Eigen- und Fremdteilen. Im Zuge der vollständigen Digitalisierung werden heute sämtliche produktbeschreibenden Daten unter dem Begriff Produktdatenmanagement (PDM) mit entsprechenden PDM-Systemen verwaltet. Sie ersetzen die früher üblichen Zeichnungsarchive und Stücklistenordner, gehen aber durch die Möglichkeiten der Verknüpfung mit weiteren Daten wie z.B. Einkauf, Arbeitsplanung, Qualitätssicherung usw. deutlich darüber hinaus. Das PDM-System wird damit zur zentralen Informationsquelle für alle an der Produktentstehung beteiligten Akteure.

Grundlage aller Produktbeschreibungen ist die Erzeugnisstruktur, auch Produktstruktur oder Produktkonfiguration genannt, die im Rahmen der Produktentwicklung festgelegt wird. Sie bestimmt den Zusammenbau des Erzeugnisses und spiegelt sich in der Zeichnungs- und Stücklistenstruktur wider. Zur eindeutigen Identifizierung aller Erzeugnisbestandteile ist weiterhin ein Nummernsystem erforderlich. Um die Wiederverwendung bereits vorhandener Konstruktionen zu unterstützen, werden teilweise Klassifizierungs- und Suchsysteme eingesetzt. Da Änderungen im Produktlebenszyklus unvermeidlich sind, muss schließlich ein zuverlässiges Änderungswesen vorhanden sein. Diese vier Aspekte sind bei der Einrichtung eines PDM-Systems vorab zu klären und werden im Folgenden näher ausgeführt.

4.1 Erzeugnisstruktur

4.1.1 Grafische Darstellungen einer Erzeugnisstruktur

Industriell hergestellte Erzeugnisse entstehen in einem arbeitsteiligen Herstellprozess in der Weise, dass aus den im Beschaffungsmarkt eingekauften Rohmaterialien in einem unternehmensinternen Fertigungsprozess zunächst Eigenfertigungsteile entstehen. Diese werden durch Hinzufügen von ebenfalls zugekauften Fertigteilen und/oder Baugruppen zu Eigenfertigungsgruppen und schließlich zum vollständigen Erzeugnis zusammengebaut, das für den Absatzmarkt bestimmt ist (Bild 4.1).

Ein *Erzeugnis* ist in DIN 199 [DIN84] und DIN 6789 [DIN90a] definiert als „ein durch Produktion entstandener gebrauchsfähiger bzw. verkaufsfähiger materieller oder immaterieller (z.B. Software) Gegenstand“. Im Regelfall werden Erzeugnisse aus einer Vielzahl von Baugruppen und Einzelteilen zusammengesetzt. Mitunter besteht ein Erzeugnis aber nur aus einem Einzelteil oder eine bestimmte Baugruppe steht sowohl als selbstständiges Erzeugnis als auch zum Einbau in andere Erzeugnisse zur Verfügung [DIN90a].

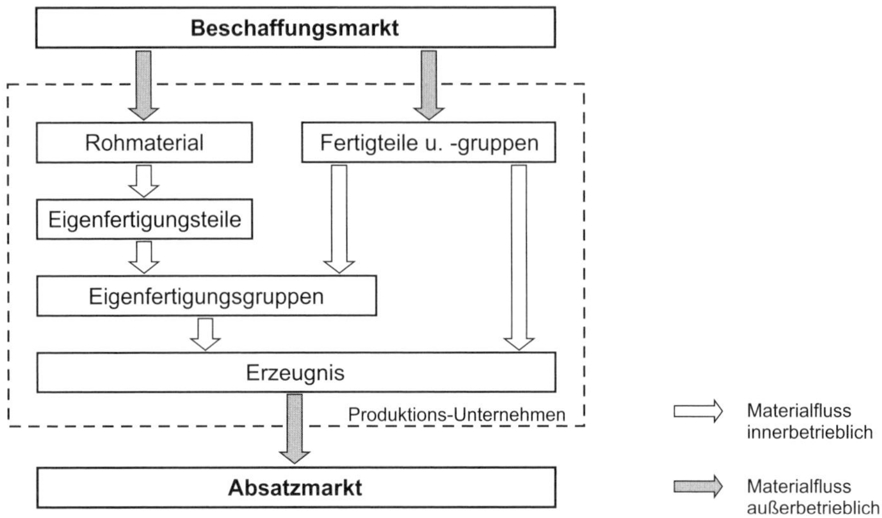

© IFA D3124

Bild 4.1 Entstehung industrieller Erzeugnisse

Aus Gründen der Übersichtlichkeit und Eindeutigkeit ist hierzu eine Gliederung des Erzeugnisses in seine Haupt- und Untergruppen bis hin zu den Einzelteilen erforderlich. Nach DIN 199 [DIN84] wird diese Gliederung als *Erzeugnisstruktur*, nach VDI 2215 [VDI80] auch als *Erzeugnisgliederung* bezeichnet. Sie beschreibt die Gesamtheit der nach einem bestimmten Gesichtspunkt festgelegten Beziehungen (z.B. Funktion, Montage, Beschaffung) zwischen den Gruppen und Teilen eines Erzeugnisses. Mit gleicher Bedeutung wird auch der Begriff *Produktstruktur* verwendet. Eine Erzeugnisstruktur bildet das Ordnungsschema, nach dem im PDM-System die Zeichnungs- und Stücklistensätze des Erzeugnisses aufgebaut werden. Ziele einer solchen Erzeugnisstruktur sind nach VDI 2215 [VDI80]:

- Vereinfachung der Auftragsabwicklung;
- Erleichterung der Angebotskalkulation;
- Förderung der Normung;
- Förderung der Wiederverwendung von Baugruppen;
- Vereinfachung der Materialdisposition für Rohmaterial und Zukaufteile;
- Verbesserung der Fertigungs- und Montagesteuerung;
- Einheitlicher Zeichnungs- und Stücklistenaufbau für alle Produkte.

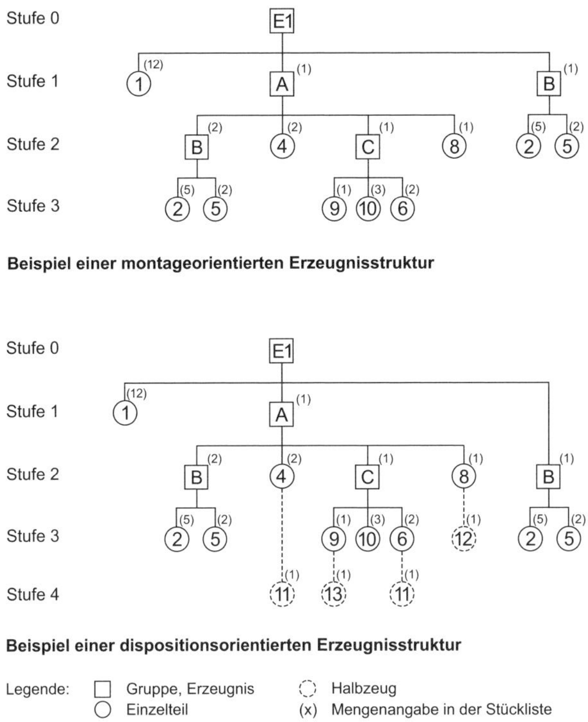

Bild 4.2 Grafische Darstellungsformen einer Erzeugnisstruktur

© IFA D3125

Bild 4.2 stellt zwei Möglichkeiten der grafischen Darstellung einer Erzeugnisstruktur dar. Die *Strukturstufen* entstehen dadurch, dass Teile einer niedrigeren Stufe in einer übergeordneten Gruppe enthalten sind. Im Allgemeinen wird dem Enderzeugnis die Strukturstufe Null zugeordnet, sodass jede weitere, dementsprechend niedrigere Stufe, um eins erhöht wird [DIN90a]. Im oberen Bild erfolgte die Strukturbildung des mehrstufigen Erzeugnisses E1 nach Gesichtspunkten der Montage. Das zweite Beispiel (Bild 4.2 unten) zeigt demgegenüber dasselbe Erzeugnis, gegliedert nach Gesichtspunkten der Disposition. Eine *Dispositionsstufe* ist die niedrigste Strukturstufe, auf der ein Teil oder eine Gruppe innerhalb der Erzeugnisstruktur vorkommt. Diese Darstellungsform erleichtert im Bereich der Mengenplanung die Bestimmung der erforderlichen Menge der Teile (s. Abschnitt 6.7.2.1).

4.1.2 Aufbau einer Erzeugnisstruktur

4.1.2.1 Gliederung der Erzeugnisstruktur

Eine für die gesamte Auftragsabwicklung wesentliche Frage ist, nach welchen Kriterien diese Struktur eigentlich gebildet wird. Die Analyse von Konstruktionsprozessen hat gezeigt, dass beim Entwerfen zunächst immer die Funktion des Erzeugnisses mit seinen Teilfunktionen im Vordergrund steht (vergl. Abschnitt 3.3). Deshalb wird eine Erzeugnisstruktur zunächst nach funktionellen Gesichtspunkten gestaltet (vergl. Bild 4.3 links).

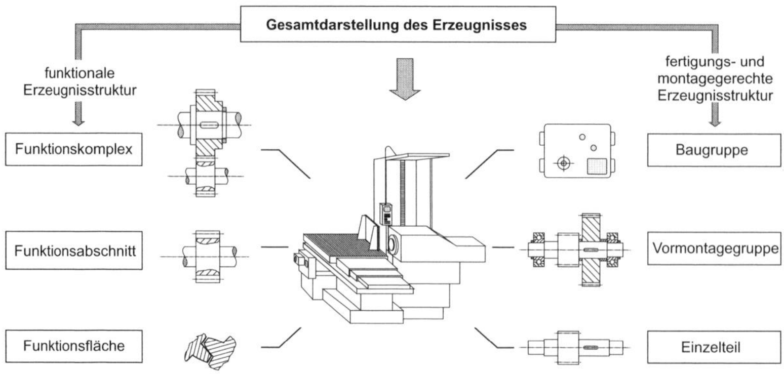

© IFA D4383

Bild 4.3 Konstruktions- und fertigungsorientierte Erzeugnisstruktur einer Werkzeugmaschine (VDI 2215)

Ausgehend von der kleinsten Einheit - der Funktionsfläche (auch Wirkfläche genannt) - entstehen als größere Einheiten Funktionsabschnitte und Funktionskomplexe. Für die Rationalisierung in der Konstruktion ist eine *funktionale Erzeugnisstruktur* von Vorteil, da der Konstrukteur funktionale Gruppen für unterschiedliche Aufgabenstellungen wieder verwenden kann [VDI80]. Auch bei der Entwicklung von Baukasten- und Plattformkonzepten steht die Funktionsgliederung im Vordergrund. Die Praxis zeigt jedoch, dass eine Funktion häufig nicht durch eine zusammenhängende vormontierbare Baugruppe realisiert werden kann (z.B. ein PKW-Bremssystem) und dass aus Gründen der Arbeitsteilung eine möglichst weitgehende Gliederung des Produktes in parallel herstellbare abgeschlossene Einheiten wünschenswert ist. Die in der konstruktionsorientierten Erzeugnisstruktur nicht berücksichtigten ablauforganisatorischen und logistikorientierten Gesichtspunkte treten jedoch in der Auftragsabwicklung immer mehr in den Vordergrund. Aus diesem Grund wird meist anschließend eine *fertigungs- und montageorientierte Erzeugnisstruktur* (vergl. Bild 4.3 rechts) erstellt. Als Vorteil dieser Gliederung ergibt sich z.B. die Möglichkeit einer genauen Montagesteuerung [VDI80].

Die Aufteilung des Produktes in Baugruppen und Teile kann demnach nicht allein der Konstruktionsabteilung überlassen bleiben, sondern muss von allen an der Auftragsabwicklung beteiligten Stellen gemeinsam festgelegt werden. Außerdem ist es wünschenswert, eine Erzeugnisstruktur zu schaffen, die sich während des gesamten betrieblichen Auftragsdurchlaufes möglichst nicht mehr ändert. Voraussetzung für den Aufbau einheitlicher Gliederungen ist die Festlegung von Kriterien, nach denen Baugruppen zu bilden und gegeneinander abzugrenzen sind. Als Grundsatz gilt, dass nur solche Gruppen definiert werden, die während ihres Produktionsdurchlaufes identifiziert werden müssen.

Die Anforderungen der Konstruktion unterscheiden sich demnach von denen der nachgelagerten Bereiche. Um Informationen dennoch gemeinsam nutzen zu können, ist eine Gliederung wünschenswert, die gleichermaßen eine funktions- und eine fertigungsorientierte Sicht auf das Erzeugnis ermöglicht. [Tön95], [Tra01] und [Lam93] haben hierfür, insbesondere zur Unterstützung der Angebotserstellung in der Einzelfertigung, eine Unterteilung der Teile eines Erzeugnisses in *Technische Elemente* (engl.: technical features) und Grundkörper vorgenommen, die die Arbeitsgänge und das Rohmaterial repräsentieren. Diese Elemente, nach [Lam93] auch als *Strukturelemente* oder *Features* bezeichnet, bilden als kleinste Elemente eine gemeinsame Basis für die Integration von konstruktions- und fertigungsorientierter Erzeugnisstruktur. Diese Strukturelemente werden über charakteristische Merkmale und deren Ausprägungen beschrieben und ermöglichen so das Auffinden von Ähnlichkomponenten auf Basis einer Suchanfrage. Dieses ist besonders in der Einzelfertigung von Vorteil, da beispielsweise bei einer Angebotserstellung noch keine Zeichnungen zur Kalkulation vorliegen. Jedem Strukturelement werden kostenbestimmende Merkmale für die Angebotsplanung, fertigungstechnische Merkmale für die Arbeitsplanung und geometrische und funktionale Merkmale für die Konstruktion zugeordnet [Tön95]. Mittlerweile bieten CAD-Systeme diese Möglichkeit als sogenanntes *Feature Based Design* an [Tra01, Bru95].

Einfluss auf den Aufbau der Erzeugnisstruktur haben zudem die unterschiedlichen Bauweisen, die dementsprechend unterschiedliche Auswirkungen auf den Fertigungs- und Steuerungsaufwand der Teile haben. Zu den Bauweisen zählen im Einzelnen die Integral-, Verbund-, Differenzialbauweise sowie die Modularisierung der Erzeugnisstruktur in Form eines Baukasten- oder Plattformsystems, die im Folgenden näher erklärt werden [PB035].

Unter *Integralbauweise* versteht man eine Konstruktion, bei der mehrere Teile zu einem einzigen Teil umgestaltet werden (z. B. Gussteil anstelle eines Schweißteils). Aus logistischer Sicht wird bei der Integralbauweise der Steuerungsaufwand geringer, da die Komplettbearbeitung der Werkstücke zur Folge hat, dass die Durchlaufzeit und der Transportaufwand reduziert werden.

Die *Differenzialbauweise* zeichnet sich demgegenüber dadurch aus, dass ein Bauteil in fertigungstechnisch günstige Teile zerlegt wird. Der Vorteil dieser Bauweise liegt darin, dass kundenspezifische Varianten oder Teile mit einer hohen Kapitalbindung zu einem späten Zeitpunkt des Produktentstehungsprozesses verbaut werden können. Dieser Zeitpunkt ist in Bild 4.4 als Kundenauftrags-Entkopplungspunkt dargestellt [Hoe92,WMT94]. Dieser kann grundsätzlich für ein Produkt oder eine Montagegruppe jeweils zwischen den dargestellten Geschäftsprozessen Beschaffung, Fertigung, Montage und Versand positioniert werden. Sie stellt sich in der Praxis als Zwischenlager dar, in dem variantenneutrale Vorprodukte kundenanonym gepuffert werden.

Die Lage des Kundenauftrags-Entkopplungspunktes hängt von der Bevorratungsstrategie ab, die üblicherweise nach vier Begriffen gekennzeichnet wird (Bild 4.4 rechts).

Falls ein Produkt fertig angeboten wird, erfolgt die Produktion prognosegesteuert auf Lager. Für den Fall auftragsbezogener Varianten findet die Entkopplung von Programm- und Kundenauftragsfertigung zwischen den Bereichen Fertigung und Montage statt. Dann sind alle Komponenten lagerhaltig und brauchen nur noch zum Endprodukt montiert, geprüft und versandt zu werden. Gelingt dies nicht, müssen auch die Teile auftragsbezogen gefertigt werden, jedoch sind zumindest die Vormaterialien lagerhaltig. Nur im Fall der reinen Kundenfertigung muss konstruiert, beschafft, gefertigt und montiert werden. In der Praxis sind meist Mischformen anzutreffen. Typisch sind z. B. Variantenprodukte mit bis zu 80 % und mehr Vorratsteilen und -baugruppen. Das Unternehmen kann durch ein gezieltes Platzieren der Kundenentkopplungsebene in Kombination mit einer entsprechenden Erzeugnisstruktur erheblich kürzere Lieferzeiten erreichen. Ein weiterer Vorteil

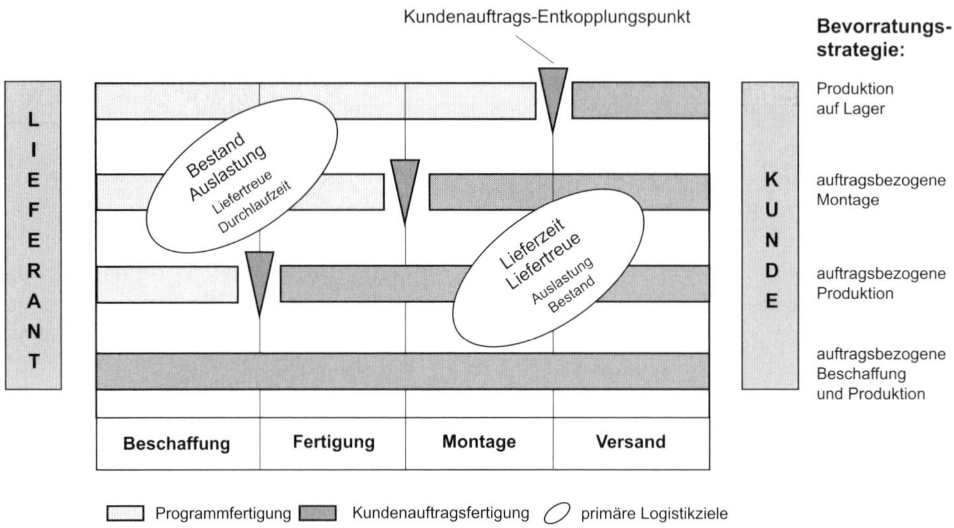

© IFA C0268a

Bild 4.4 Bevorratungsstrategien (nach Hoekstra und Romme)

besteht darin, dass verschiedene logistische Zielsetzungen im Produktentstehungsprozess verfolgt werden können. So wird vor der Entkopplungsebene auf eine möglichst hohe Auslastung der Maschinen geachtet, während im Bereich der Kundenauftragsfertigung das Erreichen kurzer Durchlaufzeiten und damit das Ziel der Liefertreue im Vordergrund steht.

Die *Verbundbauweise* zeichnet sich dadurch aus, dass Einzelteile frühzeitig in unlösbare Verbindungen zu einem Werkstück zusammengefasst werden [Bec94]. Demgegenüber reduziert die *Baukastenbauweise* die Teileanzahl, indem durch Teilefamilienbildung standardisierte Gruppen und Teile gleicher Funktion, sogenannte Module, zur Mehrfachverwendung herausgebildet werden. In der Praxis treten auch Kombinationen mehrerer der beschriebenen Bauweisen auf.

Die Unternehmen sind heute zunehmend gezwungen, spezifische Kundenwünsche zu erfüllen, um am Markt überleben zu können. Dieser Umstand hat dazu geführt, dass die Variantenvielfalt in den letzten Jahren stark angestiegen ist. Bei gleichzeitig geringerer Stückzahl und Losgröße pro Variante hat dies zur Konsequenz, dass die Kosten, der Logistikaufwand sowie die Durchlauf- und damit auch die Lieferzeit solcher Erzeugnisse erhöht werden. Ein effektives *Variantenmanagement* zur Verringerung der Teilevielfalt und ein kompakterer (geringe Anzahl an Produktstrukturstufen) und teileärmerer Aufbau der Erzeugnisstruktur kennzeichnen daher den aktuellen Trend der Unternehmen bei der Strukturierung ihrer Produkte [Ehr07, Sch05, Sch04, Hel04]. Ein neuerer Ansatz besteht darin, kundenneutrale Rumpfteile in einer Produktionsvorstufe teilweise zu bearbeiten und diese in der sogenannten Produktionsendstufe kundenspezifisch fertigzustellen [WGK04].

Die Erzeugnisse sind daher zunächst so zu gliedern, dass möglichst wenig unterschiedliche Baugruppen entstehen. Unter einer *Variante* versteht man ein Zwischen- oder Enderzeugnis, das durch die Änderung eines oder mehrerer Konstruktionsparameter entstanden ist. Im Erzeugnis sind drei Arten von Varianten zu unterscheiden:

1. *Muss-Varianten* sind Teileumfänge, unter denen der Kunde wählen kann. Davon muss aber einer im Enderzeugnis enthalten sein, z. B. die Ausstattung eines PKW mit Benzin- oder Dieselmotor. Muss-Varianten schließen sich gegenseitig aus.
2. *Kann-Varianten* sind zusätzliche Teileumfänge, die unabhängig voneinander in einem Erzeugnis vorkommen können oder nicht, z. B. Schiebedach und Nebellampen.
3. *Dispositive Varianten* sind Teile oder Gruppen gleicher Funktion, zwischen denen nur innerhalb des Unternehmens, etwa wegen einer bestimmten Beschaffungspolitik, zu unterscheiden ist, z. B. Batterien der Hersteller A und B. Der Kunde hat hier keine Wahlmöglichkeit.

Um einen logistikgerechten Aufbau der Erzeugnisstruktur zu unterstützen, sollten die Varianten in ihrer Anzahl begrenzt bleiben und zudem möglichst spät gebildet werden. Die modulare Baukastenbauweise kann diesen Forderungen am ehesten nachkommen.

Weitere Entwicklungen zielen auf die Verwendung modularer Komponenten über mehrere Produktfamilien hinweg. Dieser als Plattformstrategie bezeichnete Ansatz wurde insbesondere von der Automobilindustrie entwickelt, um die große Zahl der Marken, Modelle und Varianten kostengünstig fertigen zu können. Eine konkrete Vorgehensweise zur Entwicklung derartiger Plattformkonzepte auch außerhalb der Automobilindustrie zeigt Schuh in [Schu13], Abschnitt 3.1 „Produktarchitekturgestaltung durch Technologie- und Funktionsmodelle“, S. 65 ff.

4.1.2.2 Gruppenarten der Erzeugnisstruktur

In Bild 4.5 sind die an der Erzeugnisstruktur beteiligten Aufgabenbereiche aufgeführt, nämlich die Projektierungsabteilung zur Angebotserstellung, Konstruktion, Fertigungsvorbereitung mit ihren Teilaufgaben Arbeitsplanung und Terminsteuerung, Vor- und Nachkalkulation sowie Lagerorganisation und Ersatzteilorganisation. Untersuchungen haben gezeigt, dass alle in Erzeugnissen auftretenden Gruppen auf die vier ebenfalls in Bild 4.5 angesprochenen Gruppenarten zurückgeführt werden können [Wie75].

Die am häufigsten auftretende Gruppenart ist die *Vormontagegruppe*, die komplett montiert und geprüft in die nächsthöhere Einheit eingeht. Alle Verbindungselemente vorgefügter Gruppen zu anderen Gruppen sind der übergeordneten Gruppe zuzuordnen. Diese Abgrenzung bezweckt, dass auf diese Weise Gruppen herausgelöst werden, die sich für eine Wiederverwendung eignen. Die Einzelteile der Gruppen sind durch diese Abgrenzung montagegerecht terminierbar. Vormontagegruppen werden in allen Aufgabenbereichen benötigt. So benutzt z. B. die Projektierung die Vormontagegruppen bei der Zusammenstellung von Angeboten, während die Ersatzteilorganisation sie für den Kundendienst führt.

Die *Fertigungsgruppen* stellen eine weitere Gruppenart mit Zwischenlagerung dar. Als Zwischenlagerung wird jeder Zustand bezeichnet, der identifiziert werden muss. Dazu ist es nicht notwendig, die Gruppe tatsächlich in ein Lager einzulagern. Beispiele für solche

Gruppenarten	Projektierung	Konstruktion	Fertigungsvorbereitung	Kalkulation	Lager-Organisation	Ersatzteil-Organisation
	Aufgabenbereich					
Vormontagegruppen	X	X	X	X	X	X
Fertigungsgruppen mit Zwischenlagerung			X	X	X	
Gruppen mit geschlossener Funktion	X	X	X	X		
Ersatzteil- und Verkaufsgruppen			X	X	X	X

© IFA D3772

Bild 4.5 Gruppenarten der Erzeugnisstruktur

Gruppen sind gemeinsam bearbeitete Teile, die getrennt weiterbearbeitet werden, wie z. B. das Ober- und Unterteil eines Getriebegehäuses, oder aber Teilegruppen, welche in derselben Zwischenstufe, aber in unterschiedlichen Endstufen der Erzeugnisstruktur stehen. Bei großen Erzeugnissen sind bei der Gruppenabgrenzung mitunter Transportmöglichkeiten zu berücksichtigen.

Die dritte Gruppenart kennzeichnet *Gruppen mit geschlossener Funktion*. Sie erstrecken sich, sofern es sich nicht um vorgefügte Gruppen handelt, über mehrere Gruppen und sind dann meist nicht vormontierbar. Eine solche Gruppe ist z. B. das Bremssystem oder das Bordnetz eines Fahrzeuges. Gruppen mit geschlossener Funktion werden von Projektierung, Konstruktion sowie Fertigungsvorbereitung und Kalkulation benötigt, insbesondere wenn hierzu Varianten anzubieten sind.

Die *Ersatzteil-, Verkaufsgruppen und Gruppen loser Teile* als vierte Gruppenart durchlaufen die Arbeitsvorbereitung zur Planung, werden in der Kalkulation zur Kostenermittlung herangezogen und vom Lager für den Kunden bereitgestellt. Gruppen loser Teile sind im Allgemeinen nicht montierbare, bevorratete Teile, die zu einem gemeinsamen Zeitpunkt zusammen mit kundenauftragsgebundenen Teilen zur Baugruppe gefügt werden. Beispiele sind der Gleichteilesatz eines Getriebes oder ein Satz Dichtungen. Zu den Verkaufsgruppen zählen auch ihre Varianten, die in verschiedenen Ausführungen auf Kundenwunsch geliefert werden können.

Die Gliederung der Erzeugnisstruktur ist zweckmäßig einem Team aus den betroffenen Abteilungen zu übertragen, die im Falle von Interessenkollisionen Prioritäten setzen, welcher Gruppenart im Einzelfall der Vorzug zu geben ist. Dabei wird im Allgemeinen die als zweite Gruppenart angesprochene *Fertigungsgruppe mit Zwischenlagerung* die höchste

Priorität erhalten, da diese Gruppe im Rahmen der Auftragsabwicklung mit einer Sachnummer angesprochen werden muss. Meist sind diese Gruppen auch gleichzeitig Montagegruppen. Sind sie es nicht, muss der Umfang der Montagegruppe anderweitig bestimmt werden, z. B. im Montagearbeitsplan der übergeordneten Baugruppe.

Die nächsthöhere Priorität erhalten die als vierte Gruppenart angesprochenen *Verkaufs-, Varianten- und Ersatzteilgruppen*. Diese Gruppen werden in vielen Fällen auch gelagert, da aufgrund des Zieles einer hohen Lieferbereitschaft hier häufig die Notwendigkeit besteht, möglichst vormontierte Variantengruppen vorrätig zu halten.

Hinsichtlich der Ersatzteilgruppen ist zu bemerken, dass sie meist nicht einem konkreten Zwischenzustand während ihrer Herstellung entsprechen, da hier Verschleißteile zusammengefasst werden. Für diese Gruppen wird sich das Aufstellen einer eigenen Stückliste als Ersatzteilstückliste nicht umgehen lassen.

Die weiteren Gruppenarten *Vormontagegruppe* und *Funktionsgruppe* liegen nacheinander in der Priorität ihrer Einordnung in die Erzeugnisgliederung. Häufig handelt es sich gleichzeitig um Gruppen mit Zwischenlagerung oder um Verkaufs- und Variantengruppen.

4.1.2.3 Die Erzeugnisstruktur als Basis zur Visualisierung der Kundenauftragsabwicklung

Zur Visualisierung der Abwicklung eines Kundenauftrages auf Basis der Erzeugnisstruktur wurde das sogenannte *Kundenauftragsdiagramm* (vergleiche Bild 6.72) entwickelt [Dom90]. Dieses Modell ermöglicht eine realitätsnahe Abbildung des Produktionsdurchlaufs zur Herstellung eines Erzeugnisses.

Ausgehend von der Erzeugnisstruktur erfolgt die Herleitung des Kundenauftragsdiagramms über den *Fristenplan* (siehe Bild 6.72 Mitte). Jeder Auftrag (Montage-, Fertigungs- oder Beschaffungsauftrag) wird durch ein eindimensionales Durchlaufelement (dargestellt als Rechteck gleicher Breite, vergl. Abschnitt 6.4.1) repräsentiert. Die Reihenfolge der Durchlaufelemente ist durch die Erzeugnisstruktur vorgegeben. Die Länge der Durchlaufelemente stellt die Auftragsdurchlaufzeit der einzelnen Aufträge dar. Beispielsweise ist in Bild 6.72 erkennbar, dass die Aufträge B5 und F3 abgeschlossen sein müsssen, um anschließend den Montageauftrag M4 starten zu können. In einem zweiten Schritt wird das Kundenauftragsdiagramm aus dem Fristenplan abgeleitet. Hierzu werden die einzelnen Aufträge, sortiert nach Fertigstellungstermin, mit ihrem Arbeitsinhalt kumuliert über der Zeit, aufgetragen. Die Rechtecke gleicher Breite im Fristenplan werden dabei durch sogenannte zweidimensionale Durchlaufelemente ersetzt (s. Bild 6.12). Die Länge der Durchlaufelemente stellt wiederum die Auftragsdurchlaufzeit dar. Die Breite ist ein Maß für den Arbeitsumfang eines Auftrages. Bei Montage- und Fertigungsaufträgen entspricht dieser Arbeitsumfang den aufsummierten Arbeitsinhalten aller Arbeitsvorgänge des entsprechenden Auftrages gemessen in Vorgabestunden. Da Beschaffungsaufträge keine Fertigungskapazitäten im Unternehmen binden, erscheinen sie im Kundenauftragsdiagramm lediglich als Linien ohne Arbeitsinhalt gemäß ihren Wiederbeschaffungszeiten.

Als praktisches Beispiel für eine Erzeugnisstruktur sei ein Ausschnitt aus der Erzeugnisstruktur eines Dieselmotors gewählt, Bild 4.6. Da der Motor insgesamt über 2000 verschiedene Teile beinhaltet, ist aus Gründen der Übersichtlichkeit nur diese Auswahl an Baugruppen und Teilen getroffen worden. Dargestellt ist die Baugruppe des Abgasturboladers

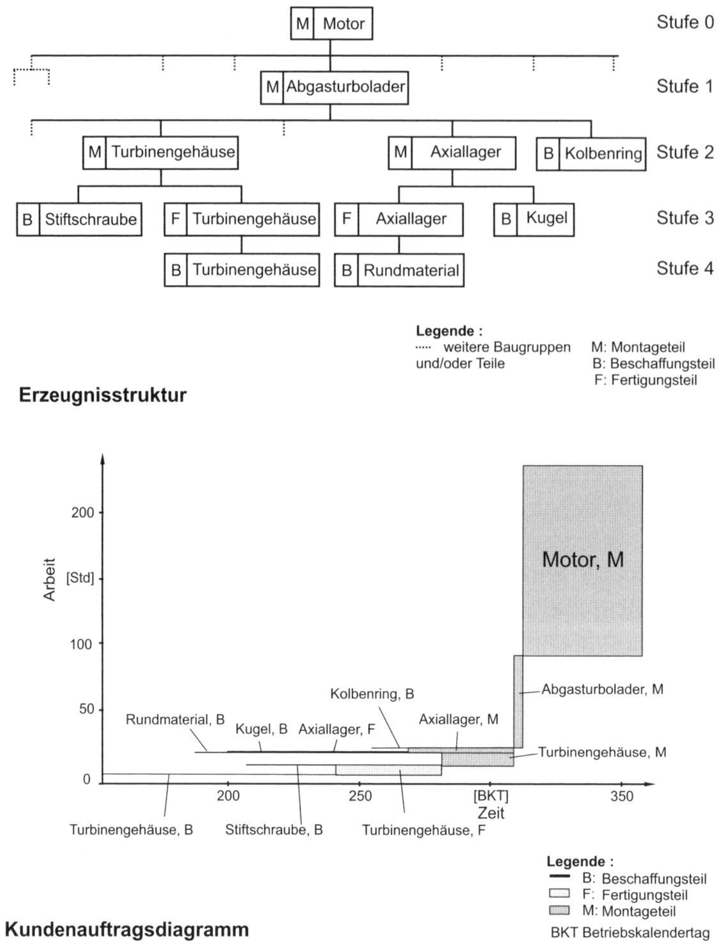

© IFA D4530

Bild 4.6 Beispiel einer Erzeugnisstruktur mit dazugehörigem Kundenauftragsdiagramm

auf der ersten Erzeugnisstufe mit zwei Unterbaugruppen sowie einem zusätzlichen Beschaffungsteil (Kolbenring) auf der 2. Stufe. Die beiden Unterbaugruppen verzweigen sich jeweils bis in die 4. Erzeugnisstufe.

Insgesamt umfasst das dargestellte Beispiel 11 Aufträge (davon 4 Montageaufträge, 5 Beschaffungsaufträge und 2 Fertigungsaufträge) über 4 Produktstrukturstufen hinweg. Die Gesamt-Durchlaufzeit, berechnet vom ersten Auftragseinstart (152. BKT) bis zur ausgeführten Endmontage (358. BKT), ist aus dem Kundenauftragsdiagramm (vergl. Bild 4.6 unten) ersichtlich und beträgt 206 BKT (Betriebskalendertage). Die kumulierte Breite der zweidimensionalen Durchlaufelemente (sie entspricht dem Arbeitsinhalt aller Fertigungs- bzw. Montagevorgänge) ergibt, dass 235 Arbeitsstunden zur Erstellung der dargestellten Baugruppen des Motors inkl. der Endmontage benötigt werden. Letztere weist mit 145 Stunden den größten Arbeitsinhalt auf.

Deutlich zu erkennen ist in diesem Beispiel der Durchlaufzeit bestimmende Pfad, der durch das Fertigen und Montieren des Turbinengehäuses verursacht wird. Hier sollten Maßnahmen zur Durchlaufzeitreduzierung ansetzen.

Solche Maßnahmen können z. B. logistischer, technologischer und/oder konstruktiver Art sein. Evtl. sind ganze Baugruppen einzukaufen, um so die Anzahl Strukturstufen und damit auch die Durchlaufzeit zu reduzieren. Das Beispiel macht deutlich, dass derartige Gliederungen stets einen Kompromiss darstellen. Ein klar gegliedertes und in seinen Gruppen eindeutig abgegrenztes Erzeugnis ist jedoch eine wesentliche Voraussetzung für einen rationellen Auftragsdurchlauf und sollte daher nicht durch ein zu enges Bereichsdenken, insbesondere der Konstruktionsabteilung, verhindert werden. Das Problem hat sich mit dem Einsatz von CAD- und PDM-Systemen etwas entschärft, weil die Umgliederung einer Produktstruktur nach verschiedenen Aspekten wesentlich einfacher geworden ist.

4.2 Zeichnungen

4.2.1 Zeichnungstypen und Zeichnungssysteme

Laut DIN 199 Teil 1 ist „... eine *Technische Zeichnung* eine Zeichnung in der für technische Zwecke erforderlichen Art und Vollständigkeit". Zur erforderlichen Art gehört z. B. das Einhalten von Darstellungsregeln; zur erforderlichen Vollständigkeit gehören gegebenenfalls Maßeintragungen, technische Hinweise, Tabellen und ähnliches [DIN84]. Es lässt sich feststellen, dass technische Zeichnungen das Resultat des Konstruktionsablaufes darstellen. Sie bilden zusammen mit den Stücklisten das Fundament des gesamten betrieblichen Informationssystems, wobei heute der gesamte Konstruktionsprozess informationstechnisch mit den bereits erwähnten CAD-Systemen (Computer Aided Design) und PDM-Systemen (Product Data Management) unterstützt wird (vergl. Abschnitt 3.5). Eine technische Zeichnung ist in diesem Zusammenhang als eine spezielle Darstellung des jeweiligen Werkstückmodells zu deuten. Sie kann mit den heutigen CAD-Systemen als 2D-Darstellung in verschiedenen Ansichten oder auch als 3D-Zeichnung dargestellt werden.

Der formale Aufbau technischer Zeichnungen nach Inhalt, Darstellungsart, verwendeten Symbolen, Beschriftung, Blattformat und Blattaufteilung wurde bereits frühzeitig genormt, um Fehler in der Interpretation möglichst auszuschließen. Die wichtigsten Normen hierzu sind DIN 6789 *(Dokumentationssystematik)* [DIN90a], DIN 6771 Blatt 1 *(Schriftfelder für Zeichnungen, Pläne und Listen)* [DIN70], DIN 6771 Teil 6 *(Vordrucke für technische Unterlagen: Zeichnungen)* [DIN88], DIN 6774 *(Technische Zeichnungen; Ausführungsrichtlinien)* [DIN86] und DIN 199 Teil 1 *(Begriffe im Zeichnungs- und Stücklistenwesen - Zeichnungen)* [DIN84].

Eine *Einzelteilzeichnung* ist laut DIN 199 Teil 1 [DIN84] „... eine technische Zeichnung, die ein Einzelteil ohne die räumliche Zuordnung zu anderen Teilen darstellt". Anhand dieser Zeichnung sollen alle erforderlichen Angaben für die Herstellung und Prüfung des dargestellten Teiles ersichtlich sein. *Zusammenbauzeichnungen* enthalten demgegenüber die für den Zusammenbau einer Baugruppe erforderlichen Informationen. Eine *Gruppenzeichnung* ist im Unterschied zur Zusammenbauzeichnung eine maßstäbliche technische Zeichnung, die die räumliche Lage und die Form der zu einer Gruppe zusammengefassten Teile darstellt. Diese Zeichnungstypen zeigen daher die einzelnen Werkstücke nur in dem Detaillierungsgrad, der für diese Aufgabe notwendig ist. Sie sind immer mit einer *Stückliste* verknüpft, die sämtliche in der Zeichnung gekennzeichneten Positionen aufführt.

Neben diesen beiden grundsätzlichen Zeichnungstypen, die der Fertigung dienen, existieren in der industriellen Praxis weitere Darstellungsarten technischer Objekte. Die bereits erwähnte *Entwurfszeichnung* ist keine technische Zeichnung im engeren Sinne, da sie dem Konstrukteur in erster Linie zur Durchdringung des funktionalen Zusammenhanges dient und meist nicht den Zeichnungsnormen genügt. Volumenorientierte CAD-Systeme erlauben die maßstäbliche dreidimensionale Darstellung von Teilen in einer Qualität, die kaum noch von einem Foto zu unterscheiden ist. Eine besondere Art der Einzelteilzeichnung stellt die *Rohteilzeichnung* dar, die z. B. bei Guss- und Schmiedeteilen die Form des Rohteils festlegt. Sie wird meist nicht vom Konstrukteur erstellt, sondern von einem dem entsprechenden Fertigungsbereich angegliederten speziellen Konstruktionsbüro, welches die besonderen Anforderungen des jeweiligen Fertigungsverfahrens kennt, wie Aufmaße, Gussschrägen, Teilebenen usw. Eine ähnliche Funktion erfüllt eine sogenannte *Vorbearbeitungszeichnung*, die einen Zwischenbearbeitungszustand eines komplizierten Werkstückes darstellt. Eine *Fertigungszeichnung* trägt mit ergänzenden Angaben in besonderer Weise Gesichtspunkten der Fertigung Rechnung [DIN84]. Weitere Zeichnungstypen sind *Fundament-*, *Foto-*, *Ergänzungs-*, *Prüf-*, *Stamm-*, *Varianten-* und *Vordruckzeichnungen* oder *Belastungspläne*, die zur Berechnung und Gestaltung von Maschinenfundamenten erforderlich sind, ferner *Steuer-*, *Schalt- und Regelschemata*. Für Teile, die als Unterlage für einen Lieferanten dienen, sind schließlich noch *Bestellzeichnungen* üblich, die hauptsächlich die Anschluss- und Einbaumaße enthalten.

Sämtliche Zeichnungen eines Erzeugnisses stehen gemäß der in der Erzeugnisgliederung festgelegten Struktur in einer hierarchischen Beziehung zueinander und werden in ihrer Gesamtheit als *Zeichnungssatz* bezeichnet [DIN90a]. Prinzipiell gibt es innerhalb des Zeichnungsaufbaus zwei Möglichkeiten der Zuordnung der Einzelteile zur zugehörigen Baugruppe, die auch als *Zeichnungssysteme* bezeichnet werden. Beim sogenannten *Einzelblattsystem* existiert sowohl für jedes Einzelteil (mit Ausnahme der Zukaufteile und -gruppen) als auch für die zugehörige Baugruppe eine separate Zeichnung, die *Einzelteilzeichnung* [DIN84]. Demgegenüber sind beim *Sammelblattsystem* alle in einer Baugruppe enthaltenen Eigenfertigungsteile auf demselben Zeichenblatt, der nach [DIN84] genannten *Sammelzeichnung*, mit dargestellt. Sowohl das Einzelblatt- als auch das Sammelblattsystem unterscheidet sich vom Zeichnungssatz in der Weise, dass ein Einzelteil oder mehrere Teile in einer oder mehreren Darstellungen ohne eine räumliche Zuordnung zu anderen Teilen dargestellt werden [DIN84].

Bild 4.7 stellt die beiden Systeme an einem einfachen Beispiel einander gegenüber. Werden die Zeichnungen aus einem CAD-System heraus generiert, ist die Ausgabe auf Papier in beiden Darstellungsformen möglich, und es muss keine Entscheidung mehr über die Art des Zeichnungssystems getroffen werden. Die Sammelzeichnung ist besonders für die Arbeitsplanerstellung und Montage interessant. Einzelzeichnungen werden demgegenüber primär in der Fertigung verwendet. Die Stückliste wird beim Einzelblattsystem grundsätzlich als getrenntes Dokument erstellt, während beim Sammelblattsystem die Stückliste bei nicht zu großem Umfang mit auf der Baugruppenzeichnung enthalten ist.

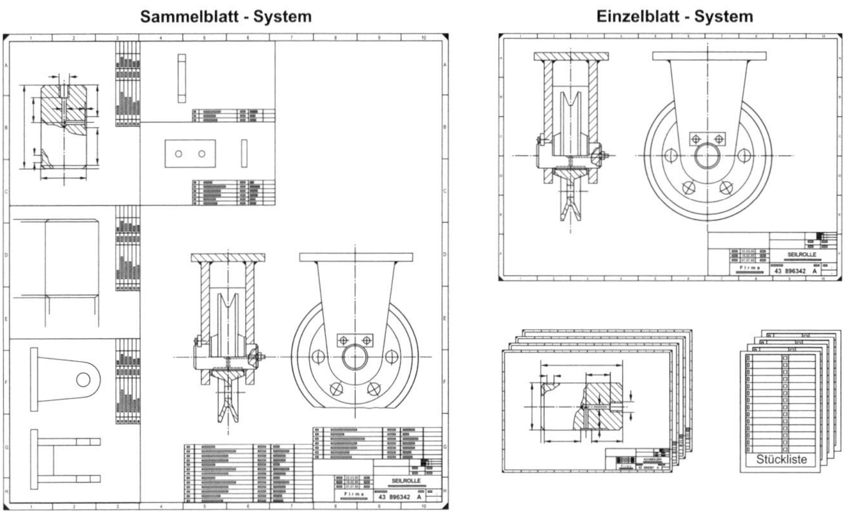

© IFA D4332

Bild 4.7 Zeichnungs-Systeme

Zur Rationalisierung der Zeichnungserstellung und Förderung der Wiederverwendung sind ferner die oben schon erwähnten *Vordruckzeichnungen* üblich. Sie bestehen aus *Standardzeichnungen*, bei denen einige oder alle Abmessungen offen sind, wie es in dem Bolzen rechts unten in Bild 4.7 zu sehen ist. Im Bedarfsfall erzeugt der Konstrukteur eine konkrete Werkstückzeichnung dadurch, dass er die offenen Maße in eine vorgefertigte Musterzeichnung einträgt und die Zeichnungsnummer vergibt. Diese Technik wird kaum noch in Papierform praktiziert, sondern ist Standard in heutigen CAD-Systemen (vergl. hierzu Abschnitt 3.5).

4.2.2 Zeichnungsinhalt

Der Dateninhalt technischer Zeichnungen und Stücklisten lässt sich nach drei Verwendungszwecken der Zeichnung gliedern: Die Darstellung des Werkstückes besteht aus einem nach festgelegten Regeln maßstäblichen geometrischen Abbild (Darstellung mittels Linien, Bild oder Text) des Werkstückes in einer, zwei oder drei Ansichten, ergänzt um die Bemaßung und die Toleranzen. Diese auch als *geometrische Informationen* bezeichneten Angaben beschreiben das Werkstück zusammen mit den sogenannten *technologischen Informationen* in der Weise, dass mit ihrer Hilfe die Fertigung des Werkstückes bzw. die Montage der Gruppe möglich ist. Die ebenso zum Zeichnungsinhalt gehörenden technologischen Informationen beinhalten werkstoffbezogene, oberflächenbezogene und qualitätsbezogene Angaben sowie sogenannte mitgeltende Informationen hinsichtlich technischer Anweisungen und Normen. Zur dritten Datengruppe gehören die auf die dargestellte Sache und die dazugehörigen Unterlagen bezogenen *organisatorischen Daten.*

Dies sind diejenigen Daten, die für die Auftragsabwicklung benötigt werden. Ergänzt um die Werkstoffangabe, bilden sie einen wichtigen Bestandteil der sogenannten Teile- bzw. Gruppenstammdaten, auf die der Abschnitt 4.3 „Stücklisten" näher eingeht [DIN90a].

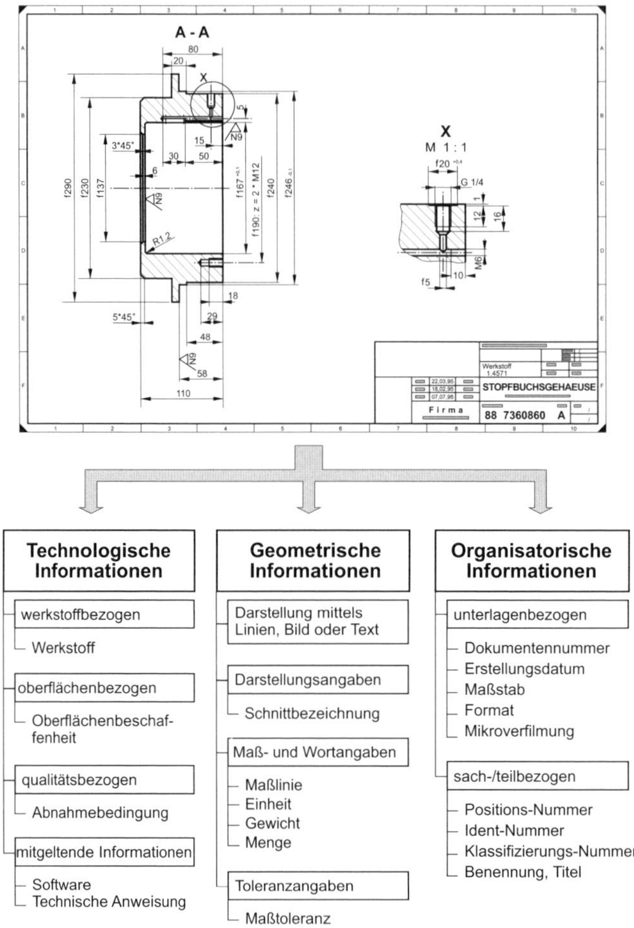

Bild 4.8 Strukturelle Gliederung des Informationsinhaltes am Beispiel einer Einzelteilzeichnung (nach DIN 6789 Teil 2)

© IFA D4302

Diese gedankliche Ordnung des Dateninhaltes einer Zeichnung ist durch folgende Zielsetzung bestimmt: Die geometrischen und technologischen Daten entstehen meist rechnerunterstützt mit den in Abschnitt 3.5 geschilderten CAD-Systemen (Computer Aided Design). Die gespeicherten Daten einschließlich der geometrischen Werkstückbeschreibung (heute meist als 3D-Volumenmodell) können dann mit sogenannten CAP-Systemen (Computer Aided Planning) ohne nochmalige Eingabe zur ebenfalls rechnerunterstützt ablaufenden Arbeitsplan- und Steuerdatenerstellung für numerisch gesteuerte Werkzeugmaschinen verwendet werden. Auch eine automatische Kalkulation zur Kostenermittlung ist daraus in Grenzen ableitbar. Die organisatorischen Daten werden demgegenüber zur Identifizierung und Steuerung der Teile bzw. der Gruppe im Fertigungsablauf benötigt. Schließlich dienen die zeichnungsbezogenen organisatorischen Daten der Identifizierung des Dokumentes „Zeichnung“, das ja selbst auch ein Gegenstand ist, dessen Durchlauf gesteuert werden muss. Bild 4.8 führt die Daten von Einzelteilzeichnungen und Gruppenzeichnungen nach diesen drei im Folgenden beschriebenen Gliederungsaspekten genauer auf, wobei als Beispiel nur eine Einzelteilzeichnung gezeigt wird.

Nach DIN 6789 Teil 2 sind folgende Informationsmerkmale im Einzelnen in den Datenangaben enthalten [DIN90a]:

- **Technologische Informationen**

Die werkstoffbezogenen Angaben beschreiben die Art des Werkstoffes selbst sowie Daten zur Werkstoffbehandlung hinsichtlich der Härte und Vergütung. Des Weiteren wird ersichtlich, ob es sich um ein Halbzeug handelt. Die Oberflächenbeschaffenheit, die Art eines möglichen Oberflächenschutzes in Form eines Überzuges (z. B. durch Galvanisieren) und die Art der Oberflächenbehandlung (incl. möglicher Nachbehandlungen) sind Bestandteile der oberflächenbezogenen Angaben. Qualitätsbezogene Angaben beziehen sich auf technische Spezifikationen, Verpackungs- und Transportbedingungen, Teilekennzeichnungen (z. B. im Flugzeugbau), Liefervereinbarungen sowie mögliche Abnahmebedingungen. Zusätzlich sollte eine technische Zeichnung mitgeltende Informationen enthalten, die die verwendete Software zur Erstellung der Zeichnung erkennen lassen und technische Anweisungen zur Fertigung anführen. Des Weiteren sind Angaben zu Werksnormen, Schablonen oder Modellen wünschenswert.

- **Geometrische Informationen**

Die geometrischen Informationen beinhalten die Form und Lage des Werkstückes mittels Linien, Bild oder Text, ergänzt durch Symbole (grafische oder Buchstabensymbole). Zur Erläuterung der Darstellung sind in der Zeichnung Angaben zum Schnitt, zur Ansicht, zur Projektionsmethode, zu Einzelheiten und zum Anschluss aufgeführt. Die Maß- und Wortangaben umfassen die Bezeichnung von Maßlinien, Maßhilfslinien, Maßzahlen (Bemaßung) sowie die zu jedem Werkstück gehörenden Informationen bezüglich des Gewichtes, der Menge und der entsprechenden Einheitenangaben. Die geometrischen Informationen sind vollständig, wenn die geltenden Maß-, Form- und Lage- sowie Allgemeintoleranzen der jeweiligen technischen Zeichnung beigefügt worden sind.

- **Organisatorische Informationen**

Hierzu werden, wie schon erwähnt, unterlagenbezogene Angaben gezählt, die z. B. die zugehörige Dokumentennummer, Blattnummern, Freigabevermerke, Name des Unternehmens (wegen der Urheberansprüche), Erstellungsdatum, Erstellvermerke, Maßstab, Format, Vordruck-(Form)-Nummer, Mikroverfilmungsangaben, CAD-Archivierungsdaten, Schutzrechtvermerke und Prüfvermerke enthalten. Die meisten dieser Angaben sind im Schriftfeld der technischen Zeichnung zu finden. Die eigentlichen sach- oder teilebezogenen Angaben dienen der unternehmensinternen Verwaltung zur Identifizierung der technischen Zeichnung und des dargestellten Teiles. Hierzu zählen die Benennung (Titel) des Teiles, die Identnummer, ggf. die Klassifikationsnummer, die Positionsnummer und ggf. ein Änderungsindex.

Die Darstellung dieser Informationen erfolgte früher als Tuschezeichnung auf Transparentpapier, von der für den Auftragsablauf die benötigte Anzahl Pausen gezogen wurden. Die Sammlung der Originale erfolgte in der Regel zentral in einem Zeichnungsarchiv. Solche Zeichnungsarchive existieren heute kaum noch. Früher bestanden umfangreiche Sammlungen an archivierten Zeichnungen. Sie wurden wegen des damit verbundenen Platzbedarfes in Form von *Mikrofilm-Lochkarten* oder *Mikrofiches-Karteien* archiviert. Diese dezentralen Duplikatkarteien ermöglichen über Lesegeräte das unmittelbare Arbeiten mit derartigen Mikrofilmaufnahmen (sogenannte aktive Mikroverfilmung). Heute hat sich die elektronische Archivierung z. B. mittels elektronischer und optischer Speicher weitgehend durchgesetzt. Alte Bestände an Zeichnungen werden mit Hilfe von Scannern eingelesen und als Datei abgespeichert.

Die Datenhaltung von CAD-Systemen wird zunehmend unterstützt durch sogenannte *Product Data Managementsysteme* (PDM), vergl. Abschnitt 3.5. Sie dienen der produktbegleitenden Dokumentation und der Unterstützung der Entwicklungs- und Konstruktionsarbeit, wobei sie den Informationsfluss von der Konstruktion bis hin zur Entsorgung eines Produktes steuern können. Mittlerweile werden auch Kunden und Lieferanten in Entwicklungsprozesse eingebunden, woraus sich sogenannte Product Life Cycle Managementsysteme (PLM) entwickelt haben [Fel08, Se11]. Sie arbeiten in heterogenen Netzwerken und können mit den Systemen kommunizieren, welche zur Erzeugung der Dokumente benutzt werden. Vor allem sollen PLM-Systeme auch die Integration mit dispositiven Systemen (z. B. PPS) gewährleisten. Grundsätzlich besteht jedoch immer noch das Problem, dass die am Markt und in den Unternehmen implementierten verschiedenen Anwendungssysteme in der Regel über anbieterspezifische Daten- und Dateiformate verfügen, die nicht miteinander kompatibel sind und somit den Datenaustausch stark einschränken oder sogar vollends verhindern.

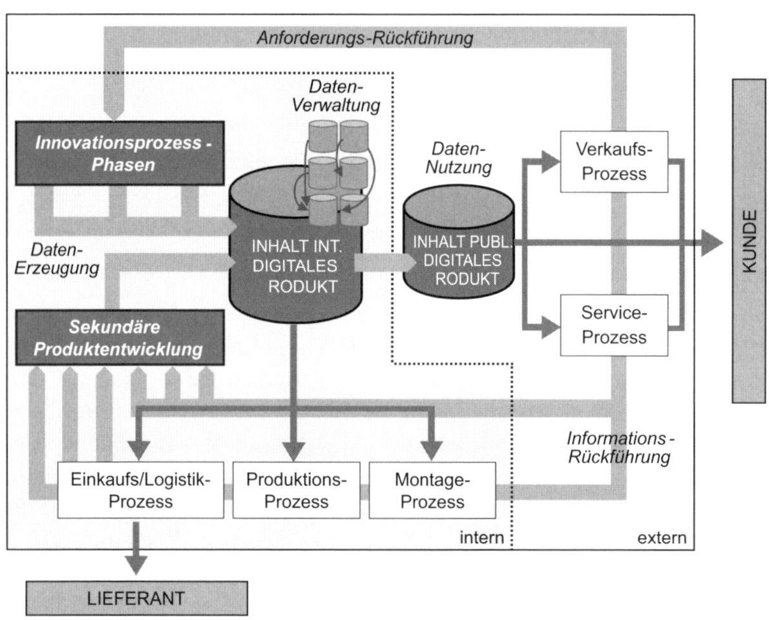

© IFA 17.665

Bild 4.9 Digitales Produkt (nach Zwicker u. Montau)

Nicht nur im Zuge von Simultaneous Engineering und Concurrent Engineering, auch durch die anzustrebende Integration der verschiedenen eingesetzten Systeme (CAD, CAP, PPS, etc.) in einem Unternehmen ist ein gemeinsamer Zugriff auf Produktdaten notwendig. Die ISO-Norm STEP (Standard for the Exchange of Product Model Data) bietet hierzu einen ersten Ansatz, einem durchgängigen Konzept des Rechnereinsatzes im gesamten Produktlebenszyklus näher zu kommen. Einzelheiten wurden in Abschnitt 3.5, S. 139 ff. erläutert.

Fernziel der Entwicklung ist das sogenannte *Digitale Produkt*. Bild 4.9 verdeutlicht den Grundgedanken [Zwi08]. Im Mittelpunkt steht die digitale Beschreibung eines Produktes mit den zuvor erläuterten Inhalten, die nur intern zugänglich sind. Die Daten werden in den Phasen der Produktentwicklung erzeugt, hier Innovationsprozesse genannt. Sie stehen den Anwendern in Einkauf/Logistik, Produktion und Montage zur Verfügung. Die sekundäre Produktentwicklung umfasst die Erzeugung von Engineeringdaten wie Arbeitspläne, NC-Programme, Werkzeuglisten usw., die zur Fertigung und Montage benötigt werden. Ihre Ergebnisse sind ebenfalls im digitalen Produktmodell gespeichert. Nach der Freigabe und Auftragsgewinnung steht ein Teil des Informationsinhaltes ausgewählten Nutzern in einem öffentlichen Teil zur Verfügung. Dazu gehören der Verkauf, der Service, aber auch der Endkunde. Sowohl aus den internen wie externen Nutzern fließen Informationen in das System zurück und führen dort ggf. zu Änderungen.

■ 4.3 Stücklisten

4.3.1 Inhalt und Aufbau von Stücklisten

Neben der Zeichnung stellt die Stückliste den zweiten wichtigen Informationsträger dar, mit dem gemeinsam ein Erzeugnis so vollständig beschrieben wird, dass es mit den geforderten Qualitätsmerkmalen herstellbar ist. Gerlach [Ger79] definiert sie wie folgt: „Die Stückliste ist ein formalisiertes Verzeichnis der eindeutig bezeichneten Bestandteile einer Einheit des Erzeugnisses bzw. einer Baugruppe mit Angabe der zu seiner bzw. ihrer Herstellung erforderlichen Menge." Genau wie bei den Zeichnungen erfolgt der Stücklistenaufbau gemäß der Erzeugnisstruktur. Alle zu einem Erzeugnis gehörenden Stücklisten werden daher analog zum Zeichnungssatz als *Stücklistensatz* bezeichnet [DIN90a]. Je nachdem, ob die Stückliste direkt auf der Zeichnung enthalten ist oder als separates Dokument existiert, spricht man von der zeichnungsgebundenen Stückliste bzw. der losen oder ungebundenen Stückliste. Wie bereits erläutert, kann sie bei Einsatz moderner CAD-Systeme wahlweise auf der Baugruppenzeichnung platziert oder separat ausgedruckt werden.

Die wichtigsten Aufgaben der Stückliste lassen sich in Anlehnung an Gerlach wie folgt beschreiben [Ger75, DIN90a]:

- Eine Stückliste muss zumindest die Identnummer (Sachnummer) und Benennung des mit ihr beschriebenen Gegenstandes sowie die Benennungen, Identnummern, Mengen und Einheiten der zu diesem Gegenstand gehörenden Teile enthalten.
- Die Stückliste zeigt die Erzeugnisstruktur für die am Auftragsdurchlauf beteiligten Abteilungen, beginnend mit der Konstruktion über die Arbeitsplanung und Terminsteuerung bis hin zur Montage, zum Versand und zum Rechnungswesen.
- Sie ist Grundlage zur Mengenbestimmung der Teile und Baugruppen und zur Festlegung der zugehörigen Termine.

- Aus der Stückliste entstehen durch Kopieren die Kopfzeilen für die Arbeitspläne bzw. Bestellunterlagen für die Bestellung von Zukaufteilen.
- Mit der Stückliste wird der Auslieferungszustand eines Auftrages dokumentiert.
- Aus der Stückliste lassen sich weitere Listen erzeugen, wie z. B. Fertigungsstückliste, Montagestückliste, Versandstückliste, Materialbedarfsliste, Einkaufsliste, Verwendungsnachweis und Mengengerüste für die Vor-, Zwischen- und Nachkalkulation.

Somit sind die Konstruktionszeichnungen und zugehörigen Stücklisten als Primärdokumente anzusehen, während alle aus diesen Primärdokumenten abzuleitenden Dokumente, wie z. B. Arbeitspläne, NC-Programme etc., Sekundärdokumente darstellen.

Wenn auch die äußere Gestaltung der Stücklisten von Unternehmen zu Unternehmen unterschiedlich ist, haben doch alle Stücklisten im Prinzip immer denselben strukturellen Aufbau, der aus den im Folgenden beschriebenen Datengruppen allgemeine Daten, Bezugsdaten und Folgedaten besteht:

Die *allgemeinen Daten* dienen der Identifizierung und Steuerung des Dokumentes Stückliste. Analog zu den zeichnungsbezogenen organisatorischen Daten in der Stückliste sind eine oder mehrere organisatorische Stücklistenzeilen in der Kopfzeile vorgesehen, die Auskunft über den Aussteller sowie Prüf- und Bearbeitungsmerkmale enthalten. Die *Bezugsdaten* beinhalten weitergehende Informationen über die Stammdaten des Erzeugnisses. Handelt es sich bei dem Gegenstand wiederum um eine Baugruppe, wird dies durch ein besonderes Merkmal gekennzeichnet. Die *Folgedaten* beschreiben dann die Stamm- und Strukturdaten der Gruppen und Teile, aus denen sich das in der Kopfzeile genannte Erzeugnis oder die Baugruppe zusammensetzt [Refa91]. Für jede Position des im Erzeugnis bzw. in der Baugruppe enthaltenen Gegenstandes existiert eine Positionszeile, in der dieser Gegenstand nach Art, Menge und Stückzahl beschrieben wird.

Trotz vielfältiger Bemühungen in größeren Unternehmen und überbetrieblichen Arbeitskreisen des Vereins Deutscher Ingenieure und anderer Institutionen wie DIN, REFA und AWF ist es nicht gelungen, ähnlich wie bei Zeichnungen Normen für Stücklistenaufbau, -inhalt und Darstellungsart zu schaffen. Dazu sind die Anforderungen, die von den einzelnen Erzeugnissen, Kunden und Unternehmen an eine Stückliste gestellt werden, zu unterschiedlich. Im einfachsten Fall genügt vielleicht die reine Aufzählung von Positionsnummer, Benennung und Menge der Teile einer Baugruppe. In einem anderen Fall wird dagegen von den zahlreichen Anwendern der Stückliste, die von der Konstruktion über die Arbeitsplanung bis hin zum Lager- und Ersatzteilwesen reichen, eine Reihe von Zusatzinformationen gewünscht, die eine Stückliste zu einer umfangreichen Beschreibung einer Baugruppe anwachsen lassen.

Die moderne Datentechnik hat den Wunsch einer genormten Stückliste in seiner Bedeutung stark reduziert. Die in Bild 4.10 von Gerlach vorgeschlagenen zwei Beispiele einer Stückliste sollen daher nur als Anregung dienen und erheben keinen Anspruch auf Allgemeingültigkeit.

Ähnlich wie beim Zeichnungsinhalt soll hier der Inhalt der Stückliste im Folgenden detailliert erläutert werden, wobei sich die Angaben weitgehend auf die REFA-Lehrstückliste in [Refa91] stützen. Ähnliche und zum Teil weiterführende Angaben sind in den VDI-Arbeiten [VDI75, VI80] sowie [DIN87, DIN81] zu finden.

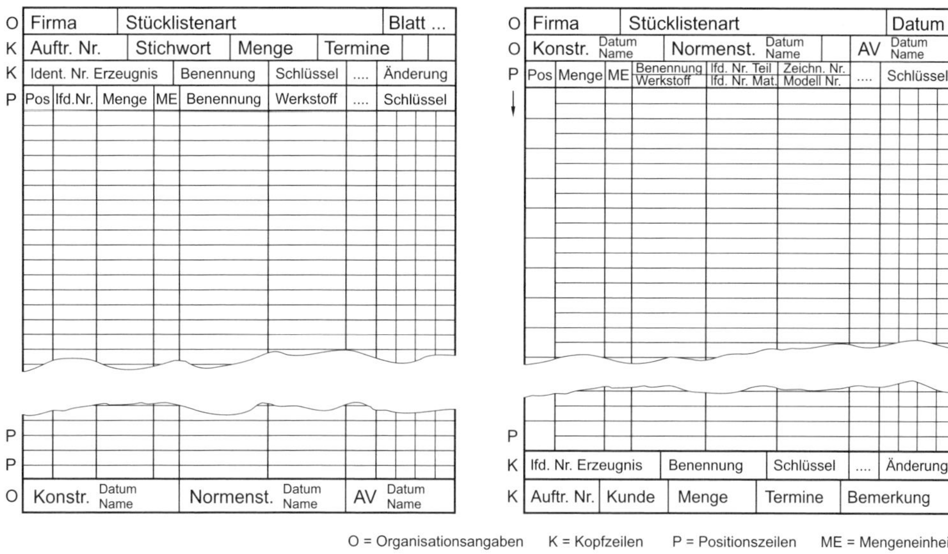

© IFA D2600

Bild 4.10 Beispiele für den Stücklistenaufbau (Gerlach)

Zur Identifizierung und Steuerung der Stückliste wird, wie oben bereits angesprochen, eine Identifizierung- oder Sachnummer (siehe Abschnitt 4.4) benötigt. Neben der Benennung des zu beschreibenden Erzeugnisses sind Angaben, wie z.B. die Bezeichnung des Stücklistenaufbaus (Strukturstückliste oder Baukastenstückliste, vergl. hierzu Abschnitt 4.3.2), die Firmenbezeichnung, der Änderungszustand bestehend aus Änderungsindex und Datum, Name und Datum des Stücklistenerstellers bzw. der -erstellung, die Stücklistenverwendung, die Stücklistennummer sowie evtl. die Angabe eines ABC-Schlüssels zur Kennzeichnung der Wertgruppe vorgesehen. Diese Angaben stehen als allgemeine Daten in den Kopfzeilen der Stückliste. Die so beschriebene Stückliste wird auch als *auftragsneutrale Stückliste* bezeichnet.

Wenn die Stückliste mit Auftragsangaben versehen werden soll, sind weitere Angaben in der Kopfzeile zu ergänzen. Man spricht dann auch von einer *auftragsbezogenen Stückliste* bzw. von einer Auftragsliste. In dem Fall dient die Stückliste gleichzeitig als Arbeitsplan, was bei einfachen Montagevorgängen von Vorteil ist [Refa91]. Diese zusätzlichen Angaben beinhalten:

- Kostenträger;
- Auftragsnummer (Ident- und evtl. Klassifikationsnummer);
- Auftragsangaben (Terminangaben, Gütevorschriften);
- Auftragsmenge;
- Menge je Los;
- Losnummer (notwendig bei einer Aufteilung der Auftragsmenge in Lose);

- Auftragsart (z. B. Vorratsauftrag, Ersatzauftrag, Betriebs- oder Werksauftrag);
- weitere auftragsabhängige Informationen, z. B. Prüf- und Liefervorschriften.

In den Positionszeilen werden die zu den Erzeugnissen gehörenden Gruppen bzw. Teile und die Rohstoffe und Halbzeuge der zu fertigenden Teile nach den Kopfzeilen aufgeführt [Refa91].

Die *Positionszeilen* enthalten als wichtigste Daten eine laufende Nummer (fortlaufende Nummer der einzelnen Stücklistenpositionen), die als Positionsnummer in der Baugruppenzeichnung erscheint. Zur unverwechselbaren Kennzeichnung jeder Stücklistenposition dienen die Sachnummer sowie ein Funktions- oder Formenschlüssel zur zusätzlichen Klassifikation (optional) und eine kurze Beschreibung der Position in dem Feld Benennung. Des Weiteren ist die zugehörige Zeichnungsnummer, das Zeichnungsformat, der Änderungszustand, die Arbeitsplannummer, Modell- oder Gesenknummer (Angabe entfällt bei Erzeugnissen und Gruppen), das Gewicht, die Menge bezogen auf eine Einheit des in der Kopfzeile beschriebenen Teiles und die entsprechende Mengeneinheit aufgelistet. Der Stücklistenhinweis gibt an, ob für die Position der Stückliste eine weitere Stückliste vorgesehen ist oder nicht (z. B. 1: weitere Stückliste vorhanden, 0: keine weitere Stückliste vorhanden). Angaben über den Bezug des Erzeugnisses (Eigen- oder Fremdleistung) befinden sich in dem dafür vorgesehenen Feld Bezugsart. Aus der Angabe des ABC-Teile-Schlüssels lassen sich bestimmte Bedarfsermittlungs- und Bestellverfahren ableiten, die auch in dem Feld Bedarfsermittlungsart (z. B. deterministisch oder stochastische Methoden für den Sekundärbedarf) aufgeführt sind [Refa91] (siehe auch Abschnitt 6.7).

Neben dem Inhalt und der Gliederung der Stückliste ist die Frage der Stücklistenstruktur bedeutsam, insbesondere dann, wenn es sich um komplexe Erzeugnisse mit zahlreichen Gliederungsebenen oder um variantenreiche Erzeugnisse handelt. Aus der praktischen Notwendigkeit heraus haben sich, besonders gefördert durch den Einsatz der elektronischen Datenverarbeitung und -speicherung, verschiedene Strukturen von Stücklisten herausgebildet, die man zusammenfassend als Stücklistenformen bezeichnet.

4.3.2 Stücklistenformen

Informationstechnisch gesehen sind Stücklisten spezielle Darstellungsformen hierarchischer Strukturen. Ihre Besonderheit liegt darin, dass sie keine grafischen Abbilder einer Erzeugnisstruktur darstellen, wie es in Bild 4.2 der Fall ist, sondern dass sie die Struktur grundsätzlich in Form von Verzeichnissen zeigen. Verzeichnisse, die sich auf die Menge eines Gegenstandes beziehen oder Auszüge aus Stücklisten sind, werden als *Listen* (z. B. Auftragsliste, Ersatzteilliste) bezeichnet [DIN77].

Durchläuft man eine Erzeugnisstruktur „von oben nach unten", d. h. vom Erzeugnis bis zu den Einzelteilen und ihrem Ausgangsmaterial abwärts, entsteht die Stückliste. Fragt man umgekehrt, in welchen Erzeugnissen ein bestimmtes Teil oder eine bestimmte Baugruppe enthalten ist, entsteht der Verwendungsnachweis.

Aus dieser Sicht lassen sich *Stücklisten als analytische Betrachtung* und *Verwendungsnachweise als synthetische Betrachtung* einer Erzeugnisstruktur interpretieren. Bild 4.11 leitet hieraus die Erscheinungsformen von Stückliste und Verwendungsnachweis ab [Ger75, DIN77]. Demnach lassen sich alle Stücklisten und Verwendungsnachweise auf drei Grundformen zurückführen, nämlich auf Mengen-, Struktur- und Baukasten-Stücklisten. Sie sollen am Beispiel der in Bild 4.2 dargestellten Erzeugnisstruktur erläutert werden.

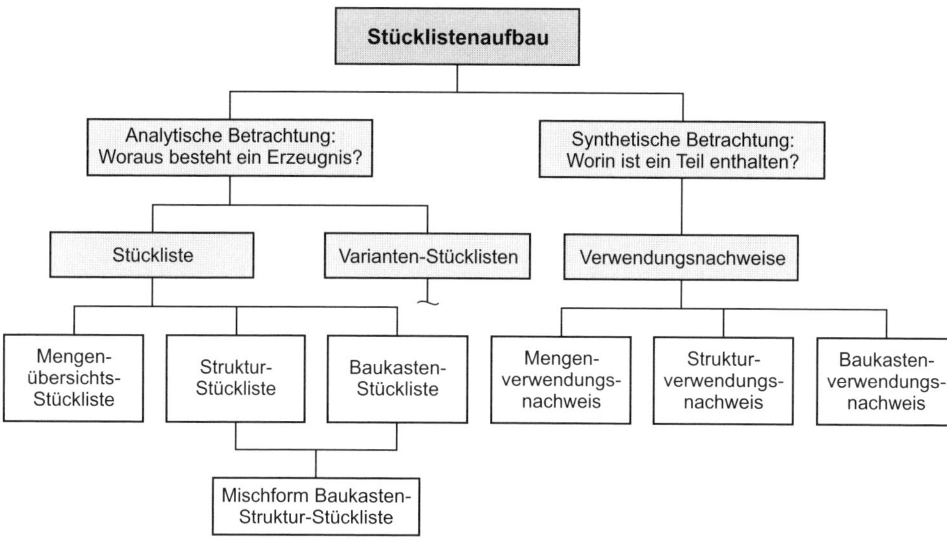

© IFA D4356

Bild 4.11 Ableitung der Stücklistenformen

Die *Mengen-Stückliste* (nach DIN 199 auch *Mengenübersichts-Stückliste* genannt) führt für einen Gegenstand alle Teile nur einmal mit Angabe ihrer Gesamtmenge auf [DIN77]. Bild 4.12 zeigt zwei Varianten einer derartigen Mengen-Stückliste des Beispiels in Bild 4.2. Die Variante links enthält sämtliche Elemente der Erzeugnisstruktur mit ihren Mengen, also sowohl die Baugruppen A bis C als auch die Einzelteile 1 bis 13. Demgegenüber führt die Variante rechts nur die Einzelteile des Erzeugnisses mit ihren Mengen auf. Beide Varianten lassen nicht erkennen, wie viele Gliederungsebenen vorhanden sind und welche Teile in welcher Baugruppe enthalten sind. Mengen-Stücklisten finden daher vorzugsweise für relativ einfache Erzeugnisse mit einer oder höchstens zwei Gliederungsstufen Anwendung.

Die *Struktur-Stückliste* zeigt demgegenüber die hierarchische Stellung jedes Elementes eines Erzeugnisses in der Erzeugnisstruktur, wobei jede Baugruppe jeweils bis zu ihrer niedrigsten Stufe aufgegliedert ist. Dies kann entweder wie in Bild 4.13 rechts durch Einrücken des jeweiligen Elementes in der Liste geschehen. Man erkennt z. B., dass die Baugruppe A (1. Stufe) aus der Baugruppe B, C und den Teilen 4 und 8 (2. Stufe) besteht, C wiederum aus den Teilen 6, 9 und 10 (3. Stufe). In diesem Fall befinden sich auf der 4. Stufe zusätzlich die Halbzeuge 13 und 11. Andere Möglichkeiten der Kennzeichnung der Stücklistenstruktur bestehen in der Angabe der Stufe mit Hilfe einer zusätzlichen Zah-

Mengenübersichts-Stückliste für Erzeugnis E1		
Lfd. Nr.	Benennung Ident-Nr.	Menge
1	A	1
2	B	3
3	C	1
4	1	12
5	2	15
6	4	2
7	5	6
8	6	2
9	8	1
10	9	1
11	10	3
12	11	4
13	12	1
14	13	1

mit Baugruppen

Mengenübersichts-Stückliste für Erzeugnis E1		
Lfd. Nr.	Benennung Ident-Nr.	Menge
1	1	12
2	2	15
3	4	2
4	5	6
5	6	2
6	8	1
7	9	1
8	10	3
9	11	4
10	12	1
11	13	1

ohne Baugruppen

© IFA D4436

Bild 4.12 Schema einer Mengenübersichts-Stückliste (nach DIN 199)

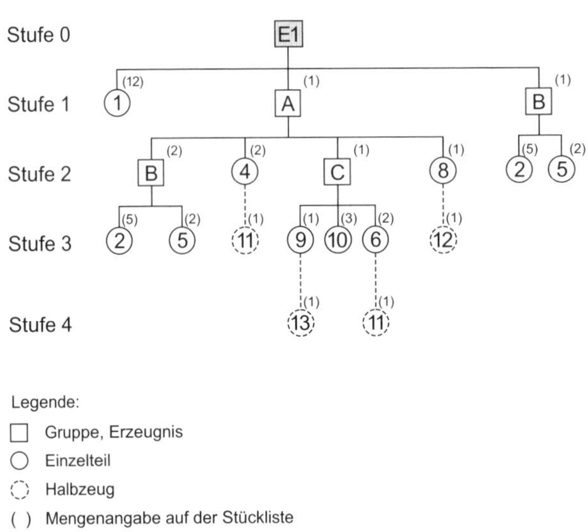

Erzeugnis E1 besteht aus					
Stufe 1	Stufe 2	Stufe 3	Stufe 4	Sach-Nr	Menge
x				1	12
x				A	1
	x			B	2
		x		2	10
		x		5	4
	x			4	2
		x		11[1)]	2
	x			C	1
		x		9	1
			x	13[1)]	1
		x		10	3
		x		6	2
			x	11[1)]	2
	x			8	1
		x		12[1)]	1
x				B	1
	x			2	5
	x			5	2

[1)] Halbzeug, Rohteil

© IFA D4432

Bild 4.13 Schema einer Strukturstückliste (DIN 199)

leninformation. Der Vergleich mit der Erzeugnisstruktur in Bild 4.13 links zeigt, dass die Struktur systematisch, beginnend mit dem ersten Element der ersten Ebene, senkrecht so lange durchlaufen wird, bis die niedrigste Stufe in diesem Ast erreicht ist. Von da an schreitet die Strukturstückliste systematisch weiter zum nächsten noch nicht erfassten Element. Struktur-Stücklisten finden Verwendung bei nicht zu umfangreichen Erzeugnissen. Der Nachteil liegt in der wiederholten Aufführung ganzer Baugruppen mit ihren sämtlichen Elementen, wenn diese mehrfach auftreten, wie dies im Beispiel der Baugruppe B der Fall ist.

Diesen Nachteil vermeidet die *Baukasten-Stückliste*. Diese Stücklistenform ist grundsätzlich nur einstufig, d.h., dass lediglich alle Teile und Gruppen der nächsttieferen Stufe aufgeführt sind. Sofern in dieser Stufe Baugruppen auftreten, erfolgt ein Hinweis darauf mit einer sogenannten Auflösungskennziffer. Bild 4.14 zeigt, dass auf diese Weise für das einfache Beispiel aus Bild 4.2 bereits sechs einzelne Stücklisten entstehen; allerdings muss Baugruppe B im Gegensatz zur Struktur-Stückliste nur einmal als Stückliste beschrieben werden. Dies erspart offensichtlich Erfassungs- und Speicheraufwand. Auch der Verwendungsnachweis ist einfacher, da eine bestimmte Baugruppe nur einmal gespeichert ist. Schließlich ist noch hervorzuheben, dass die Erzeugnisstruktur sowohl senkrecht wie bei

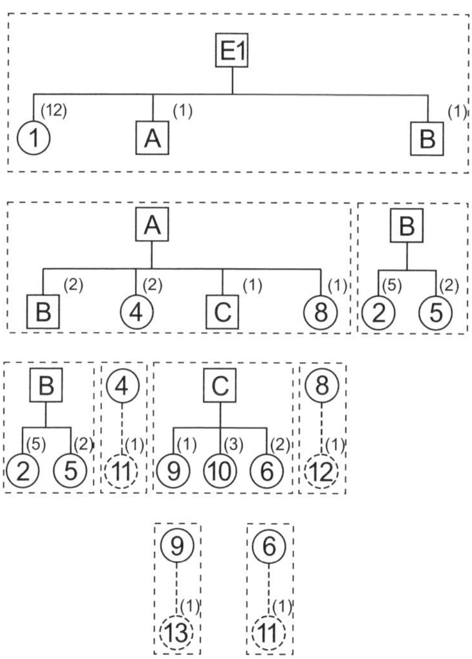

E1 besteht aus	
Sach-Nr	Menge
1	12
A	1
B	1

A besteht aus	
Sach-Nr	Menge
B	2
4	2
C	1
8	1

B besteht aus	
Sach-Nr	Menge
2	5
5	2

C besteht aus	
Sach-Nr	Menge
9	1
10	3
6	2

4 besteht aus	
Sach-Nr	Menge
11	1

6 besteht aus	
Sach-Nr	Menge
11	1

8 besteht aus	
Sach-Nr	Menge
12	1

9 besteht aus	
Sach-Nr	Menge
13	1

□ Gruppe, Erzeugnis
○ Einzelteil
◌ Halbzeug
( ) Mengenangabe auf der Stückliste

© IFA D4429

Bild 4.14 Schema einer Baukastenstückliste (DIN 199)

der Strukturstückliste als auch waagerecht Ebene für Ebene durchlaufen werden kann. Dies ist insbesondere wichtig bei der Bedarfsermittlung durch eine automatische Stücklistenauflösung (s. auch Abschnitt 6.7.2 „Bruttobedarfsermittlung"). Aus diesem Grund hat sich die Baukasten-Stückliste bei industriellen Erzeugnissen, wie sie typisch für den Maschinenbau, den Automobilbau und die Feinwerktechnik ist, trotz des vergleichsweise großen Umfanges und der daraus resultierenden erschwerten Übersicht weitgehend durchgesetzt und wird als Standardprogramm von zahlreichen Herstellern angeboten. Vorteilhaft ist noch, dass aus der Baukasten-Stückliste automatisch die beiden anderen Stücklistenarten ableitbar sind.

Neben diesen drei Grundformen existiert noch die Mischform *Baukastenstrukturstückliste*, die im Prinzip eine Struktur-Stückliste darstellt. Einige Nachteile der Stücklistengrundformen lassen sich durch diese Mischform vermeiden. So ist es z. B. nicht zweckmäßig, die Baukastengliederung weiterzutreiben, als dies für den Zusammenbau, die Wiederverwendung oder die Lagerhaltung notwendig ist. Einfache Strukturteile können dann in Mengenübersichtsform dargestellt werden [Refa91]. Die Baukastenstruktur-Stückliste greift so bei Wiederholbaugruppen auf das Prinzip der Baukasten-Stückliste zurück, indem in der Struktur-Stückliste auf eine separate Stückliste für Wiederholbaugruppen verwiesen wird.

Eine besondere Bedeutung haben noch die Stücklisten für Varianten-Erzeugnisse, wie sie heute vom Markt immer stärker gefordert werden. Varianten-Erzeugnisse unterscheiden sich oft nur in wenigen Einzelteilen voneinander. Zur Erweiterung des Aufbaus von Stücklisten zur Erfassung von Varianten haben sich daher die *Varianten-Stückliste* (oder auch *Typen-Stückliste*) und die *Auswahl-Stückliste* (oder auch *Komplex-Stückliste*) als eigenständige Stücklistenformen herausgebildet. Zur Darstellung von Varianten ist die Grund-Stückliste (Stückliste für die Grundausführung eines Gegenstandes) und die für Varianten erforderliche zusätzliche Plus-Minus-Stückliste zu addieren [DIN77, Refa91].

Die einfachste Möglichkeit, Varianten zu erfassen, ist durch die *Auswahl-Stückliste* gegeben. Dabei werden die verschiedenen Ausführungen einer Position untereinander in der Stückliste aufgeführt, sodass die Stückliste dann mehr Teile enthält, als für den Zusammenbau einer Variante erforderlich sind. In einer solchen Stückliste können in komplexer Form alle Varianten dargestellt werden, weshalb diese Stückliste auch *Komplex-Stückliste* genannt wird. Um eine konkrete Variante bauen zu können, müssen die Teile gekennzeichnet werden, die ausgewählt werden sollen. Bei mehreren variierenden Teilen ist aus der Auswahlstückliste jedoch nicht zu erkennen, welche Kombinationen zulässig oder möglich sind [Refa91].

Die *Varianten-Stückliste* oder *Typen-Stückliste* ist nach [DIN77] eine Zusammenfassung mehrerer Stücklisten auf einem Dokument, um verschiedene Gegenstände mit einem in der Regel hohen Anteil identischer Bestandteile gemeinsam aufführen zu können. Bild 4.15 zeigt ein einfaches Beispiel einer solchen Stücklistenform. Das Erzeugnis V kann in den Elementen B und 3 nach der Art (B1 oder B2) bzw. (31 oder 32) und Menge (1 oder 2) variieren. In der *Variantenliste*, die nicht mit der Varianten-Stückliste zu verwechseln ist, wird zunächst die Art der Varianten durch Beschreibung der variierenden Elemente nach Art und Menge festgelegt. Aus der Erzeugnisstruktur (links oben in Bild 4.15) und der Variantenliste (links unten in Bild 4.15) entwickelt sich dann die Varianten-Stückliste, die in ihrem oberen Teil die Gleichteile aufführt (auch als separate Liste denkbar) und im Variantenteil die variierbaren Elemente den konkreten Varianten V 1 bis V 4 zuordnet.

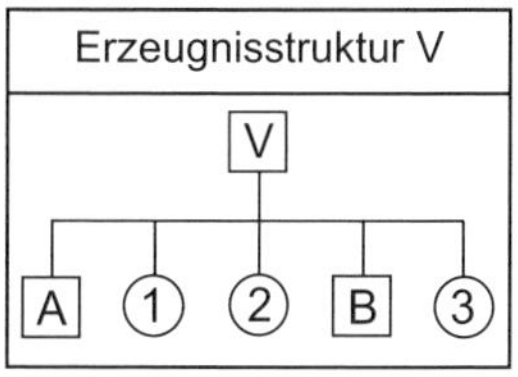

Variantenliste Erzeugnis V			
lfd. Nr.	Ident-Nr.	Var. B	Var. 3
1	V1	1 x B1	2 x 31
2	V2	1 x B1	1 x 32
3	V3	1 x B2	1 x 32
4	V4	2 x B1	1 x 32

Varianten- oder Typenstückliste Erzeugnis V						
lfd. Nr.	Pos.	Ident Nr.	Mengen für Variante V1	V2	V3	V4
1	1	A	1	1	1	1
2	2	1	4	4	4	4
3	3	2	4	4	4	4
4	4	B1	1	1	-	2
5	4	B2	-	-	1	-
6	5	31	2	-	-	-
7	5	32	-	1	1	1

© IFA D4434

Bild 4.15 Entwicklung einer Varianten- bzw. Typenstückliste (nach [Refa91])

Die nachfolgenden oben schon erwähnten beiden Formen der Variantendarstellung unterscheiden sich wesentlich von den bisherigen Stücklisten: Mindestens zwei Listen gehören zusammen, um eine Gruppe montieren zu können. Eine Möglichkeit ergibt sich aus *Plus-Minus-Stücklisten*, die sich auf die Grund-Stückliste bezieht [Refa91]. Nach [DIN77] ist eine Plus-Minus-Stückliste eine Stückliste, in der unter Bezug auf eine andere Stückliste die hinzukommenden und/oder entfallenden Gegenstände aufgeführt sind. Diese Stücklistenform ist die am meisten verbreitete, vor allem in der Einzel- und Kleinserienfertigung.

Ebenfalls im Zusammenwirken zweier Listen entsteht eine Erzeugnisvariante mit Gleichteilelisten. Eine *Gleichteileliste* enthält alle Gegenstände, die mit gleicher Sachnummer und gleicher Menge in mehreren Varianten vorkommen [DIN77]. Für eine bestimmte Variante enthält deren Stückliste dann die Position „Gleichteile“ und die Unterschiedsteile, die diese Variante bestimmen [Refa91].

4.3.3 Verwendungsnachweis

Der Verwendungsnachweis dient verschiedenen Unternehmensbereichen dazu, die Verwendung eines bestimmten Teiles oder einer Baugruppe in verschiedenen Baugruppen bzw. Erzeugnissen in Form einer Liste zu erkennen. In erster Linie interessiert sich die Konstruktionsabteilung von Serienerzeugnissen im Falle von Änderungen für einen raschen und lückenlosen Nachweis, insbesondere wenn sich bei funktionswichtigen Teilen nach Anlauf und Auslieferung einer neuen Produktgeneration Mängel herausstellen. Eine weitere wichtige Anwendung liegt im Beschaffungsbereich beim Mengenverwendungsnachweis vor, wenn bei der Disposition und Beschaffung im Fall von ungeplantem Ausschuss oder größeren Lieferverzögerungen zu entscheiden ist, welche Aufträge mit welchen Mengen betroffen sind und welche Prioritäten für die Beseitigung des Lieferengpasses zu setzen sind. Schließlich führt auch die Normenstelle periodisch einen Verwendungsnachweis für Normteile und Werkstoffe, um ein unnötiges Ausufern dieser Positionen zu vermeiden und so die Lieferbereitschaft des Lagers sowie die Kapitalbindung zu verbessern.

Die bei den Stücklisten erwähnten Grundformen sind sinngemäß auch beim Verwendungsnachweis anzutreffen. Bild 4.16 führt den *Mengenverwendungsnachweis* (entweder aufzählend je Stufe oder nur auf das Gesamterzeugnis bezogen), den *Strukturverwendungsnachweis* und den *Baukastenverwendungsnachweis* am Beispiel des Teiles 1 auf, welches mehrfach in den Erzeugnissen I und II enthalten ist. Derartige Verwendungsnachweise sind wegen des Aufwandes überwiegend bei maschineller Stücklistenspeicherung und -verarbeitung anzutreffen und gehören zum Standardumfang von Stücklistenprozessoren [Mer13, Gru95].

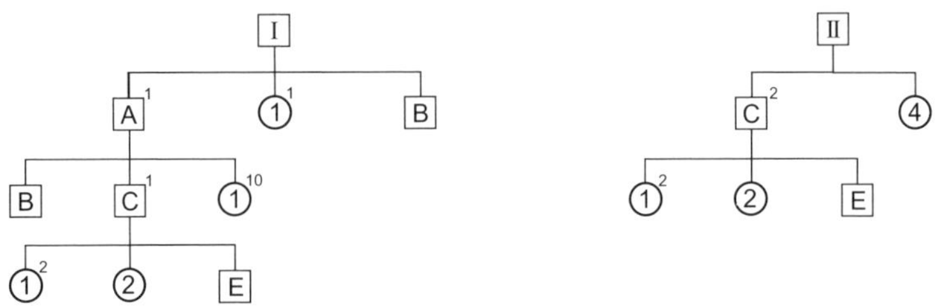

Teil 1		
lfd. Nr.	Menge	Ident Nr.
1	2	C
2	12	A
3	13	I
4	4	II

Mengenverwendungsnachweis aufzählend

Teil 1		
lfd. Nr.	Menge	Ident Nr.
1	13	I
2	4	II

Mengenverwendungsnachweis erzeugnisbezogen

Teil 1		
lfd. Nr.	Menge	Ident Nr.
1	2	C
2	2	A
3	2	→ I
4	4	→ II
5	10	A
6	10	→ I
7	1	I

Strukturverwendungsnachweis

Teil 1		
lfd. Nr.	Menge	Ident Nr.
1	2	C
2	10	A
3	1	I

Baukastenverwendungsnachweis

© IFA D4431

Bild 4.16 Verkürzte Strukturen der Erzeugnisse I und II und dazugehörige Verwendungsnachweise (Gerlach)

4.4 Nummernsysteme

4.4.1 Aufgaben, Arten und Struktur von Nummernsystemen

Die Dokumentation eines Produktes in Form von Zeichnungen und Stücklisten erzeugt eine Vielfalt von Unterlagen, die nach einer bestimmten Ordnung abzulegen sind. Um eine Vorstellung vom Umfang der Auftragsunterlagen eines großen Produktes zu vermitteln, wird in Bild 4.17 das Ergebnis einer Auswertung der Auftragsunterlagen einer großen Anlage gezeigt. Die in 86 Haupt- und 263 Unterbaugruppen gegliederte Papiermaschine enthält 10 950 Stücklistenpositionen, von denen 4500 als Fertigteile bzw. -gruppen zugekauft und 6450 im Unternehmen gefertigt wurden. Zur Abwicklung waren ca. 7000 Zeichnungen und ca. 1500 Blatt Stücklisten erforderlich. Diese waren wiederum Ausgangsbasis für ca. 6700 Arbeitspläne, ca. 11 500 Einzellohnbelege (ein großer Teil der Arbeiten wurde im Zeitlohn abgerechnet) und ca. 8600 Materialentnahmebelege. Dieses Beispiel liegt sicher an der oberen Grenze des Positionsumfanges für ein Maschinenbauprodukt, jedoch sind 2000 bis 4000 Positionen in komplexen Erzeugnissen keine Seltenheit. Bedenkt man weiterhin, dass ein Unternehmen meist gleichzeitig eine größere Anzahl verschiedener Produkte in zahlreichen Varianten fertigt und dass darüber hinaus die Unterlagen abgewickelter Aufträge für mindestens 10, manchmal bis zu 30 Jahre verfügbar sein müssen, wird schnell deutlich, dass gerade auch bei Einsatz der elektronischen Datenverarbeitung eindeutige Regeln zur Schaffung und Aufrechterhaltung der gewünschten Ordnung erforderlich sind.

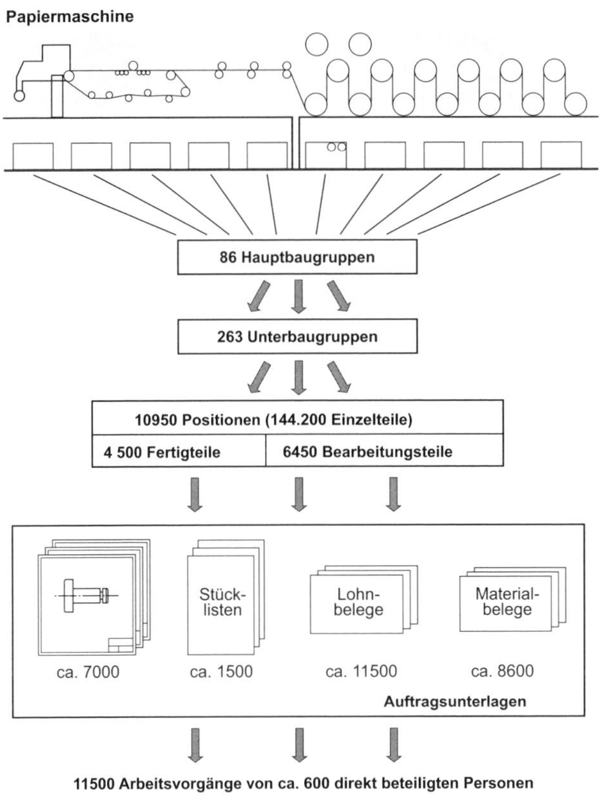

© IFA D4315

Bild 4.17 Umfang eines Kundenauftrages (Sulzer Escher-Wyss)

In der Praxis wurden schon früh Ordnungssysteme entwickelt, die auf der Verwendung von Ziffern und Zeichen basierten. So beschriftete man Zeichnungen entweder mit einer laufenden Nummer, die in der Reihenfolge ihrer Entstehung in einem Zeichnungsnummernbuch eingetragen wurden, oder man versuchte, mit entsprechenden Schlüsselnummern die Herkunft des Teils zu verdeutlichen. Mit dem immer größer werdenden Umfang der Archive und der stärkeren Verflechtung der Industriezweige wurde auch hier eine einheitliche Sprachregelung erforderlich, die in DIN 6763 (Nummerung, Grundbegriffe) festgelegt ist [DIN85]. Diese Norm unterscheidet zunächst je nach Art der verwendeten Zeichen numerische Nummern als Folge von Ziffern, alphanumerische Nummern als Folge von Buchstaben und Dezimal-Ziffern sowie Alpha-Nummern als Folge von Buchstaben und ggf. von Sonderzeichen. Eine nach bestimmten Gesichtspunkten gegliederte Zusammenfassung von Nummern oder Nummernteilen wird einschließlich der Erläuterung ihres Aufbaus als *Nummernsystem* bezeichnet. Statt Nummernsystem sind auch die Begriffe *Nummerungssystem* oder *Schlüsselsystem* anzutreffen.

In der industriellen Praxis haben sich zwei grundlegend unterschiedliche Aufgaben von Nummern herausgebildet, die als Identifizieren und Klassifizieren bezeichnet werden.

Identifizieren ist nach DIN 6763 [DIN85] das „eindeutige und unverwechselbare Erkennen eines Gegenstandes anhand von Merkmalen (Identifizierungsmerkmalen) mit der für den jeweiligen Zweck festgelegten Genauigkeit“. Im Unterschied dazu ist das *Benummern* das Zuordnen einer Nummer zu einem Nummerungsobjekt [DIN85]. Eine Nummer mit dieser identifizierenden Eigenschaft heißt *Identifizierungsnummer*, auch *Identnummer* oder *Identifikationsnummer*.

Wichtig für den Bereich der industriellen Produktion ist dabei, dass das identifizierte Nummerungsobjekt auch eine Gruppe von Nummerungsobjekten umfassen kann, die innerhalb festgelegter Toleranzen gleich, also austauschbar sind, wie z. B. Schrauben, Federn, Normmotoren usw. Will man demgegenüber für bestimmte Zwecke mehrere in diesem Sinne identische Objekte voneinander unterscheiden, wie z. B. Kraftfahrzeugmotoren, Druck-Kessel oder Werkzeugmaschinen derselben Serie, so spricht man nicht mehr von einer Identnummer, sondern von einer *Seriennummer*, *Inventarnummer* oder *Fabriknummer*, die mit dem Objekt untrennbar verbunden ist, z. B. durch Anbringen eines Typenschildes, welches u. a. diese Nummer trägt. Seriennummern dienen insbesondere zur genauen Rückverfolgung eines Produktes z. B. im Fall eines Rückrufs.

Klassifizieren ist nach DIN 6763 „das Bilden von Klassen und/oder Klassifikationssystemen (ein Ordnungsschema für Klassen) bzw. Klassifikationsnummernsystemen“. Ein *Klassifikationsnummernsystem* ist wiederum ein Klassifikationssystem, dessen Klassen durch Kennungen bezeichnet werden [DIN85]. Die zugehörige Nummer heißt *Klassifikationsnummer*. Objekte mit derselben Klassifikationsnummer sind nur gleich in Bezug auf die beschriebenen Merkmale und daher in der Regel nicht identisch.

Neben dem Identifizieren und Klassifizieren können Nummern auch informierende und kontrollierende Aufgaben wahrnehmen. Eine Nummer ist informierend, wenn sie eine Aussage mit Hilfe unverschlüsselter Merkmale erlaubt. Derartige Informationsnummern werden auch als *sprechende Nummern* bezeichnet. Als Beispiele können Papierformate, Autokennzeichen und Konfektionsgrößen gelten. Wegen der Beschränkung auf ein begrenztes Begriffsspektrum – es besteht die Gefahr des „Platzens“, d. h., die Anzahl der zu erfassenden Objekte übersteigt die Kapazität des Nummernschlüssels [Sta95] – und wegen der Gefahr von Unklarheiten sind solche Nummern zur Verwendung in einem betrieblichen Nummernsystem nicht geeignet.

Die Wirksamkeit und Lebensdauer eines Nummernsystems hängen wesentlich von seiner Struktur ab. Die folgenden Fragen sind daher vor Festlegung der Struktur zu klären [Wie79]:

1. Welche Objekte und welche Merkmale dieser Objekte sollen benummert werden? Dies setzt eine Analyse der Zielsetzungen, Benutzer, Datenträger und Verarbeitungsvorgänge voraus, bei denen die zu benummernden Objekte auftreten.

2. Welche Art von Merkmalen ist zu verschlüsseln? Zu unterscheiden ist zwischen diskreten Merkmalen, die nur in festliegenden (diskreten) Sprüngen auftreten, wie z. B. DIN-Papierformate, Mengeneinheiten m, m^2, kg, Stück, und kontinuierlichen Merkmalen, die in Klassen einzuteilen sind, wie z. B. Länge, Gewicht oder Hubraum. In Sonderfällen verschlüsselt man kontinuierliche Größen auch exakt, wie z. B. eine Länge in mm. Man spricht dann aber nicht von Klassifizieren, sondern von *Verschlüsseln*.

3. Wie viel Positionen oder Klassen soll ein Merkmal umfassen, d. h. mit welcher Genauigkeit soll es unterschieden werden? Mit den Ziffern 0 bis 9 lassen sich 10 Positionen je Stelle verschlüsseln, bei Verwendung von Buchstaben sind es 26. Reicht auch dies nicht aus, sind gegebenenfalls mehrere Stellen für das Merkmal vorzusehen.

4. Wie sind die Merkmale miteinander verknüpft? Grundsätzlich können Merkmale voneinander abhängig oder voneinander unabhängig sein. Im Fall der Abhängigkeit spricht man von verknüpften oder verbundenen Merkmalen; das Nummernsystem verzweigt sich gewissermaßen an dieser Stelle. Derartige Systeme heißen *verzweigte, hierarchische* oder *Verbundnummernsysteme*. Sind die Merkmale voneinander unabhängig, spricht man von einer *parallelen* oder *unabhängigen Benummerung* der Merkmale.

Grundsätzlich sollen folgende Anforderungen, basierend auf den oben aufgelisteten Fragen, bei der Gestaltung eines Nummernsystems Berücksichtigung finden [Sta95]:

- ein formaler und einheitlicher Aufbau für alle Abteilungen;
- möglichst geringe Anzahl an Stellen;
- eindeutige Identifizierung von Teilen und Unterlagen;
- Möglichkeit zur EDV-gestützten Ähnlich- und Wiederholteilsuche;
- Erweiterbarkeit der Identifizierung und Klassifikation;
- Möglichkeit der automatischen Fehlervermeidung bei der EDV-Eingabe (vergl. Prüfkennziffer in Abschnitt 4.4.2 Sachnummerung).

Die Darstellung von Nummernsystemen erfolgt in einem *Nummernschema*, Bild 4.18. Daraus geht der formale Aufbau, die Anzahl der Nummernstellen, die Untergliederung in Nummernteile und die für die Stellenbelegung zugelassenen Zeichen (Ziffer, Buchstabe) hervor [DIN85].

Pro Stelle der Nummer verwendet man ein Quadrat. Benötigt ein Merkmal, ein Nummernteil oder eine Nummer mehrere Stellen, fügt man entsprechend viele Quadrate aneinander. Die je Stelle verwendeten Zeichen lassen sich durch B (Buchstabe), Z (Ziffer) oder S (Sonderzeichen) kennzeichnen. Sonderzeichen im Sinne der Nummerung sind laut DIN 6763 „alle Nummernzeichen, die nicht Buchstaben oder Ziffern sind". Auch das Leerzeichen („Blank") ist ein Sonderzeichen. Wie ein Nummernteil vom nächsten Nummernteil abhängt, lässt sich symbolisch durch < (verzweigt) oder = (parallel) charakterisieren. Da ein verzweigtes Nummernsystem nicht in allen Teilen gleich aufgebaut sein muss, stellt man gegebenenfalls den Aufbau in mehreren Stufen dar.

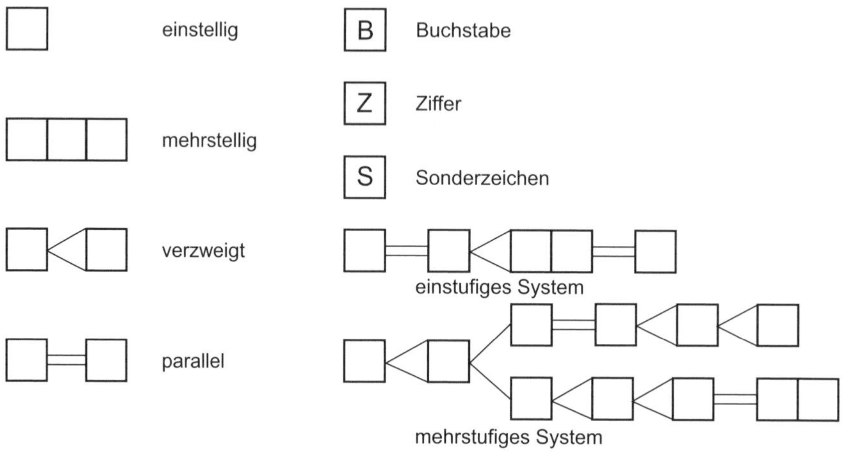

© IFA D4438

Bild 4.18 Symbole zur Darstellung von Nummernsystemen

4.4.2 Sachnummerung

Neben der nummerungstechnischen Unterscheidung von Nummern nach identifizierender und klassifizierender Eigenschaft sowie nach der Art der Verknüpfung ist ein weiteres wichtiges Unterscheidungsmerkmal die Unabhängigkeit bzw. Abhängigkeit von einem Auftrag (Bild 4.19).

	auftragsunabhängig	**auftragsabhängig**
identifizierend	Teilenummer Erzeugnisnummer Betriebsmittelnummer	Auftragsnummer Kundennummer
klassifizierend	Teileart Erzeugnisgruppe Gruppenart	Auftragsart Bezugsart
	Beispiele	

© IFA D4357

Bild 4.19 Eigenschaften eines betrieblichen Nummernsystems

Die *auftragsabhängigen Nummern* beschreiben die nur für einen bestimmten Auftrag gültigen Merkmale, wie Auftragsnummer, Auftragsart, Kunde, Termin usw. Demgegenüber beschreiben die *auftragsunabhängigen Nummern* die Erzeugnisse auftragsunabhängig mit den darin enthaltenen Baugruppen und den in den Baugruppen enthaltenen Teilen. Auch die zur Herstellung notwendigen Ausgangsstoffe, wie Rohteile, Halbzeuge, Hilfs- und

Betriebsstoffe, sowie die erforderlichen Betriebsmittel, wie Schweißanlagen, Werkzeugmaschinen und Montageplätze, sind auftragsunabhängig. Wegen der großen Menge speziell an auftragsunabhängigen Daten fasst man sie meist in einem eigenständigen Nummernbereich zusammen, der als *Sachnummerung* bezeichnet wird, während man die zugehörigen Daten häufig als *Stammdaten* bezeichnet.

In Produktionsunternehmen sind für Sachnummern die in Bild 4.20 beschriebenen Nummernsysteme *(systematische und systemfreie Nummernsysteme)* üblich.

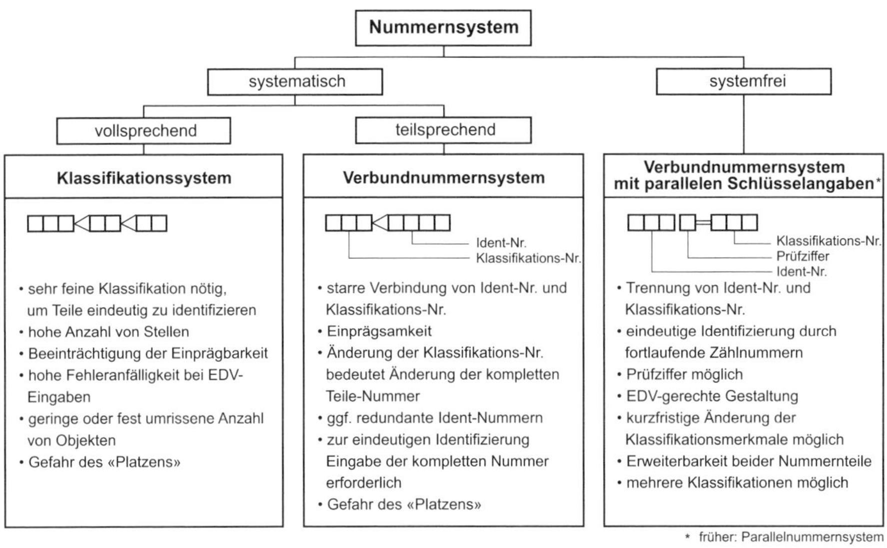

© IFA D4437

Bild 4.20 Prinzipieller Aufbau von Nummernsystemen (nach [Sta95])

Beim *systematisch, teilsprechenden Verbundnummernsystem* handelt es sich um ein System, dessen Nummern aus starr verbundenen, klassifizierenden und zählenden Nummernteilen bestehen, wobei die zählenden von den klassifizierenden Nummernteilen abhängen [DIN85]. Das Verbundnummernsystem mit Parallelschlüssel enthält zusätzlich ein sogenanntes *Prüfzeichen*. Prüfzeichen sind immer dann erforderlich, wenn die Richtigkeit einer eingegebenen Nummer von Bedeutung ist, wie z.B. bei Kundennummern, Bankkonten, Lagerartikeln usw. Die Kontrollfunktion des Prüfzeichens wird meist aus der Nummer selbst gebildet, z.B. die Summe aller verwendeten Ziffern einer Nummer [Gru87, Gru89]. Bild 4.21 zeigt im oberen Bildteil das Nummernschema eines typischen Verbund-Nummernsystems unter Verwendung der in Bild 4.18 erläuterten Symbole. Im unteren Teil des Bildes ist ein Einzelteil nach diesem Schema benummert.

Aus dem Beispiel der Verbundnummer des in Bild 4.21 verschlüsselten Bolzens wird deutlich:

- Die gesamte zehnstellige Sachnummer identifiziert das Teil.
- Aus der Nummer ist die hierarchische Einordnung des Bolzens in ein bestimmtes Pro-

dukt ersichtlich; es wird jedoch keine Aussage über das Teil selbst gemacht (z. B. Form, Abmessung oder Werkstoff).

Das identische Teil erhielte bei Verwendung in einem anderen Erzeugnis oder auch nur einer anderen Baugruppe eine andere Sachnummer. Gleiche oder ähnliche Teile in anderen Baugruppen oder Produkten sind daher mit der Nummer nicht zusammenzufinden.

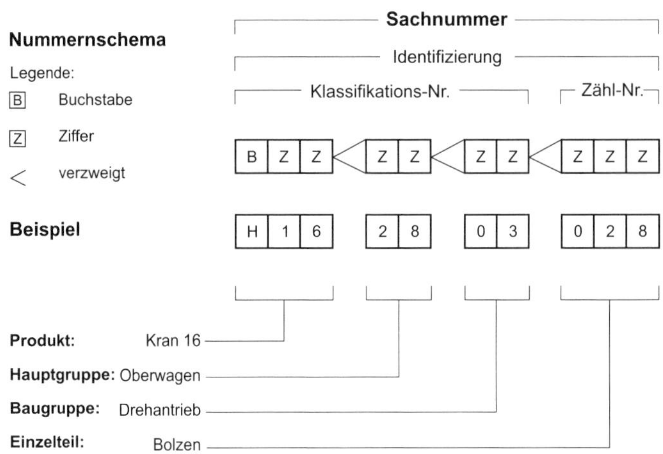

© IFA D4439

Bild 4.21 Sachnummer als systemfreies Verbundnummernsystem (Nummernschema mit Beispiel)

Im *systemfreien Verbundnummernsystem* (vergl. Bild 4.20) wird strikt zwischen Identifizierung und Klassifikation getrennt. Der Identifizierungsnummer werden eine oder mehrere - von dieser unabhängige - Klassifikationsnummern aus eigenständigen Nummernsystemen zugeordnet. Bild 4.22 zeigt hierzu als Beispiel das Nummernschema eines Maschinenbaukonzerns [Opi71].

Man erkennt die beiden Nummernteile Identifizierung und Klassifikation. Die Identifizierung erfolgt mit Hilfe einer sechsstelligen Zählnummer und einem davon abhängigen zweistelligen sogenannten Vergabebereich, der die dezentrale Belegung von Nummernteilen in den verschiedenen Gesellschaften des Konzerns ermöglicht. Da die Zählnummer vor dem Vergabebereich steht, kann sie in jedem Unternehmensbereich ungehindert wachsen.

Mit der Identnummer ist es möglich, nicht nur das Teil selbst, sondern alle im Zusammenhang damit stehenden Unterlagen, wie Zeichnungen, Stücklisten und Arbeitspläne, zu kennzeichnen. Die jeweils benötigten Zusatzinformationen, wie z. B. Zeichnungsformat, Änderungsindex oder Arbeitsplanart, werden auf den entsprechenden Unterlagen parallel angefügt bzw. sind im PDM-System hinterlegt.

Die Klassifikation besteht in diesem System aus den zwei voneinander abhängigen Nummernteilen Kennzahl und Feinklassifikation. Mit der Kennzahl, deren 1. Stelle komplett und deren 2. Stelle auszugsweise für die Sachgruppe „Einzelteil" in das Bild 4.22 eingefügt worden ist, wird eine Grobklassifikation des gesamten auftragsunabhängigen Sachspektrums angestrebt. Jeder Sachgruppe ist ein eigenständiges Klassifikationssystem angefügt.

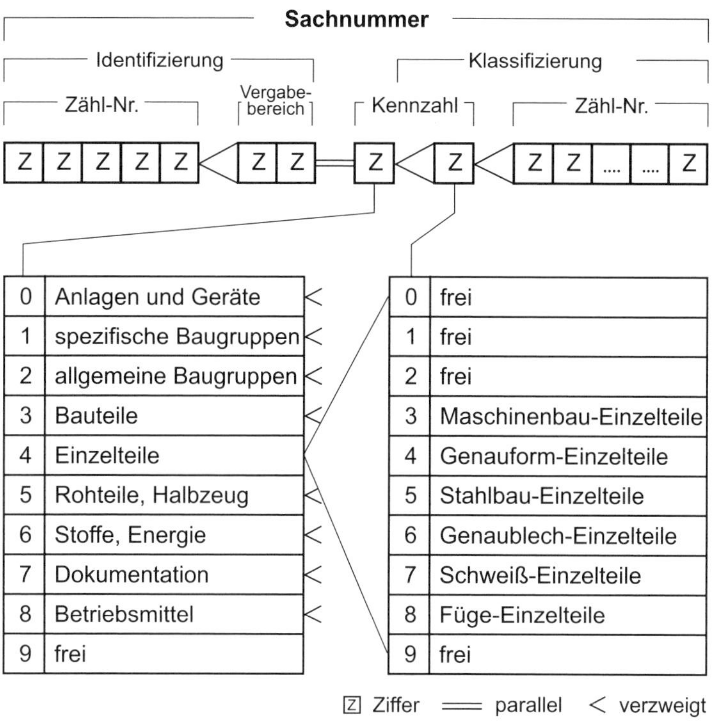

Bild 4.22 Aufbau eines Sachnummernsystems mit Parallelverschlüsselung und einem Auszug aus der Kennzahl (Grobklassifikation) (WZL-DEMAG)

© IFA D4440

In dem hier dargestellten System besteht dieses Klassifizieren jedoch nicht mehr aus einer Beschreibung der Verwendung, sondern in einer Charakterisierung der für diese Sachgruppe wesentlichen Merkmale. Bei Einzelteilen sind diese Merkmale beispielsweise Form, Abmessung und Werkstoff, bei Baugruppen Funktion, Leistung, Platzbedarf usw. Die Anwendung dieser Klassifikationssysteme besteht darin, durch Zusammenfinden von ähnlichen Sachgruppen in der Fertigung Teilefamilien zu bilden, in der Produktgestaltung Wiederholteilkataloge und Standardteile zu entwickeln, in der Arbeitsplanung Standardarbeitspläne aufzubauen und im Fertigungsbereich Fertigungsinseln, -zellen oder -linien zu gestalten [Opi71, Dir74].

Die Ausführungen zum systemfreien Verbundnummernsystem lassen erkennen:

- Identnummer und Klassifikationsnummer sind unabhängig voneinander und lassen sich daher auch unabhängig voneinander ändern. Ein „Platzen" des Systems ist nun nicht mehr dadurch möglich, dass die Zählnummer größer als die geplante Stellenzahl wird.
- Die Stellenzahl des systemfreien Verbundnummernsystems ist bei gleicher Aussage zwangsläufig größer als bei einem Verbund-Nummernsystem.
- Die Zuordnung eines Einzelteils oder einer Baugruppe zu einem Erzeugnis ist nicht mehr ersichtlich, sie ist nur mit Hilfe des Verwendungsnachweises im Rahmen der Stücklistenorganisation möglich.

Welchem System im Einzelfall der Vorzug zu geben ist, ist nicht immer eindeutig zu sagen. Für das Verbundnummernsystem mit paralleler Klassifikation spricht die klare Trennung und damit unabhängige Änderungsmöglichkeit von Identifizierung und Klassifikation. Nachteilig kann sich dagegen eine zu große Stellenzahl der Nummer für die praktische Handhabung auswirken. Der Aufwand für die Entwicklung, Einführung und Handhabung der einzelnen Klassifikationssysteme kann beträchtlich sein. Das teilsprechende Verbundnummernsystem ist demgegenüber meist organisch gewachsen, im ganzen Unternehmen seit Generationen bekannt, kürzer und damit leichter zu merken.

Bei Einführung einer neuen Betriebssoftware zeigt sich aber vielfach, dass ein in Teilen sprechendes Verbundnummernsystem den Anforderungen der Zukunft nicht mehr gewachsen ist. Nur wenn dies eindeutig feststeht, sollte man den Schritt zu einem neuen Nummernsystem tun, da es sich um eine kostspielige, langwierige und komplexe Aufgabe handelt, deren Auswirkungen häufig unterschätzt werden. Eine praktische Lösung des Problems besteht vielfach darin, dass man die alte Sachnummer einfach komplett übernimmt und eine neue Zählnummer als Identnummer parallel anfügt.

4.5 Gruppentechnologie und Klassifikationssysteme

Um die Vorteile einer Serienfertigung auch in Unternehmen der Einzel- und Kleinserienfertigung zu nutzen, entstand der Gedanke, die Teilevielfalt in einem Unternehmen überschaubar zu machen. Mitrofanow prägte hierfür den Begriff Gruppentechnologie [Mit60]. Untersuchungen Mitte der 1960er-Jahre zeigten, dass in jedem scheinbar noch so heterogenen Teilespektrum Gruppen geometrisch ähnlicher Teile anzutreffen sind. Sie verursachen zwar nur etwa 20 bis 30% der Herstellkosten der zugehörigen Produkte, liegen zahlenmäßig jedoch bei etwa 70% aller Teile eines Produktes [Opi67, Arn75].

Voraussetzung zum Auffinden der Teilegruppen ist ein geeignetes Klassifikationssystem. Die generelle Zielsetzung einer Werkstückklassifikation liegt im Aufzeigen der konstruktiven und fertigungstechnischen Ähnlichkeit von Werkstücken. Damit wird in der Konstruktion und Produktion die Voraussetzung für eine Reduktion der Teilevielfalt und das Vereinfachen von Abläufen geschaffen. Im Einzelnen berührt diese Zielsetzung folgende Aufgaben:

In der *Produktgestaltung* soll neben der Wiederverwendung von Teilen die Vereinheitlichung ganzer Teile oder wesentlicher Formelemente erreicht werden. Damit zielt man neben der Reduzierung und Beschleunigung der Detailkonstruktion besonders auf das Einsparen kostspieliger Sonderwerkzeuge, Vorrichtungen, Lehren und Messmittel. Wie die Erfahrungen mit dem rechnerunterstützten Konstruieren gezeigt haben, ist diese Standardisierung auch eine wichtige Voraussetzung für einen rationellen CAD-Einsatz.

Ähnlich wie in der Produktgestaltung besteht in der *Arbeitsplanung* die Zielsetzung einer Werkstücksystematik im raschen Auffinden der Arbeitspläne ähnlicher Werkstücke und im Aufbau von Standard-Arbeitsplänen. Der Ansatz lässt sich auch auf den Aufbau von Zeitrichtwerten für Teilegruppen sowie auf Standardprogramme für numerisch gesteuerter Werkzeugmaschinen anwenden.

Fertigungstechnisch ähnliche Teilegruppen dienen in der *Arbeitssteuerung* zur Einsparung von Rüstzeiten, indem sogenannte Ablauffamilien an einem Arbeitsplatz gebildet werden, die zum Teil gleiche Werkzeuge und Spanmittel erfordern. Eine Durchlaufzeitverkürzung ist dann zu erreichen, wenn die Arbeitsplätze so angeordnet sind, dass alle Arbeitsoperationen für eine Teilegruppe in einem Verantwortungsbereich möglich sind (Fertigungszelle oder Inselfertigung). Insofern unterstützt die Gruppentechnologie auch ganz wesentlich die Segmentbildung. Unter Fertigungssegmenten werden Organisationseinheiten der Produktion zusammengefasst, die mehrere Stufen der logistischen Kette eines Produktes umfassen und mit denen eine spezifische Wettbewerbsstrategie verfolgt wird (vergl. Abschnitt 2.3).

Schließlich eröffnet die Werkstücksystematik auch neue Möglichkeiten der *Investitionsplanung*. So erfordert erfahrungsgemäß die Aufbereitung der Ausgangsdaten zur Bestimmung der notwendigen Werkzeugmaschinen und anderen Betriebsmitteln zwei Drittel des gesamten Planungsaufwandes, der durch repräsentative Teilespektren wesentlich reduziert werden kann. Wenn sich darüber hinaus genügend Teilegruppen mit großer fertigungstechnischer Ähnlichkeit herausstellen, sind auch in der Einzel- und Kleinserienfertigung die bereits erwähnten Organisationstypen der gruppentechnologischen Fertigungssysteme möglich. Voraussetzung für die gesamte Werkstücksystematik sind zunächst geeignete Klassifikationssysteme, die eine Quantifizierung der Ähnlichkeit ermöglichen.

Zur Auswertung eines Werkstückspektrums sind je nach Aufgabenstellung unterschiedliche Merkmale zu klassifizieren. Von der Produktgestaltung her interessieren mehr konstruktive Merkmale, wie Funktion, Formelemente, Abmessungen und Werkstoff, während für die Fertigung eher die zur Herstellung erforderlichen Verfahren, Zerspanungseigenschaften, Maß- und Formtoleranzen, Oberflächengüten usw. bekannt sein müssen.

Aus diesem Grund sind für die Klassifikation von Einzelteilen mehr als vierzig Klassifikationssysteme entwickelt worden [Kun81]. Dennoch existiert bis heute kein universales System. Vielmehr hat sich weitgehend die Betrachtungsweise durchgesetzt, dass man zunächst mit einem möglichst einfachen System beginnen sollte, das mit einem vertretbaren Klassifikationsaufwand Häufungen ähnlicher Werkstücke erkennen lässt und damit die Ausgangslage für weiter gehende Rationalisierungsmaßnahmen schafft. Erst dann ist gegebenenfalls die Entwicklung eines unternehmensspezifischen Systems zu empfehlen.

Das bekannteste Klassifikationssystem für Maschinenbau-Einzelteile wurde vom Laboratorium für Werkzeugmaschinen und Betriebslehre an der Technischen Hochschule Aachen entwickelt und wurde in seiner Originalform oder in mehr oder weniger starken Abwandlungen in zahlreichen Unternehmen des In- und Auslandes angewendet [Opi67].

Den Aufbau dieses *Systems Opitz* zeigt Bild 4.23. Es baut auf einer Formbeschreibung der Teile auf, ist produktunabhängig und beschränkt sich auf mechanisch bearbeitete Teile. Es besteht aus einem fünfstelligen *Formenschlüssel* und einem vierstelligen *Ergänzungsschlüssel*. Der Formenschlüssel beschreibt die Geometrie mit ihren wesentlichen Elementen, der Ergänzungsschlüssel die Abmessungen, den Werkstoff, die Ausgangsform des Rohteils und die höchste vorkommende Genauigkeit.

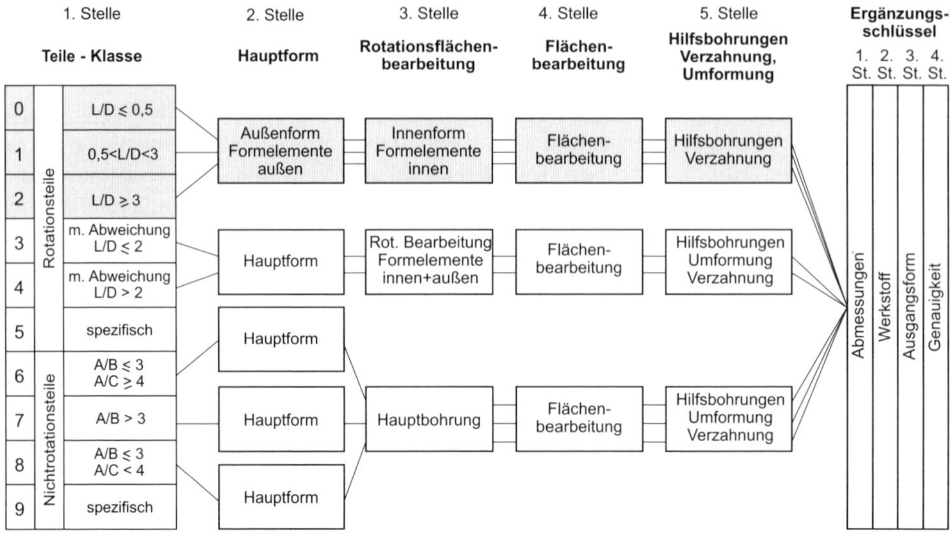

© IFA D4491

Bild 4.23 Aufbau des Opitz-Klassifikationssystems für Maschinenbau-Einzelteile

Bild 4.24 zeigt ein Drehteil, welches nach dem Opitz-System verschlüsselt ist. Mit der ersten Stelle, der Teileklasse, wird die relativ grobe Aussage gemacht, dass es sich um ein Rotationsteil mit einem Verhältnis der Länge (L) zum Durchmesser (D) zwischen 0,5 und 3 handelt. In der zweiten Stelle wird die Außenform beschrieben. Aus der 2 in dieser Stelle lässt sich die Aussage entnehmen, dass es sich entweder um eine einseitig steigende oder eine glatte Außenform mit Gewinde handelt.

In der dritten Stelle wird die Innenform angesprochen, in diesem Fall also die abgesetzte Bohrung durch die 1 mit der Aussage „glatt oder einseitig steigend ohne Formelemente". Die vierte Stelle charakterisiert eine Flächenbearbeitung. Hier sagt die 3 aus, dass das Rotationsteil eine Nut und/oder einen Schlitz aufweist. Mit der fünften Stelle werden schließlich Bohrungen und Verzahnungen angesprochen. Die 2 sagt bei diesem Teil aus, dass es keine Verzahnung hat und axial angeordnete Hilfsbohrungen mit Teilung enthält.

Die Beschreibung lässt erkennen, dass mit dieser Klassifizierung nur eine grobe Ordnung von Teilen erreicht werden kann, da eine Reihe von Merkmalen andere Merkmale überdecken oder gar nicht aufgeführt werden. Das System hat sich jedoch infolge des einfachen Aufbaus und der dadurch bedingten leichten Handhabung als Werkzeug für Rationalisierungsmaßnahmen bewährt. So entstanden beispielsweise aus den ersten Untersuchungen die Anregung zur Entwicklung einer Kurzdrehbank sowie die Teilefamilienfertigung als Vorläufer der Fertigungsinsel.

Bei der Anwendung der Werkstück-Klassifikation nach Opitz hat sich entgegen den ersten Erwartungen gezeigt, dass eine formbeschreibende Werkstück-Klassifikation allein nicht ausreicht, Teile mit genau gleichen Arbeitsvorgängen und Arbeitsvorgangsfolgen zusammenzufinden.

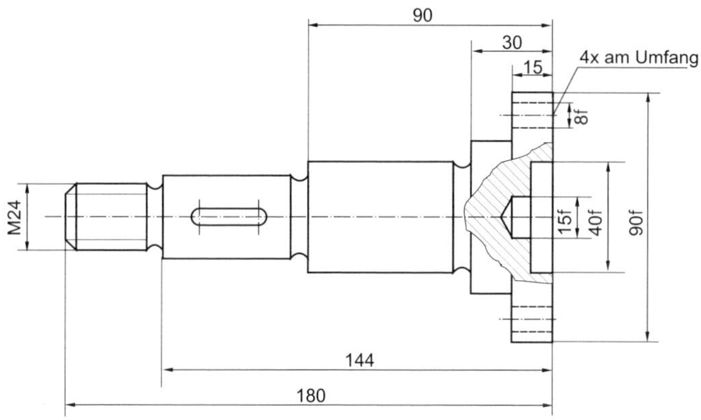

Formenschlüssel: 1 2 1 3 2

Teileklasse :	Rotationsteil 0,5 ≲ L/D ≲ 3	1
Außenform Formelemente außen :	einseitig steigend Gewinde	2
Innenform Formelemente innen :	glatt oder einseitig steigend	1
Flächenbearbeitung :	Nut und/oder Schlitz außen	3
Hilfsbohrungen und Verzahnung :	ohne Verzahnung Hilfsbohrungen axial mit Teilung	2

© IFA D4488

Bild 4.24 Klassifikation eines Drehteils (1. bis 5. Stelle) (Opitz)

Für weitergehende Forderungen hinsichtlich Arbeitsplanung und Investitionsplanung müssen daher auch die einzelnen Arbeitsvorgänge des Arbeitsplans klassifiziert werden. Heute bezeichnet der Begriff *Teilefamilienbildung oder -fertigung* die Weiterentwicklung der Bildung einer Bearbeitungsordnung auf Basis der Klassifikation von Arbeitsvorgängen. Nach [Refa91] besteht eine Teilefamilie aus Teilen, deren Endform ähnlich ist und die gemeinsam gefertigt werden können. Dabei haben sich zwei Lösungen herausgebildet, die als *arbeitsplatzunabhängige* und als *arbeitsplatzabhängige Arbeitsgangverschlüsselung* bezeichnet werden.

Bei der arbeitsplatzunabhängigen Arbeitsgangverschlüsselung geht man von der Überlegung aus, den Arbeitsgang so zu beschreiben, dass damit noch nicht die Werkzeugmaschine festgelegt ist. Beispielsweise würde der Arbeitsvorgang „Schlüsselfläche an Bolzen fräsen" nach dieser Vorstellung mit „Flächenbearbeitung" klassifiziert, sodass offen bleibt, ob die Flächen gehobelt, gefräst oder gestoßen werden. Als Beispiel für ein derartiges System zeigt Bild 4.25 den Aufbau eines Klassifikationssystems mit einem Auszug für die Schleifbearbeitung. Damit ist es möglich, verfahrensneutrale Bearbeitungsprofile von Erzeugnissen oder Erzeugnisgruppen zu gewinnen [Arn70].

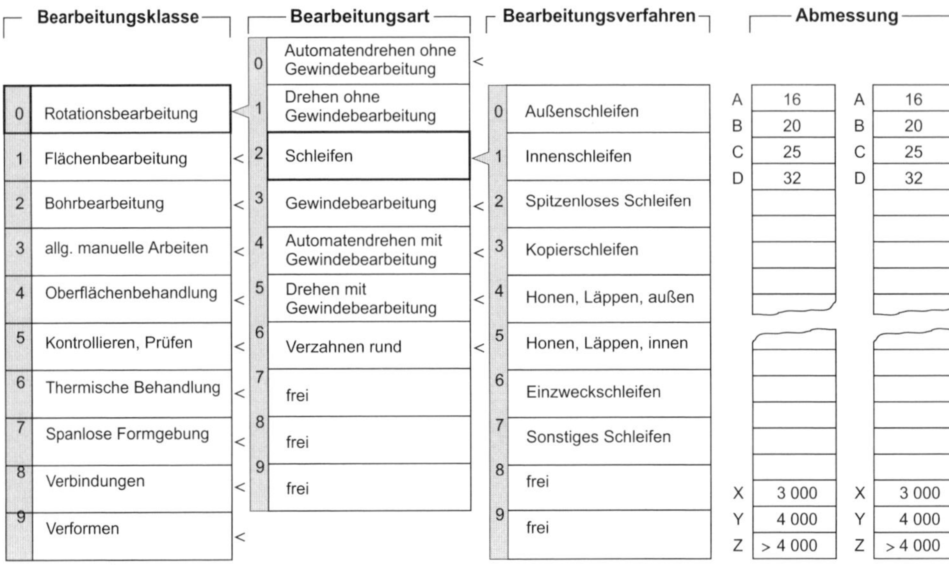

© IFA D4489

Bild 4.25 Aufbau eines arbeitsplatzunabhängigen Klassifikationssystems für Bearbeitungsverfahren (Sulzer AG)

Die zweite Lösung der Arbeitsgangverschlüsselung beschreibt die im Arbeitsplan festgelegte Werkzeugmaschine nach ihrem Verfahren und einigen charakteristischen Daten, wie Arbeitsraumabmessungen, Leistung usw., ist also arbeitsplatzabhängig. Wenn die einzelnen Arbeitsgänge der Werkstücke in dieser Weise erfasst und klassifiziert werden, erfolgt damit lediglich eine Dokumentation des Ist-Zustandes. Alternative Bearbeitungsmöglichkeiten bieten sich daher nicht an. Als Beispiel für eine Klassifikation von Arbeitsplätzen sei im Folgenden ein System aus der Praxis angeführt.

In Bild 4.26 ist die sogenannte Anlagenklasse 3 (spanabhebende Verformung) weiter unterteilt in die Anlagenart Drehbänke, Bohrmaschinen, Schleifmaschinen usw. In der dritten Stelle erfolgt die Untergliederung in Maschinen-Hauptgruppen, hier die der Drehbänke. Die vierte und fünfte Stelle macht eine Aussage über eine für diese Maschine wesentliche Größe. Im Beispiel sind es der Umlauf-Durchmesser über dem Support und die Spitzenlänge. Diese Klassifikation findet unabhängig von der Kostenstellennummer und der Inventarnummer Verwendung in den Arbeitsplänen.

Bei der Frage, welchem System der Arbeitsgangbeschreibung im Einzelnen der Vorzug zu geben ist, muss man wieder von der Zielsetzung ausgehen, die die Frage ausgelöst hat.

Die Klassifikation durch Beschreibung der eingesetzten Werkzeugmaschinen empfiehlt sich immer dann, wenn keine wesentlichen Produktänderungen oder Änderungen der Produktmischung zu erwarten sind, die Produkte also eine lange wirtschaftliche Lebensdauer haben. Bei häufigen Produktänderungen, größeren Verlagerungsüberlegungen sowie einer grundsätzlichen Überprüfung der Fertigungstechnologie und Investitionsstruktur ist die Beschreibung der Arbeitsvorgänge nach den Bearbeitungsverfahren vorzuziehen.

	1. Stelle Anlagenklasse	2. Stelle Anlagenart	3. Stelle Hauptgruppe	4. Stelle Größe (Umlaufdurchmesser über Support (mm) / Spitzenlänge (mm))	
0	Anlieferungsstellen Lager	Stoß- und Hobelmaschinen	Spitzen-Drehbänke	≲ 200 ≲ 750	0
1	Gießerei	Drehbänke	Walzen-Drehbänke	≲ 200 > 750 ≲ 1500	1
2	Spanlose Verformung, Schweißerei	Sonder - Drehbänke	Wellen-Drehbänke	> 200 ≲ 300 ≲ 1500	2
3	Spanabhebende Verformung	Karussell-Drehmaschinen	Zylinder-Drehbänke	> 200 ≲ 300 > 1500 ≲ 3000	3
4	Holzbearbeitung	Bohrmaschinen	Kopf-Drehbänke	> 300 ≲ 400 ≲ 1500	4
5	Montage, Oberflächen-behandlung	Fräsmaschinen	Groß-Drehbänke	> 300 ≲ 400 > 1500 ≲ 3000	5
6	frei	Bohrwerke	Schrupp-Drehbänke	> 300 ≲ 400 mit Kopiereinheit	6
7	frei	Schleifmaschinen	Spitzen-Drehbänke für Sonderzwecke	> 400 ≲ 600 ≲ 1500	7
8	Auswärtsbearbeitung	Werkzeug-Schleifmaschinen	Drehbänke mit Sondereinrichtungen	> 400 ≲ 600 > 1500	8
9	frei	Sägen und Trennmaschinen	frei	> 400 ≲ 600 mit Kopiereinheit	9

© IFA D4490

Bild 4.26 Aufbau eines arbeitsplatzabhängigen Klassifikationssystems für Arbeitsplätze (Werkbild Sulzer Escher Wyss)

Zusammenfassend lässt sich zur Werkstück- und Bearbeitungsklassifikation feststellen:

- Die Kenntnis des Werkstückspektrums ist Voraussetzung für eine rationelle Gestaltung des Fertigungsprozesses.
- Eine formorientierte Werkstück-Klassifikation schafft eine erste Ausgangslage, um typische Häufigkeiten in den einzelnen Teileklassen zu erkennen.
- Für häufige Teilearten, wie Maschinenbau-Einzelteile, Schweißeinzelteile und Gusseinzelteile, sind überbetriebliche Systeme entwickelt worden, deren Einsatzmöglichkeit zunächst überprüft werden sollte [Opi71]. Eigene Entwicklungen sollten nur bei sehr speziellen Aufgabenstellungen vorgenommen werden.
- Bei weitergehenden Zielsetzungen im Bereich der Arbeitsplanung, Arbeitssteuerung und Investitionsplanung erweist sich eine Klassifikation der Arbeitsvorgänge und Betriebsmittel als notwendig.
- Da der Aufwand zur Verschlüsselung insbesondere der Einzelteile und Arbeitspläne hoch ist, hat sich die manuelle Klassifizierung trotz der unstrittigen Vorteile nicht auf breiter Front durchgesetzt. Erst die moderne Datenbanktechnik und insbesondere die Entwicklung von PDM-Systemen haben neue Möglichkeiten der rechnerunterstützten Klassifizierung eröffnet [Gra01] und entsprechende kommerzielle Softwareprodukte initiiert.

4.6 Sachmerkmalleisten

Zur Wiederverwendung ähnlicher Teile in Konstruktion und Arbeitsvorbereitung dient neben der Bezeichnung und der Teileklassifikation auch eine Kombination aus einer Klassifizierung und einer sogenannten Sachmerkmalleiste. Eine Sachmerkmalleiste ist nach DIN 4000 die Zusammenstellung und Anordnung von Sach- und Relationsmerkmalen einer Gegenstandsgruppe [DIN92]. Die Merkmalsausprägungen werden dabei nicht verschlüsselt. Bild 4.27 zeigt ein Beispiel einer Sachmerkmalleiste für eine Welle.

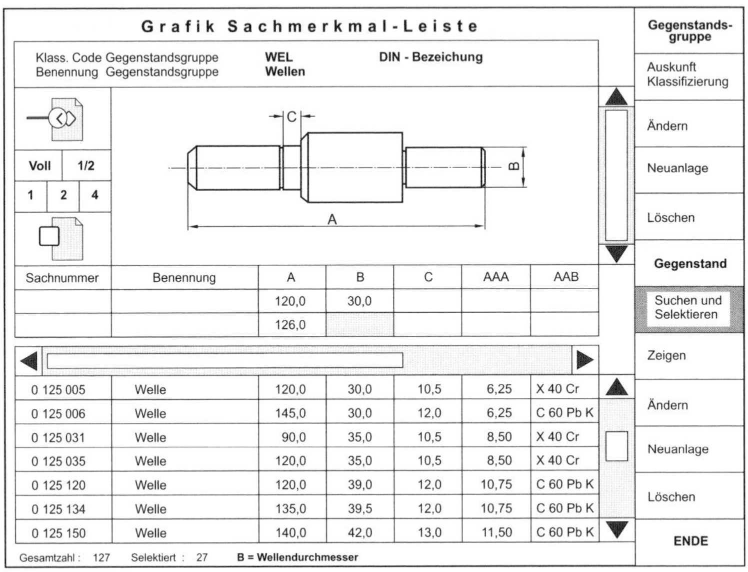

Bild 4.27 Beispiel für eine Sachmerkmalleiste (Eigner)

© IFA D4334

Die Datenfelder, die für jede Teileklasse unterschiedlich sind, enthalten zum einen die jeweiligen Dimensionen der betreffenden Merkmale. Zum anderen sind für jeden einzelnen Fall – hier durch die Identifizierungsnummer gekennzeichnet – die konkreten Merkmalswerte eingetragen. Mit Sachmerkmalen können nahezu alle Gegenstände erfasst und verglichen werden [Tön93]. Allerdings ist keine Hierarchiebildung möglich und Merkmale können nicht vererbt werden. Neuere Entwicklungen gehen hin zu sogenannten aktiven, dynamischen Sachmerkmalleisten, die es dem Anwender erlauben, frei konfigurierbare Sachmerkmalleisten mit beliebig vielen Sachmerkmalen zu gestalten.

Dies wird mit Hilfe eines Objektstrukturierungsansatzes ermöglicht, wobei insbesondere eine strikte Trennung innerhalb der Datenhaltung von Sachmerkmalen einerseits und den Datenwerten (also Merkmalsausprägungen) andererseits erfolgt. Die Sachmerkmale und Daten eines Objektes werden erst bei Aufruf durch den Benutzer zusammengespielt (dynamische Sachmerkmalleiste) [Tön93]. Der Aufwand für den Aufbau und die Pflege derartiger Sachmerkmalleisten ist noch höher als bei Klassifikationssystemen; mit zunehmendem CAD-Einsatz kann aber ein weitgehend automatisches Ausfüllen der Datenfelder erfolgen. Weitere Hinweise zur Anwendung von Sachmerkmalleisten finden sich in [DIN92].

4.7 Clusteranalyse

Allen bisher vorgestellten Zugriffsverfahren ist gemeinsam, dass sie einzelne Merkmale hierarchisch geordnet abarbeiten müssen.

Im Bereich der Werkstückanalyse geht es aber häufig darum, Gruppen ähnlicher Teile zu finden, die bezüglich mehrerer Merkmale gleich oder ähnlich sind. Hierzu hat sich die sogenannte Clusteranalyse (engl.: cluster = Menge, Haufen, Gruppe) bewährt. Die Menge innerhalb eines Clusters soll möglichst ähnlich sein und die Objekte in verschiedenen Clustern möglichst unähnlich. Die entsprechenden Verfahren zur Erzeugung von Clustern werden als multivariate Analyse bezeichnet. Bild 4.28 zeigt an einem einfachen Beispiel mit zehn Drehteilen, deren Länge L und Durchmesser D bekannt ist, dass die Clusteranalyse drei Teilegruppen in einem bestimmten Verhältnis von Länge zu Durchmesser hervorbringt, während die Sortierung nach der Länge L oder dem Durchmesser D eine gänzlich andere und in diesem Fall ungeeignete Gruppierung ergibt [Tön84].

Werkstückdaten

Nr.	L [mm]	D [mm]
1	10	10
2	20	20
3	20	10
4	40	10
5	45	20
6	50	10
7	20	35
8	10	40
9	20	45
10	10	50

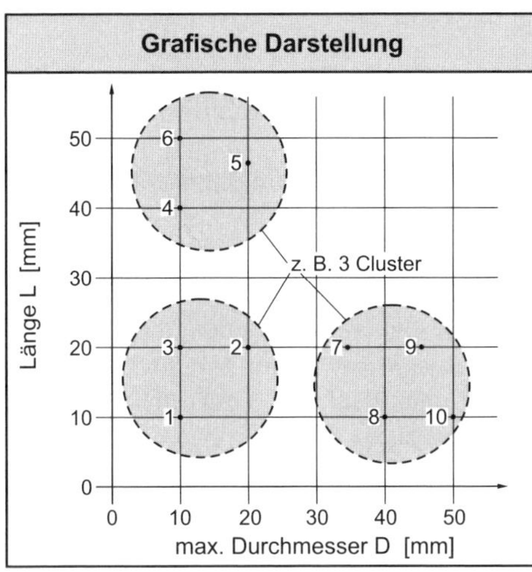

Gruppen der Clusteranalyse:

(1, 2, 3) (4, 5, 6) (7, 8, 9, 10)

Reihenfolge beim Sortieren:

1) "L" vor "D" : 1 , 8 , 10 , 3 , 2 , 7 , 9 , 4 , 5 , 6

2) "D" vor "L" : 1 , 3 , 4 , 6 , 2 , 5 , 7 , 8 , 9 , 10

© IFA D4529Wd

Bild 4.28 Vergleich Clusteranalyse und hierarchische Sortierung (Tönshoff u. a.)

4.8 Speicherung und Nutzung betrieblicher Daten

4.8.1 Datenbanken

Die Speicherung der im Unternehmen vorhandenen auftragsneutralen Daten (auch Stammdaten genannt) und der auftragsabhängigen Daten erfolgt heute überwiegend mit Hilfe von Datenbanksystemen. Im Gegensatz zu einem Datensystem, das vorrangig Rechnerergebnisse eines Programms für einen einzigen Benutzer speichert und für ihn zur Verfügung hält, erlaubt ein Datenbanksystem große Datenmengen so zu verwalten, dass:

- Daten möglichst nicht mehrfach gespeichert werden (keine Datenredundanz);
- die Daten vor Beschädigung und Löschung durch fehlerhafte Programme, Hardware oder Fehlbenutzung sowie vor unberechtigtem Zugriff geschützt werden (Datensicherheit, Datenschutz);
- die Daten logisch richtig und widerspruchsfrei sind (Datenkonsistenz);
- mehrere Benutzer oder Programme gleichzeitig von verschiedenen Stellen aus auf die Daten zugreifen können (Mehrbenutzerbetrieb);
- die Art der physikalischen Datenspeicherung für den Benutzer nicht von Bedeutung ist (Datenunabhängigkeit);
- ein einfacher Änderungsdienst unterstützt wird [Mar87, Refa91, Ze05, Gei11].

Ein Datenbanksystem besteht aus zwei Komponenten, nämlich aus der eigentlichen *Datenbank* (auch Datenbasis genannt) und aus einer *Datenbankverwaltung* (auch Datenbankmanagementsystem DBMS genannt). Die Datenbank enthält eine Beschreibung der Datenbankstruktur und der Struktur der Datensätze, die Daten selbst sowie statistische Angaben über die Daten und deren Benutzung. Die Datenbankverwaltung hat demgegenüber die Aufgabe, Beziehungen zwischen den Daten herzustellen und dadurch die logische in die physikalische Datensicht zu übertragen. Sie stellt eine Datenbanksprache zur Datendefinition und -manipulation zur Verfügung. Die Anwender greifen nur mittelbar über das DBMS auf die Daten zu, das wiederum von einem *Datenbankadministrator* (DBA) geleitet wird.

Eine Datenbank baut sich aus *Dateien* auf, die zueinander in Beziehung stehen und die aus *Datensätzen* bestehen. Eine Datei umfasst mehrere zusammengehörige Datensätze und erfordert eine Organisation für einen sequenziellen oder direkten Zugriff zu den Datensätzen. Laut [Refa91] wird als *Datensatz* „die Zusammenstellung der Datenfelder für ein Ereignis (Vorgang) oder für die Beschreibung eines Zustandes" bezeichnet. Ein Ereignis oder ein Vorgang ist z. B. die Lagerentnahme eines Erzeugnisses. Die Dimension oder die Länge solcher Datenfelder wird z. B. nach den Bedürfnissen eines bestimmten Arbeitsplatzes festgelegt. Ein *Datenfeld* kann Zeichen – also Zahlen (numerisches Datenfeld), Buchstaben (alphanumerisches Datenfeld) und Sonderzeichen – enthalten. Die Zeichen selbst sind nach einem bestimmten Code (z. B. ASCII-Code) durch Bits (kleinste adressierbare Einheit eines Speichers) beschrieben. Das Bit dient dabei lediglich als Bezugsebene, während das Byte in der Regel die Grundlage der Speicherkapazitätsermittlung bildet. Ein *Datensegment* wird aus mehreren logisch zusammengehörigen Datenfeldern gebildet. Die drei Änderungsmöglichkeiten einer Datenbank sind *Löschen, Einfügen* und *Ersetzen*. Ein Datenbanksystem besitzt je eine Schnittstelle zur physischen Datenspeicherung und zum Anwender, der eine Person oder ein Programm sein kann.

Die Strukturierung der Daten in einer Datenbank erfolgt auf vier unterschiedliche Weisen:

- das hierarchische Modell,
- das Netzmodell,
- das relationale Modell,
- das objektorientierte Modell.

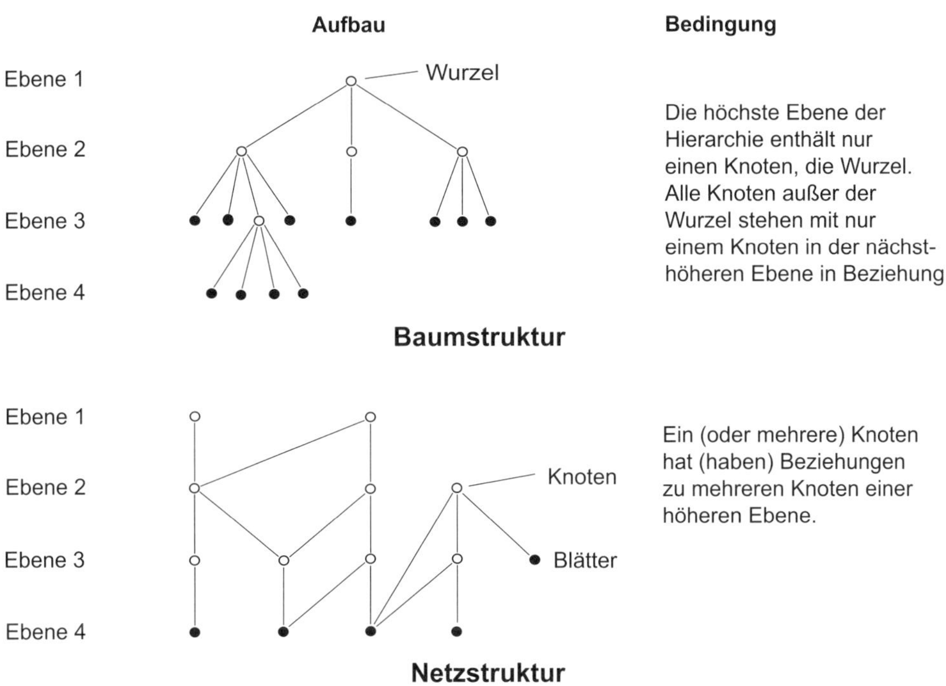

© IFA D4610

Bild 4.29 Gegenüberstellung von Baum- und Netzstruktur einer Datei (Martin)

Bei dem *hierarchischen Modell* (auch Baumstruktur genannt) sind die Datensätze - ausgehend von dem obersten Datensatz, der sogenannten Wurzel - hierarchisch in der Weise geordnet, dass ein Knoten zwar mehrere Nachfolger in der nächstniedrigeren Ebene haben kann, umgekehrt ein Knoten aber nur eine Beziehung zu einem Knoten in der nächsthöheren Ebene besitzen darf (Bild 4.29 oben). Das *Netzmodell* ist eine Weiterentwicklung des hierarchischen Modells und ist schon seit Beginn der Datentechnik (Anfang der 1960er-Jahre) verfügbar. Das Netzmodell (auch Netzstruktur) weist nicht nur eine Wurzel auf, sondern es sind mehrere Knoten in der obersten Ebene zulässig (Bild 4.29 unten). Weiterhin können Knoten einer niedrigeren Ebene Beziehungen zu mehreren Knoten in einer höheren Ebene aufweisen, und Beziehungen können auch Ebenen überspringen. Die Netzstruktur des Modells lässt sich als eine Konstruktion auffassen, bei der mehrere Baumstrukturen so ineinandergeschoben sind, dass Datensätze von mehreren Bäumen genutzt werden [Gei11, SK97].

Seit Anfang der 1980er-Jahre werden *relationale Datenbanken* eingesetzt und haben sich immer mehr durchgesetzt. Eine relationale Datenbank speichert Daten gegenüber den vorher beschriebenen Modellen in Tabellen, die als *Relationen* bezeichnet werden und dem Konzept den Namen gegeben haben. Die Zeilen heißen *Tupel*, die Spalten *Attribute*, die Dateneinträge einer Spalte *Domäne*. Die erste Spalte dient dabei als Primärschlüssel, um Datensätze aufzufinden.

Bild 4.30 zeigt an einem einfachen Beispiel die drei wesentlichen Bearbeitungsfunktionen einer relationalen Datenbank. Man erkennt je eine Tabelle (Relation) für die Mitarbeiter und die Abteilungen eines Unternehmens.

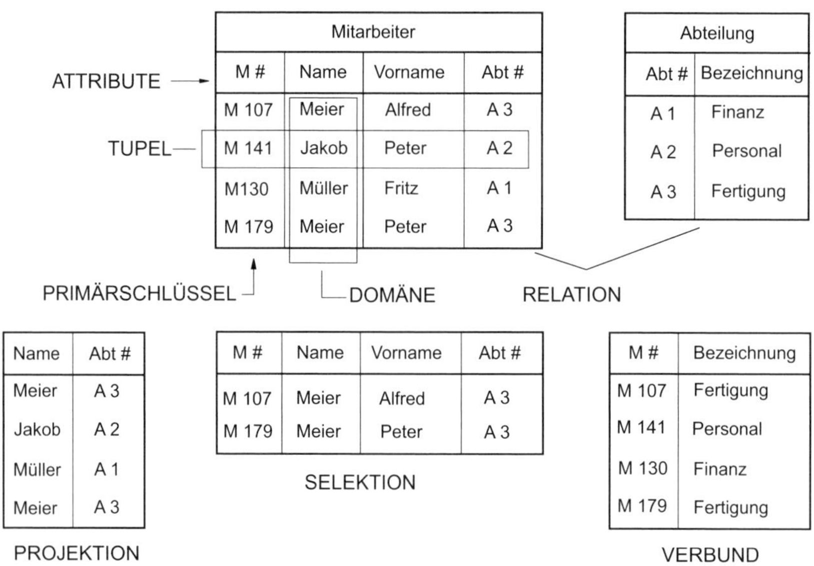

© IFA D4659

Bild 4.30 Prinzipieller Aufbau einer relationalen Datenbank (Meier)

Bei der *Projektion* erzeugt man eine neue Tabelle durch Auswahl von Attributen aus einer vorhandenen Tabelle. Mit Hilfe der *Selektion* wählt man Zeilen aus einer Tabelle nach bestimmten Kriterien aus, im Beispiel die Mitarbeiter der Abteilung A3. Die Funktion *Verbund* verknüpft Daten verschiedener Tabellen, die in einem inhaltlichen Zusammenhang stehen, zu einer neuen Tabelle. Im Beispiel ist dies die Abteilungsnummer, die in beiden Tabellen enthalten ist und so die in beiden Tabellen nicht enthaltene Verknüpfung von Personalnummer und Abteilungsbezeichnung erlaubt [Mei87]. Mit Hilfe einer speziellen Sprache *SQL (Structured Query Language)* sind derartige Abfragen sowie Datenbankmanipulationen vergleichsweise einfach möglich.

Objektorientierte Datenbanksysteme integrieren die konventionelle Datenbankfunktionalität mit objektorientierten Modellierungskonzepten [Ze05]. In einem Objekt werden Daten und Funktionen zusammengefasst. Sie erscheinen nach außen hin als Eigenschaften des Objektes. Das Objekt selbst bestimmt der Softwareentwickler. Klar definierte und allgemein akzeptierte Methoden zur sauberen Abgrenzung der Objekte untereinander gibt es noch nicht. Die Objekte agieren eigenständig, wobei sie Nachrichten untereinander austauschen können. Objekte mit gemeinsamen Eigenschaften werden durch eine Klasse beschrieben. Dabei bilden die Klassen eine Hierarchie.

In Bild 4.31 ist die Klasse Werkzeugmaschine als Oberklasse zu den Unterklassen Erodiermaschine und Fräsmaschine dargestellt. Es lassen sich unterschiedliche Beziehungen zwischen den Klassen verdeutlichen (vergl. Bild 4.31 „hat eine"- und „ist eine"-Beziehung). Wird ein Objekt instanziiert (erzeugt), erhält es automatisch alle Merkmale seiner Klasse und die der Oberklasse. In diesem Beispiel werden die Objekte „Fräsmaschine Hersteller A" und „Fräsmaschine Hersteller B" durch die Merkmale (Attribute) der Fräsmaschinen- und der Werkzeugmaschinenklasse beschrieben. Auf diese Weise lässt sich die Software einfach wiederverwenden. Notwendige Modifikationen, Anpassungen und Erweiterungen erfolgen mittels Vererbung, die, wie im Beispiel verdeutlicht, jeder Klasse alle Merkmale der übergeordneten Klasse zuordnet. Die Klassen werden in Form von Bibliotheken (Frameworks) bereitgestellt [Fas95].

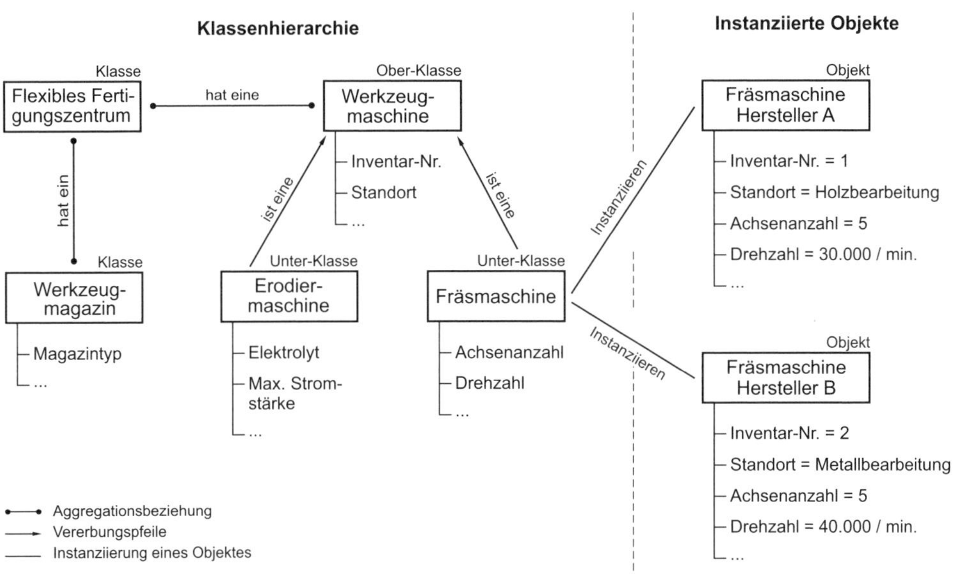

© IFA D4615

Bild 4.31 Prinzip der Objektorientierung

Objektorientierte Datenbanken erlangen allmählich die notwendige Stabilität für Anwendungen in der Praxis. Daher werden relationale Datenbanken oft um objektorientierte Erweiterungen ergänzt. Die Objektorientierung im Allgemeinen (z. B. auch für die Geschäftsprozessmodellierung und bei Programmiersprachen) stellt nach Meinung von Experten die Schlüsseltechnologie der Zukunft für Multimediaanwendungen, für verteilte Systeme wie beispielsweise Client-Server-Anwendungen und für die Verarbeitung komplexer Strukturen z. B. in CAD-Systemen dar. Insbesondere in Systemen zur Produktionsplanung und -steuerung dienen objektorientierte Datenbanken auch zur Reduzierung der Komplexität.

Im Allgemeinen ist es nicht möglich, die gesamten Daten eines Unternehmens in einer zentralen Datenbank abzubilden; vielmehr finden zunehmend sogenannte verteilte Datenbanksysteme (engl.: DDBS – Distributed-Database-System) Anwendung. Ein Datenbanksystem wird als verteilt bezeichnet, wenn die zugehörige Datenbasis auf mehrere Computersysteme (Netzknoten) aufteilbar ist. Ein Kommunikationssystem stellt dabei die für Transaktionen notwendigen Verbindungen her, wobei an den Schnittstellen Regeln einzuhalten sind, die als Protokoll bezeichnet werden [Ze05].

4.8.2 Client-Server-Systeme und Data Warehouse

Ein ähnliches dezentrales Prinzip lässt sich auch bei den heute verbreiteten Client-Server-Systemen entdecken, deren Effizienz sich zudem durch objektorientierte Programmiersysteme steigert [Kar94]. Die Client-Server-Architektur ist laut [Lin96] eine unternehmensspezifische Informationsarchitektur mit heterogenen und verteilten Systemkomponenten wie Hardware, Software, Netzen und Anwendungen, die sich wirtschaftlich sinnvoll zu einem integrierten, kommunikationsfähigen System zusammenfassen lassen. Es können als Systemplattform unterschiedliche Rechner unterstützt werden [Lin96]. Ein Client fordert dabei Dienste vom Server an, der wiederum mehrere Clients bedienen kann. Während die Benutzeroberfläche auf dem Client lokalisiert ist, befindet sich die Datenhaltung auf dem Server. Der Endanwender nutzt so auf seinem PC individuelle Software nach seinen Bedürfnissen [Feh95].

Für jede Organisationsform von Datenbanken gibt es mindestens eine Sprache, mit der verschiedene Operationen (z. B. Abfragen) durchgeführt werden können. Die häufigste Schnittstelle für relationale Datenbanken ist die bereits erwähnte Sprache *SQL* (engl.: Structured Query Language). Die Analysemöglichkeiten mit Hilfe dieser Sprache sind aber begrenzt. In den 1980er-Jahren wurde daher ein Ansatz entworfen, um Daten zu sammeln und für eine Analyse aufzubereiten: das *Data Warehouse* oder auch *Information Warehouse* [Bau13]. Typische Anwendungen, bei denen ein Data Warehouse verwendet wird, sind Marktanalysen, Absatzplanung, Produktanalysen und Bedarfsplanungen.

Die Architektur eines Data Warehouse ist in Bild 4.32 dargestellt. Ein wichtiger Bestandteil des Data-Warehouse ist, dass sein Datenbestand von dem der operationalen Systeme getrennt ist. Kern des Konzeptes ist die seinen Datenbestand enthaltende Datenbank. Zur Visualisierung der Daten für den Endbenutzer benötigt man zudem entsprechende Analysewerkzeuge, die auf die Daten zugreifen und diese aufbereiten können. Solche Werkzeuge werden allgemein unter dem Begriff OLAP (On Line Analytical Processing) zusammengefasst, die Kennzahlen beispielsweise für unterschiedliche Regionen oder Kunden sowie für unterschiedliche Zeiteinheiten aufbereiten.

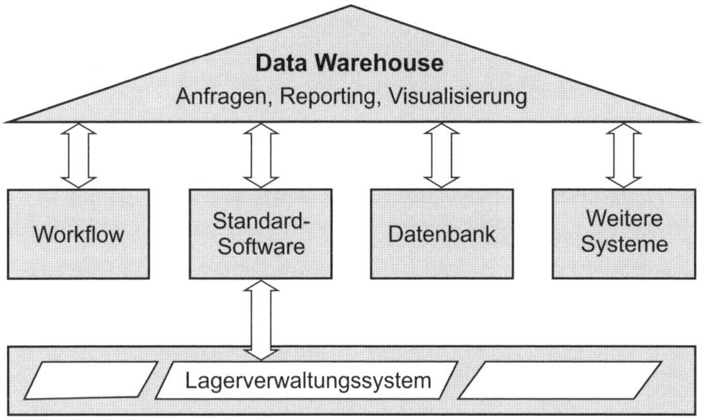

© IFA D4526

Bild 4.32 Das Data-Warehouse-Konzept

4.8.3 Modellierung technischer Objekte

Ein besonderes Problem stellt die Abbildung der Produkte und ihrer Bestandteile dar. Sie erfolgt in mehreren Stufen, die Bild 4.33 andeutet [Spu84]. Das reale Objekt erfährt zunächst eine Abstraktion in Form eines vom Benutzer und seinen Vorstellungen geprägten Modells. Das mentale Modell ist zu formalisieren und entsprechend den späteren Verwendungen (z. B. für die Zeichnungserstellung, Bauteileberechnung, Arbeitsplanung, NC-Programmierung oder Stücklistenerstellung) in ein Informationsmodell zu überführen. Es beschreibt die Objekte durch Punkte, Konturelemente, Flächen oder Volumen in Form eines rechnerinternen Modells in einer Datenbank. Der Zugriff auf die gespeicherten Daten kann auf unterschiedliche Art und Weise erfolgen. Beispielsweise ist es möglich, einen Teilestammsatz in einem Datenbanksystem über eine Identifizierungsnummer oder eine Benennung anzusprechen. In administrativen Datenbanken wird auch ein sogenannter *Match Code* verwendet, der das Auffinden eines Datensatzes ohne Kenntnis der Identifizierungsnummer erlaubt. Ein Match Code besteht aus einem Teil der Adresse oder der Bezeichnung des gesuchten Objektes und wird in einer der Stammdatei vorgelagerten *Match Code-Datei* gespeichert. Diese Datei hat die Funktion einer Übersetzungsdatei. Match Codes finden hauptsächlich Verwendung zum Auffinden von Namen in Personal-, Kunden- und Lieferantendateien, aber auch von Artikeln in Sachstammdateien [Gru87].

Im Zusammenhang mit der Datenhaltung von Produktionsunternehmen ist das bereits erwähnte Produktdatenmanagement PDM von zunehmender Bedeutung. Es stellt eine unternehmensspezifische Form eines Data Warehouse dar und unterstützt den Anwender mit Hilfe des ebenfalls bereits erwähnten STEP-Standards (ISO 10303) dabei, reale Produkte in Form eines Produktdatenmodells zu definieren, sie in einem Datenbanksystem zu speichern und verschiedenen Nutzern z. B. über ein firmeninternes Datennetz verfügbar zu machen [ES09]. Das Produktdatenmanagement wird dabei immer stärker als Basis eines umfassenden Produkt Life Cycle-Managements (PLM) gesehen [Schu07, Fel08]. Damit wird es möglich, alle zu einem Produkt gehörigen Daten zu verwalten und im Rah-

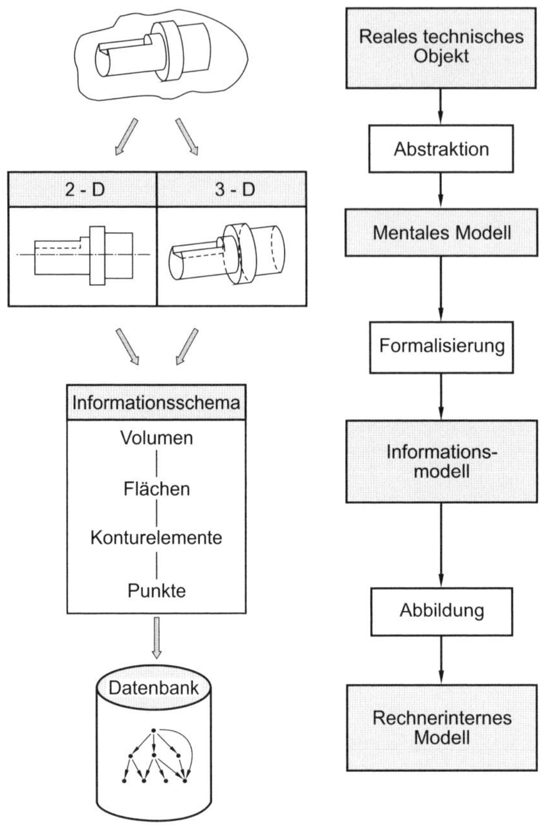

Bild 4.33 Modellierungsstufen von technischen Objekten (Spur, Krause)

© IFA D4531

men der Produktentstehung und -änderung rasch und effektiv in einem verteilten Engineeringprozess kommunizieren zu können.

Nach diesem kurzen Überblick über einige wichtige Aspekte eines PDM-Systems soll nun der weitere Verlauf der Produktentstehung verfolgt werden. Aufbauend auf den in der Konstruktion erstellten Zeichnungen und Stücklisten geht es darum, in der Arbeitsvorbereitung den eigentlichen Herstellprozess zu planen. Der folgende Abschnitt beschreibt die Aufgaben dieses Unternehmensbereiches.

■ 4.9 Literatur

[Arn70] Arn, E. A., Dähnert, H.: Technologisches Strukturplanungssystem, Fertigung 1/4 1970, S. 101-106

[Arn75] Arn, E. A.: Group Technology, Berlin New York 1975

[Bau13] Bauer, A., Günzel, H.: Data-Warehouse-Systeme: Architektur, Entwicklung, Anwendung. 4. Aufl., Heidelberg 2013

[Bec94] Becker, J., Rosemann, M.: Design for Logistics – Gestaltungsempfehlungen für eine logistikgerechte Konstruktion, CIM-Management 10 (1994) 2

[Bru95] Brunkhorst, U.: Integrierte Angebots- und Auftragsplanung im Werkzeug- und Formenbau, VDI-Fortschrittsbericht, Reihe 2, Nr. 366, Düsseldorf 1995

[DIN70] DIN 6771 Blatt 1: Schriftfelder für Zeichnungen, Pläne und Listen, Berlin Köln 1970

[DIN77] DIN 199 Teil 2: Begriffe im Zeichnungs- und Stücklistenwesen: Stücklisten, Berlin Köln 1977

[DIN81] DIN 199 Teil 5: Begriffe im Zeichnungs- und Stücklistenwesen: Stücklisten-Verarbeitung, Stücklistenauflösung, Berlin 1981

[DIN84] DIN 199 Teil 1: Begriffe im Zeichnungs- und Stücklistenwesen: Zeichnungen, Berlin 1984

[DIN85] DIN 6763: Nummerung: Grundbegriffe, Berlin 1985

[DIN86] DIN 6774: Technische Zeichnungen, Ausführungsregeln, vervielfältigungsgerechte Ausführung, Berlin/Köln 1986

[DIN87] DIN 6771 Teil 2: Vordrucke für technische Unterlagen: Stücklisten, Berlin 1987

[DIN88] DIN 6771 Teil 6: Vordrucke für technische Unterlagen: Zeichnungen, Berlin 1988

[DIN90a] DIN 6789 Teil 2: Dokumentationssystematik, Dokumentensätze technischer Produktdokumentationen, Berlin 1990

[DIN92] DIN 4000, Teil 1: Sachmerkmalleisten, Begriffe und Grundsätze, Berlin 1992

[Dir74] Dirzus, E.: Die Umstellung auf ein neues Sachnummernsystem, Essen 1974

[Dom90] Dombrowski, U.: Logistische Produktanalyse als Ausgangsbasis für eine Reorganisation des gesamten Auftragsdurchlaufes. In: Wiendahl, H.-P. (Hrsg.): Belastungsorientierte Fertigungssteuerung, Dokumentation zum gleichnamigen Seminar des Institutes für Fabrikanlagen der Universität Hannover am 10./11.10.1989 in Hannover und 21./22.3.1990 in München

[Ehr07] Ehrlenspiel, K.: Integrierte Produktentwicklung. Denkabläufe, Methodeneinsatz, Zusammenarbeit , 3. Aufl., München 2007

[ES09] Eigner, M., u. Stelzer, R.: Product Lifecycle Management. Ein Leitfaden für Product Development und Life Cycle Management. 2. Aufl., Berlin Heidelberg 2009

[Fas95] Fasching, F.: Wie ein Puzzle - Der objektorientierten Anwendungssoftware gehört die Zukunft, Arbeitsvorbereitung AV 32 (1995) 5, S. 347 - 350

[Feh95] Fehrle, Th.: Entwicklungshilfe - Framework erleichtert objektorientiertes Entwickeln auf dem Client, Arbeitsvorbereitung AV 32 (1995) 4, S. 251 - 255

[Fel08] Feldhusen, J., u. Gebhardt, B.: Product Lifecycle Management für die Praxis. Ein Leitfaden zur modularen Einführung, Umsetzung und Anwendung. Berlin Heidelberg 2008

[Gei11] Geisler, F.: Datenbanken - Grundlagen und Design. 4. Aufl. mitp, Verlagsgruppe Hüthig Jehle Rehm, München 2011

[Ger75] Gerlach, H.-H.: Stücklistenwesen. In: Brankamp, K. (Hrsg.): Handbuch der modernen Fertigung und Montage, München 1975, S. 325 - 352

[Ger79] Gerlach, H.-H.: Stücklisten. In: Kern, W. (Hrsg.): Handwörterbuch der Produktionswirtschaft, Stuttgart 1979, S. 1903 -1915

[Gra94] Grabowski, H., Erb, J., Anderl, R.: STEP - Grundlage der Produktdatentechnologie, Teil 1: Aufbau und Entwicklungsmethodik, CIM-Management 4/94, S. 45 - 51

[Gra94a] Grabowski, H., Erb, J., Polly, A., Anderl, R.: STEP - Grundlage der Produktdatentechnologie, Teil 2: Das integrierte Produktmodell, CIM-Management 5/94, S. 36 - 43

[Gra94b] Grabowski, H., Erb, J., Polly, A., Anderl, R.: STEP - Grundlage der Produktdatentechnologie, Teil 3: Die Anwendungsprotokolle, CIM-Management 6/94, S. 45 - 49

[Gra01] Grabowski, H., Lossak, R., Weißkopf, J.: Datenmanagement in der Produktentwicklung: Automatische Klassifikation von Produktdaten aus 3D-CAD-Systemen, PDM- und ERP-Systemen, XML- und Office-Dokumenten. Leipzig 2001

[Gru87] Grupp, B.: Optimale Verschlüsselung bei Online-Datenverarbeitung, Köln 1987

[Gru89] Grupp, B.: Integrierte Datenverarbeitung in der Praxis, 6: Stücklisten- und Arbeitsplanorganisation mit Bildschirmeinsatz, Wiesbaden 1989

[Gru95] Grupp, B.: Aufbau einer optimalen Stücklistenorganisation, Renningen 1995

[Hel04] Helfrich, C.: Logistikgerechte Konstruktion. In: Koether u. a. (Hrsg.): Taschenbuch der Logistik, S. 539 - 552, 2004

[Hoe92] Hoekstra, S. J. and Romme, J. M.: Integral Logistic Structures: Developing Customer-Oriented Goods Flow. Berkshire, Mc Graw-Hill 1992

[Kar94] Karer, A., Müller, B.: Client/Server-Technologie in der Unternehmenspraxis: Vision und Realität der Informationsverarbeitung im restrukturierten Unternehmen. Berlin Heidelberg 1994

[Kun81] Kunerth, W., Werner, G.: EDV-gerechte Verschlüsselung - Grundlagen und Anwendung moderner Nummerungssysteme, 2. Aufl., Stuttgart Wiesbaden 1981

[Lam93] Lampkemeyer, U.: Objektschemata und Methoden für ein rechnerintegriertes Angebotsplanungssystem im Werkzeug- und Formenbau, Diss. Universität Hannover 1993

[Lin96] Lindemann, F.: Zum Thema Client-Server, Fördern und Heben 46 (1996) Nr. 3, S. 155 - 157

[Mar87] Martin, J.: Einführung in die Datenbanktechnik. 4. Nachdruck, München Wien 1987

[Mei87] Meier, A.: Erweiterung relationaler Datenbanken für technische Anwendungen, Informatik Fachberichte Band 135, Berlin Heidelberg New York 1987

[Mer13] Integrierte Informationsverarbeitung 1: Operative Systeme in der Industrie. 13. Aufl., Wiesbaden 2013

[Mit60] Mitrofanow, S. P.: Wissenschaftliche Grundlagen der Gruppentechnologie, 2. Aufl., Berlin 1960

[Opi67] Opitz, H.: Einführung in die Probleme der Werkstückklassifikation, Ind. Anz. 89 (1967) 41, S. 837-840

[Opi67a] Opitz, H.: Werkstückbeschreibendes Klassifizierungssystem, Essen 1966

[Opi05] Opitz, H.: Die richtige Sachnummer im Fertigungsbetrieb, Essen 1971

[PBO05] Pahl, G., Beitz, W., Feldhusen, J., Grote, K. H.: Pahl/Beitz.- Konstruktionslehre. Grundlagen erfolgreicher Produktentwicklung. Methoden und Anwendung. 6. Aufl., Berlin Heidelberg 2005

[Refa91] REFA (Hrsg.): Methodenlehre der Betriebsorganisation: Planung und Steuerung, Teil 1: Grundlagen, München 1991

[Sch04] Schreiber, R. E.: Logistik in der Produktentwicklung. In: Koether u. a. (Hrsg.): Taschenbuch der Logistik, S. 553 - 569, München 2004

[SK97] Spur, G., Krause, F.-L.: Das virtuelle Produkt. Management der CAD-Technik, München Wien 1997

[Spu84] Spur, G., Krause, F.-L.: CAD-Technik: Lehr- u. Arbeitsbuch für die Rechnerunterstützung in Konstruktion und Arbeitsplanung, München Wien 1984

[Sch05] Schuh, G., Schwenk, U.: Produktkomplexität managen. Strategien, Methoden, Tools, 2. Aufl., München Wien 2005

[Schu07] Schuh, G., Lenders, M., Müller, J.: PLM mit Modellcharakter. In: CADplus (2007), Nr. 6, S. 32 - 35.

[Se11] Sendler, U., Waver, V.: Von PDM zu PLM: Prozessoptimierung durch Integration. 3. Aufl., München Wien 2011

[Sta95] Stausberg, B., Sudkamp, J.: Nummernsysteme für den effizienten Einsatz von PPS-Systemen, io Management Zeitschrift 64 (1995) Nr. 5, S. 46 - 50

[Tön94] Tönshoff, H. K., Freist., Chr., Hesselmann, H.: Verfahren zur Werkstückanalyse großer Datenmengen, Zeitschr. f. wirtsch. Fertig. 79 (1984), S. 598603

[Tön93] Tönshoff, H.-K., Hollemann, C.: Objektorientiertes Ressourcendatenmanagement auf Basis aktiver, dynamischer Sachmerkmalleisten, VDI-Z 135 (1993), 1/2, S. 73 - 76

[Tön95] Tönshoff, H. K., Brunkhorst, U., Tracht, K.: Angebotsplanung in der Einzelfertigung, CIM-Management 11 (1995) 5, S. 42 - 45

[Tra01] Tracht, K.: Planung und Steuerung des Werkzeug- und Formenbaus auf Basis eines integrierten Produktmodells, Diss., Universität Hannover, 2001

[VDI75] VDI-Gesellschaft Produktionstechnik (Hrsg.): Elektronische Datenverarbeitung bei der Produktionsplanung und -steuerung III: Informations- und Stücklistenwesen, VDI-Taschenbücher T 28, 2. Aufl., Düsseldorf 1975

[VDI80] VDI-Richtlinie 2215: Datenverwaltung in der Konstruktion, Organisatorische Voraussetzungen und allgemeine Hilfsmittel, Berlin/Köln 1980

[WGK04] Wiendahl, H.-P., Gerst, D., Keunecke, L. (Hrsg.): Variantenbeherrschung in der Montage. Konzept und Praxis der flexiblen Produktionsendstufe, Berlin Heidelberg 2004

[Wie75] Wiendahl, H.-P.: Einfluss der Produkte auf Fertigung und Montage. In: Brankamp, K. (Hrsg.): Handbuch der modernen Fertigung und Montage, München 1975

[Wie79] Wiendahl, H.-P.: Nummerungssysteme. In: Kern, W. (Hrsg.): Handwörterbuch der Produktionswirtschaft, Stuttgart 1979

[WMT94] Wortmann, J. C., Muntslag, D. R., Timmermanns, P. J. M.: Customer Driven Manufacturing, Chapman and Hall, London 1994

[Ze05] Zehnder, C. A.: Informationssysteme und Datenbanken, 8. Aufl., Zürich 2005

[Zwi08] Zwicker, E. und Montau, R.: Informationstechnologien im Digitalen Produkt. Vorlesungsmanuskript ETH Zürich

5 Arbeitsvorbereitung und Arbeitsplanung

■ 5.1 Aufgabenbereiche der Arbeitsvorbereitung

Die *Arbeitsvorbereitung* – häufig als AV abgekürzt – steht in der Auftragsabwicklung zwischen der Konstruktion und der Herstellung der Erzeugnisse. Ursprünglich wurde darunter nur die Vorbereitung der Fertigung verstanden, daher ist auch die Bezeichnung *Fertigungsvorbereitung* anzutreffen. Mit wachsendem Kostendruck hat sich das Aufgabengebiet auf die gesamte Wertschöpfungskette vom Lieferanten bis zum Kunden ausgedehnt und umfasst heute insbesondere auch die Entscheidungen darüber, ob und in welchem Umfang Teile und Baugruppen selbst hergestellt oder zugekauft werden (make or buy). In diesem Zusammenhang wird auch von der Prozessgestaltung gesprochen, womit die Planung der Herstellprozesse unter technologischen, wirtschaftlichen und logistischen Gesichtspunkten gemeint ist.

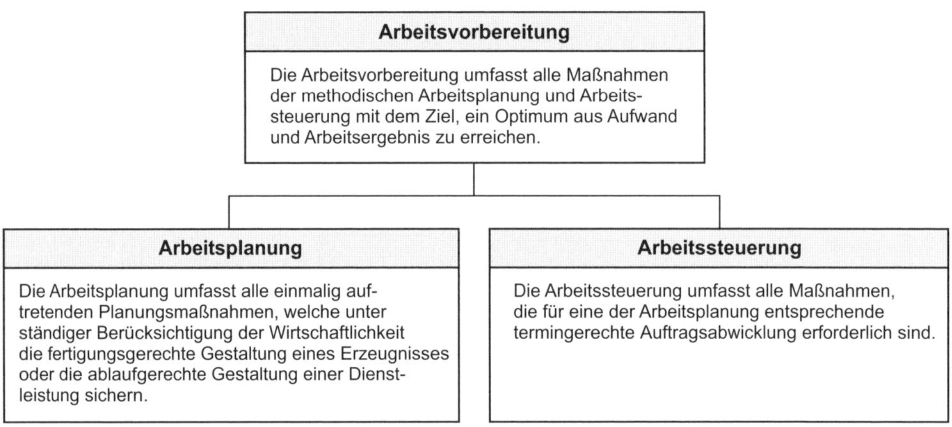

© IFA D4047

Bild 5.1 Definition der Arbeitsvorbereitung und ihrer Bestandteile (AWF, REFA)

Die Aufgaben der Arbeitsvorbereitung sind in Bild 5.1 definiert. Oberstes Ziel ist es demnach, durch ein methodisches Vorgehen unter Nutzung der Informationstechnik ein Optimum aus Aufwand und Arbeitsergebnis zu erreichen. Während der produktionstechnische Aufwand durch den Einsatz von Material, Betriebsmitteln und Personal entsteht, stellt sich das Ergebnis in verkaufsfähigen Erzeugnissen dar. Die Aufgaben der AV umfassen dabei die Erstellung aller erforderlichen Unterlagen die zur Planung, Steuerung und Überwachung erforderlich sind und ein Minimum an Aufwand gewährleisten. Dieses Ziel wird in zwei meist auch organisatorisch getrennten Aufgabenbereichen realisiert, die als Arbeitsplanung und Arbeitssteuerung bezeichnet werden.

Innerhalb der *Arbeitsplanung* ist zu klären:

- Was soll gefertigt oder geleistet werden?

  Entsprechend der Art der Erzeugnisse und ihrer geforderten Beschaffenheit sowie einer generellen Produktionsstrategie (s. Bild 2.32) ist der Umfang der Teilefertigung und der Montage nach Eigen- und Fremdleistung festzulegen.

- Wie soll gearbeitet werden?

  Auswahl der organisatorischen Abläufe und technischen Verfahren.

- Womit soll gearbeitet werden?

  Bestimmung der Art und Menge von Material und Arbeitsmitteln sowie der Art und Anzahl der Arbeitskräfte. Hierzu gehört auch die Konstruktion und Fertigung von Bearbeitungs- und Prüfvorrichtungen, die im sogenannten Betriebsmittelbau erstellt werden.

Die Arbeitsplanung trifft also alle einmaligen Planungsmaßnahmen, die erforderlich sind, um ein Erzeugnis zu fertigen oder eine Dienstleistung auszuführen. Man spricht dabei auch von einer *auftrags- oder terminneutralen Planung*. Die Festlegung von Fertigungsverfahren und Betriebsmitteln erfolgt dabei ohne Berücksichtigung einer möglicherweise vorhandenen Über- oder Unterbelastung einzelner Arbeitsplätze. Vielmehr wird unter der Annahme einer zunächst unbegrenzten Kapazität das wirtschaftlich günstigste Verfahren gesucht. Allerdings spielen auch vermehrt Gesichtspunkte einer möglichst kurzfristigen und zuverlässigen Lieferung eine Rolle.

Die *Arbeitssteuerung* bestimmt demgegenüber auf der Basis des von der Unternehmensführung freigegebenen Produktionsprogramms bzw. der Kundenaufträge:

- Welche Erzeugnisse sind in welchen Mengen und in welchen Zeitabschnitten zu fertigen?
- Wann müssen die Arbeitsaufträge, das benötigte Material, die Arbeitsmittel und die Arbeitskräfte bereitgestellt sein?
- Wie soll die fristgemäße und termingerechte Arbeitsverteilung unter Berücksichtigung der vorhandenen Kapazität auf die einzelnen Arbeitsplätze oder Arbeitsplatzgruppen erfolgen?

Die Arbeitssteuerung wickelt also das vorgegebene Erzeugnisprogramm entsprechend den in der Arbeitsplanung festgelegten „optimalen“ Abläufen ab. Ihre Aufgaben werden meist unter dem Begriff Produktionsplanung und -steuerung (abgekürzt PPS) zusammengefasst, worauf Abschnitt 6 detailliert eingeht. Stellt sich nun im Laufe der Auftragsdurchführung heraus, dass die geplanten Betriebsmittel aufgrund von Überlastung oder Störungen nicht verfügbar sind, muss die Arbeitssteuerung durch verschiedene Maßnahmen, wie z. B. zeitliche Verschiebung, Ausweichen auf andere Arbeitsplätze oder Auswärtsverlagerung, für die Einhaltung der zugesagten Termine und kalkulierten Kosten sorgen. Die Arbeitssteuerung ist damit von zentraler Bedeutung für den ganzen Betriebsablauf.

In der industriellen Praxis wird man allerdings nicht immer eine so klare Gliederung und Aufgabenstellung der Arbeitsvorbereitung vorfinden. Vielmehr müssen die Unternehmen schnell und flexibel auf die Veränderungen im Markt und in der Technik reagieren. Dies geschieht vielfach durch Einrichten von erzeugnisorientierten *Fertigungsinseln, Segmenten oder Fraktalen* [War92, Wil98], die von Arbeitsgruppen mit einer gemeinsamen überschaubaren Arbeitsaufgabe geführt werden (vgl. Abschnitt 2.3.4). Sowohl die Planung als auch die Ausführung und Qualitätsprüfung erfolgen dort in eigener Verantwortung der Mitarbeiter. Damit soll die teilweise zu weit gegangene Trennung von Kopf- und Handarbeit wieder zurückgeführt, das Know-how der qualifizierten Mitarbeiter besser genutzt und das rasche Veralten der viel zu detaillierten Planungsunterlagen vermieden werden.

Dies bedeutet, Routineaufgaben der Arbeitsplanung und -steuerung stärker auf die Mitarbeitergruppen zu übertragen. Solche Aufgaben bestehen z. B. in der Erstellung von Arbeitsplänen für Variantenteile, der Programmierung von numerisch gesteuerten Maschinen für diese Teile, dem Bau von einfachen Vorrichtungen sowie dem selbstständigen Abruf von Rohmaterial und der Festlegung der Abarbeitungsreihenfolge von Aufträgen. Der zentralen Arbeitsplanung kommt dann mehr die Entwicklung einer Produktionsstrategie im Sinne einer ständigen Anpassung der Fertigungseinrichtungen und -abläufe sowie das sogen. *Technologie-Roadmapping* zu. Darunter wird die Vorhersage und Bewertung zukünftiger Entwicklungen in einem oder mehreren Technologiefeldern mit dem Ziel verstanden, diese mit der Produktentwicklung zu harmonisieren [Eve03]. Die zentrale Arbeitssteuerung konzentriert sich in diesem Fall auf die Produktionsprogrammplanung, die Datenverwaltung und das Controlling. Sie wird dann vielfach mit den Aufgaben der Logistik (Beschaffung, Produktion, Distribution) zusammengefasst.

Demgegenüber haben sich Überlegungen, die Arbeitsplanung mit den Aufgaben der Detailkonstruktion zu verknüpfen, nicht durchgesetzt. Der Konstrukteur wäre überfordert, wenn er nebenbei auch noch Arbeitspläne erstellen sollte. Allerdings versucht man, mit Hilfe von Simultaneous Engineering-Teams Fragen der späteren Fertigung und Montage möglichst bereits im Konstruktionsstadium zu klären.

Schließlich wird auch die bisher strikte Trennung von Arbeitsplanung und -steuerung wegen der geforderten schnellen Reaktion und flexiblen Anpassung der Produktion auf Kundenwünsche in Frage gestellt. Entsprechende Ansätze zielen auf eine Integration der beiden Funktionen in Form der sogenannten reaktiven Fertigungssteuerung. Dabei können während der Einsteuerung der Aufträge im Fall von kapazitiven Engpässen alternative Arbeitsabläufe erzeugt und ausprobiert werden [Eve92, Sch96]. Dieser Ansatz konnte sich jedoch bis auf Einzelfälle nicht durchsetzen, weil in der Regel die notwendige Flexibilität der Bereitstellung von Werkzeugen, Vorrichtungen, NC-Programmen usw. nicht gewährleistet ist.

Ungeachtet der von Betrieb zu Betrieb unterschiedlichen organisatorischen Ausprägung der Arbeitsplanung und Zuordnung ihrer Aufgaben soll im Folgenden die klassische Aufgabenstellung zugrunde gelegt und näher erläutert werden, da ohne die Kenntnis ihrer Inhalte eine Diskussion über deren zweckmäßige Aufteilung nicht möglich ist. Die Aufgaben der Arbeitssteuerung behandelt Kapitel 6 unter dem Begriff Produktionsplanung und Steuerung (PPS).

5.2 Arbeitsplanung

5.2.1 Funktionen der Arbeitsplanung

Die Aufgaben der Arbeitsplanung lassen sich nach ihrer Fristigkeit gliedern. Bild 5.2 zeigt die wesentlichen Aufgaben nach einem Gliederungsvorschlag von Eversheim, ergänzt um eine aktualisierte Beschreibung [Eve02].

Horizont	Aufgabe	Beschreibung
kurzfristig	Stücklistenverarbeitung	• Erstellen von Fertigungs- und Montagestücklisten aus Konstruktionsstücklisten
	Arbeitsplanerstellung	• Bestimmung von Arbeitsvorgangsfolge, Betriebseinrichtungen und Vorgabezeiten
	NC-Programmierung	• Erstellen von Steuerprogrammen für numerisch gesteuerte Maschinen und Handhabungsgeräte
	Fertigungsmittelplanung	• Konstruktion und Fertigung spezieller Fertigungseinrichtungen und Prüfmittel
mittelfristig	Planungsvorbereitung	• Beratung von Konstruktion und Produktion
	Kostenplanung	• Vorkalkulation und Entscheidungsvorbereitung für Eigenfertigung oder Fremdvergabe
	Qualitätssicherung	• Erstellen von Prüfplänen und Beratung bei der Qualitätsplanung, Unterstützung der Zertifizierung
langfristig	Materialplanung	• Planung der am Lager vorzuhaltenden Materialsorten; Lieferantenbewertung und -auswahl
	Methodenplanung	• Entwicklung neuer umweltgerechter Verfahren, Methoden und Hilfsmittel zur Fertigung und Montage
	Investitions- und Fabrikplanung	• Planung von Fertigungsmitteln, Anlagen und Produktionsbereichen einschließlich der Arbeitsplatzgestaltung

© IFA D4124

Bild 5.2 Aufgaben der Arbeitsplanung (nach Eversheim)

Während die kurzfristigen Aufgaben gewissermaßen das Tagesgeschäft in Form der Erstellung von Fertigungsunterlagen für die neu konstruierten Teile und Baugruppen darstellen, dienen die langfristigen Aufgaben neben der Materialsortenplanung primär der Anpassung der Methoden, Produktionseinrichtungen und Arbeitsabläufe an die Anforderungen des Marktes hinsichtlich Kosten, Lieferzeit und Qualität. Sie werden ergänzt um mittelfristige Aufgaben der Planungsvorbereitung, Kostenplanung und Qualitätssicherung. Aufgrund der eingangs erwähnten Entwicklungen verschiebt sich der Schwerpunkt der Aufgaben seit Beginn der 1990er-Jahre in Richtung mittel- und langfristige Aufgaben, die sich an den Begriffen Kundenorientierung und Ressourcenschonung ausrichten.

Im Folgenden sollen die Aufgaben der Arbeitsplanung näher erläutert werden. Wegen seiner zentralen Bedeutung für die gesamte Arbeitsvorbereitung werden jedoch zunächst Struktur und Inhalt des Arbeitsplanes vorgestellt.

5.2.2 Arbeitsplan

Das Ergebnis der Arbeitsplanung wird im Arbeitsplan dokumentiert. Er beschreibt die Vorgangsfolge zur Fertigung eines Teils, einer Gruppe oder eines Erzeugnisses; dabei sind für jeden Arbeitsvorgang mindestens das verwendete Material, der Arbeitsplatz, die Betriebsmittel, die Vorgabezeiten und gegebenenfalls die Lohngruppe anzugeben [Ref91]. Für größere Instandhaltungsarbeiten sind ebenfalls Arbeitspläne üblich.

Ähnlich wie bei der Stückliste unterscheidet man zunächst zwischen einem auftragsunabhängigen Arbeitsplan, auch *Basis- oder Stammarbeitsplan* genannt, und dem auftragsabhängigen Arbeitsplan, auch *Auftragsarbeitsplan* genannt. Der Auftragsarbeitsplan entsteht aus dem Basisarbeitsplan durch Hinzufügen der Auftragsdaten. Dies sind im Wesentlichen die Auftragsnummer, die Stückzahl und der Fertigstellungstermin.

5.2.2.1 Auftragsunabhängige Arbeitsplandaten

Bild 5.3 zeigt die in vier Datengruppen gegliederten Daten des auftragsunabhängigen Arbeitsplanes. Wegen der vielen Besonderheiten der Produkte, Prozesse und Unternehmen ist es ähnlich wie im Fall der Stückliste nicht gelungen, einen einheitlichen oder gar genormten Arbeitsplan zu schaffen. Jedoch haben sich in Literatur und Praxis die folgenden wesentlichen Daten herausgebildet, die in Anlehnung an einen Vorschlag von REFA im Folgenden kommentiert werden [Ref91]. Sie sind in Bild 5.3 zusammengefasst.

Die erste Datengruppe beschreibt den Arbeitsplan selbst. Neben dem *erstellenden Bereich* wird die *Verwendung* des Arbeitsplans gekennzeichnet, z. B. für die Fertigung von Serien- oder Ersatzteilen. Die *Arbeitsplannummer* identifiziert den Arbeitsplan als Dokument und stimmt häufig mit der Sachnummer des Teils bzw. der Baugruppe überein. Sie stellt auch meist das Zugriffsmerkmal bei der üblichen Speicherung in Datenbanken dar. Der *Mengenbereich* (auch Stückzahlbereich genannt) kennzeichnet den Gültigkeitsbereich des Arbeitsplanes, da die zu fertigende Menge die Wahl des Ausgangsmaterials und der Fertigungsverfahren maßgeblich bestimmt. Üblich sind z. B. die Bereiche 1 … 9, 10 … 99 und 100 … 999 Stück. Zur eindeutigen Zuordnung der Verantwortung für den Inhalt des Planes wird schließlich der *Ersteller* mit Erstellungsdatum, ein *Prüfer* mit Prüfdatum sowie gegebenenfalls ein *Änderungszustand* mit Datum und dem *Änderer* vermerkt.

Datengruppe	Einzeldaten
Allgemeine Daten zum Arbeitsplan	• Unternehmen, Bereich, Teilbereich • Verwendung • Arbeitsplannummer • Mengenbereich • Ersteller, Erstellungsdatum • Prüfer, Prüfdatum • Änderer, Änderungsdatum
Daten zum Ausgangsmaterial	• Sachnummer, Bezeichnung • Werkstoff • Mengen, Mengeneinheit • Ausgangsmaße bzw. -zustand • Gewicht
Daten zum Fertigzustand	• Sachnummer, Bezeichnung • Zeichnungsnummer • Teilefamiliennummer
Daten zu jedem Arbeitsvorgang	• Arbeitsvorgangsnummer • Vorgangsbezeichnung • Arbeitsplatzgruppe, Arbeitsplatz • Werkzeuge, Vorrichtungen, Hilfsmittel • Rüstzeit t_r, Zeit je Einheit t_e • Zeiteinheit, Mengeneinheit • Zeitermittlungsmethode • Lohngruppe, Arbeitswertgruppe

© IFA D4125

Bild 5.3 Daten des auftragsunabhängigen Arbeitsplans (nach REFA)

Mit der zweiten Datengruppe wird das *Ausgangsmaterial* näher bezeichnet. Vorrangig ist die Angabe der *Sachnummer* (häufig ergänzt durch eine Klassifikationsnummer), der *Bezeichnung* und des *Werkstoffes*. Die *Menge* nennt die Anzahl gleicher Einheiten, die bearbeitet werden, während die *Mengeneinheit* festlegt, in welcher Dimension die folgenden *Abmessungen* gelten. Bisweilen wird auch noch das *Gewicht* eingetragen, wobei zwischen dem Nettogewicht des Fertigteils und dem Bruttogewicht des Rohteils unterschieden werden kann.

Die dritte Datengruppe beschreibt analog zur vorherigen Gruppe den *Fertigzustand* des Fertigteils bzw. im Fall eines Montagearbeitsplans denjenigen der Fertigbaugruppe. Neben der *Sachnummer* und der *Bezeichnung* findet sich hier vor allem die *Zeichnungsnummer*, wenn diese von der Sachnummer abweicht, ferner ein *Klassifikationsschlüssel* (auch Teilefamilienschlüssel genannt), um gegebenenfalls die Arbeitspläne ähnlicher Teile wiederfinden zu können. Bei elektronischer Speicherung kann statt des Schlüssels auch eine Sachmerkmalleiste angegeben sein (vgl. auch Abschnitt 4.7).

Der umfangreichste Teil des Arbeitsplanes beschreibt mit der vierten Datengruppe jeden einzelnen Arbeitsvorgang. Neben der meist in Sprüngen von 5 oder 10 laufenden *Arbeitsvorgangsnummer* gibt die *Vorgangsbeschreibung* in einem Kurztext den Arbeitsvorgang wider. Bei komplexen oder dokumentationspflichtigen Abläufen wird dieser Text durch eine spezielle Arbeitsanweisung ergänzt. In diesen Fällen erfolgt im Arbeitsplan ein Hinweis auf eine entsprechende Unterlage.

Das Arbeitssystem, an dem der Arbeitsvorgang durchgeführt werden soll, wird durch eine *Arbeitsplatzgruppe* charakterisiert, häufig auch als Maschinengruppe bezeichnet. Dabei handelt es sich um mehrere fertigungstechnisch gleichwertige Einrichtungen. Die Zuordnung zu einer bestimmten Maschine innerhalb der Gruppe erfolgt erst im Rahmen der Feinsteuerung (siehe Abschnitt 7.5). Die Kennzeichnung geschieht meist mit einem Nummernschlüssel, der identifizierend, klassifizierend (im Sinne einer Verfahrensbeschreibung) oder kostenstellenbezogen sein kann. Ein Beispiel für einen Arbeitsplatzschlüssel wurde mit Bild 4.26 gezeigt. Sind für den betreffenden Arbeitsvorgang spezielle *Werkzeuge, Spannvorrichtungen* oder *Prüf- und Messmittel* erforderlich, werden diese hier aufgeführt oder es wird auf eine entsprechende Liste verwiesen.

Die Vorgangsdauer lässt sich aus der Angabe der *Vorgabezeiten* bestimmen. Die *Rüstzeit* t_r gibt die Dauer des Auf-, Ab- oder Umrüstens des betreffenden Arbeitsplatzes in Minuten je Auftrag (Los) an. Die *Zeit je Einheit* t_e bezeichnet demgegenüber die Ausführungszeit für ein Stück und wird ebenfalls in Minuten angegeben. Ist die Vorgangsdauer durch den Prozess bestimmt, z. B. bei einer Wärmebehandlung, erfolgt die Angabe einer *Belegungszeit*. Die *Zeitermittlungsmethode* unterscheidet die Methode der gewählten Zeitbestimmung, z. B. Zeitaufnahme, System vorbestimmter Zeiten, Planzeiten, Schätzwerte usw. Die *Lohngruppe* oder *Arbeitswertgruppe* kennzeichnet die notwendige Mitarbeiterqualifizierung für den Arbeitsvorgang und ist gleichzeitig die Basis für den Stundenlohn des ausführenden Werkers. Der von REFA genannte, in Bild 5.3 jedoch nicht aufgeführte Durchlaufzeitfaktor sollte allerdings nicht im Arbeitsplan, sondern – wenn überhaupt – in der Kapazitätsdatei stehen, da die Pflege dieses Wertes sonst sehr aufwändig wird.

5.2.2.2 Auftragsabhängige Arbeitsplandaten

Die Ergänzung des auftragsunabhängigen Arbeitsplans um die auftragsabhängigen Daten erfolgt im Rahmen der Auftragsdurchsetzung vor dem Auftragsstart. Es lassen sich drei Datengruppen unterscheiden.

Zunächst wird der Auftrag durch eine *Auftragsnummer* und die Bezeichnung des *Kunden* oder eines Auftragsstichwortes beschrieben, gefolgt von der *Auftragsmenge*, der *Menge je Los*, falls in Losen gefertigt wird, sowie der *Auftragsart*, z. B. Kundenauftrag, Ersatzauftrag oder Versuchsauftrag.

Weiterhin können bestimmte *Bau- oder Abnahmevorschriften* für den betreffenden Kunden, die Branche oder das Land verbindlich sein, die für den ganzen Auftrag gelten und hier aufgeführt werden. Auch sind kundenspezifische Hinweise zum *Bezug* oder zur *Abnahme des Ausgangsmaterials* möglich, die genannt werden müssen.

Schließlich enthält der auftragsabhängige Arbeitsplan immer zumindest den von der Fertigungssteuerung festgelegten *Endtermin*, meist auch einen *Anfangstermin*, zu dem das Material für den ersten Arbeitsvorgang bereitgestellt werden muss. Zusätzlich wird je Arbeitsvorgang manchmal die *Auftragszeit* T_a anhand der Auftragsmenge bzw. Losgröße und der Vorgabezeiten nach der Beziehung $T_a = t_r + m \cdot t_e$ berechnet (t_r = Rüstzeit, t_e = Zeit je Einheit, m = Stückzahl).

Im Folgenden soll nun die Entstehung des auftragsunabhängigen Arbeitsplanes mit den üblichen Mitteln ohne Rechnereinsatz am Beispiel der Teilefertigung in den einzelnen Schritten erläutert werden. Auf die rechnergestützte Arbeitsplanung geht Abschnitt 5.2.5 ein. Die Ermittlung der auftragsabhängigen Daten ist Aufgabe der Fertigungssteuerung und ihre Erläuterung Gegenstand von Kapitel 7.

5.2.3 Konventionelle Arbeitsplanerstellung

Bild 5.4 gibt zunächst einen Überblick über den Grobablauf der Arbeitsplanerstellung. Ausgehend von der Werkstück- und Baugruppenzeichnung sowie der zugehörigen Stückliste, ist zunächst das *Ausgangs- oder Rohmaterial* zu bestimmen. Dann sind die Arbeitsvorgänge mit den jeweiligen *Fertigungsverfahren* in ihrer Reihenfolge festzulegen. Weiterhin sind jedem Arbeitsvorgang die im Unternehmen verfügbaren *Maschinen zuzuordnen* (für Sonderverfahren ist eventuell eine Auswärtsfertigung vorzusehen) und schließlich sind die Vorgabezeiten je Arbeitsvorgang zu ermitteln. Der so entstandene *auftrags- und terminneutrale Arbeitsplan* beschreibt im Kopfteil das zu fertigende Werkstück sowie das Rohmaterial und gibt zu jedem Arbeitsvorgang die entsprechende Maschine, die Rüst- und Stückzeit sowie eventuell erforderliche Vorrichtungen an. Wenn ein Arbeitsvorgang auf einer numerisch gesteuerten Werkzeugmaschine erfolgt, ist die Vorgabezeit ein Ergebnis der Erstellung des NC-Programms (NC: engl. Numerical Control = numerische Steuerung).

Die ersten drei Schritte der Arbeitsplanerstellung werden insbesondere in der englischsprachigen Literatur als process planning *(Prozessplanung)* und die Detailplanung der einzelnen Arbeitsgänge als operations planning *(Operationsplanung)* bezeichnet.

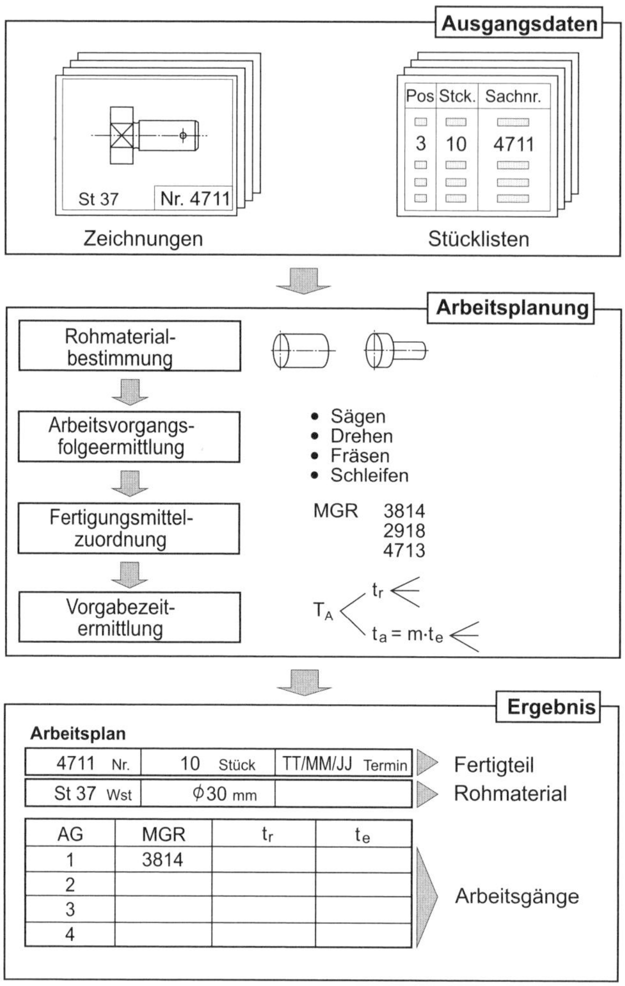

© IFA D3985

Bild 5.4 Ablauf der Arbeitsplanerstellung

Ein relativ einfaches Beispiel soll die Entstehung eines Arbeitsplanes bei der konventionellen Arbeitsplanung im Detail verdeutlichen. Bild 5.5 zeigt die Zeichnung des zu planenden Beispielteils. Es stellt ein Stopfbuchsengehäuse dar, wie es vielfach zum Abdichten gegen Flüssigkeiten am Wellenaustritt rotierender Maschinen benutzt wird. In diesem Fall handelt es sich um eine Pumpe, die in Serien auf Lager gefertigt wird.

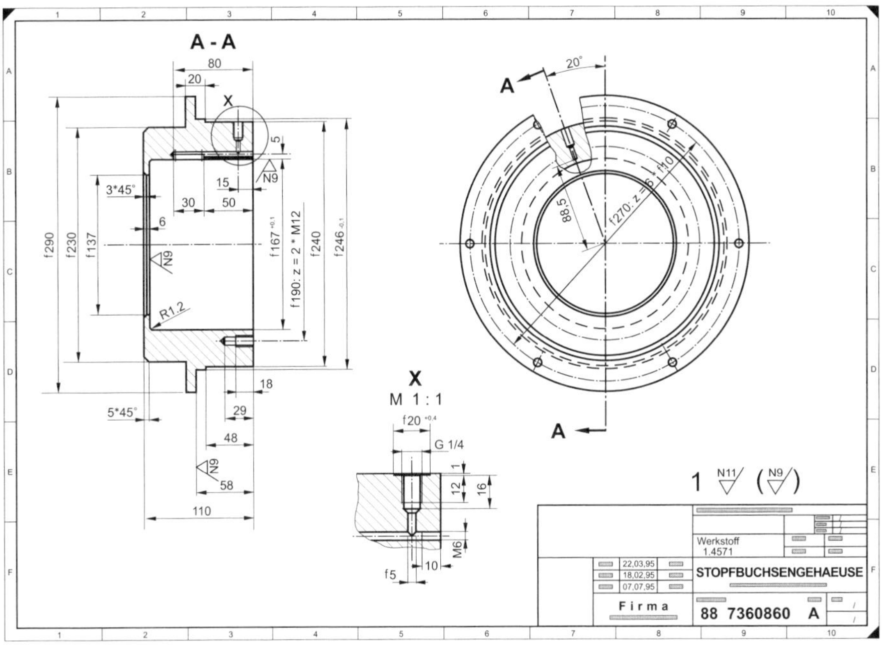

© IFA D4087

Bild 5.5 Technische Zeichnung eines Stopfbuchsengehäuses (Sulzer Escher-Wyss)

5.2.3.1 Prüfung der Unterlagen

Da es für die Aufgabe des Arbeitsplaners wichtig ist, den Verwendungszweck des Teils und seine Funktion im Rahmen der übergeordneten Baugruppe zu kennen, ist zunächst die zugehörige *Zusammenbauzeichnung* zu prüfen.

Bild 5.6 zeigt die hierfür notwendige Zeichnung. Links von der angedeuteten Gehäusewand der Pumpe befindet sich ein aggressives Fluid unter ca. 2 bar Überdruck, dessen Austritt auf die unter Atmosphärendruck stehende rechte Seite der Gehäusewand zuverlässig verhindert werden soll. Die hierzu entwickelte Abdichtung der rotierenden Welle gegen die stillstehende Gehäusewand geschieht mittels einer speziellen Packungsschnur (Pos. 9), die in den zylindrischen Ringspalt zwischen dem Stopfbuchsengehäuse (Pos. 5) und der auf der Welle befestigten keramisch beschichteten Wellenschutzbuchse (Pos. 2) gedrückt wird. Dies geschieht durch die sogenannte Stopfbuchsenbrille (Pos. 11). Die Andrückkraft auf die Stopfbuchsenbrille wird durch zwei Muttern (Pos. 14) aufgebracht, die auf je einem in das Stopfbuchsengehäuse eingeschraubten Gewindestift (Pos. 13) sitzen. Um die Packung zu schmieren, zu kühlen und den Austritt des aggressiven Mediums sicher zu verhindern, erfolgt die Einspeisung von Sperrwasser mittels Druckschlauch über zwei verbundene Löcher im Stopfbuchsengehäuse in den sogenannten Laternenring (Pos. 10).

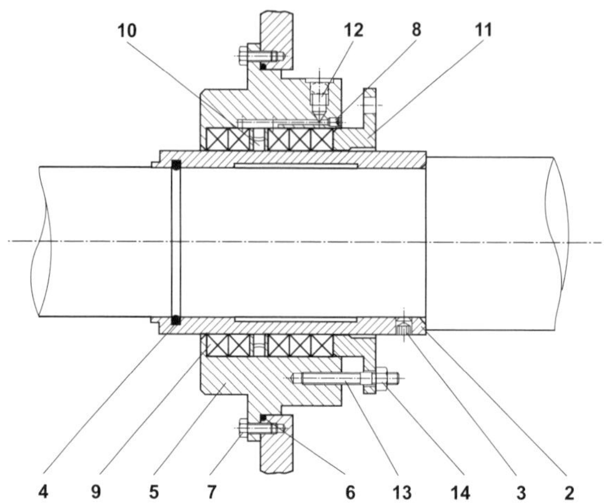

Bild 5.6 Zusammenstellungszeichnung der Packungsdichtung einer Pumpe

© IFA D4067

STÜCKLISTE Auftrags-Nr.	Gr.-Nr. 23	U.-Gr. 01		Erstellt: 23.03.XX Termin :		
Bezeichnung des Auftrags:				Sachbearbeiter: Kleinschmitt		
Bezeichnung der Gruppe: Dichtung 1, Packung Zusb.				Telefon: 2364		
Lfd. Nr	Stück	Benennung	Zeichn.-Nr.	Pos.	Material	Lager-Nr.
01	1	Dichtung 1 Zusammenbau	7312364	01	L7312364	4034948
02	1	Wellenschutzbuchse	7360853	02	1.4571	4034949
03	2	Gewindestift DIN 913 M8 x 8		03	A4-70	4034950
04	1	O-Ring 120 x 5		04	NBR 70	4246417
05	1	Stopfbuchsengehäuse 290/137x110	7360860	05	1.4571	4034951
06	1	O-Ring 246 x 3		06	NBR 70	4034951
07	6	6kt. Schraube DIN 933 M8 x 20		07	A4-70	227453
08	1	Gewindestift DIN 913 M6 x 10		08	A4-70	269104
09	5	Packungsschnur 16 x 16 x 493		09	Carboflon6046	556316
10	1	Laternenring 167/136 x 34	7312359	10	1.4571	4034952
11	1	Stopfbuchsenbrille 220/137 x 34	7312356	11	1.4571	4034953
12	1	Kegelstopfen GPN 600 B 11,4		12	A4-70	256357
13	2	Stiftschraube DIN 934 M12		13	A4-70	311012
14	2	6kt. Mutter DIN 934 M12		14	A4-70	311012
Durchlauf Techn. Abteilung: Aussteller: _____ Geprüft: _____ Genehmigt: _____ Normgeprüft: _____						

© IFA D4433

Bild 5.7 Stückliste Stopfbuchsenpackung (Beispiel)

Aus dieser Zeichnung kann der Arbeitsplaner nun die Funktion des Stopfbuchsengehäuses und die zugehörige Zeichnung (Bild 5.5) interpretieren. Er erkennt, dass es bei der Fertigung wesentlich darauf ankommt, einen genauen Sitz des Gehäuses in der Gehäusewand der Pumpe zu gewährleisten, weshalb der zugehörige Außendurchmesser (246 mm) mit einer zulässigen Abweichung von – 0,1 mm gekennzeichnet ist. Auch der Innendurchmesser zur Aufnahme der Packungsschnur (167 mm) ist entsprechend seiner Funktion mit einer zulässigen Abweichung von +0,1 mm gekennzeichnet (s. Bild 5.5).

5.2.3.2 Festlegung des Rohmaterials

Zur Herstellung eines Teils stehen meist mehrere Ausgangsformen für denselben Werkstoff zur Verfügung. Welche davon die kostengünstigste Lösung darstellt, hängt in erster Linie von der verlangten Stückzahl und weiterhin von den im Unternehmen eingesetzten Fertigungsverfahren ab (Bild 5.8) [Olb70]. Das Werkstück könnte in diesem speziellen Fall z. B. zunächst von einer Stange aus Rundstahl einzeln abgesägt und anschließend auf einer Universaldrehmaschine gedreht oder direkt aus der Stange mit einer Revolverdrehmaschine gefertigt werden. Anschließend würde die Bohr- und Gewindebearbeitung erfolgen. Eine zweite Möglichkeit besteht darin, als Ausgangsmaterial ein passendes Rohr zu verwenden, aus welchem das Werkstück aus abgesägten Stücken entsteht.

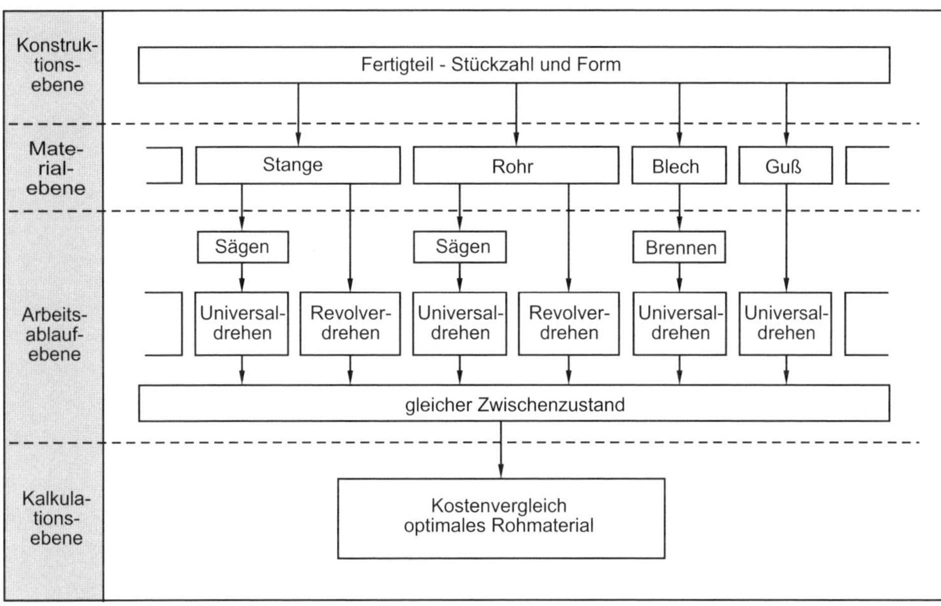

© IFA D3987

Bild 5.8 Einflussbereiche der Rohmaterialbestimmung (Olbrich)

Die dritte Rohmaterialform könnte auch ein dickes Blech sein, aus dem die Rohform durch Ausbrennen gewonnen wird. Schließlich ist noch ein gegossenes Rohteil denkbar. Ein Schmiedeteil kommt wegen der geringen Beanspruchung des Teils in diesem Falle nicht in Frage.

Es wird deutlich, dass die Wahl des Rohmaterials eigentlich die Durcharbeitung des gesamten Bearbeitungsablaufs voraussetzt; denn dem billigsten Ausgangsmaterial steht eventuell der höhere Bearbeitungsaufwand gegenüber oder umgekehrt. In der Praxis wird daher die Sorgfalt, mit der das Rohmaterial bestimmt wird, von dem vertretbaren Planungsaufwand abhängen. Bei Teilen, für die über längere Zeit ein Bedarf in großen Stückzahlen besteht, wird man unter Umständen die alternativen Lösungen bis ins letzte Detail – häufig sogar mit Musterteilen – ausarbeiten, während in der Einzel- und Kleinserienfertigung vorwiegend aufgrund der betrieblichen Erfahrungen und Möglichkeiten entschieden wird und nur eine gelegentliche Überprüfung der gewählten Lösung aufgrund einer detaillierten Nach- oder Vorkalkulationen erfolgt.

Die zugrundeliegenden Überlegungen zur Wahl des Rohmaterials sollen ohne Detailkalkulation qualitativ anhand von Bild 5.9 erläutert werden, das die drei Rohteilformen Stange, Blech und Guss einander gegenüberstellt.

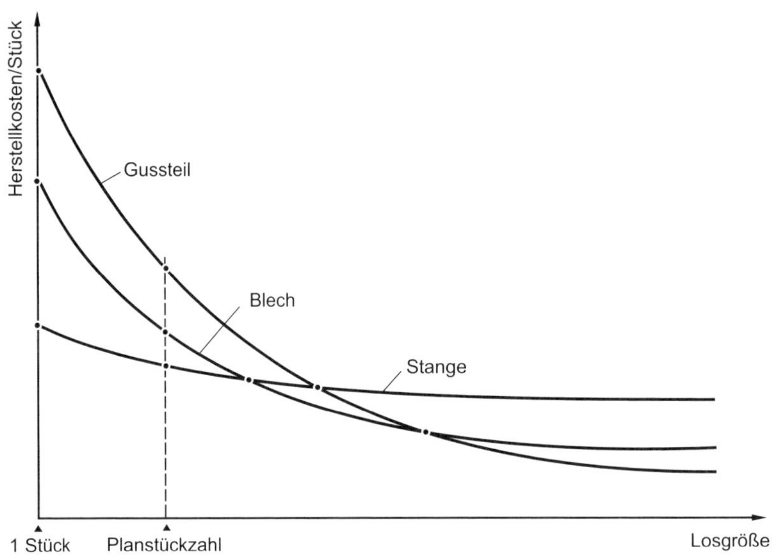

© IFA D3983

Bild 5.9 Qualitativer Verlauf der Herstellungskosten/Stück in Abhängigkeit von der Stückzahl bei Verwendung verschiedener Rohmaterialien

Beim Fertigen von der Stange auf Universalmaschinen sind keine besonderen Vorrichtungen, Werkzeuge und Lehren notwendig. Die Herstellkosten verändern sich daher mit zunehmender Stückzahl kaum, sind aber wegen des großen Zerspanungsvolumens und der damit verbundenen langen Bearbeitungszeiten bei größeren Stückzahlen relativ hoch. Wird das Teil aus einem Blech ausgebrannt, ist evtl. eine spezielle Brennschablone oder ein Steuerprogramm erforderlich; dies führt jedoch erst bei mittleren Stückzahlen zu niedrigeren Kosten als beim Stangenmaterial. Beim Gussstück ist schließlich ein Gussmodell erforderlich, das sich erst bei größeren Stückzahlen amortisiert. Den hohen Kosten für das rohe Gussstück stehen jedoch die geringsten Bearbeitungskosten gegenüber, da der große Innenraum der Buchse nicht ausgebohrt werden muss und einige Flächen unbearbeitet bleiben können.

Bei der vorgesehenen Planstückzahl von 100 Teilen pro Jahr ergab sich aufgrund dieser Überlegungen die Stange als die geeignete Rohmaterialform für das Stopfbuchsengehäuse. Als Aufmaß sind 3 bis 5 mm üblich, sodass sich unter Berücksichtigung lagergängiger Abmessungen ein Außendurchmesser von 300 mm ergab. Auf die Länge des Fertigteils wird ein Zuschlag von 3 mm festgelegt. Nachdem diese Entscheidung gefallen ist, kann der Arbeitsplaner an die Bestimmung des Fertigungsablaufs gehen.

5.2.3.3 Bestimmung der Arbeitsvorgangsfolge

In diesem zweiten wesentlichen Schritt der Arbeitsplanerstellung geht es darum, in einer Folge von Arbeitsvorgängen aus dem Rohteil schrittweise das Fertigteil zu erzeugen. Bild 5.10 gliedert diesen Vorgang wiederum in mehrere Teilschritte. Zunächst entsteht aus der Gegenüberstellung des in der Zeichnung dokumentierten Fertigzustandes des Werkstückes mit dem festgelegten Rohmaterial aufgrund der Erfahrung sowie mit Hilfe unterstützender Unterlagen, wie Richtlinien, Arbeitsplänen ähnlicher Werkstücke usw., eine Vorstellung über die einzusetzenden *Fertigungsverfahren*. Sofern ein Arbeitsschritt an einem einzigen Arbeitsplatz von nur einem Werker erledigt wird, spricht man von einem *Arbeitsvorgang*. In der Regel wird ein Arbeitsvorgang nur ein einziges Fertigungsverfahren umfassen, wie z.B. Sägen, Drehen, Schleifen, Bohren usw. Zur Erzeugung einer bestimmten Form sind häufig alternative technische Verfahren verfügbar. Beispielsweise kann eine ebene Fläche an einem Werkstück gehobelt, gefräst oder geschliffen werden. Hier müsste eigentlich eine Stückkostenberechnung aufgrund der voraussichtlichen Bearbeitungszeit und des Arbeitsplatzstundensatzes erfolgen. Da dies jedoch im Einzelfall oft zu aufwändig wäre, versucht man sich in der Praxis häufig mit Tabellen oder *Relativkostenkatalogen* zu helfen, wie sie bereits im Abschnitt 3.3 (Produktentwicklung) kurz vorgestellt wurden. Derartige Relativkostenkataloge existieren auch für Bearbeitungsverfahren und sagen z.B. aus, wie hoch die Kosten der Bearbeitung einer Fläche an einem bestimmten Werkstoff mit Hilfe eines alternativen Verfahrens relativ zu einem Bezugsverfahren sind.

Wenn die jeweils wirtschaftlichen Verfahren feststehen, ist noch die *Reihenfolge der Arbeitsvorgänge* zu bestimmen. Bei dem im Bild 5.10 als Beispiel angedeuteten Steckbolzen ergibt sich zwingend die Reihenfolge: Sägen – Drehen. Es ist aber danach durchaus nicht notwendig, erst zu bohren und dann zu schleifen. Allerdings wird man – wie hier geschehen – darauf achten, die Bearbeitung der empfindlichen Oberflächen möglichst an das Ende der Bearbeitungsfolge zu legen, um Beschädigungen des Werkstückes zu vermeiden.

Aus der Schilderung des Ablaufs der Arbeitsvorgangsermittlung wird deutlich, dass der Arbeitsplaner im Wesentlichen die im Unternehmen vorhandenen und erprobten Verfahren einsetzen wird. Damit sind indirekt auch bereits die Maschinen und Betriebsmittel festgelegt, auf denen die Bearbeitung erfolgt.

Zurück zum Beispiel: Der erste Arbeitsgang für die Stopfbuchse (Bild 5.5) besteht im Absägen von der Stange. Danach kann das Drehen der Außen- und Innenkontur auf einer Universaldrehmaschine in zwei Aufspannungen erfolgen. Die Herstellung der Löcher und Gewinde muss dann auf einer weiteren Maschine geschehen. Schließlich ist noch der Durchbruch von der Bohrung mit dem Durchmesser 5 mm in den Innenraum zu erzeugen, um den Wassereintritt aus dem Gehäuse in den Laternenring zu gewährleisten. Dies wäre mit einem Winkelfräskopf möglich. Wegen der geringen Genauigkeitsanforderungen ent-

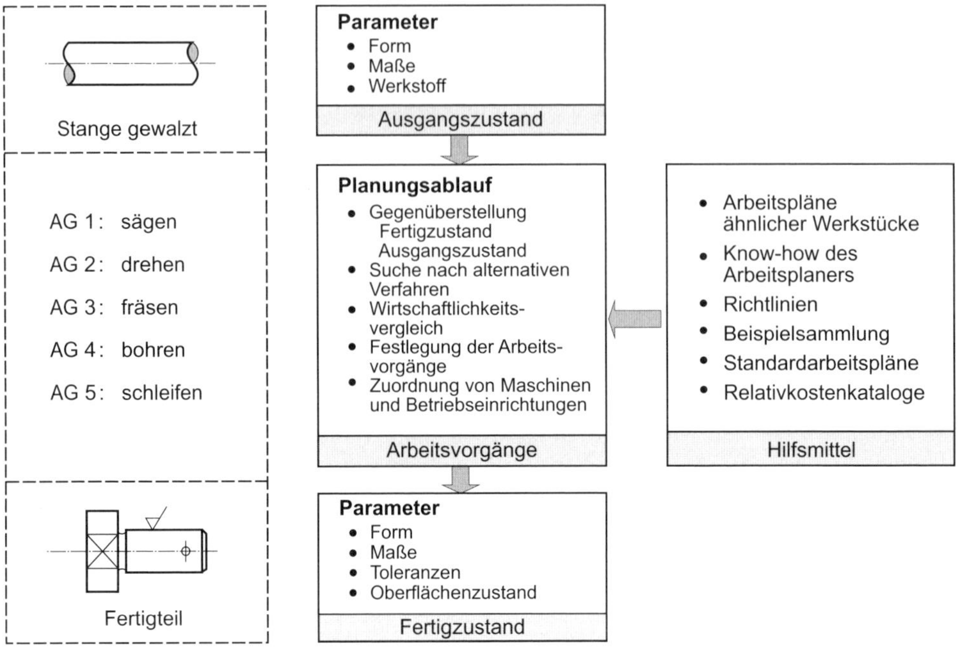

© IFA D3982

Bild 5.10 Ermittlung der Arbeitsvorgangsfolge (nach Minolla, WZL)

schließt sich der Arbeitsplaner, diesen Vorgang mit einem Trennschleifer manuell vom Schlosser durchführen zu lassen.

Nach der Festlegung der Arbeitsvorgänge gilt es nun, die Maschinen und Betriebsmittel zu bestimmen, mit denen die Arbeit auszuführen ist.

5.2.3.4 Fertigungsmittelzuordnung

Um die Zuordnung der Maschinen und Arbeitsplätze zu den einzelnen Arbeitsvorgängen durchführen zu können, benutzt der Arbeitsplaner eine Aufstellung der im Betrieb vorhandenen Werkzeugmaschinen mit ihren technischen Eigenschaften und ihrem Aufstellungsort.

Ein in vielen Betrieben benutztes Hilfsmittel hierzu sind bis heute die *AWF-Maschinenkarten* des Ausschusses für wirtschaftliche Fertigung [AWF90]. Sie besteht aus je einer Karte für jede Maschine. Bild 5.11 zeigt eine derartige Karte für ein Bearbeitungszentrum. Neben den allgemeinen Angaben über Hersteller, Beschaffung und Aufstellungsort enthält sie die technische Beschreibung aufgrund spezifischer Kennzeichen sowie Angaben über eventuelles Zubehör. Diese Unterlage wird heute natürlich als Datei geführt.

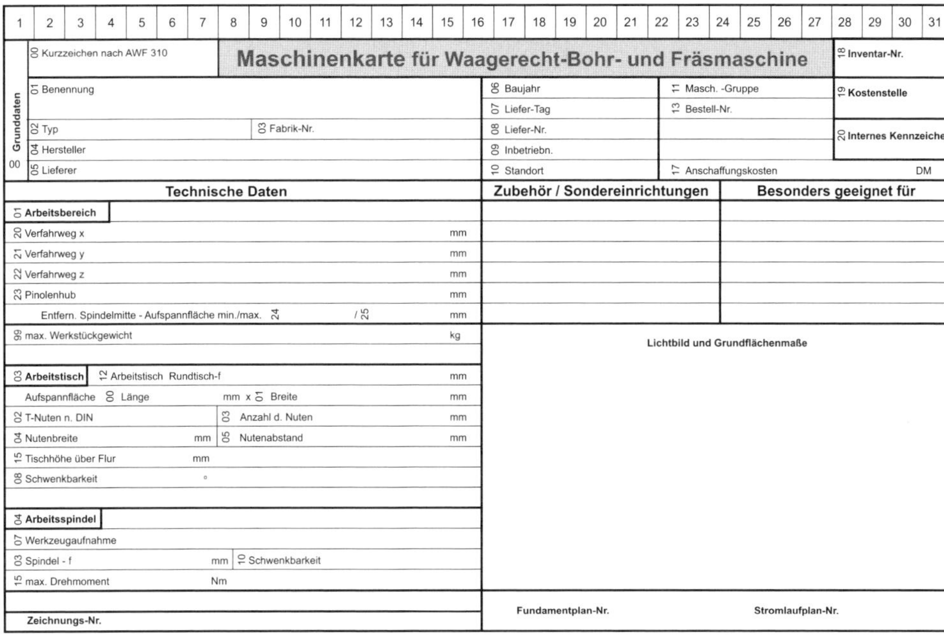
1 2 3 4 5 6 7 8 9 10 11 12 13 14 15 16 17 18 19 20 21 22 23 24 25 26 27 28 29 30 31

00 Kurzzeichen nach AWF 310

Maschinenkarte für Waagerecht-Bohr- und Fräsmaschine

18 Inventar-Nr.

Grunddaten 00

01 Benennung

02 Typ | 03 Fabrik-Nr.

04 Hersteller

05 Lieferer

06 Baujahr | 11 Masch. -Gruppe

07 Liefer-Tag | 13 Bestell-Nr.

08 Liefer-Nr.

09 Inbetriebn.

10 Standort | 17 Anschaffungskosten DM

19 Kostenstelle

20 Internes Kennzeichen

Technische Daten

01 Arbeitsbereich

20 Verfahrweg x mm

21 Verfahrweg y mm

22 Verfahrweg z mm

23 Pinolenhub mm

Entfern. Spindelmitte - Aufspannfläche min./max. 24 / 25 mm

99 max. Werkstückgewicht kg

03 Arbeitstisch | 12 Arbeitstisch Rundtisch-f mm

Aufspannfläche 00 Länge mm x 01 Breite mm

02 T-Nuten n. DIN | 03 Anzahl d. Nuten mm

04 Nutenbreite mm | 05 Nutenabstand mm

15 Tischhöhe über Flur mm

08 Schwenkbarkeit °

04 Arbeitsspindel

07 Werkzeugaufnahme

03 Spindel - f mm | 10 Schwenkbarkeit

15 max. Drehmoment Nm

Zeichnungs-Nr.

Zubehör / Sondereinrichtungen

Besonders geeignet für

Lichtbild und Grundflächenmaße

Fundamentplan-Nr.

Stromlaufplan-Nr.

© IFA D4715

Bild 5.11 Beispiel einer Maschinenkarte (Vorderseite) (AWF)

In größeren Betrieben besteht meist eine *Betriebsmitteldatei*, deren exemplarisches Inhaltsverzeichnis Bild 5.12 zeigt. In einer Art Katalog ist darin jedes Betriebsmittel detailliert beschrieben, ähnlich der AWF-Maschinenkarte. Die Ordnung erfolgt in der Regel nach einer sogen. Platzkostennummer. Ihr prinzipieller Aufbau ist in Bild 5.13 dargestellt. Ausgehend von einer Kostenstelle, die dem Standort entspricht, folgt eine verfahrensorientierte Klassifizierung - z. B. entsprechend Bild 4.26 - und schließlich die Inventarnummer, mit der eine konkrete Maschine ansprechbar ist.

Im Rahmen der Arbeitsplanung interessiert lediglich die Klassifikationsnummer des Arbeitsplatzes, da der Arbeitsplan die kostengünstigste im Betrieb verfügbare Maschine enthalten soll. In Abschnitt 4.5 wurde der nummerungstechnische Aufbau eines geeigneten Klassifikationssystems erläutert. Mit diesem System erhält der Arbeitsplaner ein Hilfsmittel, das eine rasche Zuordnung der Arbeitsgänge zu den Maschinen ermöglicht. Bei genauerer Planung auch einzelner Arbeitsoperationen, wie sie bei Serien- und Großserienteilen erforderlich ist, liefert das NC-Programm auch detailliertere Angaben bis hin zu Drehzahlstufen und Vorschüben einschließlich der benötigten Werkzeuge.

	Bereich	Maschinengruppe
1	Kleindreherei	- Spitzendrehbänke - Kopier- und NC-Drehbänke - NC-Bohrmaschinen - Revolverdrehbänke - Schleifmaschinen - Zubehör
2	Kleinfräserei	- Stoßmaschinen - Bohrmaschinen - Fräsmaschinen - Zubehör
3	Mittelbearbeitung	- Hobelmaschinen - Drehbänke - Bohrmaschinen - Fräsmaschinen - Bohrwerke - Honmaschinen - Zubehör
4	Schwer- und Großbearbeitung	- Großdrehwerk - Karusselldrehbänke - Bohrmaschinen - Bohrwerke - Zubehör
5	Großbearbeitung	- Stoßmaschinen - Drehbänke - Karusselldrehbänke - Zahnradfräsmaschinen - Koordinatenbohrwerk - Schleifmaschinen - Zubehör
6	Schaufelfräserei	- Hobelmaschinen - Fräsmaschinen - Schleifmaschinen - Zubehör
7	Anreißerei	- Anreißmaschinen - Anreißplatten

© IFA D4427

Bild 5.12 Aufbau des Betriebsmittelkataloges einer Maschinenfabrik (Beispiel)

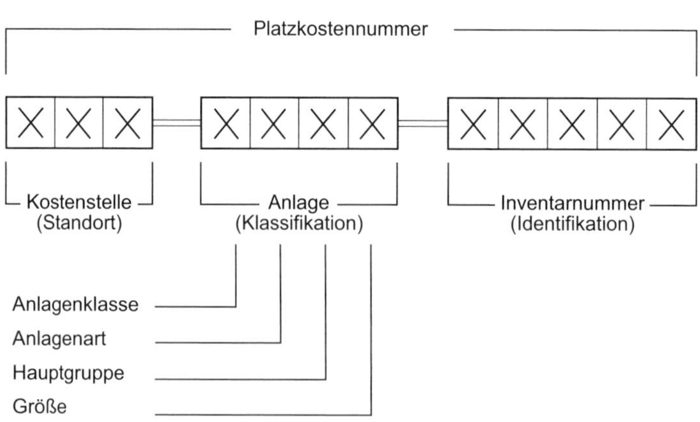

© IFA D3988

Bild 5.13 Aufbau einer Platzkostennummer für Maschinengruppen (Beispiel)

Am Beispiel der Drehbearbeitung des Stopfbuchsengehäuses soll die Zuordnung des Arbeitsvorganges zu den Betriebsmitteln verdeutlicht werden. Gemäß Bild 4.26 ergibt sich für die 1. Stelle (Anlagenklasse) eine 3 (spanabhebende Verformung). Die 2. Stelle (Anlagenart) enthält die hier zu verwendende Universaldrehbank unter der Klasse 1 (Drehbänke). Innerhalb der Drehbänke werden in der 3. Stelle (Hauptgruppe) unter 0 die Spitzendrehbänke angesprochen. Nun gilt es noch, die hierzu passende Größe zu wählen. Das Rohteil hat einen Durchmesser von 300 mm und eine Länge von 113 mm. Entscheidend für die Wahl der Maschine ist hier also der Umlaufdurchmesser über dem Support. Daher ist die 4. Stelle (Größe) eine 2 (200 ... 400 mm). Die vollständige Maschinenklassifizierung ist demnach 3102. Diese wird dem entsprechenden Arbeitsgang zugeordnet. Damit liegen für das Beispiel „Stopfbuchsengehäuse" folgende Ergebnisse des Arbeitsplanes vor, wenn man sinngemäß auch den übrigen Arbeitsgängen die Klassifikationsnummern zuordnet:

Tabelle 5.1 Arbeitsvorgangsfolge für ein Werkstück (Beispiel Stopfbuchsengehäuse, dargestellt in Bild 5.5)

AG-Nr.	Benennung	MG-Nr.
1	Absägen	3902
2	Drehen komplett	3102
3	Bohren und Gewindeschneiden	3474
4	Anreißen	5502
5	Einschleifen Nut 5 breit	5007

AG: Arbeitsvorgang MG-Nr: Maschinengruppennummer

Man erkennt an diesem einfachen Beispiel, dass der Arbeitsplaner mit der Zeit eine gewisse Routine im Zuordnen der Maschinen erhält, zumal die Arbeitsvorbereitung organisatorisch häufig noch in Gruppen gegliedert ist, die jeweils nur bestimmte Teilegruppen, wie Gussteile, Schweißteile, Drehteile usw., Teilefamilien (Wellen, Zahnräder, Gehäuse) oder bestimmte Produktgruppen planen.

Im nächsten Schritt erfolgt nun die Zuordnung der Fertigungshilfsmittel zu den einzelnen Arbeitsvorgängen. Hierzu sind, soweit erforderlich, spezielle Vorrichtungen, Werkzeuge und Messeinrichtungen festzulegen und ihre Anfertigung bzw. Bestellung zu veranlassen. Wie bereits erwähnt, existiert für diese Aufgabe meist eine spezielle Werkstatt, die als Vorrichtungs- oder Betriebsmittelbau bezeichnet wird und häufig organisatorisch der Arbeitsvorbereitung unterstellt ist. Dies erfolgt zum einen wegen der erforderlichen engen Abstimmung zwischen Arbeitsplanung und Vorrichtungsbau, zum anderen sind diese Vorrichtungen meist kompliziert im Aufbau und damit Termin bestimmend für die Fertigung des Teils.

Bei dem Beispielwerkstück Stopfbuchsengehäuse sind wegen der relativ einfachen Geometrie und der geringen Genauigkeiten die vorhandenen Fertigungsmittel einsetzbar. Der Arbeitsplaner prüft dies anhand eines Werkzeug- und Vorrichtungskataloges. Im nächsten Schritt erfolgt nun die Ermittlung der Vorgabezeiten.

5.2.3.5 Vorgabezeitenermittlung

Vorgabezeiten sind Sollzeiten für Arbeitsabläufe, die von Menschen und Betriebsmitteln ausgeführt werden. Sie dienen im Wesentlichen drei Aufgaben: Durch die Kenntnis der erforderlichen *Belegungszeit* eines Betriebsmittels ist eine Grundlage für eine kurzfristige *Kapazitäts- und Terminplanung* und eine längerfristige Investitionsplanung gegeben. In Bezug auf den Menschen ist die Vorgabezeit Basis der *Personalkapazitätsplanung* und *Entlohnung*. Schließlich ist auf Basis der Lohn- und Maschinenstundensätze und der Vorgabezeiten auch die *Kostenermittlung für Produkte und Leistungen* im Rahmen der betrieblichen Kostenrechnung möglich. Dieser vielfache Einsatz der Vorgabezeiten erklärt die große Aufmerksamkeit, die der Bestimmung und Kontrolle dieser Werte in den Unternehmen zuteil wird. Man ermittelt die Vorgabezeit häufig durch *Zeitstudien* mit Berechnungen, Messungen und Vergleichen aufgrund einer Normalleistung.

Als *Normalleistung* wird nach REFA definiert: „Unter REFA-Normalleistung wird eine Bewegungsausführung verstanden, die dem Beobachter hinsichtlich der Einzelbewegungen, der Bewegungsfolge und ihrer Koordinierung harmonisch, natürlich und ausgeglichen erscheint. Sie kann erfahrungsgemäß von jedem in erforderlichem Maße geeigneten, geübten und voll eingearbeiteten Arbeiter auf die Dauer und im Mittel der Schichtzeit erbracht werden, sofern er die für persönliche Bedürfnisse und gegebenenfalls auch für Erholung vorgegebenen Zeiten einhält und die freie Entfaltung seiner Fähigkeiten nicht behindert wird“ [Refa91].

Zur Ermittlung der Normalleistung sind zwei grundsätzlich unterschiedliche Verfahren bekannt [Hei96]. Die *Systeme vorbestimmter Zeiten* (synthetische Zeitermittlung) basieren auf kleinsten Bewegungselementen, für welche die Normalzeit in Tabellenwerten vorgegeben ist. Für einen konkreten Arbeitsablauf werden die Vorgabezeiten durch Zusammensetzen aus diesen Tabellenwerten ermittelt. Dieses Verfahren findet hauptsächlich in der Großserienfertigung zur Auslegung von Einzelarbeitsplätzen und verketteten Arbeitsplätzen Anwendung. In der Einzel- und Serienfertigung wird die Vorgabezeit mehr auf der Basis *gemessener Zeiten* ermittelt (analytische Zeitermittlung). Dabei ist der *Leistungsgrad* zu beachten, der das Verhältnis der beobachteten Ist-Leistung zu einer vorgestellten Bezugsleistung, der *Normalleistung*, bezeichnet.

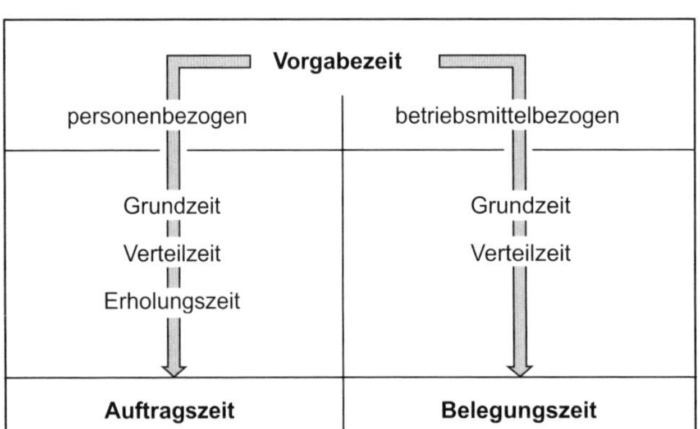

Bild 5.14 Bestandteile und Anwendung der Vorgabezeit

© IFA D3992

Die entweder synthetisch oder analytisch ermittelte Vorgabezeit gilt einerseits für den arbeitenden Menschen und wird hier als *Auftragszeit* bezeichnet. Andererseits dient sie auch der Kapazitätsplanung der Betriebsmittel und wird dann als *Belegungszeit* bezeichnet (Bild 5.14). Innerhalb der Vorgabezeiten lassen sich nach REFA zwei bzw. drei grundsätzlich unterschiedliche Zeitanteile unterscheiden. Die *Grundzeit* umfasst die zur planmäßigen Arbeitsausführung notwendigen Schritte. Die *Verteilzeit* berücksichtigt unregelmäßige und weniger häufig anfallende Zeiten in Form von Zuschlägen zur Grundzeit. Die *Erholungszeit* bezieht sich auf notwendige Zeiten für die Erholung des arbeitenden Menschen.

Bild 5.15 leitet diese bereits verdichteten Zeitbegriffe aus einer Analyse des Arbeitsablaufes des Menschen ab [Refa91]. Man erkennt, dass sich die Grundzeit aus der *Tätigkeits-* und der *Wartezeit* zusammensetzt, während die *Verteilzeit* eine durch den Arbeitsprozess bedingte sachliche und eine durch den Menschen bedingte persönliche Komponente enthält.

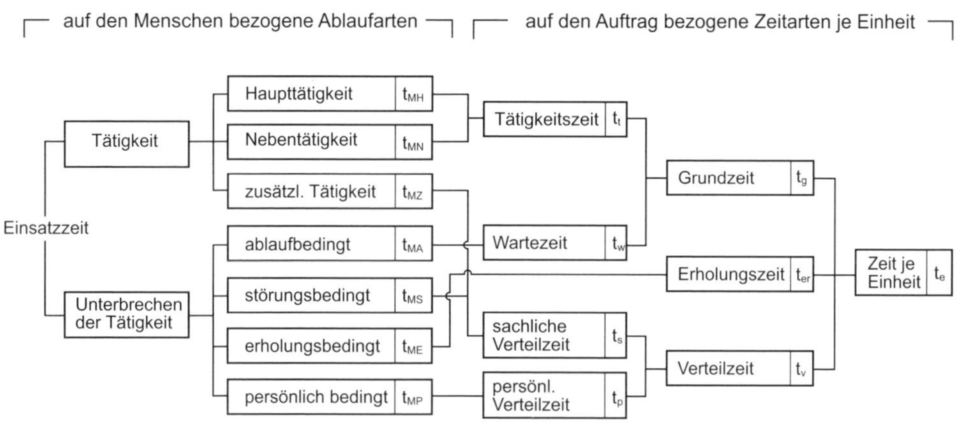

© IFA D3996

Bild 5.15 Gliederung der Zeitarten des Menschen, bezogen auf eine Einheit eines Auftrages (REFA)

Bei der Berechnung der Vorgabezeit für einen Auftrag ist nach mengenunabhängigen und mengenabhängigen Bestandteilen zu unterscheiden (Bild 5.16). Die erstgenannten werden in ihrer Summe als *Rüstzeit* t_r bezeichnet und umfassen die einmaligen Vorbereitungsarbeiten zur Durchführung eines Auftrages, wie Aufbau von speziellen Vorrichtungen und Werkzeugen, Grundeinstellung der Maschine nach Arbeitsablauf, Versetzen der Maschine in den Zustand vor Beginn der Arbeit usw. Die mengenabhängige Zeit wird als *Ausführungszeit* t_a bezeichnet und besteht aus der Vorgabezeit je Einheit (t_e) multipliziert mit der im Auftrag enthaltenen *Stückzahl m*. Daraus ergibt sich die *Auftragszeit* T_a als Summe von Rüstzeit und Ausführungszeit [Refa91].

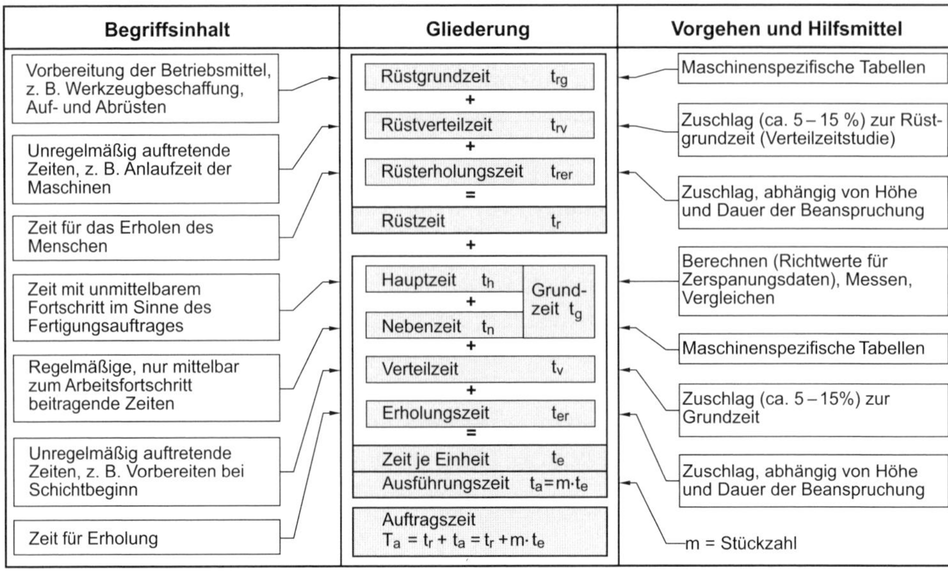

© IFA D3995

Bild 5.16 Aufbau und Ermittlung von Vorgabezeiten (Minolla, WZL)

Neben der Kurzdefinition der einzelnen Zeitkomponenten der Auftragszeit ist aus Bild 5.16 auch die prinzipielle Vorgehensweise zur Ermittlung dieser Zeitarten zu ersehen. Man erkennt daraus, dass lediglich die *Hauptzeit* und mit Einschränkung auch die *Nebenzeit* einer genaueren Berechnung aufgrund von Maschinendaten zugänglich ist [Eve02].

Die übrigen Zeiten ermittelt man durch Zuschlagssätze, die aufgrund der bereits erwähnten Systeme vorbestimmter Zeiten, aus Istzeit-Messungen oder aus Vergleichen mit identischen oder ähnlichen Vorgängen in Form von Tabellen oder Nomogrammen festliegen. Je höher der Automatisierungsgrad der Maschine ist, auf welcher der Arbeitsvorgang durchgeführt wird, umso genauer lässt sich die Vorgabezeit bestimmen, umso geringer wird damit aber auch die vom Menschen beeinflussbare Zeit. Die Methode der Vorgabezeitermittlung zum Zweck der Entlohnung bedarf nach § 87 des Betriebsverfassungsgesetzes einer schriftlichen Vereinbarung zwischen Unternehmensleitung und Betriebsrat (siehe Abschnitt 2.6.2).

Für jeden Arbeitsvorgang ist nun anhand der einzelnen Teilarbeitsvorgänge entsprechend den betriebsüblichen Schnittdaten die Hauptzeit zu ermitteln und die Rüstzeit festzulegen. Für häufig vorkommende Planungsvorgänge entwickelt sich jeder Betrieb Vorgabezeittabellen, die Bild 5.17 für Bohrarbeiten und Gewindebohren zeigt. Die Werte für t_e und t_r erscheinen im Arbeitsplan jedoch getrennt, um bei Stückzahlen, die bei der tatsächlichen Auftragsdurchführung von der Planmenge abweichen, auf die Einzelwerte zugreifen zu können.

Vorgabezeittabelle für Bohrarbeiten Werkstoff GG18							
1. Bohren nach Anriss (Werte in Minuten)							
	Bohrungsdurchmesser [mm]						
Tiefe [mm]	5 - 10	11 - 15	16 - 20	21 - 25	26 - 30	31 - 35	. . .
5 - 10	0,5						
10 - 15	0,5	0,6	0,7	0,8	1,0	1,2	
15 - 20	0,6	0,6	0,7	0,9	1,1	1,3	
20 - 25	0,7	0,7	0,8	1,0	1,2	1,4	
25 - 30	0,7	0,7	0,9	1,1	1,3	1,5	
30 - 35	0,7	0,8	1,0	1,2	1,4	1,6	
. . .							
2. Bohren und Gewindeschneiden (Werte in Minuten)							
	Durchmesser [mm]						
Tiefe [mm]	M 5	M 6	M 8	M 10	M 12	M 16	
5 - 10	0,8	0,9	0,9	1,0	1,2	1,5	
10 - 15	0,9	1,0	1,0	1,1	1,3	1,5	
15 - 20	1,1	1,1	1,2	1,3	1,4	1,7	
20 - 25	1,1	1,2	1,3	1,4	1,5	1,9	
25 - 30	1,2	1,3	1,4	1,5	1,7	2,0	
30 - 35	1,3	1,3	1,5	1,6	1,7	2,1	
. . .							
In der Tabelle enthaltene Griffzeiten: 1. Bohrspindel ein- und ausschalten 2. Bohrspindel heben und senken 3. Vorschub einrücken 4. Loch nach Anriss anfahren und ankörnen							

Bild 5.17 Auszug aus einer Vorgabezeittabelle für „Bohren nach Anriss“ und „Bohren und Gewindeschneiden“

© IFA D4428

Mit der Feinplanung der Arbeitsvorgänge und der Vorgabezeitermittlung eng verknüpft ist die Festlegung der zur Durchführung der Arbeit erforderlichen Qualifikation des Werkers, welche dem Schwierigkeitsgrad der Arbeit entsprechen muss. Dieser Schwierigkeitsgrad wird mit Hilfe des *Arbeitswertes* ausgedrückt. Um einen Arbeitsvorgang mit einem vorgegebenen Arbeitswert durchführen zu können, muss der Werker bestimmten Anforderungen genügen, die nach dem erforderlichen *Fachkönnen*, der auftretenden *Belastung*, der *Verantwortung* und den *Arbeitsbedingungen* differenziert werden. Bild 5.18 gliedert die Hauptanforderungsgruppen weiter entsprechend dem sogenannten Genfer Schema in 16 Untergruppen auf [Wib66]. Aus diesem Schema werden dann Gesamtbeurteilungen einer Arbeitssituation entwickelt [Ham96].

Aus den Arbeitswerten lassen sich nach summarischen und analytischen Methoden *Lohngruppen* bilden, die im Arbeitsplan erscheinen. Den Lohngruppen, die vom ungelernten Hilfsarbeiter bis zum hochqualifizierten Facharbeiter reichen, werden in Tarifverträgen oder Betriebsvereinbarungen bestimmte Lohnsätze zugeordnet, sodass über die Lohngruppe im Arbeitsplan einerseits eine Personalplanung hinsichtlich Anzahl und Qualifikation und andererseits auch die Bestimmung der Lohnkosten als Bestandteil der Fertigungskosten möglich ist.

Hauptanforderungsarten	Untermerkmale (Anforderungsarten)
Geistige Anforderungen	1. Fachkenntnisse 2. Nachdenken (geistige Beanspruchung)
Körperliche Anforderungen	3. Geschicklichkeit 4. Muskelbelastung 5. Aufmerksamkeit (Belastung Sinne und Nerven)
Verantwortung für	6. Betriebsmittel 7. Sicherheit u. Gesundheit anderer 8. Arbeitsablauf
Arbeitsbedingungen (Umgebungseinflüsse)	9. Temperatur 10. Nässe 11. Schmutz 12. Gas, Dämpfe 13. Lärm, Erschütterung 14. Blendung, Lichtmangel 15. Erkältungsgefahr, Arbeit im Freien 16. Unfallgefährdung

© IFA D4435

Bild 5.18 Arten der Anforderungen an den arbeitenden Menschen in der industriellen Produktion (Wibbe)

5.2.3.6 Dokumentation

Die Teilergebnisse der Arbeitsplanung werden im Arbeitsplan dokumentiert. Bild 5.18 zeigt als Beispiel hierzu den Arbeitsplan des Stopfbuchsengehäuses, dessen Aufbau in dieser oder ähnlicher Form in zahlreichen Unternehmen anzutreffen ist. Der auftragsneutrale Arbeitsplan ist hier bereits mit den Auftragsdaten versehen worden, die erst nach der Disposition hinzugefügt werden. Danach folgen die aus der Stücklisten-Positionszeile übernommenen Angaben zum *Werkstück*, anschließend die Daten zum *Rohmaterial*. Der *Stückzahlbereich* nennt den Gültigkeitsbereich des Arbeitsplanes. Zu Steuerungszwecken enthält der Arbeitsplan auch die Angabe des Ortes, von dem aus das Rohteil in den Arbeitsablauf eingesteuert wird. In diesem Beispiel erfolgt die Anlieferung des Rohteils als Arbeitsgang 00 von dem durch die MG-Nummer 0704 gekennzeichneten Stangenlager.

Nun folgen die einzelnen *Arbeitsvorgänge* mit ihrer laufenden Nummer in Schritten von 10, dem *Text* des Arbeitsvorganges, der Nummer der *Maschinengruppe*, der *Lohngruppe* sowie der *Rüstzeit* t_r und der *Stückzeit* t_e in Minuten. Unter *Bemerkungen* können Hinweise auf spezielle Vorrichtungen, Werkzeuge, Messzeuge oder Arbeitsanweisungen und Vorschriften, z. B. bei Prüfarbeitsgängen, eingetragen werden. Im Beispiel sind keine Zeiten für den Absäge- und den Anreißvorgang vorgesehen, weil für diese Arbeitsvorgänge wegen ihrer großen Anzahl und ihres relativ geringen Arbeitsaufwandes keine spezielle Kapazitätsberechnung und keine Zeitvorgabe erfolgt.

ARBEITSPLAN Auftrags-Nr. 2018 799 Gr.-Nr. 23 U.-Gr. 01	Erstellt : 28.03 XX Termin : 15.06.XX
Bezeichnung des Auftrags : Pumpe TD1 Serie 12	Sachbearbeiter : Albert
Bezeichnung der Gruppe : Dichtung 1, Packung Zusb.	Telefon : 2987

Lfd. Nr.	Stück	Benennung	Zeichn.:-Nr.	Pos.	Material	Lager-Nr.
5	1	Stopfbuchsgehäuse 290/137x110	7360860	05	1.4571	4034951
Rohmaterial		Stange 300 rd x 110	Stückzahl	6	Stückzahlbereich	1 - 100

AG-Nr.	Arbeitsvorgang	MG-Nr.	L-Gr.	t_r	t_e	Bemerkungen
00	Anlieferung	0704				
10	Absägen 6 Stck D 300 x 110 + 3	3203				
20	Drehen komplett	3275	6	80	110	M100ZA
30	Bohren und Gewindeschneiden	3474	6	45	25	N1875A
40	Anreißen Nut 5 breit	5502				
50	Einschleifen Nut 5 breit in d 167	5007	4	20	20	

Durchlauf AV :	Aussteller : ______	Geprüft : ______	Genehmigt : _____	Normgeprüft : _____

© IFA D4126

Bild 5.19 Konventionell erstellter Arbeitsplan (Beispiel)

Falls keine besonderen Vorrichtungen konstruiert werden müssen und sofern keine numerischen Werkzeugmaschinen zum Einsatz kommen, die noch ein Steuerprogramm erfordern, ist die Aufgabe der Arbeitsplanung mit der Dokumentation des Arbeitsplanes abgeschlossen. Überwiegend geschieht dies in speziellen Datenbanken oder den im Kapitel 4 erläuterten PDM-Systemen. Der Arbeitsplan wird im Auftragsfall meist dezentral ausgedruckt oder kann direkt am Arbeitsplatz über das werksinterne Netz abgerufen werden.

Die Anwendungsmöglichkeit des Arbeitsplanes ist außerordentlich vielfältig und unterstreicht seine Bedeutung als zentraler Informationsträger im gesamten Ablauf der Fertigung. Bild 5.20 gibt eine Übersicht über seine Verwendung in den verschiedenen Aufgabenbereichen [Olb70].

Neben seiner primären Aufgabe als Arbeitsunterlage für die *Auftragssteuerung, die Arbeitsunterweisung,* als *Lohnbeleg* und zur *Betriebs- und Materialbereitstellung* bildet er die Grundlage der gesamten *Termin- und Kapazitätsplanung* für Mensch, Maschine und Material sowie zur *Kalkulation.* Die elektronische Speicherung erlaubt durch Datenbankabfragen darüber hinaus auch Auswertungen über Häufigkeit und Verwendungen von Material und Maschinen im Rahmen von Rationalisierungsmaßnahmen.

Schließlich bilden Arbeitspläne auch vielfach die Planungsgrundlage für die langfristigen Aufgaben der Arbeitsplanung, wie *Fabrik-, Personal- und Betriebsmittelplanung,* auf die noch näher eingegangen wird. Zuvor soll jedoch eine wichtige Teilaufgabe der Arbeitsplanung betrachtet werden, die bereits kurz erwähnt wurde, nämlich die NC-Programmierung.

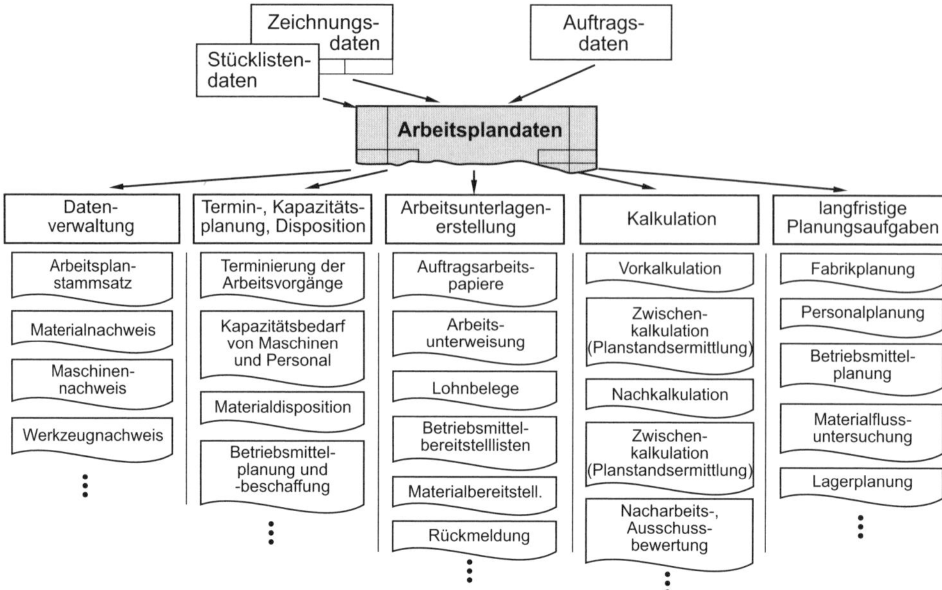

© IFA D3991

Bild 5.20 Verwendung von Arbeitsplandaten in den verschiedenen Aufgabenbereichen (Olbrich)

5.2.4 NC-Programmierung

Numerisch gesteuerte Werkzeugmaschinen sind aus der modernen Produktion nicht mehr wegzudenken. Eine numerische Steuerung (abgekürzt NC, engl.: numerical control) bestimmt dabei Art und Reihenfolge der einzelnen Fertigungsschritte für ein Werkstück. Diese sind in einem NC-Programm festgelegt.

Es enthält die Anweisungen für die Steuerung der Relativbewegungen zwischen Werkstück und Werkzeug, technologische Anweisungen, wie z.B. Schnittgeschwindigkeit und Vorschub, sowie Schaltbefehle, z.B. Werkzeugwechsel und Teilewechsel [Wec06]. Neben Werkzeugmaschinen werden auch Roboter und Messmaschinen numerisch gesteuert und erfordern entsprechende Programme.

Die Erstellung eines NC-Programms für eine Werkzeugmaschine umfasst folgende Teilaufgaben (Bild 5.21). Zunächst sind anhand der Werkstückgeometrie und der vorab festgelegten Rohteilgeometrie die *Bearbeitungsschritte* zur Erzeugung der Form des Fertigteils zu bestimmen. Diese erfordern teilweise mehrere Aufspannungen mit entsprechenden Spannmitteln und -vorrichtungen. Die zu jedem Bearbeitungsschritt benötigten *Werkzeuge* und gegebenenfalls Messmittel sind aus einem Werkzeugkatalog auszuwählen und die *Werkzeugbewegungen* zu bestimmen. Dabei befindet sich das Werkzeug entweder im Eingriff, und es erfolgt eine Geometrieveränderung des Teils durch Werkstoffabtrag, oder es fährt eine Position ohne Eingriff an, letzteres häufig im Eilgang. Bei allen Bewegungen ist auf einen kollisionsfreien Ablauf zu achten, insbesondere bei der gleichzeitigen Ortsveränderung mehrerer Werkzeuge auf verschiedenen Vorschubschlitten.

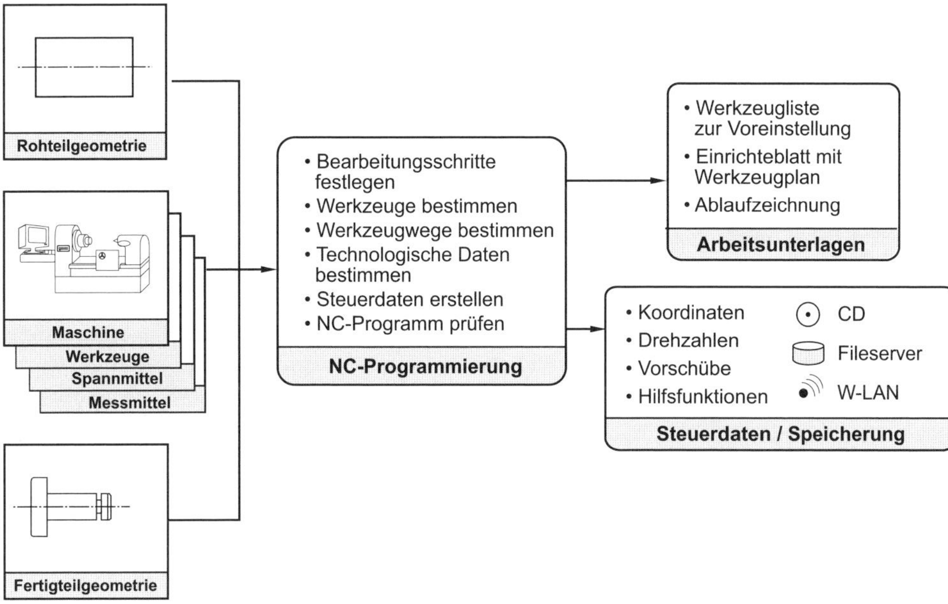

© IFA D3984

Bild 5.21 Programmierung numerisch gesteuerter Arbeitsmaschinen

Nun erfolgt die Bestimmung der *technologischen Daten*, zu denen vor allem die Schnittgeschwindigkeit, der Vorschub und die Schnitttiefe zählen. Die entsprechenden Daten entstammen betrieblichen Erfahrungswerten und technologischen Datenbanken [Wec06]. Anschließend sind die Anweisungen in einen von der Werkzeugmaschine lesbaren Code zu übertragen. Das *NC-Programm* enthält die Steuerinformationen für jeden Bewegungsabschnitt in Form sogenannter Programmsätze, die ihrerseits aus Wörtern bestehen. Diese stellen eine Kombination aus einem Kennbuchstaben und einer Ziffernfolge dar, die nach DIN 66025 genormt sind [DIN88].

Das fertige Programm wird vor der Fertigungsfreigabe überprüft, meist mit Hilfe einer grafischen Ausgabe der Verfahrwege auf einem Bildschirm. Die Eingabe des zuvor archivierten Programms in die Steuerung der Maschine erfolgt im Bedarfsfall über CDs oder heute überwiegend im DNC-Betrieb (engl.: direct numerical control) über Datenleitungen. Hierbei wird das auf einem Massendatenspeicher (server) befindliche Programm als Datenpaket (file) über lokale Netze auf die Maschine übertragen oder von dort abgerufen. Mittlerweile ist auch eine Übertragung über firmeninterne Funknetze möglich.

Neben der damit festliegenden Liste der Operationen und ihren Zeitdauern erhält der Werker noch die *Werkzeugliste* zur Voreinstellung der Werkzeuge, einen *Einrichteplan*, der die Werkzeuge mit ihren Einbaupositionen im Werkzeugfutter oder Werkzeugmagazin enthält, sowie bei komplizierten Teilen eine *Ablaufzeichnung* der Werkzeugbewegungen.

Die Steuerung der Maschine muss die Anweisungen nun in die maschinenspezifischen Befehle zur Ansteuerung der Bewegungsachsen und Hilfseinrichtungen übersetzen. Dabei erfolgen auch die Interpolation nichtlinearer Bewegungen, Nullpunktverschiebungen aufgrund veränderter Werkstücklagen, die Anpassung der Bewegungsbahn an das aktuelle Werkzeug usw.

Man unterscheidet verschiedene Arten der NC-Programmierung, die sich zum einen nach dem Ort und der Person der Erstellung und zum anderen nach dem Grad der Automatisierung gliedern lassen. Daraus haben sich verschiedene Programmierverfahren entwickelt.

Im einfachsten Fall erfolgt eine *manuelle Programmierung* in den nach DIN 66025 genormten Satzbefehlen durch den NC-Programmierer in der Arbeitsvorbereitung. Bild 5.22 zeigt hierzu als Beispiel die Endbearbeitung eines Wellenendes [Wec06]. Aus der Skizze im oberen Bildteil gehen die Konturpunkte P1 bis P6 mit den Referenzpunkten M (Maschine) und W (Werkzeug) sowie den Bewegungsachsen X und Y hervor, ferner die vorgesehenen Werkzeuge, nämlich zwei Einstechmeißel und ein Schlichtwerkzeug. Die aus einer Werkzeugdatei entnommenen Werkzeugdarstellungen enthalten die Lage der Referenzpunkte F relativ zum Bezugspunkt an der Werkzeugschneide.

Es soll zunächst der zwischen P3 und P4 liegende Einstich und daran anschließend die Schlichtbearbeitung von P1 bis P3 und von P4 bis P6 erfolgen. Das manuell erstellte NC-Programm (Bild 5.22 unten) enthält je Zeile einen Befehlssatz, der aus den Elementen Satznummer (N01 ... N28), den eigentlichen Steuerbefehlen, den gegebenenfalls dazugehörenden Wegbedingungen in X- und Z-Richtung mit den zugehörigen Werkzeugnummern sowie den Zusatzfunktionen besteht. Durch den Kommentar zu jeder Zeile lassen sich die einzelnen Schritte Einstechen rechte Flanke (N01 ... N04), Einstechen von P4 bis P6 (N20 ... 25) sowie die Rückkehr zum Referenzpunkt und Programmende (N26 ... N38) gut nachvollziehen. Die Kreisinterpolation mit Errechnung der einzelnen Punkte auf dem Viertelkreis zwischen P5 und P6 übernimmt die Steuerung der Maschine.

Bei der *EDV-unterstützten Programmierung* wird die Werkstückbearbeitung grafisch interaktiv mit Symbolen oder mittels einer speziellen Programmiersprache beschrieben. Ausgehend von der Beschreibung der Leistungsdaten der Maschine, des Rohteils, der Fertigteilkontur, des Werkstoffs und der Bearbeitungsart erfolgt der Aufruf der vom Programm selbstständig ermittelten Bearbeitungsschritte. Damit wird es auch eine Simulation im Echtzeitbetrieb mit Beobachtung der Konturveränderung während des Bearbeitungsablaufs sowie eine Kollisionsüberprüfung auf einem Programmierrechner oder direkt an der Werkzeugmaschine möglich [Wec06].

Eine verbreitete Lösung ist das EXAPT-Programmiersystem, das auf der am MIT, USA, entwickelten ersten Programmiersprache APT (engl.: automatically programmed tools) aufbaut [EXA13]. Dabei entsteht ein von einer speziellen Werkzeugmaschine unabhängiges Steuerungsprogramm, dessen Daten als CLDATA (engl.: cutter location data – Werkzeugpositionsdaten) bezeichnet werden und nach DIN 66125 genormt sind. Dieses wird nach Überprüfung in einem zweiten Schritt in das für eine spezielle Maschine erforderliche NC-Programm nach DIN 66025 umgewandelt.

Neuere Entwicklungen in der NC-Programmierung ermöglichen zum einen eine direkte Erstellung der maschinenspezifischen NC-Programme in einem grafisch geführten Dialog ohne Zwischenformate, wobei die Übernahme der Geometriedaten des Fertigteils direkt aus einem CAD-System erfolgen kann (sogenannte NC-Prozesskette). Dies setzt genormte Geometrieschnittstellen voraus, wie sie durch VDAFS (Verband der Automobilindustrie Flächenschnittstelle), IGES (Initial Graphics Exchange Specification) oder DXF (Data

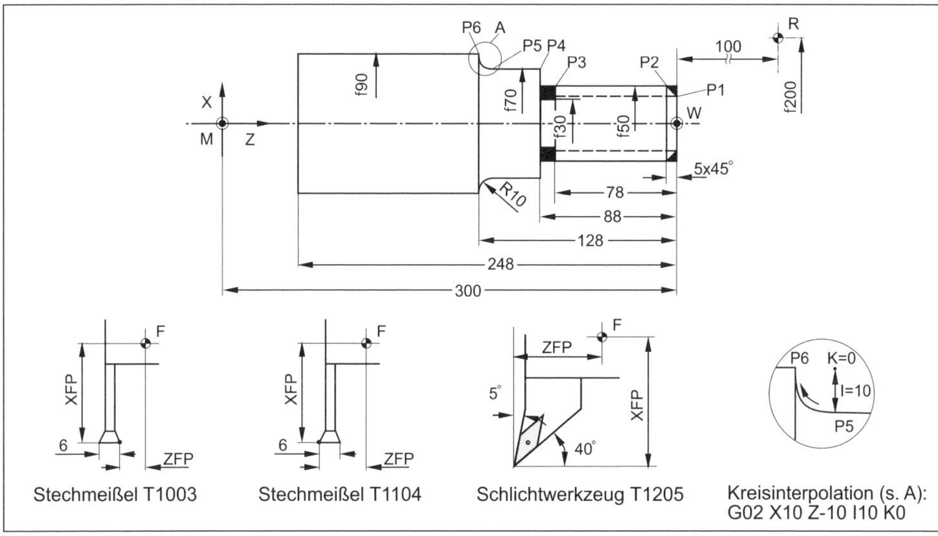

Skizze

Hauptprogramm A

Programmschritte						Kommentar
N01	G59	X0	Z300	S1300		Nullpunktverschiebung von M nach W, 1300 U/min
N02	G90			T1003	M04	Absolutmaßeing., Werkzeugw. T1003. Spindel "an" (Linksst.)
N03	G00	X54	Z-78	F0,1		Eilgang über Einstichposition Vorschub 0,1 mm/U
N04	G01	X30				Einstechen rechte Flanke
N05		X54				Herausfahren
N06	G00	X200	Z100			Eilgang zum Referenzpunkt
N07					T1104	Werkzeugwechsel T1104
N08	G00	X74	Z-88			Eilgang über Einstichposition
N09	G01	X30				Einstechen linke Flanke
N10		X74				Herausfahren
N11	G00	X200	Z100			Eilgang zur Referenzpos.
N12					T1205	Werkzeugwechsel T1205
N13	G91					Kettenvermaßung
N14	G46					Schneidenradiuskorrektur "ein"
N15	G00	X-80	Z-98			Eingang vor P1
N16	G96			V250		Konst. Schnittgeschwindigkeit 250 m/min
N17	G01		Z-2	F0,15		Zustellen nach P1, Vorschub 0,15 mm/U
N18		X5	Z-5			P1 nach P2
N19			Z-75			P2 hinter P3
N20	G00	X10	Z-6			Eilgang vor P4
N21	G01		Z-32			Nach P5
N22	G02	X10	Z-10	I10 K0		P5 nach P6 (Kreisinterpol)
N23	G01	X2				Wegfahren
N24	G40					Schneidenradiuskorrektur "aus"
N25	G90					Absolutmaßeingabe
N26	G00	X200	Z100			Eilgang zum Referenzpunkt
N27					M05	Spindel "halt"
N28					M30	Programmende, Rücksetzen auf Programmanfang

Programm

© IFA D3994

Bild 5.22 NC-Programmbeispiel einer Drehbearbeitung (Weck)

Exchange Format) für bestimmte Aufgaben realisiert werden. Weitergehende Normungsarbeiten streben eine formale Abbildung aller produktdefinierenden Daten über den gesamten Produktlebenszyklus mit Hilfe von STEP (standards for the exchange of product definition data) an (Bild 3.29) [Gra94, ES09].

Bild 5.23 zeigt ein Beispiel für eine grafisch-interaktive Programmierung mit Hilfe des Systems EXAPTplus. Die von einem CAD-System übernommene Fertigteilgeometrie (1) erscheint auf dem Bildschirm, und der Programmierer definiert interaktiv Rohteilgeometrie (2) und Einspannung (3). Nun wird im Dialog zwischen System und Programmierer für den ersten Bearbeitungsschritt – hier die Schruppbearbeitung des ersten Teils der Außenkontur – ein Werkzeug aus einer Werkzeugdatenbank ausgewählt und die Bearbeitung simuliert, Bild 5.24. Die Schnittwerte ermittelt das System aufgrund der Werkstoffangabe und Maschinendateien selbsttätig. Schritt für Schritt legt der NC-Programmierer die einzelnen Zerspanungssegmente fest, wobei eine automatische Schnittaufteilung erfolgt. Das protokollierte Ergebnis steht als Teileprogramm sowie als erweiterte CLDATA-Datei mit vollständigen Werkzeuginformationen und Werkzeugwegen für die aktualisierte Konturdarstellung nach jeder Werkzeugbewegung zur Verfügung.

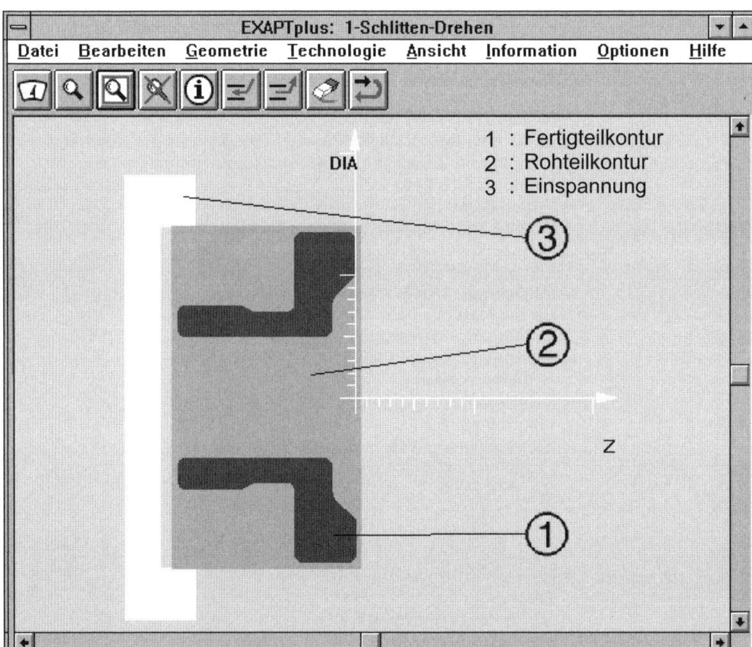

© IFA D4613

Bild 5.23 Beispiel für die grafische Darstellung von Fertigteilgeometrie, Rohteil und Einspannung (EXAPTplus)

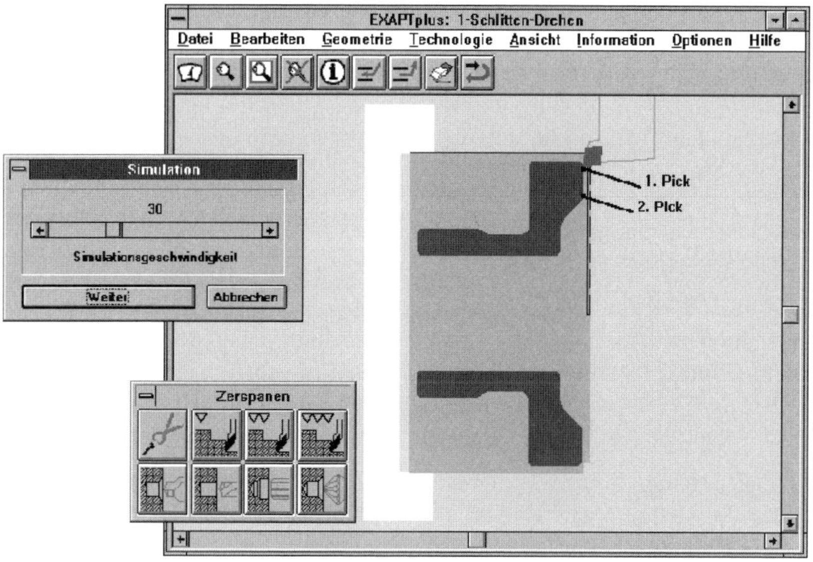

© IFA D4614

Bild 5.24 NC-Programmerstellung mit Hilfe einer grafischen Simulation (EXAPTplus)

Die dritte wesentliche Programmierart stellt die sogenannte *Werkstattprogrammierung* dar. Sie unterstützt den Trend, dem Facharbeiter an der Maschine wieder mehr Entscheidungen im Sinne einer flexibleren Abwicklung kleiner werdender Lose zu übertragen. Ausgehend von der schon länger angebotenen Handeingabesteuerung, wurde im Rahmen eines Verbundprojektes ein werkstattorientiertes Programmierverfahren (WOP) entwickelt. Dabei gibt der Werker zunächst die Geometriedaten ein oder übernimmt sie aus einem CAD-System. Dann entwickelt er interaktiv die Bearbeitungsreihenfolge mit Werkzeugen und Zerspanungsdaten und führt sie anschließend aus [EE92].

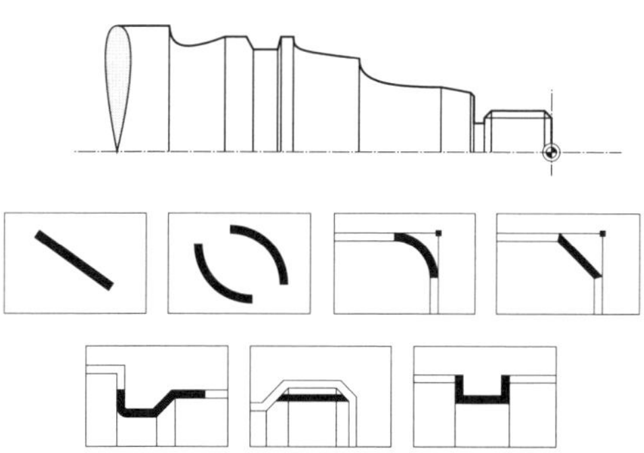

Bild 5.25 Beispiel einer werkstattorientierten NC-Programmierung (WOP) mit Symbolen (Keller, zitiert nach Weck)

© IFA D4085

Eine wichtige Voraussetzung für die effektive Nutzung dieser Programmierart ist die Darstellung der Konturelemente in Begriffen der Fertigung. Bild 5.25 zeigt hierzu im oberen Bildteil die Kontur eines Beispieldrehteils und darunter die zu seiner Programmierung erforderlichen Konturelemente.

Welches der genannten Programmierverfahren im konkreten Fall zum Einsatz kommt, hängt wesentlich von der Komplexität der Programmieraufgabe ab. Für einfache Teile bietet sich die manuelle Programmierung an, während mit zunehmend komplexeren Teilen zunächst die Werkstattprogrammierung und danach ein grafisch-interaktives Programmiersystem einschließlich CAD-Anbindung kostengünstiger, schneller und zuverlässiger sind.

5.2.5 Rechnerunterstützte Arbeitsplanung

Der Zwang zur Rationalisierung der indirekten Produktionstätigkeiten, aber auch neue Möglichkeiten der Informations- und Kommunikationstechnik haben dazu geführt, auch die Arbeitsplanerstellung zu verbessern. Hierzu haben Untersuchungen bereits in den 1970er-Jahren über den Zeitbedarf für die Arbeitsplanerstellung im Verhältnis zur Fertigungszeit je Stück beigetragen, die nichts von ihrer Aktualität verloren haben [Olb70].

Bild 5.26 zeigt das Ergebnis einer Befragung von 12 Maschinenbauunternehmen der Einzel- und Kleinserienfertigung zur Herstellung eines typischen Werkstückes. Es wird deutlich, dass der Planungsaufwand, relativ gesehen, umso höher wird, je geringer die Stückzahl ist. Weitere Untersuchungen haben gezeigt, dass die Bestimmung der Arbeitsvorgangsfolge und die Vorgabezeitermittlung nahezu 50 Prozent des Zeitbedarfs bei der Arbeitsplanerstellung ausmachen, gefolgt von der NC-Programmierung und dem Änderungsdienst.

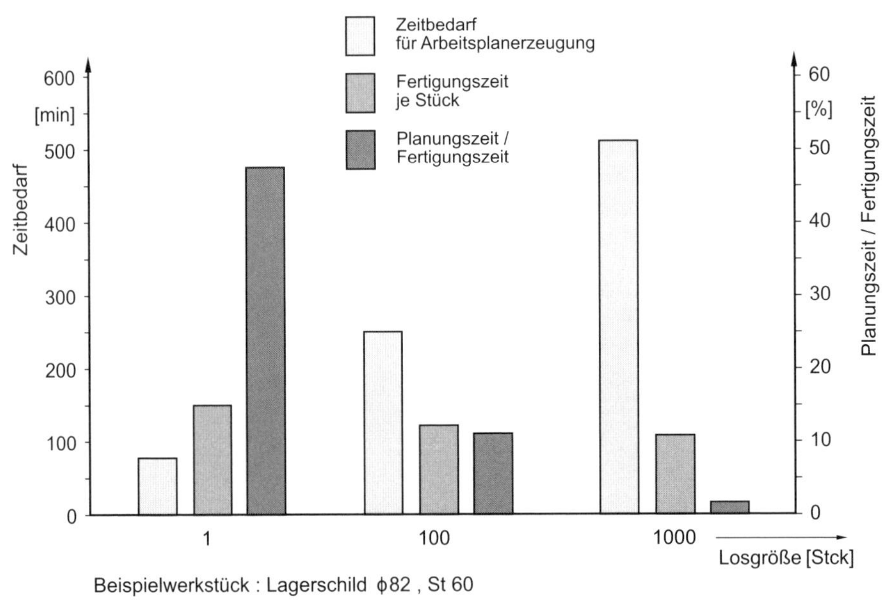

© IFA D3990

Bild 5.26 Zeitbedarf für Arbeitsplanerstellung und Fertigung eines Werkstückes bei verschiedenen Losgrößen (Olbrich)

Um den Aufwand zu reduzieren, versucht man zunächst, die Arbeitsplanung zu vereinfachen. Dies geschieht durch *Dezentralisierung* und *Entfeinerung* ihrer Aufgaben. Zum einen werden durch die möglichst weitgehende Gliederung der Fertigung in produktorientierte Fertigungsinseln, Fertigungssegmente oder Fraktale die Planungsaufgaben an ein Arbeitsteam delegiert [War92, Wil98]. Dabei werden die Vorgänge nicht im Detail ausgeplant, sondern durch *Versuch und Irrtum* kontinuierlich verbessert. Die Arbeitsvorbereitung tritt eher in beratender Funktion auf. Zum anderen bemüht man sich, durch *Auswärtsvergabe* und *Konstruktionsänderungen* die Anzahl zu planender Teile drastisch zu reduzieren. Dennoch bleibt der Arbeitsplan als zentrales Dokument der Produktion und Kalkulation unverzichtbar, allerdings ist der Detaillierungsgrad der Arbeitsplandaten stärker als bisher entsprechend den tatsächlichen Anforderungen der Nutzer zu differenzieren [Eve95].

Die *automatische Arbeitsplanung* gilt als zweite wichtige Möglichkeit zur Verringerung des Aufwandes. Allerdings sind wegen der schwer erfassbaren Dokumentation des betrieblichen Planungswissens und des damit einhergehenden großen Einführungsaufwandes entsprechende Systeme bei weitem nicht so stark verbreitet wie beispielsweise CAD-Systeme. Als Stand der Technik kann aber gelten, dass nahezu alle Unternehmen ihre Arbeitspläne elektronisch speichern, vorzugsweise mit Hilfe von relationalen Datenbanken.

	Ähnlichteilplanung	Variantenplanung	Neuplanung manuell	Neuplanung generativ
Voraussetzungen sind:	Manuelle Klassifikation oder automatische Klassifikation auf Basis von CAD-Daten	Definition einer Teilefamilie und Beschreibung der Planungslogik	Verfahrensspezifische Algorithmen; Datenbasis mit Planzeiten, Schnittwerten und Kostensätzen	Rechnerinterne Beschreibung von Werkstück, Werkstatt und Planungslogik
Der Planer übernimmt:	Erstellen des neuen Arbeitsplanes durch Ändern des ähnlichen Planes	Eingabe der Variantenparameter des Werkstückes oder Übernahme von CAD-Daten	Eingabe der Arbeitsvorgangsfolge; Geometriebeschreibung	Wenige schwierig zu automatisierende Entscheidungen
Der Rechner übernimmt:	Suche eines ähnlichen Werkstückes und seines Arbeitsplanes	Automatische Generierung des vollständigen Arbeitsplanes für alle Mitglieder einer Teilefamilie	Ermittlung von Technologiedaten; Zeit- und Kostenkalkulation	Automatische Erzeugung des vollständigen Arbeitsplanes

© IFA D4118

Bild 5.27 Planungsarten der rechnergestützten Arbeitsplanung (Hamelmann)

Für sich genommen, sind dies noch keine Arbeitsplanungssysteme im engeren Sinne. Sie bilden aber eine unverzichtbare Basis für die vier nach Aufwand und Anspruch gestuften Arten der rechnergestützten Arbeitsplanerstellung, die Bild 5.27 [Ham95] in einer tabellenartigen Übersicht vorstellt und die auf einen Vorschlag von Spur zurückgeht [Spu79].

Ähnlichteilplanung: Wegen des beträchtlichen Aufwandes für die Erstellung eines Arbeitsplanes versuchen die Unternehmen, vorhandene Arbeitspläne möglichst weitgehend wiederzuverwenden. Anhand der erwähnten Klassifikationsnummer, der Sachmerkmalsleiste oder mit modernen Suchprogrammen prüft der Arbeitsplaner zunächst, ob bereits mehr oder weniger ähnliche Teile bzw. Baugruppen geplant wurden. Im Idealfall liegt ein Arbeitsplan für ein gleiches oder sehr ähnliches Teil vor. Es ist zu überprüfen, ob der

Stückzahlbereich zutrifft, der Plan technologisch noch aktuell ist und die angeführten Maschinen und Betriebsmittel noch verfügbar sind. Die vorhandenen Arbeitspläne werden dann hinsichtlich der Arbeitsfolge und Arbeitssysteme modifiziert; vor allem wird eine Neuberechnung der Vorgabezeiten vorgenommen.

Variantenplanung: Für genau definierte Teilegruppen, auch Teilefamilien genannt, erstellt man Standard- oder Variantenarbeitspläne. Durch Eingabe von teilespezifischen Variantenparametern entsteht mit Hilfe eines Variantenprogramms der Arbeitsplan für ein konkretes Werkstück. Überwiegend erfolgt die Eingabe der Variantenparameter noch manuell durch den Arbeitsplaner; die Übernahme dieser Daten aus CAD-Systemen ist die nächste Entwicklungsstufe. Die Beschreibung des Planungswissens erfolgt überwiegend mit Entscheidungstabellen, aber auch spezielle Beschreibungssprachen und konventionelle Programmiersprachen sind üblich [Ham95].

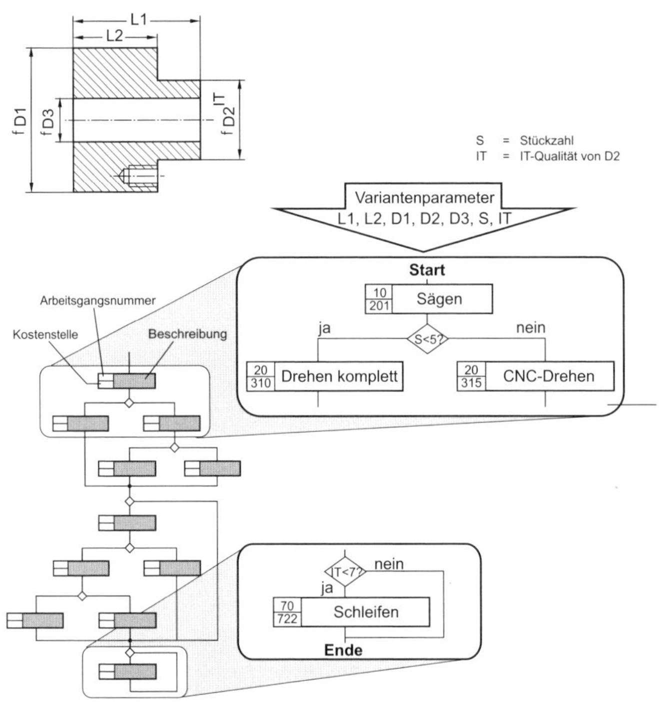

© IFA D3989

Bild 5.28 Prinzip der Variantenplanung (Hamelmann)

Bild 5.28 zeigt an einem einfachen Beispiel das Prinzip der Variantenplanung. Die Entscheidungsregeln werden hier als Wenn-Dann-Bedingungen formuliert. Der Bedingungsteil der Regel enthält die Voraussetzungen (wenn ...) zur Ausführung der Anweisungen (dann ...) des Anwendungsteils. Anweisungen können einen Arbeitsgang oder eine Maschine betreffen, aber auch auf andere Entscheidungstabellen verweisen. In diesem konkreten Beispiel bestimmt die Stückzahl die Wahl der Drehmaschinenart bzw. die Genauigkeit der Zylinderfläche D2 die Notwendigkeit einer Schleifoperation.

Neuplanung: Bei der Neuplanung wird zwischen der automatischen Planung auf Arbeitsvorgangsebene und der Planung für das ganze Teil (sogenannte generative Planung) unterschieden. Ähnlich wie bei der NC-Programmierung - allerdings nicht ganz so detailliert - wird das Werkstück in Bezug auf den Fertigungsprozess analysiert und für jeden Arbeitsvorgang nach alternativen Fertigungsverfahren gesucht. Beim Vergleich der verschiedenen Möglichkeiten kann die Auswahl nach einem vorgegebenen Optimierungsziel erfolgen, wie z. B. kürzeste Bearbeitungszeit oder minimale Kosten. Das gewählte Verfahren wird dann im Detail mit Maschinen, Vorrichtungen und Werkzeugen einschließlich der Vorgabezeitermittlung durchgeplant.

Die am Markt angebotenen Systeme unterstützen überwiegend die Arbeitsplanverwaltung und die Änderungsplanung. Sie sind häufig auch Bestandteil oder zumindest integrierbare Module von PDM-Systemen [ES09]. Demgegenüber ist die Zahl der sogenannten *generativen Arbeitsplanungssysteme* noch vergleichsweise gering. Sie werden auch als CAPP-Systeme (engl.: computer aided process planning) bezeichnet. Eine internationale Übersicht findet sich in [Alt89], einige Hinweise auf deutsche Systeme enthält [Hei95].

Das Gebiet ist immer noch Gegenstand der Forschung [ElM93, Hal95]. Dabei lassen sich zwei Entwicklungsrichtungen erkennen, die auf eine Integration der Arbeitsplanung mit den vor- bzw. nachgelagerten Bereichen hinauslaufen und bereits Anfang der 1980er-Jahre im Rahmen des CIM-Konzeptes (Computer Integrated Manufacturing) verfolgt wurden. Eine Entwicklung strebt die Übernahme der geometrischen und technologischen Werkstückinformationen aus den CAD-Daten in das Arbeitsplanungssystem an, um die aufwändige und fehleranfällige Neueingabe zu vermeiden. Die automatische Extraktion dieser Daten hat sich jedoch als schwierig erwiesen. Deshalb zielen neuere Entwicklungen darauf ab, im Konstruktionsstadium sogenannte Technische Elemente („Features"), wie z. B. eine Passfedernut oder ein Bohrbild, zu definieren. Damit ist zum einen eine Variantenkonstruktion möglich. Zum anderen können diese Elemente aber auch von einem speziellen wissensbasierten Arbeitsplanungssystem erkannt und darauf aufbauend schrittweise ein Arbeitsplan erstellt werden [Tön93]. Auch die anschließend gegebenenfalls noch erforderliche NC-Programmierung kann damit leichter integriert werden (vgl. Abschnitt 5.2.4 NC-Programmierung). Die andere Entwicklung betrifft die Integration der Arbeitsplanung mit der Fertigungsfeinsteuerung. Wird bei der Einplanung von Aufträgen ein Engpass erkannt, stößt das Fertigungssteuerungssystem die Bereitstellung alternativer Arbeitsfolgen an. Ein solches System wird auch als *reaktive Fertigungssteuerung* bezeichnet.

Bild 5.29 zeigt ein Beispiel für ein System, das im Rahmen eines ESPRIT-Projektes mit einem Konsortium unter dem Namen COMPLAN realisiert und auch in einem Unternehmen als Pilotprojekt eingeführt wurde [Sch96]. Die Leitidee war zum einen die Verwendung eines gemeinsamen, relationalen Datenmodells für die Arbeitsplanung und Fertigungssteuerung. Dies garantiert die Datenkonsistenz der gemeinsam genutzten Daten. Zum anderen werden sogenannte Netzarbeitspläne eingesetzt. Ein *Netzarbeitsplan* enthält nicht nur die übliche kostenoptimale Folge von Arbeitsgängen, sondern wird um technisch mögliche, alternative Arbeitsfolgen ergänzt, sodass eine Netzstruktur möglicher Arbeitsfolgen entsteht. Dadurch kann im Fall aktueller Engpässe an der kostenoptimalen Maschine kurzfristig nach möglichen Ausweichmaschinen gesucht werden. Wenn im bestehenden Netzarbeitsplan für die betreffende Maschine noch kein geeigneter alternativer Bearbeitungsweg definiert ist, so kann sofort eine neue, zusätzliche Arbeitsfolge erstellt werden.

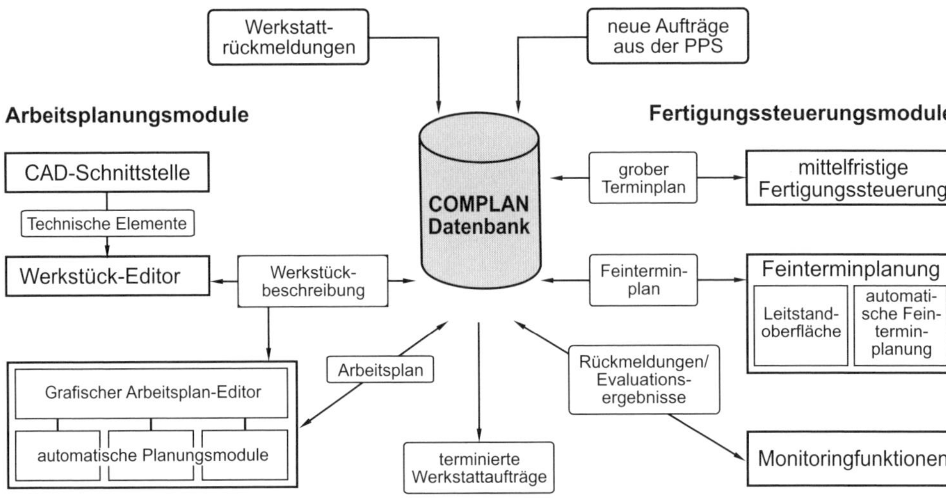

© IFA D4022

Bild 5.29 Modularer Aufbau des integrierten Planungssystems COMPLAN (Schmidt)

Das entwickelte System enthält auf der Seite der Arbeitsplanung eine CAD-Schnittstelle zur Extraktion technischer Elemente (Design Features) aus dem Werkstückmodell und einen Werkstückeditor als Planungsbasis für die eigentliche Arbeitsplanung. Diese erfolgt mit einem grafischen Arbeitsplaneditor unter Zuhilfenahme automatischer Planungsmodule für definierte Teilegruppen. In diesem konkreten Fall waren es u. a. Hydraulikblöcke und Blechbiegewerkzeuge. Das Fertigungssteuerungssystem übernimmt die Aufträge nach Menge und Termin aus dem übergeordneten PPS-System, führt eine Belastungsüberprüfung der Kapazitäten und die Auftragsfreigabe durch und nimmt eine Belegungsplanung vor, die auf einer Leitstandsoberfläche visualisiert wird. Integrierte Monitoringfunktionen bereiten die Rückmeldedaten des Fertigungsablaufes in Graphiken und Tabellen auf.

Der Einsatz eines derartigen Systems empfiehlt sich für ein komplexes, stark wechselndes Teilespektrum, wie es typisch für die variantenreiche Einzel- und Kleinserienfertigung ist.

■ 5.3 Die langfristigen Aufgaben der Arbeitsplanung

Die langfristigen Aufgaben der Arbeitsplanung haben strategischen Charakter und umfassen im Wesentlichen die Entwicklung und Anwendung von Methoden zur ständigen Verbesserung der Produktion, weiterhin die Entwicklung neuer Fertigungs- und Montageverfahren und schließlich die Um- und Neuplanung der Fabrik.

5.3.1 Methodenentwicklung

Als wichtigste Methode zur Verbesserung der Produktionsabläufe gilt heute die von Toyota entwickelte Schlanke Produktion (Lean Production), deren Kern die Vermeidung jeglicher Art von Verschwendung ist (vgl. auch Abschnitt 2.3.4: Schlanke Fabrikorganisation). Diese bestehen in unnötigen Bewegungen, Transporten und Lagerbeständen, Wartezeiten, fehlerhaften Teilen und Überproduktion über den Kundenbedarf hinaus. Durch Methoden wie Wertstromanalyse, Primär-Sekundäranalyse und ähnliche Methoden wird versucht, Symptome und Ursachen zu erkennen und unter ausdrücklicher Einbeziehung der Mitarbeiter auf Werkstattebene eine ständige Verbesserung zu erreichen. Mittlerweile wird der Ansatz auch auf Verwaltungsprozesse erweitert [Laq12].

Als zweiter fundamentaler Ansatz ist das Plattformkonzept zu nennen. Ursprünglich zur Beherrschung der Produktvielfalt in der Automobilindustrie entwickelt, lässt es sich auch insbesondere in Produktionsnetzen zur Vereinheitlichung der Stücklisten, Arbeitspläne und Betriebsmittel wie Werkzeugmaschinen, Werkzeuge, Vorrichtungen usw. anwenden.

Eine relativ neue Aufgabe der langfristigen Arbeitsplanung liegt in der ressourcenorientierten Produktion mit dem Schwerpunkt Energieeinsparung [Neu13]. Dabei geht es nicht nur darum, den Stromverbrauch der einzelnen Betriebsmittel zu senken, sondern im Sinne eines umfassenden Energiemanagements Belastungsspitzen zu vermeiden, lokale Energiespeicherungen zu realisieren oder eine energieintensive Produktion in Zeitabschnitte eines preiswerteren Stromangebots zu verschieben.

Schließlich gehört die Auswahl und Pflege von Standardmethoden zur Analyse und Verbesserung von Produktionsabläufen zu den langfristigen Aufgaben der Arbeitsplanung. Eine Übersicht findet sich z. B. in [Sys06] und [Bar13].

5.3.2 Technologieplanung der Produktion

Die ständige Beobachtung der eingesetzten Fertigungs-, Montage- und Logistikverfahren ist Aufgabe der *Technologieplanung* als Bestandteil der Produktionsstrategie (s. Bild 2.32). Dabei geht es darum, zwischen solchen Verfahren zu unterscheiden, die eine Kernkompetenz darstellen und solchen, die marktüblich und ggf. auch durch Dienstleister erbracht werden können. Dies erfolgt nach den Kriterien Technologiekompetenz und Technologieattraktivität, s. [Ny08] und die dort weiterführende Literatur. Die *Technologiekompetenz* beschreibt die Fähigkeit des Unternehmens zur Nutzung einer bestimmten Technologie, z. B. Hochgeschwindigkeitsfräsen, und die Verfügbarkeit dazu notwendigen Einrichtungen. Ihre Bewertung erfolgt anhand externer Kriterien wie z. B. wettbewerbsstrategische Relevanz und Know-how-Schutz und interner Kriterien wie z. B. Mitarbeiterqualifikation und Umwelteinfluss. Die *Technologieattraktivität* umfasst z. B. das Entwicklungspotenzial einer Technologie z. B. hinsichtlich der strategischen Bedeutung für Kernkomponenten der eigenen Produkte oder der Produktivitäts- oder Genauigkeitssteigerung.

Die Ergebnisse werden jeweils mithilfe einer Nutzwertanalyse normiert und in ein Technologieportfolio eingetragen, für das Bild 5.30 ein fiktives Beispiel zeigt. Dabei kann es sich um eigene Prozesse oder im Sinne einer Wettbewerbsanalyse auch um fremde Prozesse handeln. Man erkennt drei Bereiche, denen jeweils eine Normstrategie zugeordnet ist.

Kernkompetenzprozesse sind hinsichtlich beider Kompetenzarten strategisch bedeutend, sollten durch Investitionen gehalten werden und können eine Geschäftsfelderweiterung bedeuten. *Standardprozesse* haben keine strategische Bedeutung, sollten aber wirtschaftlich genutzt und können ggf. auch aufgegeben werden. Allerdings sind sie häufig Bestandteil einer Prozesskette und würden im Fall einer Desinvestition zu einem vermehrten logistischen Aufwand mit entsprechenden Terminrisiken führen. Differenzierungsprozesse können durch den Aufbau eigenen Know-hows zu Kernkompetenzen werden, sollten durch Substitution attraktiver werden oder können aufgegeben werden. Details zur Anwendung in der Praxis sind in [Ny08] beschrieben.

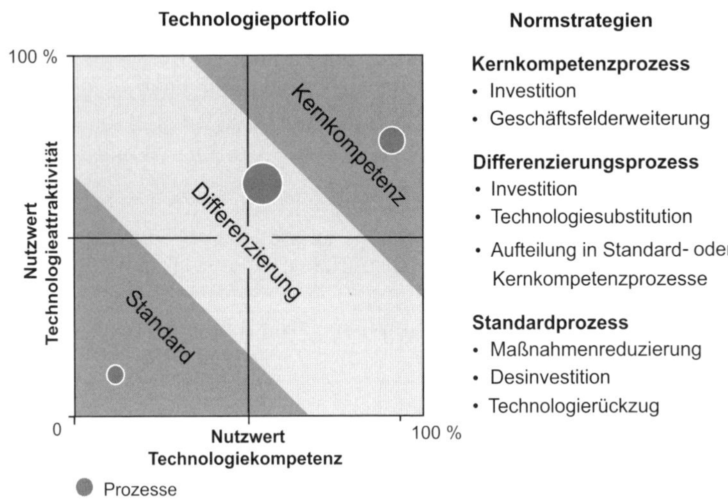

© IFA 15.266

Bild 5.30 Prozessklassen und Normstrategien im Technologieportfolio (nach Behrens und Specht 2002)

Der Ansatz der Technologieplanung ist nicht auf die Produktion beschränkt, sondern wird auch für die Produkttechnologie angewendet und dann als Technologiemanagement zusammen mit der Innovationsplanung im Rahmen der Unternehmensplanung behandelt [Spa11].

5.3.3 Fabrikplanung

5.3.3.1 Planungsfelder

Die stetige Anpassung der Produktionsprozesse und -einrichtungen an die wechselnden Anforderungen des Marktes ist für das Überleben der Unternehmen unverzichtbar. Daher investieren sie jährlich einen bedeutenden Teil ihrer Erträge in neue Maschinen und Einrichtungen, wobei sich der Umfang an den Abschreibungen zum Wiederbeschaffungswert orientiert.

Die Arbeitsplanung hat in diesem Zusammenhang die Aufgabe, bei allen Investitionen, die den Produktionsbereich betreffen, aktiv mitzuwirken. Dabei ist neben der Wirtschaftlichkeit die Flexibilität und Attraktivität der Einrichtungen zu beachten. Während sich die Flexibilität auf die Möglichkeit einer raschen Anpassung an die schwankende Nachfrage der Produkte bezieht, zielt die Attraktivität auf eine motivierende Arbeitsorganisation und -umgebung bei immer geringerer Umweltbelastung. Zusätzlich ist die Energie- und Ressourceneffizienz zu beachten. Die Mitwirkung vollzieht sich im Rahmen der verschiedenen Planungsfelder der Fabrikplanung, die Bild 5.31 zunächst in einer Übersicht zeigt [Wie96].

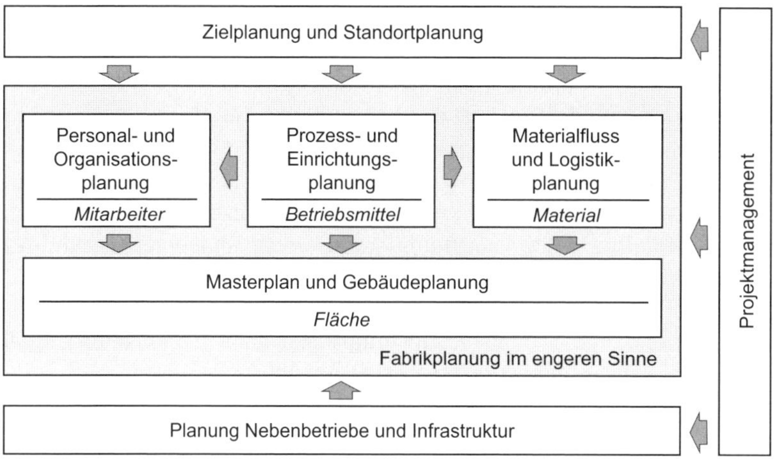

© IFA C0795Wd

Bild 5.31 Planungsfelder der Fabrikplanung

Ausgangspunkt ist eine *strategische Zielplanung*, die als Bestandteil der Unternehmensplanung das langfristige Produktionskonzept festlegt (vgl. Abschnitt 2.4). Daraus ergibt sich häufig die Frage nach dem Umfang der Eigenfertigung und dem Standort der Fabrik. Ziel der *Standortplanung* ist es dann, die Varianten Ausbau, Neubau, Verlagerung oder Zusammenlegung mehrerer Standorte so weit zu konkretisieren, dass Aussagen über die prinzipielle Machbarkeit, die Kosten und die Realisierungszeiträume möglich sind [Kin09].

Die eigentliche Fabrikplanung konzentriert sich auf vier Planungsfelder, die sich an je einem charakteristischen Begriff ausrichten. Ausgangspunkt ist der Produktionsprozess mit seinen Teilfunktionen Teilefertigung, Montage und Logistik. Hierzu sind *Betriebsmittel* wie Werkzeugmaschinen, Vorrichtungen, Werkzeuge, Messmittel sowie Lager- und Transporteinrichtungen erforderlich. Die *Prozess- und Einrichtungsplanung* bestimmt in enger Abstimmung mit der Arbeits- und Methodenplanung die Leistungsmerkmale und Anzahl dieser Betriebsmittel. Primär geht es also um technologische Fragen.

Eng verknüpft damit ist der Einsatz der *Mitarbeiter*. Zum einen sind ihre Anzahl und ihre Qualifikation zu bestimmen, zum anderen muss die zentrale Frage entschieden werden, in welcher Organisationsform die Produktion ablaufen soll. Bei der *Personal- und Organisationsplanung* handelt es sich demnach um arbeitswirtschaftliche und arbeitsorganisatorische Fragestellungen.

Eine Entscheidung über das Produktionskonzept kann erst fallen, wenn auch der *Materialfluss* untersucht wurde und sich ein *Logistikkonzept* abzeichnet. Ziel ist die bestandsarme, durchlaufzeitminimale und reaktionsschnelle Produktion. Dieses Planungsfeld reicht daher über die Fabrik hinaus und betrachtet neben dem innerbetrieblichen Materialfluss sowohl die Anbindung der Zulieferanten als auch die Güterverteilung und -bereitstellung bis zum Verbrauchsort. Das Lösungskonzept des Produktionsablaufs und der Logistik entsteht also in einem Wechselspiel zwischen technologischen, organisatorischen und logistischen Überlegungen, die stufenweise verfeinert werden.

Die Betriebsmittel, die Mitarbeiter und das Material benötigen *Fläche*, die deshalb die vierte wichtige Bezugsgröße der Fabrikplanung bildet. Das entsprechende Planungsfeld hat die Dimensionierung und die Anordnung von Flächen zur Aufgabe. Diese Flächen sind wiederum Grundlage der *Gebäudeplanung und* deren Anordnung im *Masterplan*. Hierbei sind übergeordnete Gesichtspunkte des Erscheinungsbildes, der Grundstückserschließung und der späteren Ausbaumöglichkeiten zu beachten. In diesem Planungsfeld treten daher Fragen der Architektur in den Vordergrund, wobei Form und Bauart der Gebäude, ihre äußere und innere Gestaltung, die Anordnung sowie die Geländeerschließung mit Außenanlagen und auch die landschaftliche und städtebauliche Einbindung der Fabrik als Ganzes zu lösen sind. Das Erscheinungsbild der Fabrik wird damit Bestandteil der Corporate Identity des Unternehmens. Gebäudegestalt und Masterplan haben naturgemäß Rückwirkungen auf das technisch-organisatorische Fabrikkonzept.

Wenn das Gesamtkonzept schärfere Konturen angenommen hat, sind in einem weiteren Planungsfeld die erforderlichen *Nebenbetriebe,* wie Reparaturwerkstätten und Versuchsanlagen sowie die Infrastruktureinrichtungen zur Medienversorgung (elektrische Energie, Wasser, Druckluft, Dampf) und zur Kommunikationsstruktur (lokale Netze), zu planen. Besondere Bedeutung kommt der Planung der Sammlung, Aufbewahrung, Aufbereitung und Entsorgung von Abwasser und Abfallstoffen zu.

Fabrikplanungsprojekte größerer Art greifen meist tief in bestehende Abläufe ein und erfordern daher ein *Projektmanagement*. Dieses umfasst die Gliederung des Projektes in Teilprojekte, die Aufstellung und Überwachung von Termin- und Kostenplänen, den Entwurf der Projektorganisation und die Berichterstattung an die Geschäftsführung sowie die Organisation der Produktionsumstellung im Rahmen der Realisierung.

5.3.3.2 Planungsgrundsätze

Die Fabrikplanung definiert ein Gestaltungsfeld, das infolge der Dynamik der Umwelt von einer früher eher seltenen zu einer dauernden Aufgabe geworden ist. Diese kann nicht von einer einzelnen Fachdisziplin, Person oder Abteilung wahrgenommen werden. Vielmehr sind bestimmte Planungsgrundsätze und Spielregeln zu beachten, die darauf abzielen, die Planung und Realisierung möglichst rasch und unter frühzeitiger Beteiligung der produktiven Mitarbeiter durchzuführen. Eine schnelle Umsetzung ist oft wichtiger als eine endlos optimierte scheinbar perfekte Lösung. Wesentlich ist allerdings eine durchdachte und gut kommunizierte Zielsetzung.

Die Komplexität von Fabrikplanungsprojekten bedingt, dass es keine einfachen Lösungen oder objektiv beste Lösung gibt. Die Dynamik der Randbedingungen, die Vielfältigkeit der Ziele und die unterschiedlichen Fachdisziplinen erfordern vielmehr ein schrittweises Vorgehen vom Konzept bis zum Detail, höchstmögliche Transparenz durch Visualisierung der Ergebnisse sowie die Förderung des Dialogs zwischen Planern und Nutzern der neuen Fabrikeinrichtung. Hieraus haben sich einige *Planungsgrundsätze* entwickelt.

Die erwähnte Dynamik der Randbedingungen, getrieben insbesondere durch die Globalisierung, bedeutet eine zunehmende Planungsunsicherheit. Dies erzwingt Fabriken mit angemessener *Wandlungsfähigkeit*, die sich sowohl auf die technischen und organisatorischen Prozesse als auch auf die Betriebseinrichtungen und Gebäude bezieht. Bild 5.32 nennt drei Arten der Wandlungsfähigkeit und eine Zeitdimension.

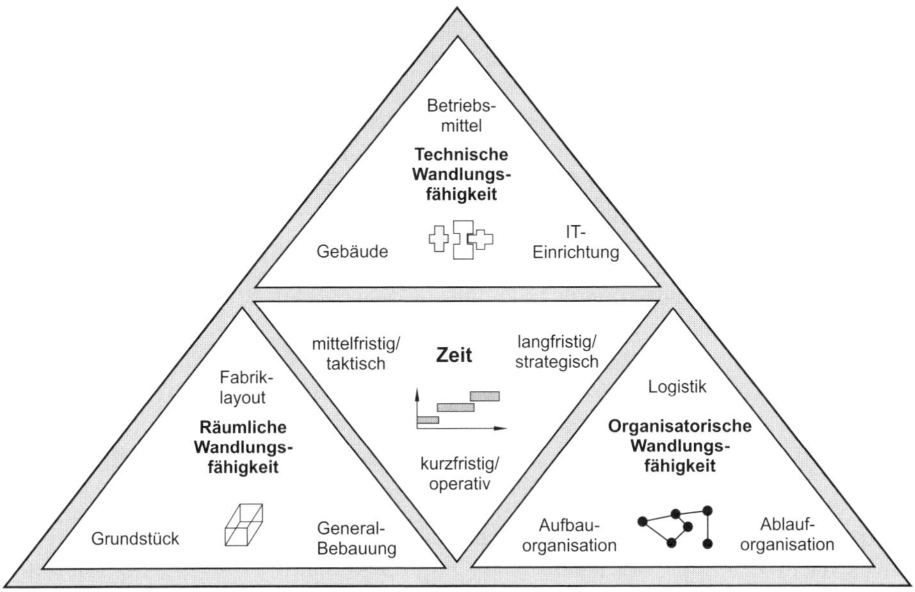

© IFA 10.182f

Bild 5.32 Arten und Objekte der Wandlungsfähigkeit von Fabriken (nach Hernández, IFA)

Die *technische Wandlungsfähigkeit* beschreibt die Eigenschaft der Betriebsmittel, Gebäude und Informationstechnik, sich aufwandsarm an veränderte Produkte, Prozesse und Mengen anpassen zu können. Die *räumliche Wandlungsfähigkeit* bezieht sich auf die Veränderung der Zuordnung der Fabrikobjekte auf der Ebene eines Fabrikbereichs, des Masterplans und des Grundstücks. Die *organisatorische Wandlungsfähigkeit* ermöglicht die rasche Anpassung der Aufbau- und Ablauforganisation sowie der Logistik im Bereich Beschaffung, Produktion und Distribution. Der jeweilige Veränderungsprozess selbst wird je nach der Intensität des Wettbewerbs unterschiedlich häufig sein und unterschiedlich lange dauern dürfen. Als wesentliche *Wandlungsbefähiger* gelten Universalität, Mobilität, Skalierbarkeit, Modularität und Kompatibilität [Wie02].

Wegen des Gebots einer möglichst wirtschaftlichen Produktion steht am Beginn der Planung die *Wertschöpfungskette* der Teile und Produkte. Mit zunehmendem Detaillierungsgrad ist zu untersuchen, ob ein Prozessschritt im Sinne der schlanken Produktion eine

Wertsteigerung des Teils, der Baugruppe oder des endgültigen Erzeugnisses im Hinblick auf seine Verwendung bedeutet. Sortieren, Verpacken, Transportieren, Lagern, Handhaben sind keine wertschöpfenden Tätigkeiten und zu minimieren.

Zu jedem Teilproblem eines Fabrikplanungskonzeptes sind beliebig viele Lösungen denkbar. Andererseits sollte aber auch nicht eine einzige Lösung von vornherein favorisiert werden. Vielmehr sind immer mindestens drei *Varianten* zu erzeugen und zu bewerten. Darunter sollte eine sogenannte Ideallösung sein, die unabhängig von vermeintlichen oder tatsächlichen Restriktionen einen Maßstab für die anderen Lösungen liefert. Die Bewertung der Varianten sollte im Team erfolgen, um die Akzeptanz zu fördern.

Planungsprojekte erfolgen in Stufen zunehmender Konkretisierung mit Rückwirkung. Sosehr es aus Sicht der Planer wünschenswert ist, dass das Ergebnis eines einmal verabschiedeten Planungsabschnittes nicht mehr verändert wird, lässt es sich doch häufig nicht vermeiden, dass bei der weiteren Detaillierung eine Änderung im Sinne einer *Iteration* erforderlich wird. Es ist sinnlos, dann auf früher gefassten Beschlüssen zu beharren. Vielmehr sind die Auswirkungen auf das Gesamtprojekt zu betrachten, und es ist zu klären, ob wesentliche Projektziele gefährdet sind.

Der hohe Zeitdruck, unter dem Fabrikplanungsprojekte typischerweise stehen, erfordert die weitgehende *Parallelisierung* der Planungsprozesse. Statt also das Konzept nacheinander von den verschiedenen Fachdisziplinen bearbeiten zu lassen (in größeren Unternehmen sind dies meist verschiedene Abteilungen), sollten interdisziplinäre Teams mit wechselnder Zusammensetzung entsprechend dem Projektfortschritt möglichst in einem einzigen Raum für die Laufzeit des Projektes synergetisch zusammenarbeiten. Dabei sind die wichtigsten Ergebnisse möglichst für alle sichtbar an Schauwänden zu präsentieren.

Eine weitere wichtige Möglichkeit, Projekte zu verkürzen, ist der *Verzicht auf eine unnötige Detaillierung*. Sobald sich aus den Konzepten die ersten Strukturen entwickeln, sollten zunächst die Meister und Vorarbeiter, später auch die produktiven Mitarbeiter selbst in die Gestaltung einbezogen werden. Dies ist insbesondere bei der Umgestaltung von Fabrikabläufen zu empfehlen. Erfahrungen haben gezeigt, dass nach einer gewissen Einarbeitungszeit Umstellungen eines Fertigungsbereichs mit 6 bis 8 Arbeitsplätzen von der Planung bis zur Umsetzung und Wiederaufnahme der Produktion innerhalb einer Woche möglich sind.

5.3.3.3 Planungsphasen

Zum Vorgehen bei der Fabrikplanung existiert eine Reihe von Standardwerken [Ket84, Dol81, Agg87, Agg90a, Agg90b, Dan01, KKSW01, Paw08]. Neuere Arbeiten betonen neben dem erwähnten Aspekt der Wandlungsfähigkeit die Bedeutung der personalen Kommunikation, der Attraktivität und die Vernetzung in einem Produktionsverbund sowie die Ressourceneffizienz [Rei99, RDHS99, Wes00, Wie02, Her02, SWM14, Wie04, Wie14]. Allen Ansätzen gemeinsam ist die Gliederung des Planungsprozesses in Phasen zunehmender Genauigkeit, ähnlich wie beim Vorgehensplan zur Produktentwicklung nach VDI 2221 (vergl. Bild 3.7).

Bild 5.33 oben links zeigt die typischen Phasen einer Fabrikplanung, die nach VDI 5200 in 8 Teilschritten zum einen aus Sicht der Produktionsplanung zu durchlaufen sind [VDI11]. Demgegenüber steht zum anderen die Objektplanung nach HOAI in 9 Teilschritten (Bild

5.33 oben rechts). In ihrer zeitlichen Verschränkung werden sie als synergetische Fabrikplanung bezeichnet, die in 7 Phasen eingeteilt ist (Bild 5.33 unten) [Wie14]. Mit dem synergetischen Ansatz soll vermieden werden, dass erst eine vollständige Prozess- und Layoutplanung durchgeführt wird und erst anschließend die Gebäudeplanung erfolgt. Vielmehr soll das Zusammenspiel zwischen Produktionsstruktur und Gebäudestruktur insbesondere vor dem Hintergrund der Wandlungsfähigkeit, Kommunikation und Energieeinsparung bereits in den frühen Phasen kreativ diskutiert werden. Die Meilensteine M0 bis M6 dienen der Abstimmung der Teilplanungen, der Freigabe der jeweils nächsten Phase im Lenkungsausschuss sowie der Termin- und Kostenkontrolle durch das begleitende Projektmanagement. Zu beachten sind die Mitbestimmungsrechte (s. Abschnitt 2.6.2). Eine ausführliche Erläuterung des Modells mit Beispielen findet sich in [Wie14], Abschnitt 15; hier sollen nur die wesentlichen Punkte des synergetischen Planungsablaufs kurz vorgestellt werden.

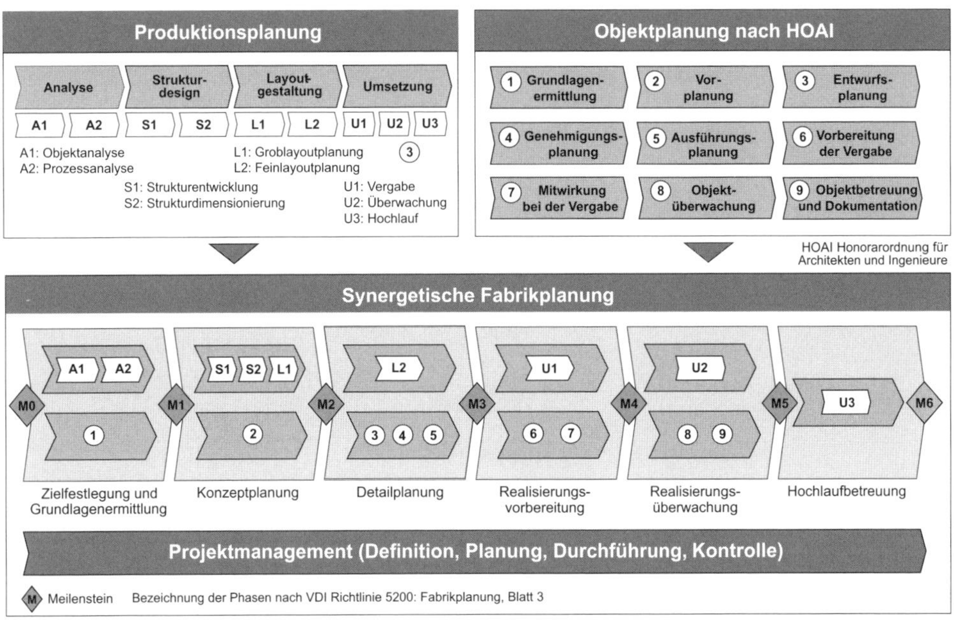

© IFA 15.461

Bild 5.33 Synergetische Fabrikplanung

Der Meilenstein M0 kennzeichnet den *Projektstart* mit der Auftragserteilung durch die Geschäftsführung und der Bildung eines Projektteams sowie eines Lenkungsausschusses. Die dabei verabschiedete Auftragsbeschreibung umfasst das Produktionsprogramm, den Standort, den Fertigstellungstermin, manchmal ein Rahmenbudget sowie örtliche Restriktionen und Gestaltungsleitlinien.

Die *Zielfestlegung und Grundlagenermittlung* beginnt mit der Zielplanung, bei der es vor allem um die Entwicklung einer Vision, Mission und Strategie der Fabrik im Rahmen der Unternehmensstrategie geht. Die sich anschließende Grundlagenermittlung mit Objekt-,

Prozess- und Gebäudeanalyse der betroffenen Unternehmensbereiche erhebt die Daten und zeigt die Schwachstellen des Ist-Zustandes auf.

In der *Konzeptplanung* entstehen in einer iterativen Vorgehensweise die grundsätzlichen Strukturen von Fertigung und Montage und ihre verknüpfende Logistik. Der erste Schritt Strukturentwicklung S1 ordnet entsprechend einem Grundprinzip die Bereiche zueinander an, z. B. nach der Technologie oder nach Produktsegmenten. In der Strukturdimensionierung sind für mögliche alternative Strukturen die jeweiligen Produktionseinrichtungen mit ihren Bedarfswerten hinsichtlich Art und Anzahl der erforderlichen Produktionsmittel und Personen zu dimensionieren. Das Prinzip zeigt Bild 5.34.

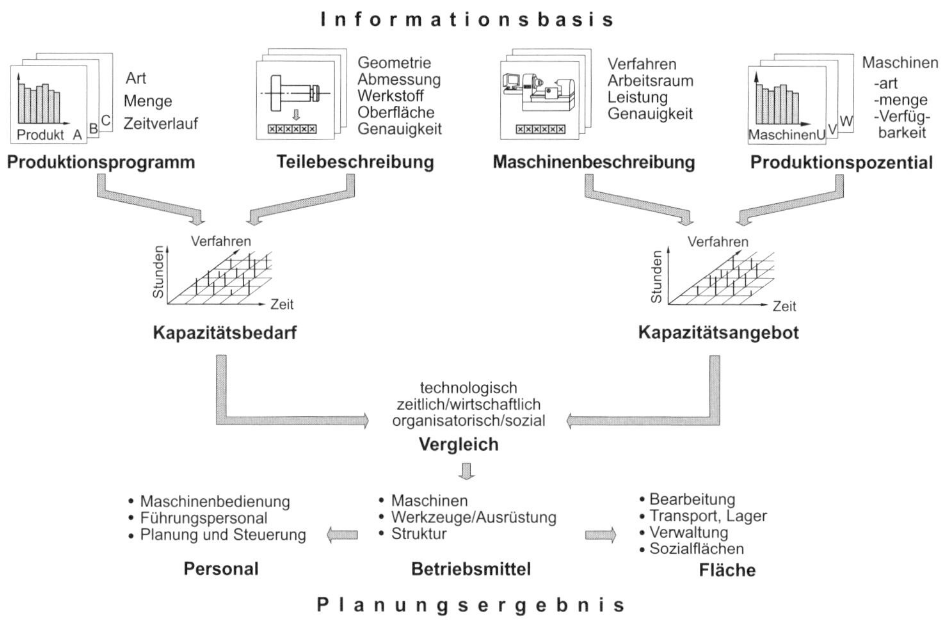

© IFA D4001

Bild 5.34 Bestimmung von Sachmittel-, Personal- und Flächenbedarf aus dem Produktionsprogramm

Das Produktionsprogramm wird in einem ersten Schritt auf der Basis der Bearbeitungsanforderungen der Einzelteile in einen *Kapazitätsbedarf* je Bearbeitungsverfahren in Vorgabestunden pro Jahr umgeformt, typisch ist ein Zeithorizont von 5 bis 10 Jahren. Die Zeiten entstammen entweder den Arbeitsplänen der in den Stücklisten dokumentierten Teile oder werden mit Hilfe von Referenzdaten aus abgerechneten Aufträgen gewonnen.

Da in der Regel vorhandene Maschinen zumindest teilweise verwendet werden, ist die Kapazität des vorhandenen Maschinenparks entsprechend dem vorgesehenen Schichtmodell (8, 16 oder 24 Std/Tag) in ein *Kapazitätsangebot* umzurechnen. Bedarf und Angebot sind nun je Verfahren und Zeitraum vergleichbar, sodass im dritten Schritt zunächst ein technologischer, dann ein kapazitiver und schließlich ein wirtschaftlicher *Vergleich* erfolgt. Damit wird eine Investition oder Desinvestition erkennbar.

Aufgrund des Stundenbedarfs folgt die Berechnung der Anzahl des direkt und indirekt produktiven Personalbedarfs. Die Flächenberechnung basiert für die Betriebsmittel auf dem Grundflächenbedarf zuzüglich Zuschlägen für Bedienung und Wartung, während die Montageflächen primär durch die Anzahl der in Montage befindlichen Objekte zuzüglich Bereitstellflächen bestimmt sind. Lager-, Transport-, Anliefer- und Auslieferungsflächen hängen vom Logistikkonzept und der Objektgröße ab.

Die Objektplanung führt parallel zur Strukturplanung eine Vorplanung nach HAOI Phase 2 durch und steuert in einem meist als Workshop organisierten synergetischen Prozess einen ersten Gebäudeentwurf mit Gebäuderaster, Spannweite, Stützenabstand, Tragfähigkeit und Hallenhöhe bei.

Der anschließende Schritt Grobplanung L1 ordnet die Flächen in Form von Blöcken in das Gebäuderaster ein. Das Ergebnis ist ein sogen. Grob-Layout, das die Fertigungs- und Montagestrukturen sowie logistikgerechte Anliefer- und Auslieferungs-, Lager- und Transportkonzepte festlegt.

Bild 5.35 zeigt als Beispiel das Groblayout für einen Produktionsbetrieb der Automobilzulieferindustrie, in dem zwei ähnliche Produkte gefertigt werden (Typ 1 und Typ 2). Im Meilenstein M2 wird das Konzept vom Lenkungsausschuss verabschiedet.

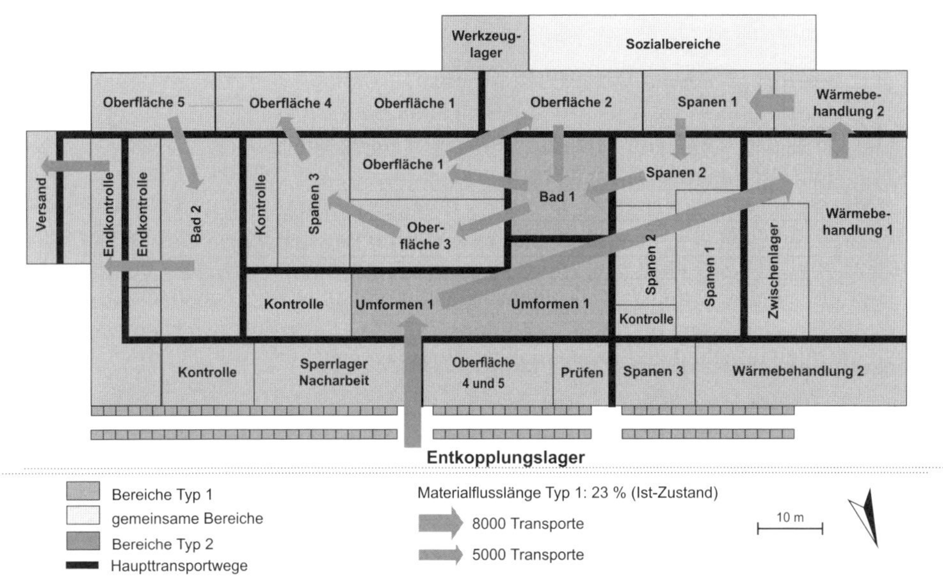

© IFA D3315

Bild 5.35 Groblayout eines Produktionsbetriebes mit Haupttransportachsen und Materialfluss

In der dritten Phase *Detailplanung* stehen die Gestaltung des Feinlayouts und die Gebäudeausplanung mit den HOAI-Phasen 3, 4 und 5 im Vordergrund. Ausgehend von der Grobplanung wird zunächst anhand der ermittelten Produktions- und Nebenflächen unter Berücksichtigung der erforderlichen Verkehrswege ein Reallayout erstellt. Es wird in Form von Maschinenaufstellungsplänen, in der Gestaltung der einzelnen Arbeitsplätze, z.B.

unter ergonomischen Gesichtspunkten, sowie in der Festlegung von Ver- und Entsorgungseinrichtungen dokumentiert. Bild 5.36 zeigt den Ausschnitt eines Aufstellungsplanes für Werkzeugmaschinen, Betriebs- und Transporteinrichtungen einer Werkstättenfertigung. Wie bereits erwähnt, sollten in dieser Phase die produktiven Mitarbeiter in die Planung einbezogen werden. Mit dem aufeinander abgestimmten Feinlayout und Gebäudeentwurf schließt die Detailplanung im Meilenstein M3 ab und damit auch der wesentliche Teil der Fabrikplanung.

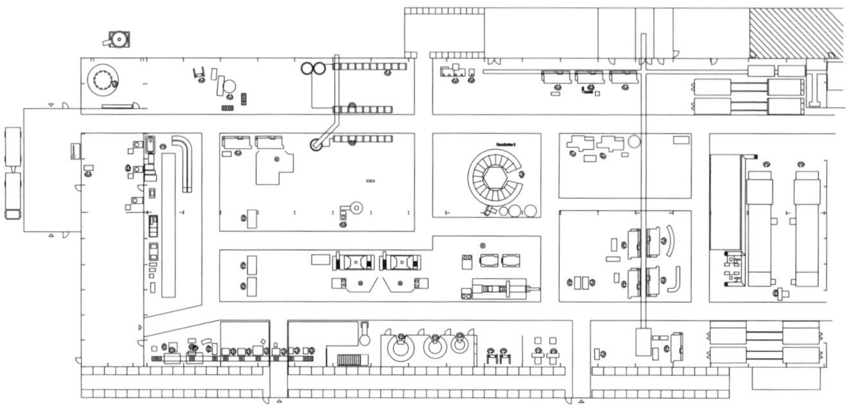

© IFA C3316

Bild 5.36 Ausschnitt aus einem Fein-Layout (Maschinenaufstellung)

Zur besseren Einbindung der späteren Nutzer und zur Verkürzung der Planungsdauer hat sich die dreidimensionale Visualisierung von Planungskonzepten in zunehmender Genauigkeit bewährt. Bild 5.37 zeigt das logistische und räumliche Konzept einer Pumpenfabrik. Hier sind die administrativen Funktionen in das modulare Fabrikgebäude so integriert, dass eine hohe Wandlungsfähigkeit und intensive Kommunikation zwischen allen an der Auftragsabwicklung beteiligten Personen gewährleistet ist.

Weitergehende Möglichkeiten der sogenannten Digitalen Fabrik gestatten es, auch die Objektbewegungen in der Fabrik (Betriebsmittel, Produkte, Menschen) mittels Simulation sichtbar zu machen und sich sogar in einem virtuellen 3D-Modell zu bewegen [Bra11, Kue06].

In der vierten Phase *Realisierungsvorbereitung* geht es um die Erstellung der Ausschreibungsunterlagen für die Gewerke des Gebäudes und die Mitwirkung an deren Vergabe sowie um die Bestellung der neuen Betriebsmittel und ggf. Büroeinrichtungen. Die *Realisierungsüberwachung* umfasst den Um- oder Neubau des Fabrikgebäudes. Hier wird aus Sicht der Fabrikplanung die Umsetzung der Raumkonzepte geprüft, insbesondere auch was die Medienversorgung und Haustechnik betrifft und veranlasst den Einbau und Anschluss der Betriebseinrichtungen, während der Objektplanung die Überwachung der Bauausführung und Dokumentation obliegt. Mit Erreichen des Meilensteins M5 ist die Fabrik bezugsfertig. Die letzte Phase *Hochlaufbetreuung* umfasst die schrittweise Inbetriebnahme der Fabrik bis zum Erreichen der vereinbarten Produktionsleistung. Damit ist Meilenstein M6 erreicht, das Projekt wird dokumentiert und geschlossen.

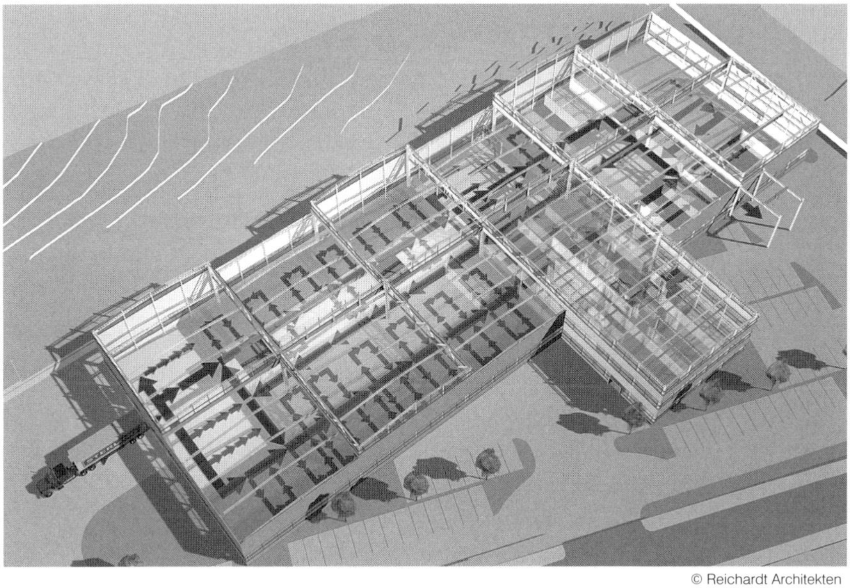

© IFA G8860f

Bild 5.37 3D-Layout einer Pumpenfabrik (Reichardt, Wiendahl)

5.3.3.4 Arbeitsplatzgestaltung

Mit zunehmender Konkretisierung einer Fabrikplanung tritt die Arbeitsplatzgestaltung in den Vordergrund. Dabei geht es um die Anpassung der Arbeitsbedingungen hinsichtlich Aufgabe und Umweltbedingungen an die Eigenschaften und Fähigkeiten des Menschen. Die verlangte Mengenleistung ist dabei in ausreichender Qualität bei niedrigen Arbeitssystemkosten und einer für den Menschen dauerhaft erträglichen Belastung und Beanspruchung unter Beachtung der Arbeitssicherheit zu gewährleisten [Ref93, Mar94, Koe01, Kub13].

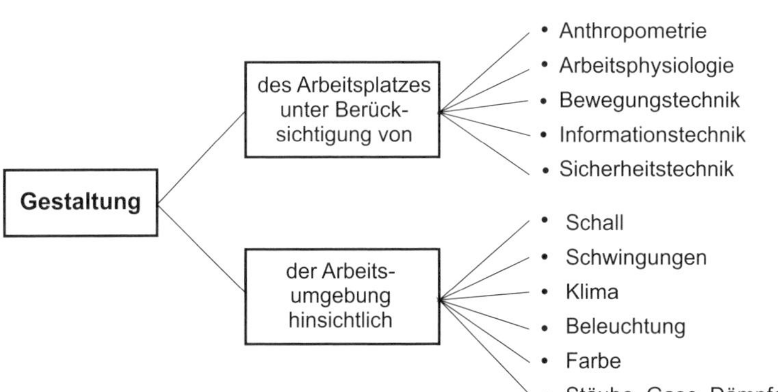

© IFA D3993

Bild 5.38 Aspekte der Arbeitsplatzgestaltung (nach REFA)

Bei der Gestaltung der Arbeitsplätze sind zum einen gesicherte Erkenntnisse aus den Gebieten zu berücksichtigen, die Bild 5.38 im oberen Bildteil zusammenfasst, während die Umgebungsbedingungen im Hinblick auf die im unteren Bildteil genannten Faktoren zu gestalten sind. Die entsprechenden Vorschriften sind hauptsächlich in den Arbeitsstättenrichtlinien (ASR) und der Arbeitsstättenverordnung (ArbStättV) niedergelegt (s. auch Abschnitt 2.6 Rechtliche Randbedingungen).

Bei der *anthropometrischen* Gestaltung (griech. anthropos = Mensch) geht es um die den Körpermaßen entsprechende Anordnung von Werkstücken, Werkzeugen und Bedienelementen. Dabei sind die Beweglichkeitsbereiche, Reichweiten und Sehbereiche zu beachten, die sich aus den Skelett- und Umrissmaßen des Menschen einschließlich eventueller Schutzkleidung ergeben. Bild 5.39 zeigt einen nach diesen Gesichtspunkten gestalteten kombinierten Handarbeitsplatz, der wahlweise sitzendes oder stehendes Arbeiten erlaubt. Unterschiedliche Körpergrößen der Werker werden durch höhenverstellbare Arbeitstische, Sitze und Fußauflagen berücksichtigt.

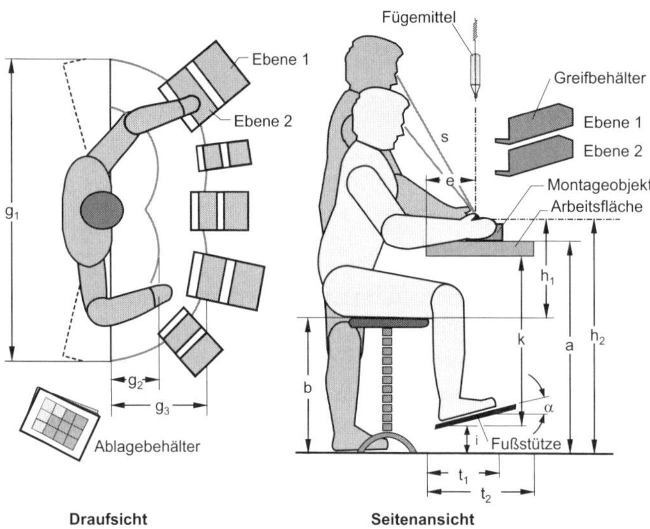

Bezeichnung	Maße [mm]
Arbeitsflächenhöhe	a 900-1080
Sitzhöhe	b 250-300
Arbeitsstellendistanz	e 0 bis 325
Arbeitshöhe	h_1 350-550 h_2 1000-1250
Fußfreiraum	i min. 120
Kniefreiraum	k 520-720
Sehabstand	s abhängig von der Sitzflächenhöhe
Beinraumtiefe	t_1 min. 350
Fußraumtiefe	t_2 min. 800
Fußneigung	α 5-10 Grad
Greifraum	g_1 1400-1600 g_2 200-250 g_3 600-650

empfohlene Maße

© IFA 10.336

Bild 5.39 Arbeitsplatzabmessungen für einen Sitz-/Steharbeitsplatz (nach Bosch Rexroth)

Die *arbeitsphysiologische* Gestaltung berücksichtigt vorrangig die Beanspruchung durch Muskelarbeit. Dabei sind einseitige dynamische Muskelarbeit, statische Haltearbeit und gebeugte und gebückte Körperhaltungen zu vermeiden. Die Beanspruchung ist unterhalb der Dauerleistungsgrenze zu halten. Diese entspricht einer menschlichen Leistung, die ohne nennenswerte Arbeitsermüdung und ohne gesundheitliche Schäden arbeitstäglich auf Dauer erbracht werden kann (s. auch Abschnitt 5.2.3.5 Vorgabezeitermittlung).

Die Arbeitsplatzgestaltung nach Gesichtspunkten der *Bewegungstechnik* folgt den drei Grundprinzipien Bewegungsvereinfachung, Bewegungsverdichtung sowie Teilmechanisierung und Automatisierung. Die *Bewegungsvereinfachung* baut auf den fünf Bewegungselementen Fügen, Greifen, Verrichten, Hinlangen und Bringen auf. Es wird eine zeitminimale Reihenfolge dieser Bewegung unter Vermeidung schwieriger Bewegungen hinsichtlich Zielgenauigkeit und Sorgfalt sowie durch Verkürzung der Bewegungslängen insbesondere durch die Anordnung der Betriebsmittel angestrebt. Die *Bewegungsverdichtung* kann durch gleichzeitiges Ausführen gleicher oder unterschiedlicher Bewegungen mit beiden Händen und durch die Beseitigung unproduktiver, d.h. nicht Wert schöpfender Tätigkeiten eine weitere Verbesserung erreichen. Eine *Teilmechanisierung* und *Automatisierung* sollte erst oberhalb der maximal möglichen Bewegungsverdichtung beginnen, da der weiteren Zeitersparnis überproportionale Investitionen gegenüberstehen.

Die *informationstechnische* Gestaltung befasst sich mit dem Informationsfluss zwischen Mensch, Betriebsmittel, Arbeitsgegenstand und Arbeitsumgebung, vorwiegend durch optische und akustische Signale. Dabei bestimmt die sichere Wahrnehmung und eindeutige Identifizierung die Anordnung und Gestaltung von Anzeigegeräten und Bedienelementen einer Maschine, aber auch die Gestaltung von Bildschirmoberflächen.

Die *sicherheitstechnische* Arbeitsplatzgestaltung dient der Unfallverhütung und der Verhinderung von Berufskrankheiten. DIN 31000 unterscheidet zwischen unmittelbarer, mittelbarer und hinweisender Sicherheitstechnik. Die *unmittelbare Sicherheitstechnik* vermeidet durch die konstruktive Ausführung von vornherein eine Gefährdung und hat Vorrang vor den weiteren Stufen. Die *mittelbare Sicherheitstechnik* sieht möglichst integrierte Schutzmaßnahmen an Gefahrenstellen vor, an denen die Möglichkeit einer Verletzung besteht. Dabei ist auf die Einhaltung der erforderlichen Sicherheitsabstände zu achten, um die Gefahrenstelle unzugänglich zu machen. Da sich Gefahrenstellen an Arbeitsplätzen nie ganz ausschließen lassen, sind diese durch Sicherheitszeichen oder Warneinrichtungen zu kennzeichnen und gegebenenfalls sind Körperschutzmittel bereitzustellen.

Zur Unterstützung des Gestaltungsprozesses von Arbeitsplätzen unter ergonomischen und wirtschaftlichen Gesichtspunkten insbesondere in der manuellen Montage wurden verschiedene rechnerunterstützte Verfahren entwickelt. Durch die Modellierung des Menschen hinsichtlich seiner Körpermaße und Bewegungsbahnen sowie die Integration der Arbeitsplatzeinrichtung und Bereitstellungsmittel für Teile und Werkstücke in ein Arbeitsplatzmodell können – teilweise mit algorithmischer Unterstützung – günstige Anordnungen gefunden und dreidimensional dargestellt werden. Mittlerweile sind ausgereifte Modellierungs- und Simulationssysteme mit realitätsnaher Personendarstellung verfügbar.

Bild 5.40 zeigt als Beispiel einen Montagearbeitsplatz, der sowohl sitzendes als auch stehendes Arbeiten erlaubt. Die den Werker umgebende Hülle kennzeichnet seinen Greifraum. Die Arbeitstischhöhe bleibt in beiden Fällen gleich. Für die sitzende Tätigkeit kann der Drehstuhl in Höhe, Sitzneigung sowie die Lehnenhöhe und -neigung eingestellt werden.

Die Gestaltung der *Umgebung* des Arbeitsplatzes nach den *Kriterien Lärm, Schwingungen, Klima, Beleuchtung, Farbe* und *Luftverunreinigungen* ist von großer Bedeutung für das Leistungsvermögen, den Gesundheitszustand und das allgemeine Befinden der Mitarbeiter. Unter diesen Einflüssen nehmen Lärm und Luftverunreinigung eine besondere Stellung ein. Mindestanforderungen sind für einzelne Arbeitsplätze gesetzlich festgelegt.

Wenn auch der Arbeitsplaner nicht alle geschilderten Maßnahmen im Detail zu planen und zu entscheiden hat, ist er doch wesentlicher Partner in allen Phasen der Fabrikplanung und Arbeitsplatzgestaltung.

Bild 5.40 Arbeitsplatz-Layout einer manuellen Montage (Werkbild Bosch Rexroth)

© IFA D4819

Die im Rahmen dieser Planungen gefundenen Lösungen sind einander gegenüberzustellen und zu bewerten. Ähnlich wie bei der Entwicklung von Produkten erfolgt dies anhand gewichteter Kriterien. Als Ergebnis einer derartigen *Arbeitssystembewertung* ergeben sich dann sach- und personenbezogene Arbeitssystemwerte, mit denen die nicht quantifizierbaren Kriterien, wie Flexibilität bezüglich Produktänderung, Verfahrensrisiko, Handlungsspielraum, Leistungsentfaltung usw., bewertet werden. Ihnen stehen die kalkulierten Herstellkosten für das Werkstück oder Erzeugnis gegenüber Bild 5.41 zeigt eine derartige Auswertung am Beispiel einer Montageaufgabe [VDI80]. Entwickelt wurden acht verschiedene Lösungen, die sich hinsichtlich der Verteilung der Arbeitsinhalte sowie der Verkettung der Arbeitsplätze unterscheiden und für welche die jeweiligen Arbeitswerte bzw. Herstellkosten aufgetragen sind. Das „optimale" Arbeitssystem sollte einen möglichst hohen Arbeitswert bei möglichst niedrigen Herstellkosten aufweisen.

Mit diesen Ausführungen ist die Aufgabenbeschreibung der Arbeitsplanung abgeschlossen. Der folgende Abschnitt widmet sich der zweiten Aufgabe der Arbeitsvorbereitung – der Arbeitsteuerung – unter dem Begriff Produktionsplanung und -steuerung. Dabei werden zunächst in Kapitel 6 grundlegende logistische Zusammenhänge der Produktion anhand des Hannoverschen Trichtermodells erläutert, ehe Kapitel 7 auf die Funktionen, Verfahren und Systeme der Produktionsplanung und -steuerung eingeht.

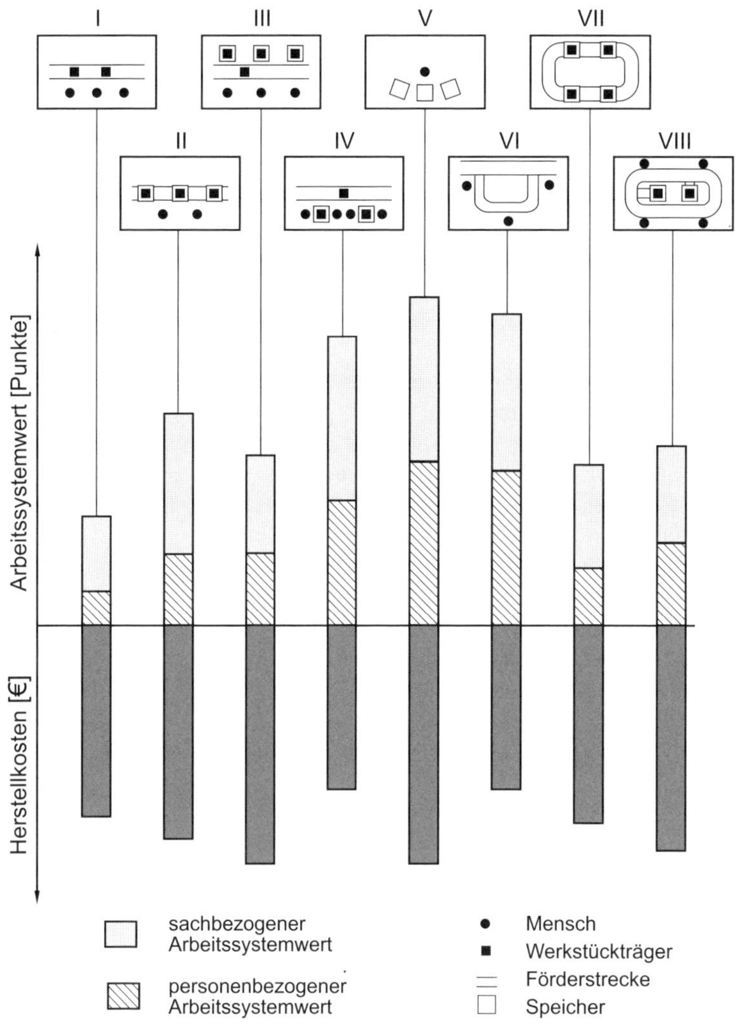

© IFA D4023

Bild 5.41 Gegenüberstellung der Arbeitssystemwerte und Kosten alternativer Arbeitssysteme (VDI)

5.4 Literatur

[Agg87] Aggteleky, B.: Fabrikplanung Band 1: Grundlagen, München Wien 1987

[Agg90a] Aggteleky, B.: Fabrikplanung Band 2: Betriebsanalyse, München Wien 1990

[Agg90b] Aggteleky, B.: Fabrikplanung Band 3: Ausführungsplanung, München Wien 1990

[Alt89] Alting, L., Zhang, H.: Computer Aided Process Planning: the state-of-the-art survey, International Journal of Production Research, 27 (1989) 4, 553 - 585

[AWF90] AWF779 - AWF-Betriebsmittelkarten, Aufbau - Einsatz - Anwendung. 2. Aufl., AWF-Arbeitsgemeinschaften für Vitale Unternehmensentwicklung e. V. Groß-Gerau 1990

[Bar13] Barthelmes, H.: Handbuch Industrial Engineering. Vom Markt zum Produkt, München 2013

[Bra11] Bracht, U., Geckler, D. und Wenzel, S.: Digitale Fabrik: Methoden und Praxisbeispiele, Berlin Heidelberg 2011

[Dan01] Dangelmaier, W.: Fertigungsplanung. Planung von Aufbau und Ablauf der Fertigung. 2. Aufl., Berlin Heidelberg 2001

[DIN88] DIN 66025-2: Programmaufbau für numerisch gesteuerte Arbeitsmaschinen; Wegbedingungen und Zusatzfunktionen, Berlin 1988

[Dol81] Dolezalek, C. M., Warnecke, H.-J., Dangelmaier, W.: Planung von Fabrikanlagen, Berlin Heidelberg 1981

[EE92] Enseleit, J., u. Erbe, H.-H: Werkstattorientierte Produktionsunterstützung (WOP) beim Einsatz von CNC-Maschinen. RKW Eschborn 1992

[ElM93] ElMaraghy, H. A.: Evolution and Future Perspectives of CAPP (Computer Aided Process Planning), Annals of the CIRP, Vol. 42/2 (1993), S. 739 - 751

[ES09] Eigner, M., u. Stelzer, R.: Product Lifecycle Management. Ein Leitfaden für Product Development und Life Cycle Management. 2. Aufl., Berlin Heidelberg 2009

[Eve03] Eversheim, W.: Innovationsmanagement für technische Produkte, Abschnitt 4.9: Technology-Roadmapping. Berlin Heidelberg 2003

[Eve92] Eversheim, W., Schneewind, J.: Integrierte Arbeitsplanung und Fertigungsfeinsteuerung, ZWF 87 (1992) 7, S. 411 - 414

[Eve95] Eversheim, W., Bochtler, W. u. a.: Die Arbeitsplanung im geänderten produktionstechnischen Umfeld, Teil 1: Integration von Arbeitsplanung und Konstruktion, VDI-Z 137 (1995) 3/4, S. 88 - 91, Teil 2: Integration von Arbeitsplanung und Fertigung, VDI-Z 137 (1995) 5, S. 54 - 57

[Eve96] Eversheim, W.: Integrierte Produkt- und Prozessgestaltung. In: Eversheim, W., Schuh, G. (Hrsg.): Produktion und Management. Abschnitt 7.5, S. 7 - 124 bis 7 - 149, Berlin Heidelberg 1996

[Eve02] Eversheim, W.: Organisation in der Produktionstechnik, Band 3: Arbeitsvorbereitung, 4. Aufl., Berlin Heidelberg 2002

[EXA13] EXAPT-Verein: EXAPT Produktübersicht, Aachen 2013

[Gra94] Grabowski, H., Erb J., Polly, A.: STEP-Grundlage der Produktdatentechnologie, Teil 1: Aufbau und Entwicklungsmethodik, CIM Management 10 (1994) 4, S. 45 - 51, Teil 2: Das integrierte Produktmodell, CIM Management 10 (1994) 5, S. 36 - 43, Teil 3: Die Anwendungsprotokolle, CIM Management 10 (1994) 6, S. 45 - 49

[Hal95] Halevi, G., Weill, R. D.: Principles of Process Planning - A logical Approach, Chapmann and Hall, England, 1995

[Ham95] Hamelmann, S.: Systementwicklung zur Automatisierung der Arbeitsplanung, Diss. Univ. Hannover 1995

[Ham96] Hamel, W.: Arbeits- und Leistungsbewertung. In: Kern, W., Schröder, H.-H., Weber, J. (Hrsg.): Handwörterbuch der Produktionswirtschaft, 2. Aufl., Stuttgart 1996

[Hei95] Heinz, K., Hinke, W. G.: Anforderungsgerechte CAPP-Auswahl - eine anwendungsorientierte Vorgehensweise, REFA-Nachrichten 5 (1995), S. 31 - 35

[Hei96] Heinz, K.: Vorgabezeitermittlung. In: Kern, W., Schröder, H.-H., Weber, J. (Hrsg.): Handwörterbuch der Produktionswirtschaft, 2. Aufl., Stuttgart 1996

[Her02] Hernández, R.: Systematik der Wandlungsfähigkeit in der Fabrikplanung, Diss. Univ. Hannover, veröff. in: Fortschrittsberichte VDI, Reihe 16/149, Düsseldorf 2002

[Ket84] Kettner, H., Schmidt, J., Greim, H.-R.: Leitfaden der systematischen Fabrikplanung, München Wien 1984

[Kin09] Kinkel, St. (Hrsg.): Erfolgsfaktor Standortplanung. In- und ausländische Standorte richtig bewerten. 2. Aufl., Berlin Heidelberg 2009

[Koe01] Koether, R., Kurz, B., Seidel, U. A., Weber, F.: Betriebsstättenplanung und Ergonomie. Planung von Arbeitssystemen, München Wien 2001

[Kub13] Kubitscheck, S., Kirchner, J.-H.: Kleines Handbuch der praktischen Arbeitsgestaltung: Grundsätzliches – Gestaltungshinweise – Gesetze, Vorschriften und Regelwerke. 2. Aufl., München 2013

[Kue06] Kühn, W.: Digitale Fabrik. Fabriksimulation für Produktionsplaner, München 2006

[Laq12] Laqua, I.: Lean Administration: Das Ergebnis zählt – Der Weg zu nachhaltig schlanken Prozessen auf den Teppichetagen. Log_x Verlag, Ludwigsburg 2012

[Mar94] Martin, H.: Grundlagen der menschengerechten Arbeitsgestaltung. Handbuch für die betriebliche Praxis. Köln 1994

[Neu13] Neugebauer, R. (Hrsg.): Handbuch Ressourcenorientierte Produktion. München 2013

[Ny08] Nyhuis, P. et al. (Hrsg.): GVP Globales Varianten Produktionssystem. Globalisierung mit System, Garbsen 2008

[Paw08] Pawellek, G.: Ganzheitliche Fabrikplanung. Grundlagen, Vorgehensweise, EDV-Unterstützung, Berlin Heidelberg 2008

[Olb70] Olbrich, W.: Arbeitsplanerstellung unter Einsatz elektronischer Datenverarbeitungsanlagen, Diss., Aachen 1970

[RDHS99] Reinhart, G., Dürrschmidt, S., Hirschberg, A., Selke, C.: Wandel – Bedrohung oder Chance? io Management Zeitschrift 68 (1999) 5, S. 20 – 24

[Refa91] REFA – Verband für Arbeitsstudien und Betriebsorganisation (Hrsg.): Methodenlehre der Betriebsorganisation, Planung und Steuerung, Teil 1 – 6, München 1991

[Refa93] REFA – Verband für Arbeitsstudien und Betriebsorganisation (Hrsg.): Arbeitsgestaltung in der Produktion, 2. Aufl., München 1993

[Rei99] Reichardt, J.: Wandlungsfähige Gebäudestrukturen. In: Tagungsband, 2. Deutsche Fachkonferenz Fabrikplanung, Stuttgart 1999

[Sch96] Schmidt, B. Ch.: Integration von Arbeitsplanung und Fertigungssteuerung mit Netzarbeitsplänen, Diss. Univ. Hannover. In: Fortschrittsberichte VDI, Reihe 20, VDI-Verlag, Düsseldorf 1996

[Spa11] Spath, D., Linder, Ch. U. und Seidenstricker S.: Technologiemanagement: Grundlage, Konzepte, Methoden, Stuttgart 2011

[Spu79] Spur, G.: Produktionstechnik im Wandel, München 1979

[SWM14] Schenk, M., Wirth, S., Müller, E.: Fabrikplanung und Fabrikbetrieb. Methoden für die wandlungsfähige, vernetzte und ressourceneffiziente Fabrik. 2. Aufl., Berlin Heidelberg 2014

[Sys06] Syska, A.: Produktionsmanagement: Das A – Z wichtiger Methoden und Konzepte für die Produktion von heute. Wiesbaden 2006

[Tön93] Tönshoff, H. K., Hamelmann, S., Rudolph, F. N.: Elementorientierte Konstruktion und Arbeitsplanung, VDI-Z 135 (1993) 5, S. 73 – 78

[VDI11] Verein Deutscher Ingenieure VDI (Hrsg.): VDI 5200 Richtlinie Blatt 1, Fabrikplanung. Planungsvorgehen, Berlin 2011

[VDI80] VDI-ADB (Hrsg.): Handbuch der Arbeitsgestaltung und Arbeitsorganisation, Düsseldorf 1980

[War92] Warnecke, H. J.: Die fraktale Fabrik, Berlin Heidelberg 1992

[Wie04] Wiendahl, H.-P., Breitenbach, F., Nofen, D., Klußmann, J. H. (Hrsg.): Planung modularer Fabrikstrukturen – Vorgehen und Beispiele, Berlin Heidelberg 2004

[Wec06] Weck, M. u. Brecher, Ch.: Werkzeugmaschinen Bd. 4: Automatisierung von Maschinen und Anlagen, 6. Aufl., Berlin Heidelberg 2006

[Wib66] Wibbe, J.: Arbeitsbewertung - Entwicklung, Verfahren und Probleme, 3. Aufl., München 1966

[Wie02] Wiendahl, H.-P.: Wandlungsfähigkeit - Schlüsselbegriff der zukunftsfähigen Fabrik. wt - werkstattstechnik online 92 (2002) H. 4, S.122 - 127.

[Wie14] Wiendahl, H.-P., Reichardt, J. u. Nyhuis, P.: Handbuch Fabrikplanung. Konzept, Gestaltung und Umsetzung wandlungsfähiger Produktionsstätten. 2. Aufl., München Wien, 2014

[Wil98] Wildemann, H.: Die modulare Fabrik, 5. Aufl., München 1998

[Wes00] Westkämper, E., Zahn, E., Balve, P., Tilebein, M.: Ansätze zur Wandlungsfähigkeit von Produktionsunternehmen. wt werkstattstechnik online 90 (2000) H.1/2, S. 23 - 26

6 Logistische Produktionsmodellierung

6.1 Abgrenzung von Logistik, Materialwirtschaft und PPS

Der Wettbewerbsfaktor „Zeit" hat seit Beginn der 1980er-Jahre eine spürbare Bedeutungssteigerung erfahren. Er wird in der erhöhten Aufmerksamkeit sichtbar, die der Logistik, der Materialwirtschaft sowie der Produktionsplanung und -steuerung (PPS) vom Produktionsmanagement zuteilwerden. In der Praxis durchdringen und ergänzen sich die drei genannten Aufgabengebiete. Zunächst sollen die drei Begriffe erläutert werden, ehe ein logistisches Zielsystem und ein Modell der Produktion mit den Teilbereichen Fertigung, Lager und Montage vorgestellt wird, das die inneren Zusammenhänge der jeweiligen Zielgrößen beschreibt.

Die aus dem Lager- und Transportwesen entstandene *Logistik* betont das umfassende unternehmerische Management der Bewegungs- und Lagerungsvorgänge realer Güter [Jün98, Pfoh10]. Diese sollen in der richtigen Menge, Zusammensetzung und Qualität zum richtigen Zeitpunkt am richtigen Ort zur Verfügung stehen, wobei minimale Kosten und optimaler Lieferservice zu gewährleisten sind. Im Vordergrund der Aufgabenerfüllung steht daher die Durchführung der technischen Grundfunktionen Lagern, Transportieren, Handhaben, Verteilen, Kommissionieren und Verpacken mit den dazugehörigen Funktionen der Informationsverarbeitung wie Erfassen, Speichern, Verarbeiten und Ausgeben. Die Funktionen sind entlang der Wertschöpfungskette von der Beschaffung über die Produktion bis zum Absatz, über Entsorgung bis zur Wiederverwendung auf den Kundennutzen ausgerichtet. Dabei sind Puffer und Liegezeiten zu minimieren und alle Tätigkeiten zu vermeiden, die keine Wertschöpfung bewirken. Bild 6.1 stellt die Entwicklung der Logistik für ein Produktionsunternehmen dar. Die PPS tritt im Rahmen der Logistik als Planungs- und Steuerungsinstrument der Produktion und Beschaffung in Erscheinung.

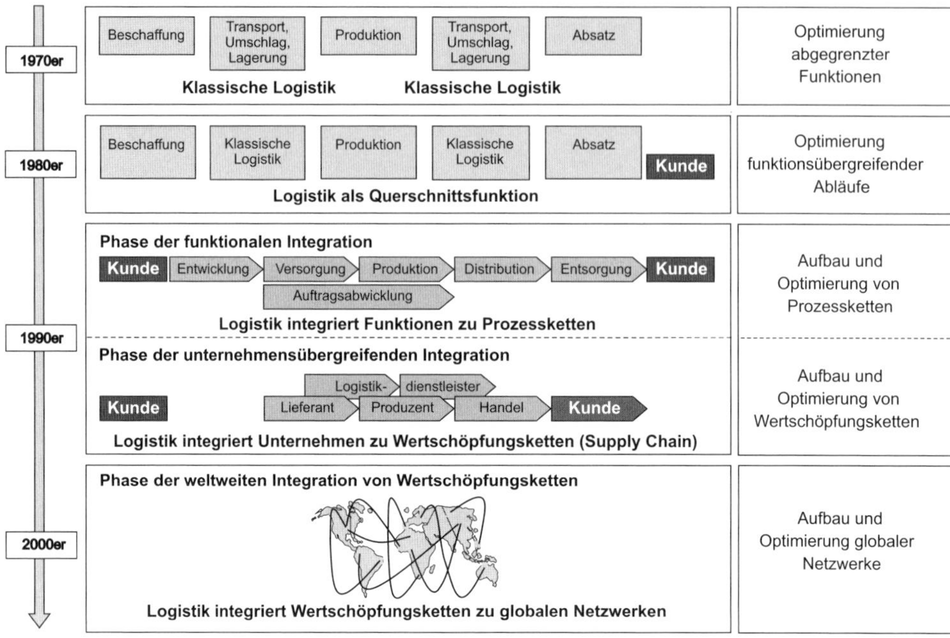

© IFA 11.986

Bild 6.1 Entwicklung der Logistik (nach Baumgarten)

Mit zunehmender Verflechtung der globalen Warenströme hat sich der Gegenstand der Logistik von einer internen Querschnittsfunktion hin zu Logistikketten und -netzwerken ausgeweitet. Dabei wird sowohl der Güterfluss stromaufwärts zum Lieferanten des Lieferanten als auch stromabwärts bis zum Kunden des Kunden betrachtet und als Versorgungskette, Wertschöpfungskette und insbesondere als *Supply Chain* (engl. supply: liefern, chain: Kette) bezeichnet [CGö07, BD04, Wer13]. Als Kernaufgaben des jeweiligen Kettengliedes gelten die Prozesse Beschaffen (source), Herstellen (make) und Liefern (deliver) sowie die Retourenprozesse z.B. von Reklamationen. Sie sind im so genannten Supply Chain Operations Reference Model (SCOR-Model 11.0) beschrieben [SCOR13]. Das *Supply Chain Management* (SCM) gestaltet, plant und steuert die betroffenen Material-, Informations- und Werteflüsse in den Netzwerken mit dem Ziel einer hohen Kundenzufriedenheit (Preis, Qualität, Liefertreue) sowie der Senkung des Aufwandes (Bestände, Schnittstellen) und einer rascheren Marktanpassung [CGa04]. Damit konkurrieren also nicht mehr einzelne Unternehmen, sondern ganze Wertschöpfungsketten miteinander. Besonders ausgeprägt sind derartige Lieferketten in der Automobilindustrie. Ein Beispiel zeigt Bild 6.2.

Man erkennt zum einen die dort typischen Systemzulieferer der 1. Lieferstufe (auch als 1st-Tier-Lieferanten bezeichnet (engl. tier: Lage, Reihe), Modullieferanten (2nd-Tier) und Komponentenlieferanten (3rd-Tier). Am Beispiel eines Leiterplattenfertigers wird dessen Prozesskette aus Sicht des Automobilherstellers im Bild verdeutlicht. Die Leiterplatte ist Teil einer Elektronikbaugruppe, die wiederum in das Cockpit eingeht. Der Automobilhersteller überwacht in der Regel nur die erste Lieferstufe, hier also die Anlieferung des Cockpits. Die stromaufwärts liegenden Stufen (hier die Elektronik und die Leitergrund-

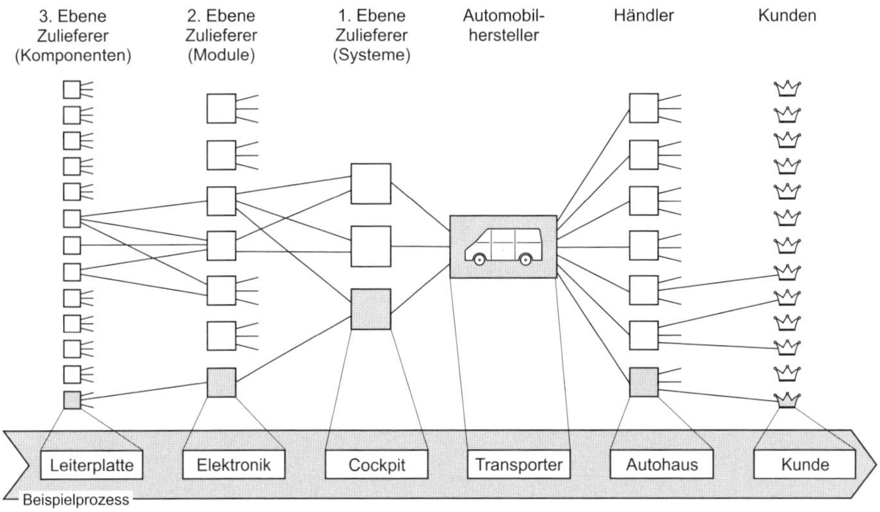

IFA G9527_Ko

Bild 6.2 Beispiel einer Supply Chain in der Automobilindustrie (Begemann, IFA)

platte) werden nur für besonders kritische Teile in die Supply Chain des Automobilunternehmens einbezogen. Stromabwärts in Kundenrichtung erkennt man den Händler und schließlich die Endkunden, also die Produktnutzer. Zwischen Automobilhersteller und Systemzulieferer sind meist noch so genannte Logistikdienstleister eingebunden, welche z. B. Kommissionen mehrerer Lieferanten bündeln und dem Verbraucher am Verbrauchsort (z. B. ein Montageband) auf Abruf bereitstellen.

Die aus dem Einkauf und der Lagerhaltung gewachsene *Materialwirtschaft* ist mehr betriebswirtschaftlich orientiert und sieht ihre Aufgabe in der wirtschaftlichen Beschaffung, Bevorratung und Bereitstellung sowie der Entsorgung der Sachgüter eines Unternehmens [Gro78, AHT13]. Sie fußt auf der Stückliste und umfasst die in Bild 6.3 dargestellten Aufgabenbereiche [Har02]. Als *Material* gelten dabei Rohstoffe, Hilfsstoffe, Betriebsstoffe, Zulieferteile und Handelswaren. Nicht betrachtet werden i. d. R. die innerbetriebliche Planung und Steuerung der Roh-, Halb- und Fertigfabrikate sowie die Distribution der Fertigwaren in der Absatzorganisation. Demzufolge zählt die PPS ausdrücklich nicht zur Materialwirtschaft, ist mit dieser jedoch untrennbar verbunden.

Die *Produktionsplanung und -steuerung* (PPS) wurde mit wachsender Produktvielfalt zur Beherrschung des Auftragsdurchlaufes erforderlich. Sie hat die Aufgabe, das laufende Produktionsprogramm in regelmäßigen Abständen nach Art und Menge für mehrere Planungsperioden im Voraus zu planen und unter Beachtung gegebener oder zu planender Kapazitäten, trotz unvermeidlicher Störungen wie Personalausfall, Lieferverzögerungen oder Ausschuss, möglichst wirtschaftlich zu realisieren [Wie97, Mer09, Schö11, Schu12]. Sie geht hierbei vom Produktionsprogramm aus und berechnet auf Basis der Stücklisten und Arbeitspläne Bedarfsmengen und Bedarfszeitpunkte für Zukauf und Eigenfertigung. Ihre detaillierte Betrachtung erfolgt in Kapitel 7.

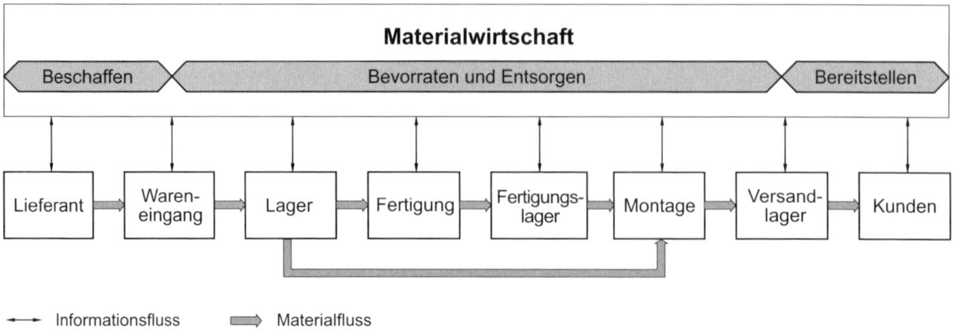

© IFA D4143

Bild 6.3 Aufgabenbereiche der Materialwirtschaft (Hartmann)

6.2 Logistisches Zielsystem

Die zentrale Aufgabe der Produktionslogistik besteht darin, logistische und wirtschaftliche Ziele unter Berücksichtigung der gegenseitigen Abhängigkeiten in bestmöglichem Maße zu erreichen. Das zugrunde liegende Zielsystem lässt sich über die Begriffe „Logistikleistung“ und „Logistikkosten“ beschreiben (Bild 6.4). Die vom Markt wahrgenommene *Logistikleistung* soll möglichst hoch sein, sie wird über die Lieferzeit und die Liefertreue bewertet. Wenn keine Vorratslager aufgebaut werden sollen, bedingen kurze *Lieferzeiten* produktionsintern *kurze Durchlaufzeiten*. Eine hohe *Liefertreue* erfordert eine hohe *Termintreue* der Auftragsabwicklung. Die *Logistikkosten*, die aus Sicht des Unternehmens möglichst gering sein sollten, bestehen aus zwei Komponenten. Zum einen sind es die *Kapitalbindungskosten*, zu denen häufig noch Wagniskosten hinzugerechnet werden. Sie sinken durch niedrige Bestände. Zum anderen entstehen logistikbedingte *Prozesskosten* für Auftragsabwicklung, Wareneingang, -ausgang und Transport sowie für Einlagerung, Lagerung und Auslagerung von Material. Dieser Kostenanteil wird durch eine hohe Auslastung günstig beeinflusst. Als generelles Ziel steht eine hohe Wirtschaftlichkeit im Mittelpunkt, ausgedrückt in möglichst niedrigen Herstellkosten. Es entsteht ein Zielkonflikt, der sich aus den unterschiedlichen Interessen der Kunden und des Unternehmens ergibt. Er wird als Dilemma der Produktionssteuerung bezeichnet.

Generell ist zunächst festzustellen, dass sich seit langem eine Bedeutungsverschiebung von den betriebsbezogenen hin zu den marktbezogenen Zielgrößen vollzogen hat. Stand früher die Auslastung der Betriebsmittel im Vordergrund, werden heute überwiegend die Liefertreue und die Lieferzeit als primäre Zielgrößen angesehen. Gleichzeitig dürfen aber auch die Bestände nicht aus dem Blick geraten.

Dennoch reagieren die Unternehmen in der Praxis meist einseitig auf das jeweils größte Problem. Bild 6.5 verdeutlicht den sog. Fehlerkreis, der schließlich zu einem viel zu hohen Niveau der Bestände und Durchlaufzeiten führt und bis heute nichts an Aktualität verloren hat [Plo73]. So sind beispielsweise bei hohen Beständen an Halb- und Fertigwaren Aktionen zur Bestandssenkung zu beobachten, die auch nach einiger Zeit zu der angestrebten

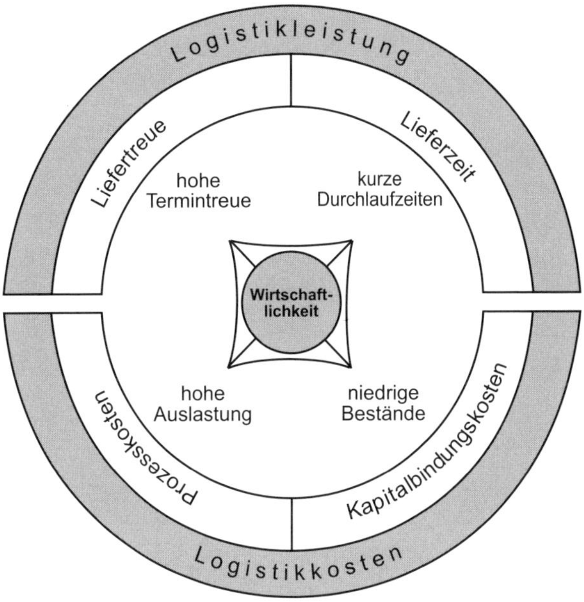

© IFA 4046

Bild 6.4 Zielsystem der Produktionslogistik

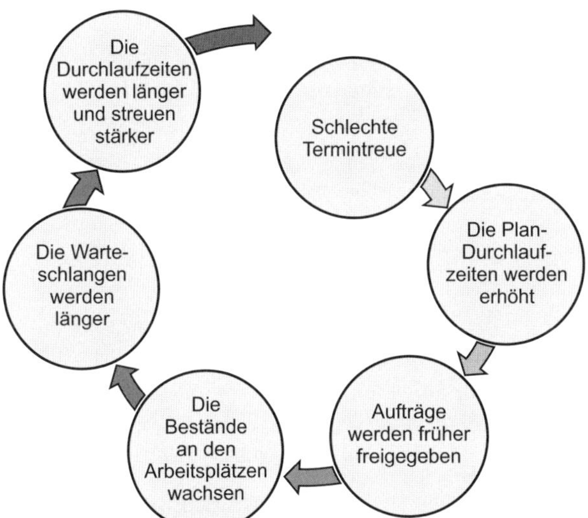

© IFA C0511

Bild 6.5 Fehlerkreis der Produktionssteuerung (nach Plossl)

Verringerung des Umlaufvermögens führen. Allerdings stellen sich dann zwangsläufig Lieferprobleme für bestimmte Artikel ein. Daraufhin schließen die Planer meist auf zu kurze Plan-Durchlaufzeiten. Nun werden diese im PPS-System mit der Folge herauf gesetzt, dass die Fertigungsaufträge eher gestartet werden. Dies führt aber wieder zu einem Anstieg der Bestände in der Fertigung und Montage. Wegen der daraus resultierenden längeren Warteschlangen an den Arbeitssystemen erhöht sich die Durchlaufzeit der Aufträge, typischerweise verbunden mit einer größeren Streuung. Im Ergebnis wird die Termineinhaltung schlechter statt besser, und nur noch Eilaufträge und Sonderaktionen bringen die jeweils wichtigsten Aufträge rechtzeitig in die Montage bzw. zum Kunden.

Hohe Bestände haben aber eine Reihe weiterer negativer Auswirkungen, die Bild 6.6 anhand der Analogie eines „Sees der Bestände" verdeutlicht [Suz89]. Bestände verdecken nämlich Qualitätsmängel der Prozesse, weil Störungen mithilfe der Bestände abgepuffert werden. Auch unabgestimmte Kapazitäten, Ausschuss sowie unzureichende Flexibilität und mangelhafte Liefertreue werden nicht offenbar, weil ja immer „aus dem Bestand" produziert bzw. geliefert werden kann.

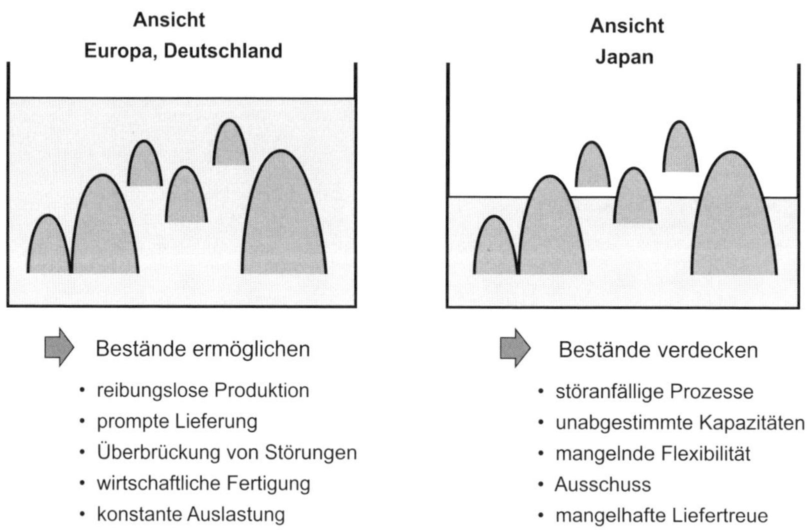

© IFA C0513A

Bild 6.6 Funktion von Beständen (Suzaki)

Der strategische Ansatz der PPS ist demnach eine bestandsarme Fertigung, die kurze Durchlaufzeiten und eine hohe Termintreue zur Folge hat. Gleichzeitig müssen die mit der Produktion verknüpften Hilfsprozesse wie Materialversorgung, Werkzeugbereitstellung, NC-Programmierung und die Instandhaltung ebenfalls reaktionsschnell werden.

Mit diesem Ansatz ist jedoch noch nicht sichergestellt, dass die aus den internen Durchlaufzeiten resultierenden Lieferzeiten auch den am Markt geforderten Lieferzeiten entsprechen. Ist dies nicht der Fall, müssen die Unternehmen neue Logistikstrategien entwickeln. Dabei ist anzustreben, die Produkte möglichst erst nach einer Bestellung zu fertigen. Wenn das aufgrund des Produktaufbaus, der Fertigungszeiten oder der tiefgegliederten Produktstruktur nicht möglich ist, muss das Unternehmen die Produkte weitgehend vorfertigen.

Dies ist aber bei Produkten mit hoher Variantenzahl oder gar kundenspezifischen Lösungen nicht möglich, weil die Lagerung der vielen Varianten wirtschaftlich nicht vertretbar bzw. die Kundenspezifikation nicht bekannt ist. Daher haben sich vier unterschiedliche Strategien der Auftragsabwicklung herausgebildet, die sich durch die Lage des so genannten Kunden-Entkopplungspunktes unterscheiden.

Als *Kundenauftrags-Entkopplungspunkt* (engl. order decoupling point) wird diejenige Stelle in der betrieblichen Logistikkette Beschaffung, Fertigung, Montage und Versand bezeichnet, ab der die Aufträge bestimmten Kundenbedarfen zugeordnet sind. Vor dieser Stelle werden die Aufträge auftragsanonym aufgrund einer Absatzprognose abgewickelt, danach auftragsspezifisch komplettiert. Die gewählte Strategie hängt vom Verhältnis der marktüblichen Lieferzeit zur Durchlaufzeit ab. In Bild 4.4 wurde der Ansatz hinsichtlich seiner Bedeutung für die Produktgestaltung bereits veranschaulicht.

Im Fall der *Produktion auf Lager* (make to stock) wird aufgrund eines prognostizierten Produktionsprogramms beschafft, gefertigt und montiert und bei Nachfrage direkt aus dem Fertigwarenlager geliefert. Beispiele sind Kameras, Haushaltsgeräte und Drucker. Mit steigender Variantenzahl ist dieses nicht mehr möglich, weil sonst die Kapitalbindung zu groß wird.

In diesem Fall versucht das Unternehmen, Standardkomponenten vorzufertigen und erst nach Eingang der Bestellung eine *auftragsbezogene Montage* (assemble to order) durchzuführen und das Erzeugnis auszuliefern. Beispiele hierfür sind Baumaschinen, Werkzeugmaschinen, Förderanlagen und Kraftfahrzeuge aus Standardkomponenten.

Nicht immer ist es jedoch möglich oder wirtschaftlich, die Komponenten für alle denkbaren Kundenwünsche vorzufertigen. Sei es, weil sie zu teuer sind oder weil sie erst entsprechend den Kundenforderungen dimensioniert werden müssen. Dann handelt es sich um eine *auftragsbezogene Produktion (make to order)*, bei der für die zentralen Produktkomponenten lediglich das Ausgangsmaterial und die Fremdkomponenten aufgrund von Absatzprognosen beschafft werden. Der Rest des Produktes besteht aus auftragsspezifischen Komponenten. Beispiele sind Extruderschnecken von Kunststoffmaschinen oder die Brücken von Hallenkränen.

Den vierten Fall stellt die *kundenspezifische Einmalfertigung* (engineer to order) dar, bei der eine Anpassungs- oder Neukonstruktion erforderlich ist und die Beschaffung erst nach dem Entwurf und der Teiledimensionierung einsetzt. Typisch hierfür sind Erzeugnisse des Anlagenbaus, wie Papiermaschinen, Walzwerke und Wasserturbinen.

Eine große Bedeutung kommt in diesem Zusammenhang der Strukturierung des Produktes zu. So kann durch geschickte Modularisierung des Produktes der Kundenauftrags-Entkopplungspunkt so weit in Richtung Kundenwunsch verschoben werden, dass es möglich ist, innerhalb weniger Stunden die Montage, Prüfung und den Versand durchzuführen. Beispiele finden sich besonders bei hochwertigen Konsumgütern (z. B. Personalcomputer) und variantenreichen Industriegütern, wie z. B. Pumpen. Abschnitt 4.1 enthält entsprechende Hinweise.

Generell kann man feststellen, dass die logistischen Ziele Auslastung und Bestand vor dem Kundenauftrags-Entkopplungspunkt eine höhere Bedeutung haben, während danach die Durchlaufzeit und die Termintreue im Vordergrund stehen. Weiterhin ist festzuhalten, dass Produkte im Laufe ihrer Lebensdauer am Markt nach wechselnden Strategien gefertigt werden. Schließlich wird ein Unternehmen meist nicht seine sämtlichen Produkte nach derselben Strategie produzieren, sodass sich für die Fertigung der verschiedenen Auftragstypen unterschiedliche logistische Ziele ergeben.

Die Produktionsplanung und -steuerung ist die zentrale Stelle für die Durchführung der damit verbundenen Aufgaben. Sie muss neben der Festlegung von Terminen und Mengen der Eigen- und Fremdteile auch die eingangs angesprochenen Zielkonflikte lösen. Dazu ist ein tieferes Verständnis der Wirkzusammenhänge der Zielgrößen notwendig, die im Folgenden erläutert werden, um anschließend die Funktionen und Verfahren der PPS in Abschnitt 7 zu betrachten.

6.3 Logistische Wirkmodelle

6.3.1 Produktionsmodell

Aus logistischer Sicht gliedert sich eine Produktion in die drei Teilbereiche Teilefertigung, Lager und Montage. Für diese werden im Folgenden die logistischen Beschreibungs- und Wirkmodelle erläutert. Sie sollen den geplanten und den tatsächlichen Durchlauf von Aufträgen durch die Produktion realitätsnah beschreiben und die Wirkzusammenhänge zwischen den logistischen Zielgrößen verdeutlichen. Hierzu existieren viele Ansätze, die häufig auf mathematischen Abstraktionen wie z. B. der Warteschlangentheorie und Optimierungsverfahren beruhen. Für den Praktiker sind sie schwer verständlich und ihre Anwendungsvoraussetzungen nicht immer erkennbar.

Diese Nachteile vermeiden das Trichtermodell, das daraus abgeleitete Durchlaufdiagramm und die so genannten logistischen Kennlinien, die am Institut für Fabrikanlagen und Logistik der Leibniz Universität Hannover entwickelt wurden [Nyh12]. In Analogie zur Abbildung verfahrenstechnischer Fließprozesse wird jede Kapazitätseinheit einer Produktion durch die Größen Zugang, Bestand und Abgang in ihrem Durchlaufverhalten vollständig beschrieben. Jede Kapazitätseinheit, unabhängig davon, ob es sich um einen Einzelarbeitsplatz, eine Gruppe oder um eine ganze Fertigung oder Montage handelt, lässt sich demnach als Trichter darstellen. Dies gilt auch für ein Lager.

Bild 6.7 zeigt das entsprechende Modell für eine Produktion einschließlich des Zwischenlagers für Zukauf- und Eigenfertigungsteile sowie das Fertigwarenlager. In der Bildmitte ist der Materialfluss abgebildet. Ganz rechts sind die Teilprozesse und dazwischen die Ereignisse an deren Beginn und Ende erkennbar. Ganz links ist die Prozesskette angeordnet.

Aus Kundenbestellungen, Lieferabrufen und Lageraufträgen auf Basis von Prognosen entstehen im Rahmen der Bedarfsermittlung nach der Beschaffungsfreigabe Bestellungen für das notwendige Zukaufmaterial. Diese werden von den Lieferanten abgearbeitet und die Zukaufteile nach dem Wareneingang im Zukaufteilelager eingelagert. Nach der Fertigungsfreigabe werden sie dem Lager entnommen, in der Fertigung zu Fertigteilen verarbeitet und in das Lager für die Eigenfertigungsteile übernommen. Die Montagefreigabe löst die Entnahme der erforderlichen Teile aus dem Zukauf- und Eigenfertigungslager aus, wonach sie zu Endprodukten montiert werden und in das Fertigwarenlager fließen. Von dort werden sie entnommen und meist zusammen mit anderen Positionen zusammen an

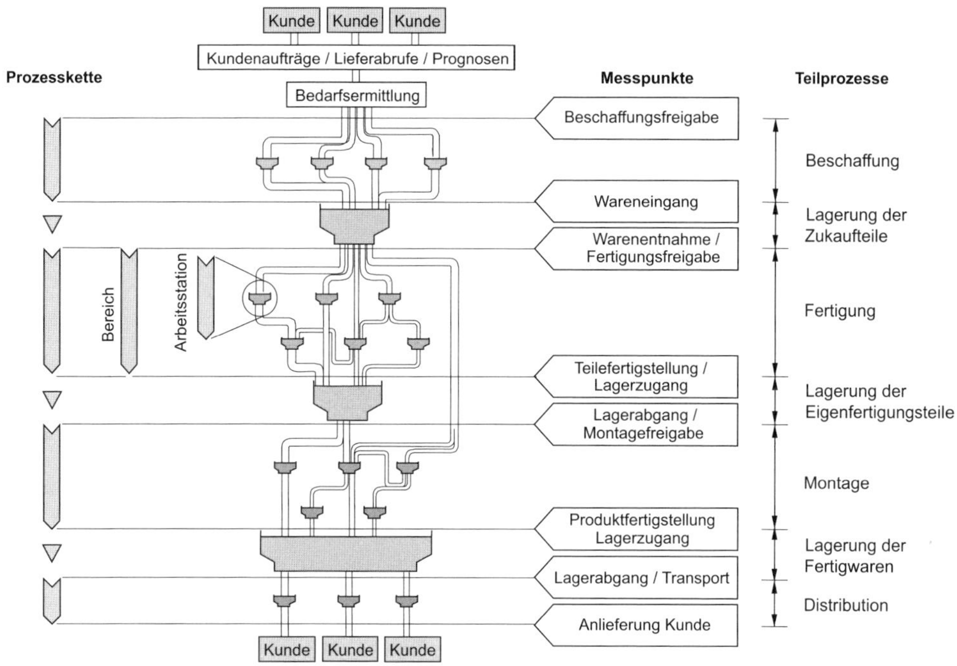

© IFA D3327Wd

Bild 6.7 Logistisches Ablaufmodell einer Produktion (nach Fastabend, Windt, IFA)

den Kunden ausgeliefert. Je nach dem Grad der Synchronisation der Prozesskette können Zwischenlager auch entfallen.

Die drei Teilbereiche Fertigung, Lagerung und Montage sollen nun näher betrachtet werden.

6.3.2 Fertigungsmodell

- Trichtermodell und Durchlaufdiagramm

Jede Arbeitsstation der Fertigung entspricht einem Trichter, dem im Laufe des Betrachtungszeitraums Aufträge zugehen, Bild 6.8 (nach [Bec84]). Diese fließen nach der Bearbeitung aus dem Trichter ab. Die Trichteröffnung symbolisiert dabei die aktuelle Leistung für ein einzelnes Arbeitssystem, die innerhalb der Kapazitätsgrenzen – also von 0 bis maximal 24 Std./Arbeitstag – variieren kann.

Die Ereignisse am Trichter lassen sich für beliebige Betrachtungszeiträume in ein sogenanntes *Durchlaufdiagramm* übertragen (Bild 6.8 rechts). Dazu werden für einen Betrachtungszeitraum – z. B. eine Woche – beginnend im Nullpunkt die fertig gestellten Aufträge mit ihrem Arbeitsinhalt (in Vorgabestunden) über dem jeweiligen Fertigstellungstermin kumulativ aufgetragen. Es ergibt sich somit die Abgangskurve. Die Summe der abgefertigten Auftragsstunden ist der Abgang. Analog dazu entsteht die Zugangskurve, indem die

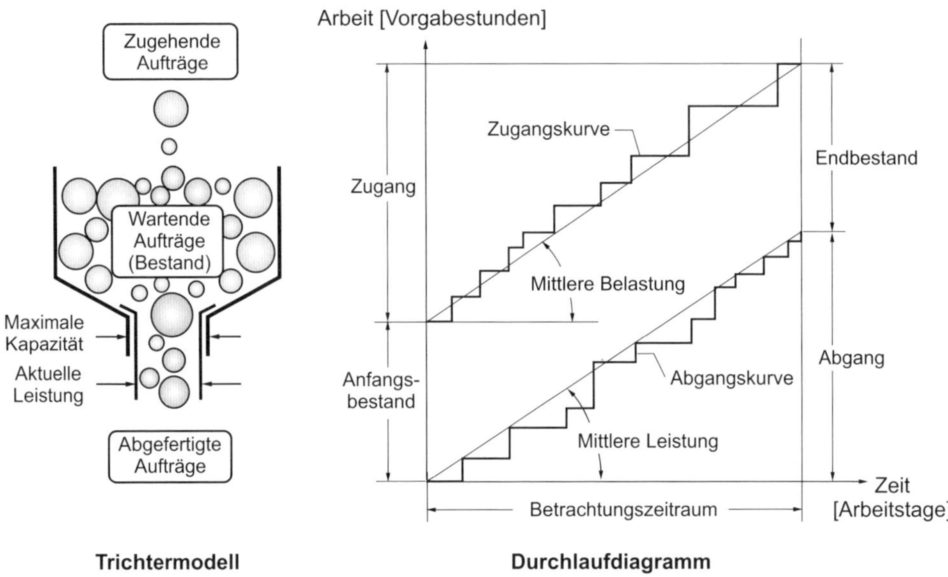

© IFA C0476

Bild 6.8 Trichtermodell und Durchlaufdiagramm einer Arbeitsstation (nach Bechte)

zugehenden Aufträge mit ihrem Arbeitsinhalt über dem Zugangstermin aufgetragen werden. Deren Summe ist der Zugang. Der Beginn der Zugangskurve wird durch den Bestand bestimmt, der sich zum Anfang des Bezugszeitraumes an der Arbeitsstation befindet und heißt Anfangsbestand. Der Endbestand entspricht dem vertikalen Abstand von Zu- und Abgangskurve am Ende des Bezugszeitraums. Die Steigung der Zugangskurve entspricht der mittleren Belastung, die Steigung der Abgangskurve der mittleren Leistung.

Soweit eindeutige Systemgrenzen und gemeinsame Bezugsgrößen definierbar und Eingangs- und Ausgangsereignisse an jedem Teilsystem erfassbar sind, kann das Modell auch zur Abbildung der Abläufe in den Bereichen Konstruktion, Arbeitsvorbereitung, Beschaffung und Montage eingesetzt werden.

Mit dem Durchlaufdiagramm lassen sich aber nicht nur Zu- und Abgangsverlauf darstellen, sondern auch die in Bild 6.4 genannten kostenorientierten Ziele Bestand und Auslastung ebenso wie die leistungsorientierten Ziele Durchlaufzeit und Termintreue.

- Bestand

Bild 6.9 zeigt ein Durchlaufdiagramm für eine Arbeitsstation. Neben dem Zugang und Abgang der Aufträge sind hier auch die mittlere Leistung sowie der Bestandsverlauf im Bezugszeitraum eingetragen. Die mittlere Leistung (in der Praxis meist Durchsatz oder Ausbringung genannt) ergibt sich aus dem Verhältnis der geleisteten Arbeit gemessen in Vorgabestunden (hier Abgang genannt) zur Länge des Bezugszeitraumes. Der Bestand als vertikaler Abstand zwischen der Zugangs- und der Abgangskurve entspricht dem aufsummierten Arbeitsinhalt der auf die Bearbeitung wartenden und in Bearbeitung befindlichen Aufträge. Der mittlere Bestand ergibt sich dadurch, dass man die grau hinterlegte Bestandsfläche durch den Bezugszeitraum dividiert.

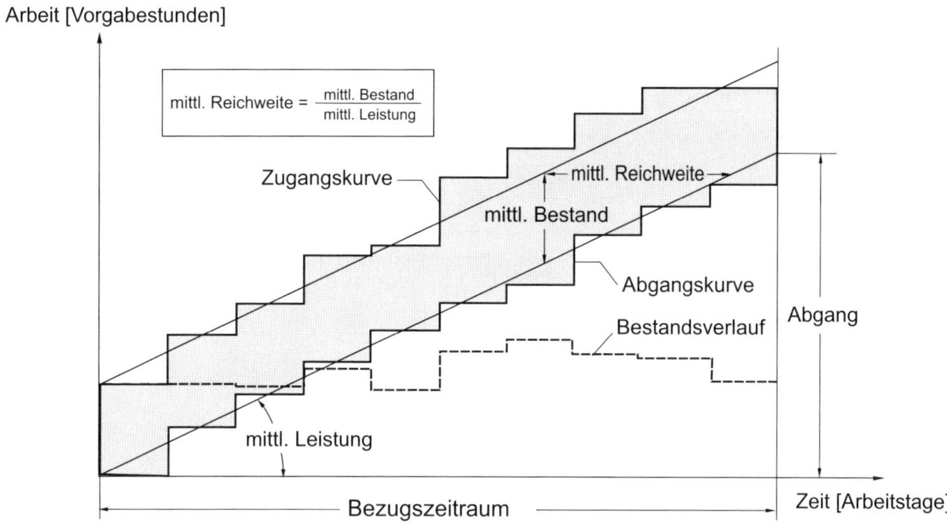

© IFA C1383Wd

Bild 6.9 Bestand, Reichweite und Leistung im Durchlaufdiagramm

Idealisiert man im Durchlaufdiagramm den Zugangs- und Abgangsverlauf zu je einer Geraden, so entspricht ihr vertikaler Abstand dem mittleren Bestand und ihr horizontaler Abstand der mittleren *Reichweite*. Sie sagt aus, wie lange bei der mittleren Leistung ein Arbeitsplatz beschäftigt ist, wenn keine neuen Aufträge zufließen. Ebenfalls entspricht sie der Zeitdauer, die ein neu am Arbeitssystem ankommender Auftrag bis zu seiner Abfertigung im Mittel verweilt, wenn Reihenfolgevertauschungen ausgeschlossen werden. Das Verhältnis des mittleren Bestandes zur mittleren Leistung entspricht der mittleren Reichweite. Diese Beziehung heiß auch *Trichterformel*. Der Bestand wird kostenwirksam durch das in der Warteschlange gebundene Kapital, das aus den Einsatzkosten des Rohmaterials und der bis zu diesem Arbeitsplatz erbrachten Wertschöpfung besteht.

- Auslastung

Die *Auslastung* eines Arbeitsplatzes entspricht dem Verhältnis des Planabgangs (der mit der geplanten Leistung erreichbar ist) und dem Ist-Abgang (der tatsächlich abgelieferten Arbeit) im Bezugszeitraum. Die Planleistung kann nicht höher sein als die maximal verfügbare Kapazität eines Arbeitsplatzes (theoretisch 24 St/Tag) vermindert um arbeitsfreie Zeiten und Verluste durch Pausen und Störungen. Wenn der Ist-Abgang wie in Bild 6.10 geringer ist als der Planabgang, wurden entweder weniger Arbeitsstunden verbraucht als geplant oder es traten Störungen auf, die zu einem zeitweiligen Stillstand des Arbeitsplatzes führten. Stillstände können aber auch durch ein Leerlaufen des Arbeitssystems verursacht sein, was hier aber nicht der Fall ist, weil immer Bestand vorhanden war.

Neben dieser stark logistisch orientierten Kennzahl wird in der Industrie auch vielfach die Kennzahl OEE (Overall Equipment Efficiency) benutzt, definiert als Produkt aus Verfügbarkeit, Leistungsgrad und Qualitätsrate [Koc11].

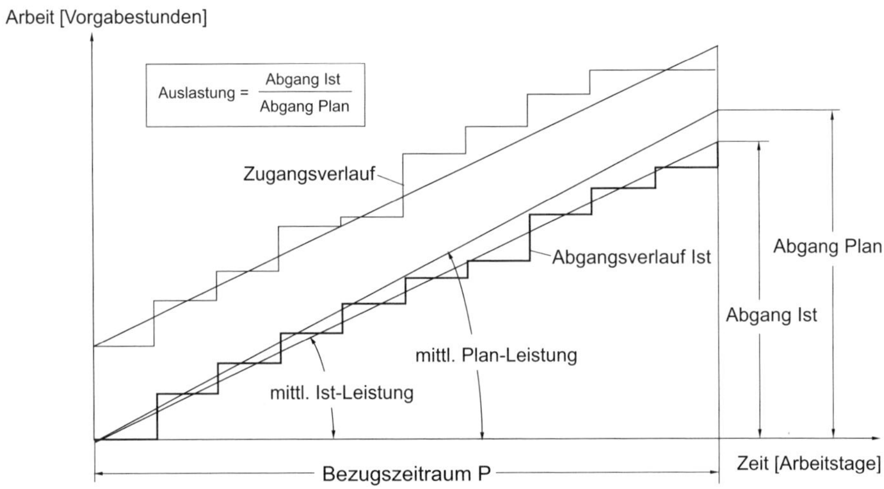

© IFA 17.668

Bild 6.10 Auslastung im Durchlaufdiagramm

- Durchlaufzeit

Um die Durchlaufzeit der einzelnen Aufträge im Durchlaufdiagramm sichtbar zu machen, werden diese zunächst nach dem Abgangstermin sortiert und jedem Auftrag der Zugangstermin zugeordnet, Bild 6.11.

Der Zugangstermin ist definiert als der Abgangstermin beim Vorgängerarbeitsplatz. Beim ersten Arbeitsgang eines Auftrags ist dies Zeitpunkt der Materialbereitstellung. Ordnet man jedem Auftrag seine Durchlaufzeit und seinen Arbeitsinhalt zu, entsteht ein Rechteck, das sog. *Durchlaufelement*. Das Durchlaufelement hat zwei Zeitanteile. Die *Übergangszeit* ist die Zeitdauer zwischen der Fertigmeldung am Vorgängerarbeitsplatz und dem Beginn der Arbeit am betrachteten Arbeitsplatz. Die *Durchführungszeit* ist die in Arbeitstagen bemessene Auftragszeit und wird berechnet als Quotient aus Auftragszeit und der Leistung des betreffenden Arbeitsplatzes. Die *Auftragszeit* wird dem Arbeitsplan entnommen und entspricht der in Bild 5.16 dargestellten Vorgabezeit als Summe aus Rüstzeit und Ausführungszeit, wobei letztere das Produkt aus der Bearbeitungszeit je Einzelstück und Losgröße ist. Aus praktischen Gründen wird dem Beginn der Durchführungszeit meist nicht der tatsächliche Zeitpunkt des Arbeitsbeginns zugrunde gelegt, sondern der berechnete Termin. Auf diese Weise sind zum Aufbau eines Durchlaufdiagramms mit Durchlaufelementen nur je zwei Daten je Arbeitsgang erforderlich, nämlich der Abgangstermin und die Auftragszeit.

Von Bedeutung ist die in Bild 6.11 erkennbare stark streuende Länge der Durchlaufzeiten. Sie ist nur zum geringen Teil durch die unterschiedlichen Durchführungszeiten bedingt, die Hauptursache liegt vielmehr in Reihenfolgevertauschungen innerhalb der Warteschlange vor dem Arbeitsplatz. Verantwortlich hierfür sind Eilaufträge und die Zusammenfassung von Losen zwecks Rüstzeiteinsparung. Es ist unmittelbar einsichtig, dass dies zu Lasten der Termineinhaltung geht.

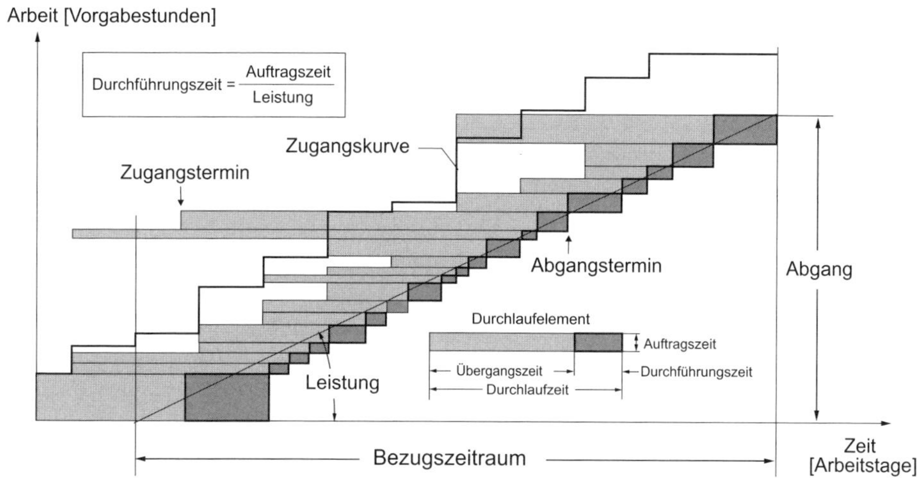

© IFA D1359 Wd

Bild 6.11 Durchlaufzeit im Durchlaufdiagramm

Für die meisten Planungszwecke ist die Unterteilung der Durchlaufzeit in Übergangszeit und Durchführungszeit ausreichend. Für ein tieferes Verständnis der Durchlaufzeit und ihrer Beeinflussungsmöglichkeiten zeigt Bild 6.12 im oberen Bildteil die Eingliederung eines Durchlaufelementes in einen Fertigungsauftrag mit mehreren Arbeitsgängen sowie seine zeitlichen Bestandteile und im unteren Bildteil die Bestandteile der Auftrags- und Durchführungszeit. Demnach besteht die *Übergangszeit* zunächst aus dem *Liegen nach Bearbeiten*. Sie tritt auf, weil nach der Fertigmeldung der Weitertransport meist nicht sofort erfolgt, aber auch weil prozessbedingte Liegezeiten wie z.B. Austrocknen und Abkühlen notwendig sind. Es folgt der *Transport* zum nächsten Arbeitsplatz laut Arbeitsplan oder auch in ein Zwischenlager. Den längsten Teil der Übergangszeit nimmt *Liegen vor Bearbeiten* ein, er wird bestimmt durch die Länge der Warteschlange und deren Arbeitsinhalt.

Wie bereits kurz erwähnt, besteht die Durchführungszeit aus Rüsten und Bearbeiten der einzelnen Teile eines Loses. Der untere Bildteil in Form des aus Bild 6.11 bekannten Durchlaufelementes verdeutlicht, dass auch innerhalb eines Loses Wartezeiten für die einzelnen Teile entstehen, weil diese während der Bearbeitung aufeinander warten.

Betriebliche Untersuchungen zeigen durchgängig, dass der Bearbeitungszeitanteil an der Durchlaufzeit häufig nur 10 % und der ablaufbedingte Liegezeitanteil 75 % beträgt. In Kapitel 2, Bild 2.11 wurde eine auch heute noch aktuelle Untersuchung einer Werkstättenfertigung gezeigt. Das Verhältnis von Durchlaufzeit und Durchführungszeit wird auch als Flussgrad bezeichnet und liegt in einer stark gerichteten Werkstättenfertigung bei 4 bis 6; der Wert 10 wie im Fall von Bild 2.11 ist eher üblich. Für die Terminplanung kommt erschwerend hinzu, dass die Durchlaufzeiten in der Regel sehr großen Streuungen unterliegen, wobei diese oftmals sowohl eine Ursache wie auch das Ergebnis der Terminunsicherheiten in der Produktion darstellen.

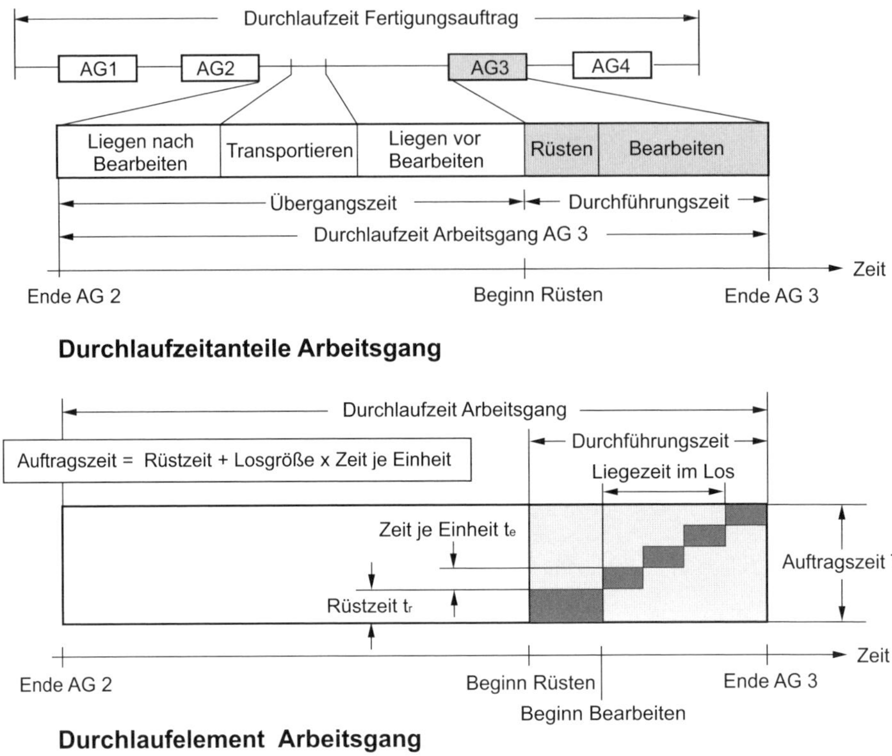

© IFA D1359ayu

Bild 6.12 Durchlaufzeitanteile eines Arbeitsgangs

Ein typisches Beispiel hierfür zeigt Bild 6.13, in dem die gemessene Durchlaufzeitverteilung an einer Drehmaschinengruppe aus einem Unternehmen der Feinwerktechnik abgebildet ist [Bec84]. Man erkennt, dass es keinen charakteristischen Wert gibt, der eindeutig als realistische Plan-Durchlaufzeit im Rahmen der Terminierung genutzt werden kann. Vielmehr lassen sich Aufträge mit unterschiedlicher Dringlichkeit identifizieren, die das Dilemma der Terminplanung dokumentieren: Neben Aufträgen mit höchster Dringlichkeit und Normalaufträgen existiert eine Reihe von Aufträgen, die offensichtlich als „unwichtig“ oder „liegen geblieben“ eingestuft wurden. Während die Aufträge der ersten Gruppe oftmals bereits einen Terminverzug aufweisen und mitunter von Terminjägern praktisch durch die Fertigung getragen werden, sind die Aufträge der letztgenannten beiden Gruppen häufig Symptome zu früh eingestoßener Aufträge, hervorgerufen durch Unsicherheiten in der Terminplanung oder den Wunsch, über hohe Bestände eine gute Auslastung der Produktion zu erreichen.

Für die Durchlaufzeitplanung und -regelung ist die Beziehung zwischen Reichweite und Durchlaufzeit von Bedeutung, da nur die Reichweite gemäß Trichterformel durch Veränderung von Bestand und/oder Leistung direkt beeinflusst werden kann, nicht aber die Durchlaufzeit. Letztere hängt – wie Bild 6.11 veranschaulicht hat – zum einen von der Liegezeit, zum anderen von der Reihenfolgevertauschung innerhalb der Warteschlange ab.

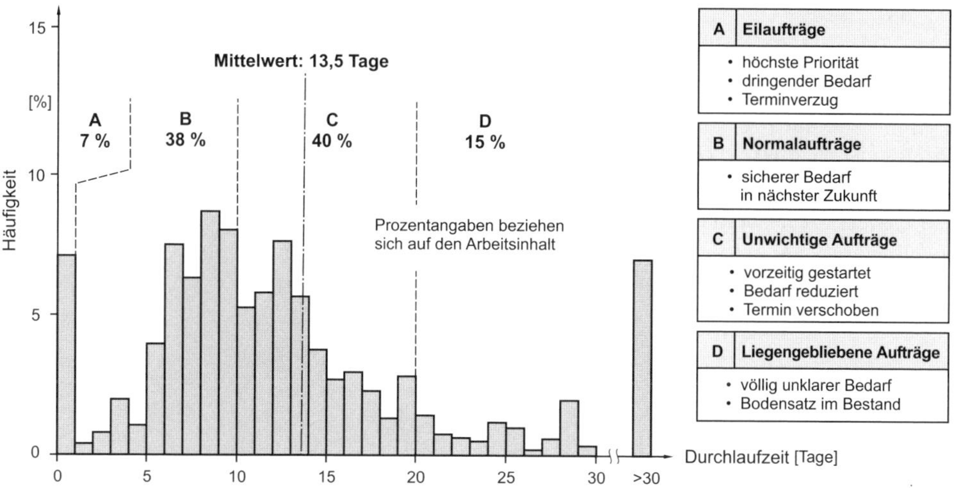

© IFA D1294

Bild 6.13 Durchlaufzeitverteilung einer Drehmaschinengruppe (Bechte)

Bild 6.14 zeigt die Gegenüberstellung der zeitbezogenen Kenngrößen Reichweite und Durchlaufzeit. Bei der üblichen Mittelwertbildung der Durchlaufzeit (links im Bild) wird die Summe der Einzeldurchlaufzeiten der in einem Bezugszeitraum abgefertigten Aufträge durch deren Anzahl dividiert. Es handelt sich also um eine auftrags- und vergangenheitsbezogene Kennzahl. Demgegenüber ist die Reichweite als Verhältnis von Bestand und Leistung zukunfts- und arbeitsplatzbezogen. Die Durchlaufzeit entspricht dann der Reichweite, wenn die Auftragsinhalte gleich sind und keine Reihenvertauschungen vorgenommen wurden.

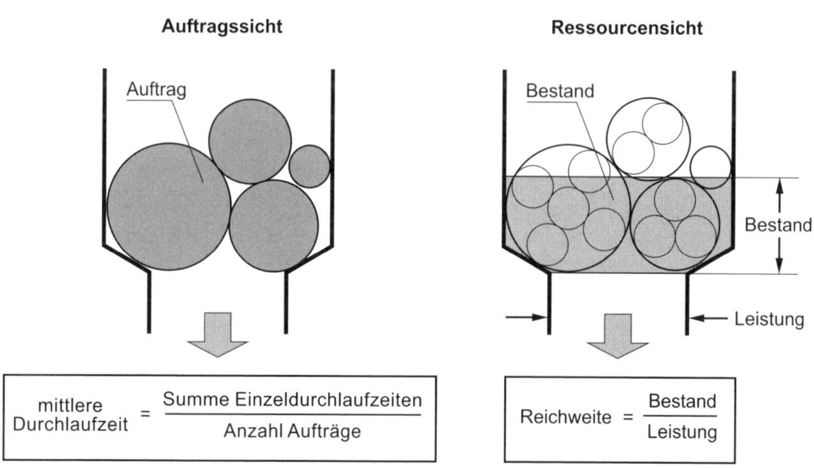

© IFA G1360

Bild 6.14 Gegenüberstellung zentraler Durchlaufzeitkennwerte an einem Arbeitssystem

- Termintreue

Die Darstellung der Termintreue bedeutet einen Vergleich zwischen einem Isttermin und einem Plantermin. Bild 6.15 zeigt hierzu oben links die *Terminabweichung* der Abgangstermine der Aufträge eines Arbeitsplatzes in einem Bezugszeitraum. Die gleiche Darstellung ist auch für die Zugangsseite möglich. Es treten drei grundsätzliche Fälle auf. Im Fall 1 sind Ist- und Plantermin identisch, der Auftrag ist pünktlich. Im zweiten Fall liegt der Ist-Termin vor dem Plantermin, der Auftrag ist zu früh. Da der Isttermin mit dem Plantermin verglichen wird, ist die Abweichung negativ. Im dritten Fall liegt der Isttermin nach dem Plantermin, der Auftrag ist zu spät und die Abweichung positiv.

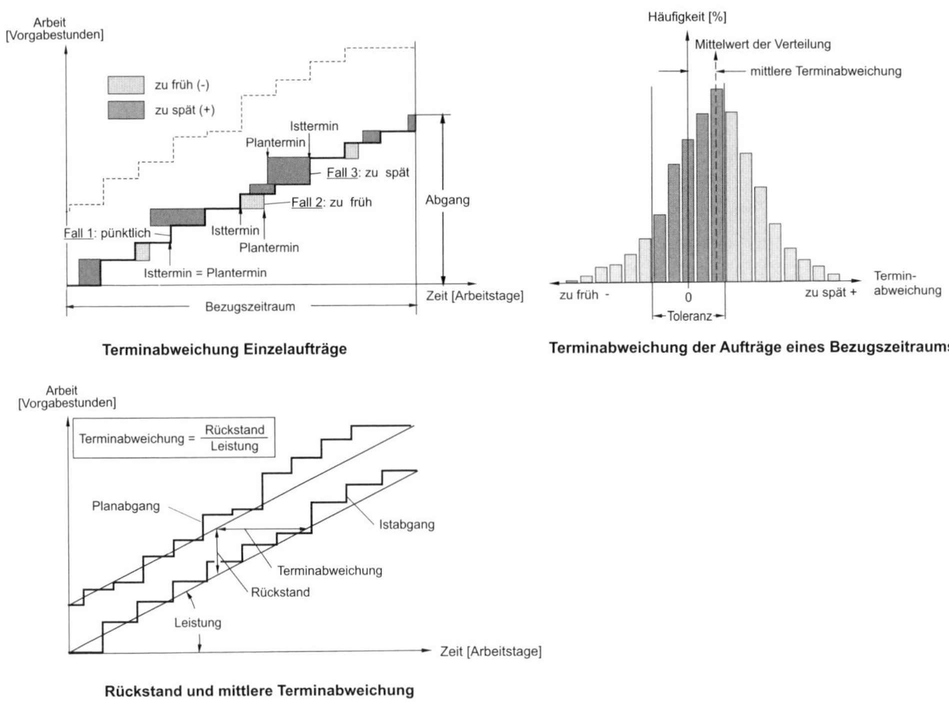

© IFA D1558c

Bild 6.15 Zusammenhang zwischen Terminabweichung und Rückstand

Überträgt man nun die einzelnen Abweichungswerte in ein Häufigkeitsdiagramm, ergibt sich die in Bild 6.15 rechts oben dargestellte typische Verteilung. Einige Aufträge sind zu früh fertig, viele zu spät und wenige pünktlich. Der Mittelwert dieser Verteilung ist meistens positiv, d.h. die Aufträge sind im Mittel um diesen Betrag verspätet. Dieser Wert ist die *mittlere Terminabweichung*. Man kann auch eine *mittlere gewichtete Terminabweichung* berechnen, indem die Terminabweichung jedes Auftrags mit dem zugehörigen Arbeitsinhalt multipliziert wird und deren Summe durch die Summe der Arbeitsstunden aller Aufträge dividiert wird. Dieser Wert kann als mittlere Terminabweichung der Arbeit gedeutet werden. Selten gibt es auch eine negative mittlere Terminabweichung, dann sind die Aufträge im Mittel zu früh fertig.

Die mittlere Terminabweichung reicht zur Beurteilung der Termintreue aber nicht aus. Vielmehr gelten nur die Aufträge als termintreu, die innerhalb einer Termintoleranz liegen. Das sind die dunkel eingefärbten Klassen. In diesem Fall sind es etwa nur 30 % aller Aufträge. Die *Termintreue* ist demnach das in Prozent ausgedrückte Verhältnis der pünktlichen Aufträge zu allen Aufträgen eines vergangenen Bezugszeitraums. Die Termintoleranz wird von der Abnehmerseite bestimmt, das kann die Montage oder ein Endkunde sein. Sie muss auch nicht symmetrisch sein, z. B. kann vereinbart werden, dass Aufträge zu früh, aber nicht zu spät fertig sein dürfen.

Ursache für die mittlere Terminabweichung ist ein Arbeitsrückstand des betrachteten Arbeitssystems. Analog zur Trichterformel ergibt sich die mittlere gewichtete Terminabweichung als Verhältnis von mittlerem Rückstand und mittlerer Leistung [Yu01]. Der Rückstand bzw. Vorlauf kann als Arbeitsrückstand bzw. -vorlauf interpretiert werden.

Zu Verbesserung und Beherrschung der Termintreue bei vorgebender Termintoleranz sind offensichtlich zwei Ansätze sinnvoll. Zum einen muss ein Rückstand vermieden werden, beispielsweise durch Anpassung der Kapazität oder Belastung. Zum anderen ist die Streuung der Terminabweichungen zu verringern, insbesondere durch Vermeidung von Reihenfolgeabweichungen. Auf die konkrete Ausgestaltung geht Abschnitt 7.7 (Strategien und Verfahren der Fertigungssteuerung) noch näher ein.

- Produktionskennlinien

Wie bei der Vorstellung des Zielsystems bereits erwähnt, strebt ein Unternehmen die möglichst beste Erfüllung aller Ziele an. Dazu ist es erforderlich, die Zielkonflikte zu verstehen. Die am Institut für Fabrikanlagen entwickelten logistischen Kennlinien haben sich hierfür in zahlreichen Praxiseinsätzen als geeignet erwiesen. Mit Produktionskennlinien lassen sich die wesentlichen logistischen Kenngrößen Leistung, Reichweite und Durchlaufzeit einer Arbeitsstation als Funktion des Bestandes darstellen.

Bild 6.16 zeigt hierzu im oberen Bildteil drei typische Situationen eines Arbeitsplatzes. In Situation 1 liegt ein hoher Bestand vor, in Situation 2 tritt einmal eine Betriebsunterbrechung wegen Bestandsmangels auf und in Situation 3 ist dies häufiger der Fall. Daraus lässt sich im unteren Bildteil der prinzipielle Verlauf der Kennlinien für Leistung, Reichweite, Durchlaufzeit und Übergangszeit ableiten. Die Kapazität entspricht dem zur Verfügung stehenden Leistungsangebot. Die Leistung steigt zunächst proportional mit dem Bestand an, flacht oberhalb eines bestimmten Bestandsbereiches ab und nähert sich einem Maximalwert. Die Differenz zwischen der Kapazität und der maximalen Leistung ist durch das gewählte Schichtmodell sowie Pausen- und Ausfallzeiten bedingt.

Zu unterscheiden sind die drei bereits kommentierten charakteristischen Situationen im oberen Bildteil: Wenn kontinuierlich Arbeit vorliegt, treten keine Beschäftigungsunterbrechungen aufgrund von Materialflussabrissen auf (Fall 1). Unterhalb dieses Bereichs kommt es erst zeitweise (Fall 2), dann jedoch zunehmend zu Leistungseinbußen aufgrund eines zeitweilig fehlenden Arbeitsvorrates (Fall 3). Die Reichweite und Durchlaufzeit hingegen steigen oberhalb eines bestimmten Bestandsbereichs proportional mit dem Bestand an. Die Übergangszeit ist entsprechend Bild 6.12 die Differenz zwischen Durchlaufzeit und Durchführungszeit. Bei Bestandsreduzierungen sinkt die Reichweite, jedoch kann sie ein bestimmtes Minimum nicht unterschreiten, das durch den mittleren Arbeitsinhalt der

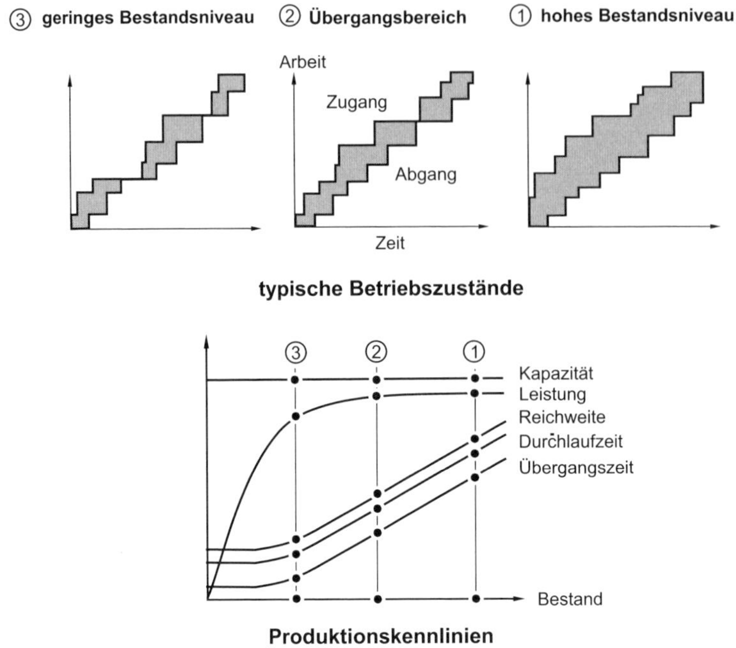

© IFA D0462

Bild 6.16 Produktionskennlinien einer Arbeitsstation

abgefertigten Aufträge und deren Streuung bestimmt wird. Eine genaue Ableitung der Kennlinien und ein Ansatz zur einfachen Berechnung findet sich in [Nyh12].

Die Ableitung der Kennlinie für die Termintreue der Aufträge eines Arbeitsplatzes wird in Anlehnung an einen Vorschlag von Yu [Yu01] in einem eigenen Bild betrachtet, da Bild 6.16 sonst zu unübersichtlich würde. Im oberen Teil von Bild 6.17 ist die mittlere Terminabweichung als Funktion des mittleren Rückstands (Aufträge sind im Mittel zu spät) bzw. Vorlaufs (Aufträge sind im Mittel zu früh) dargestellt.

Beim Rückstand null stimmen Plan- und Istabgang überein und die mittlere rückstandsbedingte Terminabweichung ist null. Ferner ist die für den Arbeitsplatz vereinbarte Termintoleranz eingefügt, aus der sich unmittelbar auch die Rückstandstoleranz ergibt. Weiterhin ist für drei charakteristische Situationen die Verteilung der Terminabweichung in Form einer Normalverteilung eingezeichnet. Bei der in der Mitte liegenden Verteilung ist der Rückstand zwar null, aber nur die mit einer grauen Fläche hinterlegten Aufträge liegen innerhalb der Termintoleranz. Ursache für die Streuung der Terminabweichung sind Reihenfolgeabweichungen und/oder Rückstandsschwankungen [Kuy13].

Das erklärt, warum der zugehörige Wert für die Termintreue nicht 100 % ist. Nun wird wie bei den übrigen Kennlinien der Rückstand bzw. Vorlauf verändert. Die – hier vereinfacht angenommene unveränderte – Verteilungskurve der Terminabweichungen wandert entsprechend mit. Durch Verbindung der Einzelpunkte entsteht die Termintreuekennlinie. Eine Termintreue von 100 % ist also nur erreichbar, wenn kein Rückstand vorliegt *und* die

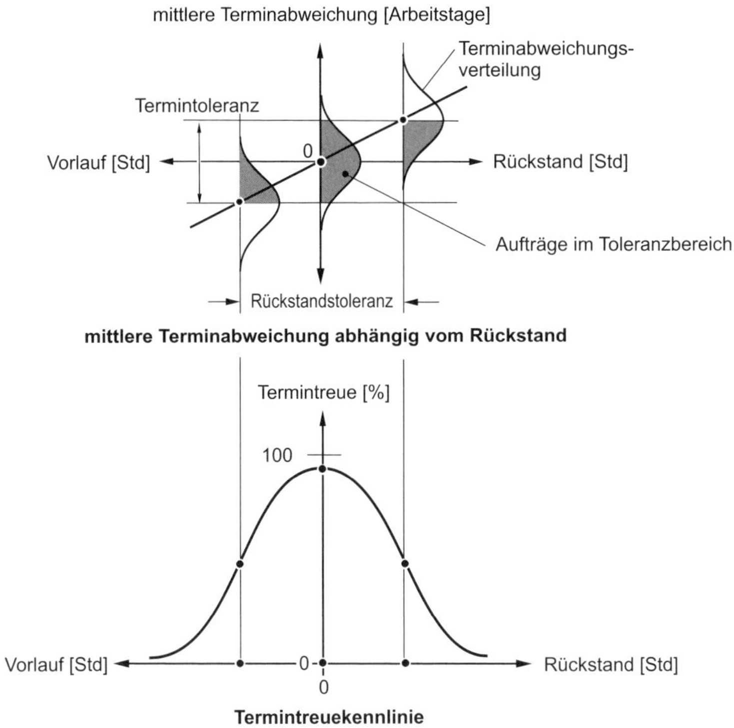

© IFA G8644

Bild 6.17 Ableitung der Terminkennlinie für einen Arbeitsplatz (nach Yu/Kuyumcu)

Spannweite der Terminabweichungen vollständig innerhalb der Termintoleranz liegt. Detailliert beschreibt Kuyumcu die Modellierung von Terminabweichung und -treue [Kuy13].

Die letzte noch ausstehende Kennlinie betrifft das Ziel *Wirtschaftlichkeit*. Hierzu zeigt Bild 6.18 stark vereinfacht den Verlauf der zwei wesentlichen vom Bestand abhängigen Kosten. Zum einen steigen die Bestandskosten – bestehend aus den Kapitalkosten für den Materialeinsatz und der im Bestand enthaltenen Wertschöpfung – linear mit dem Bestand. Der zweite Kostenbestandteil betrifft die Leerkosten, das sind die Kosten, die durch Auslastungsverluste entstehen. Sie errechnen sich aus dem Produkt aus Platzkosten und Leistungsverlust. Da die Leistungskurve mit dem Bestand über die Produktionskennlinie gekoppelt ist, können die Leerkosten auch auf den Bestand bezogen dargestellt werden. Die Addition der beiden Kosten zeigt, dass das Minimum nicht bei der Vollauslastung liegt. Je höher der Bestandswert ist, desto niedriger liegt der kostenoptimale Auslastungsgrad. Differenziertere Ausführungen zu den Kostenkennlinien und deren Berechnung finden sich in [Ker02].

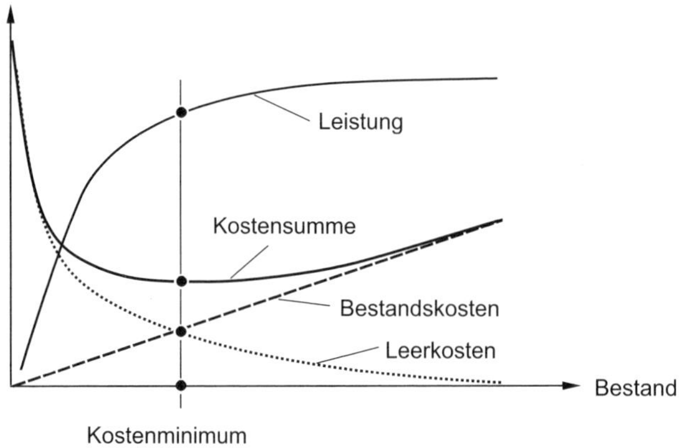

Bild 6.18 Ableitung Kostenkennlinien für einen Arbeitsplatz

© IFA G2382b

Insgesamt stellt sich die Frage nach dem optimalen Betriebspunkt. Dazu werden vielfach Ansätze der multikriteriellen Optimierung verfolgt, bei denen die Ziele gewichtet werden. Sie führen aber bei jedem Planungslauf zu Reihenfolgeveränderungen, die für den Praktiker meist nicht nachvollziehbar sind.

Als wesentliche Erkenntnis aus den Kennlinien lässt sich feststellen, dass es theoretisch und praktisch nicht möglich ist, einen optimalen Betriebspunkt zu definieren, weil es an einer übergeordneten Zielgröße fehlt. Bild 6.19 verdeutlicht das damit angesprochene sog. Polylemma der Fertigungssteuerung anhand einer prinzipiellen Darstellung. Die Kennlinien der Auslastung, Durchlaufzeit, Termintreue und Kosten sind hier jeweils in Abhängigkeit vom Bestand dargestellt. Aus wirtschaftlicher Sicht ist ein Minimum zwischen Bestandskosten und Auslastungsverlusten anzustreben. Dann wird aber möglicherweise die gewünschte Termintreue nicht erreicht, die Durchlaufzeit ist zu lang oder die Auslastung nicht befriedigend.

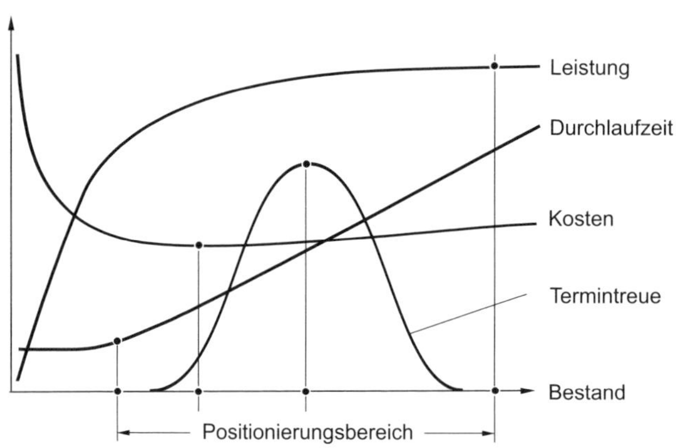

Bild 6.19 Zielwerte im logistischen Kennlinienfeld

© IFA G2382

Als Lösung des Problems bietet sich die so genannte logistische Positionierung an. Dabei geht man von einem primären strategisch begründeten Ziel aus, häufig ist es die Termintreue. Dann prüft man die Auswirkung auf die anderen Ziele darauf hin, ob ihr jeweiliger Erfüllungsgrad noch akzeptabel ist. Wenn das nicht der Fall ist, müssen Maßnahmen zur Verbesserung eingeleitet werden, die Bild 6.20 generalisiert darstellt.

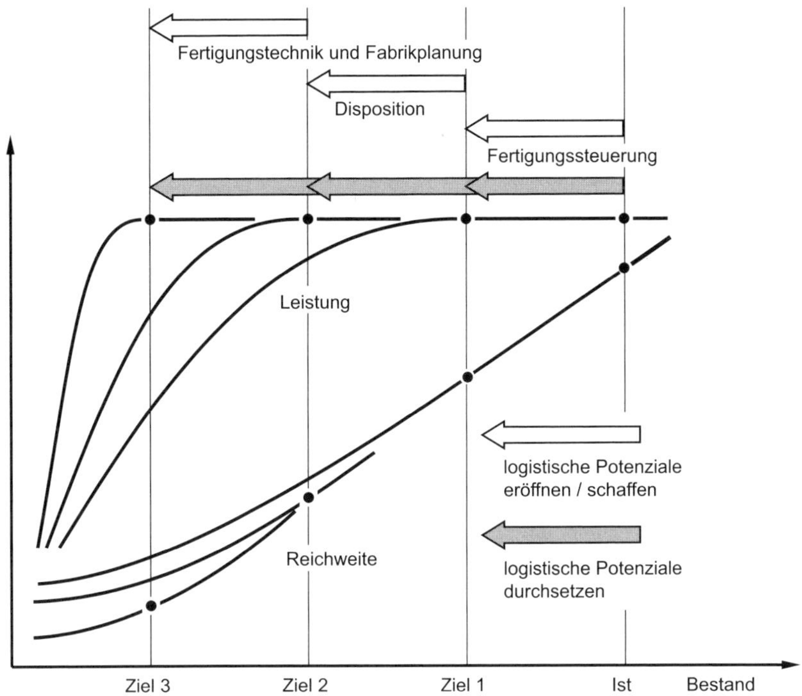

© IFA C0736

Bild 6.20 Erschließung logistischer Potenziale in der Fertigung

Die permanente Absenkung des Bestandes erweist sich dabei als zentraler Strategieansatz. Aufgabe der Fertigungssteuerung ist es in diesem Zusammenhang, das Bestandsniveau auf das strategisch gewählte Maß abzusenken. Die Grenzen der erreichbaren Durchlaufzeiten und Bestände lassen sich anschließend durch dispositive Maßnahmen verschieben, insbesondere durch eine logistikorientierte Losbildung mit möglichst gleichmäßigen Arbeitsinhalten zu geringeren Werten. In einer nächsten Stufe können weitere logistische Potenziale durch einer Verkürzung der Bearbeitungszeiten mit Hilfe fertigungstechnischer Maßnahmen wie neuere Bearbeitungsverfahren oder mit Umstrukturierungsmaßnahmen im Rahmen der Fabrikplanung erschlossen werden. Das Nachführen der entsprechenden Steuerungsparameter gewährleistet die Durchsetzung der dabei gewonnenen Spielräume zur Bestandssenkung.

Die detaillierten Ansätze, um Durchlaufzeiten in der Produktion zu beherrschen und insbesondere zu verkürzen, sind vielfältig, wobei prozess- und organisationsorientierte Ansätze zu unterscheiden sind (Bild 6.21). Die Auswahl und ggf. Reihenfolge der Maß-

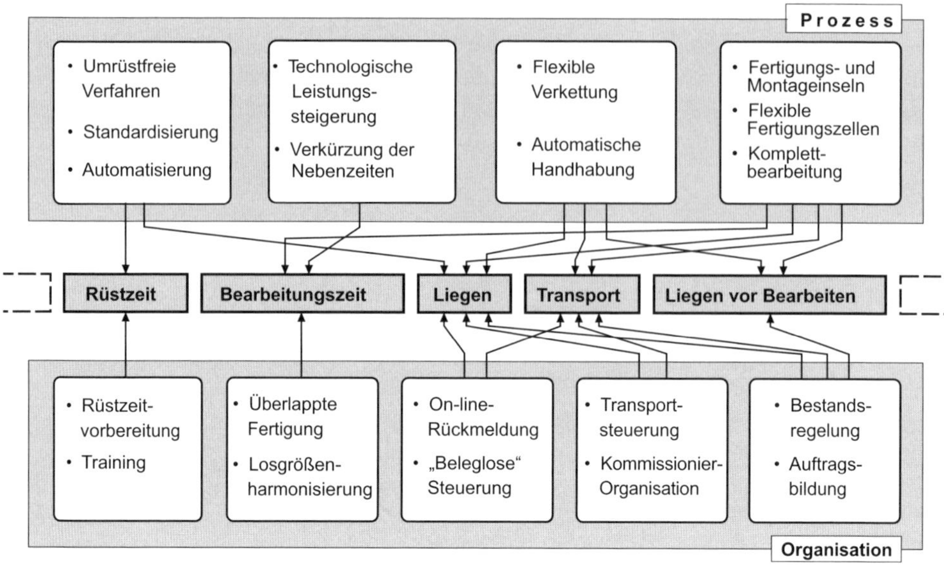

© IFA D1557

Bild 6.21 Technische und organisatorische Ansätze zur Durchlaufzeitverkürzung in der Fertigung

nahmen wird dabei im Sinne einer kontinuierlichen Verbesserung vom möglichen Verbesserungspotential bestimmt. Dabei steht die Verkürzung der Liegezeiten vor Bearbeiten zweckmäßig an erster Stelle. Sie wird im Wesentlichen durch eine Bestandsregelung gewährleitet. Besondere Bedeutung hat dabei die Verkürzung von Prozessketten durch Komplettbearbeitung von Werkstücken in einer Maschine sowie die Einrichtung von Fertigungs- und Montageinseln mit stückweiser Weitergabe der Teile (One-Piece-Flow) erlangt.

Eine in vielen Projekten des Instituts für Fabrikanlagen bewährte Maßnahmenreihenfolge geht von folgendem Leitbild aus:

Die Grundidee einer schlanken Produktion besteht aus logistischer Sicht darin, die Aufträge in möglichst wenig Arbeitsschritten und möglichst gleichen Arbeitsinhalten fertigzustellen und damit einem getakteten Ablauf so nahe wie möglich zu kommen.

Dazu sind folgende Maßnahmen erforderlich:

1. Sicherheit, Ordnung und Sauberkeit einführen
2. Qualität der Stamm- und Bewegungsdaten verbessern
3. Pünktlichkeit der Montagebereitstellung verbessern
4. Logistische Positionierung festlegen
5. Bestandssenkung und -kontrolle einführen
6. Streuung der Arbeitsgang-Durchlaufzeit reduzieren
7. Streuung der Auftragszeiten reduzieren

8. Fertigungsstruktur anpassen
9. Fertigungstechnologie anpassen
10. Produktstruktur verschlanken

Mittlerweile lassen sich auch Produktionskennlinien für Fertigungsinseln [LHW01], verkettete Produktionssysteme [Heg03] und Fertigungsbereiche [Sch04] sowie Transportkennlinien für Transportsysteme [WLE00] berechnen.

6.3.3 Lagermodell

Auch die Lagerung eines Artikels lässt sich mit Hilfe des Trichtermodells und eines Durchlaufdiagramms beschreiben. Einen Ansatz dazu hat Gläßner entwickelt [Glä95]. In Bild 6.22 ist links das entsprechende Trichtermodell mit dem Artikelbestand erkennbar, der im Gegensatz zum Arbeitsplatzmodell gleich große Kugeln enthält. Die einzelnen Artikel werden auch nicht unterschieden, weil sie im Sinne der Verwendung identisch sind. Die aktuelle Trichteröffnung entspricht der Abgangsrate. Sie wird begrenzt durch die maximale Auslagerungsleistung aus dem Lager, die aber in einem Produktionsbetrieb praktisch keine Rolle spielt.

Im Durchlaufdiagramm in Bild 6.22 rechts entspricht die Zugangskurve der Einlagerung der bestellten Artikel in das Lager, während die Abgangskurve die Entnahme in unterschiedlichen Stückzahlen abbildet. Bis auf Sonderfälle, in denen eine eindeutige Zuordnung der eingegangenen Lose zu den entnommenen Teilen aus Gründen der Produkthaftung erforderlich ist, besteht kein Zusammenhang zwischen den einzelnen Artikeln im Zu- und Abgang. Die Bestellmenge wird nach minimalen Beschaffungskosten ermittelt und die Abnahme erfolgt durch den unregelmäßigen Bedarf der Verbraucher. Die *Reichweite* ist durch den Quotienten aus Bestand und Abgangsrate mathematisch verknüpft.

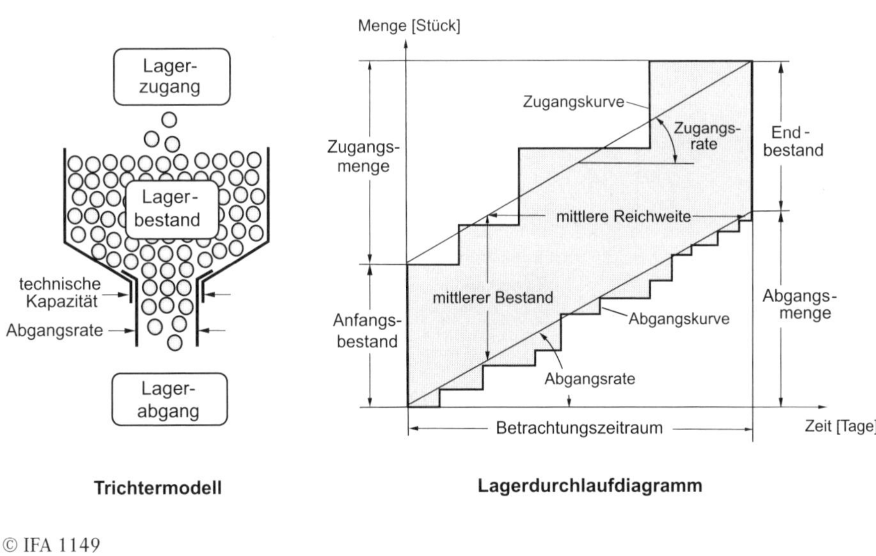

Bild 6.22 Trichtermodell und Durchlaufdiagramm für einen Lagerartikel (nach Gläßner)

Terminabweichung und *Termintreue* werden bei einem Artikel als Lieferverzug bzw. als Servicegrad ausgedrückt. Der *Servicegrad* beschreibt das Verhältnis der Anzahl Artikel, die bei Nachfrage vorhanden waren, zu der Gesamtanzahl nachgefragter Artikel. Der *Lieferverzug* eines Artikels ergibt sich im Lagerdurchlaufdiagram aus dem horizontalen Abstand der Nachfrage- und der Lagerabgangskurve. Übersteigt die Nachfrage den Bestand, entsteht ein Fehlbestand.

Die Zusammenhänge zwischen den lagerlogistischen Zielgrößen lassen sich durch Lagerkennlinien abbilden, Bild 6.23. Im oberen Bildteil sind wieder drei typische Situationen erkennbar. Bei hohem Bestand (Zustand 3) wird der Servicegrad 100 % und die Reichweite groß sein sowie kein Lieferverzug auftreten. Mit sinkendem Bestand geht die Reichweite proportional zurück (Situation 2). Die Nachfrage kann zeitweise nicht befriedigt werden und der Servicegrad sinkt. In Situation 1 ist dies immer häufiger der Fall, es entstehen Fehlbestände. Diese Zustände finden sich im unteren Bildteil in den Kennlinien wieder. Als dritte Größe steigt mit sinkendem Bestand der Lieferverzug erst allmählich und dann immer schneller an. Wenn eine jeweils neue Bestellung genau dann eintrifft, wenn das letzte Stück entnommen wurde, entspricht der Lieferverzug der Widerbeschaffungszeit. Dieser Punkt ist in der Kennlinie beim Bestandswert null eingezeichnet. Der Lieferverzug kann darüber hinaus auf beliebige Werte ansteigen. Auch hier ist eine logistische Positionierung zweckmäßig, da ein Optimum im klassischen Sinne nicht definiert werden kann.

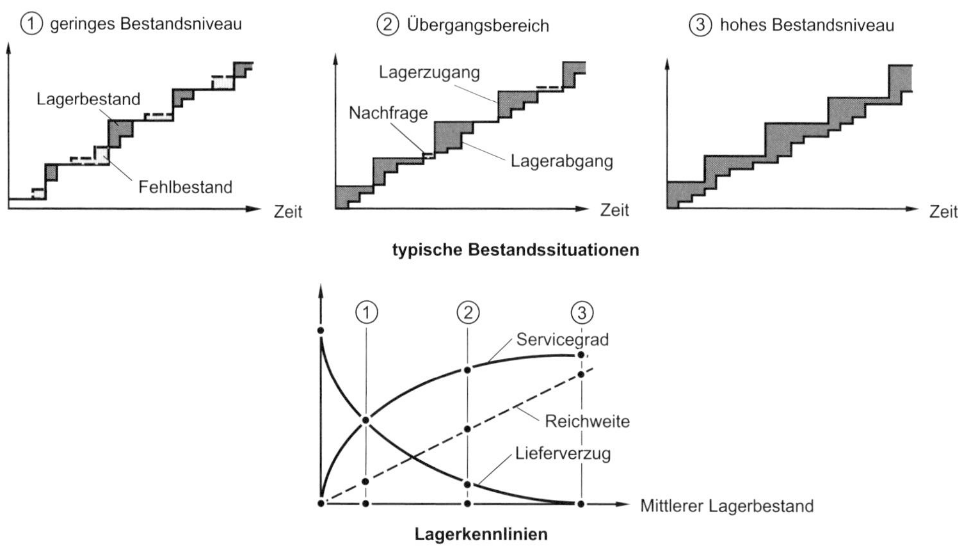

© IFA C0488

Bild 6.23 Kennlinien für einen Lagerartikel

Der Verlauf der Kennlinien für Servicegrad und Lieferverzug wird durch die Bestelllosgröße, die Termin- und Mengenabweichungen der Lieferanten sowie durch die Nachfrageschwankungen der Kunden bestimmt. Ihre Berechnung ist in [Nyh12] beschrieben.

Aus den Kennlinien lassen sich praktische Maßnahmen zur Bestandsreduzierung ableiten, die Bild 6.24 zusammenfasst. Eine Artikelanalyse wird als erstes auf unnötige Sicherheitsbestände stoßen und weiterhin auf Ausreißer in den Bestellungen, die häufig auf Dispositionsfehler zurückzuführen sind. Im Weiteren ist zu fragen, ob wirklich für alle Artikel ein Servicegrad von 100% erforderlich ist. Die Absenkung von 100% auf z.B. 98% ermöglicht eine Bestandssenkung in der Größenordnung von 20%. Als nächstes bietet sich eine Analyse des Lieferantenverhaltens hinsichtlich Termin- und Mengentreue an. Da für einen Artikel häufig zwei oder drei Lieferanten bestehen, ist schon der Vergleich aufschlussreich. Schließlich ist die Bestelllosgröße infrage zu stellen. Hier kann oft in Absprache mit den Lieferanten eine Reduktion vereinbart werden.

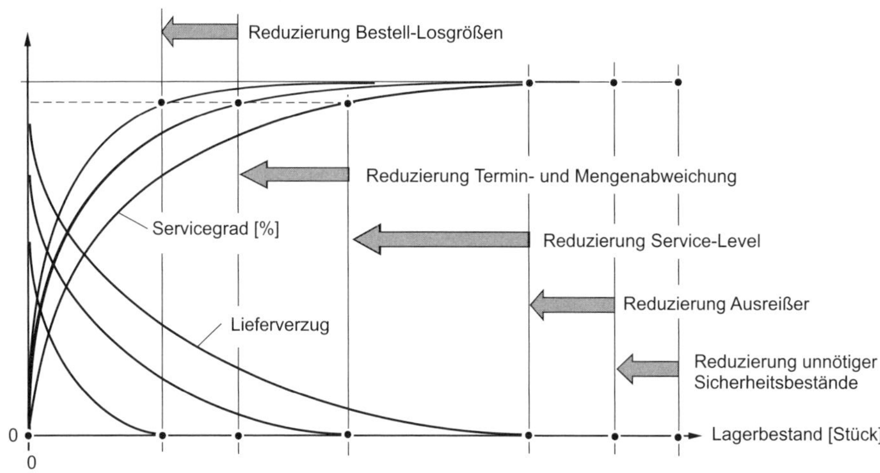

© IFA 10.246

Bild 6.24 Verbesserungspotenziale von Lagerprozessen

6.3.4 Montagemodell

In der Montage fließen alle selbstgefertigten und beschafften Komponenten zusammen. Der terminliche Zusammenhang für einen Montageauftrag wird in Form eines sog. Fristenplans aus der Aufbauübersicht abgeleitet, die ihrerseits aus der in Abschnitt 4.1.2 erläuterten Produktstruktur stammt. In Bild 6.25 erkennt man links die *Aufbauübersicht* eines einfachen Produktes mit drei Auflösungsstufen. Trägt man nun für die Eigenfertigungsteile die jeweilige Durchlaufzeit und für die Zukaufteile die jeweilige Wiederbeschaffungszeit entsprechend der Struktur auf der Zeitachse ein, entsteht der *Fristenplan*. Er wird durch den Start- und Endtermin begrenzt, die Differenz entspricht der *Wiederbeschaffungszeit* für das Gesamtprodukt. Die vier Montagevorgänge M1 bis M4 benötigen die zugeordneten Fertigungsteile und Beschaffungsartikel zu den jeweils gekennzeichneten Bereitstellterminen TM1 bis TM4. Die Fertigungsteile F1 und F2 benötigen Rohmaterial, deren Bereitstelltermine TF1 und TF2 ebenfalls an der Zeitachse stehen.

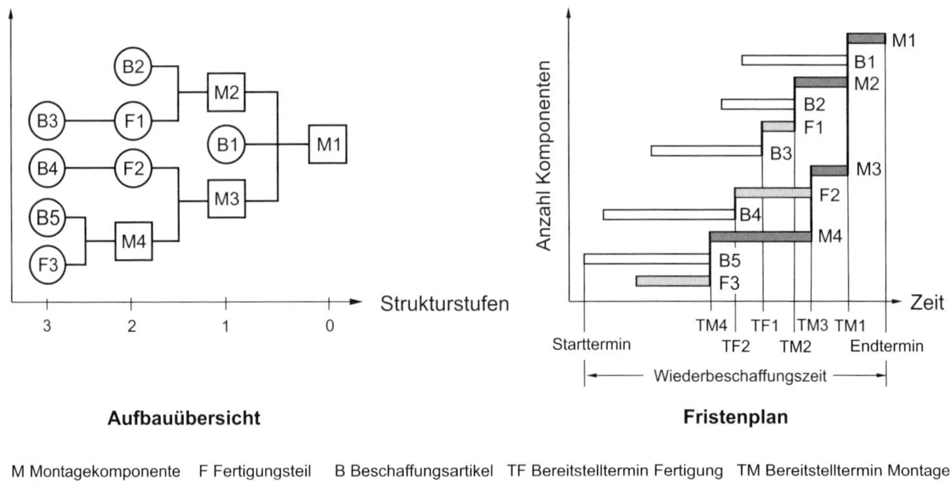

© IFA G0611

Bild 6.25 Aufbauübersicht und Fristenplan eines Montageobjektes

Das logistische Ziel der Montagesteuerung besteht in der pünktlichen Bereitstellung aller Komponenten zum jeweiligen Bedarfszeitpunkt, die von deren Termintreue bestimmt wird. Zur Beschreibung der logistischen Qualität der Bereitstellung wurde aufbauend auf den Komplettierungskurven von Kettner [Ket76] das sog. Bereitstellungsdiagramm entwickelt, dessen Ableitung Bild 6.26 verdeutlicht [Schm11] und [Bec13].

Ausgangspunkt sind in Bild 6.26 oben links die sog. Montagedurchlaufelemente einer Montagewerkstatt für Montageaufträge, die in einem Zeitraum (z. B. eine Woche oder ein Monat) abgefertigt wurden. Jedes Element besteht aus dem eigentlichen Montagevorgang und den dazu erforderlichen Komponenten mit ihrem Bereitstelltermin. Statt des Arbeitsinhaltes wurde der Wert in Form der Herstellkosten als zweite Dimension gewählt. Weiterhin sind die jeweiligen Bedarfstermine als eng gestrichelte senkrechte Linie für die Komponenten eines Montageauftrags eingetragen, die aus den Fristenplänen der zugehörigen Produkte entnommen sind. Es wird weiterhin angenommen, dass die Montage erst beginnt, wenn alle Komponenten verfügbar sind. Auch dieser Bereitstellungstermin der letzten Komponente ist als etwas weiter gestrichelte senkrechte Linie eingetragen. In den beiden unteren Fällen liegt der Bereitstellungstermin vor dem Bedarfstermin, die Komponenten wurden also zu früh bereitgestellt, in den beiden anderen Fällen ist es umgekehrt, die Bereitstellung erfolgte zu spät.

Dieser Sachverhalt wird deutlicher, wenn man die Montagedurchlaufelemente auf der Zeitachse nach dem Bedarfstermin anordnet, Bild 6.26 oben rechts. Die zu späten Komponenten verzögern den Montagebeginn, die zu frühen stellen eine unnötige Kapitalbindung dar. Die Differenz zwischen dem frühesten und dem spätesten Bereitstelltermin der Komponenten eines Montageauftrags wird als *Bereitstellungsdauer* bezeichnet. Sie kennzeichnet die Zeitspanne, innerhalb derer alle Komponenten eines Montageauftrags am Bereitstellort verfügbar sind. Die Differenz zwischen dem maximalen Vorlauf und dem maximalen Verzug ist die Bereitstellungsdauer aller Komponenten aller betrachteten Montageaufträge.

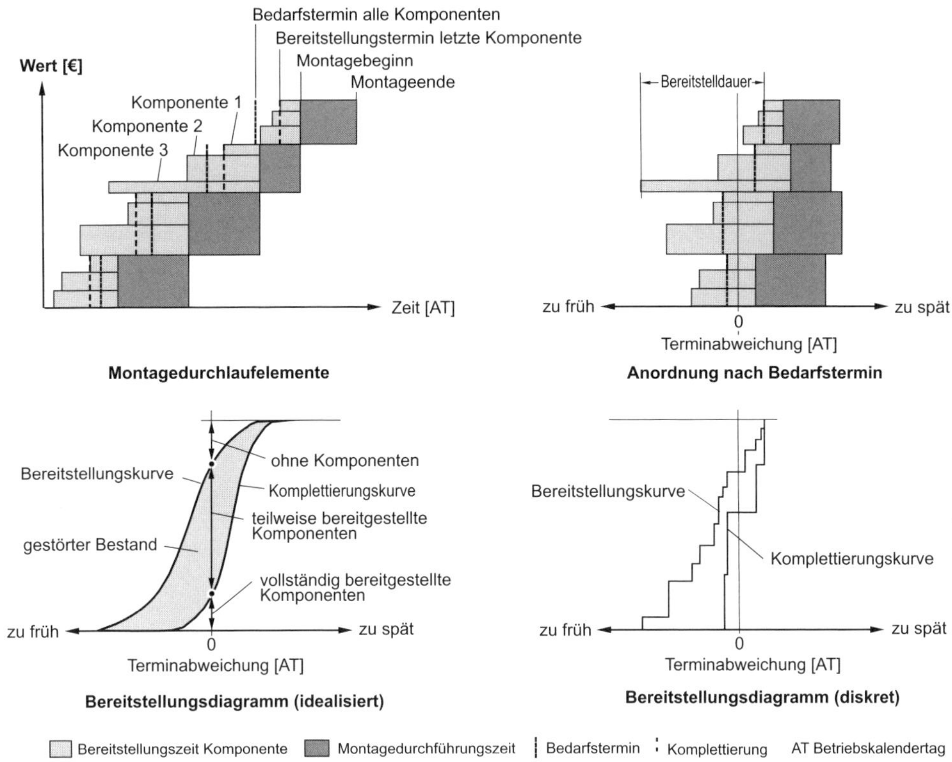

© IFA 12.481

Bild 6.26 Ableitung des Montage-Bereitstellungsdiagramms (nach M. Schmidt und S. Beck)

Sortiert man nun alle Komponenten nach ihrem Beginntermin, entsteht die *Bereitstellungskurve,* Bild 6.26 unten rechts. Sortiert man sie nach dem Bereitstellungstermin der jeweils letzten Komponente, entsteht die so genannte *Komplettierungskurve.* Beide Kurven zusammen bilden das sog. *Bereitstellungsdiagramm.* Zum Zweck der Berechnung dieser Kurven lässt es sich durch einen idealisierten Verlauf annähern, Bild 6.26 unten links. Die Fläche zwischen den beiden Kurven ist der in der Bereitstellung gebundene Bestand. Er wird auch als gestörter Bestand bezeichnet, weil er vor der Komplettierung der Bereitstellung nicht verwendet werden kann.

Zum Zeitpunkt der geplanten Bereitstellung (Terminabweichung 0) sind drei Klassen von Montageaufträgen erkennbar. Der untere Teil besteht aus Montageaufträgen, deren Komponenten zum Bedarfstermin vollständig vorhanden waren. Sie hatten bis auf wenige pünktliche Komponenten einen Bereitstellungsvorlauf. Der mittlere Teil besteht aus Montageaufträgen, deren Komponenten zum Bereitstelltermin nur teilweise vorhanden waren. Und der obere Teil betrifft Montageaufträge, deren Komponenten zum Zeitpunkt des Bedarfstermins überhaupt noch nicht verfügbar waren. Die beiden letzten Montageauftragsklassen hatten also einen Bereitstellungsverzug.

Zur Verbesserung der Terminabweichung sind gemäß Bild 6.27 zwei grundsätzliche Ansätze möglich, die sich kombinieren lassen [Nic08].

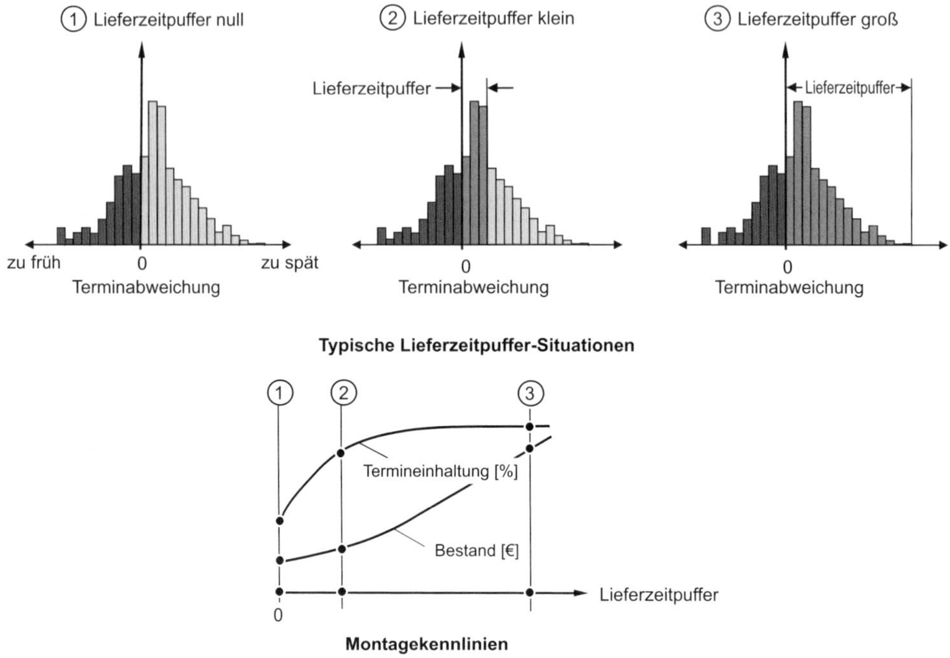

© IFA

Bild 6.27 Maßnahmen zur Verbesserung der Bereitstellung in der Montage (nach Nickel)

Die *Rechtzeitigkeit* zielt auf die Verringerung des Anteils der zu spät bereitgestellten Fertigungs- und Beschaffungsaufträge. Im oberen Feld des Bildes sind hierzu für die Fertigungsaufträge als Maßnahmen realistische Plan-Durchlaufzeiten und eine terminorientierte Reihenfolgebildung aufgeführt. Gleiches gilt für die Beschaffungsaufträge. Damit werden die Kurven steiler. Und schließlich ist der vorher erläuterte angemessene Lieferzeitpuffer für die Bereitstellung einzuplanen.

Mit der *Gleichzeitigkeit* wird angestrebt, die zu einem bestimmten Montageauftrag gehörenden Komponenten untereinander zu synchronisieren, so dass sie in einem möglichst engen Zeitfenster am Bereitstellort eintreffen. Dies wird erreicht durch eine auftragsorientierte Terminsteuerung der Fertigungs- und Beschaffungsaufträge. Diese Maßnahmen bewirken eine Annäherung der Beginn- und Komplettierungskurve.

Erst die Kombination beider Ansätze führt zur *Pünktlichkeit* der Bereitstellung. Als zusätzliche Maßnahmen sind hier besonders die Kapazitätsflexibilität der Fertigung und die Verkürzung der Wiederbeschaffungszeiten zu nennen. Als Ergebnis zeigen sich die Verringerung der Bestände an nicht montierten Komponenten, die erhöhte Termintreue der Montageaufträge und die Verkürzung der Lieferzeit durch die Verringerung des Lieferzeitpuffers.

Für die Darstellung der Zielgrößen und ihrer gegenseitigen Abhängigkeiten lassen sich wiederum Kennlinien bilden [Löd08, Bec13]. Bild 6.28 zeigt die Ableitung der Kennlinien für die Termineinhaltung und den in der Montage gebundenen Bestandswert an Komponenten. Der obere Bildteil zeigt die Komplettierungskurve aus Bild 6.26, diesmal jedoch mit den einzelnen Klassenwerten der Terminabweichung. Üblicherweise wird in der Praxis ein *Lieferzeitpuffer* vorgesehen. Darunter wird ein Zeitpuffer zwischen dem Bereitstelltermin der Komponenten und dem Montagebeginn verstanden. Wenn kein Puffer vorgesehen wird (Fall 1), ergibt sich zwar ein niedriger Bestand, aber eine schlechte Termineinhaltung. Fall 2 zeigt einen kleinen Puffer, Fall 3 einen Lieferzeitpuffer, der die Streubreite sämtlicher Bereitstellungen abdeckt. Er führt zwar zu einer Termintreue von 100 %, erfordert aber einen sehr großen Bestand.

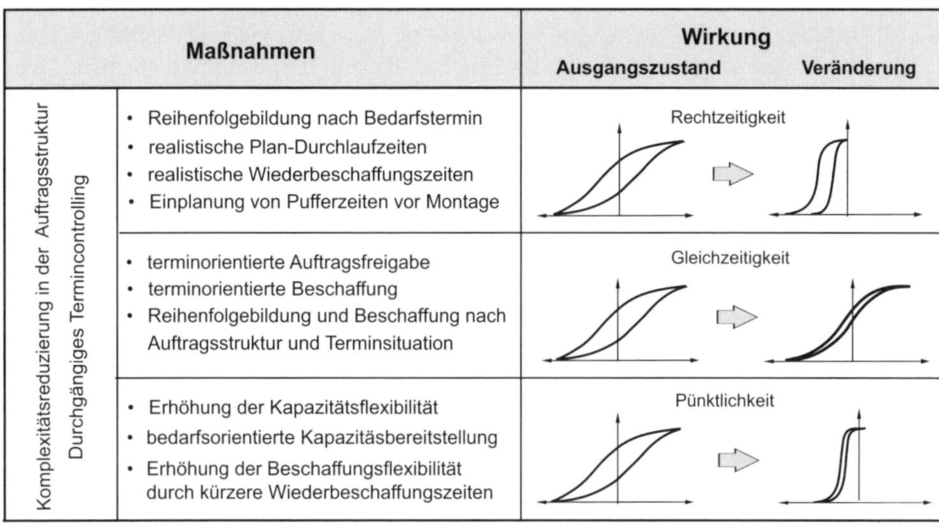

© IFA 15.555

Bild 6.28 Termin- und Bestandskennlinien für Montageaufträge (nach Lödding und M. Schmidt)

Die Kennlinien im unteren Bildteil verdeutlichen die Zusammenhänge. Hierzu haben Schmidt et al. einen Ansatz entwickelt, der die einfache Berechnung der Kennlinien aus den Verteilungen der Terminabweichung der Lager- und Fertigungsaufträge erlaubt [Schm13].

Abhängig von der Marktsituation und den Kundenforderungen wird sich ein Unternehmen auf eine bestimmte Termintreue festlegen, woraus sich ein entsprechender Bestand ergibt. Gelingt es, die Terminabweichung der Bereitstellung zu verringern, ergeben sich neue Kennlinien, die eine signifikante Verbesserung ermöglichen.

Die Termineinhaltungskennlinien können nicht nur in der Montage eingesetzt werden, sondern sind für jeden Lieferkettenabschnitt einsetzbar, bei welchem mit einem Lieferzeitpuffer gearbeitet wird.

Mit diesen Darlegungen sind die logistischen Zusammenhänge der Zielgrößen in Fertigung, Lagerung und Montage und ihre Beeinflussungsmöglichkeiten deutlich geworden. Der Produktionsplanung und -steuerung obliegt es, die entsprechenden Aufgaben im laufenden Betrieb durchzuführen und die Zielerfüllung laufend zu überwachen. Hierauf geht das nächste Kapitel ein.

■ 6.4 Literatur

[BD04] Busch, A., u. Dangelmaier, W. (Hrsg.): Integriertes Supply-Chain-Management, 2. Aufl., Wiesbaden 2004

[Bec84] Bechte, W.: Steuerung der Durchlaufzeit durch belastungsorientierte Auftragsfreigabe bei Werkstattfertigung, Fortschrittber. VDI-Z, Reihe 2, Nr. 70, Düsseldorf 1984

[Bec13] Beck, S.: Modellgestütztes Logistikcontrolling konvergierender Materialflüsse. Diss. Leibniz Univ. Hannover 2013. Veröff. als Berichte aus dem IFA, Band 3/2013, Hrsg.: Peter Nyhuis, Garbsen 2013

[CGA04] Corsten, D. und Gabriel, Ch.: Supply-Chain-Management erfolgreich umsetzen. Grundlagen, Realisierung und Fallstudien. 2. Aufl., Berlin Heidelberg 2004

CGö07] Corsten, H. u. Gössinger, R.: Einführung in das Supply Chain Management, 2. Aufl., Oldenbourg Wissenschaftsverlag, München 2007

[GL95] Gläßner, J.: Modellgestütztes Controlling der beschaffungslogistischen Prozesskette, Fortschritt-Berichte VDI, Reihe 2/337, Düsseldorf 1995

[Gro78] Grochla, E.: Grundlagen der Materialwirtschaft, Wiesbaden 1978

[Har02] Hartmann, H.: Materialwirtschaft: Organisation, Planung, Durchführung, Kontrolle. 8. Aufl., Gernsbach 2002

[Heg03] Hegenscheidt, M.: Kennliniengestützte Leistungsprognose verketteter Produktionssysteme. Dissertation Universität Hannover 2003. Veröff. in Fortschritt-Berichte VDI, Düsseldorf 2003

[Jün98] Jünemann, R.: Steuerung von Materialflusssystemen und Logistiksystemen. 2. Aufl., Berlin Heidelberg 1998

[Ker02] Kerner, A.: Modellbasierte Beurteilung der Logistikleistung von Prozessketten. Dissertation Universität Hannover 2002

[Koc11] Koch, A.: OEE für das Produktionsteam. Das vollständige OEE-Benutzerhandbuch – oder wie Sie die verborgene Maschine entdecken. 2. Aufl. CETPM Publishing. Ansbach 2011

[Ket76] Kettner, H. (Hrsg.) Neue Wege der Bestandsanalyse im Fertigungsbereich. Deutsche Gesellschaft für Betriebswirtschaft, Berlin 1976

[Kuy13] Kuyumcu, A.: Modellierung der Termintreue in der Produktion. Diss. TU Hamburg-Harburg, 2013

[LHW01] Lödding, H., Hernàndez, R., u. Wiendahl, H.-P.: Dimensionierung und Bewertung von Fertigungsinseln mit logistischen Kennlinien. io management, Nr. 1/2 (2001), S. 25 – 32

[Löd08] Lödding, H.: Verfahren der Fertigungssteuerung. 2. Aufl., Berlin Heidelberg 2008

[Lut02] Lutz, S.: Kennliniengestütztes Lagermanagement. Diss. Universität Hannover. Veröff. in: Fortschritt-Berichte VDI, Reihe 2, Düsseldorf 2002

[Mer09] Mertens, P., u. Meier, M. C.: Planungs- und Kontrollsysteme in der Industrie/Integrierte Informationsverarbeitung 10. Aufl., Wiesbaden 2009

[Nak89] Nakajima, S.: TPM development program: implementing total productive maintenance. Productivity Press, Portland, Or, 1989

[Nic08] Nickel, R.: Logistische Modelle für die Montage. Diss. Univ. Hannover 2008. Veröff. In: Nyhuis, P. (Hrsg.) Berichte aus dem IFA, Garbsen 2008

[Nyh06] Nyhuis, P., Nickel, R., Busse, T. Logistisches Controlling der Materialverfügbarkeit mit Bereitstellungsdiagrammen. In: ZWF – Zeitschrift für wirtschaftlichen Fabrikbetrieb, 101 (2006) 5, S. 265 – 268

[Nyh12] Nyhuis, P., u. Wiendahl, H.-P.: Logistische Kennlinien. 3. Aufl., Berlin Heidelberg 2012

[Pfo10] Pfohl, H.-C.: Logistiksysteme, Betriebswirtschaftliche Grundlagen, 8. Aufl., Berlin Heidelberg 2010

[Plo73] Plossl, G. W.: Manufacturing Control. The Last Frontier for Profits. Reston, New York 1973

[Sch04] Schneider, M.: Logistische Fertigungsbereichskennlinie. Diss. Universität Hannover 2004

[Schm11] Schmidt, M.: Modellierung logistischer Prozesse der Montage. Diss. Leibniz-Univ. Hannover, 2011

[Schm13] Schmidt, M., Bertsch, S., Nyhuis, P.: Schedule compliance operating curves and their application in designing the supply chain of a metal producer, Production Planning & Control: The Management of Operations, 2013

[Schö11] Schönsleben, P.: Integrales Logistikmanagement. 6. Aufl., Berlin Heidelberg 2011

[Schu12] Schuh, G. u. Stich, V. (Hrsg.): Produktionsplanung und -steuerung 1: Grundlagen der PPS, 4. Aufl., Berlin Heidelberg 2012

[SCOR13] http://www.supply-chain.org. Lesedatum 04. 11. 2013

[SK02] Siebert, G., u. Kempf, S.: Benchmarking – Leitfaden für die Praxis. 2. Aufl., München 2002

[Suz89] Suzaki, K.: Modernes Management im Produktionsbetrieb. Strategien, Techniken, Fallbeispiele. München Wien 1989

[Wer13] Werner, H.: Supply-Chain-Management: Grundlagen, Strategien, Instrumente und Controlling 5. Aufl. Wiesbaden 2013

[Wie97] Wiendahl, H.-P.: Fertigungsregelung. Logistische Beherrschung von Fertigungsabläufen auf Basis des Trichtermodells. München Wien 1997

[WLE00] Wiendahl, H.-P., Lödding, H. u. Egli, J.: Transportprozesse mit logistischen Kennlinien gestalten und bewerten. PPS-Management 5 (2000) 4, S. 16 – 21

[Yu01] Yu, K.-W.: Terminkennlinie. Eine Beschreibungsmethodik für die Terminabweichung im Produktionsbereich. Diss. Univ. Hannover 2001. Veröff. in Fortschritts-Berichte VDI, Reihe 2/576, Düsseldorf 2001

7 Produktionsplanung und -steuerung (PPS)

7.1 Übersicht

In der Einführung zu Kap. 6 wurde die Aufgabe der Produktionsplanung und -steuerung (PPS) in Abgrenzung zur Materialwirtschaft und dem Supply Chain Management kurz beschrieben. Dieses Kapitel gibt zunächst eine Übersicht über die Aufgaben der PPS und ihre Einbettung in die betrieblichen Informationssysteme sowie die Haupt- und Teilaufgaben. Danach folgen eine vertiefte Beschreibung der Funktionen und ihre Verknüpfung mit den in Kap. 6 vorgestellten logistischen Modellen.

Die Produktionsplanung und -steuerung stellt eine komplexe Aufgabe dar, die unter täglich wechselnden Bedingungen unterschiedlichen logistischen und wirtschaftlichen Zielsetzungen unterliegt und unvermeidbare Störungen im Ablauf beherrschen muss. Eine geschlossene Lösung des Problems existiert nicht. Vielmehr haben sich aufeinander aufbauende Teilaufgaben herausgebildet, die zunächst anhand eines Grobablaufs vorgestellt werden, Bild 7.1.

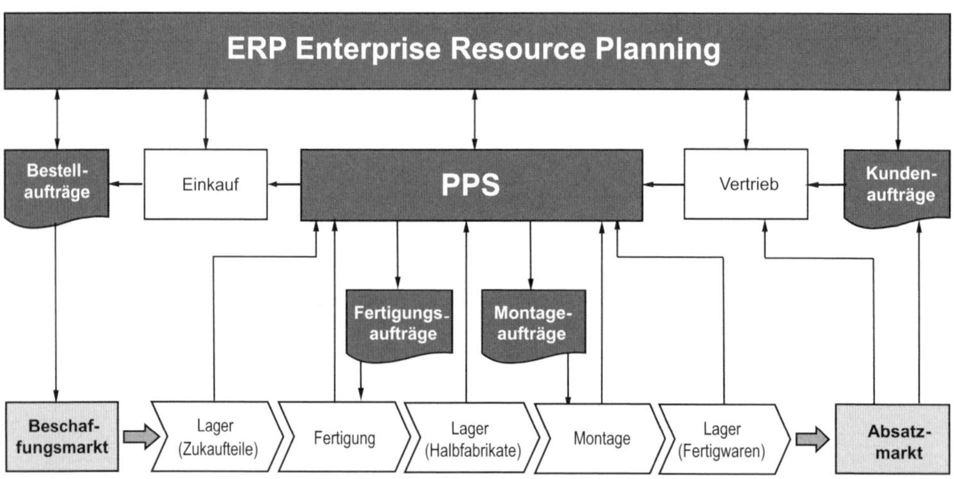

© IFA G0517

Bild 7.1 Eingliederung der Produktionsplanung und -steuerung in den Unternehmensablauf

Ausgangspunkt für die gesamte PPS sind die aus dem Absatzmarkt resultierenden Aufträge, die über den Vertrieb in das PPS-System eingebucht werden. Sie bestehen im Wesentlichen aus Kunden- und Abrufaufträgen sowie aus Vorratsaufträgen, die der Vertrieb aufgrund von Marktbeobachtungen und übergeordneten Unternehmenszielen definiert. Hinzu kommen noch Aufträge aus dem Ersatzteilgeschäft sowie interner Bedarf, z. B. für Versuche und Prototypen. Die Gesamtheit aller geplanten und erwarteten Aufträge stellt das *Produktionsprogramm* dar. Je nach Liefer- und Durchlaufzeiten reicht der damit definierte Auftragsbestand für wenige Wochen bis zu mehreren Jahren. Zunächst wird das Produktionsprogramm in regelmäßigen Abständen entsprechend der Stücklistenstruktur in Aufträge an die eigene Fertigung und Montage sowie Bestellungen an den Beschaffungsmarkt aufgelöst, wobei die Lagerbestände an Zukaufteilen und Fertigwaren sowie die laufenden Produktionsaufträge zu berücksichtigen sind.

Nach Eingang der Ware fließt das Material über das Eingangslager in die Fertigung, die dort erzeugten Halbfabrikate über ein Zwischenlager in die Montage und die fertigen Produkte über das Fertigwarenlager zum Kunden. Eine permanente Überwachung des Auftragsflusses und der Kapazitätsbelastung liefert die notwendigen Rückmeldungen an die PPS.

Die aus dem Auftragsbestand resultierende Belastung und die zur Verfügung stehende Kapazität sind offensichtlich umso ungenauer zu bestimmen, je weiter der Zeitpunkt für die gewünschte Aussage – ob nämlich die Wunschtermine eingehalten werden können – in der Zukunft liegt. Auch sind zum Einplanungszeitpunkt der Aufträge nicht immer alle Informationen über den genauen Produktionsablauf bekannt. Aus diesem Grund ist allgemein eine Planung in Stufen zunehmender Genauigkeit üblich, die auch als Grob-, Mittel- und Feinplanung bezeichnet und zyklisch durchlaufen wird.

Die dazu eingesetzten Systeme werden als MRP II-Systeme bezeichnet. MRP II steht für Manufacturing Resource Planning (Produktions-Ressourcen-Planung) und ist aus dem Anfang der 1970er-Jahre in den USA geprägten Begriff MRP (Material Requirements Planning (Materialbedarfs-Planung) hervorgegangen. Zur Unterscheidung der beiden MRP-Begriffe wird das ursprüngliche MRP-Konzept auch als MRP I bezeichnet.

PPS-Systeme sind – wie in Bild 7.1 dargestellt – heute vielfach in sog. ERP-Systeme integriert. Die Abkürzung ERP bedeutet Enterprise Resource Planning (Unternehmens-Ressourcen-Planung). Damit wird zum Ausdruck gebracht, dass nicht nur die Produktion, sondern sämtliche an der Wertschöpfung eines Unternehmens beteiligten Ressourcen integriert geplant und gesteuert werden. ERP ist also eine Erweiterung des MRP II-Begriffs. Bild 7.2 gibt einen Überblick über die von einem ERP-System behandelten Geschäftsprozesse [Gro10].

Als wesentlicher Einsatzbereich von ERP-Systemen gilt zunächst der *Vertrieb*, dem die Angebots- und Auftragsdurchführung einschließlich der damit verbundenen Markt- und Kundenanalysen obliegt. Die *Fertigung* wickelt die Aufträge ab, ihre ERP-Funktionen entsprechen weitgehend den PPS-Funktionen. Das *Rechnungswesen* überwacht mit Hilfe der Buchführung alle kaufmännischen Vorgänge, während das *Finanzwesen* die Versorgung mit Kapital sicherstellt. Das *Personalwesen* kümmert sich neben der Entlohnung der Mitarbeiter auch um deren sonstige Belange. Das ERP-System selbst ist als Datenbanksystem aufgebaut, das der Datenhaltung und -pflege, der Organisation von Routineabläufen sowie

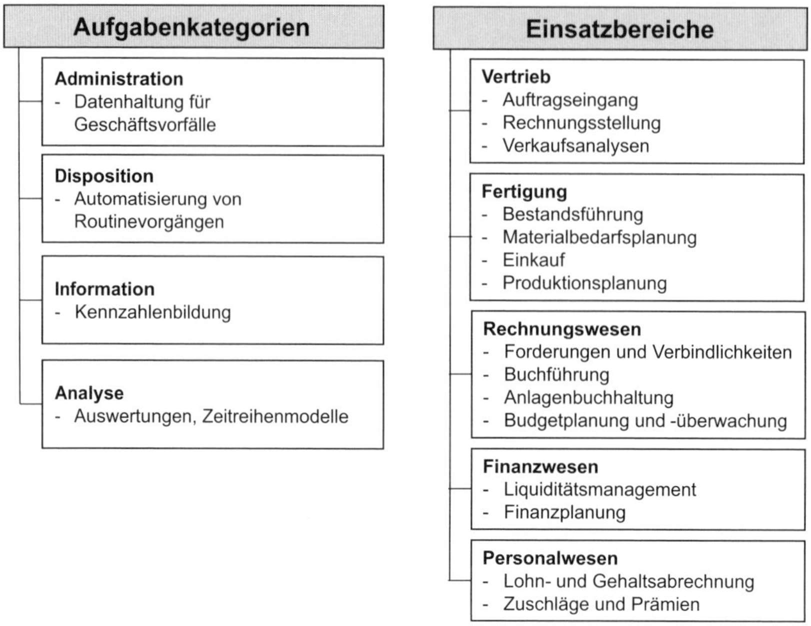

© IFA 17.667

Bild 7.2 Funktionen eines ERP-Systems (nach Gronau 2010)

dem Controlling in Form von Kennzahlenreports und Auswertungen dient. Die hier skizzierten Funktionen werden teilweise noch weiter gefasst, so kann z.B. auch das Produkt-Lifecycle-Management (PLM) oder das Facility Management (FM) einbezogen werden.

Im Folgenden wird der Grobablauf der PPS anhand des MRP II-Schemas vertieft. Bild 7.3 gibt hierzu eine Übersicht über die Funktionen von MRP II. Sie beginnen mit der Geschäftsplanung, die eine unmittelbare Verknüpfung mit der Unternehmensplanung und dem dort aufgestellten Absatzplan sicherstellt (vgl. auch Kap. 2, Bild 2.28). Hier wird auf einer hoch verdichteten Ebene geprüft, ob die angestrebten Umsatzziele mit den vorhandenen Ressourcen der Konstruktion und Produktion erreichbar sind. Ist dies nicht der Fall, wird der Geschäftsplan angepasst. Bei positivem Ergebnis geht es im nächsten Schritt um die Produktionsprogrammplanung auf Produktbereichsebene und die grobe Abschätzung der erforderlichen Kapazität. Auch hier erfolgt eine Machbarkeitsprüfung hinsichtlich der Belastung der einzelnen Bereiche, wie beispielsweise der Teilefertigung oder der Montage.

Die nächste Stufe löst die Erzeugnisbedarfe des Produktionsprogramms auf und berechnet auf Basis der Stücklisten und Bestandsinformationen den Materialbedarf und den für dessen Fertigung erforderlichen Kapazitätsbedarf. Die nächste genauere Stufe plant Beginn und Ende der einzelnen Arbeitsgänge aller Aufträge und berechnet daraus den Kapazitätsbedarf aller Arbeitssysteme. Hierbei wird versucht, im Rahmen der Zeitpuffer die Kapazität möglichst gleichmäßig zu belasten. Bei Heranrücken des Starttermins erfolgen die Auftragsfreigabe durch den Auftrag zur Materialbereitstellung und die detaillierte Belegung der Kapazitätsgruppen durch die Arbeitsgänge der Fertigungsaufträge. Die Montage wird in der Regel nur mit einem Pauschalwert geplant, da meist keine speziellen Maschinen erforderlich sind und die Montage durch eine Gruppe von Werkern erfolgt, die flexibel am Objekt arbeiten können. Die letzten beiden Schritte werden auch als Werkstattsteuerung und die zugehörigen Systeme als MES-Systeme (Manufacturing Execution System, etwa: Auftragsdurchsetzungs-System) bezeichnet.

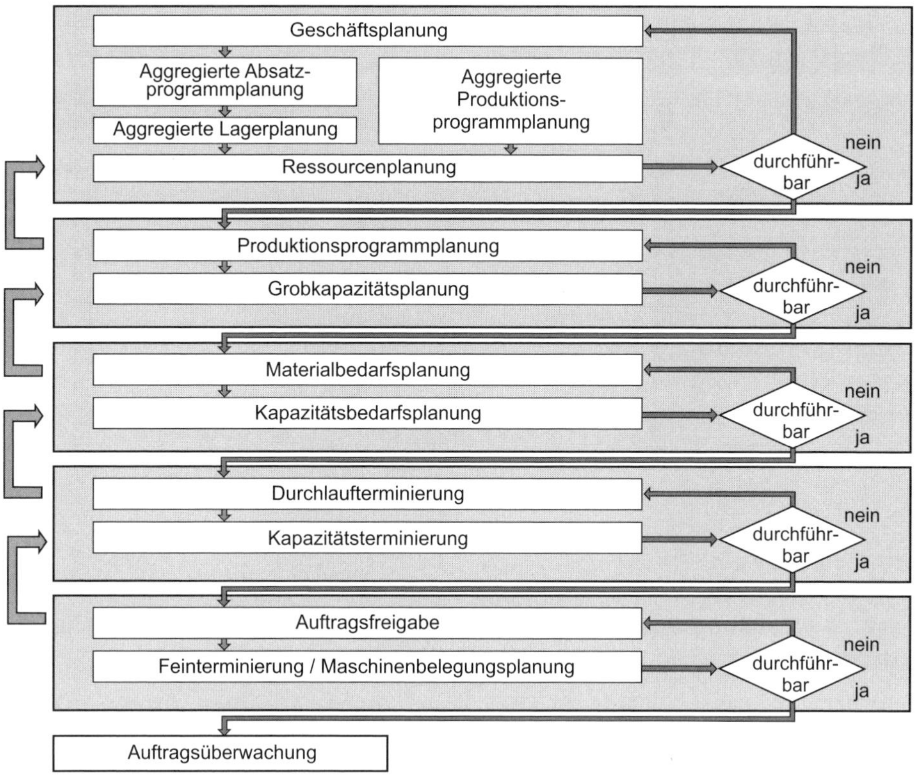

© IFA 11.882

Bild 7.3 Bausteine des MRP I-Konzeptes

Die auf der jeweils linken Seite der Einzelfunktionen angedeuteten Rückführschleifen sollen die Konsistenz der Pläne gewährleisten. Dies wird aber durch das MRP-System meist nicht sichergestellt. Beispielsweise findet kein automatischer Abgleich der Vorlaufzeiten in der Stücklistenauflösung mit den Plan-Durchlaufzeiten der Durchlaufterminierung statt. Diese Plan-Durchlaufzeiten werden wiederum nicht mit den tatsächlich erreichten Ist-Durchlaufzeiten verglichen und ggf. angepasst. Das erklärt die immer wieder beanstandete schlechte Planungsqualität von MRP II-Systemen [WWC05]. Vergleichsweise gut funktioniert demgegenüber die in den jeweiligen Aufgaben rechts angedeutete Abfrage auf Durchführbarkeit.

Die Funktionen, die die PPS dabei im Detail wahrzunehmen hat, sind in Anlehnung an ein Schema von Hackstein nach den Teilgebieten Produktionsplanung und Produktionssteuerung in Bild 7.4 zusammengefasst [Hac89]. Die Teilschritte des MRP II-Konzeptes sind

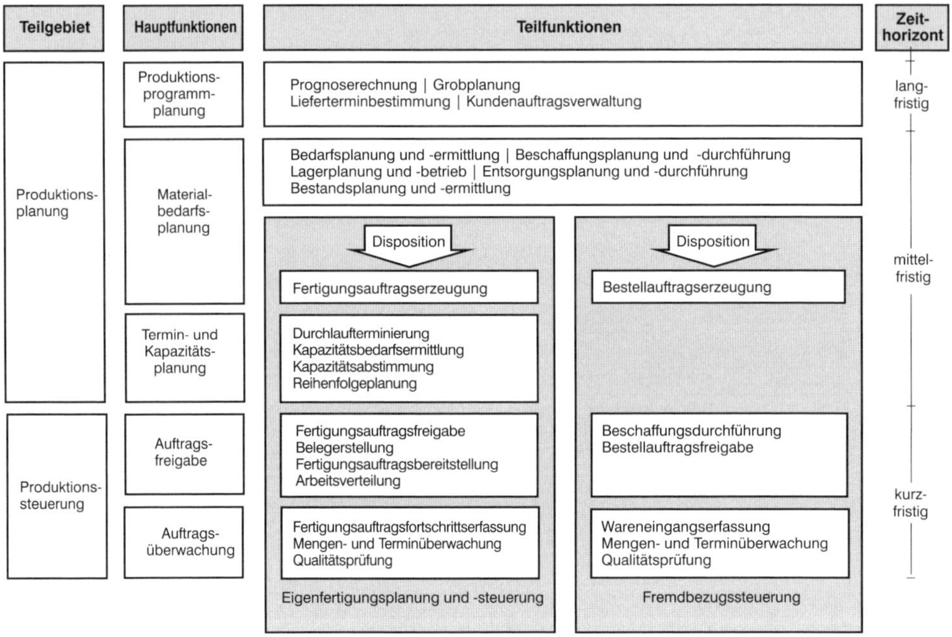

© IFA 1390

Bild 7.4 Funktionen der Produktionsplanung und -steuerung (in Anlehnung an Hackstein)

hier als Hauptfunktionen dargestellt und weiter in Teilfunktionen gegliedert. Weitere Vorschläge zur Aufgabengliederung finden sich bei [GGR92, Mer09, Schö11].

Infolge der zunehmenden Bildung von Produktionsnetzen hat sich das ursprüngliche PPS-Modell um überbetriebliche Aspekte erweitert. Diese Netzwerkaufgaben umfassen die Netzwerkkonfiguration, Netzwerkabsatzplanung und die Netzwerkbedarfsplanung. Sie liegen außerhalb des Bezugsrahmens von Bild 7.4 und werden nicht weiter betrachtet [Schu12].

Die langfristige *Produktionsprogrammplanung* mit einem Horizont von 1 bis 3 Jahren bestimmt meist monatlich aus Absatzprognosen und vorliegenden Kundenaufträgen unter Berücksichtigung der vorhandenen Kapazitäten den so genannten Primärbedarf. Die Grobplanung stellt sicher, dass die dazu erforderlichen Kapazitäten in Konstruktion und Produktion ausreichen. Für Standardprodukte werden hier auch die Liefertermine bestimmt sowie die Kundenaufträge verwaltet.

Die mittelfristige Planung – hier liegt der Planungshorizont im Bereich von Monaten – geht von festen Kunden- und Vertriebsaufträgen aus und umfasst die Materialplanung (auch Materialbedarfsplanung oder Mengenplanung genannt) sowie Termin- und Kapazitätsplanung. Früher liefen diese Funktionen meist wöchentlich, heute eher täglich ab.

- Aufgabe der *Bedarfsplanung und -ermittlung* ist es, den Bedarf an Eigenfertigungsteilen und Zukaufteilen auf Basis der in den Stücklisten enthaltenen Komponenten unter Berücksichtigung von Beständen zu planen.

- Im Rahmen der *Beschaffungsplanung und -durchführung* erfolgen die Auswahl der Lieferanten und deren Bewertung.
- *Lagerplanung und -betrieb* widmen sich der Organisation und dem Betrieb der Läger, um einen geordneten Materialfluss sicherzustellen.
- Die *Entsorgungsplanung und -durchführung* gewinnt im Zuge des gestiegenen Umweltbewusstseins und strenger Vorschriften an Bedeutung.
- Die *Bestandplanung und -ermittlung* betrachtet die notwendigen Bestände an Rohmaterial, Halbfertigwaren und Endprodukten.
- Schließlich werden in der Disposition auf Basis der Bedarfsermittlung die *Fertigungsaufträge* und *Bestellaufträge* erzeugt.
- Für die Eigenfertigungsteile schließt sich die *Termin- und Kapazitätsplanung* an. Die *Durchlaufterminierung* bestimmt, ausgehend vom Endtermin, anhand der aus dem Arbeitsplan entnommenen Arbeitsgangfolge den Starttermin. Die folgende *Kapazitätsbedarfsermittlung* prüft die hieraus resultierende Belastung der Maschinen- und Personalkapazität und entscheidet ggf. über eine Kapazitätsabstimmung durch Kapazitätsanpassung oder Terminverschiebung. Schließlich erfolgt die *Reihenfolgeplanung* der Aufträge für jede Kapazitätseinheit.

Die meist täglich ablaufende kurzfristige *Produktionssteuerung* hat einen Zeithorizont von einigen Wochen. Sie umfasst die Freigabe der Fertigungs- und Bestellaufträge und deren Überwachung.

- Kurze Zeit vor dem Starttermin prüft die *Auftragsfreigabe*, ob alle Voraussetzungen zur Auftragsdurchführung hinsichtlich des Materials, der Kapazität und Betriebsmittel wie Werkzeuge, Vorrichtungen, Messmittel und NC-Programme gegeben sind.
- Ist dies der Fall, werden die *Auftragsbegleitpapiere* erstellt und die Bereitstellung aller Fertigungsmittel veranlasst.
- Die *Arbeitsverteilung* veranlasst die Zuordnung der Aufträge auf die einzelnen Arbeitsplätze und startet die Aufträge durch die Auslösung der Materialbereitstellung.
- Die *Auftragsüberwachung* verfolgt den Fortschritt der Fertigungs- und Bestellaufträge laufend. Hierzu dienen ständige Rückmeldungen sowohl über abgeschlossene Arbeitsgänge – häufig mit Hilfe der Betriebsdatenerfassung (BDE) – als auch über Bestellfortschritt und Wareneingänge. Analoge Funktionen bestehen für die Bestellaufträge. Sowohl für die Eigenfertigung als auch für die Zulieferung fließen die Rückmeldungen der Qualitätsprüfung ein.

Die Funktionen der Eigenfertigungsplanung und -steuerung werden häufig auch von einem eigenen Manufacturing Execution System (MES-System) wahrgenommen, früher als Werkstattsteuerungssystem bezeichnet.

Die beschriebenen PPS-Funktionen benötigen eine Datenbasis, die Bild 7.5 im Zusammenspiel des Informations- und Materialflusses zeigt. Grundlage aller dispositiven Tätigkeit sind die aus Kunden- oder Vertriebsaufträgen resultierenden und im Produktionsprogramm festgeschriebenen Produktionsaufträge. Der Informationsfluss läuft über die Bedarfsermittlung, die Bestandsführung, die Beschaffung sowie die Lagerung und Materialbereitstellung.

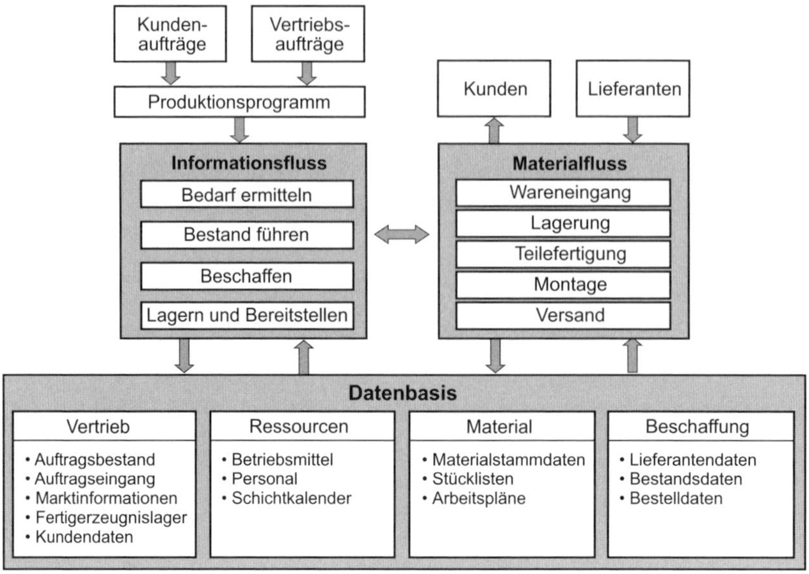

© IFA 4165

Bild 7.5 Informationsfluss, Materialfluss und Datenbasis der PPS

Die Auftragsabwicklung orientiert sich am dargestellten realen Materialfluss vom Wareneingang der Lieferanten bis zum Versand an den Kunden, welcher über Rückmeldungen abgebildet wird. Die damit verbundenen umfangreichen Daten sind in Datenbanken gespeichert, die integraler Bestandteil von PPS- bzw. ERP-Systemen sind. Sie bilden die Datenbasis und sind über Bildschirme im Direktzugriff der Sachbearbeiter, unterstützt durch mächtige Abfragesprachen.

- Die *Vertriebsdatei* enthält die vom Vertrieb zu pflegenden Angaben über den aktuellen Auftragseingang und Auftragsbestand sowie den Lagerbestand an Fertigerzeugnissen. Besonders wichtig sind die Marktinformationen und Kundendaten.
- Mit der *Ressourcendatei* stehen die Kapazitätsdaten der Betriebseinrichtungen und des Personals im Zusammenspiel mit den Betriebszeiten (Schichtkalender) zur Verfügung; sie wird in der Regel von der Arbeitsvorbereitung gepflegt.
- In der *Materialdatei* sind die bereits ausführlich dargelegten auftragsneutralen Informationen über die Erzeugnisse mit ihren Stücklisten und Materialstammdaten enthalten; für den Inhalt dieser Datei ist die Konstruktion verantwortlich. Die ebenfalls dort hinterlegten Arbeitspläne werden von der Arbeitsvorbereitung verantwortet.
- Schließlich gewährleistet die *Beschaffungsdatei* eine aktuelle Übersicht über alle Lieferanten, Bestände und laufenden Bestellungen.

Für die Wirksamkeit der gesamten Produktionsplanung und -steuerung sind neben einer rein funktionalen Betrachtung folgende Aspekte zu beachten [WWC05]:

- Die angemessene Qualität der Daten (Stammdaten, Auftragsdaten, Vorgabezeiten, Rückmeldungen) ist regelmäßig zu überprüfen.

- Die Pflege der Parameter (insbesondere Plan-Durchlaufzeiten und Kapazitäten) ist zu beachten.
- Eine aufgabengerechte Mitarbeiterkompetenz und ein Entlohnungssystem, das logistische Ziele unterstützt, sind sicherzustellen.

Im Folgenden werden die Hauptfunktionen der PPS entsprechend Bild 7.4 näher betrachtet.

7.2 Produktionsprogrammplanung

Die Produktionsprogrammplanung läuft je nach Auftragsart unterschiedlich ab:

- Bei der kundenanonymen Produktion (Produktion auf Lager) wird aufgrund von Absatzerwartungen ein Verkaufsprogramm aufgestellt und nach Abstimmung mit der Produktionssteuerung und Materialdisposition als Produktionsprogramm festgelegt *(Programmplanung Vorratsaufträge).*
- Bei der kundenspezifischen Produktion erfolgt vom Kunden vor der Auftragserteilung eine Anfrage, die im Rahmen der *Angebotsplanung* zu beantworten ist. Erst die vom Kunden erteilte Bestellung führt zum Auftrag, der in der *Auftragsterminplanung* behandelt wird.
- Vielfach werden auch *Rahmenverträge* für bestimmte Produkte und deren Varianten für einen bestimmten Zeitraum geschlossen Sie regeln die generellen Konditionen wie die Produktbeschreibung und Qualität sowie Liefer- und Zahlungsbedingungen, aber auch eine Spannweite für Liefermengen und Termine für einen bestimmten Zeitraum, z. B. für die Laufzeit eines Produktmodells. Die Realisierung erfolgt dann durch Abrufe mit Menge und Termin [Schö11, S. 277 ff). Dies ist besonders in der Automobilindustrie üblich, aber auch andere Branchen wie Maschinenbau, Möbelindustrie sowie Elektro- und Elektronikindustrie bedienen sich dieser Art der Auftragsvereinbarung.

7.2.1 Programmplanung Vorratsaufträge

Wie bereits erwähnt, sind die in der Produktplanung festgelegten Produkte die Eingangsgrößen für die Produktionsprogrammplanung, wie sie für die kundenanonyme Fertigung üblich ist, Bild 7.6. Die Marktbeobachtungen werden nun regelmäßig aktualisiert und durch die bisherigen Verkaufsdaten verfeinert. Mit Hilfe mathematisch-statistischer Methoden erfolgt eine Bedarfsprognose, die zunächst nur aus Marktsicht das mögliche Verkaufsprogramm ergibt. Dieses ist zunächst mit dem den Bestandsdaten für die Fertigwaren und dann mit den realen Möglichkeiten der Produktionsbereiche abzustimmen, wobei in diesem Fall die Konstruktion und die Arbeitsvorbereitung nur bei neuen bzw. bei kundenspezifischen Produkten zu betrachten sind.

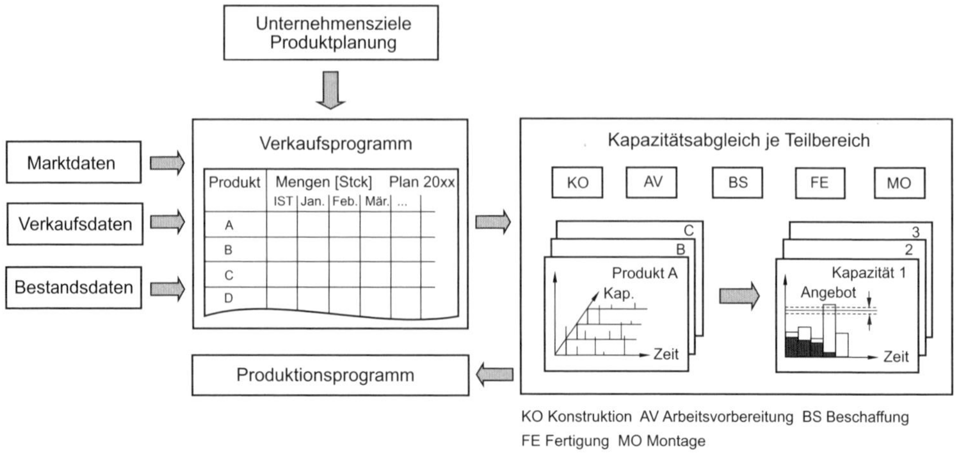

© IFA D4137

Bild 7.6 Schritte der Produktionsprogrammplanung

Je Produkt ist dazu ein Belastungsprofil zu erstellen, das über eine definierte Zeitdauer angibt, welche Belastung (in Vorgabestunden) je Periode für die einzelnen Kapazitätsbereiche zu erwarten ist, wenn eine bestimmte Menge (meist wird hierbei eine typische Losgröße gewählt) eines Produktes A, B, C usw. zur Produktion freigegeben wird. Durch Multiplikation der im Verkaufsprogramm je Produkt angegebenen Mengen mit den im Belastungsprofil ausgewiesenen Vorgabestunden je Kapazitätsbereich entsteht das Soll-Belastungsprofil. Nun wird durch den gleichen Vorgang das Soll-Belastungsprofil des gesamten Verkaufsprogramms unter Berücksichtigung der Bestände und bereits vorhandenen Belastung so in die einzelnen Kapazitätsgruppen eingelastet, dass die Kapazitätsgrenzen mit einer bestimmten Toleranz eingehalten werden. Da dies nur selten in allen Kapazitätsbereichen und in allen Perioden möglich ist, wird in den meisten Fällen in Absprache mit dem Vertrieb entweder das Verkaufsprogramm geändert oder in Abstimmung mit der Produktion die Kapazität angepasst.

7.2.2 Angebotsterminplanung

Die Angebotsterminplanung ist ein Teil der gesamten Angebotsplanung [Gra77]. Die *technische Angebotsplanung* umfasst die technische Lösung der Kundenanfrage in einer Form, die im Fall der Auftragserteilung technisch realisierbar sein muss und den abgegebenen Garantiewerten entspricht. Das technische Angebot ist Grundlage der *Angebotskalkulation*, in welcher die aus der technischen Lösung geschätzten Materialmengen und Lohnstunden, mit Kostensätzen bewertet, zu den voraussichtlichen Selbstkosten führen. Parallel dazu muss die *Angebotsterminplanung* die voraussichtliche Durchlaufzeit des Auftrages bestimmen und den erforderlichen Kapazitätsbedarf mit den vorhandenen bzw. zu erwartenden Belastungen konkurrierender Angebote abgleichen. Der *juristische Teil* des Angebots regelt im Wesentlichen die Sicherstellung der Zahlungen sowie das Vorgehen bei Verfehlung vereinbarter Leistungen, Termine und Kosten.

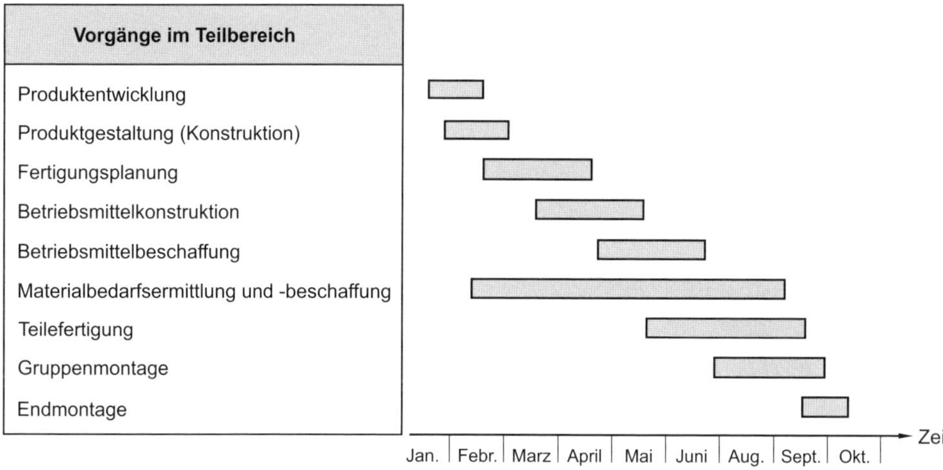

© IFA D4135

Bild 7.7 Ermittlung von Eckterminen im Rahmen der Angebotsterminplanung (REFA)

Bild 7.7 zeigt ein Beispiel, wie man bei der hier näher betrachteten Angebotsterminplanung vorgehen kann. Für die Vorgänge in den einzelnen Teilbereichen werden die Ecktermine – das sind vorläufige Beginn- und Endtermine der einzelnen Teilabläufe – geschätzt bzw. festgelegt. Dabei ist zu berücksichtigen, dass diese teilweise zeitlich überlappt ablaufen können. Es handelt sich um eine rein auftragsbezogene Zeitschätzung, welche die am Markt aktuellen Wiederbeschaffungszeiten, aber nicht die aktuelle Kapazitätsbelastung berücksichtigt. Man geht davon aus, dass die festgelegte Durchlaufzeit so lang ist, dass die Einzeltätigkeiten innerhalb der Ecktermine je nach Bedarf im Rahmen freier Kapazitäten zeitlich ein wenig verschoben werden können.

Ein besonderes Problem ergibt sich bei der Angebotsterminplanung aus der Tatsache, dass der Auftragsumfang sich bis zur Auftragserteilung häufig noch ändert. Zum einen weil der Planungsaufwand wegen der geringen Umwandlungsrate (zwischen 5 und 20 %) in vertretbaren Grenzen bleiben muss und zum anderen, weil konkurrierende Projekte zu berücksichtigen sind. Eine Lösung besteht darin, dass man die Wahrscheinlichkeit, mit der die Angebote in Aufträge umgewandelt werden, bei der Gegenüberstellung von Belastungs- und Kapazitätsbetrachtung berücksichtigt. Bild 7.8 verdeutlicht dieses Vorgehen [Bra74].

Ausgangspunkt der Betrachtung sind die zum Planungszeitpunkt T_0 bekannten, bereits verplanten Aufträge und Angebote sowie die im Mittel konstante Kapazitätsgrenze für Aufträge, hier zu 100 % gesetzt. Von dem neuen zu planenden Angebot ist der Belastungsverlauf in der betrachteten Kapazitätseinheit als Belastungsprofil aus den Daten der technischen Angebotsplanung bekannt (s. Bild 7.8 oben). Die Differenz zwischen der Belastung durch die verplanten Aufträge und der Kapazitätsgrenze für Aufträge wird nun im Verhältnis der wahrscheinlichen Umwandlungsrate erhöht, sodass eine Kapazitätsgrenze für Angebote entsteht. Das erklärt den nicht-linearen Verlauf der Kapazitätsgrenze für Angebote. Bei Einlastung des neuen Angebotes erkennt der Planer, wann das Angebot frühestens auf eine freie Kapazität trifft und ermittelt so die Lieferzeit für dieses spezielle Angebot.

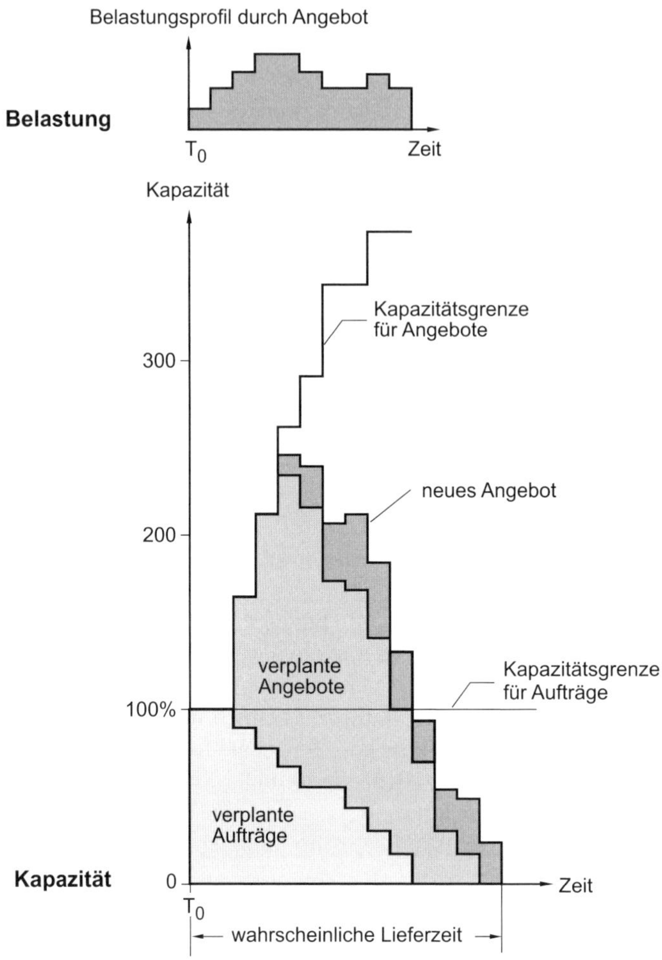

© IFA D4144

Bild 7.8 Ermittlung der wahrscheinlichen Lieferzeit bei der Angebotsterminplanung (Brankamp)

Je nach Verbindlichkeit des abgegebenen Angebotes unterscheidet man bei den individuellen Angeboten (im Gegensatz zum Katalogangebot) zwischen Kontaktangebot, Richtangebot und Festangebot [Gra77]. Dies wirkt sich auch auf den Aufwand in der Angebotsterminplanung aus: Beim *Kontaktangebot* erfolgt nur eine pauschale Belastungsrechnung für das gesamte Produkt; beim *Richtangebot* ist bereits eine Differenzierung nach Hauptbaugruppen und nach den einzelnen Produktionsbereichen zweckmäßig; beim *Festangebot* müssen sogar terminbestimmende einzelne Werkstücke, z. B. das Gehäuse einer Turbine, und Engpasskapazitäten, z. B. eine Großwerkzeugmaschine oder eine bestimmte Konstruktionsabteilung, betrachtet werden. Der Planungsvorgang läuft aber immer nach dem geschilderten Schema ab. Entscheidend ist, dass die hier festgelegten Vorgaben später realisierbar sind, weil sonst die Teilbereiche überlastet werden und kaum ein Auftrag termingerecht fertig zu stellen ist.

7.2.3 Auftragsterminplanung

Wenn die aus der Angebotsplanung bekannten Projekte - meist nach mehrfachen Änderungen - teilweise zu Aufträgen werden, beginnt für die Grobterminplanung die Einplanung in die betrieblichen Kapazitäten unter Berücksichtigung der vorhandenen Aufträge.

Dieser Vorgang - oft auch als Erstplanung bezeichnet - entspricht in seiner Planungsmechanik der Produktionsprogrammplanung für Vorratsaufträge. Nur ist hier wegen der meist vertraglich vereinbarten Leistungen und Termine nicht mehr die Möglichkeit gegeben, bei Überschreiten der Kapazität in Teilbereichen den Auftragsumfang oder -endtermin zu verändern. Wenn also trotz sorgfältiger Vorplanung im Angebotsstadium eine solche Situation auftritt, wird zunächst versucht, durch Leistungsverschiebungen innerhalb des Auftrages eine Verbesserung zu erzielen. Ist dies nicht ausreichend, versucht man durch Erhöhen der Kapazität (Leihpersonal, Überstunden, Schichtarbeit) oder durch ihre Entlastung (Auswärtsverlagerung von Teilaufträgen) das Termingefüge stabil zu halten.

Um den Auftrag als Ganzes steuern zu können, gehen viele Unternehmen besonders bei Großaufträgen dazu über, eine Auftragsleitstelle (auch Auftragszentrum genannt) einzurichten, welche besonders in Matrix-Organisationen meist direkt dem Produktleiter, der häufig Mitglied der Geschäftsführung ist, untersteht [EBDS98].

Bild 7.9 zeigt den Informationsfluss zwischen der Auftragsleitstelle und den für die Auftragsabwicklung wesentlichen Bereichen. Der vom Vertrieb an die Auftragsleitstelle übergebene Auftrag wird dort entsprechend dem geschilderten Planungsablauf durchgeplant.

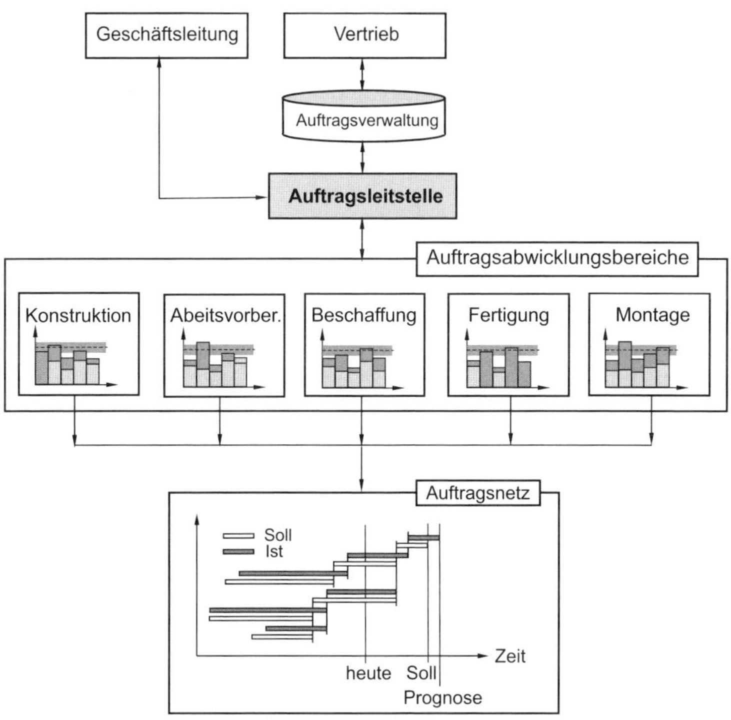

Bild 7.9 Informationsfluss einer Auftragsleitstelle

© IFA D4136a

Ecktermine und Kapazitätsbedarf sind als Soll-Daten vorgegeben. Wesentlich ist die Rückmeldung über die tatsächlich erreichten Leistungen und Termine. Sie sichern den aktuellen Informationsstand über jeden einzelnen Auftrag, sodass in den jeweiligen Auftragsnetzen die Auswirkung auf den Lieferendtermin prognostiziert werden kann. Neben der Terminplanung und -steuerung überträgt man der Auftragsleitstelle häufig auch die Kostenplanung und -überwachung, um eine umfassende Auftragsüberwachung – und vor allem eine vergleichbare Behandlung und Überwachung der Aufträge – sicher zu stellen. Mit der heutigen Kommunikationstechnik ist eine solche Leitstelle nicht mehr an einen Ort gebunden. Auch müssen die zu steuernden Einheiten nicht mehr lokal zusammengefasst sein, sondern sind vielfach in Produktionsnetzen global verteilt.

7.3 Materialplanung

7.3.1 Materialbedarfsplanung

Die Materialbedarfsplanung hat die Aufgabe, den Materialbedarf nach Art, Menge und Termin (differenziert nach Lager- bzw. Bedarfsort) je Erzeugniseinheit zu bestimmen. Unter dem Begriff „Material" fasst man die Materialarten Rohstoff, Werkstoff, Halbzeug, Hilfsstoff, Betriebsstoff, Teil und Gruppe zusammen.

Die Bedarfsplanung unterscheidet mehrere *Bedarfsarten*, Bild 7.10 [Har02]. Der Bedarf an verkaufsfähigen Erzeugnissen, ob kundenanonym oder kundenspezifisch, heißt *Primärbedarf*. Zerlegt man das in der Regel mehrstufige Erzeugnis gemäß Stückliste in seine Baugruppen und Einzelteile, entsteht der *Sekundärbedarf*. Im Gegensatz zur Erzeugnisgliederung und Stückliste fasst die Materialbedarfsrechnung aber auch das Rohmaterial als eigene Gliederungsstufe auf, sodass dieses gleichfalls zum Sekundärbedarf zählt. *Tertiärbedarf* nennt man den Bedarf an Betriebs- und Hilfsstoffen je Erzeugnis, der ebenfalls geplant werden muss.

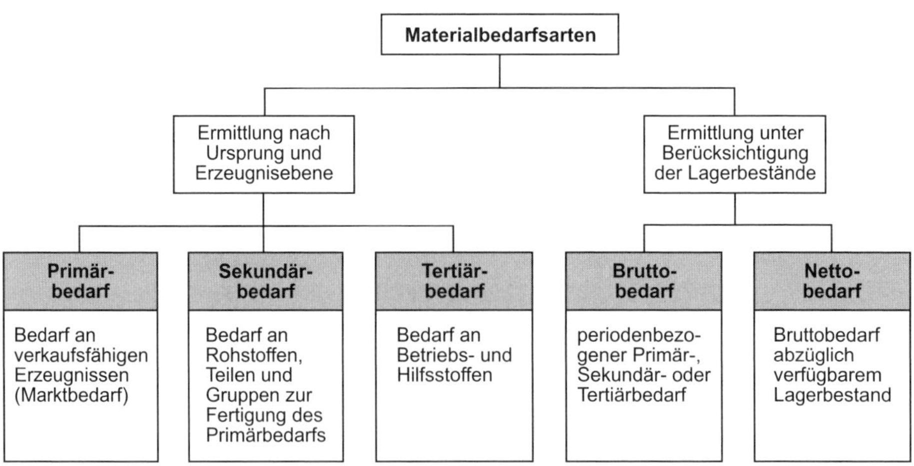

A D4138

Bild 7.10 Zusammenstellung der Materialbedarfsarten (Hartmann)

Wenn Lagerbestände zu berücksichtigen sind, unterscheidet man noch zwischen Brutto- und Nettobedarf. Der *Bruttobedarf* ist die benötigte Materialmenge je Primär-, Sekundär- oder Tertiärbedarf und wird in der Regel auf eine Periode, z. B. einen Monat, bezogen (Periodenbedarf). Ist er auf einen bestimmten Termin bezogen, heißt er Terminbedarf. Der *Nettobedarf* ist die Differenz zwischen dem Bruttobedarf und dem in der betreffenden Periode verfügbaren Lagerbestand.

7.3.2 Materialbedarfsermittlung

Bei der Bedarfsermittlung lassen sich gemäß Bild 7.11 grundsätzlich drei Methoden unterscheiden:

- deterministische (oder bedarfsgesteuerte) Bedarfsermittlung;
- stochastische (oder verbrauchsgesteuerte) Bedarfsermittlung;
- heuristische (oder geschätzte) Bedarfsermittlung.

Die *deterministische Bedarfsermittlung* geht von vorliegenden Kunden- oder Vorratsaufträgen – links im Bild für die Produkte I, II und III – aus, die in der Zukunft bereitgestellt werden sollen. Aufgrund dieses Primärbedarfs lässt sich der Sekundärbedarf der verschiedenen Erzeugnisebenen unter Berücksichtigung der Durchlaufzeit je Erzeugnisebene für einen Zeitpunkt oder einen Zeitraum mithilfe des Fristenplans (s. Bild 6.25) genau ermitteln. Diese Logik liegt dem in Bild 7.3 erläuterten MRP-Konzept zugrunde.

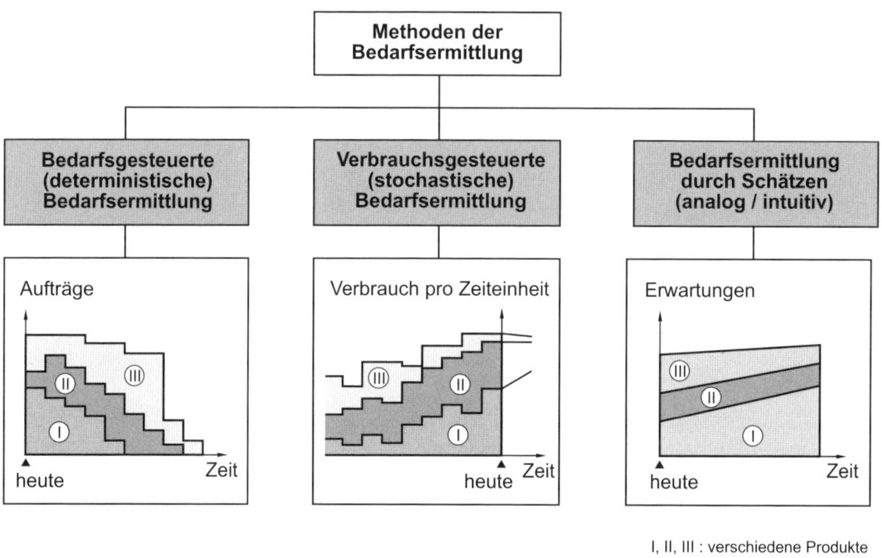

© IFA D4145

Bild 7.11 Methoden der Bedarfsermittlung (Hartmann)

Der *stochastischen Bedarfsermittlung* liegen demgegenüber keine konkreten Einzelaufträge, sondern Verbrauchswerte aus der Vergangenheit zugrunde. Mit diesen Daten wird der künftige Verbrauch des jeweils betrachteten Materials unabhängig von seiner Verknüpfung mit einer Produktstruktur prognostiziert.

Auch die *heuristische Bedarfsermittlung* geht vom einzelnen Artikelbedarf aus. Dabei lassen sich zwei Formen unterscheiden: Bei der Analogschätzung werden die Ergebnisse der Vorhersage für vergleichbare Materialien oder Erzeugnisse auf andere Materialien oder Erzeugnisse übertragen. Demgegenüber liegt bei der Intuitivschätzung eine auf Erfahrungen oder Vermutungen beruhende Meinung über den zukünftigen Bedarf vor.

Das wichtigste Kriterium für die unterschiedliche Art der Bedarfsermittlung ist der Wert eines Artikels. Betrachtet man beispielsweise eine Werkzeugmaschine, so ist die deterministische Bedarfsermittlung für die wertvollen Teile, wie z. B. Bett, Spindel sowie Antriebs- und Vorschubmotoren sinnvoll. Nicht sinnvoll wäre es jedoch, den Bedarf an Schrauben, Unterlegscheiben oder Schmierfett für dieses Produkt deterministisch zu ermitteln, da die Kosten für die Bedarfsermittlung und die Bestellung höher wären als der Wert dieser Artikel.

Als hervorragendes Hilfsmittel, um diejenigen Materialpositionen zu erkennen, die bei der Bedarfsermittlung besondere Beachtung finden sollen, hat sich die ABC-Analyse bewährt. Diese 1951 von der Firma General Electric in den USA entwickelte Methode ermittelt je Lagerposition den durchschnittlichen Jahresverbrauchswert aus dem Produkt der Menge multipliziert mit dem Bezugswert (bei Kaufteilen) bzw. den Herstellkosten (bei Eigenfertigungsteilen) und sortiert die Artikel nach fallenden Jahresverbrauchswerten. Anschließend summiert man alle Werte, normiert die Einzelwerte in Prozent und bildet eine Summenkurve. Das Ergebnis zeigt einerseits, dass eine relativ kleine Anzahl der Materialien einen sehr großen Anteil am Jahresverbrauch hat, und andererseits, dass die meisten Materialien wertmäßig nur eine untergeordnete Rolle spielen.

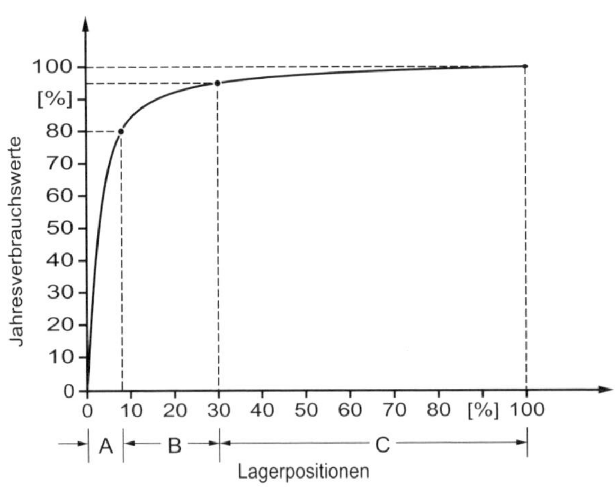

Bild 7.12 Verteilung von Jahresverbrauchswerten auf Lagerpositionen (ABC-Analyse)

© IFA C2942

Bild 7.12 zeigt am Beispiel einer Lageranalyse die ABC-Kurve und die daraus resultierende Einteilung der Lagerartikel in drei Klassen mit den Bezeichnungen A, B und C. Die A-Positionen stellen mit nur 5 bis 10 % der Gesamtanzahl 80 % des Jahresverbrauchswertes dar. Hierauf wird sich also das Augenmerk der Materialbedarfsplanung besonders richten. Sie werden möglichst deterministisch bestimmt. Weitere rund 20 % der Positionen machen weitere 15 % des Jahresverbrauchs aus. Sie heißen B-Positionen und werden entweder deterministisch oder stochastisch disponiert. Schließlich bewirken die restlichen 70 % der Positionen nur 5 % des Jahresumsatzes. Sie heißen C-Positionen und unterliegen ausschließlich der stochastischen Bedarfsermittlung.

Neben ihrer Anwendung zur Auswahl der Art der Bedarfsermittlung bietet die ABC-Analyse eine Hilfestellung bei der Bemessung von Sicherheitsbeständen, beim Einkauf, bei der Inventur und in der Produktion. Darüber hinaus ist sie ein grundlegendes Hilfsmittel der Wertanalyse von Produkten, um diejenigen Materialpositionen zu erkennen, deren konstruktive Verbesserung am aussichtsreichsten ist.

Für die Auswahl des Bedarfsermittlungsverfahrens und der daraus folgenden Beschaffungsart ist aber nicht nur die Einteilung der Lagerpositionen in Wertklassen, sondern auch die Einteilung nach dem zeitlichen Verlauf des Verbrauchs von Bedeutung. Beobachtet man nämlich den Verbrauch einzelner Materialdispositionen über einen längeren Zeitraum, so lassen sich charakteristische Verhaltensweisen unterscheiden. Die entsprechende Einteilung erfolgt in so genannte X-, Y- und Z-Artikel:

- X-Teile haben einen konstanten Verbrauch, ihre Vorhersagegenauigkeit ist hoch.
- Y-Teile haben einen trendmäßig steigenden oder fallenden Verbrauch, der auch saisonalen Schwankungen unterliegen kann. Diese Teile haben eine mittlere Vorhersagegenauigkeit.
- Z-Teile haben einen völlig unregelmäßigen Verbrauch und eine dementsprechend geringe Vorhersagegenauigkeit.

Kombiniert man nun die ABC-Analyse mit der XYZ-Analyse im Sinne einer zweidimensionalen ABC-Analyse, lässt sich ein verfeinertes Entscheidungsschema für die Wahl des Bedarfsermittlungsverfahrens für jede Position entwickeln. Das von H.-H. Wiendahl zur Verfügung gestellte Bild 7.13 ordnet den so entstehenden Feldern die zu wählende Methode der Beschaffung zu.

Unterschieden wird die *bedarfssynchrone Beschaffung* für teure Artikel mit konstantem oder Trendverlauf, die *bedarfsnahe Beschaffung* für mittelwertige Teile mit konstantem und Trendverlauf, die *bedarfsfallbezogene Beschaffung* für teure und mittelwertige Teile mit sporadischem Bedarfsverhalten und schließlich die *Vorratsbeschaffung*, die einen definierten Lagervorrat sicherstellt.

Je Methode ist angegeben, wie die Bedarfsermittlung erfolgt (deterministisch, stochastisch oder intuitiv), ob eine Bedarfszusammenfassung für verschiedene Bedarfsträger erfolgen soll und welcher Grad der Rechnerunterstützung (Bestellvorschläge mit und ohne Korrektur, vollautomatische Bestellauslösung) sinnvoll ist.

Verlauf / Wert	X (konstant)	Y (trendmäßig)	Z (unregelmäßig)
A (hoch)	**Bedarfssynchrone Beschaffung** • deterministische Bedarfsermittlung (Stücklistenauflösung) • keine Bedarfszusammenfassung • rechnergestützte Bestellvorschläge		**Bedarfsfallbezogene Einzelbeschaffung** • deterministische / intuitive Bedarfsermittlung • keine Bedarfszusammenfassung • rechnergestützte Bestell-vorschläge mit erfahrungs-basierter Korrektur
B (mittel)	**Bedarfsnahe Beschaffung** • deterministische Bedarfsermittlung (Stücklistenauflösung) • Bedarfszusammenfassung (Bestelllosgrößenbildung) • rechnergestützte Bestellvorschläge		
C (niedrig)	**Vorratsbeschaffung** • stochastische Bedarfsermittlung • Bedarfszusammenfassung (Bestelllosgrößenbildung) • vollautomatische Bestellauslösung		

© IFA D4141

Bild 7.13 Regelwerk der Bedarfsermittlungsverfahren und Beschaffungsarten (H.-H. Wiendahl)

Die Bedarfsermittlung umfasst drei Teilfunktionen (Bild 7.14). Aus den Kunden- und/ oder Vertriebsaufträgen ist der Primärbedarf an Erzeugnissen nach Art, Menge und Termin bekannt. Im ersten Schritt erfolgt die Bruttobedarfsermittlung entweder deterministisch für jede Erzeugnisstufe oder stochastisch aus dem Verbrauch. Die darauf folgende Nettobedarfsermittlung prüft den Bestand für jeden Materialbedarf und ermittelt daraus den Nettobedarf nach Art, Menge und Termin (unter Berücksichtigung des Herstellortes).

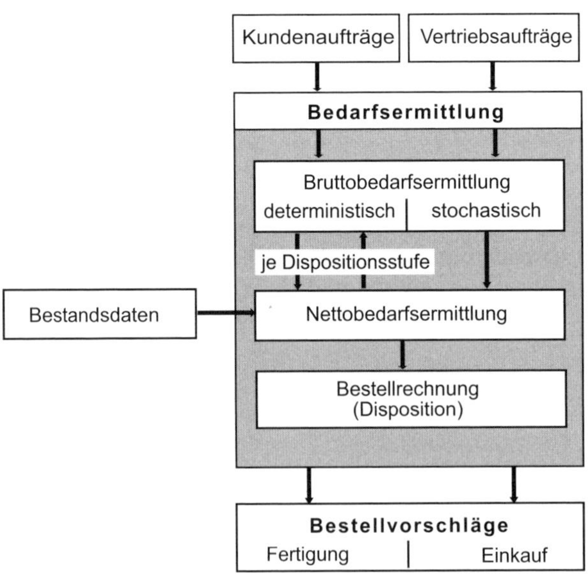

Bild 7.14 Funktionen der Bedarfsermittlung

© IFA D4162

Der so gefundene „echte“ Bedarf wird in der Bestellrechnung getrennt nach Kaufteilen und Eigenfertigungsteilen jeweils zu optimalen Bestellmengen zusammengefasst. Das Ergebnis sind Bestellvorschläge an die Fertigung und den Einkauf. Die Teilfunktionen der Bedarfsermittlung werden im Folgenden näher betrachtet.

7.3.3 Bruttobedarfsermittlung

7.3.3.1 Deterministische Verfahren

Die verschiedenen Verfahren der deterministischen Bedarfsermittlung gehen entweder vom gesamten Erzeugnis aus und lösen es „von oben nach unten“ stufenweise auf (analytische Verfahren), oder sie gehen vom Teil aus und gehen seiner Verwendung in den einzelnen Stufen nach (synthetische Verfahren). Hier wird die Analogie zur Stückliste (analytische Erzeugnisdarstellung) bzw. zum Verwendungsnachweis (synthetische Erzeugnisdarstellung) deutlich.

Bei einfachen Erzeugnissen mit einer einzigen Auflösungsstufe ist der Bruttobedarf unmittelbar aus der Menge jedes Teils multipliziert mit dem Primärbedarf zu ermitteln.

Bei komplexen Erzeugnissen mit mehreren Auflösungsstufen sind unterschiedliche Verfahren möglich. Für die Praxis wesentlich sind insbesondere diejenigen analytischen Verfahren, welche entweder nach den Bau- bzw. Fertigungsstufen oder nach den Dispositionsstufen auflösen. Bild 7.15 verdeutlicht den prinzipiellen Unterschied zwischen *Fertigungsstufe* und *Dispositionsstufe* an einem mehrstufigen Erzeugnis, in welchem die Baugruppe B zweimal und das Teil 1 dreimal enthalten sind.

Löst man das Erzeugnis entsprechend der links im Bild dargestellten Struktur nach seinen Fertigungs- und Montagestufen in seine Baugruppen und Einzelteile auf, besteht die Gefahr, dass die Lagerbestände gleicher Teile und Baugruppen in verschiedenen Fertigungs-

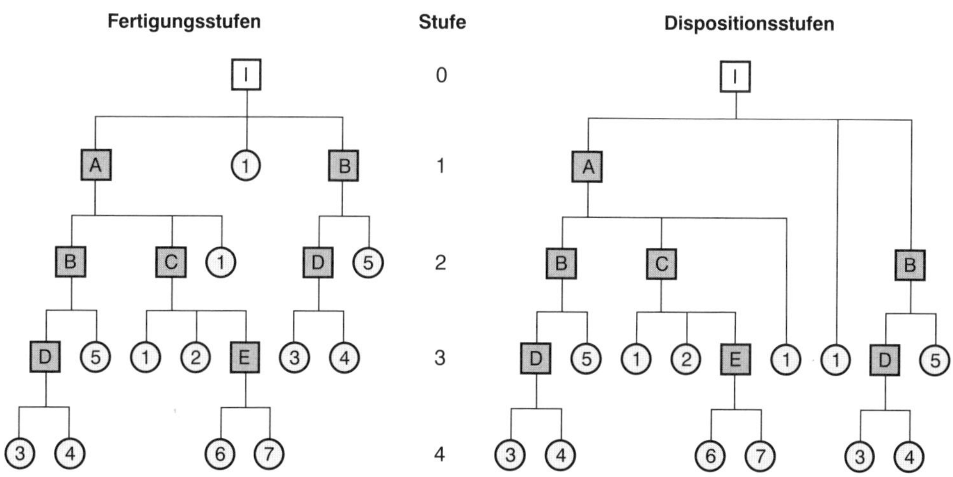

© IFA D4163

Bild 7.15 Erzeugnisgliederung nach Fertigungs- und Dispositionsstufen (Gerlach)

stufen verrechnet und darüber hinaus mehrere Einzelmengen entsprechend ihrer Stufe in kurzen Zeitabständen nacheinander bestellt werden.

Diese Nachteile sind vermeidbar, wenn man alle Teile und Baugruppen, die in einem Erzeugnis mehrfach auftreten, auf die unterste (im Sinne der Auflösung) bzw. höchste Stufe (im Sinne der Zählung in Bild 7.15) verschiebt, auf der das Element erstmals auftritt. Diese Stufe wird als Dispositionsstufe bezeichnet. Das Vorgehen gewährleistet eine eindeutige Zuordnung der Teile und Baugruppen zu einer einzigen Stufe, sodass das *Dispositionsstufenverfahren* bei Erzeugnissen mit mehrfach verwendeten Teilen oder Baugruppen praktisch ausschließlich angewandt wird. Nachteilig ist, dass die verschobenen Baugruppen und Teile zu früh disponiert werden, sodass einerseits unnötige Bestände entstehen und andererseits der „echte" Bedarfstermin verschwindet, so dass dieser bei Terminverspätungen nicht mehr als Steuerungsindikator verwendbar ist.

Ein weiteres Unterscheidungsmerkmal für die deterministischen Bedarfsermittlungsverfahren ist die Frage, ob bei jedem Rechenlauf der gesamte Primärbedarf aufgelöst wird oder ob nur die Positionen betrachtet werden, die sich seit der letzten Rechnung verändert haben bzw. neu hinzugekommen sind. Dieses als Differenzplanung oder *Netchange-Prinzip* bekannte Vorgehen ist programmtechnisch kompliziert, spart aber bei vergleichsweise wenig Änderungen Programmlaufzeiten, vgl. [Mer09].

Die zweite wichtige Aufgabe der deterministischen Bedarfsrechnung ist die Bestimmung der Bedarfstermine der Materialpositionen jedes Auftrags auf allen Auflösungsstufen. Dazu ist der Sekundärbedarf einer niedrigeren Stufe gegenüber dem Primärbedarf der jeweils höheren Stufe zeitlich um die *Vorlaufzeit* in Richtung „früher" zu verschieben. Beispielsweise müssen die Einzelteile für eine Baugruppe so rechtzeitig bereitgestellt werden, dass noch ausreichend Zeit für die Montage und Prüfung bleibt, während das Rohmaterial für diese Teile wiederum so rechtzeitig vorhanden sein muss, dass die bei Eigenfertigung notwendige Durchlaufzeit durch die Fertigung gesichert ist. Bei Kaufteilen sind die entsprechenden Wiederbeschaffungszeiten zu beachten. Details hierzu wurden in Abschnitt 6.3.4 (Montagemodelle) erläutert (vgl. v. a. Bild 6.25).

Bild 7.16 zeigt den Vorgang an dem einfachen Beispiel eines Kundenauftrags K1, der x-mal das Erzeugnis I zu einem Soll-Liefertermin benötigt. Zunächst wurde das Teil 1 von der Ebene 1 auf die Ebene 2 verschoben, um es mit demselben Teil 1 aus Baugruppe A auf einer Dispositionsstufe zusammenfassen zu können. Danach erfolgt je Ebene die Bestimmung der Plan-Starttermine durch eine Vorlaufverschiebung. Dieser Vorgang wird auch für die restlichen Kundenaufträge (hier K2 mit y Stück Erzeugnis II), die Vertriebsaufträge (hier V1 mit z Stück Erzeugnis III) und die Ersatzteilaufträge (hier E1 mit w Stück Baugruppe B) durchgeführt. In jedem dieser Aufträge können die Baugruppen A, B und die Teile 1, 2 und 3 enthalten sein, sodass sich über der Zeitachse nach der Auflösung zu unterschiedlichen Zeitpunkten unterschiedliche Mengenbedarfe für dasselbe Teil ergeben.

Von entscheidender Bedeutung für die Termintreue der Aufträge ist die Aktualität der Vorlaufzeiten. Man unterscheidet in einen stark mengenabhängigen Laufzeitanteil, gebildet aus Fertigungszeit je Stück mal Losgröße, und einen schwach mengenabhängigen Laufzeitanteil. Letzterer wird noch einmal in einen nicht kürzbaren und einen kürzbaren Teil aufgegliedert. Als nicht kürzbar gelten die Einrichte- und die Rüstzeit, ferner die Abruf- oder Bereitstellzeit, worunter die Zeitdauer für das Erstellen der Fertigungsunter-

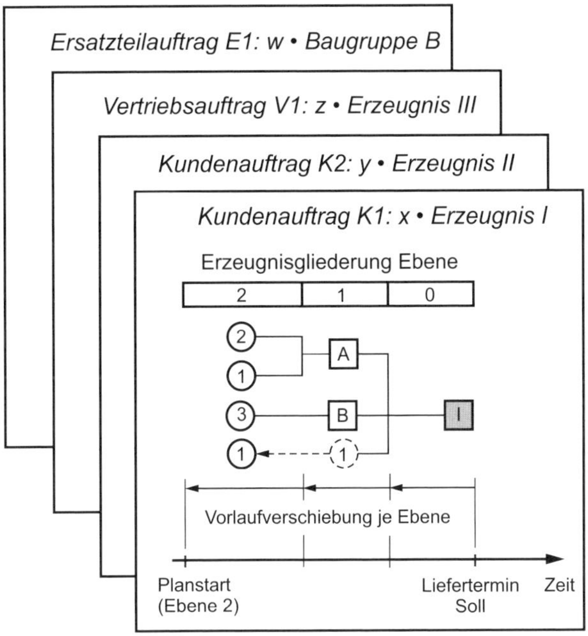

Bild 7.16 Deterministische Bedarfsermittlung

© IFA G1313

lagen und die Materialbereitstellung am ersten Arbeitsplatz verstanden wird, und schließlich die Lieferzeit für Zukaufmaterial. Als verkürzbare Zeiten gelten Pufferzeiten und Zwischenliegezeiten sowie eingebaute Sicherheitszeiten. Transportzeiten sind je nach Transportorganisation mehr oder weniger kürzungsfähig.

Um das Problem der getrennten Terminierung und Belastungsrechnung zu überwinden und auch um die Rechenzeiten zu reduzieren, wurden Vorschläge zur so genannten Simultanplanung entwickelt, bei der auf jeder Auflösungsstufe sofort eine Kapazitätsabfrage und gegebenenfalls eine Korrektur der Vorlaufzeit erfolgt [Dan01]. Derartige Verfahren werden unter dem Begriff APS (Advanced Planning and Scheduling) eingesetzt.

7.3.3.2 Stochastische Verfahren

Die stochastische Bedarfsermittlung besteht in einer Berechnung des periodenbezogenen Materialbedarfs für jeden einzelnen Artikel, indem aus den Verbrauchswerten der Vergangenheit auf den zukünftigen Bedarf geschlossen wird. Diese Methode dient zur direkten Ermittlung sowohl des Primär- als auch des Sekundär- und Tertiärbedarfs.

Die Vorhersage der zukünftigen Bedarfswerte erfolgt mit Hilfe mathematischer Modelle, welche zuverlässige Vergangenheitswerte aus der Lagerbestandsführung und aus den Verbrauchsstatistiken voraussetzen. Besonders wichtig ist die periodengerechte Zuordnung der Bedarfsanforderungen, Materialrückgaben und Materialverluste, um eine wirklichkeitsnahe Verbrauchsstatistik zu erhalten.

Bild 7.17 zeigt die wesentlichen Formen derartiger Zeitreihen, auch Verbrauchsstrukturen genannt [Mic75]. Lediglich die Modelle 1 bis 4 ermöglichen den Einsatz eines mathematischen Vorhersageverfahrens, während bei den Modellen 5 bis 7 nur eine empirisch-intuitive Vorhersage oder ein verspätetes Reagieren möglich ist.

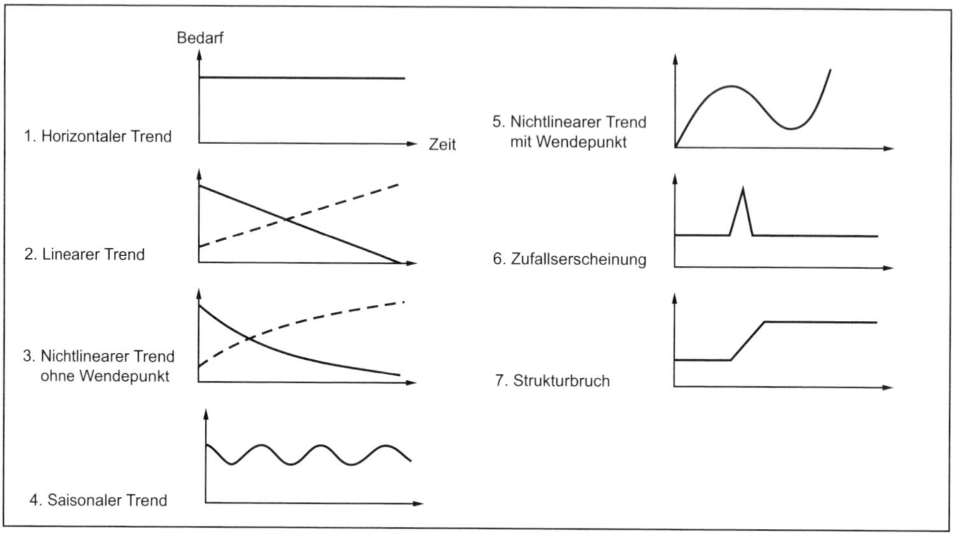

© IFA C2779

Bild 7.17 Verbrauchsstrukturen (de Micheli)

In Literatur und Praxis unterscheidet man verschiedene Methoden der stochastischen Bedarfsermittlung. Bild 7.18 zeigt eine gebräuchliche Einteilung [REF91]:

Die *Methode der kleinsten Quadrate* findet Anwendung bei einem trendförmigen Verlauf der Verbrauchswerte. Es wird eine lineare Regressionsfunktion $y = a \cdot x - b$ aus einer größeren Anzahl von Vergangenheitswerten so bestimmt, dass die Summe der quadrierten Abstände zwischen den Ist-Werten und der Regressionsfunktion ein Minimum wird. Außer einem linearen Ansatz sind auch logarithmische und andere Funktionen geeignet.

Um die jüngeren Verbrauchswerte gegenüber den älteren Werten stärker zu berücksichtigen, empfiehlt sich die *Methode des gleitenden Mittelwertes.* Sie berücksichtigt die Verbrauchswerte eines definierten Zeitraums zur Ermittlung des Vorhersagewertes. Mit fortschreitender Zeit werden so die jeweils ältesten Werte eliminiert. Dabei kann man den Einfluss der jüngeren Werte durch einen Parameter steuern. Je kleiner dieser Parameter ist, desto schneller reagiert der neue Bedarfsvorhersagewert auf Änderungen der jüngsten Verbrauchswerte. Die Methode des gleitenden Mittelwertes findet vorzugsweise Anwendung bei konstantem Materialbedarfsverlauf mit kleinen Schwankungen ohne Trend und saisonalen Charakter.

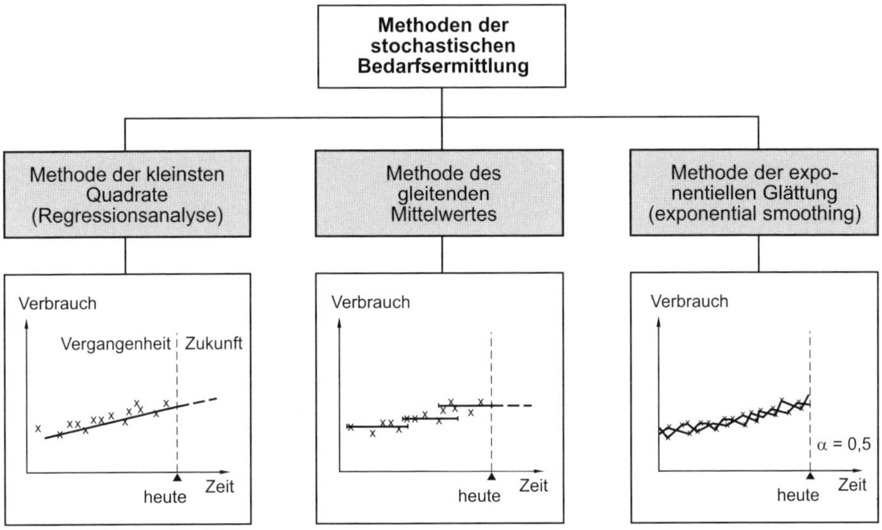

© IFA D4152

Bild 7.18 Methoden der stochastischen Bedarfsermittlung (REFA)

In der betrieblichen Praxis hat die Bedarfsvorhersage mit Hilfe der *exponentiellen Glättung* (engl.: exponential smoothing) große Bedeutung erlangt. Das Verfahren basiert ebenfalls auf einer Mittelwertbildung, gewichtet jedoch die Vergangenheitswerte. Je älter ein Vergangenheitswert ist, umso geringer ist sein Gewicht. Dies geschieht durch die Beziehung:

$$V_n = V_a + \alpha\,(T_i - V_a)$$

mit:
- V_n neuer Vorhersagewert
- α Glättungsfaktor
- T_i tatsächlicher Verbrauch der letzten Periode
- V_a alter Vorhersagewert

Durch eine entsprechende Wahl des Glättungsfaktors α folgt der neue Vorhersagewert mehr oder weniger schnell dem tatsächlichen Verbrauch. Je größer α ist (maximal 1), desto stärker geht die Differenz zwischen dem alten Vorhersagewert V_a und dem tatsächlichen Verbrauch der letzten Periode in den neuen Vorhersagewert ein. Der neue Wert reagiert schnell auf Änderungen des Verbrauchs. Je kleiner dagegen α wird (minimal 0), desto geringer wird der Einfluss von Änderungen. Praktische Werte von α liegen zwischen 0,1 und 0,3. Es handelt sich demnach bei der exponentiellen Glättung um eine gewogene, gleitende Mittelwertbildung. Das bisher beschriebene Verfahren wird auch als exponentielle Glättung erster Ordnung bezeichnet und ist nur bei konstantem Bedarf geeignet.

Bei trendförmigem Verlauf ist entweder die Methode der kleinsten Quadrate oder die exponentielle Glättung erster Ordnung mit Trendkorrektur oder die exponentielle Glättung zweiter Ordnung angebracht. Hierbei wird ein aktueller Trendwert berücksichtigt bzw. der Mittelwert zweiter Ordnung als exponentiell gewogener Mittelwert der Mittelwerte erster

Ordnung errechnet. Dadurch werden die bereits einmal geglätteten Werte noch einmal einer Glättung unterzogen.

Beim saisonalen Bedarfsverlauf berücksichtigt man die Saisonkomponente entweder durch additive oder durch multiplikative Verknüpfung mit der Trendkomponente.

Neben diesen Verfahren sind Mischverfahren bekannt, die sowohl deterministische als auch stochastische Elemente enthalten und die in der Bedarfsrechnung Anwendung finden.

7.3.4 Nettobedarfsermittlung

Nachdem der terminierte Bruttobedarf je Artikel vorliegt, folgt die Nettobedarfsrechnung. Dazu wird zum Bruttobedarf zunächst der Zusatzbedarf addiert, der durch Ausschuss, Ersatzteilbedarf oder Sonderbedarf, z. B. für Versuchszwecke, bedingt ist.

Die weitere Rechnung erfolgt periodenweise nach folgendem Schema [Mec77]:

	Bruttobedarf
+	Zusatzbedarf
=	Gesamtbruttobedarf
–	Lagerbestand
+	Vormerkungen
–	Werkstattbestand
–	Bestellbestand
=	Nettobedarf

Voraussetzung für die Nettobedarfsermittlung ist demnach die Kenntnis des Lagerbestandes je Periode, welcher von der Bestandsführung zugeliefert wird. Weiterhin muss der Bestand an Teilen bekannt sein, die in der eigenen Fertigung zum Bedarfstermin oder in der Bedarfsperiode fertig werden sollen (Werkstattbestand), sowie der Bestand an offenen auswärtigen Bestellungen mit ihrem vereinbarten Liefertermin (Bestellbestand).

Da sich praktisch alle Elemente des Nettobedarfs sowohl nach der Menge als auch nach dem Termin laufend ändern können, z. B. durch Änderungen des Primärbedarfs, Störungen in der eigenen Fertigung oder beim Zulieferer, ist der Nettobedarf oft starken Schwankungen von einer Rechnung zur nächsten unterworfen. Dies führt dann zu entsprechenden Auswirkungen in der folgenden Bestellrechnung, die von Außenstehenden häufig als „Versagen des Planungssystems“ interpretiert werden.

Die aus der Nettobedarfsrechnung bekannten Bedarfe können entweder einzeln auf den Tag genau geführt werden (Terminbedarf), oder man fasst sie innerhalb einer Periode, z. B. 10 Tage, zusammen (Periodenbedarf). Im ersten Fall ist der Bezug des einzelnen Bedarfsfalls zum Primärbedarf eindeutig. Als Nachteil gilt die große Datenmenge. Beim Zusammenfassen aller Bedarfe einer Periode zu einem Wert reduziert sich der Datenumfang zwar beträchtlich; jedoch kann nun nicht mehr ein einzelner Bedarf im Durchlauf verfolgt werden. Die unvermeidliche Folge dieser Bedarfszusammenfassungen ist, dass von eilig durchgezogenen Bestellungen oder Fertigungsaufträgen ein großer Teil der Auftragslosgröße nach Fertigstellung liegen bleibt, weil ein bestimmter Auftrag lediglich eine Teilmenge der Bestellung bzw. des Fertigungsauftrags dringend benötigt.

Die Auswirkungen dieses Verfahrens auf die Bedarfsverlaufe in der Praxis zeigt Bild 7.19. Dargestellt ist oben der stark schwankende Bedarfsverlauf eines Artikels über ca. 3 Monate. Man erkennt im unteren Bildteil den Verbrauch des Artikels und zwei Zugänge aus Bestellungen. Aufgrund des sinkenden Verbrauchs wurde die Bestellmenge nach zwei Perioden verringert, so dass die Bedarfsschwankungen künftig deutlich geringer ausfallen - mit allen Vorteilen für die Kapazitätsbereitstellung, die nun auch deutlich geringeren Schwankungen unterliegt.

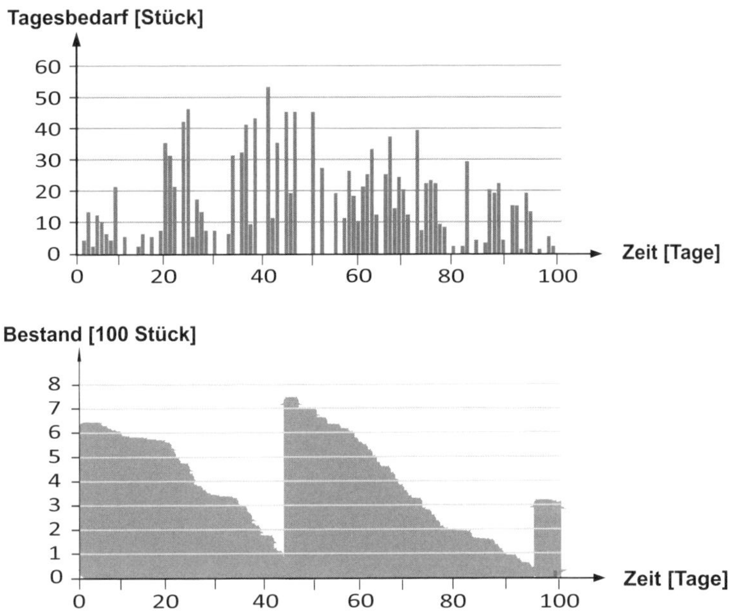

© IFA 17.660

Bild 7.19 Bedarfs- und Bestandsverlauf eines Artikels (Industriebeispiel)

Als nächstes stellt sich die Frage, wie das benötigte Material sowie die Zukaufteile und -baugruppen beschafft werden sollen. Die dazu notwendigen Planungs- und Durchführungstätigkeiten werden im Folgenden erläutert.

7.3.5 Beschaffungsplanung

Aufgabe der Beschaffung ist es, die im Bedarfsplan festgelegten Materialien in den erforderlichen Mengen, zum richtigen Zeitpunkt und zu günstigen Kosten auf dem Beschaffungsmarkt einzukaufen. Die Beschaffungsplanung schließt also alle generellen Überlegungen und Entscheidungen ein, die auf eine wirtschaftliche Deckung des betrieblichen Materialbedarfs gerichtet sind [Har02, Gro78].

In der Praxis hat sich hierzu eine Reihe von Beschaffungsmodellen etabliert, die Bild 7.20 in einer Übersicht zeigt. Sie lassen sich nach der Beschaffungsauslösung, der Art und dem Ort der Lagerhaltung und dem Eigentumsübergang zwischen Lieferant und Kunde unterscheiden, [Nyh03, Frü06].

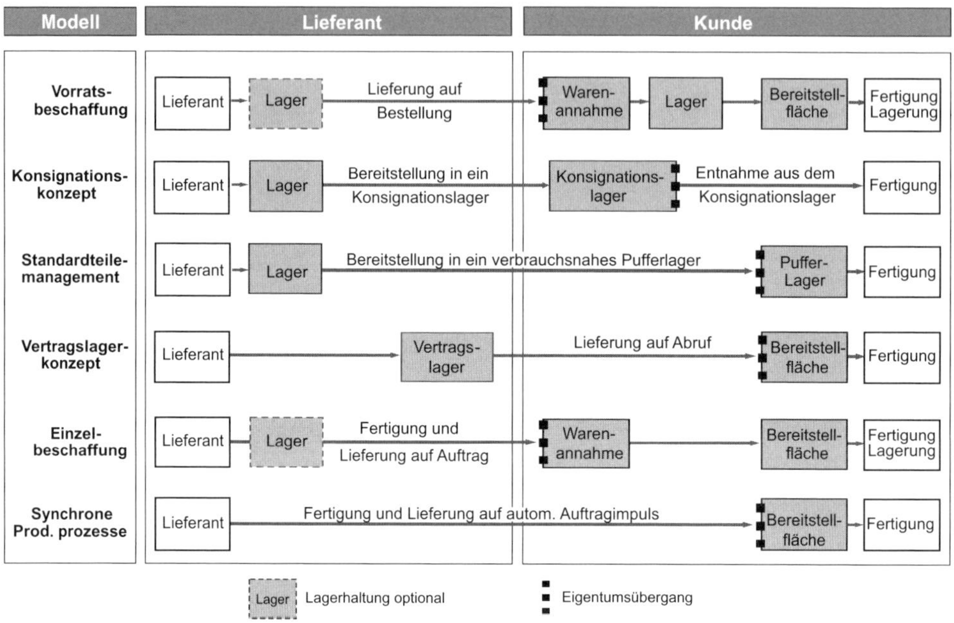

© IFA 10.302

Bild 7.20 Beschaffungsmodelle (P. Nyhuis)

Bei der klassischen *Vorratsbeschaffung* führt der Kunde alle Tätigkeiten der Beschaffung (Disposition und Bestellung, Warenannahme und -eingangsprüfung, Lagerhaltung und Bereitstellung) am Verbrauchsort selbst durch. Es erfolgt bewusst eine Vorhaltung von Materialbeständen, die der Versorgungssicherheit für die nachfolgenden Prozessschritte dienen.

Bei allen anderen Beschaffungsmodellen erfolgt die Lagerhaltung durch den Lieferanten oder einen Dienstleister (nachfolgend als Lieferant bezeichnet) oder entfällt ganz. Dennoch sind bei diesen Modellen Lagerflächen in unmittelbarer Nähe des Verbrauchsortes erforderlich.

Ein *Konsignationslager* (im englischen Sprachgebrauch als Consignment Warehouse bezeichnet) ist ein vom Lieferanten beim oder in der Nähe des Kunden unterhaltenes Lager einschließlich einer Retourenfläche, auf welcher der Lieferant Artikel mit einem vertraglich vereinbarten Mindestbestand vorhält. Der Abnehmer kann über den Bestand jederzeit verfügen, der Lieferant bleibt jedoch bis zur Entnahme durch den Abnehmer Eigentümer der Ware. Das Konsignationskonzept kommt in der Regel bei hochwertigen Artikeln zur Anwendung. Aufgrund der Besonderheit der Eigentumsverhältnisse ist eine Sicherung der

Ware z. B. durch abschließbare Lagerorte notwendig. Die Vorteile liegen für den Abnehmer in geringeren Prozesskosten für die Bestellungen. Darüber hinaus erreicht der Lieferant im Einkauf bei seinen Vorlieferanten Größenvorteile, die er teilweise weitergibt.

Für die Beschaffung von Standardartikeln mit geringerer Wertigkeit eignet sich das *Standardteilemanagement*. Hierbei befüllt der Lieferant in regelmäßigen Abständen die in unmittelbarer Arbeitsplatznähe befindlichen Materialpuffer bis zu einer mit dem Abnehmer vereinbarten Bestandshöhe.

Bei den vorgenannten Beschaffungsmodellen erfolgt die Beschaffung bei der Vorratsbeschaffung aufgrund des Beschaffungsprogramms bzw. beim Konsignationskonzept und beim Standardteilemanagement aufgrund von Materialentnahmen. Bei den übrigen drei Konzepten, nämlich dem Vertragslagerkonzept, der Einzelbeschaffung und den synchronisierten Produktionsprozessen erfolgt die Beschaffung hingegen aufgrund eines konkreten Kundenauftrags.

Ein *Vertragslager* ist ein von einem Lieferanten unterhaltenes Lager in unmittelbarer räumlicher Nähe zum Abnehmer. Die dadurch mögliche bedarfssynchrone Anlieferung in hoher Frequenz auf Basis von Abrufen ist typisch für die Automobilindustrie. Das Konzept führt beim Verbraucher zu niedrigen Beständen selbst bei weit entfernten Produzenten. Die Abrufe erfolgen in der Regel auf Grundlage von Kundenaufträgen. Es ist jedoch auch möglich, dass der Abruf durch eine Entnahme aus einem dann zusätzlich erforderlichen Pufferlager ausgelöst wird.

Auch bei der *Einzelbeschaffung* und bei synchronisierten Produktionsprozessen erfolgt die Beschaffung immer für einen konkreten Kundenauftrag. Das Material wird ohne Zwischenlagerung direkt an den Verbrauchsort geliefert.

Merkmal der *synchronisierten Produktionsprozesse* sind gleich getaktete Fertigungen oder Montagen bei Lieferant und Kunde, wobei die Produktionsstätte des Lieferanten nah beim Abnehmer (teilweise auf dessen Werksgelände) angesiedelt ist. Dies erfordert eine sehr hohe Prozessstabilität, da Störungen nicht mehr durch Puffer ausgeglichen werden können.

Zur Auswahl der im konkreten Anwendungsfall am besten geeigneten Beschaffungsmodelle und der Zuordnung von Lieferanten und Materialnummern sind insbesondere die nachfolgend genannten Kriterien zu beachten [Nyh03]:

- der Kundenauftragsbezug des Artikels,
- die Wertigkeit der Artikel,
- die beschaffungsseitige Versorgungssicherheit und
- die Bedarfskonstanz des Artikels.

Ist die Mehrfachverwendung eines Artikels nicht gegeben, so kommt grundsätzlich nur die Einzelbeschaffung in Frage. Gleiches gilt für hochwertige Artikel (A-Teile), die eine Lagerhaltung aufgrund sehr sporadischer Bedarfe sowohl für den Abnehmer wie auch für den Lieferanten ausschließt. Für alle anderen A-Teile und überwiegend auch für die B-Teile sind das Konsignationskonzept, das Vertragslagerkonzept und gegebenenfalls die synchronisierten Produktionsprozesse auf ihre Anwendungsmöglichkeit zu prüfen. Alle drei

Modelle zielen vorrangig auf die Reduktion der Bestandskosten ab, bewirken aber gleichzeitig auch eine Reduktion der Prozesskosten. Als Prozesskosten gelten die Kosten, die durch die Verwaltung von Bestellungen entstehen. Demgegenüber ist das Standardteilemanagement ausschließlich auf eine Verringerung der Prozesskosten ausgerichtet. Anwendungsschwerpunkt dieses Modells sind die C-Teile. Die klassische Vorratsbeschaffung schließlich ist vorrangig dann anzuwenden, wenn die über den Einkauf erzielbaren Preisvorteile die erhöhten Logistikkosten nachweislich übertreffen und gleichzeitig die Versorgungssicherheit der Produktion gewährleistet werden kann.

Zu den Aufgaben der Beschaffungsplanung gehört weiterhin die Festlegung der *Beschaffungsmenge* je Artikel. Vorausgesetzt ist dabei, dass der periodenbezogene Materialbedarf aus der Bedarfsrechnung bekannt ist. Grundsätzlich bestehen zwei Möglichkeiten zur Festlegung der Beschaffungsmenge (Bild 7.21).

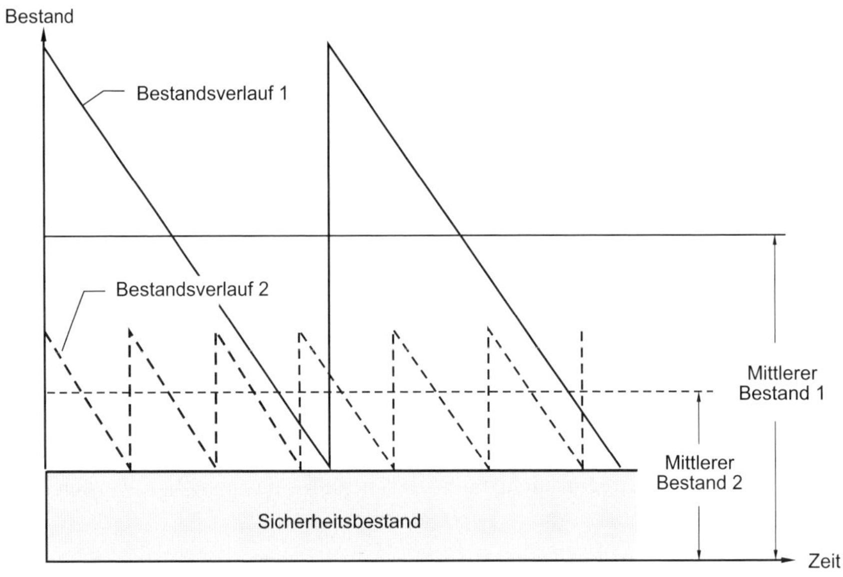

© IFA D4116AWd

Bild 7.21 Beschaffungsmenge und durchschnittlicher Lagerbestand (nach Hartmann)

Entweder man beschafft große Mengen in großen Zeitabständen (Bestandsverlauf 1) oder kleine Mengen in kleinen Zeitabständen (Bestandsverlauf 2). Für die erste Möglichkeit sprechen die preislichen Vorteile bei Großeinkäufen und die größere Versorgungssicherheit für den Fertigungsablauf; nachteilig sind dagegen die hohe Kapitalbindung und die Lagerkosten für die großen Vorräte. Die zweite Möglichkeit mindert die Zinskosten, das Verschrottungsrisiko sowie den Lageraufwand; nachteilig wirken sich jedoch die Kosten für die häufigeren Bestellungen und die schlechteren Lieferkonditionen hinsichtlich Preis und Termin aus. Auch das Risiko einer Fertigungsunterbrechung ist wegen der im Mittel geringeren Vorräte höher als im erstgenannten Fall. Rahmenverträge lösen das Dilemma teilweise auf.

Dazwischen liegt das betriebs- und artikelspezifische Optimum, das sich an den minimalen Kosten einer Beschaffung je Stück orientieren muss. Bild 7.22 verdeutlicht den Grundgedanken der *wirtschaftlichen Beschaffungsmenge*, der gleichermaßen für zugekaufte wie für selbst gefertigte Artikel gilt. Jede Beschaffung verursacht einmalige Kosten, die sich mit steigender Beschaffungsmenge immer weniger auf die Stückkosten auswirken. Die beschaffte Artikelmenge verursacht aber Zinskosten für das während der Lagerungszeit gebundene Kapital sowie Kosten für die Lagerhaltung des Artikels. Diese Kosten steigen proportional mit der Menge an, weil – konstanten Verbrauch vorausgesetzt – z. B. die doppelte Menge doppelt so lange lagert und damit doppelte Lagerkosten je Stück verursacht. Die wirtschaftliche Beschaffungsmenge ist diejenige, bei der die Summe beider Kosten minimal ist. Eine genauere Betrachtung erfolgt in Abschnitt 7.3.13 (Auftragserzeugung).

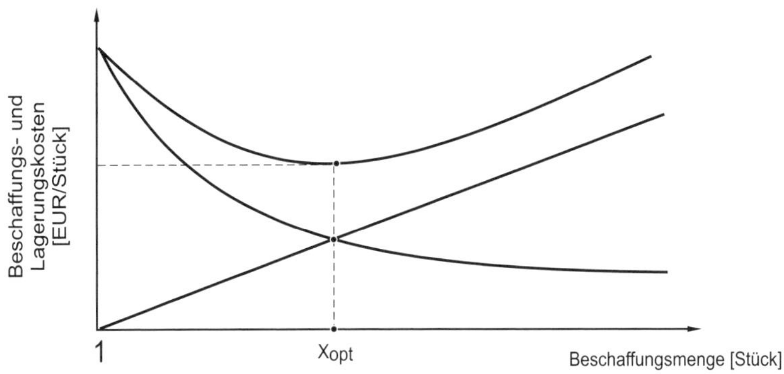

© IFA D4151

Bild 7.22 Ermittlung der optimalen Beschaffungsmenge (REFA)

Neben der Bestellmenge spielt auch der *Bestellzeitpunkt* eine wichtige Rolle bei der Steuerung der Lagerhaltung. Wird der Bedarf aufgrund einer Stücklistenauflösung, also deterministisch bestimmt, ergibt sich aus dem geforderten Endtermin des Primärbedarfs und der Vorlaufverschiebung des Sekundärbedarfs auch der Bedarfsverlauf für jede Materialdisposition auf der untersten Auflösungsstufe. Entsteht der Bedarf jedoch stochastisch, ist eines der folgenden Verfahren für die Auslösung einer Bestellung anzuwenden.

- *Bestellpunktverfahren:* Sobald der Lagerbestand den Meldebestand (Bestellpunkt) unterschritten hat, wird eine neue Bestellung zur Auffüllung des Lagers auf ein vorgegebenes Niveau ausgelöst. Für geringwertige Artikel, wie z. B. Befestigungsmaterial, erfolgt die Nachlieferung der Behälter an den Verbrauchsort teilweise direkt durch den Lieferanten.
- *Bestellrhythmusverfahren:* Zu fest vorgegebenen Bestellzeitpunkten wird der Bedarf für einen definierten Zeitraum geordert.
- *Bestellmengenverfahren:* zu vorgegebenen Zeitpunkten werden die Mengen bestellt, die zur Auffüllung des Lagers auf ein vorgegebenes Lagerniveau erforderlich sind.

7.3.6 Beschaffungsdurchführung

Die Beschaffungsdurchführung hat die Aufgabe, den Materialbedarf entweder durch externe Beschaffung (Einkauf) oder interne Beschaffung (Eigenfertigung) zu decken. Die Bestellung selbst kann durch verschiedene Vorgänge ausgelöst werden. Bei der *bedarfsbezogenen Bestellauslösung* wird das Material aufgrund einer deterministischen Bedarfsrechnung angefordert. Die *terminbezogene Bestellauslösung* erfolgt demgegenüber zu einem nach statistischen Überlegungen vorbestimmten Zeitpunkt aufgrund eines vorhersehbaren Verbrauchs. Schließlich erfolgt die *bestandsbezogene Bestellauslösung* aufgrund der Daten der Bestandsführung, welche den Meldebestand erreichen. (s. a. auch Bild 7.13).

Nach Vorliegen eines Bestellvorschlags lassen sich die drei Phasen *Beschaffungsanbahnung, Beschaffungsabschluss* und *Beschaffungsabwicklung* unterscheiden [Har02]. Je nachdem, ob es sich um Neuteile oder laufend zu beschaffende Materialartikel handelt, werden alle Phasen oder nur die letzte Phase durchlaufen.

Es erfolgt eine Anfrage mit Angabe des gewünschten Artikels und der erforderlichen Menge sowie des Liefertermins. Bei wichtigen Artikeln sind Probelieferungen und eine Beurteilung (Auditierung) der Lieferantenbetriebe üblich. Teilweise erfolgt sogar eine Zertifizierung durch den Kunden, bevor ein Liefervertrag geschlossen wird. Die eingehenden Angebote sind häufig nicht direkt vergleichbar und müssen daher – manchmal unter Beteiligung der Konstruktion – vergleichbar gemacht werden, z. B. durch Mengen- oder Terminumrechnungen, Abgleich der Zahlungsbedingungen usw. Wesentlich ist vor allem die technische Gleichwertigkeit. In größeren Unternehmen erhält der Lieferant hierzu Spezifikationen, die unter Mitwirkung der Qualitätsplanung erstellt wurden und sowohl die Vergleichbarkeit der Angebote sicherstellen als auch Grundlage der Wareneingangsprüfung sind. Den Abschluss der Beschaffungsanbahnung bildet ein Vergleich sämtlicher Angebote mit dem begründeten Vorschlag über den auszuwählenden Lieferanten.

Im anschließenden *Beschaffungsabschluss* erfolgt die Bestellerteilung, der bei größeren Abschlüssen eine Vergabeverhandlung vorausgeht. Bei längeren Lieferbeziehungen sind die bereits erwähnten Rahmenverträge üblich.

Die *Beschaffungsabwicklung* löst zunächst die im Zuge der Terminüberwachung gegebenenfalls notwendigen Mahnungen aus. Bei wichtigen Artikeln können Zwischenmeldungen oder Fortschrittskontrollen beim Lieferanten vereinbart werden. Nach Freigabe der eingegangenen Lieferung durch die Qualitätsprüfung wird der Artikel dem Lager oder direkt dem Verbrauchsort zugeführt und bewirkt die beschriebene Bestandsveränderung. Zur Beschaffungsabwicklung zählt auch die Rechnungsprüfung. Die freigegebene Rechnung geht – heute überwiegend elektronisch – mit Bestellkopie und Lieferschein zur Buchhaltung, welche die Bezahlung veranlasst und die Kostenträgerbelastung sicherstellt.

Bei der Wahl des *Lieferzeitpunktes* ist ein möglichst gleichmäßiger Wareneingang anzustreben, um Überlastungen und Wartezeiten im Wareneingang zu vermeiden. Dies geschieht z. B. durch Vorgabe bestimmter Wochentage und Tageszeiten (so genanntes Zeitfenster) als Liefertermine für die verschiedenen Materialarten.

Zur Verringerung der Anzahl von Beschaffungsvorgängen und -positionen praktiziert insbesondere die Automobilindustrie seit Beginn der 1990er-Jahre vermehrt die Anlieferung einbaufertiger Module und Subsysteme durch so genannte *Systemlieferanten*. Innerbetrieblich sind Modulbaukästen und Plattformkonzepte gängige Methoden zur Verringerung der Teilevielfalt.

7.3.7 Lagerplanung

Die Lagerplanung schließt sich logisch an die Beschaffungsplanung an. Es gilt, die zeitlich und räumlich richtige Lagerung der beschafften und produzierten Güter zu planen.

Der Industriebetrieb unterscheidet entsprechend dem Materialfluss die drei Lagerungsstufen Rohwarenlager, Fertigungslager und Absatzlager, die sich gemäß Bild 7.23 wie folgt beschreiben lassen [Har02]:

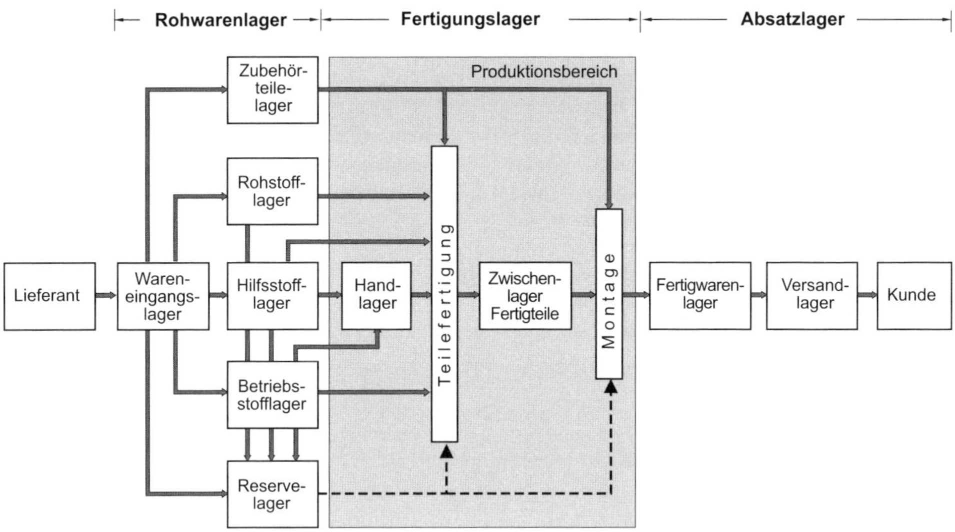

© IFA D4150A

Bild 7.23 Lagerungsstufen in einem Industriebetrieb (Hartmann)

Das *Rohwarenlager* (häufig Rohmateriallager genannt) umfasst neben dem Wareneingang die Lagerung sämtlicher Rohmaterialien, wie Metalle, Profile, Rohre, Verpackungsmaterial usw., sowie der Hilfs- und Betriebsstoffe.

Fertigungslager nehmen hauptsächlich fertige Teile und angearbeitete Teile auf. Zu dieser Stufe zählen auch solche Lager, die als Teil des Fertigungsprozesses selbst anzusehen sind und eine qualitative Veränderung der Güter durch das Lagern bewirken sollen. Ein Beispiel dafür sind Trocknungsprozesse nach Oberflächenbehandlungen.

Absatzlager enthalten Fertigerzeugnisse und verkäufliche Halbfabrikate, wie z. B. Ersatzteile, und Handelswaren. Diese Lager dienen auch zum Auffangen von Schwankungen zwischen der Produktion und dem Absatz.

Die *Planung der Lager* lässt sich anhand ihrer Funktionen diskutieren. Während das Überwachen der Lagerbestände, die Bestandsergänzung und die Materialbuchhaltung kaufmännisch-organisatorische Planungsaufgaben darstellen, sind die Planung der Lagerorte und -räume sowie die zugehörige Transportmittelplanung als technisch-organisatorische Planungsaufgaben anzusehen, die üblicherweise im Rahmen der Fabrikplanung abzuwickeln sind.

In diesem Abschnitt liegt der Betrachtungsschwerpunkt jedoch auf der Gestaltung der *Lagerorganisation*, die sich zweckmäßig am Materialfluss durch das Unternehmen orientiert. Dabei sind entsprechend Bild 7.24 die Planungsbereiche Einlagern, Bereitstellen, Verwalten und Kontrolle zu unterscheiden.

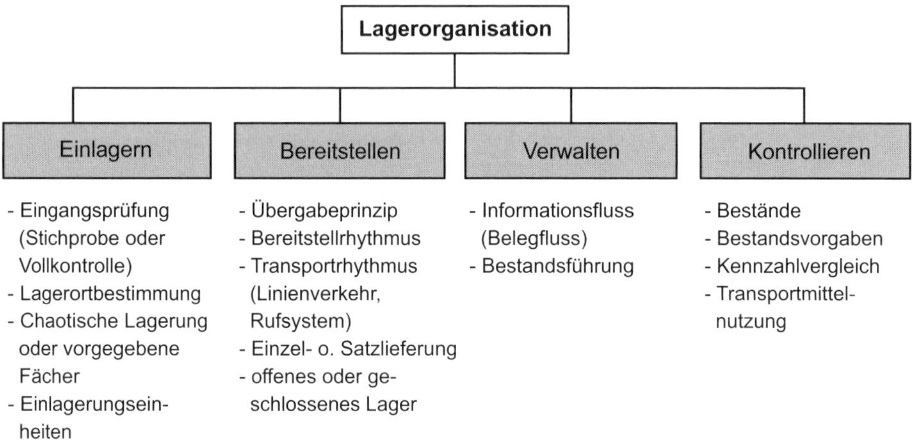

© IFA D4157

Bild 7.24 Gestaltungsaspekte bei der Lagerorganisation

Vor dem eigentlichen Einlagern ist zunächst eine *Qualitätsprüfung* im Wareneingang notwendig. Diese Prüfung ist für die verschiedenen Materialien und die verschiedenen Lieferanten unterschiedlich. Genormtes Material, wie z. B. Schrauben, Muttern, Bleche, Stahlprofile usw., kann im Normalfall ohne eine Qualitätsprüfung eingelagert werden. Dieses Material unterliegt dann nur der Identitäts- und Quantitätsprüfung. Demgegenüber erfordern technisch hochwertige Erzeugnisse, wie z. B. gedruckte elektronische Schaltungen, eingehende Qualitätsprüfungen. Die Art der Prüfung (z. B. Stichprobe oder Vollprüfung), der Prüfungsrhythmus und die Zuordnung der Materialien zu den Prüfverfahren sind betriebsindividuell auszugestalten. Einzelheiten hierzu werden in Kapitel 8 (Qualitätsmanagement) noch erläutert. Vielfach versucht man, diese Prüfungen bereits beim Lieferanten sicherzustellen.

Nach der Materialannahme und -prüfung ist der *Lagerort* zu bestimmen. Hier ist zu klären, ob das Material in fest vorgegebene Lagerplätze oder nach dem Prinzip der chaotischen Lagerung eingelagert werden soll. Bei der *chaotischen Lagerung* besteht keine feste Zuordnung von Artikel und Lagerplatz. Erst bei der Einlagerung prüft eine Software die Häufigkeit des Artikelzugriffs und weist entsprechend nahe gelegene oder weiter entfernte Lagerplätze zu.

Weiterhin ist beim Lagern die Größe der Lagereinheit von Bedeutung. Als Gestaltungsprinzip sollte gelten: Verpackungseinheit gleich Lagereinheit gleich Transporteinheit gleich Fertigungseinheit. Damit werden unnötige Handhabungsvorgänge vermieden und die Anzahl der verschiedenen Transporthilfsmittel reduziert.

Die *Bereitstellung* des Materials kann nach dem Hol- oder dem Bringprinzip erfolgen. Beim Holprinzip liegt die Verantwortung für die rechtzeitige Verfügbarkeit beim Verbraucher. Beim Bringprinzip liegt die Verantwortung entweder beim Vorgänger oder einer einem internen oder externen Dienstleister.

Der Bereitstellrhythmus und der Transportrhythmus müssen so gewählt werden, dass eine gleichmäßige Auslastung der Transportkapazität gewährleistet ist, die Fertigungsbestände und die dafür erforderlichen Flächen nicht zu groß werden und keine Stockungen im Materialfluss auftreten.

In die Entscheidungen für ein offenes oder ein geschlossenes Lager gehen z. B. Überlegungen zur Schwundgefahr – damit verbunden ist die Genauigkeit der Bestandsführung – und der Materialverantwortung ein.

Bei der *Materialverwaltung* müssen z. B. der Informationsfluss (Belegfluss) und die Bestandsführung geplant werden. Dazu gehören sowohl die Gestaltung der Informationsträger als auch die Wahl des Informationsweges und der Informationsempfänger. Die Planung der Bestandsführung betrifft z. B. die Lagerzugangsbuchung (vor oder nach der Qualitätsprüfung), die Buchung von Rücklieferungen aus dem Fertigungsbereich und die Buchung von Materialien, die auswärts gefertigt werden.

Für die *Kontrolle* sind Hilfsmittel und Methoden zu planen, die einen kontinuierlichen und sicheren Lagerbetrieb gewährleisten. Kontrollen sind z. B. notwendig für Bestände und die Bestandsvorgaben für Maximal- und Minimalwerte, für Kennzahlenvergleiche, z. B. Umschlagshäufigkeit, und die Transportmittelnutzung.

7.3.8 Lagerbetrieb

Die Materialannahme und Identitätsprüfung findet im Wareneingang statt, der die Aufgabe hat, das angelieferte Material zu prüfen und weiterzuleiten sowie die interessierten Stellen über den erfolgten Materialeingang zu informieren. Grundsätzlich ist ein zentraler Wareneingang anzustreben. Lässt er sich wegen der Werksgröße nicht realisieren, ist zumindest eine zentrale Informationsverarbeitung zu gewährleisten.

Die einzelnen Bearbeitungsschritte im Wareneingang nach Eintreffen einer Lieferung zeigt Bild 7.25. Die *Warenannahme* schließt das Entladen und eine Identitätsprüfung anhand der Begleitpapiere, wie Lieferschein und Frachtbrief, ein. Es erfolgt eine erste Nachricht an den Einkauf, die Materialdisposition und die Fertigung oder Montage (Wareneingangs-Meldung). In der anschließenden Mengenprüfung stellt der Wareneingang die gelieferte Menge fest und vergleicht sie mit der bestellten und in den Begleitpapieren angegebenen Menge. Erst dann erfolgt – soweit nicht anders vereinbart – die Materialprüfung als Qualitätsprüfung anhand von Prüfvorschriften. Nach Bestätigung der Einlagerung steht das Material der Fertigung, Montage oder dem Vertrieb zur weiteren Verwendung zur Verfügung.

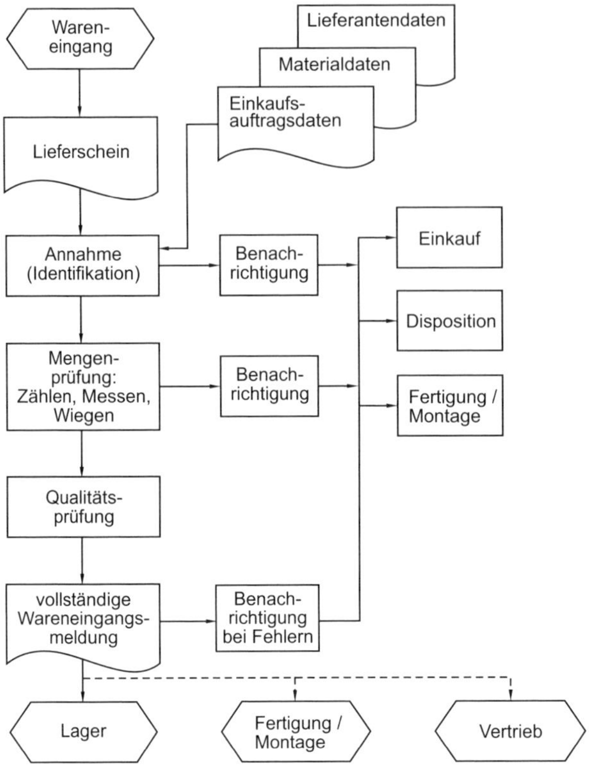

Bild 7.25 Funktionsablauf im Wareneingang (Hartmann)

© IFA D4166

Die *Materialeinlagerung* erfolgt entsprechend der Art des Lagergutes in Freilagern oder in den verschiedenen Formen der geschlossenen Lagerung, wie Blocklager, Flachregallager, Hochregallager usw.

Die *Materialausgabe* kann nach dem Holprinzip organisiert sein, das bei kurzen Wegen und geringen Wartezeiten vorzugsweise in Klein- und Mittelbetrieben anzutreffen ist. In Großunternehmen findet man demgegenüber fast ausschließlich das Bringprinzip, bei dem die Materialbereitstellung durch die Fertigungssteuerung geplant und über die innerbetriebliche Logistik realisiert wird. In Sonderfällen übernimmt ein Logistikdienstleister diese Aufgabe.

7.3.9 Entsorgungsplanung

Die Entsorgung rückt durch das allgemein gestiegene Umweltbewusstsein stärker in den Vordergrund einer geregelten Vorgehensweise. *Entsorgungsgüter* entstehen im Rahmen eines Produktionsprozesses, sind aber als Produkte nicht gewollt. Für sie besteht aufgrund gesetzlicher Auflagen oder betrieblicher Interessen ein Bedürfnis zur Entsorgung. Als Entsorgung wird die Vernichtung, Umwandlung, Endlagerung oder Abgabe des Entsorgungsgutes an Dritte verstanden [Fra84].

Eine Entsorgungsplanung darf also nicht erst beginnen, wenn ein Entsorgungsgut anfällt, sondern muss dessen Anfall möglichst vermeiden. Die wesentlichen Formen der Entsorgung sind die *Vermeidung* von Abfallstoffen durch Änderung der Herstellprozesse, die *Umwandlung* des Entsorgungsgutes zur Weiternutzung, die *Vernichtung (Verbrennung)* sowie die *Einlagerung* und *Abgabe an Dritte*. Besonders zu beachten sind in diesem Zusammenhang zahlreiche gesetzliche Bestimmungen des Abfallbeseitigungsgesetzes, der Abfallbeförderungsverordnung, des Bundesimmissionsschutzgesetzes und des Wasserhaushaltsgesetzes (s. auch Abschnitt 2.6.1: Vorschriften zur Einrichtung und zum Betrieb gewerblicher Arbeitsstätten).

7.3.10 Entsorgungsdurchführung

Aufgabe der Entsorgungsdurchführung ist es, den Entsorgungsbedarf nach Art, Menge, Zeit und Ort zu bestimmen und die eigentlichen Entsorgungsaktivitäten anzustoßen. Voraussetzung hierzu ist die Kenntnis der Materialflüsse und ihrer mengenmäßigen Zusammensetzung. Ausgangspunkt ist das Produktionsprogramm und der technologische Verfahrensablauf. Als konkrete Maßnahmen sind zu steuern [Fra84]:

- Sammeln der Entsorgungsgüter am Ort der Entstehung;
- Trennen der verschiedenen Entsorgungsgüter nach Aspekten der Weiterbehandlung;
- Verdichten und Verpacken zum Zweck des Transportes;
- Transport zwischen Entstehungsort, Lager, Bearbeitungsort und Abnahmeort innerhalb und außerhalb des Betriebes;
- Aufbereitung der Entsorgungsgüter;
- Lagern in Zwischen- und Endlagern;
- Sichern der Entsorgungsgüter gegen Umwelteinflüsse sowie Sichern der Umwelt vor Belastung.

Wie in den Ausführungen zum Umweltrecht in Abschnitt 2.6.2 ausgeführt, unterliegt die Entsorgung strengen Bestimmungen, die einen legeren Umgang mit dem Thema nicht mehr zulassen.

7.3.11 Bestandsplanung

Zur Dimensionierung der Bestände ist ein einfaches Lagermodell hilfreich. Hierzu haben sich allgemein übliche Begriffe und Kennzahlen herausgebildet, die sich anhand von Bild 7.26 erläutern lassen.

Die bekannteste Lagerkennzahl ist der *Durchschnittsbestand*. Sie wird in der Weise ermittelt, dass zu bestimmten Zeitpunkten (z. B. am Monatsende) der jeweilige Lagerbestand erfasst und aus den Einzelwerten der arithmetische Mittelwert (z. B. eines Jahres) errechnet wird.

Soll für eine Materialposition stets ein Mindestbestand vorhanden sein, auf den notfalls zurückgegriffen werden kann (z. B. bei ungeplanten Entnahmen oder verspäteten Liefe-

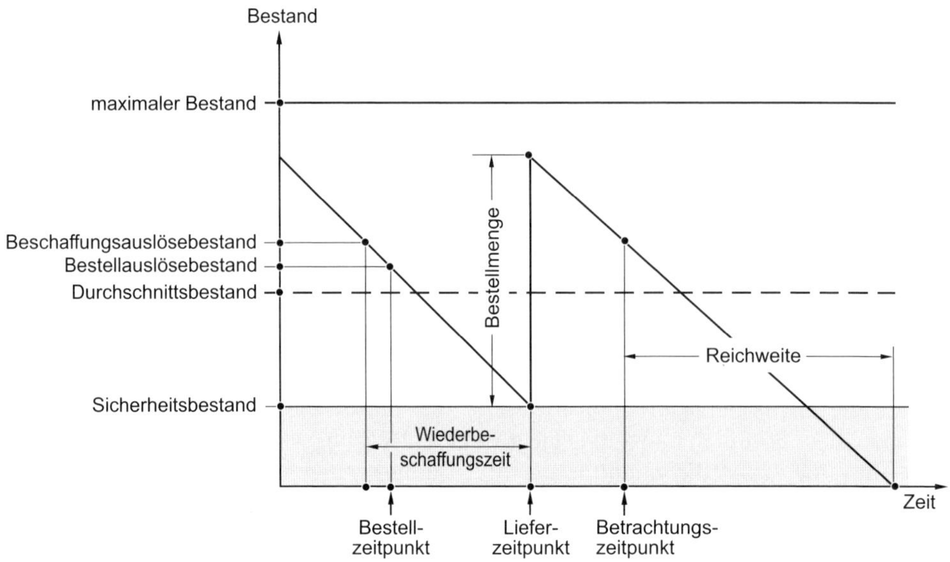

© IFA D4147

Bild 7.26 Lagerkennzahlen und -begriffe (REFA)

rungen), wird ein *Sicherheitsbestand* festgelegt. Er gleicht Unterschiede zwischen geplantem und tatsächlichem Materialzugang und -abgang aus.

Im idealen Lagermodell gilt:

mittlerer Lagerbestand = Sicherheitsbestand + Beschaffungslosgröße/2. (Gl. 7.1)

Die wichtigsten Abweichungsursachen vom Idealverlauf, die durch den Sicherheitsbestand berücksichtigt werden, sind:

- Bestandsabweichungen,
- Verbrauchsabweichungen,
- Lieferterminabweichungen,
- Liefermengenabweichungen und
- Qualitätsprobleme der Lieferanten.

Auf dem Sicherheitsbestand baut der *Beschaffungsauslösebestand* auf, auch *Meldebestand* genannt. Er ist so groß wie der geschätzte Verbrauch während der Wiederbeschaffungszeit zuzüglich des Sicherheitsbestands. Wird er bei einer Entnahme erreicht oder unterschritten, so muss sofort die Beschaffung veranlasst werden.

Unter der *Beschaffungs-* oder *Wiederbeschaffungszeit* (auch *Vorlaufzeit* genannt) versteht man die Zeitdauer von der Bedarfserkennung bis zur Verfügbarkeit des bestellten Materials im Lager. Sie besteht aus den Zeitabschnitten für die innerbetriebliche Bedarfserkennung, -erstellung und -meldung, die Bestellbearbeitung, die Wareneingangsprüfung und

Einlagerung sowie den außerbetrieblichen Zeiten für die Auftragsübermittlung, die eigentliche Fertigung, die Lieferung und den Transport. Durch Einsatz der Informations- und Kommunikationstechnik versucht man unnötige Liegezeiten zu vermeiden. Im Fall der Eigenfertigung entfallen die außerbetrieblichen Zeitanteile für die Auftragsübermittlung und den Transport vom Lieferanten zum Besteller. Je nach der Dauer der Vorbereitung der Beschaffung kann die Verwendung eines *Bestellauslösebestandes* sinnvoll sein. Aus Bild 7.26 kann man erkennen, dass damit der *Bestellzeitpunkt* ansprechbar ist.

Die größte Menge, die auf Lager gehalten werden kann oder darf, ist der *maximale Lagerbestand.* Er ergibt sich durch unternehmerische Entscheidungen, aus Vorgaben von maximalen Bestandswerten oder aus der vorhandenen Lagerkapazität.

Die *optimale* oder *wirtschaftliche Bestellmenge* ist diejenige Materialmenge, die unter Berücksichtigung aller Faktoren wie Lagerkosten, Bestellkosten, Kapitalbindung usw., die geringsten Gesamtkosten verursacht.

Die *Reichweite* gibt an, wie lange mit dem vorhandenen Material bei einem vorgegebenen oder erwarteten Verbrauch Teile verfügbar sind:

$$\text{Reichweite } R = \frac{\text{vorhandener Bestand}}{\text{voraussichtlicher Verbrauch}} \quad [\text{Tage}] \qquad (\text{Gl. 7.2})$$

Zusätzlich zu den in Bild 7.15 genannten Begriffen verwendet man noch folgende wichtige Kennzahlen für Perioden- und Betriebsvergleiche:

$$\text{Umschlaghäufigkeit } U = \frac{\text{Gesamtverbrauch einer Periode}}{\text{durchschnittlicher Bestand}} \quad [1/\text{Periode}] \qquad (\text{Gl. 7.3})$$

$$\text{Verweildauer } V = \frac{360 \text{ Tage}}{\text{Umschlaghäufigkeit}} \quad [\text{Tage}]$$

$$\text{Servicegrad } S = \frac{\text{Anzahl sofort befriedigter Nachfragen je Zeiteinheit}}{\text{Gesamtzahl der Nachfragen je Zeiteinheit}} \cdot 100\,[\%] \qquad (\text{Gl. 7.4})$$

Die Hauptprobleme der Bestandsplanung liegen in der Wahl des „richtigen“ Servicegrades und Sicherheitsbestandes. Wird der Servicegrad zu hoch gewählt, entstehen große Vorräte bei hohem Verschrottungsrisiko und hohen Lagerkosten. Man muss allein für die Lagerung und die damit verbundene Kapitalbindung pro Jahr zwischen 15 und 25 % des Anschaffungswertes rechnen. Ist der Servicegrad dagegen zu niedrig, entstehen Fehlmengenkosten für Sonderaktionen wie Sondertransporte, Überstunden, Zusatzschichten und Verzugsstrafen. Die Aussagen gelten gleichermaßen für den Sicherheitsbestand. Die Zusammenhänge hierzu wurden ausführlich in Abschnitt 6.3.3 (Lagermodell) erläutert und Ansätze zur Bestimmung situationsgerechter Werte aufgezeigt.

7.3.12 Bestandsermittlung

Aufgabe der Bestandsermittlung ist es, den Lagerbestand an Material nach Art und Menge zu bestimmten, aktuellen und zukünftigen Terminen festzustellen. Hierzu sind die laufenden und geplanten Lagerbewegungen zu erfassen, und daraus ist auf die Lagerbestände zu schließen. Dies geschieht mit Hilfe von Lagerdaten, die in Bild 7.27 nach Stammdaten und Bewegungsdaten gegliedert sind [REF91].

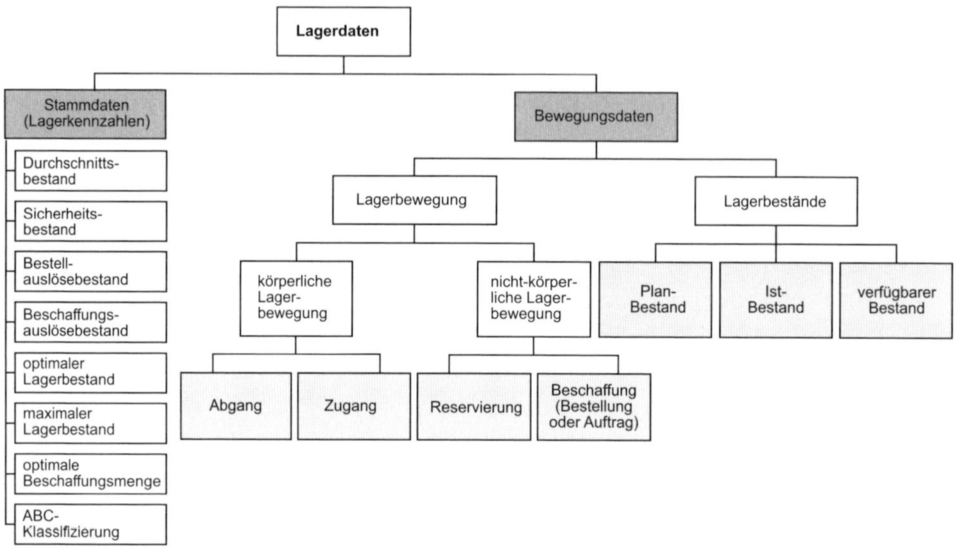

© IFA D4159

Bild 7.27 Lagerdaten (REFA)

Während die *Stammdaten* für jeden Artikel die längerfristig festgelegten wesentlichen Kenngrößen des bereits in Bild 7.26 erläuterten Lagermodells enthalten, beschreiben die *Bewegungsdaten* jede körperliche und nicht-körperliche Lagerbewegung und die daraus resultierenden Lagerbestände. Wichtig für die Lagerbestandsführung ist die Möglichkeit, auch zukünftige Zu- und Abgänge zu einem bestimmten Termin und nicht-körperliche Lagerbewegungen berücksichtigen zu können. Die Erfassung von Bestellungen ermöglicht es, die offenen Vorgänge zu verfolgen. Reservierungen ordnen einen Teil des Bestandes definierten Aufträgen zu. Der Lagerbestand tritt daher als Ist-Bestand (gegenwärtig körperlich vorhanden), als Plan-Bestand (Ist-Bestand plus geplante Zugänge minus geplante Abgänge) und als frei verfügbarer Bestand (Bestand minus Reservierungen) auf.

Die Bestandsermittlung erfolgt für jedes Material im Anschluss an die Bruttobedarfsermittlung. Bild 7.28 veranschaulicht das Vorgehen anhand eines Ablaufdiagramms [REF91]: Die Berechnung des Bruttobedarfs erfolgt nach der deterministischen und/oder stochastischen Bedarfsermittlungsmethode und unter Berücksichtigung des Zusatzbedarfs für Ersatzteile, Ausschuss usw. Für den Bruttobedarf sind also Artikel, Menge und Termin bekannt. Im ersten Schritt der Bestandsermittlung erfolgt daher die Prüfung der Verfügbarkeit dieses Materials zum gewünschten Termin anhand der Bestandsdaten. Ist die erforderliche Menge verfügbar, wird sie für den Auftrag reserviert. Reicht die verfügbare Lagermenge nicht aus, kann nur eine Teilmenge zum benötigten Termin reserviert und der Nettobedarf errechnet werden. Wurde der Meldebestand am Lager durch die Reservierung unterschritten, muss das Lager mit der optimalen Beschaffungsmenge wieder aufgefüllt werden. Zusammen mit dem eventuell erforderlichen Nettobedarf ergibt sich daraus die insgesamt zu beschaffende Menge dieses Artikels.

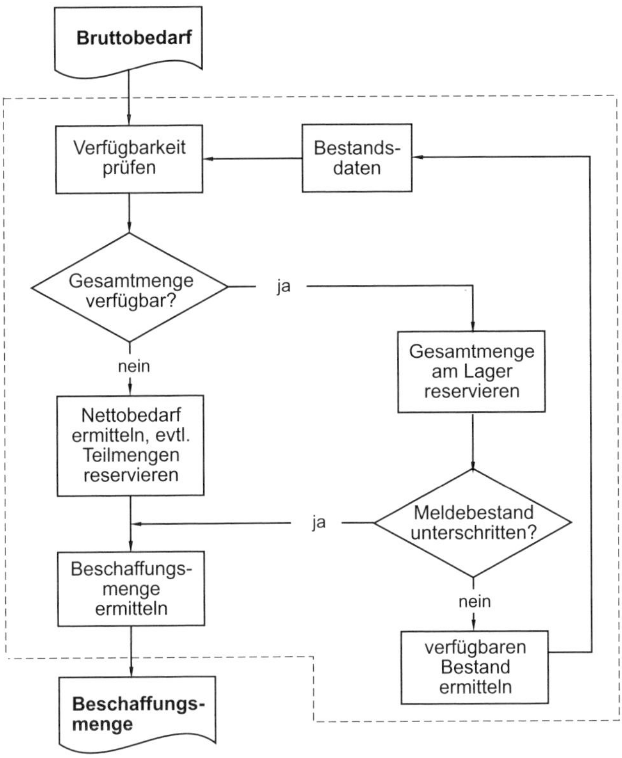

Bild 7.28 Vorgehen bei der Bestandsermittlung (REFA)

© IFA D4161

Die Bestandsermittlung erfolgt heute überwiegend im Online-Betrieb, d.h. nach jeder Lagerbewegung. Bild 7.29 zeigt als Beispiel die typischen Daten, die für jeden Artikel zur Erfassung der Lagerbewegungen erforderlich sind. Man erkennt die Stammdaten im oberen Bildteil, die entsprechend der Bedeutung des Artikels zu pflegen sind. Im unteren Bildteil stehen die Bewegungsdaten. Für jede körperliche und nicht-körperliche Bewegung erfolgt ein Eintrag mit laufender Nummer und Datum. Als Ergebnis dieser Bewegung erhält man den Ist-Bestand, den verfügbaren Bestand und den Plan-Bestand, die ebenfalls in der Datei erscheinen.

Die Bestandsermittlung ist eine im Prinzip einfache Rechnung. Die in der Praxis auftretenden Probleme liegen daher nicht im rechentechnischen Teil, sondern in der zuverlässigen Erfassung der großen Anzahl körperlicher Zu- und Abgänge.

Lagerkarte für Sachnummer XYZ			Benennung		Material	Zeichngs-Nr. Modell-Nr.	Lagerkonto	Lagerart
Jahr	Bestellmenge in Stck./kg/m	wirtschaftl. Losgröße in Stck./kg/m	Bestellauslöse-bestand in Stck./kg/m	Beschaf-fungszeit in Wochen	Sicherheits-zeit in Tagen	Bedarf (ge-schätzt) in Stck./kg/m	Bedarf (effektiv) in Stck./kg/m	Preis in EUR
00								
01								
02								
03								
...								

Lfd. Nr.	Auftrags-Nr. Bestell-Nr. Beleg-Nr.	Datum	Reservierungen		Beschaffungen		Lagerbewegungen		Bestand		
			Menge	Termin	Menge	Termin	Menge	Termin	Ist-Bestand	Verfügb. Bestand	Plan-Bestand

© IFA D4117

Bild 7.29 Beispiel für Lagerartikeldaten (REFA)

7.3.13 Auftragserzeugung

Den letzten Schritt der Materialplanung bildet die Auftragserzeugung. Sie wird auch als Disposition bezeichnet, vgl. Bild 7.4. Die grundsätzlichen Überlegungen hierzu gelten gleichermaßen für zugekaufte wie für selbst gefertigte Teile. Im ersten Fall spricht man von der optimalen Bestellmenge, im zweiten Fall von der wirtschaftlichen Losgröße [Gro78].

Bild 7.30 gliedert die Kostenarten zur Bestimmung der optimalen Beschaffungsmenge nach den Beschaffungs- und den Lagerungskosten [REF91]. Da es sich um einen Kostenvergleich zwischen verschiedenen Mengen handelt, sind die konstanten Beschaffungskosten für den Artikel selbst im Vergleich nicht enthalten.

Bei den Beschaffungskosten werden die beiden Fälle des Fremdbezuges und der Eigenfertigung unterschieden. Bei *Fremdbezug* entstehen zunächst Bestellkosten, die weitgehend bestellmengenunabhängig sind, sowie die Transport-, Versicherungs- und Verpackungskosten. Rabatte, Boni und Skonti wirken bei großen Bestellmengen Kosten mindernd je Stück; Zusatzkosten können demgegenüber eine Bestellung belasten. Bei der *Eigenfertigung* entsprechen den Bestellkosten die Auftragsbearbeitungskosten, die durch Erstellung der Auftragspapiere mit den vorangehenden Planungsarbeiten entstehen.

Besondere Bedeutung kommt bei der Eigenfertigung den Rüstkosten zu, die sich aus den Lohnkosten für den Einrichter oder Maschinenarbeiter, den Kosten für die Belegung des Arbeitsplatzes während des Rüstens sowie den Kosten für Probeteile zusammensetzen. Da ein Werkstück meist über mehrere Arbeitsplätze läuft, ist hier die Summe der Rüstkosten an diesen Arbeitsplätzen einzusetzen. Schließlich sind auch bei Eigenfertigung Zusatzkosten bei ungünstigen Fertigungsmengen zu erwarten.

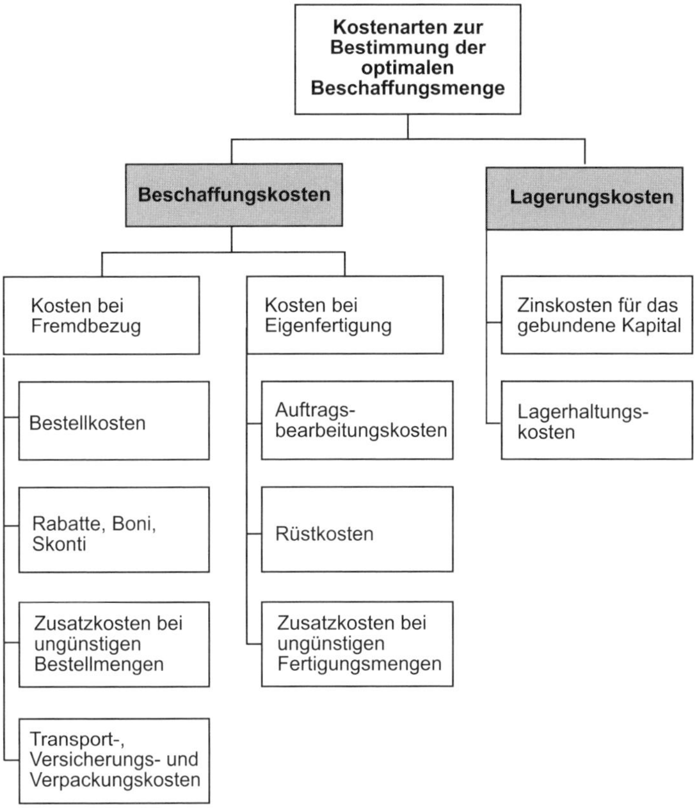

© IFA D4158

Bild 7.30 Kosten, die die optimale Beschaffungsmenge beeinflussen (REFA)

Den Beschaffungskosten, die wegen ihres weitgehend mengenunabhängigen Charakters möglichst große Bestellmengen nahe legen, stehen die Lagerkosten gegenüber, die entsprechend ihren Bestandteilen „Zinskosten für das gebundene Kapital“ und „Lagerhaltungskosten“ praktisch linear mit der Beschaffungsmenge wachsen und demnach zu möglichst kleinen Bestellmengen führen (vgl. auch Bild 7.22).

Dann ist diejenige Beschaffungsmenge wirtschaftlich optimal, bei der die Summe beider Kostenblöcke in einer Periode ein Minimum wird. Damit ergibt sich folgende Rechnung bei Fremdbezug:

Bestellkosten:

$$K_{\mathrm{bges}} = \frac{x_{\mathrm{ges}}}{x} \cdot K_{\mathrm{b}} \qquad \text{(Gl. 7.5)}$$

Lagerungskosten:

$$K_{\mathrm{L}} = \frac{x}{2} \cdot K_{\mathrm{F}} \cdot i_{\mathrm{L}} \quad \text{(konstanter Lagerabgang vorausgesetzt)} \qquad \text{(Gl. 7.6)}$$

Dabei bedeuten:

x_{ges} = Bedarfsmenge pro Periode

x = Bestellmenge

K_b = Bestellkosten für eine Bestellung

K_F = Kosten pro Mengeneinheit bei Fremdbezug

i_L = Zinssatz für Lagerung, bestehend aus Zinssatz für Kapitalbindung plus Zinssatz für Lagerhaltung

Dann sind die bestellmengenabhängigen Gesamtkosten einer Bestellung

$$K = \frac{x_{ges}}{x} \cdot K_b + \frac{x}{2} \cdot K_F \cdot i_L \qquad \text{(Gl. 7.7)}$$

Um K zu minimieren, differenziert man nach x und setzt die Gleichung zu Null. Dann ergibt sich die optimale Bestellmenge für *Fremdbezug* zu:

$$x_{opt} = \sqrt{\frac{x_{ges} \cdot K_b \cdot 2}{K_F \cdot i_L}} \qquad \text{(Gl. 7.8)}$$

Setzt man statt der Bestellkosten die Rüstkosten K_R und statt der Kosten je Mengeneinheit die Herstellkosten ohne Rüstkosten K_h ein, so ergibt sich in analoger Weise die wirtschaftliche Losgröße für *Eigenfertigung* zu:

$$x_{opt} = \sqrt{\frac{x_{ges} \cdot K_R \cdot 2}{K_h \cdot i_L}} \qquad \text{(Gl. 7.9)}$$

Diese von F. W. Harris 1913 in den USA [Harr13] und von Andler 1929 in Deutschland [And29] entwickelte Überlegung wird auch heute noch in der Industrie unter der Bezeichnung *Andlersche Losgrößenformel* weitgehend verwendet, vorzugsweise bei verbrauchsgesteuertem Material. Diese Losgrößenformel ist jedoch an einige Voraussetzungen geknüpft, welche die Anwendungsgrenzen des Modells offen legen:

1. Der Stückpreis ist unabhängig von der Beschaffungsmenge.
2. Der Bedarf ist bekannt und konstant.
3. Fehlmengen sind nicht zugelassen.
4. Die zeitliche Verteilung der Lagerabgänge ist stetig.
5. Die Lieferzeit ist praktisch null.
6. Mindestbestellungen sind nicht vorgesehen.
7. Die Bestellung eines Materials kann unabhängig von anderen Materialien erfolgen.
8. Die Kosten für die Lagerung und die Bestellungen lassen sich hinreichend genau ermitteln.

Man hat sich daher frühzeitig bemüht, das Losgrößenmodell über die vorgenannten Grenzen hinaus für den Fall determinierter Anlieferungspunkte und Positionen bezüglich Lagermöglichkeiten und Finanzbedarf zu modifizieren [Gro78]. Besonders bekannt geworden ist in diesem Zusammenhang die *gleitende wirtschaftliche Beschaffungsmengen-Ermittlung*, auch *dynamische Losgrößenformel* genannt. Sie lässt schwankende Periodenbedarfswerte zu und wird vorzugsweise bei der bedarfsgesteuerten Disposition verwendet. Ein weiteres Verfahren ist das *Kostenausgleichsverfahren*, auch *Cost-Balancing-Concept* genannt, welches prüft, ob es wirtschaftlich ist, bei der Erstbestellung einer Periode den Bedarf weiterer Perioden mit zu bestellen.

Bei der Anwendung dieser Modelle ist immer zu beachten, dass die Gesamtkostenkurve im Bereich des Minimums einen sehr flachen Verlauf hat und damit Abweichungen von der optimalen Beschaffungsmenge nur verhältnismäßig geringe Kostensteigerungen zur Folge haben.

Ein wesentlicher Kritikpunkt an allen bisher angesprochenen Verfahren liegt aber in der Tatsache begründet, dass bei der Eigenfertigung der Einfluss der Losgröße auf das Durchlaufzeitverhalten des Loses überhaupt nicht betrachtet wird. Bezieht man auch die Kapitalbindung während der Fertigung in die Losgrößenberechnung mit ein, ergeben sich gleichmäßigere Verteilungen der Losauftragszeiten. P. Nyhuis hat daraus die durchlauforientierte Losgrößenformel DOLOS entwickelt, die bei geringeren Gesamtkosten nachweislich zu niedrigen Umlaufbeständen und Durchlaufzeiten führt [Nyh91].

Weitere Untersuchungen haben gezeigt, dass die Einbeziehung von Kosten, die aus einer schlechten Termintreue, langen und stark streuenden Durchlaufzeiten, Eilaufträgen oder einer unzureichenden Flexibilität resultieren, die optimale Losgröße, verglichen mit dem Andlerschen Ansatz, noch weiter verringert, Bild 7.31. Generell ergeben sich gleichmäßigere Arbeitsinhalte, die kürzere Durchlaufzeiten und niedrigere Umlaufbestände zur Folge haben. Allerdings sind häufigere Umrüstungen erforderlich, die zu höheren Rüstzeiten führen. Als Faustformel kann gelten, dass die Losgröße bei Berücksichtigung sämtlicher logistikorientierten Kosten etwa ein Drittel der Andlerschen Losgröße beträgt [Bec13].

In der Praxis wird die Losgrößenformel daher vielfach lediglich als Richtwert betrachtet, von dem besonders im Interesse eines schnellen Teiledurchlaufs abgewichen werden kann. Die tatsächliche Bestellmenge hängt aber auch noch von weiteren, sehr praktischen Restriktionen, wie Lieferfähigkeit des Lieferanten oder der eigenen Werkstatt, Größe des Lagerraums, Lagerfähigkeit der Ware (z. B. bei Farben), sowie von der Liquidität des Unternehmens ab.

Erst nach Abschluss all dieser Überlegungen werden die Bestellvorschläge festgelegt, die nun zur weiteren Bearbeitung an die Fertigungssteuerung bzw. den Einkauf gehen.

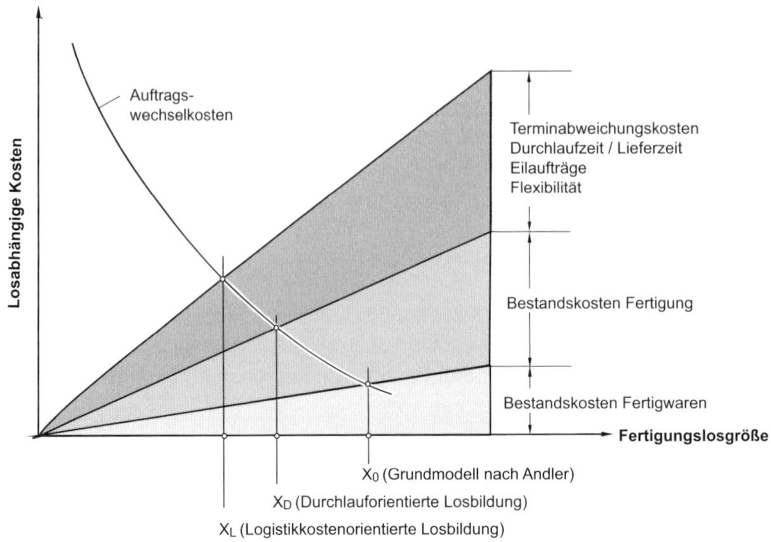

© IFA G1831NP

Bild 7.31 Wirtschaftlich optimale Losgrößen bei Berücksichtigung logistikrelevanter Kosten (P. Nyhuis)

7.3.14 Zusammenwirken der Teilfunktionen der Materialplanung

Die bisher einzeln erläuterten Funktionen der Materialplanung sollen nun in ihrem Zusammenwirken anhand eines Regelkreises betrachtet werden.

Bild 7.32 zeigt den Regelkreis der Materialsteuerung [Bra77]. Eingangsgrößen sind die Aufträge, definiert nach Art, Menge und Termin, welche entweder dem Produktionsprogramm der Grobterminplanung entstammen oder direkte Kundenaufträge darstellen. Notwendige Unterlagen sind Stücklisten, Materialdaten, Losgrößenparameter, wie Beschaffungs- und Rüstkosten, Lagerzinssätze usw., Beschaffungsfristen für Zukaufmaterial und die Vorlaufzeiten der Eigenfertigung. Bekannt sein müssen weiterhin die Ist-Lagerbestände für Eigen- und Fremdteile.

Die Bedarfsrechnung erfolgt nun je Periode Dispositionsstufe für Dispositionsstufe in den Schritten Bruttobedarfsrechnung, Nettobedarfsrechnung und Ermittlung der wirtschaftlichen Bestellmenge. Als Ergebnis stehen Bestellvorschläge für Eigenfertigung, Handelsware (Zukaufteile und -gruppen) sowie Rohmaterial zur Verfügung. Die Eigenfertigungsaufträge werden der Fertigungssteuerung übergeben, die Fremdaufträge dem Einkauf. Durch die geschilderten Rückmeldungen über Bestellungen und körperliche Lagerbewegungen schließt sich der Regelkreis über die Bestandsführung. Störungen bei der Durchführung gehen als Meldungen in das System ein und lösen entsprechende Aktionen aus.

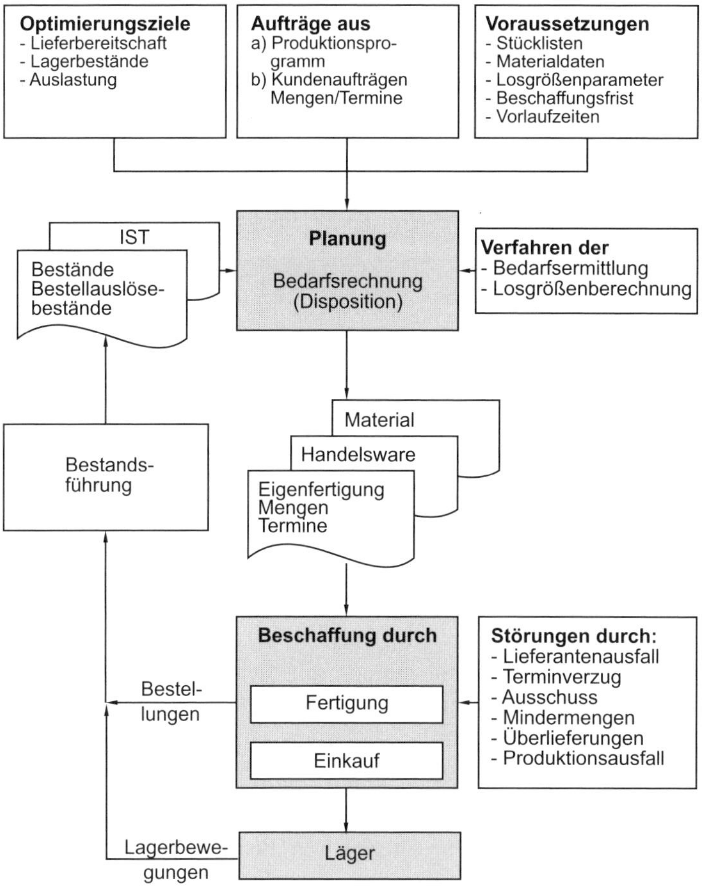

© IFA D4167

Bild 7.32 Regelkreis der Materialsteuerung (Brankamp)

■ 7.4 Termin- und Kapazitätsplanung

Nach Vorliegen der Fertigungsaufträge besteht die zentrale Aufgabe der Terminplanung und -steuerung darin, zu bestimmen, wann ein Auftrag bei vorgegebenem Endtermin gestartet werden muss und wann er an den einzelnen Arbeitsplätzen voraussichtlich ankommen wird. Bei dieser als *Durchlaufterminierung* bezeichneten Aufgabe geht man in zwei gedanklich getrennten Schritten vor. Zunächst erfolgt je Auftrag – ausgehend vom Plan-Endtermin – eine Rückwärtsterminierung der einzelnen Ablaufschritte, Bild 7.33. Idealerweise liegt der daraus errechnete Starttermin – gesehen vom Termin „heute“ – in der Zukunft. Dann ist ein Zeitpuffer verfügbar, innerhalb dessen die einzelnen Schritte verschoben werden können. Liegt der errechnete Starttermin in der Vergangenheit, wird versucht, die Durchlaufzeiten durch Reduktion der Übergangszeiten zu verkürzen. Ist auch diese Maßnahme ausgeschöpft, muss der Endtermin verschoben werden. Die Vorwärts-

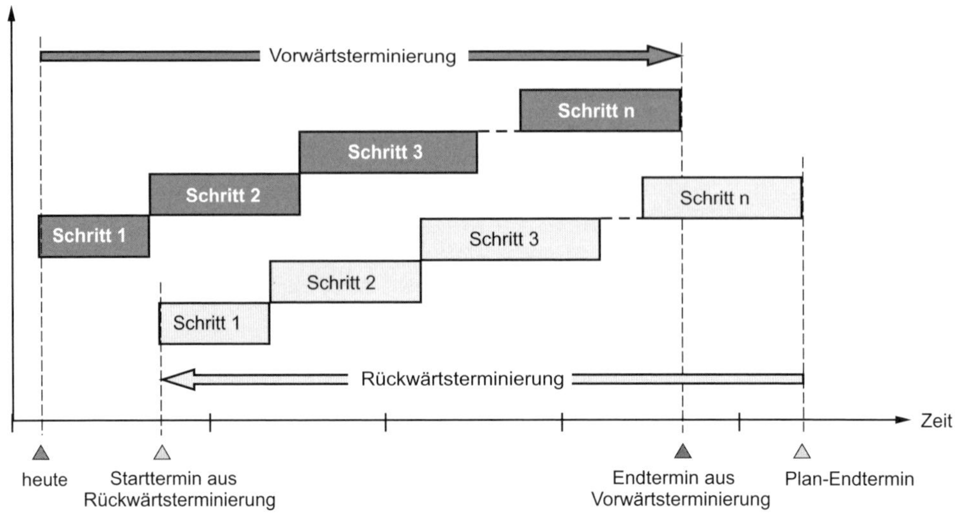

© IFA C1834

Bild 7.33 Terminbestimmung ohne Kapazitätsbetrachtung (Durchlaufterminierung)

terminierung ergibt den frühesten Endtermin. Auch hier ergibt sich idealerweise ein Zeitpuffer, der es erlaubt, einzelne Arbeitsgänge zu verschieben. Die Durchlaufterminierung prüft also insgesamt die terminliche Machbarkeit.

An die Durchlaufterminierung schließt sich dic *Belastungsrechnung* an, um die kapazitive Machbarkeit der Ausführung zu prüfen, Bild 7.34. Dabei teilt man zunächst die absehbare Zukunft - den so genannten Planungshorizont - in gleich große Zeitabschnitte ein: die *Planungsperioden*.

Aus der Durchlaufterminierung entnimmt man anschließend die Vorgabezeiten aus den Arbeitsplänen und Termine der einzelnen Aufträge und addiert sie periodenweise auf die Belastungskonten der jeweils angesprochenen Kapazitätseinheiten. So entsteht für jede Kapazitätseinheit der Bedarf als *Belastungsprofil*, dem das Kapazitätsangebot als *Kapazitätsprofil* gegenübersteht.

Ergeben sich über längere Zeit hinweg größere Differenzen zwischen Angebot und Bedarf, muss die Kapazität angepasst werden, z. B. durch Überstunden, Kurzarbeit, Mehrschichtarbeit oder Auswärtsvergabe. Kurzfristige Schwankungen versucht man demgegenüber durch zeitliches Verschieben einzelner Arbeitsgänge im Rahmen des vorher erwähnten Zeitpuffers auszugleichen, ohne den Endtermin des zugehörigen Auftrages zu gefährden. Die so ermittelte zeitliche Belegung der Kapazitäten heißt *Kapazitätsterminierung*.

Zwischen der Durchlaufterminierung und der Kapazitätsterminierung bestehen direkte Abhängigkeiten, die prinzipiell nur durch eine durchgängig simultane Planung umfassend berücksichtigt werden können. Da der Komplexitätsgrad einer simultanen Planung für zahlreiche mehrstufige Produkte mit vielen Teilen planungstechnisch beherrschbare Größenordnungen von ERP-Systemen übersteigt, ist in der Praxis überwiegend noch die im Folgenden beschriebene Sukzessivplanung üblich. Die bereits erwähnten APS-Systeme

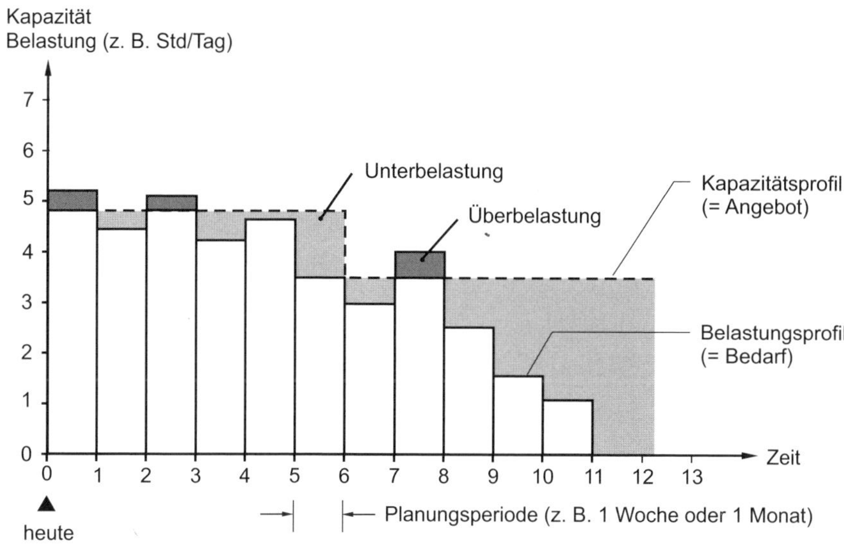

© IFA C1835

Bild 7.34 Prinzip der Belastungsrechnung

lösen diese Begrenzungen auf und etablieren sich vor allem bei komplexen Produktstrukturen der Einzelfertiger zunehmend als Zusatz-Software zu den ERP-Systemen.

7.4.1 Durchlaufterminierung

Für eine termingerechte Auftragsdurchführung ist die Annahme der Plan-Durchlaufzeit von zentraler Bedeutung; ihrer Pflege wird jedoch oft erstaunlich wenig Aufmerksamkeit gewidmet. In der betrieblichen Praxis werden unterschiedliche Terminierungsverfahren angewandt, Bild 7.35. Im einfachsten Fall wird die gesamte Auftragsdurchlaufzeit ZDA abgeschätzt oder auf der Basis von Vergangenheitswerten bestimmt (Fall a). Gegebenenfalls wird dabei nach Auftragsklassen differenziert. Reicht die Genauigkeit nicht aus oder sind zusätzlich die Endtermine auf der Arbeitsvorgangsebene erforderlich, so wird die Auftragsdurchlaufzeit als Summe der mittleren Arbeitsgangdurchlaufzeiten ZDL berechnet (Fall b). Etwas genauer ist die Addition eines Pauschalwertes zur Durchführungszeit (Fall c). Ungenauer ist Fall d.

Das genaueste Verfahren basiert auf der Ermittlung der Durchlaufzeiten als Summe der auftragsbezogenen Durchführungszeiten der Arbeitsvorgänge und der zugehörigen Übergangszeiten (Fall e). Die Übergangszeit wird dabei entweder in einer Übergangszeitmatrix dokumentiert, die statistisch ermittelt wird, oder arbeitsplatzbezogen auf Basis der Produktionskennlinie bestimmt [Nyh91], Bild 7.36.

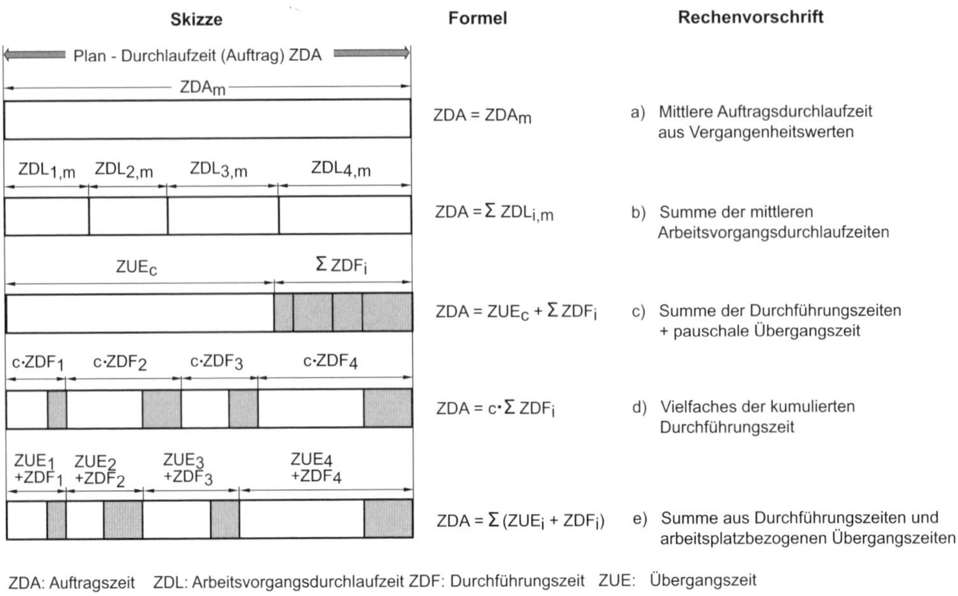

© IFA D1853Wd

Bild 7.35 Übersicht über Verfahren zur Ermittlung von Plandurchlaufzeiten

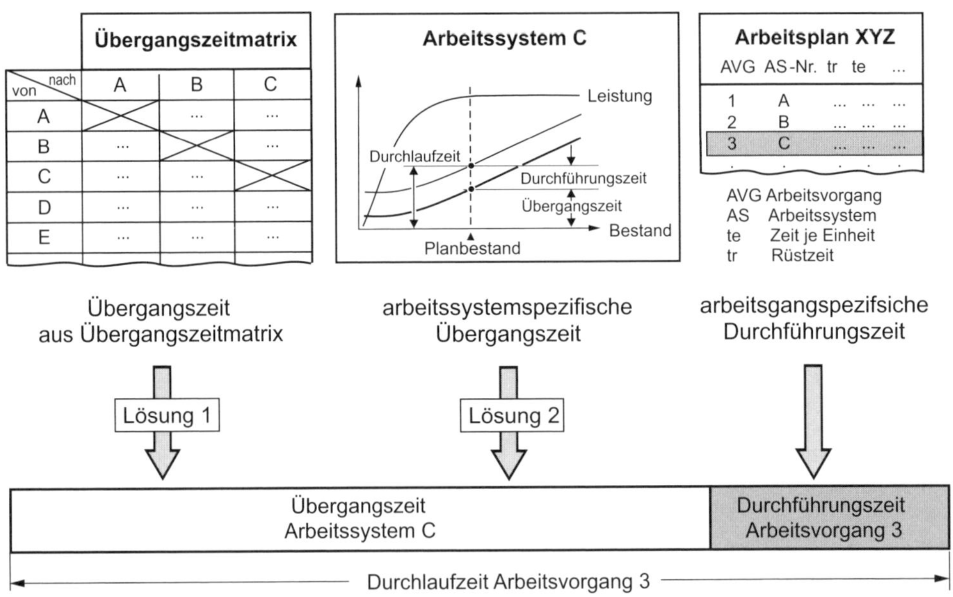

© IFA D4176B

Bild 7.36 Bestimmung der Arbeitsgang-Durchlaufzeit aus Durchführungszeit und Übergangszeit

Aus den Arbeitsplänen und den Losgrößen jedes Auftrags errechnet man zunächst je Arbeitsvorgang die *Auftragszeit* als Summe aus Rüstzeit plus Auftragsstückzahl mal Zeit je Einheit (vgl. Bild 6.12). Rüstzeit und Zeit je Einheit stehen im Arbeitsplan. Da die Auftragszeit in Vorgabestunden vorliegt, muss sie noch in die *Durchführungszeit* umgerechnet werden, indem sie durch die Tageskapazität dividiert wird. Die *Übergangszeit* wird nach Lösung 1 aus der Übergangszeitmatrix entnommen und gibt an, wie viele Stunden oder Tage es normalerweise dauert, um einen Auftrag von einem Arbeitssystem an einem anderen zur Verfügung zu stellen. In diesem Wert sind die vergleichsweise kurze Transportzeit und eine Wartezeit enthalten. Die Werte der Matrix entstammen statistischen Auswertungen. Bei Lösung 2 wird aufgrund eines Planbestandes auf die Übergangszeit eines Arbeitssystems geschlossen (vgl. Bild 6.16). Die Summe von Durchführungszeit und Übergangszeit ist die Arbeitsgang-Durchlaufzeit. Sie geht als Planungsparameter in die Durchlaufterminierung ein.

Nachdem die einzelnen Arbeitsgang-Durchlaufzeiten bestimmt sind, lässt sich bei vorgegebenem „Heute"- Endtermin durch eine Vorwärts- bzw. Rückwärtsterminierung bei ausreichender Kapazität der früheste Endtermin bzw. der späteste Starttermin ermitteln. Das Verfahren wurde in Bild 7.33 erläutert.

Die Tatsache, dass bei den meisten Produktionsprozessen die eigentliche Bearbeitungszeit nur einen Bruchteil der gesamten Durchlaufzeit eines Auftrages ausmacht, führt dazu, dass bei drohenden Terminverzögerungen zunächst versucht wird, deren größten Anteil - in der Regel die Übergangszeit - zu verkürzen. Eine weitere Möglichkeit besteht in der Weitergabe von Teillosen an den nächsten Arbeitsplatz *(One-Set-Flow)*. Im Extremfall wird nur ein Teil weitergegeben *(One-Piece-Flow)*. Eine Alternative stellt das *Splitten von Arbeitsgängen* dar. Statt ein Los komplett an einem Arbeitsplatz zu bearbeiten, teilt man es auf zwei oder mehr Arbeitsplätze auf, was aber die Rüstzeit vervielfacht.

Ein Problem besteht oftmals darin, dass die Ermittlung realistischer Übergangszeiten - die ja letztlich die Basis des kompletten Termingefüges eines Unternehmens darstellen - durch die PPS-Systeme nicht oder unzureichend unterstützt wird. Plausible und einfach nachzuvollziehende Vorgehensweisen zur Übergangszeitreduzierung bzw. zur Überlappung oder zum Splitting von Arbeitsvorgängen werden dem Anwender von PPS-Software meist nicht angeboten. Insbesondere wird auch nicht aufgezeigt, welche Folgemaßnahmen notwendig sind, um die Plan-Durchlaufzeitreduzierung auch in der Fertigung realisieren zu können. Einen Ausweg aus diesem Dilemma zeigen bestandsregelnde Verfahren wie Kanban oder die belastungsorientierte Fertigungssteuerung (siehe Abschnitt 7.9).

7.4.2 Kapazitätsplanung

Der erste Schritt der Kapazitätsplanung besteht in der mit Bild 7.34 bereits erläuterten Belastungsrechnung für die Kapazitätseinheiten. Hier wird zum ersten Mal berücksichtigt, dass sich viele Aufträge gleichzeitig in der Fertigung befinden und um die Kapazitäten der Arbeitsplätze mit ihren Maschinen und ihrem Personal konkurrieren. Im nächsten Schritt wird das Belastungsprofil dem Kapazitätsprofil gegenübergestellt, Bild 7.37. Man erkennt hier Perioden mit Über- und solche mit Unterlast verglichen mit der Normalkapazität von z. B. 40 Std./Woche. Daher werden in der Periode A eine erhöhte Arbeitszeiten von z. B. 45 Std./Woche und in der Periode C eine Verringerung auf 35 Std./Woche vereinbart. Diese

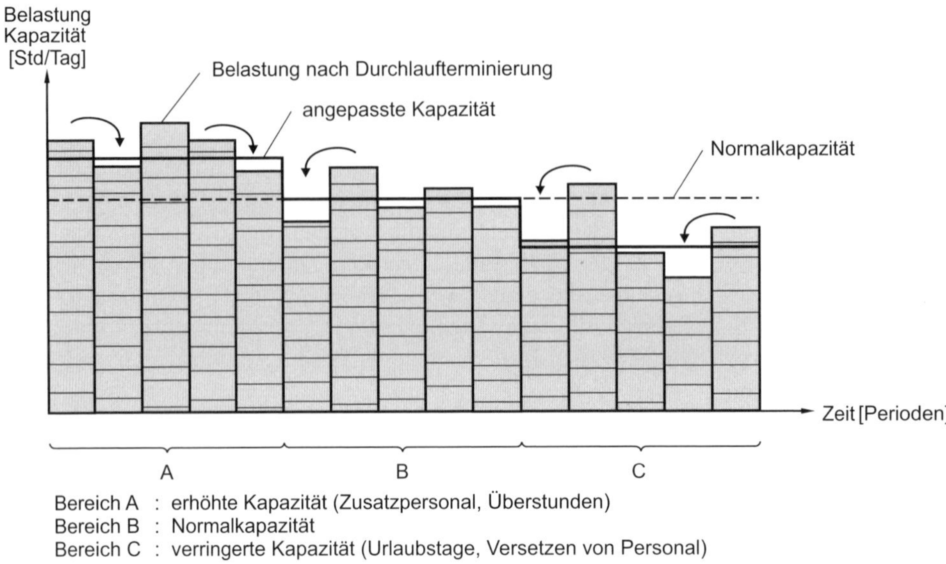

© IFA D4164

Bild 7.37 Kapazitätsanpassung bei schwankender Belastung

Anpassungen unterliegen der Mitbestimmung und müssen in einer Betriebsvereinbarung geregelt sein. Der Feinausgleich erfolgt dann durch Verschieben bzw. Vorziehen einzelner Aufträge im Rahmen ihres Zeitpuffers.

Die grundsätzlichen Maßnahmen zur Kapazitätsabstimmung sind im Bild 7.38 geordnet nach der Reaktionszeit zusammengestellt. Bei einer *Kapazitätsanpassung* wird die Kapazität an den terminierten Bedarf angeglichen. Im kurzfristigen Bereich sind dabei auf der Personalseite vor allem der Austausch von mehrfach qualifizierten Arbeitskräften innerhalb des Betriebes sowie flexible Arbeitszeitmodelle von Bedeutung. Manche Produktionsanlagen erlauben auch unterschiedliche Produktionsgeschwindigkeiten. Im mittelfristigen Bereich sind einerseits Zusatzschichten bzw. Kurzarbeit und andererseits die Rekonfiguration von Anlagen von einer manuellen auf eine automatische Arbeitsweise möglich [WGK04]. Langfristig bleibt nur die Kapazitätsanpassung durch Aufbau bzw. Abbau von Ressourcen.

Bei der *Belastungsanpassung* werden Aufträge ganz oder teilweise an Kooperationspartner abgegeben [Win01] oder es werden im umgekehrten Fall zusätzliche Aufträge angenommen. Auch dieser Maßnahmenkomplex ist i. d. R. mittel- bis langfristig zu planen, um entsprechende Vereinbarungen mit den betroffenen Fremdfirmen treffen zu können.

Der *Belastungsabgleich* versucht schließlich das Belastungsprofil zu verändern. Neben der zeitlichen Verschiebung einzelner Aufträge an den überlasteten Arbeitsplätzen durch Losteilung, Vorziehen oder Aufschieben einzelner Aufträge wird noch die Fertigung auf anderen Betriebsmitteln praktiziert, die zwar teurer sein können, aber zufällig frei sind. Langfristig können auch neue Fertigungsverfahren einen Belastungsabgleich unterstützen.

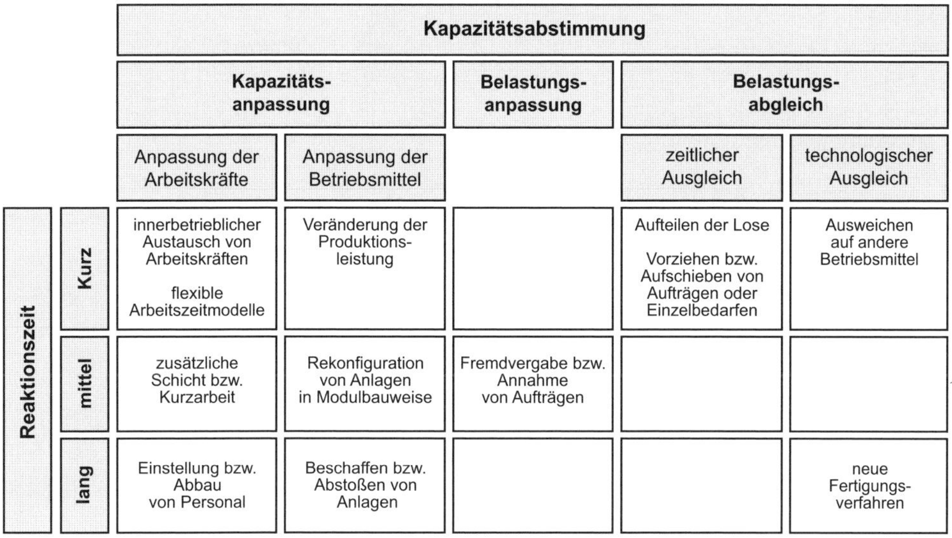

© IFA C1875Wd

Bild 7.38 Möglichkeiten der Kapazitätsabstimmung (in Anlehnung an Büchel)

Welche Maßnahmen im Einzelnen gewählt werden müssen, hängt neben der Kapazitätsflexibilität im Wesentlichen von der zeitlichen Struktur der Abweichungen von Kapazitätsangebot und -bedarf ab. Mit steigender Bedeutung der Termintreue tritt die flexible Kapazitätsanpassung immer mehr in den Vordergrund.

7.4.3 Belegungs- und Reihenfolgeplanung

Der Belegungs- und Reihenfolgeplanung gehört dem Begriff nach zur Produktionsplanung, wird aber im Rahmen der Fertigungssteuerung vielfach auch als Steuerungsaufgabe angesehen. Ihr Ziel ist jedenfalls die Festlegung der genauen Starttermine der Werkstattaufträge und die zeitliche Zuordnung der Arbeitsvorgänge zu einzelnen Arbeitsplätzen. Hier sind noch Plan-Anpassungen infolge von kurzfristigen Terminänderungen und Kapazitätsstörungen möglich. Dabei sind folgende Aufgaben zu lösen:

1. Gesucht ist jene Bearbeitungsreihenfolge der Aufträge an einem Arbeitssystem, die bestimmte Ziele erfüllt, wie z. B. maximale Auslastung der Arbeitsplätze, minimale Gesamtdurchlaufzeit der Lose oder minimale Umrüstkosten.
2. Die Arbeitsvorgänge verschiedener Aufträge wurden bei der Durchlaufterminierung meist nicht einer bestimmten Maschine, sondern einer Maschinengruppe zugeteilt. Daher ist eine Optimierungsüberlegung mit der Frage durchzuführen: „Soll die beste Maschine besonders stark belastet werden oder ist eine gleichmäßige Belastung aller Betriebsmittel anzustreben?“
3. Auf der Basis der Ergebnisse der ersten beiden Aufgaben müssen nun Beginn- und Endzeitpunkte der Arbeitsgänge bestimmt werden, deren Genauigkeit höher bestimmt wird als bei der Durchlaufterminierung.

Zur Lösung sind viele Verfahren bekannt. Das bekannteste und wichtigste ist die Anwendung von *Prioritätsregeln*. Dabei erhält jeder Auftrag, der für einen Arbeitsplatz eingeplant ist, eine Prioritätsziffer. Ist der laufende Auftrag abgearbeitet, so wählt man als nächsten Auftrag denjenigen mit der höchsten Prioritätsziffer. Die am häufigsten diskutierten bzw. angewandten elementaren Prioritätsregeln sind:

- Das FIFO-Prinzip (First In – First Out). Bei diesem Verfahren werden die Aufträge in der Reihenfolge der Ankunft am Arbeitssystem abgearbeitet. Dieses Verfahren wird daher teilweise auch als FCFS-Regel (First Come – First Serve) bezeichnet.
- Bei der KOZ-Regel (Kürzeste Operationszeit) wird jeweils der Auftrag mit dem geringsten Arbeitsinhalt zuerst bearbeitet.
- Die LOZ-Regel (Längste Operationszeit) priorisiert demgegenüber die Aufträge mit dem größten Arbeitsinhalt.
- Die Schlupfzeit-Regel bevorzugt die Aufträge, deren Rest-Schlupf (verbleibende Übergangszeiten bis zum planmäßigen Fertigstellungstermin des Auftrages) am geringsten ist. Aufträge mit Terminverzug werden also vorrangig bearbeitet.
- Schließlich können rüstoptimale Reihenfolgen gebildet werden. Die Aufträge werden dabei terminlich so aneinandergereiht, dass der Umstellungsaufwand der Arbeitssysteme (Werkzeuge, Vorrichtungen, NC-Programme) in einem bestimmten Zeitraum – z. B. eine Woche – minimiert wird. Dies hat jedoch zur Folge, dass einzelne Aufträge terminlich vorgezogen oder verschoben werden.

Die prinzipiellen Wirkungen von Prioritätsregeln auf die logistischen Zielgrößen stellt Bild 7.39 zusammenfassend dar. Das Bild zeigt, dass Leistung und Bestand eines Arbeitssystems normalerweise unabhängig von einer speziellen Prioritätsregel sind. Lediglich bei reihenfolgeabhängigen Rüstzeiten an den Arbeitssystemen kann über eine gezielte Reihenfolgebildung eine Reduzierung des Rüstaufwandes erreicht werden, sodass durch die frei werdenden Kapazitäten zusätzliche Aufträge bearbeitet werden können. Generell ver-

Zielgröße / Prioritätsregel	Leistung	Bestand	Mittelwert der Durchlaufzeit	Streuung der Durchlaufzeit	Termintreue
First In - First Out (FIFO)	○	○		+	(+)
Kürzeste Operationszeit (KOZ)	○	○	+	–	–
Längste Operationszeit (LOZ)	○	○	–	–	–
Geringster Rest-Schlupf (SCHLUPF)	○	○		–	+
Rüstoptimale Reihenfolge	+	○ (+)		–	–

Wirkungsrichtung: ○ neutral + positiv – negativ

© IFA C1886

Bild 7.39 Prinzipielle Wirkungen von Prioritätsregeln

sucht man daher, Rüstzeiten zu minimieren oder ganz zu vermeiden. Eine weitergehende Diskussion von Prioritätsregeln findet sich bei Mertens [Mer09] und bei Lödding [Löd08]. Generell ist zu beachten:

- Die Wirkung von Prioritätsregeln ist umso geringer, je geringer die Bestände vor den Arbeitsplätzen sind. Eine Diskussion über die „beste" Prioritätsregel lässt daher fast immer auf zu hohe Bestände schließen.
- Jede Regel, die von FIFO abweicht, bedingt eine ständige Reihenfolgevertauschung der Aufträge in der Warteschlange mit dem entsprechenden Steuerungsaufwand.

Mit diesen Ausführungen sind die Aufgaben der Produktionsplanung behandelt. Als Ergebnis liegen für die Fremdlieferungen die Artikelnummern mit Bedarfsmengen und Lieferterminen vor. Für die Eigenfertigungsaufträge sind die offenen Artikelnummern mit Mengen, Planstartterminen und Fertigstellungsterminen sowie die Planreihenfolge ihrer Abarbeitung festgelegt.

Ziel der folgenden Produktionssteuerung ist es, die geplanten Fertigungs- und Bestellaufträge frei zu geben und in ihrem Durchlauf durch die Werkstatt bzw. den Einkauf und die Lieferanten hinsichtlich Menge, Termin und Qualität zu überwachen.

7.5 Auftragsfreigabe

Vor dem Start der tatsächlichen Fertigung ist sicherzustellen, dass die verplanten Ressourcen (Personal, Material, Maschinen, Werkzeuge usw.) auch tatsächlich verfügbar sind. Obwohl zuweilen argumentiert wird, dass sich bei einer sorgfältigen Bedarfs- und Terminplanung eine Verfügbarkeitskontrolle erübrigen müsste, kommt es in der Praxis immer wieder vor, dass bei der zeitlich früher durchgeführten Bedarfsplanung Bestandsentwicklungen angenommen wurden, die in der Folge aufgrund von Störungen (z. B. Erkrankungen, Maschinenausfall, Werkzeugbruch) nicht realisierbar waren. Die Auftragsfreigabe bzw. -zurückstellung verhindert in solchen Fällen nicht nur, dass die Fertigung mit undurchführbaren Aufträgen belastet wird. Es wird außerdem die Gefahr ungenutzter Fertigungskapazitäten verringert, wenn für geplante Aufträge kein Material vorhanden ist und rechtzeitig Umdispositionen eingeleitet werden können.

Die Auftragsfreigabe wird in der Literatur und Praxis nicht einheitlich aufgefasst. Mit den hier beschriebenen Funktionen heißt sie häufig auch Verfügbarkeitsprüfung. Der Begriff Auftragsfreigabe beschreibt dann die tatsächliche Freigabe des Auftrages, nachdem die Reihenfolge an den einzelnen Arbeitsplätzen festgelegt wurde. Diese Auffassung entspricht dann eher einer Auftragsbereitstellung.

Im einfachsten Fall beschränkt sich die Auftragsfreigabe auf die Überprüfung, ob der augenblicklich vorhandene Lagerbestand ausreicht, um die Produktionsaufträge der Periode zu decken. Weitergehende Verfahren überprüfen auch, ob die Kapazitäten voraussichtlich nicht überlastet werden.

Nachdem die Verfügbarkeitsprüfung abgelaufen ist, erfolgt für diejenigen Eigenfertigungsaufträge mit positivem Prüfergebnis vor Erreichen des Planstarttermins die Erzeugung der Werkstattbelege. Dies sind im Wesentlichen Materialentnahmescheine, eine Auftragskopie des Arbeitsplanes (auch Laufkarte genannt) sowie ggf. noch Lohn- und Rückmeldekarten. Die Arbeitsverteilung weist schließlich die einzelnen Aufträge den einzelnen Arbeitsplätzen zu.

Nach Erreichen des Planstarttermins erfolgt die eigentliche Freigabe der Fertigungsaufträge durch Bereitstellung der noch notwendigen Belege (z. B. Zeichnungen, Prüfvorschriften, Arbeitsanweisungen) und des Rohmaterials an den ersten Arbeitsplatz laut Arbeitsplan. In der sog. papierlosen Fertigung werden die notwendigen Dokumente elektronisch über ein Work-Flow-System weitergeleitet und an den jeweiligen Arbeitsplätzen bis hin zum Transportfahrzeug und Lagerplatz auf Bildschirmen zur Verfügung gestellt.

Entsprechend verläuft die Auftragsfreigabe für die Fremdaufträge an die Lieferanten durch Auslösung der Bestellung vielfach in elektronischer Form als Bestellabruf.

In einer Insel- oder Segmentfertigung erfolgt die gesamte Auftragsfreigabe und -durchsetzung durch die Mitarbeiter in der Fertigungsinsel. Wegen des überschaubaren Teilespektrums, der kurzen Durchlaufzeiten und der geringen Rüstzeiten ist eine Optimierung herkömmlicher Art nicht erforderlich. Im Vordergrund steht die pünktliche Lieferung der angeforderten Menge in einwandfreier Qualität. Dabei wird möglichst die Reihenfolgeregel First In – First Out beachtet. Bedarfsschwankungen versucht man durch eine entsprechende Kapazitätsflexibilität zu beherrschen.

7.6 Auftragsüberwachung

Die Auftragsüberwachung besteht im Kern aus einer Fortschrittsüberwachung der Werkstattaufträge. Sie basiert auf dem fallweisen oder periodischen Vergleich der Plan- und Istwerte von Terminen und Mengen.

Die Arbeitsfortschrittserfassung erfolgt auf Basis der Rückmeldungen von Arbeitsplätzen, Transporten und Ein- bzw. Auslagerungen. Das geschah in der Vergangenheit vielfach für jeden Arbeitsvorgang durch Abgabe der Lohnscheine oder spezieller Rückmeldescheine. Heute sind elektronische Betriebsdatenerfassungsgeräte Stand der Technik. Vereinzelt werden auch Funketiketten (sog. RFID-Tags) zur Orts- und Zeitpunktbestimmung von Objektveränderungen genutzt. Dabei werden die Paletten oder Behälter, welche die Werkstücke tragen, mit einem Funketikett versehen und senden die jeweilige Position an ein ortsnahes Lesegerät.

Die Auswertung der Rückmeldungen erfolgt sowohl ressourcen- als auch auftragsbezogen: Bei den Ressourcen interessiert die primär Auslastung, bezüglich der Aufträge die Termineinhaltung. Das Produktionscontrolling stellt darüber hinaus Auswertungen zu den übrigen logistischen Zielgrößen (Bestand, Durchlaufzeit, ...) und den Vergleich mit den entsprechenden Parametern der Fertigungssteuerungsverfahren bereit. Hierauf geht Abschnitt 7.11 (Produktionscontrolling) noch ausführlich ein.

Die skizzierten Funktionen der Überwachung der Fertigungsaufträge gelten sinngemäß auch für die erteilten Bestellungen. Sie beschränken sich jedoch meist auf die Bestätigung des Liefertermins und den Zeitpunkt des Wareneingangs. Lediglich für sehr teure oder terminkritische Artikel muss der Lieferant bestimmte Zustände seiner Aufträge zwischenmelden, wie bspw. den Auftragsstart oder Bestandswert im Ausgangslager.

Nach Erläuterung der PPS-Aufgaben stellt sich die Frage, wie diese in einem PPS-System realisiert werden. Dabei geht es im Folgenden nicht um die informationstechnische Umsetzung, sondern um deren Funktionslogik. Im Rahmen der PPS stellt die Fertigungssteuerung den komplexesten Teil dar und wird daher vertieft behandelt. Die im Folgenden beschriebenen Verfahren sind teilweise Komponenten der Produktionsplanungs- und Steuerungssysteme (PPS-Systeme). Diese sind heute meist Bestandteil von ERP- oder der APS-Systemen (engl. Advanced Planning and Scheduling Systeme, etwa: fortgeschrittene Planungs- und Steuerungssysteme), soweit diese einen Schwerpunkt auf der Fertigungssteuerung haben. Die eigentlichen Fertigungssteuerungssysteme bezeichnet man demgegenüber als MES (engl. Manufacturing Execution Systems, etwa: Fertigungsdurchsetzungs-Systeme).

7.7 Strategien und Verfahren der Fertigungssteuerung

7.7.1 Zusammenwirken der Fertigungssteuerungsaufgaben

Die einzelnen Aufgaben der Fertigungssteuerung wirken in nicht trivialer Weise auf die logistischen Zielgrößen ein. Lödding hat zum grundlegenden Verständnis der Zusammenhänge mit Bild 7.40 ein Wirkmodell entwickelt, das diese Aufgaben zu den logistischen Stellgrößen, Regelgrößen und Zielgrößen in Beziehung setzt [Löd08].

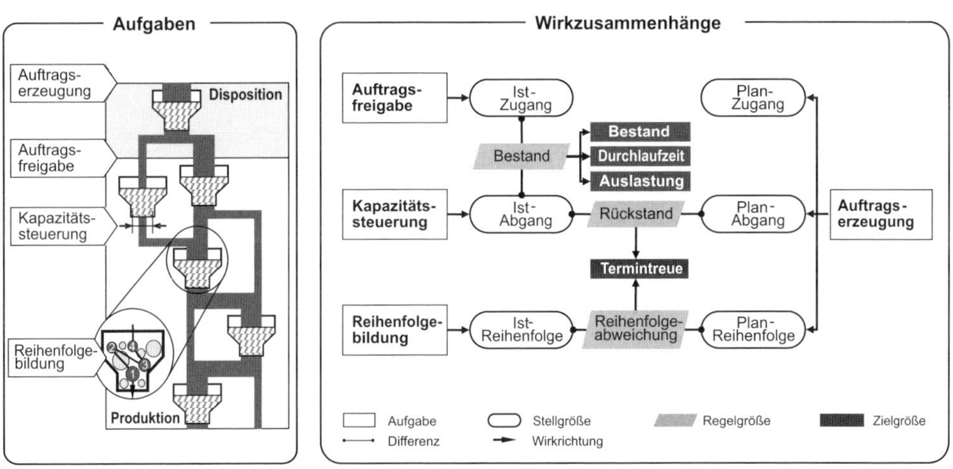

© IFA 11.239

Bild 7.40 Modell der Fertigungssteuerung (nach Lödding ergänzt von H.-H. Wiendahl)

Links im Bild sind die Aufgaben im Trichtermodell veranschaulicht, rechts die logistischen Wirkzusammenhänge. Die *Auftragserzeugung* ist Bestandteil der Materialbedarfsplanung. Sie gibt die Stellgrößen Planzugang, Planabgang und Planreihenfolge der Aufträge vor. Die *Auftragsfreigabe* regelt den Zufluss an Aufträgen in die Fertigung und bestimmt die Stellgröße Ist-Zugang. Die *Kapazitätssteuerung* bestimmt die Trichteröffnung, also die verfügbare Kapazität und damit die die Stellgröße Ist-Abgang. Schließlich ordnet die *Reihenfolgebildung* die Warteschlange im Trichter und ist die Stellgröße Ist-Reihenfolge.

Die *Regelgröße Bestand* (Istwert) ergibt sich aus der Differenz von Ist-Zugang und Ist-Abgang. Wie die Erläuterung der Produktionskennlinie (Bild 6.16) gezeigt hat, werden damit die Zielgrößen *Bestand, Durchlaufzeit und Auslastung* bestimmt. Wichtig ist, dass der Bestand sowohl Ziel- als auch Regelgröße ist. Die Differenz von Planabgang und Istabgang führt zur Regelgröße *Rückstand.* Aus der Differenz von Plan-Reihenfolge und Ist-Reihenfolge ergibt sich die Regelgröße *Reihenfolgeabweichung.* Die Zielgröße *Termintreue* ist dann eine Folge des Zusammenwirkens von Rückstand und Reihenfolgeabweichung.

Die vier Aufgaben der Fertigungssteuerung werden mit unterschiedlichen Verfahren und Wirkmechanismen erfüllt, die teilweise mehrere der genannten Aufgaben abdecken. Hierzu folgt ein knapper Überblick.

Die an die Fertigungssteuerung gestellten Anforderungen und die Anwendbarkeit der hierzu verfügbaren Steuerungsverfahren hängen nach Untersuchungen von Lödding und anderen Autoren wesentlich von sieben Merkmalen ab [Löd08, Schö11, Wie02]. Diese sind die *Fertigungsart* und der damit verbundene *Wiederholcharakter* (Einzelfertigung, Mehrfachfertigung), der *Organisationstyp* der Fertigung (Baustelle, Werkstatt, Insel, Linie), die *Art des Teileflusses* (batchweise, losweise, stückweise), die *Zahl der Varianten*, die *Materialflusskomplexität* (linear, verzweigt mit und ohne Rückflüsse) sowie die *Bedarfsschwankungen* und die *Kapazitätsflexibilität.*

In der Literatur und Praxis findet sich eine große Anzahl von Verfahren zur Fertigungssteuerung, die Lödding nach den in Bild 7.40 gezeigten Aufgaben systematisch geordnet und beschrieben hat [Löd08]. Eine Übersicht über den Einsatzbereich einiger wichtiger Verfahren zeigt Bild 7.41. Als Einsatzmerkmale wurden die Organisationstypen und Fertigungsarten in Anlehnung an Bild 2.18 gewählt.

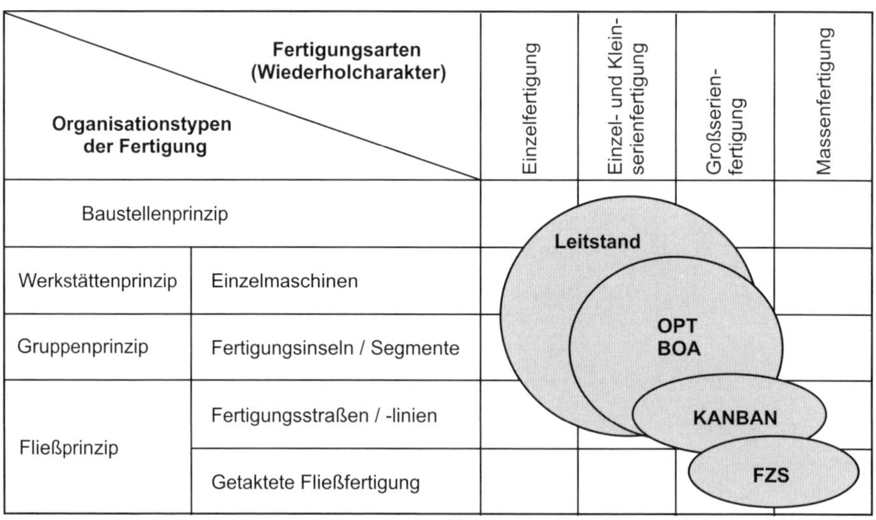

OPT: Optimized Production Technology BOA: Belastungsorientierte Auftragsfreigabe FZS: Fortschrittszahlensystem

© IFA 7212NP_Wd

Bild 7.41 Einsatzbereiche ausgewählter Fertigungssteuerungsverfahren (in Anlehnung an [AK88])

7.7.2 Leitstand

Leitstände sind ein Instrument der Werkstattsteuerung und umfassen die Aufgaben Werkstattauftragsverwaltung, Kapazitätsbelegung, Verfügbarkeitsprüfung von Material und Betriebsmitteln, Arbeitszuteilung, Werkstattauftragsüberwachung und Fortschreibung des Fertigungsfortschritts. Vielfach gehört auch die innerbetriebliche Transportplanung und Steuerung zu den Aufgaben der Werkstattsteuerung.

Diese Funktionen lassen sich in einem Leitstand integrieren, ein Begriff, der aus der Überwachung und Steuerung von Anlagen der Verfahrentechnik und Stromversorgung stammt. Die technische Ausführung eines Leitstandes (vielfach Produktionsleitstand genannt) kann aus einer manuell geführten Plantafel ergänzt um z. B. Excel-basierte Planungswerkzeuge bestehen. Oder es handelt sich um einen so genannten elektronischen Leitstand, der einige oder alle der genannten Funktionen integriert. Bild 7.42 zeigt eine schematische Darstellung.

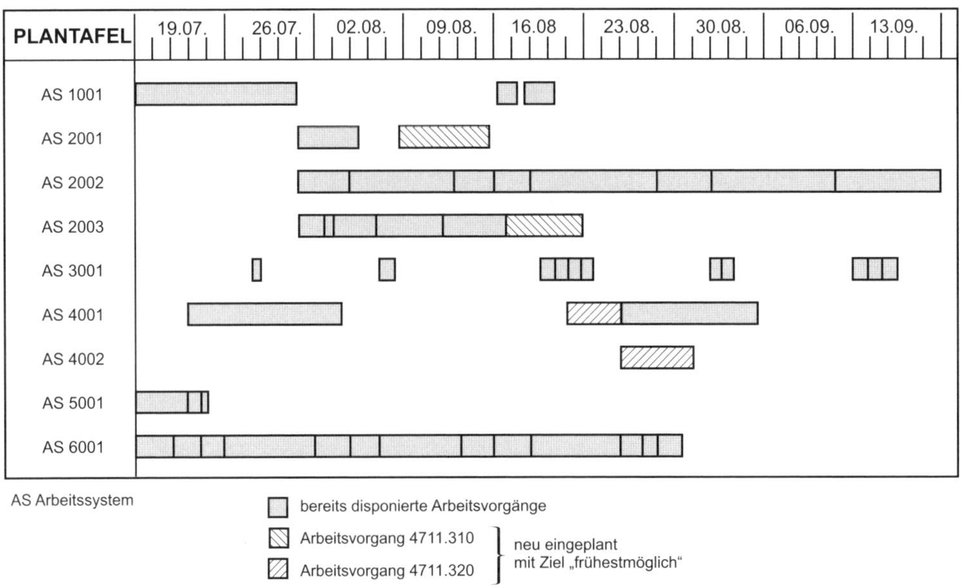

© IFA 10.901

Bild 7.42 Leitstand zur Einplanung von Arbeitsvorgängen (IPA Stuttgart, zitiert nach Schö11])

Dargestellt ist die Belegungssituation von neun Arbeitssystemen (AS1 1001 bis 6001) einer Werkstattfertigung über einen Zeitraum von neun Wochen. Jeder Balken entspricht in seiner Länge einem Arbeitsgang mit dessen Durchführungszeit. Einige Arbeitsgänge sind bereits fest eingeplant; Arbeitsgang 310 und 320 des Auftrages 4711 sind zum frühesten Termin einzuplanen. Entweder der Planer oder ein Algorithmus löst diese Aufgabe unter Beachtung einer Mindestübergangszeit, des Planfertigstellungstermins, freier Kapazitäten sowie der Betriebsmittelverfügbarkeit und bucht die Arbeitsgänge ein.

Leitstände werden nach einem starken Rückgang in den 1990er Jahren wieder vermehrt angeboten, eine automatische Einplanung hat sich aber bisher nicht bewährt und führt daher zu einem spürbaren manuellen Pflegeaufwand. Gleichwohl müssen die Leitstandsfunktionen in irgendeiner Weise in jeder Fertigung erfüllt werden, im Zuge der Dezentralisierung von Funktionen vielfach durch Gruppenleiter oder Meister.

7.7.3 Optimized Production Technology (OPT)

Der maximale Ausstoß einer Produktion wird durch die tatsächliche Leistung ihrer Engpässe begrenzt. Aus diesem Grund stellt der OPT-Ansatz die Durchsatzmaximierung und damit die Betrachtung der Engpässe in den Mittelpunkt seines Steuerungskonzeptes. Neben der Leistung beeinflussen Engpässe maßgeblich die Bestände und Durchlaufzeiten einer Produktion.

Um einen möglichst hohen Durchsatz zu erzielen, soll es am Engpass auf keinen Fall zu Auslastungsverlusten kommen, da diese direkt die Leistung der gesamten Produktion verringern würden. Aus diesem Grundgedanken ergibt sich die Steuerungsphilosophie von OPT, die oftmals auch als Drum-Buffer-Rope-Ansatz bezeichnet wird. Danach gibt der Engpass den Produktionstakt vor (engl. Drum: Trommel). Ein Sicherheitsbestand (engl. Buffer: Puffer) vor dem Engpass sorgt für die nötige Auslastungssicherheit. Darüber hinaus muss es eine Informationsverbindung zwischen dem Engpass und den Arbeitssystemen geben, die diesen mit Aufträgen bzw. Material versorgen. Diese Verbindung wird mit Rope (engl.: Seil) bezeichnet und ermöglicht es, bei überhöhtem Bestand im Pufferlager die Produktion der vorgelagerten Arbeitssysteme zu drosseln bzw. bei Unterschreiten eines Mindestbestandes zu steigern [Gol87].

Ein Planungslauf mit Hilfe von OPT beinhaltet die Schritte:

1. Aufbau des OPT-Produktnetzes,
2. Ermittlung des Hauptengpasses im Produktnetz,
3. Terminierung der Aufträge mit differenzierten Strategien für Arbeitssysteme im kritischen und im unkritischen Teil des Produktnetzes.

Der erste Schritt eines OPT-Planungslaufes besteht im Aufbau des OPT-Produktnetzes (Bild 7.43). Dieses Netz zeigt, welche Tätigkeiten zur Fertigung des bestehenden Produktionsprogramms auszuführen sind und welche Verbindungen zwischen diesen Tätigkeiten bzw. den dazugehörigen Ressourcen bestehen. Sind die Möglichkeiten eines manuellen Belastungsabgleichs ausgeschöpft, wird erneut das Belastungsprofil aller Arbeitssysteme ermittelt. Dabei kann sich nun ein anderes Arbeitssystem als Hauptengpass erweisen. In diesem Falle wird erneut ein manueller Belastungsabgleich für dieses Arbeitssystem durchgeführt.

Nach dem Aufbau des Produkt-Netzes sind im nächsten Schritt die Engpässe innerhalb dieses Netzes zu ermitteln. Dazu wird eine Rückwärtsterminierung der Kundenaufträge, ausgehend vom Liefertermin, bei Annahme unbegrenzter Kapazität aller Arbeitssysteme durchgeführt. Das Kriterium zur Bestimmung eines Engpasses ist die Auslastung, die sich in dem so entstandenen Belastungsprofil ergibt. Alle Arbeitssysteme, bei denen sich eine Auslastung von 100% und mehr ergibt, stellen Engpässe dar. Zunächst befasst sich das

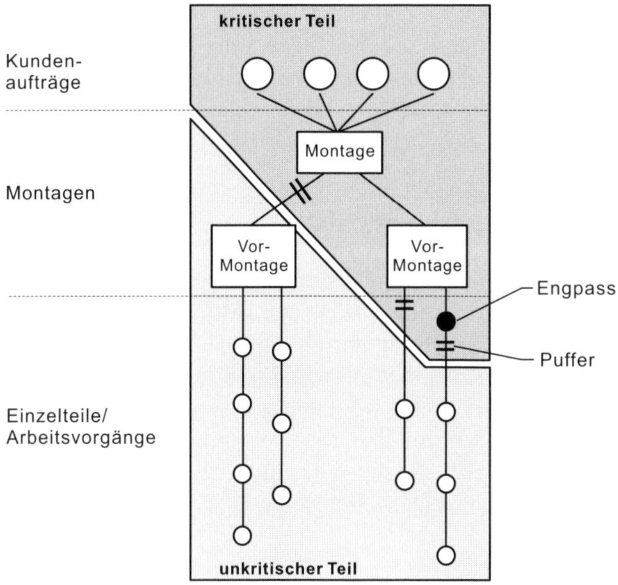

Bild 7.43 Das OPT-Produkt Netz (nach Fox, Creative Output)

© IFA C1904

Verfahren mit dem Hauptengpass, also mit dem Arbeitssystem, das die höchste Auslastung ergeben hat.

Für den Hauptengpass soll als nächstes manuell versucht werden, seine Belastung zu verringern. Dies kann z. B. in Form eines Belastungsabgleichs durch zeitliche Verschiebung von Arbeitsvorgängen oder durch Verlagerung von Arbeitsvorgängen auf andere, weniger belastete Arbeitssysteme geschehen.

Die *Einsatzvoraussetzungen* des OPT-Ansatzes lassen sich nicht ohne weiteres beschreiben, da zentrale Funktionen und Algorithmen prinzipiell nicht veröffentlicht werden. Aufgrund der vorliegenden Beschreibungen kann von folgenden Anwendungsvoraussetzungen ausgegangen werden:

- ein relativ stabiles Fertigungsprogramm,
- eine relativ stabile Belastungssituation,
- aktuell gepflegte und realistische Plan-Kapazitäten,
- detaillierte Arbeitspläne mit genauen Vorgabezeiten und
- vollständig und hinreichend genaue Arbeitsrückmeldungen.

Dynamisch wechselnd auftretende Engpasssituationen lassen sich vermutlich nicht problemlos bewältigen.

Der Ansatz wurde viel diskutiert und ist auch sehr einleuchtend; er wird heute meist unter dem Begriff Theory of Constraints (etwa: Engpasstheorie) diskutiert [Gol99]. Das OPT-Verfahren hat sich aber in der industriellen Praxis zumindest als Programmsystem nicht durchgesetzt. Untersuchungen des Instituts für Fabrikanlagen haben insbesondere gezeigt, dass es neben dem von OPT betonten Durchsatzengpass auch noch andersartige Engpässe gibt, welche die Durchlaufzeit, die Bestände und die Termintreue bestimmen und nicht zwangsläufig identisch mit den Durchsatzengpässen sind [Win01]. Je nach logistischer Positionierung wird man also unterschiedliche Strategien zur Engpassbehandlung benutzen müssen.

7.7.4 Belastungsorientierte Auftragsfreigabe (BOA)

Die von Bechte [Bec84] entwickelte belastungsorientierte Auftragsfreigabe (BOA) bereitet die von der Mengenplanung disponierten Fertigungsaufträge zur Auftragsfreigabe vor. Sie erfüllt Funktionen der Termin- und Kapazitätsplanung mit den beiden Teilschritten Dringlichkeits- und Freigabeprüfung, die ihrerseits aus mehreren Teilfunktionen bestehen. Diesen liegen ungeachtet ihrer teilweise gleichen Bezeichnungen grundlegend unterschiedliche Modellvorstellungen und Algorithmen gegenüber den konventionellen Verfahren zugrunde. Bild 7.44 zeigt die wesentlichen Schritte der belastungsorientierten Auftragsfreigabe und ihre Eingliederung in die Fertigungssteuerung [Wie97].

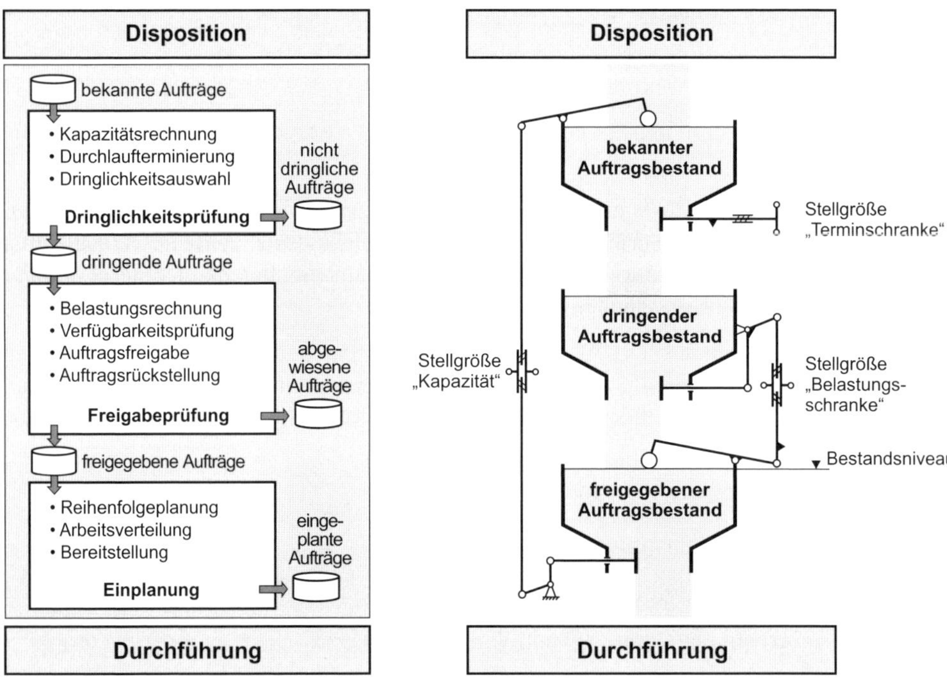

© IFA G0477NP

Bild 7.44 Teilfunktionen und Regleranalogie der Belastungsorienterten Auftragsfreigabe (BOA)

Zunächst setzt die BOA voraus, dass im Rahmen einer vorangegangenen Kapazitätsrechnung die insgesamt benötigte Kapazität zur Fertigung der anstehenden Aufträge bereitsteht. Die BOA funktioniert auch ohne diese Bedingung, allerdings werden dann bei der Freigabe gegebenenfalls viele Aufträge als nicht machbar abgewiesen.

Der Teilschritt *Dringlichkeitsprüfung* hat die Aufgabe, aus den durch die Disposition bekannten Aufträgen die dringlichen Aufträge auszuwählen. Dazu erfolgt zunächst eine Rückwärtsterminierung aller Aufträge mit Plan-Durchlaufzeiten, die auf die geplante Belastungssituation der betreffenden Arbeitsplätze abgestimmt sind. Die nach Startterminen sortierten Aufträge werden bis zu einem wählbaren zeitlichen Vorgriffshorizont als dringlich eingestuft, die übrigen Aufträge bis zum nächsten Planungslauf als nicht dringlich zurückgestellt.

Die eigentliche *Freigabeprüfung* beginnt mit einer Belastungsrechnung, die im Gegensatz zum konventionellen Verfahren nicht auf einer periodenweisen Einlastung der Aufträge beruht, sondern nur die nächste Planungsperiode betrachtet. Für spätere Arbeitsgänge wird die Belastung mit Hilfe eines speziellen Algorithmus auf die erste Periode umgerechnet (so genannte Abwertung). Je Kapazitätseinheit wird nun für jeden Arbeitsgang geprüft, ob ein mit der Plan-Durchlaufzeit korrespondierender maximaler Belastungswert (die so genannte Belastungsschranke) überschritten wird oder nicht. An dieser Stelle kann auch eine Verfügbarkeitsprüfung auf Personal, Material, Werkzeuge und Arbeitspapiere stattfinden. Als Ergebnis erhält man eine Liste der freigegebenen Aufträge.

Sie werden anschließend an die *Einplanung* mit den bereits erläuterten Teilfunktionen Reihenfolgebildung, Arbeitsverteilung und Bereitstellung weitergegeben. Die abgewiesenen Aufträge werden aufgelistet und die Arbeitsgänge mit den entsprechenden Kapazitätsgruppen genannt, die zur Abweisung führten. Je nach Bedeutung der Aufträge kann durch Sondermaßnahmen dennoch eine Freigabe zunächst abgewiesener Aufträge erreicht werden. Eine genaue Darstellung des Verfahrens findet sich in [Wie97].

Die in Bild 7.44 rechts dargestellte Regleranalogie verdeutlicht die Kerngedanken der BOA. Der äußere Regelkreis bewirkt über die Stellgröße „Kapazität" den Abgleich zwischen dem Kapazitätsbedarf der bekannten Aufträge und dem Kapazitätsangebot der Arbeitsplätze. Damit wird der Rückstand geregelt. Die Stellgröße „Terminschranke" verhindert einen zu weiten Vorgriff auf offene, aber noch nicht fällige Aufträge. Im inneren Regelkreis regelt die Stellgröße „Belastungsschranke", den Planbestand und damit die Plandurchlaufzeit. Das Verfahren schützt die Engpässe vor Überlastung und stabilisiert die Durchlaufzeit.

Die BOA berücksichtigt keine Verknüpfungen einzelner Aufträge zu den Primärbedarfen und garantiert demnach auch nicht die Termineinhaltung einzelner Aufträge. Auch optimiert sie nicht die Reihenfolge an den Arbeitsplätzen etwa unter dem Gesichtspunkt der Rüstzeiteinsparung. Sie stellt vielmehr die logistische Prozessbeherrschung durch die direkte Regelung von Umlaufbeständen in den Vordergrund.

Als *Einsatzvoraussetzungen* der BOA sind im Wesentlichen zu nennen:

- Die Aufträge müssen einen erreichbaren Endtermin haben.
- Für die Fertigungsaufträge müssen Arbeitspläne mit Vorgabezeiten vorliegen.
- Material und Betriebsmittel müssen verfügbar sein.
- Belastung und Kapazität dürfen nicht sehr stark schwanken.
- Die Plan-Kapazitäten müssen aktuell gepflegt und realistisch sein.
- Die Arbeitsrückmeldungen müssen vollständig und hinreichend genau sein.

Die BOA wird dort vorteilhaft eingesetzt, wo Fertigungsaufträge mit einer großen Streuung hinsichtlich der Anzahl Arbeitsgänge und Auftragszeiten vorliegen und wo Aufträge um Kapazitäten konkurrieren. Dies ist in der Einzel- und Kleinserienfertigung der Fall, die nach dem Werkstättenprinzip organisiert ist. Typisch hierfür sind Maschinenbauunternehmen sowie Betriebe der Elektrotechnik, der Elektronik und der Kraftfahrzeugzulieferindustrie mit einem variantenreichen Teilespektrum, bei denen die Bildung von Fertigungsinseln nicht sinnvoll oder möglich ist [Wie91].

7.7.5 Fortschrittszahlenprinzip

Das Fortschrittszahlenprinzip stellt ein integriertes Planungs-, Steuerungs- und Kontrollverfahren dar, welches insbesondere in solchen Unternehmen angewandt werden kann, in denen eine Serienfertigung von Standardprodukten mit Varianten vorliegt.

Begrifflich wird unter einer *Fortschrittszahl* (FZ) die kumulative Erfassung und Abbildung von Materialbewegungen über der Zeit verstanden. Mit den Fortschrittszahlen werden an definierten Zählpunkten im Produktionsprozess die Zahl vorbeifließender Objekte für jeweils ein bestimmtes Erzeugnis addiert und in Form einer Mengen-Zeit-Relation – der Fortschrittszahlenkurve – dargestellt. Für jedes Erzeugnis wird dabei eine separate Fortschrittszahl geführt.

Fortschrittszahlen können sowohl vergangene wie auch zukünftige Produktionsprozesse beschreiben. Den Ist-Daten liegen die realen Ereignisse – z. B. das Ausfassen von Material aus einem Lager oder die Fertigstellung eines Auftrages an einem Arbeitssystem – zugrunde. Zu dem jeweiligen Ereigniszeitpunkt werden die erfassten Mengen auf die bis dahin gültige Fortschrittszahl aufaddiert, sodass eine stufenförmige *Fortschrittszahlenkurve* entsteht. Demgegenüber werden Soll-Daten vereinfacht als kontinuierliche Prozesse dargestellt. Die Soll-Fortschrittszahl an einem Periodenende ergibt sich aus der Summe des Periodenbedarfs und der Soll-Fortschrittszahl zum Periodenbeginn. Zwischen diesen beiden Eckpunkten wird ein linearer Bedarfsverlauf unterstellt.

Aufbauend auf dieser Definition der Fortschrittszahlen lässt sich nun die Bestands- und Terminsituation für ein Erzeugnis mittels eines Kontrollblockmodells und der Fortschrittszahlendiagramme beschreiben. Das *Kontrollblockmodell* setzt voraus, dass sich das Durchlaufverhalten eines Erzeugnisses durch einen beliebigen Produktionsbereich, welcher im weiteren allgemein als Kontrollblock bezeichnet wird, durch die Erfassung von Zugang und Abgang vollständig abbilden lässt, Bild 7.45.

Dazu wird eine Produktion (vom Materiallager über die einzelnen Produktionsabteilungen und Montage bis zum Versand) in einzelne Kontrollblöcke unterteilt, die dann über eine angepasste Fortschrittszahlenhierarchie geplant und überwacht werden. Jeder Kontrollblock wird dazu durch die Zugangs- und Abgangs-Fortschrittszahl gegen seine Vorgänger bzw. Nachfolger abgegrenzt. So lässt sich nahezu jeder Produktionsprozess durch mindestens zwei Kontrollblöcke – Fertigung und Montage – beschreiben, die dann durch die in Bild 7.45 genannten Zählpunkte abgegrenzt werden.

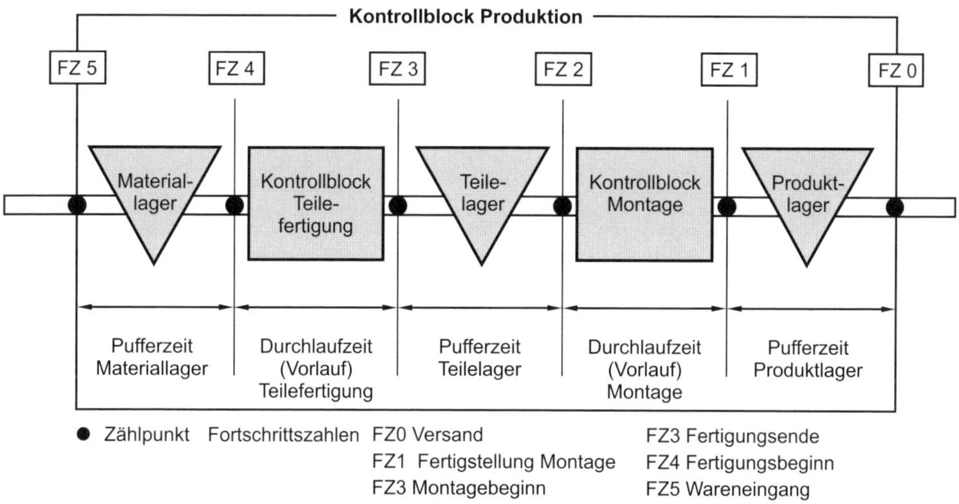

© IFA C0730

Bild 7.45 Allgemeine Kontrollblockstruktur Produktion

Überführt man die jeweils an den Zählpunkten aufgenommenen Fortschrittszahlen in ein einziges Diagramm, so erhält man das so genannte *Fortschrittszahlendiagramm*. Ein Beispiel für ein solches Diagramm für die in Bild 7.45 gezeigte Kontrollblockstruktur ist in Bild 7.46 zu sehen. Die Fortschrittszahlen der einzelnen Zählpunkte ergänzen sich zu einem durchgängigen Zahlensystem, aus dem jederzeit die aktuelle Bestands- und Fertigungssituation für jede Produktions- und Lagerstufe zu ersehen ist. Die einzelnen Fortschrittszahlenkurven können dabei unterschiedliche Stufensprünge aufweisen, die dadurch hervorgerufen werden, dass die Bearbeitung in den einzelnen Produktionsstufen in unterschiedlichen Losgrößen erfolgt.

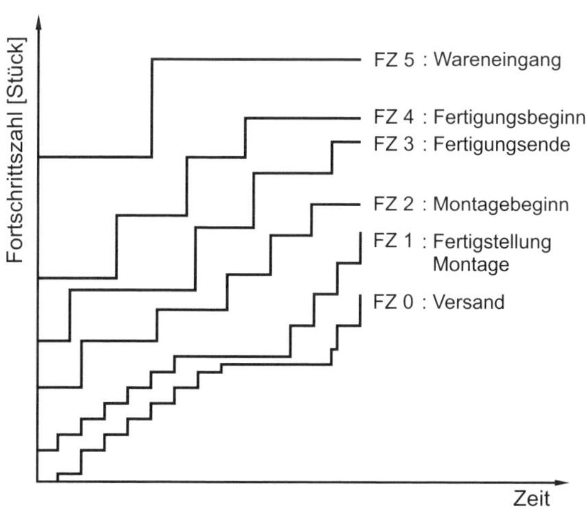

Bild 7.46 Beispiel für ein Fortschrittszahlendiagramm

© IFA C0731A

Bei der Interpretation von Fortschrittszahlendiagrammen ist zu berücksichtigen, dass sich eine Fortschrittszahl immer nur auf ein einziges, bestimmtes Erzeugnis oder einen Artikel bezieht. Existieren Varianten, wird für jede Variante eine eigene Fortschrittszahl geführt. Fortschrittszahlen erlauben somit nur Aussagen über den Produktionsfortschritt, die Durchlaufzeiten und die Bestände für das entsprechende Erzeugnis. Es lassen sich jedoch keine Aussagen zum Arbeitssystemverhalten wie Durchlaufzeiten, Umlaufbestände und Auslastung treffen. Auch ist der Zugang an einem Kontrollblock nicht als Belastung eines Arbeitssystems aufzufassen, da in der Regel mehrere verschiedene Erzeugnisse in einem Kontrollblock bearbeitet werden. Es lässt sich somit prinzipiell auch keine Kapazitätsplanung auf diesem Modell aufbauen.

Als *Einsatzvoraussetzungen* des Fortschrittszahlenprinzips sind zu nennen:

- Standardkomponenten, die längere Zeit produziert werden.
- Einstufige Stücklistenstruktur.
- Durchgängiges lückenloses Kontrollblocksystem.
- Vorgelagerte Kapazitätsplanung.
- Korrekte Erfassung der Gutstückzahlen an den Zählpunkten.

Der Haupteinsatzbereich des Fortschrittszahlenprinzips liegt in der Automobilindustrie, wo sich das Verfahren insbesondere für die Materialwirtschaft und die Produktionsverbundsteuerung von verschiedenen Herstellerwerken bewährt hat. Zunehmend wird das Verfahren aber auch bei Zulieferunternehmen der Automobilindustrie eingesetzt.

7.7.6 Kanban-Steuerung

Die Kanban-Steuerung (japan. Kanban: Schild, Karte) ist ein verbrauchsgesteuerter Ansatz der Fertigungssteuerung mit Zwangssteuerungscharakter. Das Grundprinzip ist denkbar einfach: Der gesamte Materialfluss wird wie in einem Supermarkt organisiert. In den Regalen steht ein bestimmter Vorrat an Produkten. Der Verbraucher entnimmt die Produkte in der Menge, in der er sie benötigt. Die entstandene Lücke wird in einer vereinbarten Zeit wieder aufgefüllt. Der große Vorteil des Kanban-Prinzips liegt darin, dass es mit einem geringen Steuerungsaufwand auskommt und auf sehr einfachen Regelmechanismen aufbaut.

Im Gegensatz zum prognoseorientierten MRP II-Konzept, das Aufträge in die Produktion nach dem Push-Prinzip (engl. push: drücken, schieben) drückt, fertigt das Kanban-System nach dem Pull-Prinzip (engl. pull: ziehen) nur nach, was vom Verbraucher tatsächlich aus dem Puffer entnommen wird.

Die wichtigsten Elemente des Kanban-Verfahrens sind in Anlehnung an [Wil84]:

- Gliederung der Produktion in ein System vermaschter, sich selbst steuernder Regelkreise, bestehend aus jeweils einem Teile verbrauchenden Bereich (Senke) und den dazugehörigen vorgelagerten Teile erzeugenden Bereichen (Quelle).
- Aufbau eines Zwischenlagers (Puffers) zwischen Teile verbrauchendem und Teile erzeugendem Bereich, um kleinere Unregelmäßigkeiten oder Störungen im Produktionsablauf auszugleichen.

- Auftragsauslösung durch den jeweils nachfolgenden verbrauchenden Bereich.
- Einführung spezieller Informationsträger, die als Kanban-Karten zur eigentlichen Fertigungssteuerung und zur Bestandsbegrenzung dienen.
- Übertragung der kurzfristigen Verantwortung für die termin-, mengen- und qualitätsgerechte Ausführung an die operativen Mitarbeiter.
- Fertigung und anschließende Einlagerung erfolgen in der Regel auftragsanonym.

Bild 7.47 zeigt schematisch die Informations- und Materialflüsse am Beispiel einer Produktion, die mit Kanban-Karten gesteuert wird.

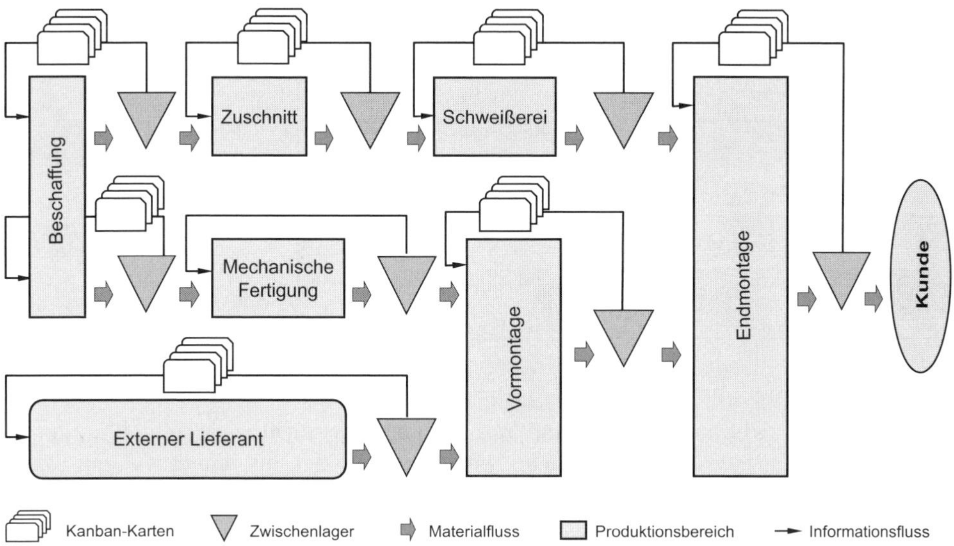

© IFA G1278SW_Wd

Bild 7.47 Material- und Informationsflüsse in einer als Kanban-System organisierten Produktion (Industriebeispiel)

Sobald eine Auslieferung an einen Kunden erfolgt ist, fordert der Vertrieb in der Endmontage eine Nachproduktion an. Dazu wird je Produktvariante die so genannte *Kanban-Karte* eingesetzt, die dem System seinen Namen gegeben hat. Werden Teile aus den Puffern der Lieferanten entnommen – hier sind es die Schweißerei und Vormontage –, fordern diese ihrerseits bei ihren Vorlieferanten Nachschub an. Für den Erzeuger stellt die Kanban-Karte einen Auftrag dar und fordert ihn auf,

- das angegebene Teil in der vereinbarten Qualität herzustellen;
- dieses in der festgelegten Behälterart in der angegebenen Menge abzulegen;
- die Kanban-Karte beizufügen;
- die Teile im Transportbehälter dem Verbraucher zukommen zu lassen.

Ist dies geschehen, liegt die Karte wieder beim Verbraucher, der bei erneutem Unterschreiten des Sicherheitsbestandes mit der Karte eine Nachproduktion anstößt.

Bild 7.48 zeigt ein Beispiel für eine Kanban-Karte. Man erkennt die Identifikationsnummer des herzustellenden Teils mit dem benötigten Rohmaterial, der Arbeitsplannummer, den erzeugenden und verbrauchenden Bereich, sowie die Kartennummer und die Gesamtanzahl der umlaufenden Karten. Diese Zahl regelt den Bestand im Kreislauf. Die Karte dient darüber hinaus aber auch der Teileidentifikation in einem Transportbehälter während des Transports oder der Zwischenlagerung in der Produktion.

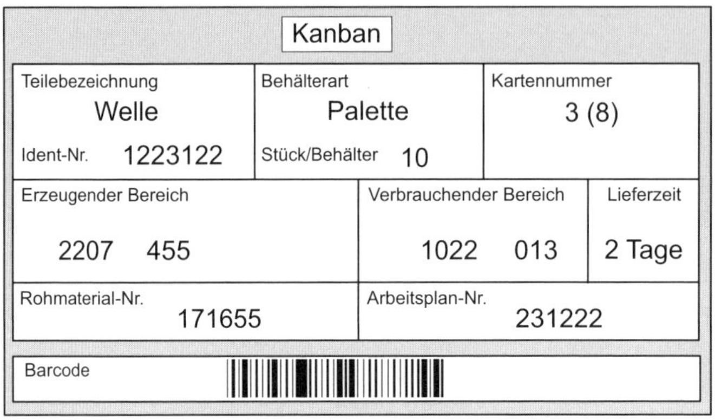

Bild 7.48 Beispiel für eine Kanban-Karte

© IFA C1880

Die Verbindung zwischen Erzeuger und Verbraucher muss nicht starr sein, d.h. ein Verbraucher kann für jedes unterschiedliche Teil, das er benötigt, mit einem anderen Erzeuger verbunden sein. Und jeder Erzeuger kann mehrere Verbraucher mit unterschiedlichen Teilen versorgen.

Als *Einsatzvoraussetzungen* der Kanban-Steuerung sind zu nennen:

- Produktionsprogramm mit wenig Varianten,
- geringe Bedarfsschwankungen der Kanban-gesteuerten Teile,
- ablauforientierte Betriebsmittelaufstellung mit aufeinander abgestimmten Kapazitätsangeboten und möglichst gleichem Arbeitsrhythmus,
- große Kapazitätsflexibilität,
- hohe Verfügbarkeit und geringe Umrüstzeiten der Betriebseinrichtungen,
- Qualitätssicherung durch Selbstkontrolle am Arbeitsplatz,
- hohe Motivation und Qualifikation der Mitarbeiter,
- konsequente Einhaltung der Steuerungsregeln durch die Mitarbeiter.

Im Zuge der vielfachen Einführung der Insel- und Segmentfertigung findet dieses Verfahren dort mittlerweile eine starke Verbreitung.

7.8 Gestaltung der Fertigungssteuerung

Die Beschreibung der Funktionen und Verfahren der Fertigungssteuerung verdeutlichte, dass keines dieser Konzepte für sich in Anspruch nehmen kann, den unterschiedlichen Anforderungen der industriellen Produktion umfassend gerecht zu werden. Jedoch hat Lödding Leitsätze formuliert, die bei der Auswahl oder der Gestaltung von Verfahren zur Produktionssteuerung beachtet werden sollten [Löd08] und in etwas verkürzter Form wie folgt lauten:

Die Fertigungssteuerung soll:

1. zur Beherrschung der Durchlaufzeit nicht die Aufträge, sondern die Arbeitssysteme steuern;
2. den Bestand im System mit möglichst geringen Schwankungen auf einem definierten Niveau regeln und nicht die Leistung;
3. Planabweichungen mit flexiblen Kapazitäten durch eine Rückstandsregelung ausgleichen und so die Termintreue gewährleisten;
4. die vorhandene Kapazitätsflexibilität bestmöglich zur Abstimmung von Belastung und Kapazität nutzen;
5. möglichst wenig Reihenfolgeabweichungen verursachen;
6. die Auslastung der Engpasskapazitäten besonders beachten;
7. möglichst einfach sein, um die Anwendung in der Praxis zu fördern.

Die Leitsätze bieten darüber hinaus die Möglichkeit, bestehende Steuerungsverfahren qualitativ zu beurteilen und ggf. Entwurfsmängel aufzuzeigen. Auch können so verschiedene Steuerungsverfahren ohne eine aufwändige Simulation verglichen werden.

Zur Auswahl und Einführung von PPS-Systemen und deren Verfahren existieren zahlreiche Vorschläge. Sehr bekannt wurde in diesem Zusammenhang die von Schomburg vorgeschlagene und weiter entwickelte Betriebstypologie, welche die Auftragsabwicklungsprinzipien unterschiedlicher Unternehmen nach insgesamt 12 Strukturgrößen beschreibt. Daraus kann abgeleitet werden, welche PPS-Funktionen im Einzelfall genutzt und verknüpft werden müssen [Dob96]. Eine permanent aktualisierte Übersicht über vorhandene ERP/PPS-Systeme und deren Funktionsausprägung unterstützt den darauf folgenden Auswahlprozess [LS04].

Neuere Ansätze gehen von den Geschäftsprozessen der Auftragsabwicklung aus, bestimmen die notwendigen Funktionen und leiten daraus die erforderlichen PPS-Anforderungen ab [Schö11, Bin02]. Mit wachsender Turbulenz des Umfeldes steigen die Anforderungen an die PPS hinsichtlich Reaktionsfähigkeit und Flexibilität nicht nur der Fertigung, sondern auch an des PPS-Systems selbst. In diesem Zusammenhang wird dann auch von einem Auftragsmanagement gesprochen [Wie11].

7.9 Produktionscontrolling

7.9.1 Regelkreis und Sichten

Mit dem Produktionscontrolling schließt sich der Regelkreis der PPS. Bild 7.49 zeigt das Zusammenspiel der PPS-Komponenten mit der Durchführung. Aus der *Zielsetzung* bezüglich der strategischen Positionierung entstehen zunächst Leistungsziele, z. B. eine bestimmte Termintreue. Aus dem *Bedarf* von Vertrieb und Kunden entstehen Soll-Werte, welche das PPS-System in der beschriebenen Weise in Plan-Werte für Fertigungs- und Beschaffungsaufträge umsetzt. Der erste Regelkreis prüft die Zielerfüllung des Produktionsplans bzw. des Produktionsprogramms. Ggf. sind Korrekturen entweder an den Zielen oder dem Produktionsprogramm erforderlich. Ein zweiter Regelkreis überprüft im Sinn einer Terminprognose (Vorausschau), ob die im PPS-System eingestellten Parameter (z. B. Plan-Durchlaufzeit oder Plan-Kapazität) so eingestellt sind, dass die vorgegebenen Soll-Termine erreicht werden, ggf. ist hier eine Parameteradaption erforderlich. Nach der *Durchführung* werden im dritten Regelkreis die aus *Rückmeldungen* gewonnenen Istwerte in Form von Kennzahlen aufbereitet und mit den Vorgabewerten verglichen. Die festgestellten Abweichungen sind zu analysieren und Maßnahmen zur Erhöhung der Zielerreichung vorzuschlagen. Mit dem Modell wird also nicht nur die logistische Qualität der Durchführung, sondern auch die der Planung gesichert.

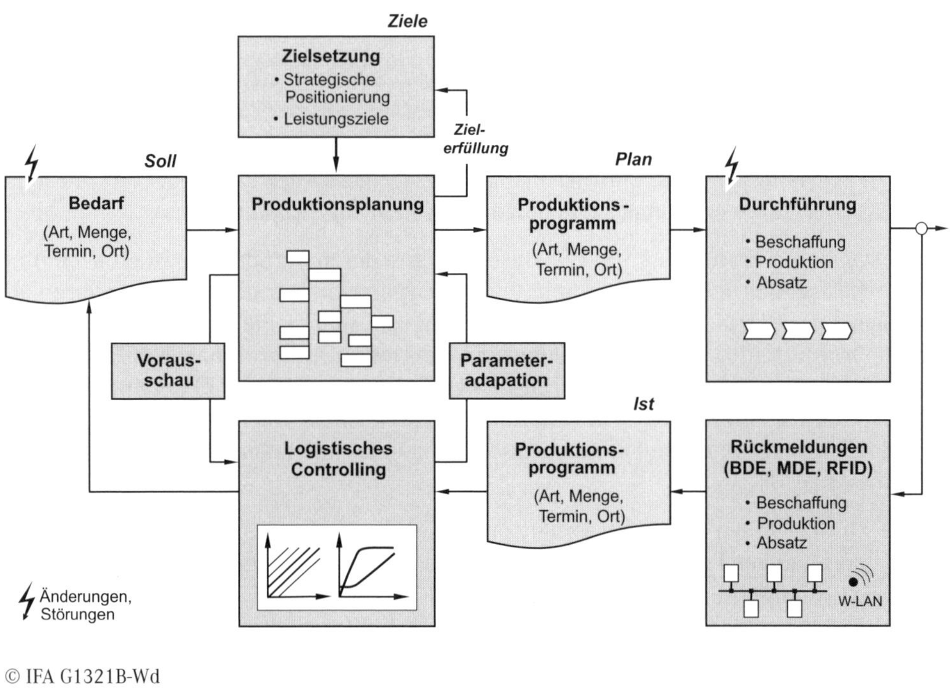

© IFA G1321B-Wd

Bild 7.49 Logistisches Controlling im Regelkreis der PPS

Die Kennzahlen dienen zum einen der Überwachung der Auftragsabwicklung [WHY98], zum anderen aber auch dem überbetrieblichen Vergleich im Rahmen eines Benchmarkings [LWW04]. Der englische Begriff Benchmark stammt ursprünglich aus der Landvermessung und bedeutet Festpunkt oder Landmarke. Übertragen bedeutet Benchmark (auch Benchmarking) den Vergleich von Prozessen, Produkten und Dienstleistungen, um „vom Besten zu lernen".

Beim innerbetrieblichen Controlling ist zwischen der Auftragssicht und der Ressourcensicht zu unterscheiden. Die Auftragssicht hat die Durchlaufzeit und Termineinhaltung der Aufträge im Blick, während die Ressourcensicht Bestände und Auslastung beobachtet. Beim Benchmarking interessiert die Logistikeffizienz, die ihrerseits durch die Logistikleistung und die Logistikkosten beschrieben wird. Diese drei Aspekte des Produktionscontrollings werden im Folgenden näher beschrieben.

7.9.2 Controlling aus Auftragssicht

Ausgangspunkt für ein Controlling der Kundenaufträge ist der in Bild 6.25 aus der Stückliste abgeleitete Fristenplan, Bild 7.50 oben links. Er wird in das Kundenauftragsdiagramm transformiert, indem den Fertigungs- und Montagekomponenten der zugehörige Arbeitsinhalt zugewiesen wird, Bild 7.50 oben rechts. Die Fertigungsaufträge bestehen aus mehreren Arbeitsgängen, die am Beispiel von Fertigungsauftrag F3 mit ihren Durchlaufelementen unten rechts dargestellt sind. Für die Beschaffungselemente (im Kundenauftragsdiagramm dimensionslos) zeigt das Bild unten links die Verbindung zum zugehörigen Lagerdurchlaufdiagramm, hier am Beispiel von Beschaffungsauftrag B4. Durch Überlagerung von Soll- und Plan- bzw. Istwerten werden terminliche Abweichungen sichtbar.

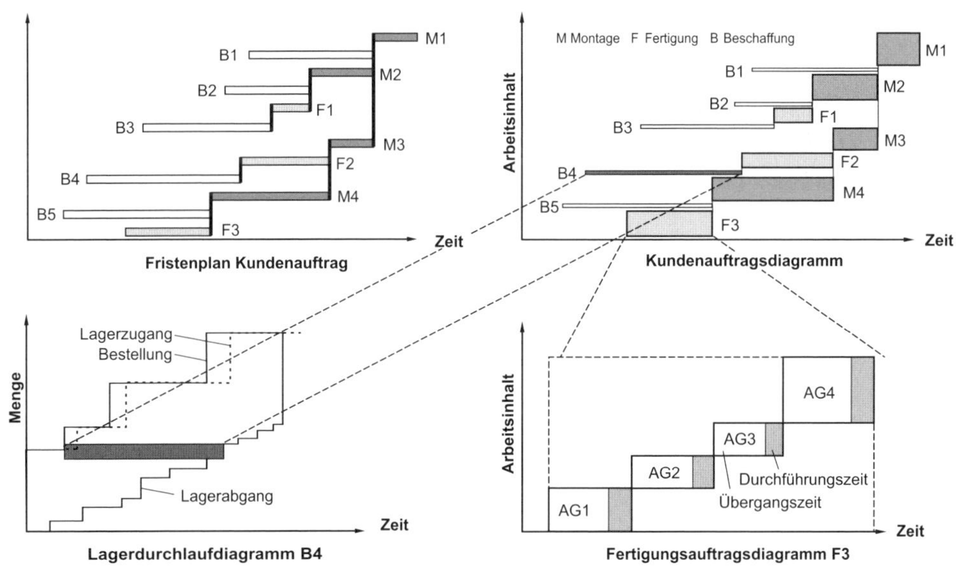

© IFA G0610 B_Wd

Bild 7.50 Modellierung eines Kundenauftrags

Bild 7.51 zeigt hierzu als Beispiel das Auftragsnetz einer Baugruppe. Sie besteht in der ersten Auflösungsstufe aus 4 Komponenten K1 bis K5. Komponente 5 wird aus einer Vorkomponente 4 erzeugt, dadurch entsteht eine zweite Auflösungsstufe. Im Fristenplan sind die Komponenten mit Sollwerten (aus der Bedarfsplanung) und Planwerten (Ergebnis der Fertigungsplanung) erkennbar. Im Gegensatz zu Bild 7.50 ist hier die Y-Achse nicht mit dem Arbeitsinhalt skaliert, sondern alle Komponenten sind unterschiedslos mit einer Einheitshöhe dargestellt.

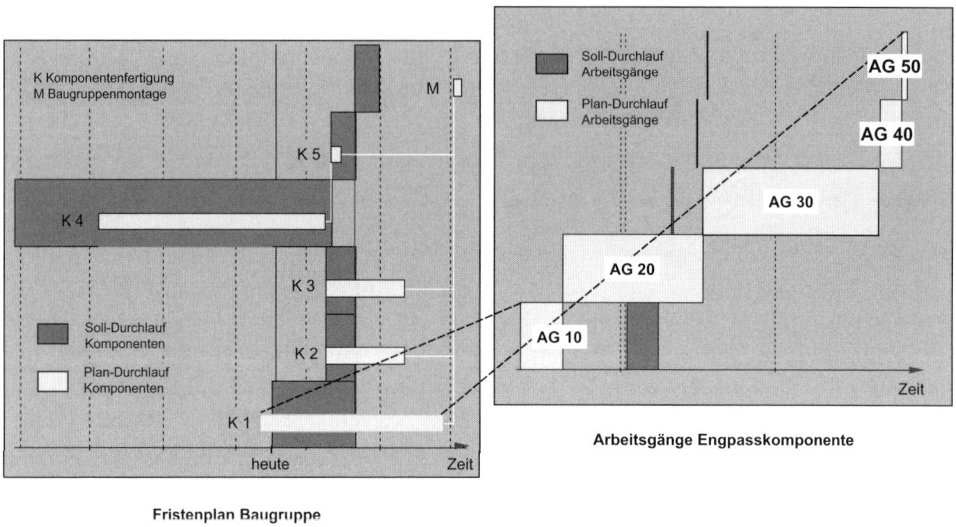

© IFA 12.086

Bild 7.51 Engpassanalyse einer Baugruppe (H.-H. Wiendahl; Software: FAST Pro)

In der aktuellen Einplanung ist eine drohende Verspätung der Baugruppe erkennbar. Ursächlich ist hier Komponente K1, da sie den Montagestart bestimmt. Diese Komponente hat fünf Arbeitsgänge, die im rechten Bildteil wiederum mit Soll- und Planwerten dargestellt sind. Hier erweist sich Arbeitsgang 30 als der Durchlaufzeit bestimmende Arbeitsgang. Will man die Ursache für die Verzögerung erkennen, führt dies zur Analyse des betreffenden Arbeitssystems, ein Beispiel wird später in Bild 7.53 gezeigt. Die Ursache kann in einer Überlastung des Arbeitssystems bestehen oder in einer Priorisierung anderer Aufträge. Durchlaufelemente bilden also das Bindeglied zwischen der Auftrags- und Ressourcensicht.

7.9.3 Controlling aus Arbeitssystemsicht

Wie in Abschnitt 6.4.2 anhand des Trichtermodells und Durchlaufdiagramms erläutert, lassen sich durch Erfassung der Zu- und Abgänge mit Plan- und Ist-Terminen oder auch mit Soll- und Planterminen von Aufträgen Kennzahlen für Bestand, Leistung, Durchlaufzeit und Terminabweichung berechnen. Sie können nach Bedarf in der vom Benutzer gewünschten Weise in Form von Berichten und Grafiken zusammengestellt werden. Bild

7.52 zeigt exemplarisch drei typische Komponenten für ein Arbeitsplatz-Monitorsystem, die Werte entstammen einer Industrieuntersuchung.

Die *Kennzahlentabelle* enthält je Bereich zunächst in möglichst knapper Form die wesentlichen Zu- und Abgangswerte sowie die daraus errechneten Kenngrößen, in diesem Fall über vier Perioden von je einer Woche Dauer. Auslastungswerte unter 100 % deuten auf Störungen oder falsche Vorgabezeiten hin. Der Auslastungswert von 117 % in Periode 3 ist auf die Abmeldung eines großen, bereits in der Vorperiode begonnenen Auftrags zurückzuführen. Die letzte Spalte zeigt die Werte aller vier Perioden, also eines Monats. Ein daraus abgeleitetes vereinfachtes *Durchlaufdiagramm* visualisiert den Auftragsdurchlauf an diesem Arbeitssystem. Eine *Kennzahlengrafik* stellt schließlich periodenweise ausgewählte Kennzahlen als Säulen dar.

	Kenngrößen Ist		Periode 1	Periode 2	Periode 3	Periode 4	Periode 1-4
1	Kalendertage	[Tag] [Tage]	205-211 7	212-218 7	219-225 7	226-232 7	205-232 28
2	Arbeitstage	[AT] [AT]	30-34 5	35-39 5	40-44 5	45-49 5	30-49 20
3	Zugang	[Std]	34,9	24,4	96,3	29,3	184,9
4	Abgang	[Std]	37,9	31,4	30,1	46,6	146,0
7	Bestandsveränderung	[Std]	-3,0	-7,0	66,2	-17,3	38,9
8	Bestand	[Std]	104,1	83,7	86,3	147,0	105,3
9	Reichweite	[AT]	13,7	13,3	14,3	15,8	14,4
10	Durchlaufzeit	[AT]	16,5	8,1	15,5	8,2	11,8
11	Terminabweichung	[AT]	9,5	-1,2	15,4	1,3	5,8
12	Auslastung	[%]	95	79	75	117	91

Kennzahlentabelle

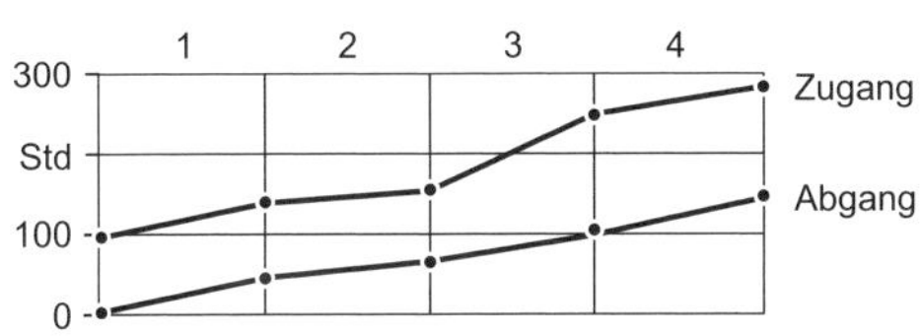

Durchlaufdiagramm

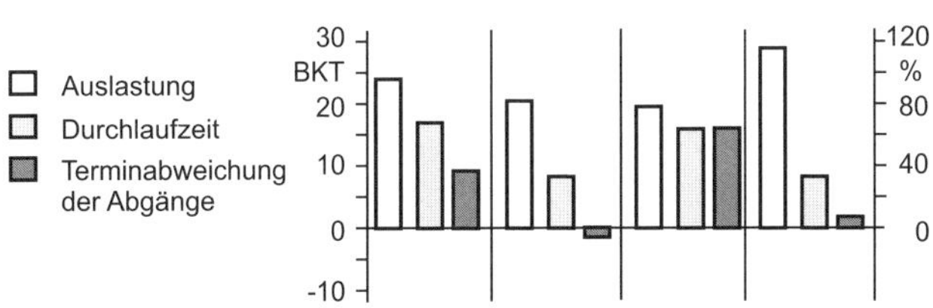

Kennzahlengraphik

© IFA D1285

Bild 7.52 Komponenten eines Arbeitsplatzmonitorsystems

Ein Beispiel für die Rückstandsanalyse eines Arbeitssystems zeigt Bild 7.53. Es handelt sich um das Arbeitssystem, das den Arbeitsgang 30 für eine Komponente ausführt, die in Bild 7.51 als Engpasskomponente erkannt wurde. Links von der „heute"-Linie ist der Verlauf der Vergangenheitswerte für den Zugang und Abgang dargestellt. Rechts davon ist der nach Kundenzusage erforderliche Soll-Abgang erkennbar. Ferner sind der vom PPS-System berechnete Zugang nach gegenwärtiger Belastungssituation, die beim Planungslauf angenommene Kapazität sowie der Bestand und Rückstand im Zeitverlauf abgebildet.

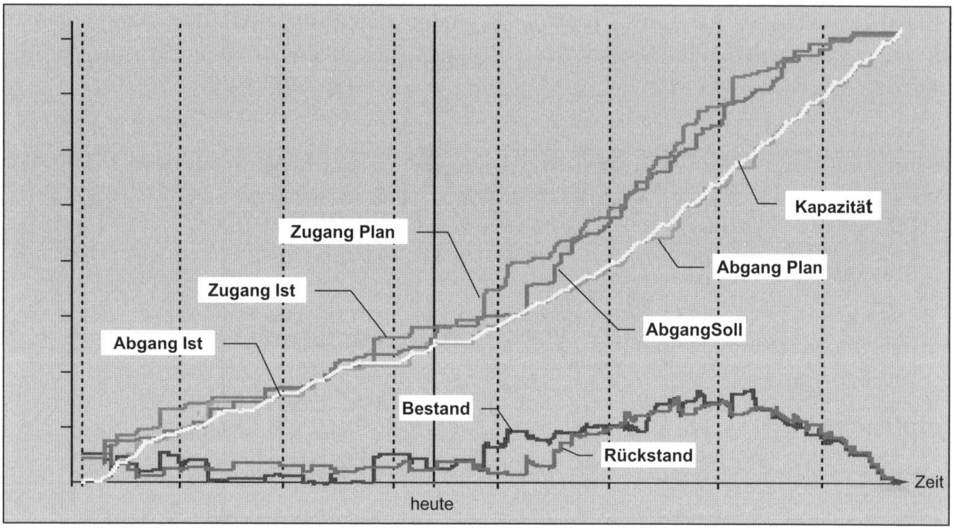

© IFA 12.085

Bild 7.53 Rückstandsanalyse Arbeitssystem (H.-H. Wiendahl; Software: FAST Pro)

In der Zukunft (rechts von der „Heute"-Linie) wird sich nach dem gegenwärtigen Planungsstand der Rückstand gegenüber dem Soll weiter erhöhen und zeitweise sogar betragsmäßig über dem Planbestand liegen. Zugehende Aufträge wären dann bereits bei Ankunft im Verzug. Die Kapazität dieses Arbeitssystems ist also eindeutig zu gering; sie schafft die nötige Leistung nicht und stellt demzufolge einen Durchsatzengpass dar. Die Kapazität muss also entweder erhöht werden, um den Rückstand abzubauen oder es sind Arbeitsgänge zu verlagern. Ein zweiter Effekt ergibt sich durch den offensichtlich unkontrollierten Bestandsaufbau, der durch ein unpassendes oder fehlerhaft parametriertes Planungsverfahren bedingt ist. Das hat zur Folge, dass sich die Durchlaufzeit der betreffenden Aufträge gegenüber der Plandurchlaufzeit erhöhen wird und so die Terminabweichung verschlechtert. Dies erklärt auch die ungewöhnlich lange Durchlaufzeit von Arbeitsgang 30 im Vergleich zum Soll-Durchlauf in Bild 7.51:Engpassanalyse einer Baugruppe (H.-H. Wiendahl; Software: FAST Pro)7.51.

Die Überwachung der Zukaufteile ist ebenso wichtig wie die der Fertigungsteile. Bild 7.54 zeigt ein Beispiel für einen Lagerartikel. Zum Zeitpunkt „heute" ist für diesen Artikel kein Bestand vorhanden. Nach den bisherigen Planungen könnte sich die Situation wieder stabilisieren. Sollte der Verbrauch jedoch denselben Umfang wie in der Vergangenheit haben, droht ein erneutes sog. Stock-out-Risiko (Verfügbarkeitsrisiko).

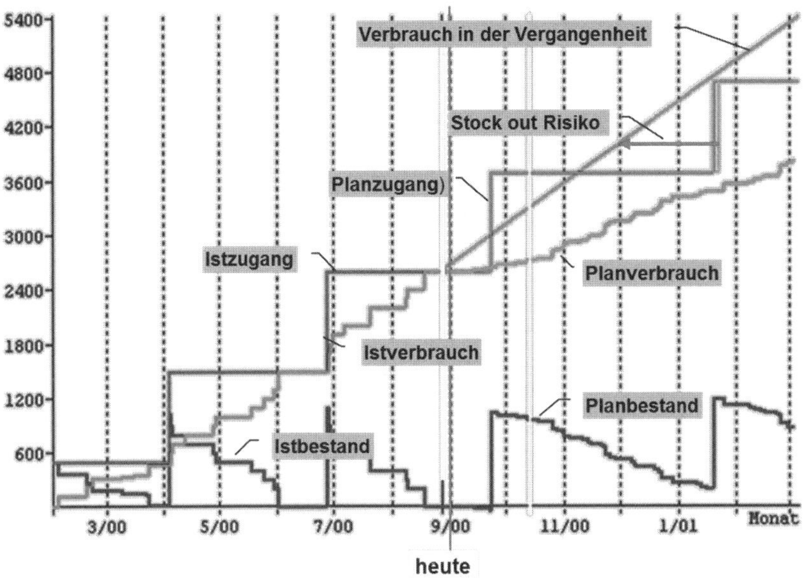

© IFA 17.659

Bild 7.54 Lagerdurchlaufdiagramm, Industriebeispiel (H.-H. Wiendahl; Software: FAST Pro)

7.9.4 Logistisches Benchmarking

Zum Thema Benchmarking ist eine große Zahl von Veröffentlichungen erschienen, die sich mit der Vorbereitung, Durchführung und Auswertung von Benchmarks beschäftigen, z. B. [SK02, FBV02, Sen04]. Für den Bereich der Logistik finden sich Vorschläge in [Bin02, FBV02, Wil03]. Wildemann hat einen Logistik-Check zur Selbstbewertung entwickelt [Wil04]. Die VDI-Richtlinie 4400 [VDI02], die im Rahmen eines vom BMBF geförderten Verbundprojektes entstanden ist, schlägt eine Kennzahlenhierarchie vor, die auf einer standardisierten Beschreibung, Messung und Bewertung der logistischen Leistungsfähigkeit von Produktionsunternehmen in den Bereichen Beschaffung, Produktion und Distribution beruht. Eine ausführliche Beschreibung findet sich in [LWW04].

Den Aufbau des Bewertungssystems für die Produktionslogistik zeigt Bild 7.55. Die *Logistikeffizienz* beschreibt die *Logistikleistung* mit den Zielen Verfügbarkeit, Durchlaufzeit und Lieferservice einerseits und den *Logistikkosten* der Produktion mit den Zielen Bestands- und Prozesskosten anderseits. Für einige Kennzahlen ist es wichtig, neben dem Mittelwert auch die Streuung zu berechnen. Damit ergibt sich beispielsweise bei der Lieferterminabweichung ein Maß für die logistische Prozessbeherrschung.

Die ebenfalls im Bild mit aufgeführten Struktur- und Rahmendaten können nicht für das Benchmarking selbst benutzt werden. Vielmehr dienen sie dazu, ein Unternehmen hinsichtlich seiner Logistik zum Zweck der Partnersuche zu charakterisieren sowie Leistungs- und Kostenunterschiede zwischen zwei Benchmarking-Partnern zu interpretieren.

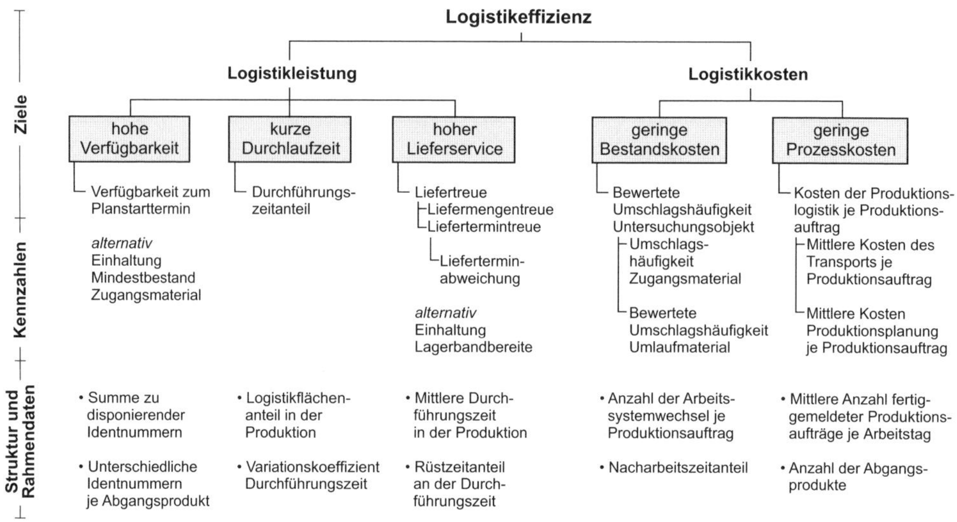

© IFA 12.084

Bild 7.55 Kennzahlen der Produktionslogistik (VDI 4400)

Damit sind die Ausführungen zum Thema PPS abgeschlossen. Infolge der umfassenden strategischen Neuausrichtung vieler Produktionsunternehmen verbunden mit dem Abbau der Eigenfertigung und der damit verbundenen stärkeren Lieferanteneinbindung in Form von längerfristigen Entwicklungs- und Fertigungspartnerschaften sowie der zunehmenden Fertigung in globalen Produktionsnetzen werden die herkömmlichen PPS-Systeme in Frage gestellt und das Prinzip der Dezentralisierung und Selbststeuerung betont. Allerdings bleiben die hier vorgestellten Grundfunktionen auf absehbare Zeit erhalten, wobei die Beschaffung, Montage und Auslieferung an den Kunden sowie das Auftragsmanagement gegenüber der Fertigung an Bedeutung gewonnen hat [Wie11].

7.10 Literatur

[AK88] Aue-Uhlhausen, H, Kühnle, H.: Von ABS bis OPT. PPS-Methoden im Vergleich. In: Tagungsband AWF PPS-Kongress 88, Kongress-Zentrum Böblingen, 1988, S. 176 - 229

[And29] Andler, K.: Rationalisierung der Fabrikation und optimale Losgröße, Diss. Stuttgart 1929

[Bec84] Bechte, W.: Steuerung der Durchlaufzeit durch belastungsorientierte Auftragsfreigabe bei Werkstattfertigung, Fortschrittber. VDI-Z, Reihe 2/70, Düsseldorf 1984

[Bec13] Beck, S.: Modellgestütztes Logistikcontrolling konvergierender Materialflüsse. Diss. Leibniz Univ. Hannover 2013. Veröff. als Berichte aus dem IFA, Band 3/2013, Peter Nyhuis (Hrsg.), Garbsen 2013

[Bin02] Binner, H. F.: Unternehmensübergreifendes Logistikmanagement. München Wien 2002

[Bra74] Brankamp, K.: Ein Terminplanungssystem für Unternehmen der Einzel- und Serienfertigung, 2. Aufl., Düsseldorf 1974

[Bra77] Brankamp, K.: Leitfaden zur Einführung einer Fertigungssteuerung, Essen 1977

[Dan01] Dangelmaier, W.: Fertigungsplanung. Planung von Ablauf und Steuerung der Fertigung. 2. Aufl., Berlin Heidelberg 2001

[Dob96] Dobberstein, M.: Ausprägungen der Produktionsplanung und -steuerung. In: Eversheim, W., Schuh, G. (Hrsg.): Betriebshütte, Produktion und Management, Berlin Heidelberg 1996, S. 14 - 60, 83

[EBDS98] Eversheim, W., Böhmer, D., Dohms, R., u. Schellberg, O.: Einrichtung einer Auftragsleitstelle. In: Luczak, H. und Eversheim W. (Hrsg.): Produktionsplanung und -steuerung, Berlin Heidelberg 1998, S. 376 - 419

[FBV02] Fahrni, F., Bodmer, Ch., u. Völker, R.: Erfolgreiches Benchmarking in Forschung und Entwicklung, Beschaffung und Logistik. München 2002

[Frü06] Frühwald, C.; Wolter, C.: Prozessgestaltung. In: Hagen, N. u. a. (Hrsg.): Prozessmanagement in der Wertschöpfungskette. Haupt Verlag, Bern Stuttgart Wien 2006.

[Fra84] Franken, R.: Materialwirtschaft: Planung und Steuerung des betrieblichen Materialflusses, Hrsg.: Schachtschnabel, H. G., Stuttgart Berlin Köln Mainz 1984

[GGR92] Glaser, H., Geiger, W., Rohde, V.: PPS - Produktionsplanung und -steuerung. Konzepte - Anwendungen, 2. Aufl., Wiesbaden 1992

[Gol87] Goldratt, E.-M., Cox, J.: Das Ziel: Höchstleistung in der Fertigung, Hamburg 1987

[Gol99] Goldratt, E. M.: Theory of Constraints. North River Publ., Great Barrington, MA 1999

[Gra77] Grabowski, H., Kambartel, K.-H.: Rationelle Angebotsbearbeitung in Unternehmen mit Auftragsfertigung, Essen 1977

[Gro78] Grochla, E.: Grundlagen der Materialwirtschaft, Wiesbaden 1978

[Gro10] Gronau, N.: Enterprise Resource Planning: Architektur, Funktionen und Management von ERP-Systemen, 2. Aufl., Wiesbaden 2010

[Hac89] Hackstein, R.: Produktionsplanung und -steuerung, 2. Aufl., Düsseldorf 1989

[Har02] Hartmann, H.: Materialwirtschaft: Organisation, Planung, Durchführung, Kontrolle. 8. Aufl., Gernsbach 2002

[Harr13] Harris, F. W.: How many parts to make at once. In: Factory 10 (1913) 2, S. 135 - 136, 152

[Löd08] Lödding, H.: Verfahren der Fertigungssteuerung. 2. Aufl., Berlin Heidelberg 2008

[LS04] Luczak, H., u. Stich, V.: Marktspiegel Business Software - ERP/PPS 2003/2004 2. Aufl. Ringbuch. Forschungsinstitut für Rationalisierung, Aachen 2004

[LWW04] Luczak, H., Wiendahl, H.-P., u. Weber, J.: Logistik-Benchmarking. 2. Aufl., Berlin Heidelberg 2004

[Mec77] Meckner, H., Tangermann, H.-P.: Untersuchung von Planungsverfahren zur Steuerung von Mengen und Terminen in Materialwirtschaft und Fertigung, Betriebstechnische Reihe RKW/REFA, Berlin 1977

[Mer09] Mertens, P., u. Meier, M. C.: Planungs- und Kontrollsysteme in der Industrie. Integrierte Informationsverarbeitung Wiesbaden 2009

[Mic75] de Micheli, F.: Grundlagen und Methoden der Materialwirtschaft. In: Brankamp, K. (Hrsg.): Handbuch der modernen Fertigung und Montage, München 1975

[Mün13] Münzberg, B.: Multikriterielle Losgrößenbildung. Diss. Leibniz Universität Hannover 2013. Berichte aus dem IFA. Garbsen 2013

[Nyh03] Nyhuis, P., Rottbauer, H.: Erfolgsfaktoren und Hebel der Beschaffung im Rahmen eines Integrated Supply Managements. In: Bogaschewsky, R. (Hrsg.): Integrated Supply Management. Deutscher Wirtschaftsdienst, Köln 2003.

[Nyh91] Nyhuis, P.: Durchlauforientierte Losgrößenbestimmung, Dissertation Universität Hannover. Veröff. in Fortschrittsberichte VDI, Reihe 2/228, Düsseldorf 1991

[REFA91] REFA (Hrsg.): Methodenlehre der Planung und Steuerung, 6 Bände. Teil 1: Grundlagen - Einflüsse auf das Unternehmen - Informationen und Daten - Erzeugnisse und Ausführungsunterlagen. Teil 2: Programm und Auftrag – Materialplanung und -steuerung – Kapazitätsplanung und -steuerung – Personalplanung und -steuerung – Betriebsmittelplanung und -steuerung. Teil 3: Zeitermittlung, Terminierung – Erstellen von Arbeitsunterlagen. Werkstattsteuerung. Teil 4: Qualitätsplanung und -steuerung. Teil 5: Planung und Steuerung von Kosten und Investitionen. Teil 6: Netzplantechnik – Projektmanagement – Betriebsstättenplanung. München 1991

[Schö11] Schönsleben, P.: Integrales Logistikmanagement. 6. Aufl., Berlin Heidelberg 2011

[Schu12] Schuh, G., u. Stich, V. (Hrsg.): Produktionsplanung und -steuerung 1: Grundlagen der PPS, 4. Aufl., Berlin Heidelberg 2012

[Sen04] Sennheiser, A.: Determinant based selection of benchmarking partners and logistic performance indicators. Dissertation ETH Zürich, 2004

[SK02] Siebert, G., u. Kempf, S.: Benchmarking – Leitfaden für die Praxis. 2. Aufl., München 2002

[VDI02] VDI Richtlinie 4400, Blatt 1: Logistikkennzahlen für die Beschaffung, Düsseldorf 2001. Blatt 2: Logistikkennzahlen für die Produktion, Düsseldorf 2000. Logistikkennzahlen für die Distribution, Düsseldorf 2002

[WGK04] Wiendahl, H.-P., Gerst, D. und Keunecke, L. (Hrsg.): Variantenbeherrschung in der Montage. Konzept und Praxis der flexiblen Produktionsendstufe. Berlin Heidelberg 2004

[WHY98] Wiendahl, H.-P., Höbig, M., u. Yu, K.-W.: Einführung eines PPS-Controlling. In: Luczak, H.; Eversheim, W. (Hrsg.): Schotten, M.: Produktionsplanung und -steuerung: Grundlagen, Gestaltung und Konzepte. Berlin Heidelberg 1998

[Wie02] Wiendahl, H.-H.: Situative Konfiguration des Auftragsmanagements im turbulenten Umfeld. Dissertation Universität Stuttgart 2002. Heimsheim 2002

[Wie91] Wiendahl, H.-P. (Hrsg.): Anwendung der belastungsorientierten Fertigungssteuerung, Hanser, München Wien 1991

[Wie97] Wiendahl, H.-P.: Fertigungsregelung. Logistische Beherrschung von Fertigungsabläufen auf Basis des Trichtermodells. Hanser, München Wien 1997

[WWC05] Wiendahl, H.-H.; Wiendahl, H. -P.; Cieminski, G. v.: Stolpersteine der PPS: Symptome – Ursachen – Lösungsansätze. In: Wt Werkstattstechnik 95 (2005) 9, S. 717 – 725

[Wie11] Wiendahl, H.-H.: Auftragsmanagement in der industriellen Produktion. Grundlagen, Konfiguration, Einführung, Berlin-Heidelberg 2011

[Wil03] Wildemann, H.: Bewertung logistischer Leistungen. Abschlussbericht des Forschungsprojektes BiLog., München 2003

[Wil04] Wildemann, H.: Logistik-Check: Leitfaden zur Identifikation und Erschließung von Logistikpotenzialen. 2. Aufl., München 2004

[Wil84] Wildemann, H.: Flexible Werkstattsteuerung durch Integration von Kanban-Prinzipien. München 1984

[Win01] Windt, K.: Engpassorientierte Fremdvergabe in Produktionsnetzen. Diss. Universität Hannover. Veröff. in: Fortschrittberichte VDI, Reihe 2/579, Düsseldorf 2001

8 Qualitätsmanagement

8.1 Einleitung

Die Erfüllung von Kundenwünschen und -forderungen war schon immer eine zentrale Aufgabe bei der Konstruktion und Herstellung von Produkten. Früher war dies aber nur in Ausnahmefällen eine geplante Strategie. Meist sorgten die Bindung zum Kunden und der Wettbewerb dafür, dass die gemeinsamen Anstrengungen zu Produkten führten, die beim Gebrauch zufrieden stellend funktionierten. Wurden Forderungen an das Produkt verschärft, beachtete man vor allem die gleichzeitig verschärfte Forderung bei der Qualitätsprüfung.

Mit der Entwicklung einer globalen Industrialisierung und des zunehmenden Austauschs von Wirtschaftsgütern wurde eine Systematisierung des Qualitätsmanagements unerlässlich. Ähnlich wie es in der Logistik der Fall ist, lassen sich charakteristische Phasen erkennen, Bild 8.1 [Zol01].

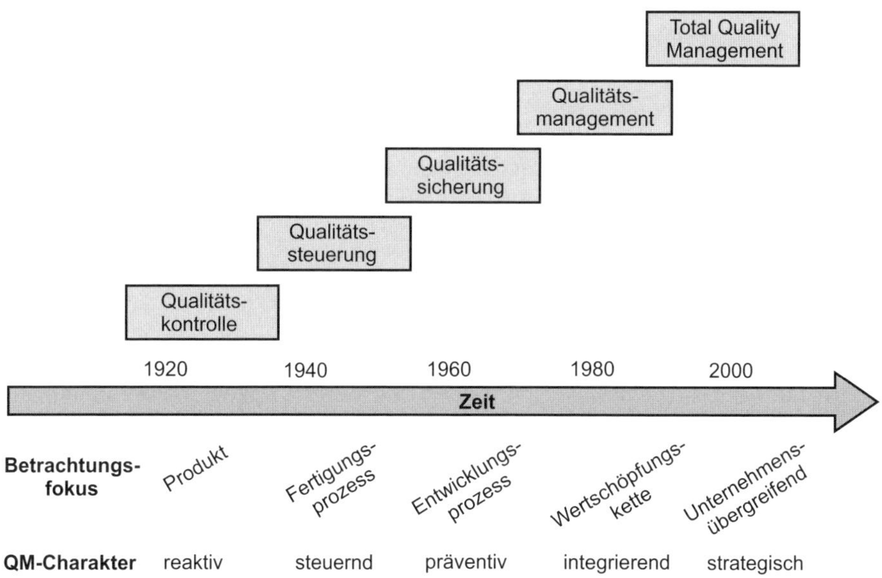

© IFA 17.662

Bild 8.1 Entwicklungsstufen des Qualitätsmanagements (nach Zolondz, zitiert nach [Lin11])

Die *Qualitätskontrolle* war vorwiegend auf die Aussortierung fehlerhafter Produkte abgestellt, weniger auf die Rückkoppelung gewonnener Erkenntnisse auf Konstruktion und Entwicklung. In den späten 1940er Jahren reifte die Erkenntnis, dass nur sichere Fertigungsprozesse forderungsgerechte Teile hervorbringen und damit eine *Qualitätssteuerung* erforderlich wurde. Ab den 1960er-Jahren setzte sich der Begriff *Qualitätssicherung* durch. Ihr wesentliches Kennzeichen war die Einbeziehung aller qualitätsbezogenen Tätigkeitselemente während der Produktentstehung, beginnend mit Entwicklung und Konstruktion bis hin zum Service [Mas07].

In den folgenden Jahren hat sich die Vorstellung verbreitet, dass es für Kunden Vorteile mit sich bringt, wenn sie sich vor Abschluss eines Liefervertrages von der Vertrauenswürdigkeit der Qualitätsfähigkeit ihrer Lieferanten überzeugen. Das geschah zunächst in Vertragsverhältnissen und vielfach auf Initiative der Einkaufsleiter in der Automobilindustrie. Insbesondere große Organisationen und Behörden haben ihre Unterlieferanten daraufhin geprüft, inwieweit sie ihr Qualitätsmanagementsystem – das nachfolgend kurz „QM-System“ genannt wird – systematisch aufgebaut haben und effizient betreiben.

Die bedeutenden Erfolge einer solchen Systematisierung führten im Zusammenwirken mit der internationalen Normenentwicklung dazu, dass Qualitätsmanagement heute umfassend gesehen wird. Immer häufiger wird es als Bestandteil einer Strategie betrachtet, deren Gestaltung der obersten Leitung der Organisation obliegt. Qualitätsmanagement bezieht als Querschnittsaufgabe heute alle Tätigkeiten der Wertschöpfungskette, Bereiche und Hierarchieebenen ein. Man nennt es deshalb seit 1994 „umfassendes Qualitätsmanagement“. Die international gebräuchliche englischsprachige Kurzbezeichnung ist *Total Quality Management* (TQM).

Damit hat sich das Qualitätsmanagement vom Aussortieren fehlerhafter Produkte über die Steuerung von Prozessen hin zu einer Managementaufgabe entwickelt, die heute eng mit der Unternehmenspolitik und -strategie verbunden ist und die ganze Organisation umfasst. TQM ist längst nicht mehr auf industrielle materielle und immaterielle Sachgüter beschränkt, sondern findet auch für Dienstleitungsunternehmen aller Art Anwendung, wie z. B. Banken, Gaststätten, Krankenhäuser, Logistikunternehmen und Bildungseinrichtungen. Geiger betont darüber hinaus die Ausweitung des Qualitätsdenkens auf Kosten und Zeit [Gei08].

■ 8.2 Grundbegriffe

Unabdingbar für den Erfolg eines systematischen Qualitätsmanagements ist eine einheitliche, möglichst eindeutige qualitätsbezogene Terminologie.

Beginnend 1972 entstanden die QM-Grundbegriffe zunächst national, vereinheitlicht in der bald weitgehend ausgearbeiteten Normenreihe DIN 55350. Sie wurde und wird laufend ergänzt. International begann die terminologische Vereinheitlichung 15 Jahre später. So entstand die DIN EN ISO 8402 [ISO 8402] als qualitätsbezogene Begriffsnorm der ISO 9000-Familie mit zunächst 67 Begriffen. Inzwischen wurde sie durch die Erklärung von 80 Begriffen direkt in der ISO 9000 ersetzt. Einige wesentliche Begriffe werden kurz erläutert.

Ein *Produkt* ist das Ergebnis eines Prozesses.

Ein *Prozess* ist ein Satz von Tätigkeiten, die in Wechselbeziehungen oder -wirkungen stehen, und wandelt Eingaben in Ergebnisse um.

Forderungen sind festgelegte, verpflichtende oder üblicherweise vorausgesetzte Erfordernisse oder Erwartungen. Forderungen können nicht nur durch Kunden, sondern auch von anderen interessierten Parteien formuliert werden. Festgelegte Anforderungen sind beispielsweise in Verträgen beschrieben. Verpflichtend können Anforderungen durch Normen oder Gesetze sein. Üblicherweise vorausgesetzte Erfordernisse ergeben sich durch die allgemeine Praxis.

Qualität ist der Zentralbegriff der Qualitätslehre. Er ist der Erfolgsmaßstab für jegliches Qualitätsmanagement und wird definiert als „Grad, in dem ein Satz inhärenter Merkmale Anforderungen erfüllt". In der Gemeinsprache hat Qualität vielfach unterschiedliche Begriffsinhalte. Tabelle 8.1 zeigt diejenigen Begriffe, für die in der Praxis entgegen der Norm das Wort „Qualität" benutzt wird. Das führt zwangsläufig immer wieder zu Missverständnissen.

Tabelle 8.1 Zusammenstellung von Begriffen für das Wort „Qualität"

1	**Qualität** (Fachbegriff)	10	Umfassendes Qualitätsmanagement (TQM)
2	Vortrefflichkeit	11	Vortrefflichkeitsgrad
3	Sorte	12	Qualitätslage
4	Beschaffenheit	13	Erfüllung der Qualitätsanforderung
5	Anspruchsklasse	14	Erfüllungsgrad („Maß der Erfüllung")
6	Qualitätsanforderung	15	Gebrauchstauglichkeit
7	Irgendeine Wertigkeit	16	Funktionsfähigkeit
8	Qualitätsmanagement	17	Zweckeignung („fitness for use")
9	Qualitätspolitik	18	Versuch, Gutes besser zu machen

Für die eindeutige Begriffsfestlegung des Qualitätsbegriffs galten folgende Überlegungen:

- Qualität kann nichts Absolutes sein, schon gar nicht „das Gute schlechthin".
- Die Vieldimensionalität des Qualitätsmaßstabs entsteht aus den vielen Relationen zwischen den in der Anforderung zusammengefassten Einzelforderungen an die Qualitätsmerkmale der betrachteten Einheit und ihre Werte sowie den zugehörigen ermittelten Merkmalswerten der realisierten Qualitätsmerkmale.
- Qualität wird in der Praxis häufig ihres vieldimensionalen Charakters entkleidet. Man spricht dann vereinfacht nur von „gut" oder „schlecht", je nachdem, ob alle Einzelforderungen erfüllt sind oder nicht, ob die Einheit also zufrieden stellend ist oder nicht. Dadurch transformiert man die ursprünglich vieldimensionale Qualität in ein Alternativmerkmal.
- Qualität ist immer ein ermitteltes oder gedachtes Ergebnis, niemals eine Forderung.

8.3 Qualitätsmanagement, QM-System und QM-Elemente

8.3.1 Qualitätsmanagement

Nach Geiger [Gei08] S. 5 ist Qualitätsmanagement (QM) verkürzt wie folgt definiert:

- QM *zielt auf* die Erfüllung der Forderungen an die Beschaffenheiten aller Einheiten der Organisation gemäß der verkündeten Qualitätspolitik der obersten Leitung. Die Forderungen sind durch die Anspruchsklasse in Umfang und Schärfe bestimmt.
- QM *besteht aus* beschaffenheitsbezogener Planung, Lenkung, Prüfung und Verbesserung.
- QM *wird realisiert* im QM-System mit seinen QM-Elementen mittels beschaffenheitsbezogener Planung, Lenkung, Prüfung und Verbesserung.
- Die *Fähigkeit* zur Planung, Lenkung, Prüfung und Verbesserung in der ganzen Organisation sowie zur Lieferung zufriedenstellender Produkte kann entweder durch eine unabhängige Zertifizierungsstelle mit einem externen Audit beurteilt werden, durch die Organisation der Zertifizierungsstelle dargelegt oder mit einem internen Audit bezüglich Wirksamkeit geprüft werden.

8.3.2 QM-System

Die ISO 9000-Normenfamilie beschreibt ein *prozessorientiertes Qualitätsmanagementsystem* und gilt als weltweit anerkannter Standard. Der prozessorientierte Ansatz ist einer der folgenden acht Grundsätze des Qualitätsmanagements:

- Kundenorientierung
- Führung
- Einbeziehung der Personen
- Prozessorientierter Ansatz
- Systemorientierter Managementansatz
- Ständige Verbesserung
- Sachbezogener Ansatz zur Entscheidungsfindung
- Lieferantenbeziehungen zum gegenseitigen Nutzen.

Mit dem prozessorientierten Ansatz, der Tätigkeiten und Ressourcen als Prozess leitet und lenkt, lässt sich ein erwünschtes Ergebnis effizienter erreichen.

Eine Übersicht über die sog. Kernnormen der ISO 9000 gibt Bild 8.2 [Lin11].

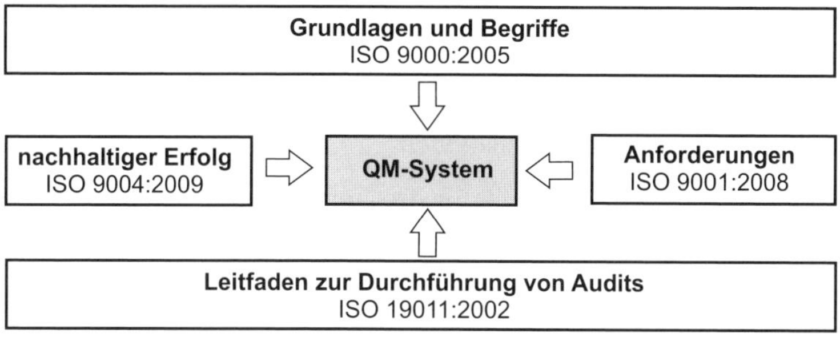

© IFA 17.666

Bild 8.2 Kernnormen der Normenfamilie ISO 9000 (nach Linß)

ISO 9001 bestimmt die Anforderungen an eine Organisation, ihre Fähigkeit nachzuweisen (dazulegen) dass sie anforderungsgerechte Produkte liefern kann und umfasst vier Prozessgruppen.

- Die *Verantwortung der Leitung* betrifft die Verpflichtung zum QM, die Qualitätspolitik, Planung, Verantwortung, Befugnis und Managementbewertung.
- Das *Management von Ressourcen* umfasst das Personal, die Infrastruktur und das Arbeitsumfeld.
- Die *Produktrealisierung* betrachtet die Prozessplanung, Kundenprozesse, Entwicklung, Beschaffung, Produktion und Prüfmittel.
- Die *Messung, Analyse und Verbesserung* zielt auf die Überwachung und Messung der Prozesse, die Lenkung fehlerhafter Produkte, die Datenanalyse und die ständige Verbesserung.

Die Norm weist darauf hin, dass auf alle Prozesse die als Deming-Zyklus bekannte Methode „Planen-Durchführen-Prüfen-Handeln" (Plan-Do-Check-Act, PDCA) angewendet werden kann, um eine ständige Verbesserung zu erreichen. Bei Anwendung dieser Methode werden zunächst Ziele und Schritte zum Erreichen der Ziele festgelegt. Anschließend werden diese Schritte durchgeführt und die Produkte und Prozesse durch Vergleich mit den Politiken, Zielen und Anforderungen überprüft. Auf Basis der Ergebnisse dieser Prüfung ergreifen die Zuständigen dann Maßnahmen zur Verbesserung der Prozesse.

ISO 9004 (Leiten und Lenken für den nachhaltigen Erfolg einer Organisation – Ein Managementansatz) beschreibt 6 wesentliche Prozesse, die der Grundgliederung von DIN 9001 folgt, aber die Erfordernisse aller interessierten Parteien berücksichtigt:

- *Leiten und Lenken* für den nachhaltigen Erfolg einer Organisation behandelt das Umfeld der Organisation, interessierte Parteien, Erfordernisse und Erwartungen.
- *Strategie und Politik* erläutert die Konzeption von Strategie, ihre Umsetzung sowie die Kommunikation.
- *Management von Ressourcen* bezieht sich auf Finanzen, Mitarbeiter, Lieferanten, Infrastruktur, Arbeitsumgebung, auch auf Wissen, Information und Technologie sowie natürliche Ressourcen.

- *Prozessmanagement* behandelt Prozessplanung und -lenkung sowie Prozessverantwortung und -befugnis.
- *Überwachung, Messung, Analyse und Bewertung* erläutert die drei Begriffe, ergänzt um die Bewertung der dadurch erhaltenen Informationen.
- *Verbesserung, Innovation und Lernen* beschreibt die drei Teilprozesse.

ISO 19011 dient der Auditierung von Qualitäts- und Umweltsystemen und ist für alle Organisationen geeignet, die interne (Selbstbewertung) oder externe Audits durchführen.

Bild 8.3 zeigt das Zusammenwirken der drei Kernnormen ISO 9000, 9001 und 9004. ISO 19011 befindet sich außerhalb des Systems. Im Mittelpunkt stehen die Erfüllung der Erfordernisse und Erwartungen des Kunden und die Zufriedenheit der interessierten Parteien.

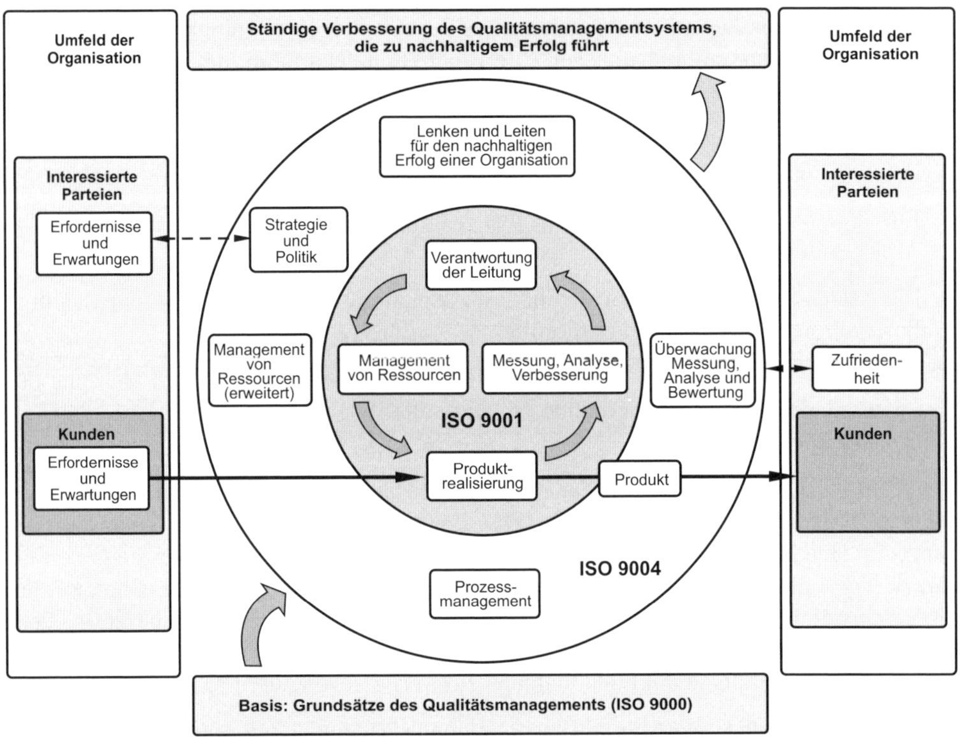

Bild 8.3 Modell eines prozessorientierten Qualitätsmanagementsystems (nach ISO 9004)

Dokumentiert wird das QM-System im QM-Handbuch. Es gibt eine Antwort darauf, wer wann wie und womit qualitätsbezogene Tätigkeiten durchzuführen hat. Funktionsfähigkeit, Wirksamkeit und Effizienz eines QM-Systems werden regelmäßig durch interne Qualitätsaudits (siehe Abschnitt 8.6.2.1) sowie durch die oberste Leitung mittels einer QM-Bewertung untersucht. Hierdurch können Fehler und Schwachstellen entdeckt und diese durch Verbesserungs- und Korrekturmaßnahmen behoben werden.

Die Normenreihe DIN 55350 mit ihren Teilen 11 bis 18 ist eine Ergänzung zu dieser international eingeführten Normenfamilie. Dort sind alle jene zahlreichen Grundbegriffe und Teilbegriffssysteme zu finden, die in ISO 9000 aus verschiedenen Gründen nicht enthalten sind. Die Erfahrung lehrt, dass bei Anwendung dieser Unterlagen aufwändige Klärungsdiskussionen oft vermieden werden können.

Neben diesen branchenunabhängigen Normen wurden branchenspezifische Anforderungen der Automobilbranche, Lebensmittel- und Pharmabranche und Medizinbranche sowie der NATO, für Kernkraftwerke, die Luft- und Raumfahrt, Elektronik, Telekomunikation und für das Schweißen geschaffen.

8.3.3 QM-Elemente

Die mit vielen anderen Aufgaben verknüpfte Aufgabenstellung des Qualitätsmanagements in einem QM-System wird durch QM-Elemente gegliedert und transparent gemacht. Man unterscheidet QM-Führungselemente, QM-Ablaufelemente und QM-Aufbauelemente [DIN55350-11].

QM-Führungselemente sind Regeln, welche die Qualitätspolitik für alle QM-Ablaufelemente und QM-Aufbauelemente umsetzen. Dazu gehören auch die QM-Bewertung durch die oberste Leitung der Organisation (die bis 1994 „Management-Review" hieß), die Qualitätsüberwachung und die für den QM-Erfolg enorm wichtige Schulung und Motivierung.

QM-Ablaufelemente können unmittelbar oder mittelbar qualitätswirksam sein. Außer durch Qualitätsplanung (siehe Abschnitt 8.4.1) und Qualitätslenkung (siehe Abschnitt 8.4.2) wird Qualität auch durch QM-Ablaufelemente wie Design, Produktion und die Handhabung von Produkten unmittelbar beeinflusst. Mittelbar qualitätswirksame QM-Ablaufelemente sind neben Qualitätsprüfung, -audits und Zertifizierung auch die Prüfmittelüberwachung, Behandlung fehlerhafter Einheiten sowie Korrektur- und Vorbeugungsmaßnahmen.

QM-Aufbauelemente sind beispielsweise das Qualitätswesen, gleichviel ob es als Linien- oder als Stabsaufgabe organisiert ist, der Qualitätsbeauftragte der obersten Leitung oder eine Abteilung für Qualitätsprüfungen.

■ 8.4 Aufgaben des Qualitätsmanagements

Zu den Aufgaben des Qualitätsmanagements gehören die in Bild 8.2 bereits genannten Qualitätsplanung, -lenkung, -sicherung und -verbesserung, die näher beschrieben werden.

8.4.1 Qualitätsplanung (Planung der Anforderungen)

Bei der Qualitätsplanung werden Qualitätsziele sowie die notwendigen Prozesse und Ressourcen zur Erreichung der Ziele festgelegt. Da Qualität die Erfüllung von Anforderungen durch inhärente (der Einheit innewohnende) Merkmale einer Einheit ist, müssen zunächst die Anforderungen aufgenommen und die zugehörigen *Qualitätsmerkmale* identifiziert werden. Das sind diejenigen Merkmale, auf deren Werte es bei der Anwendung eines Produktes mehr oder weniger ankommt. Das Qualitätsmerkmal ist definiert als ein „inhärentes Merkmal eines Produkts, Prozesses oder Systems, das sich auf eine Anforderung bezieht". Qualitätsplanung befasst sich also nicht mit allen Merkmalen einer Einheit. Beispielsweise ist das Gewinde einer Schraube ein prägendes Merkmal, nicht hingegen die Kopfhöhe. Der nächste Planungsschritt ist die Klassifizierung und Gewichtung der Qualitätsmerkmale. Danach erfolgt schrittweise die Festlegung der *Anforderungen* an diese Qualitätsmerkmale und ihre Werte unter Berücksichtigung der Realisierungsmöglichkeiten.

Aus der Formulierung dieser Aufgabenstellung geht deutlich hervor, dass es hier nicht nur um die angebotenen Produkte geht. Es geht vielmehr auch um die Tätigkeiten, die zu diesen Produkten führen, sowie innerhalb von Prozessen um die menschlichen und maschinellen Tätigkeiten, die der Planung und Realisierung der Produkte dienen.

Erfahrungsgemäß wird nicht selten die Erfüllung einer – gemessen am Verwendungszweck – zu scharfen und/oder zu umfangreichen Anforderung verlangt. Eine der schwierigsten Aufgaben der Qualitätsplanung ist es, mit den Kunden zu klären, dass sie sich selbst schaden, wenn sie zu viel verlangen: Die Erfüllung fast jeder zusätzlichen Einzelforderung kostet Geld.

Es gibt viele Methoden einer zweckmäßigen Qualitätsplanung. Eine davon, QFD (Quality Function Deployment), wird im Abschnitt 8.7.1 erläutert. Allen Methoden gemeinsam ist, dass man wissen muss, was ein Merkmal ist, und dass es vier *Merkmalsarten* gibt. Diese sind in der Reihenfolge ihres Informationsinhalts: kontinuierliche und diskrete (quantitative) sowie ordinale und nominale (qualitative) Merkmale. Dazu wird auf DIN 55350-12 [DIN55350-12] verwiesen.

In der Praxis werden die Anforderungen, um die es bei der Qualitätsplanung geht, in mehreren Schritten konkretisiert. Dabei werden die Begriffe für die Stufen der Konkretisierung bzw. für die Dokumentation der Anforderungen nicht immer einheitlich gebraucht. Dies kann zu Verwirrung führen. Ein Beispiel sind die beiden Bezeichnungen „Lastenheft" und „Pflichtenheft". Erläuterungen zu den Begriffen sind in [DGQ11-04] zu finden. Alle merkmalsbezogenen Forderungen heißen aber stets „Anforderung".

Eine Anforderung kann und wird in den meisten Fällen marktbegründete, vertragliche und interne Einzelforderungen in sich vereinen. Die Anforderung muss die festgelegten und vorausgesetzten Erfordernisse widerspiegeln (engl.: stated and implied needs). In der Praxis gibt es unzählige Konkretisierungsstufen von betrachteten oder zu betrachtenden Anforderungen.

Wichtig für die Qualitätsplanung ist die Kenntnis der drei prinzipiell möglichen Arten von Einzelforderungen, zunächst bei quantitativen Merkmalen. Es sind *Grenzwerte* (ein Höchstwert, der nicht überschritten werden darf, oder ein *Mindestwert,* der nicht unterschritten werden darf), es ist eine *Toleranz* (Differenz zwischen Höchstwert und Mindestwert) oder es sind *abgestufte Grenzwerte.* Einzelheiten enthält auch dazu DIN 55350-12.

Es gibt keinen prinzipiellen Unterschied bei der Qualitätsplanung für die unterschiedlichen Einheiten. Das Ergebnis der Qualitätsplanung ist eine Anforderung an die betrachtete Einheit, die dokumentiert wird. Ein Anschauungsbeispiel dafür ist eine der vielen Ergebnisseiten eines solchen Dokuments für eine Produktreihe Asynchronmotoren im Bild 8.4.

Produktreihe Asynchronmotoren				
Merkmalsgruppe/ Qualitätsmerkmal	**Forderungsgrundlage**	**Forderung**		
		Nennwert N	Mindestwert	Höchstwert
01 Maße				
• Achshöhe	Austauschbarkeit nach ISO	≤ 250	N - 0,5	N + 0,5
• Befestigungsmaße	Austauschbarkeit nach ISO	≤ 250	N - 0,5	N + 0,5
42 Leistung				
• Nennleistung	} Berechnung nach aktuellen Betriebsrichtlinien	N	N	–
• Wirkungsgrad		η	η - 0,1(1-n)	–
56 Beanspruchung				
• Radialbelastung	Berechnung nach aktuellen Betriebsrichtlinien	–	–	nach Einzelforderung
• Lagerlebensdauer	Wartungsanweisung	–	20.000 h	–

© IFA D4544

Bild 8.4 Ausschnitt eines Anforderungsdokumentes (in Anlehnung an Stumpf)

Bei Tätigkeiten ist auch deren Zeitablauf ein Qualitätsmerkmal ihrer Beschaffenheit. Bei Dienstleistungen ist der Termin oft eine der wichtigsten Einzelforderungen an dieses Qualitätsmerkmal. Ein Beispiel sind Organisationen, die Logistikdienstleistungen erbringen.

Bei jeder Art von Qualitätsplanung sind zwar qualitätsbezogene Kenntnisse eine wertvolle Hilfe für effektives und effizientes Planen, jedoch ist stets ein umfassendes Fachwissen auf dem Gebiet der Erstellung und Nutzung der betrachteten Einheit erforderlich, z.B. einer Maschine, eines Lebensmittels, einer Transportleistung.

Das umfassende Qualitätsmanagement (TQM) erstreckt die Qualitätsplanung schrittweise auf alle Einheiten einer Organisation. Dabei werden abhängig von der Bedeutung der Einheit für den Erfolg der Organisation unterschiedliche Planungstiefen vorgesehen.

8.4.1.1 Qualitätsplanung Tätigkeiten

DIN 55350-11 erläutert zahlreiche qualitätsbezogene Tätigkeiten. Für sie ist eine Qualitätsplanung nötig, und zwar unter Berücksichtigung der Qualitätspolitik der Organisation und aller im Abschnitt 8.4.1 zur Qualitätsplanung gegebenen speziellen Hinweise. In welcher Reihenfolge diese Qualitätsplanung der verschiedenen Tätigkeiten zweckmäßig geschieht, kann durch eine Risikoabschätzung geklärt werden. Diese wird nach [DGQ11-20] als „QM-FMEA“ bezeichnet (FMEA: Failure Mode and Effects Analysis).

8.4.1.2 Qualitätsplanung Produkte

Sie erstreckt sich nicht nur auf die ausgelieferten Produkte, sondern auch auf intern benötigte Produkte. Die Qualitätsplanung bei Produkten muss im Hinblick auf die Prozesse, die zum Produkt führen, die meist sehr unterschiedlichen Korrelationen zwischen den *Prozessmerkmalen* und den *Produktmerkmalen* beachten. Ihre Nichtbeachtung kann zu sehr schädlichen Fehlleistungen führen. Die Anforderungen an die Prozessmerkmale sind nämlich grundsätzlich und ausnahmslos andere als die Anforderungen an die mit diesen Prozessmerkmalen korrelierten Produktmerkmale; und zwar unabhängig davon, wie stark die Korrelation ist.

Diese Schwierigkeit wird noch dadurch verstärkt, dass man vielfach nicht in der Lage ist, die Werte von Prozessmerkmalen direkt zu ermitteln. Man sucht deshalb nach einem möglichst stark mit dem Prozessmerkmal korrelierten Produktmerkmal und schließt dann aus dessen messbaren Werten auf die nicht messbaren Werte des Prozessmerkmals. Solange man sich bewusst bleibt, dass man nicht das misst, was man eigentlich haben möchte, und dass die Zutreffwahrscheinlichkeit des Rückschlusses quantitativ vom Korrelationskoeffizienten abhängt, ist dagegen nichts einzuwenden. Vielfach wird aber vergessen, dass es sich nur um einen stochastischen Zusammenhang handelt, der sich ändern kann.

Ein Beispiel dazu ist die Mindesthaltbarkeit von industriell gefertigtem Süßrahm. Betrachtet wird der empfindlichere, kurzzeitig ultrahoch erhitzte, nicht der pasteurisierte Süßrahm. Das im Milchverarbeitungswerk auf die Deckelfolie des Süßrahmbechers aufgedruckte Mindesthaltbarkeitsdatum ist korreliert mit der Qualität des in viele Becher eingefüllten und kurzzeiterhitzten Süßrahm-Loses. Solche Süßrahmlose werden ständig gemäß einer Anforderung überwacht. Deren Erfüllung stellt die Mindesthaltbarkeit sicher. Die Erfahrung zeigt auch: In aller Regel ist der Süßrahm noch viele Tage nach dem Mindesthaltbarkeitsdatum unverändert gut. In die Anforderung an den einzufüllenden Süßrahm sind nämlich beachtliche Sicherheiten eingebaut. Aber schon bei der Milchverarbeitung hat jede Einfüllmenge trotz Erfüllung dieser Anforderung unterschiedliche Ist-Werte der Qualitätsmerkmale, z. B. auch unterschiedliche Anfangswerte des Rest-Keimgehalts unter dem Höchstwert. Hinzu kommt deren weitere Entwicklung bei jedem Süßrahmbecher abhängig von seinem Einzelweg in der Handelskette bis zum Endverbraucher. Deshalb kann es trotz ordnungsgemäßer Lagerung unter den geforderten Temperaturbedingungen beim Kunden bei extrem heißem Wetter und ungünstigen Umständen von Transport und Darbietung in der Vertriebskette ausnahmsweise vorkommen, dass der Süßrahm schon am Tag des aufgedruckten Mindesthaltbarkeitsdatums nicht mehr genießbar ist.

Ein weiterer wichtiger Gesichtspunkt ist schon bei der Auswahl der Qualitätsmerkmale die funktionale Abhängigkeit zwischen Merkmalen. Ein anschauliches Beispiel dafür wird im Bild 8.5 gegeben: Aus der funktionsbedingten Anforderung an das Endprodukt Fehlerstromschutzschalter werden schrittweise die Einzelforderungen an die ausgewählten Qualitätsmerkmale der Schalter-Baugruppen und dann der Einzelteile abgeleitet.

Quantitativ beschrieben wird dieses Zusammenwirken von Qualitätsmerkmalen durch die *Abweichungsfortpflanzung*, die früher „Fehlerfortpflanzung" hieß. Bei der Qualitätsplanung kann sie durch abgestufte Grenzwerte berücksichtigt werden. Näheres dazu findet man in [Kle02]. Dort werden Möglichkeiten und Randbedingungen aufgezeigt, wie bei unveränderter Funktionserfüllung mit größeren Toleranzbereichen gearbeitet wird. Hier liegt eine der größten Rationalisierungsreserven für die Fertigung und Montage.

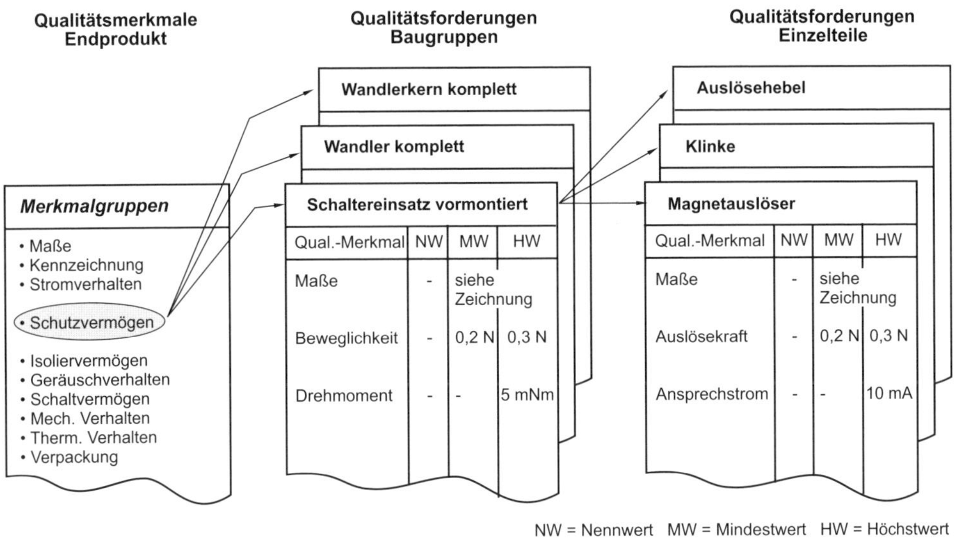

© IFA D4227

Bild 8.5 Einzelanforderungen an zusammenwirkende Qualitätsmerkmale (nach Stumpf)

8.4.2 Qualitätslenkung

Qualitätslenkung bezeichnet vorbeugende, überwachende und korrigierende Tätigkeiten bei der Realisierung eines Produkts mit dem Ziel, die Anforderungen zu erfüllen. Wieder sind alle menschlichen und maschinellen Tätigkeiten eingeschlossen, die zu Prozessen gehören.

Auch diese zweite Säule des Qualitätsmanagements nach der Qualitätsplanung setzt viele Methoden und Verfahren ein. Die vorbeugenden Tätigkeiten sind in der Regel eine mittelbar qualitätswirksame Qualitätslenkung, die eng mit den Tätigkeiten der Qualitätsverbesserung koordiniert sein muss. Die überwachenden und korrigierenden Tätigkeiten dienen demgegenüber der unmittelbaren qualitätswirksamen Einflussnahme. Die überwachenden Tätigkeiten der Qualitätslenkung können durch Qualitätsüberwachung ergänzt sein und die korrigierenden Tätigkeiten durch Korrekturmaßnahmen unterstützt werden. Wie die Qualitätsverbesserungsmaßnahmen, so können auch die der Qualitätslenkung produkt-, verfahrens-, einrichtungs- oder personenbezogen sein.

Für die Qualitätslenkung gilt, ebenso wie für andere Aufgaben, dass sie auch Führungsentscheidungen unterliegt. So wird zweifellos jede Produktionsleitung bestrebt sein, sich in die Qualitätslenkung von Produktionsaufgaben einzuschalten, wenn ihr auffällige Ermittlungsergebnisse von Qualitätsprüfungen bekannt werden; insbesondere dann, wenn sich Fehlerhäufungen zeigen. Interesse wird sie auch daran haben, mit allen in der Qualitätsplanung tätigen Stellen eng zusammenzuarbeiten. Ziel ist dabei eine Fehler mindernde Entwurfskonzipierung der Anforderungen. Bei einer kritischen Häufung von Schwierigkeiten wird sich auch die oberste Leitung in die Qualitätslenkung einschalten. Insbesondere wird sie prüfen, inwieweit eine Änderung ihrer Qualitätspolitik nötig ist.

8.4.3 Qualitätssicherung und -prüfung

Durch Qualitätssicherung soll Vertrauen auf die Erfüllung der Anforderungen erzeugt werden. So wird beispielsweise durch das Prüfen von Produkten, an die sich gegebenenfalls eine Nacharbeit oder Verschrottung anschließt, erreicht, dass die Anforderungen des Kunden an das Produkt erfüllt werden.

Durch Prüfen kann man die geprüfte Einheit selbst bekanntlich nicht besser machen. Man kann sie allenfalls beschädigen. Das ändert indessen nichts an der Notwendigkeit von Qualitätsprüfungen. Ihre Ergebnisse sind eine wichtige Basis für die Qualitätslenkung.

Immer wird es einen Kompromiss zwischen den wünschenswerten Prüfergebnissen und dem dazu erforderlichen Prüfaufwand geben müssen. Das ist auch eine Frage der Risikoeinschätzung bei der Prüfplanung, deren Ergebnis Prüfpläne sind und die zweckmäßig unmittelbar der Qualitätsplanung folgt. Zwischen den Entscheidungen „Keine Qualitätsprüfung" und „Stückprüfung bezüglich aller Qualitätsmerkmale" gibt es jede Art von Zwischenentscheidungen.

Diese Entscheidungen betreffen sowohl den Prüfumfang je Merkmal als auch den Anteil der zu prüfenden Qualitätsmerkmale. Die Basis sind Prüfanweisungen, deren Bestandteile Prüfspezifikationen sein können. Welche Qualitätsprüfungen in welchen Fällen in Frage kommen und was dabei zu beachten ist, kann man aus [DIN55350-17] entnehmen. Bild 8.6 gibt einen Überblick über die Benennungen der Prüfungsarten im Hinblick auf die Prüfungsmethodik.

Gesichtspunkt	Benennung der Prüfungsart			
Prüfungsumfang	Vollständige Prüfung	100-Prozent Prüfung	Statistische Prüfung	Auswahlprüfung
Zeitablauf	Wiederkehrende Prüfung	Wiederholungsprüfung	Erstprüfung	
Merkmalsgruppe	Zuverlässigkeitsprüfung	Sicherheitsprüfung	Umweltschutzprüfung	. . .
Verantwortung	Selbstprüfung	Eigenprüfung	Fremdprüfung	

© IFA D4545

Bild 8.6 Arten von Qualitätsprüfungen im Hinblick auf die Prüfmethodik (W. Geiger)

Im Hinblick auf den Produktlebenszyklus haben die Arten der Qualitätsprüfungen die in Bild 8.7 aufgeführten Benennungen. Zu beachten ist, dass im Laufe der Realisierung eines Produkts Endprüfung und Ablieferungsprüfung sowie Endprüfung und Abnahmeprüfung zeitlich zusammenfallen können.

Ein teilweise mit den Arten der Qualitätsprüfungen kombinierter Sonderfall sind die *Qualifikationsprüfungen*. Bei ihnen wird geklärt, ob die Anforderung nachweislich erfüllt ist. Qualifikationsprüfungen werden vielfach am Endprodukt durchgeführt. Bild 8.7 zeigt auch die zwei speziellen Benennungen „Typprüfung“ und „Bauartprüfung“. Letztere ist eine Kombination aus Entwurfsprüfung und Typprüfung in der Entwurfsphase.

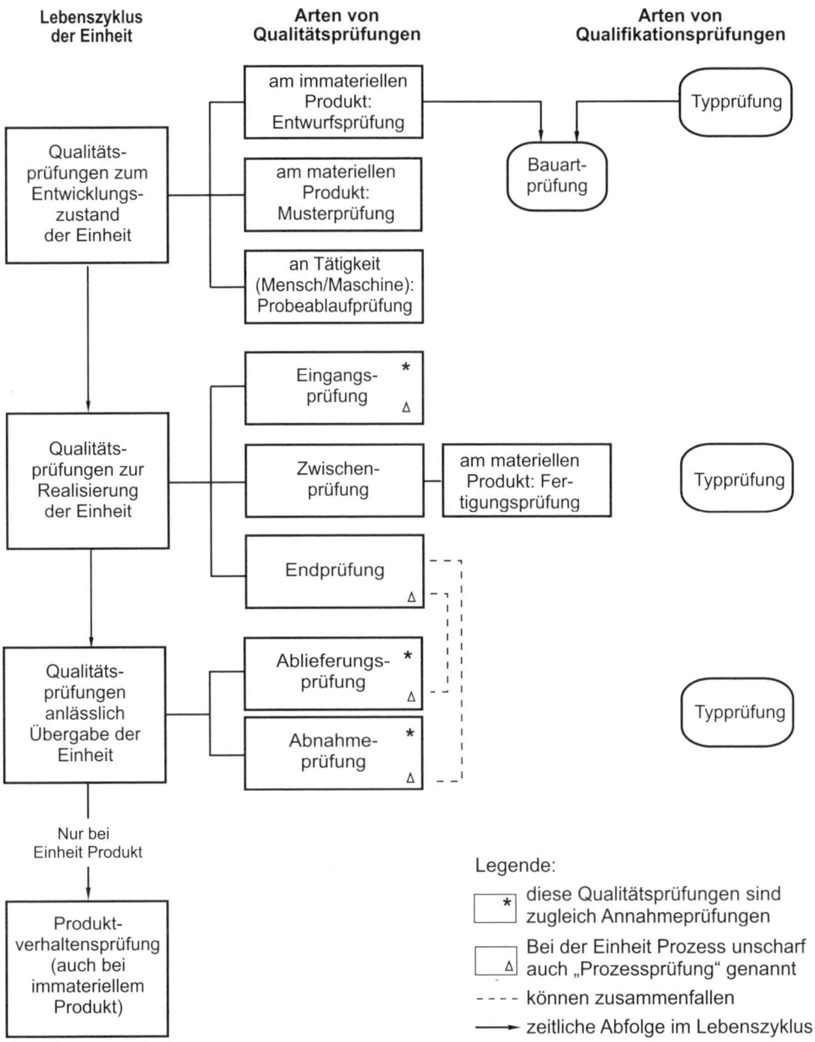

© IFA D4546

Bild 8.7 Arten von Qualitätsprüfungen im Hinblick auf den Produktlebenszyklus (W. Geiger, Wiendahl)

Einen Prüfplan für ein Gehäuse im Rahmen einer Fertigungsprüfung zeigt das Bild 8.8. Die zugehörige Prüfzeichnung gemäß Bild 8.9 [Dut75] liefert die Positionierung der Qualitätsmerkmale.

PRÜFPLAN Blatt: . . .

Gegenstand: *Gehäuse*
Bearbeitungszustand: *fertig*
Funktion: *Drosselventil*
Losgröße: *200 Stück*

Zeichn. Nr.: *1815 108 486*
Bearbeiter: *WD*
Datum: *TT.MM.JJ.*

Prüf-Arbeitsgang Nr.	Qualitäts-merkmal	Maß [mm]	Toleranz [µm]	Stichprobenumfang	Prüfmittel	Prüfdauer T[min]
1	*Bohrung*	*25*	*21*	*200*	*P1*	*18,8*
2	*Zylinderform*	*25*	*2,5*	*2*	*P2*	*19,8*
3	*Rautiefe*	*25*	*3*	*1*	*P3*	*3,1*
4	*Koaxialität*	*25*	*40*	*1*	*P4*	*2,7*
5	*Durchmesser Nut*	*37,6*	*100*	*1*	*P5*	*0,3*
6	*Durchmesser Nut*	*49,4*	*100*	*1*	*P5*	*0,3*
7	*Rautiefe*	*X*	*10*	*1*	*P3*	*3,1*
8	*Rauhtiefe*	*X*	*16*	*1*	*P36*	*3,1*
9	*Außendurchmesser*	*44*	*21*	*1*	*P6*	*2,2*
10	*Außendurchmesser*	*54*	*30*	*1*	*P7*	*2,2*

© IFA D4231

Bild 8.8 Prüfplan „Gehäuse“ für alle Prüfmerkmale der Prüfzeichnung (nach Dutschke)

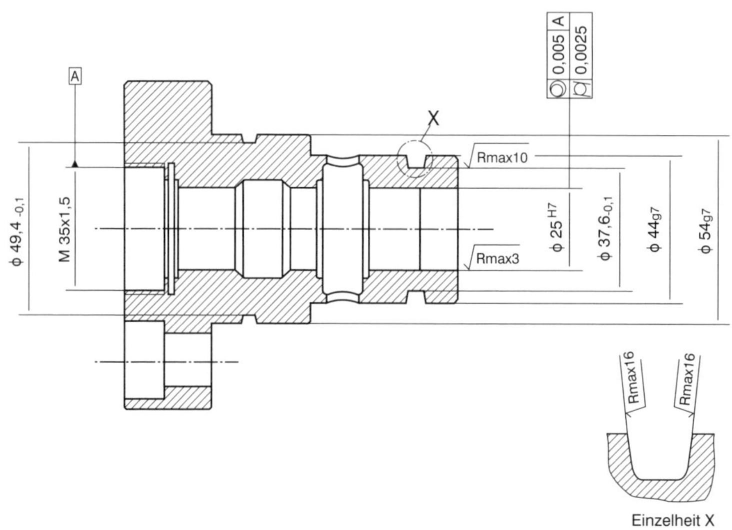

© IFA D4177

Bild 8.9 Beispiel einer Prüfzeichnung „Gehäuse“ (nach Dutschke)

8.4.4 Qualitätsverbesserung

Qualitätsverbesserung ist in jeder Organisation eine Daueraufgabe. Sie sollte sich auf alle Produkte und Prozesse erstrecken, wobei der zu erwartende Erfolg im Vergleich zum nötigen Aufwand zu beachten ist.

Verbessern der *Qualitätsfähigkeit* strebt zunächst nach der Erfüllung von Qualitätsanforderungen. Die kann sowohl die Wirksamkeit als auch die Effizienz oder die Rückverfolgbarkeit betreffen. Beispiele für die Steigerung von Effizienz und Wirksamkeit sind neue Materialien, die eine kostengünstigere und zugleich weniger fehleranfällige Produktion ermöglichen, der Einsatz einer neuen Steuerungstechnik bei Schlüsselprozessen, das Verbessern der Qualitätsfähigkeit eines Betriebsmittels oder die Vermittlung des geeigneten Fachwissens an Mitarbeiter.

Bei dieser Schulung spielt die allgemeine und die qualitätsbezogene Motivierung eine herausragende Rolle, wobei Anerkennungssysteme erfahrungsgemäß zusätzlich förderlich wirken.

8.5 Dokumentation, Audits, Zertifizierung und Akkreditierung

8.5.1 Dokumentation

In Abschnitt 4.2.3 der ISO 9001 ist festgelegt, wie die Verfahren und die Tätigkeiten der Dokumentation gestaltet werden müssen. Beispiele sind Grundsätze für die Beantragung, Erstellung, Prüfung der Angemessenheit, Genehmigung, Herausgabe, Verteilung, Änderung und Einziehung von Dokumenten. Dass diese Grundsätze mit den zugehörigen Formularen alle aufeinander abgestimmt sind, ist eine wichtige Voraussetzung für die effiziente Abwicklung jeglicher Dokumentation. Dabei versteht man unter Dokumentation die für die Fachinformation wesentliche Tätigkeit, die das systematische Sammeln und Auswählen, das formale Erfassen, inhaltliche Auswerten und Speichern von Dokumenten umfasst, um sie zum Zweck der gezielten Information rasch und treffsicher auffinden zu können.

Nach der ISO 9000-Familie unterliegen die im Rahmen der Dokumentation zu behandelnden Dokumente einer Systematik. Eine der beiden dort erkennbaren Hauptunterscheidungen betrifft diejenige zwischen *Anforderungsdokumenten* (Spezifikationen) und *Aufzeichnungen*. Wenn erstere nicht ständig der Weiterentwicklung angepasst, also geändert werden, dann „verschläft" die Organisation die nötige Innovation. Werden hingegen Aufzeichnungen geändert, ist das in der Regel Betrug. Es gibt nur eine einzige, sorgfältig zu regelnde Ausnahme: eine Änderung von Aufzeichnungen wegen fehlerhafter Kalibrierung einer Messeinrichtung und daher systematisch fehlerhaften Messwerten.

Ein besonders beachtetes Dokument ist das *QM-Handbuch*. Es ist ein für das QM-System durch die oberste Leitung erlassenes Regelwerk höchster Verbindlichkeitsstufe. Üblich ist heute ein modularer Aufbau des QM-Handbuchs, der sich auf die verschiedenen Organisations-Ebenen bezieht (Bild 8.10).

Bild 8.10 Prinzipieller Aufbau eines QM-Handbuchs

© IFA D4542

Im QM-Handbuch werden üblicherweise zunächst die *Vorgaben* der obersten Leitung beschrieben. Dies sind zum einen Qualitätspolitik und -ziele und zum anderen Verantwortlichkeiten und Befugnisse.

Danach folgen die *Verfahrensanweisungen*, also die Regelungen zu den qualitätsrelevanten Abläufen in der Organisation. Die Anweisungen umfassen ebenfalls Verantwortlichkeiten und Befugnisse sowie Vorgaben zur Kontrolle, Dokumentation und Kommunikation.

Arbeits- und Prüfanweisungen beschreiben detailliert einzelne arbeitsplatzbezogene Tätigkeiten. Prüfungen erfordern dabei eine entsprechende Autorisierung des Mitarbeiters und gegebenenfalls eine besondere Qualifikation. Arbeits- und Prüfanweisungen enthalten meist erhebliches Know-how und dürfen in der Regel nur mit besonderen Genehmigungen außer Haus gegeben werden

In großen Organisationen gibt es meist eine Rahmenbeschreibung für die QM-Systeme der einzelnen Unternehmensbereiche. Darin wird auch die Qualitätspolitik erläutert. QM-Handbücher für einzelne Geschäfts- oder Produktbereiche verweisen jeweils auf dieses übergeordnete QM-Handbuch. Sie beschreiben die für ihren Bereich spezifischen Prozesse und Zuständigkeiten sowie allgemeingültige Anweisungen, z. B. für jede Art von Änderungsdienst oder eine Regelung für die Überwachung, Aktualisierung und periodische Prüfung des QM-Handbuchs selbst.

8.5.2 Qualitätsaudit

Ein Audit ist nach ISO 9000 ein „Systematischer, unabhängiger und dokumentierter Prozess zur Erlangung von Auditnachweisen und zu deren objektiver Auswertung, um zu ermitteln, inwieweit Auditkriterien erfüllt sind“. *Auditkriterien* sind als ein „Satz von Politiken, Verfahren oder Anforderungen definiert, der als Referenz herangezogen wird“. Es handelt sich also um eine *Qualifikationsprüfung*. Der Qualifikationsprüfung unterworfene Einheiten sind QM-Elemente und unmittelbar zugehörige Ergebnisse.

Ganz allgemein spricht man bei einem während eines Qualitätsaudits festgestellten und durch Nachweis belegten Sachverhalt von einer *Qualitätsaudit-Feststellung*. Qualitätsaudits werden durch *Auditteams* durchgeführt, denen ein oder mehrere *Qualitätsauditoren* angehören. Dem Auditteam steht üblicherweise ein Qualitätsaudit-Leiter vor. Dieser kann auch einer der Qualitätsauditoren sein.

ISO 19011 gibt zu den Einzelaspekten eines Qualitätsaudits wertvolle Informationen. Sie behandelt die Aspekte der Auditdurchführung, die Qualifikationskriterien für Qualitätsauditoren und das Management von Auditprogrammen.

Qualitätsaudits werden durch Personen durchgeführt, die keine direkte Verantwortung in den zu auditierenden Bereichen haben. Dennoch ist es wünschenswert, dass sie mit dem betreffenden Personal gut zusammenarbeiten.

Der interne oder externe Veranlasser eines Qualitätsaudits erwartet vom zu auditierenden Bereich *Auditnachweise* für die vereinbarten *Auditkriterien*, seien es nun genormte Anforderungen oder vereinbarte. Letztere werden sich zweckmäßig durch Anpassung an den Einzelfall auf genormte Anforderungen stützen. Das gilt vor allem für kleine und mittlere Organisationen (KMO). Grundsätzlich ist stets ein Mindestumfang von Dokumenten gefordert, anhand deren die festgelegten „Anordnungen" zur Abwicklung qualitätsbezogener Tätigkeiten erläutert werden können.

Die Auditierung erfolgt im Allgemeinen anhand eines Fragenkatalogs. Diese Fragen setzen die Anforderungen jeweils in mehrere handhabbare Einzelelemente um. Die Antwort wird meist in ordinalen Stufen bewertet, also beispielsweise mit Punkten. Aus dem Verhältnis der insgesamt erzielten Punkte zum maximal erreichbaren Summenwert folgt als Bewertung ein Erfüllungsgrad in Prozent. Insgesamt resultiert also ein quantitatives Ergebnis des Qualitätsaudits. Diese Bewertung kann sowohl tabellarisch als auch graphisch erfolgen. Siehe dazu auch [VDA99].

8.5.2.1 Erstparteien-Audits

Erstparteien-Audits - also interne Audits - gewinnen eine zunehmende Bedeutung. Sie sind gleichsam das technische Controlling aller Aufgaben des Qualitätsmanagements im Auftrag der obersten Leitung der Organisation.

Zu beachten ist, dass es ein Programm für die regelmäßige periodische Durchführung von Bewertungen des QM-Systems geben muss, die turnusgemäß alle Bereiche der Organisation erfassen. Dieses Programm muss von der obersten Leitung veranlasst und unterstützt werden. Für die Bewertung werden unter anderem auch Auditberichte genutzt. Bild 8.11 zeigt die Auswertung eines Erstparteien-Audits in Form eines Balkenprofils [Pfe01].

Mit 67 % hat (im dargestellten Bereich) die „Lenkung der Dokumente" den kleinsten Wert. Dort wird man also jedenfalls Verbesserungsmaßnahmen anzusetzen haben. Das untere Summenbild zeigt den erfreulichen, homogenen Aufwärtstrend der halbjährlich angesetzten Erstparteien-Audits über zweieinhalb Jahre hinweg.

Besondere Vorkommnisse, z. B. organisatorische Veränderungen, Rückmeldungen vom Markt oder außergewöhnliche Fehlerberichte, können fallweise Erstparteien-Audits nötig machen. Deren Ergebnisse können sich auch auf Zeitpunkt und Programm der nächsten QM-Bewertung auswirken.

Systemaudit (Auswertungen)					Blatt 1/3
Werk: Aachen | Auditor: W. Müller | Datum: 6.5.XX					
Nr.	QM-Element	max err. Pkte	err. Pkte	Erf. grad (%)	Erfüllungsgrad (%) 20 40 60 80 100
1	Verantwortung der obersten Leitung	40	35	88	
2	QM-Grundsätze	60	50	83	
3	Vertragsprüfung	40	35	88	
4	Designlenkung	70	55	79	
5	Lenkung der Dokumente	30	20	67	
6	Beschaffung	75	55	73	
7	beigestellte Produkte	30	30	100	
15	Handhabung, Lagerung Verpackung u. Versand	70	60	86	
16	Qualitätsaufzeichungen	40	30	75	
17	interne Q-Audits	50	40	80	
18	Schulung	70	60	86	
19	Kundendienst	50	35	70	
20	statistische Methoden	50	50	100	

Auswertung nach DIN ISO 9000-Familie

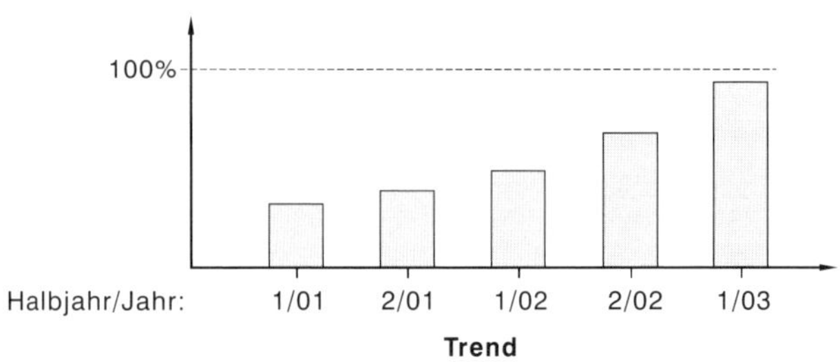

© IFA D4186

Bild 8.11 Ergebnisse eines periodischen internen Systemaudits (nach Pfeifer)

8.5.2.2 Zweit- und Drittparteien-Audits

Ein externes Qualitätsaudit kann aufgrund einer Vereinbarung mit einem Kunden durch diesen selbst ausgeführt werden. Dann heißt es „Zweitparteien-Audit". Es kann auch bei einer Zertifizierungsstelle beantragt werden. Dann heißt es „Drittparteien-Audit".

Beiden Arten des externen Qualitätsaudits stehen jeweils die *Auditnachweise* durch die Organisation bzw. durch den Antragsteller gegenüber. Er demonstriert damit, auch anhand von Dokumenten, die Erfüllung von Auditkriterien. Das vom Kunden oder von der Zertifizierungsstelle durchgeführte externe Qualitätsaudit qualifiziert diese Demonstration auf der Basis benoteter oder mit Punkten bewerteter Antworten auf festgelegte Fragen aus einem umfangreichen Fragenkatalog. Eine Beispielseite aus einem solchen Fragenkatalog ist das Bild 8.12. Die dort aufgeführten Fragen zeigen die besondere Bedeutung der Schnitt-

DQS Nomenklatur 01 44 444			Audit-Protokoll / QM-Norm: 9001 / QM-Element: Designlenkung, Ref: 4.4 / Abschnitt: Designvorgaben, Ref: 4.4.4 / Interview-Fragen	nicht zutreffend	Beschreibung des QM-Systems: Unterlagen: z.B. QM-Handbuch (Abschnitt, Seite u.ä.)	Ergebnis ✱	Anwendung des QM-Systems: Bemerkungen: z.B. Zeichn., Rundschreib., Anweisungen, Arbeits- und Prüfplätze, Einrichtungen und Hilfsmittel ...	Ergebnis ✱
	02		Werden die ausgewählten Forderungen hinsichtlich ihrer Angemessenheit geprüft ?					
		01	Ist die Zuständigkeit für die Prüfung festgelegt u. wird danach verfahren ?					
		02	Finden zur Prüfung der Angemessenheit Gespräche zwischen Vertrieb und Entwicklung vor Beginn der Entwicklung statt ?					
		03	Werden die Ergebnisse solcher Prüfungen dokumentiert ?					
		04	Gibt es nach Abschluß der Prüfung eine formelle Freigabe für den Beginn der Entwicklung ?					

✱ 1 = erfüllt 2 = nur teilweise erfüllt, aber noch akzeptabel
3 = zwar teilweise erfüllt, aber nicht akzeptabel 4 = nicht erfüllt

© IFA D4372

Bild 8.12 Beispielseite eines Fragenkataloges des Qualitätsauditbogens (DQS)

stelle zwischen Vertriebs- und Entwicklungsabteilung für die zu dokumentierende Lenkung bezüglich der Festlegung einer angemessenen Anforderung.

Im Erfolgsfall hat der Kunde beim Zweitparteien-Audit Vertrauen in die Qualitätsfähigkeit seines potentiellen Lieferanten gewonnen. Dieser erhält daraufhin möglicherweise Aufträge. Oder beim *Zertifizierungsaudit* kann die Zertifizierungsstelle das gewünschte Zertifikat ausstellen. Dieses Zertifikat kann von der zertifizierten Organisation nun gegenüber allen ihren Kunden als Vertrauensbeweis eingesetzt werden. Es hat allerdings nur eine Geltungsdauer von im Allgemeinen drei Jahren.

Näheres über Kosten und Einzelschritte eines Zertifizierungsaudits erfährt man bei *Zertifizierungsstellen*, z.B. bei der Deutschen Gesellschaft zur Zertifizierung von Managementsystemen (DQS).

8.5.3 Zertifizierung und Akkreditierung

Zertifizierung ist ein Verfahren, bei dessen erfolgreichem Abschluss der unparteiische Dritte für eine Einheit ein Zertifikat ausstellt. Dies ist ein Dokument nach den Regeln eines Zertifizierungssystems mit der Bedeutung, dass die zertifizierte Einheit die Auditkriterien erfüllt hat. Wenn die zertifizierte Einheit ein QM-System ist, besagt das Zertifikat zudem, dass angemessenes Vertrauen besteht, dass von der zertifizierten Organisation hervorgebrachte Produkte die an diese gestellten Anforderungen erfüllen werden.

Akkreditierung ist hingegen ein Verfahren zur formellen Anerkennung der Kompetenz einer Organisation. Es kann sich um die Kompetenz einer Zertifizierungsstelle handeln, bezeichnete Zertifizierungen auszuführen, oder um die Fähigkeit eines Prüflabors, bezeichnete Prüfungen und Prüfungsarten auszuführen.

8.6 Übergeordnete Werkzeuge für das Qualitätsmanagement

Angesichts seiner großen Komplexität müssen im Qualitätsmanagement bekannte übergeordnete Analysewerkzeuge mit besonderer Sorgfalt angewendet werden. Diese Notwendigkeit wird deshalb immer wieder hervorgehoben. Beispiele dafür sind die „sieben elementaren Qualitätswerkzeuge". Eine Übersicht bietet Linß in [Lin11], S. 164 ff. Die Anwendung übergeordneter Werkzeuge mit dem Schwerpunkt Logistik ist in [Wie02] beschrieben.

Zu den Analysewerkzeugen gehören das *Verwandtschaftsdiagramm*, bei dem eine Anzahl von Ideen, Ansichten und Meinungen über ein Thema gruppiert wird, die *Maßstabsetzung (benchmarking)*, bei der ein Prozess oder sein Ergebnis zwecks Qualitätsverbesserung mit dem des Marktführers verglichen wird, die *gemeinsame Problembewältigung (brainstorming)*, bei der es um die Identifizierung möglicher Problemlösungen und potenzieller Qualitätsverbesserungen geht, dann das *Ursachen- und Wirkungsdiagramm*, mit dem die betreffenden Wechselbeziehungen analysiert werden, das *Flussdiagramm* zur Beschreibung und für den Entwurf von Prozessen und schließlich das *Baumdiagramm*, mit dem die Wechselbeziehungen zwischen einem Thema und seinen Einzelelementen aufgeschlüsselt werden können.

Zu den Werkzeugen für numerische Daten zählen die im Abschnitt 8.7.3 für die Statistische Qualitätsprüfung (SPC) benötigte und deshalb dort näher beschriebene *Qualitätsregelkarte*, das *Wahrscheinlichkeitsnetz* zur Analyse von Häufigkeitssummenkurven stochastisch verteilter Merkmalswerte (das man wegen des gegenseitigen Ausgleichs „lokaler Zufälligkeiten" benachbarter Merkmalswerte dem Histogramm grundsätzlich vorziehen sollte), das *Korrelationsdiagramm* zur Analyse der Stärke des Zusammenhangs zwischen den Wertereihen zweier einander zugeordneter Merkmale und schließlich das besonders bedeutungsvolle *Paretodiagramm*, das die Ermittlung gestattet, welche der oft unübersehbar vielen Einflussfaktoren die wichtigsten sind. Vielfach kann man bereits nach einer solchen quantitativen Analyse erkennen, wo die „dicksten Brocken liegen", die man als erste bearbeiten sollte.

8.7 Methoden des Qualitätsmanagements

Zusätzlich zu den übergeordneten Werkzeugen für das Qualitätsmanagement haben sich auch spezielle Methoden des Qualitätsmanagements etabliert. Sie sollen nachfolgend kurz beschrieben werden. Anwender sind allerdings nicht der Verpflichtung entbunden, sich in der Literatur weitere Informationen für die fachgerechte Anwendung zu besorgen, z.B. in [Gei08] bzw. [DGQ11-20]. Bei den nachfolgend beschriebenen vier Methoden handelt es sich um quantitative numerische Methoden. Einen erweiterten Überblick über wichtige QM-Methoden mit einer ungefähren Zuordnung zu den Phasen des Produktlebenszyklus gibt Bild 8.13.

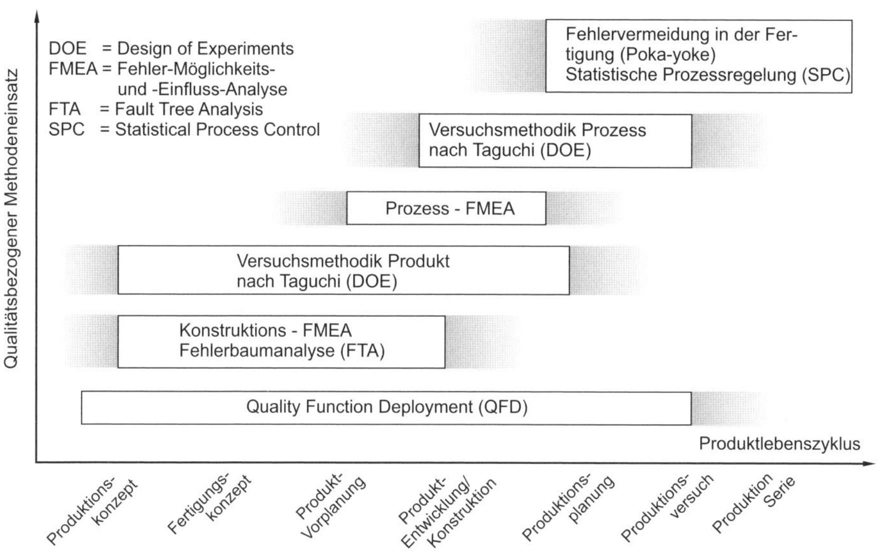

© IFA D4181

Bild 8.13 Wesentliche QM-Methoden im Produktlebenszyklus

8.7.1 Quality function deployment (QFD)

Diese Methode wird in Deutsch „Entfalten der qualitätsbezogenen Funktionstauglichkeit“ (engl. deploy: aufmarschieren lassen, entwickeln, entfalten) genannt. QFD bezeichnet eine Methodik der umfassenden Qualitätsplanung anhand formalisierter Dokumente zur Systematisierung der umfassenden Qualitätsplanung (siehe Abschnitt 8.4.1) im Zusammenhang mit der Erstellung eines Produkts unter ständiger Berücksichtigung der Erfordernisse des Kunden. Besonderes Kennzeichen dieser stark verbreiteten Methode ist die Unabhängigkeit von der betrachteten Einheit. So wird QFD schon in der ersten Planung der Anforderung für das Produkt eingesetzt, aber dann auch ganz konsequent für alle daraus abzuleitenden weiteren Qualitätsplanungsschritte für die Elemente dieses Produktes bis hin zum Einzelteil und zu den Tätigkeiten, welche die verschiedenen Bauteile hervorbringen.

Einer der wesentlichen Vorteile von QFD ist darin zu sehen, dass die bei der Qualitätsplanung zu befürchtenden Schnittstellenprobleme gemildert werden. Marketing, Produktentwicklung, Beschaffung und Produktion werden durch die abgestimmten Schritte bei der Planung aufeinander folgender Konkretisierungsstufen der Anforderung eng miteinander verknüpft. Die Methodik des QFD konzentriert die Qualitätsplanung auf die beiden Kernfragen, die sich der Qualitätsplanung stellen:

- Was wird benötigt, ist sinnvoll und nützt allen Beteiligten?
- Wie und mit welchen praktikablen Zielsetzungen kann man das realisieren?

Das geschieht in aufeinander folgenden Planungsstufen: In der ersten Konkretisierungsstufe während der Produktplanung wird die aus Wünschen und Einzelforderungen bestehende Anforderung des Kunden in Einzelforderungen an die Qualitätsmerkmale des Produktes umgesetzt. Die zweite Konkretisierungsstufe der Qualitätsplanung überträgt die Ergebnisse der ersten Stufe auf die Baugruppen, eine dritte auf die Einzelteile. Schließlich folgt die Qualitätsplanung der Tätigkeiten, die zu diesen Ergebnissen führen. Ergänzt wird sie durch die Qualitätsplanung der benötigten Fertigungs- und Prüfmittel [Pfe01].

Das Bild 8.14 zeigt diese systematische Kette von Qualitätsplanungsschritten für die aufeinander folgenden Konkretisierungsstufen. Sie kann naturgemäß nur dann reibungslos ineinander greifen, wenn durch eine QM-Zuständigkeitsmatrix prinzipiell die Aufgabenverteilung geklärt ist (siehe Abschnitt 8.4.4).

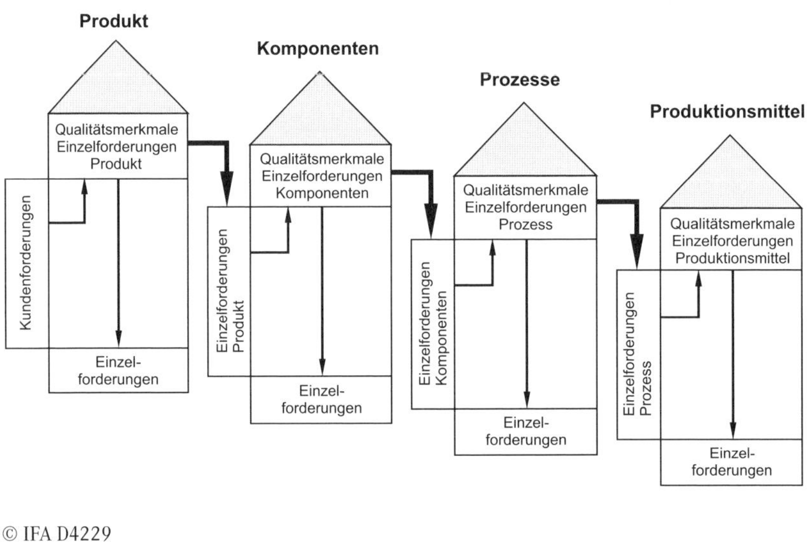

© IFA D4229

Bild 8.14 QFD-Anwendung auf unterschiedliche Einheiten (nach Pfeifer)

Es kann zweckmäßig sein, für die Erarbeitung der aufeinander folgenden Konkretisierungsstufen der Anforderungen ein abteilungsübergreifendes QFD-Team zu bilden. Dieses wird je nach Bedarf aus jenen Fachkräften zusammenzusetzen sein, die sich bisher mehr oder weniger getrennt im Marketing, der Produktentwicklung, der Beschaffung, dem Qualitätsmanagement und der Produktion mit diesen Qualitätsplanungsfragen befasst haben.

Das QFD-Team hat entsprechend Bild 8.14 zehn Konkretisierungsschritte der Qualitätsplanung zu bewältigen:

Der Schritt 1 ist der wichtigste: Es kommt darauf an, die Wünsche und Einzelforderungen des Kunden bezüglich des Produktes möglichst anwendungsgerecht festzulegen. Das entspricht der bei QFD sogenannten „Stimme des Kunden“, bei der es auf Berücksichtigung aller Gesichtspunkte zur Qualitätsplanung gemäß Abschnitt 8.4.1 ankommt. Insbesondere müssen ggf. Informationen aus Gesprächen mit dem Kunden oder solche aus Marketinguntersuchungen, Händlerhinweisen, Einzelforderungen der Verkaufsabteilungen und Berichten einschlägiger Zeitschriften wie z. B. aus „Test“ genutzt werden.

Die weiteren Schritte sind anhand eines Beispiels im Bild 8.15 mit Nummern im Kreis eingetragen und erfolgen der Reihe nach ebenfalls gemäß den im Abschnitt 8.4.1 erläuterten Grundsätzen der Qualitätsplanung. Bild 8.15 veranschaulicht das schon im Bild 8.14 angedeutete QFD-Formblatt. Es wird wegen seines dachartigen Oberteils zwar „House of quality“ genannt, jedoch kommt die später als Ergebnis der Realisierung festzustellende Qualität bei keinem der Planungsschritte als Größe vor.

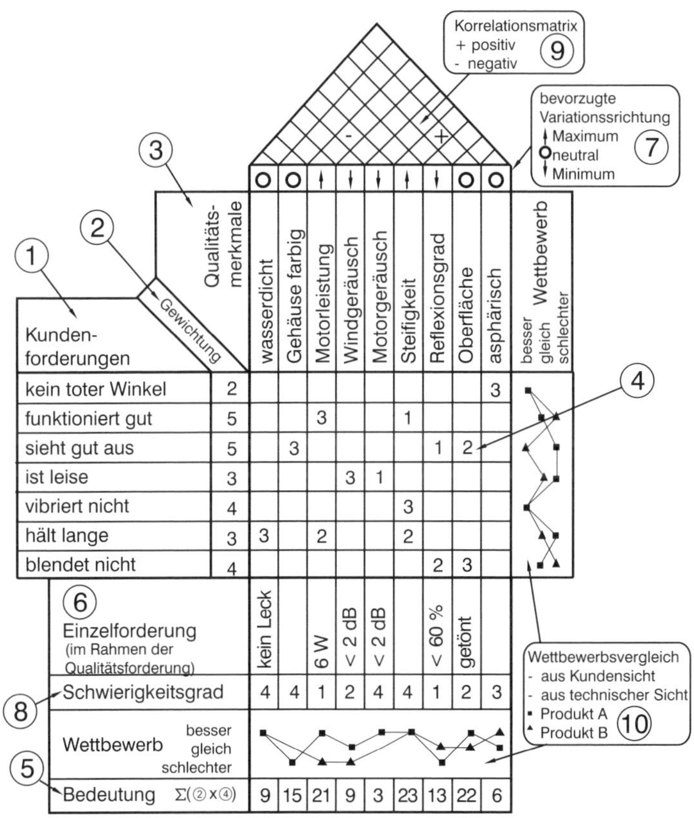

© IFA D4224

Bild 8.15 House of Quality am Beispiel eines Außenspiegels (Pfeifer)

Wie oft der Einsatz dieses Formblattes in aufeinander folgenden Schritten zweckmäßig ist, hängt nicht nur vom Produkt und seiner Komplexität ab, sondern auch davon, inwieweit sich der Einsatz dieses Hilfsmittels als nötig und zweckmäßig erweist. Dabei ist zu beachten, dass die Anzahl der Spalten und Zeilen des Formblattes derjenigen der zu behandelnden Einzelforderungen oder Qualitätsmerkmale entsprechen muss.

Nachfolgend werden nun anhand des Bildes 8.15 kurz die weiteren Schritte des QFD beschrieben, die nach dem Schritt 1 folgen:

1. Die Klassifizierung (Gewichtung) der Einzelforderungen und -wünsche des Kunden, für die sich eine Ordinalskala mit wachsender Bedeutungsklasse von 1 bis 10 empfiehlt;

2. die Ableitung der Qualitätsmerkmale des Produkts aus den Einzelforderungen des Kunden;

3. die Klassifizierung dieser Qualitätsmerkmale bezüglich dieser Einzelforderungen, wobei im Beispiel die drei Einflussklassen 1 (geringer Einfluss) bis 3 (großer Einfluss) gewählt wurden;

4. das Gesamtgewicht (Bedeutung) der Qualitätsmerkmale, das sich jeweils aus der Summe der Produkte aus Einflussklasse und Bedeutungsklasse ergibt;

5. folgt die ausschlaggebende Fixierung der Einzelforderung, was keinesfalls einfach ist, wie man daraus erkennt, dass sich beim größten Gesamtgewicht 23 eines Qualitätsmerkmals offenbar keine Einzelforderung ableiten ließ;

6. unmittelbar „unter dem Dach" wird dann die bevorzugte Abweichungsrichtung von einem vorgegebenen Wert aus eingetragen, wobei diese bei Grenzwerten selbstverständlich nur in den erlaubten Bereich hinein eingetragen werden darf;

7. aus den bisherigen Informationen und auch zusätzlichen aus der Erfahrung ergibt sich nun der Schwierigkeitsgrad der Realisierung, für den im Beispiel fünf Klassen mit steigendem Schwierigkeitsgrad von 1 bis 5 gewählt sind;

8. im „Dachgeschoss" werden nun die Wechselbeziehungen zwischen den Einzelforderungen erfasst, und zwar lediglich in Form des Alternativmerkmals „gleichgerichtet" (+) oder „gegenläufig" (−);

9. letzter Schritt ist der Vergleich mit dem Wettbewerb. Hier wird im Beispiel ein Ordinalmerkmal mit drei Werten verwendet: „schlechter", „gleich" und „besser".

Aus jedem dieser 10 Schritte können einzeln oder in Kombination Schlussfolgerungen für die Qualitätsplanung gezogen werden. Ausführlichere Erläuterungen dazu finden sich bei [Pfe10] und [Lin11].

8.7.2 Fehlermöglichkeits- und Einflussanalyse (FMEA)

Die FMEA (engl. *Failure Mode and Effects Analysis*) wird einfacher und treffender als *„Fehlerrisikoanalyse"* bezeichnet. Man versteht darunter eine Methode der Untersuchung möglicher Fehler in den Elementen einer betrachteten Einheit sowie die Feststellung der erwartbaren Fehlerfolgen für die anderen Elemente und für die Funktion der betrachteten

Einheit. Ziel ist es, durch geeignete Maßnahmen die potenziellen Fehlerfolgen zu minimieren.

Die Automobilindustrie hat für FMEA-Analysen ein Formblatt entwickelt, das sich über diesen Industriezweig hinaus verbreitet hat. Es arbeitet mit einer Bewertungsgröße, die aus drei Kriterien zusammengesetzt ist, nämlich der Wahrscheinlichkeit, dass der Fehler vorkommt (bezeichnet mit „A" von „Auftreten"), der Wahrscheinlichkeit, dass der Fehler vor der Auslieferung des Produktes entdeckt wird (bezeichnet mit „E" von „Entdecken") und der Fehlerauswirkung (bezeichnet mit „B" von „Bedeutung"). Alle drei Kriterien werden mit jeweils 10 Bewertungspunkten benotet. Das Produkt aus den drei Bewertungspunkten (A mal E mal B) ergibt die sogenannte *Risikoprioritätszahl* (RPZ). Die größten Risikoprioritätszahlen verlangen die ersten Maßnahmen zur Minderung oder Beseitigung der betrachteten Fehlermöglichkeiten. Bild 8.16 zeigt dazu die sechs Schritte einer FMEA. Einzelheiten erläutert [VDA96-2] aus der VDA-Schriftenreihe „Qualitätsmanagement in der Automobilindustrie".

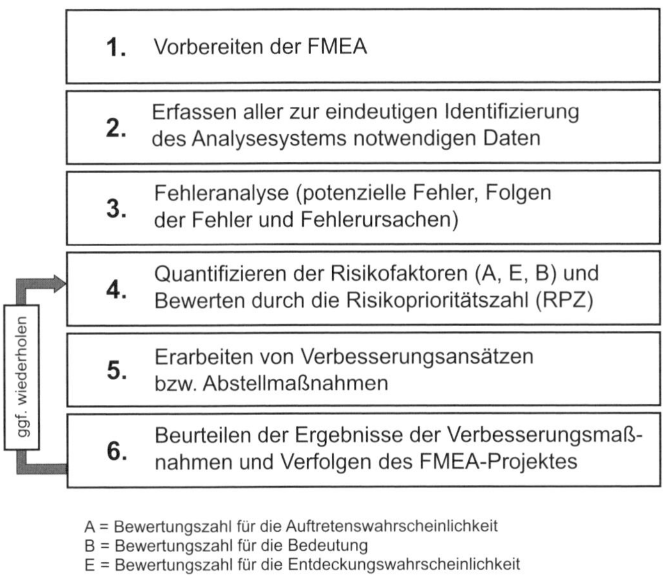

© IFA D4182

Bild 8.16 Ablauf einer Fehlerrisikoanalyse (FMEA)

Bild 8.17 zeigt als Beispiel für die Anwendung der FMEA das Formblatt des VDA mit einer Fehlerrisikoanalyse für die wesentlichen Prozesse eines Ansaugkrümmers.

Fehlerrisikoanalysen werden üblicherweise bei der Qualitätsplanung durchgeführt, auch bei der von Prozessen. Sie eignen sich ebenfalls für die Ermittlung einer zweckmäßigen Rangfolge der systematischen Planung von QM-Elementen. Dazu wird, auch unter Nutzung von Erfahrungswerten, das Fehlerrisiko bei den bestehenden QM-Elementen abgeschätzt. QM-Elemente mit einem besonders hohen Fehlerrisiko werden im Rahmen der Entwicklung des QM-Systems vorrangig einer systematischen Qualitätsplanung unterzogen.

8.7.3 Statistische Prozesslenkung (SPC) und Qualitätsregelkarten

Derjenige Teil der Qualitätslenkung bei Prozessen, bei dem statistische Verfahren eingesetzt werden, heißt statistische Prozesslenkung und wird weltweit mit SPC (statistical process control; control hier im Sinn von Lenken) abgekürzt. SPC ist somit auch Teil der statistischen Qualitätslenkung. Mit SPC können Prozesse jeder Art gelenkt, also überwacht und ggf. bei nicht zugelassenen systematischen Abweichungen korrigiert werden. Das gilt auch für Prozesse, mit denen Dienstleistungen erbracht werden.

Fehlermöglichkeits- und Einflussanalyse
☐ System-FMEA Produkt ☒ System-FMEA Prozess
FMEA-Nr: *XX/YY* Seite *1* von *1*

Typ/Modell/Fertigung/Charge: *990/013/X13* | Sach-Nr.: *90-GB-9K24-AA* | Änderungsstand: | Verantw.: *H. Krause* | Firma: *Aluguss KG* | Abt.: Q | Datum: *21.10.XX*

System-Nr./Systemelement: *Ansaugkrümmer* | Funktion/Aufgabe: | Sach-Nr.: | Änderungsstand: | Verantw.: | Firma: | Abt.: | Datum:

Mögliche Fehlerfolgen	B	Möglicher Fehler	Mögliche Fehlerursachen	Vermeidungsmaßnahmen	A	Entdeckungsmaßnahmen	E	RPZ	V/T
Undichtigkeit (Wasser und Kühlmittel). Motor läuft heiß	10	*Wasserkanal angeschnitten*	*Wanddickenunterschreitung und Kernversatz am Rohteil (Kernkastenverschleiß)*	*Statistische Prozessregelung*	3	*Stichprobenprüfung (50-0) der Dichtheit pro Fertigungslos*	5	150	*Firma Aluguss*
Undichtigkeit (Luft), rauher und ungleichmäßiger Lauf des Motors	8	*Dichtfläche uneben*	*Druck der Spannvorrichtung nicht ausreichend*	*Spanndrucküberwachung*	3	*Stichprobenprüfung (50-0) der Ebenheit*	5	120	*Werktechnik*
	8		*Schmutz und Späne in der Spannvorrichtung*	*Ständiges Reinigen der Vorrichtung*	2	*Zusätzlich zu oben visuelle Prüfung bzgl. Sauberkeit*	5	80	*Werktechnik/ Fertigung*
				Statistische Prozessregelung					*Fertigung*
Undichtigkeit (Luft), rauer und ungleichmäßiger Lauf des Motors	8	*Dichtung beschädigt*	*Ungleichmäßiges Anziehen der Befestigungsschrauben (Monteur zieht zuerst die äußeren, dann die mittl. Schrauben an)*	*Reihenfolge der Verschraubung ändern*	5		2	80	*Fertigungsplanung*

B = Bewertungszahl für die Bedeutung A = Bewertungszahl für die Auftretenswahrscheinlichkeit E = Bewertungszahl für die Entdeckungswahrscheinlichkeit
V = Verantwortlichkeit T = Termin für die Erledigung RPZ = Risikoprioritätszahl = B * A * E

© IFA yuD4230

Bild 8.17 VDA-Formblatt Fehlerrisikoanalyse; ausgefüllt für eine Prozess-FMEA (VDA)

Unmittelbarer Gegenstand von SPC sind *Prozessmerkmale*. Mittelbar zielen diese Prozessmerkmale auch auf Produktmerkmale. Beide müssen mit ihren Soll-Werten und den zugehörigen Toleranzbereichen oder Grenzwerten bei der Qualitätsplanung so geplant worden sein, dass ein Prozessergebnis erzielt wird (also ein Produkt oder ein Zwischenprodukt oder ein intern benötigtes Produkt materieller oder immaterieller oder kombinierter Art), das mit seinen Qualitätsmerkmalen die Anforderung erfüllt. Ist dieser Zustand erreicht, spricht man von einem *qualitätsfähigen Prozess*. Würden Ist-Werte der Prozessmerkmale nämlich außerhalb der zu den Soll-Werten festgelegten Toleranzbereiche oder jenseits der betreffenden Grenzwerte liegen, müsste mit fehlerhaften Produkten gerechnet werden.

Zielsetzung von SPC ist es nun, diesen qualitätsfähigen Zustand bezüglich aller Qualitätsmerkmale des Prozesses selbst und seines Ergebnisses aufrechtzuerhalten. Der qualitätsfähige Prozess muss also zugleich meist ein *beherrschter Prozess* (process in control; stable process) sein. Man versteht darunter einen Prozess, bei dem sich die Parameter der Verteilungen der Werte der Prozessmerkmale praktisch nicht oder nur in bekannter Weise oder nur in bekannten Grenzen ändern. Dieser Begriff kennzeichnet nicht die durch die vorausgehende Qualitätsplanung zu erzielende Qualitätsfähigkeit des Prozesses, welche die Parameter der Verteilung der Merkmalswerte des die Produkte erzeugenden Prozesses ebenfalls einschließen muss. Kirstein hat das mit einer Einteilung der Prozesse in vier Kategorien A bis D in einfacher Weise klargemacht (Bild 8.18) [Kir85].

der Prozess ist		beherrscht	
		ja	nein
qualitäts-fähig	ja	A	C
	nein	B	(D)

Bild 8.18 Vierfeldertafel zur Qualitätslenkung (nach Kirstein)

© IFA D4547

In den 1930er-Jahren hat Shewhart auf Basis der mathematischen Statistik erste statistische Werkzeuge für SPC bereitgestellt, die nach ihm benannten *Shewhart-Qualitätsregelkarten*. Dies sind Formblätter zur Darstellung von statistischen Kennwerten für eine Serie von Stichproben zur Überwachung der Parameter der Wahrscheinlichkeitsverteilung der Werte eines Merkmals. Sie haben den Zweck, festzustellen, ob der Wert des Parameters von einem vorgegebenen Wert abweicht. Man stellt mit diesen Qualitätsregelkarten also fest, ob ein Prozess bezüglich des betrachteten Merkmals beherrscht ist oder nicht. Das muss dem Prinzip nach für alle Qualitätsmerkmale des Prozesses geschehen, bei denen Störungen möglich sind. Die begrifflichen Grundlagen enthält [DIN55350-33].

Im Laufe der Zeit sind weitere Arten von Qualitätsregelkarten für SPC entwickelt worden, die teilweise auch direkt auf die Erfüllung der Anforderung durch das Produkt zielen. Deren Zweck ist also zufrieden stellende Qualität des Produkts selbst. Obwohl es nun nicht mehr unmittelbar um den Prozess geht, wird auch diese statistische Qualitätslenkung als SPC bezeichnet, und zwar wegen der meist vorhandenen Korrelation zwischen Prozessmerkmalen und Produktmerkmalen. Ein Beispiel zu einer produktbezogenen Qualitätslenkung unter Einsatz einer Stichprobenprüfung gibt das Bild 8.19.

Als Kriterium für die Ermittlungen benutzt man häufig die sogenannte *Qualitätslage*. Sie ist eine durch Vergleich der ermittelten Merkmalswerte des Prozesses oder seines Ergebnisses mit der betreffenden Anforderung gewonnene Qualitätskennzahl. Einzelheiten dazu sowie über Aufbau und Zweck der geschilderten und anderer Qualitätsregelkarten enthält [DIN55350-33] mit dem Titel „Begriffe zu Qualitätsmanagement und Statistik; Begriffe der statistischen Prozesslenkung (SPC)“.

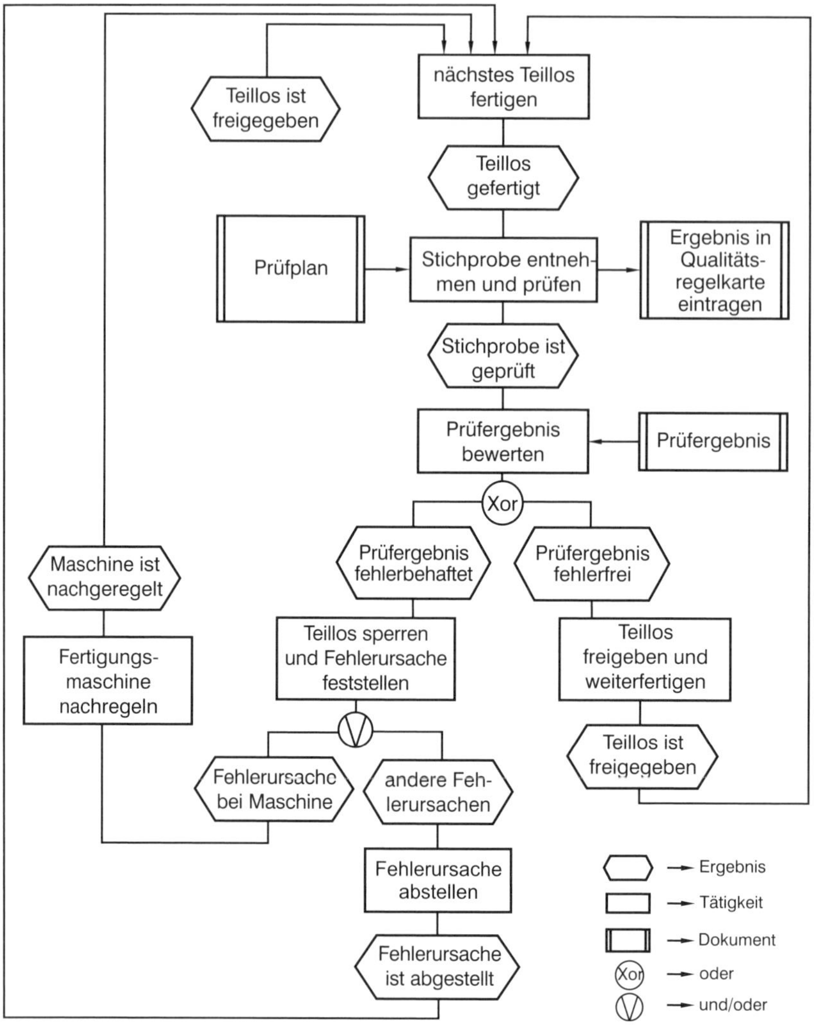

© IFA D4223

Bild 8.19 Ablaufschema einer produktbezogenen statistischen Qualitätslenkung (DGQ)

Bild 8.20 zeigt, abhängig vom Interpretationsziel, einige unter den vielen Analysemöglichkeiten einer Qualitätsregelkarte.

Aus aufeinander folgenden Stichproben ergibt sich aus dem oberen Teilbild zunächst anhand der Qualitätskennzahl der zeitliche Prozessverlauf. In der Mitte sind zusätzlich obere und untere Eingriffsgrenzen eingetragen. Der letzte Wert der Qualitätskennzahl überschreitet die obere Eingriffsgrenze. Daraus ergibt sich die Notwendigkeit eines Eingriffs in den Prozess. Beim unteren Teilbild interessiert hingegen durch Vergleich mit festgelegten speziellen Kriterien für aufeinander folgende Werte (Musterverläufen), ob ein Trend vorhanden ist oder nicht. Ist ein solcher vorhanden, wird ebenfalls eine Aktion ausgelöst.

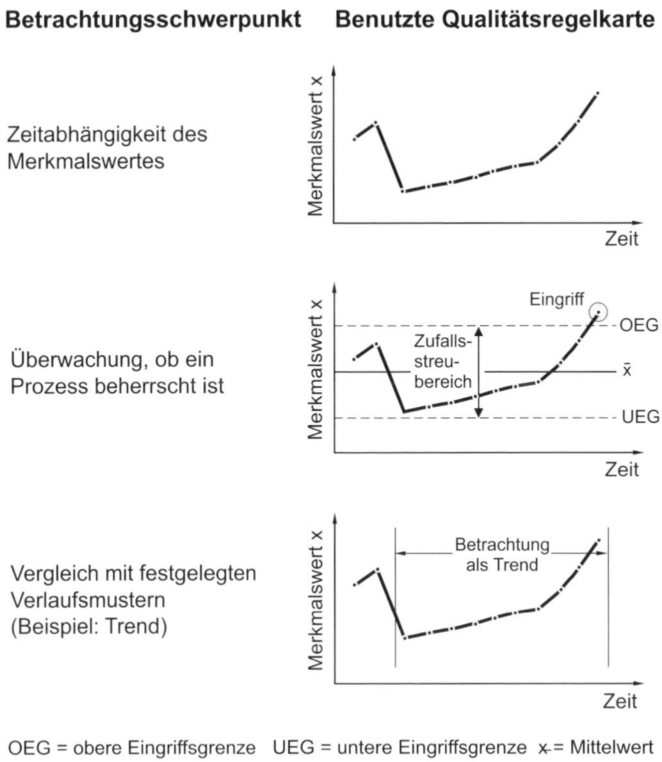

© IFA D4183

Bild 8.20 Anwendungsmöglichkeiten von Qualitätsregelkarten (nach Pfeifer)

Die erforderliche Vorarbeit für die Anlage einer Qualitätsregelkarte heißt Vorlauf: Man muss sich nämlich zunächst eine Vorstellung über die Werte jener Verteilungsparameter des Prozessmerkmals verschaffen, um dessen Überwachung mittels SPC und Qualitätsregelkarten es geht: Man entnimmt aus dem laufenden Prozess eine festgelegte Anzahl von Stichproben mit festgelegtem Umfang nach einem festgelegten Verfahren und gewinnt dadurch eine Werteverteilung, deren Parameter man als Basis für die Anlage einer realitätsgerechten Qualitätsregelkarte schätzen kann.

Für die Zielsicherheit der statistischen Prozesslenkung ist die zuweilen sehr starke Korrelation zwischen den Prozessmerkmalen und den Produktmerkmalen von Bedeutung. Diese Korrelation verlangt besondere Sorgfalt bei der SPC. Man muss nämlich darauf achten, ob man mit der SPC direkt auf das Prozessmerkmal oder direkt auf das Produktmerkmal zielt. Das gilt natürlich besonders auch für Dienstleistungen, wo es ebenfalls auf die oft sehr starke Korrelation zwischen den Merkmalen der Erbringung einer Dienstleistung, also des Prozesses, und den Merkmalen der Dienstleistung selbst ankommt.

Die erwähnte starke Korrelation hat in der Praxis vielfach dazu geführt, dass beim Qualitätsmanagement mittels SPC Prozessmerkmale und Produktmerkmale nicht mehr streng unterschieden werden, obwohl unterschiedliche Einzelforderungen gelten.

Die verfügbaren Methoden für die angemessene Berücksichtigung der Langzeitstreuung der Werte eines Prozessmerkmals oder eines Produktmerkmals im Vergleich mit dessen Kurzzeitstreuung sind in neuerer Zeit erheblich verbessert worden. Für eine wirksame statistische Prozesslenkung ist deren Kenntnis wichtig. Dazu muss man auch die nötigen Begriffe kennen. Sie sind in [DIN55350-33] enthalten. Diese nationale Norm ist im Wesentlichen harmonisiert mit ISO 3534-2: Statistics – Vocabulary and symbols, part 2: Statistical quality control.

Nach [DIN55350-33] ist die Prozessfähigkeit einleuchtenderweise die Qualitätsfähigkeit eines Prozesses. Sie kennzeichnet dessen Fähigkeit, ein Produkt hervorzubringen, das die Anforderung an dieses Produkt erfüllt. Die Qualität jedes Prozessmerkmals wird durch dessen *Prozessfähigkeitsindex* gekennzeichnet. Dieser ist das Verhältnis zwischen der Toleranz des Prozessmerkmals und der statistisch bewerteten *Prozessstreubreite*. Eine starke Korrelation zwischen diesem Prozessmerkmal und dem Qualitätsmerkmal des hervorzubringenden Produkts führt nach erfolgreicher Qualitätsplanung außerdem dazu, dass dieses Prozessmerkmal zur Qualitätsfähigkeit des Prozesses beiträgt.

Der Prozessfähigkeitsindex muss bei allen Qualitätsmerkmalen des Prozesses hinreichend groß sein, nicht nur bei einem einzigen. Nur dann kann die Gesamtheit der Einzelforderungen an die meist zahlreichen Qualitätsmerkmale der produzierten Einheit erfüllt werden; allerdings auch nur dann, wenn die Korrelation zwischen den Prozessmerkmalen und den zugehörigen Produktmerkmalen hinreichend stark ist und ständig wirksam quantitativ überwacht wird.

Bei Beachtung dieses Zusammenhanges, für den ein international einheitliches Verständnis bislang – wie zitiert – fehlt, erweisen sich die durch die Automobilindustrie eingeführten Prozessfähigkeitsindizes als nützlich für aktuelle Aufgaben der SPC. Nach [DIN55350-33] ist der Prozessfähigkeitsindex (PCI: Process Capability Index) für ein Einzelmerkmal des Prozesses:

PCI = Toleranz für das Prozessmerkmal/Risikobezogene Prozessstreubreite des Prozessmerkmals

Je kleiner das zugelassene Risiko α festgelegt werden muss, umso kleiner ist auch der Anteil der zu erwartenden Ist-Werte außerhalb der Prozessstreubreite. Beispielsweise muss man bei einer Normalverteilung der Werte des Prozessmerkmals und bei $\alpha = 0{,}27\,\%$ die sechsfache Standardabweichung der *Prozessgesamtstreuung* nehmen.

Bild 8.21 erläutert für einen praktischen Fall mit näherungsweise normalverteilten Werten des Prozessmerkmals im Wahrscheinlichkeitsnetz einen Prozessfähigkeitsindex $C_p = 1{,}5$. Es ist zu beachten, dass nur bei dieser in der Automobilindustrie üblichen, speziellen Risikofestlegung und Verteilungsform der Prozessfähigkeitsindex mit C_p bezeichnet wird.

Man unterscheidet für ein betrachtetes Prozessmerkmal üblicherweise diese Fälle: Prozessfähigkeit ist

- nicht vorhanden bei $C_p < 1$,
- bedingt oder eingeschränkt vorhanden bei $1 < C_p < 1{,}33$ und
- vorhanden bei $C_p > 1{,}33$.

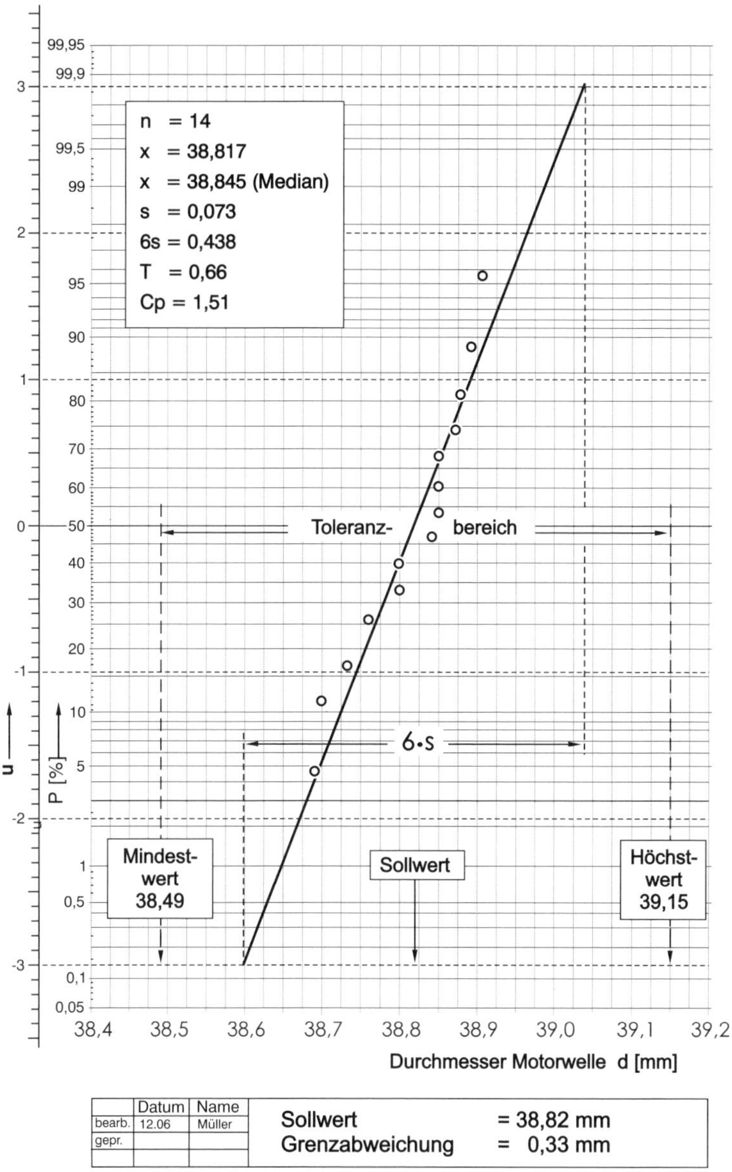

© IFA D4548

Bild 8.21 Veranschaulichung des speziellen Prozessfähigkeitsindex C_p (W. Geiger)

Der Korrelationskoeffizient zum Qualitätsmerkmal des Produktes wird dabei nur indirekt angesprochen, nämlich über die Toleranz für das Produktmerkmal bei der Qualitätsplanung. Als *Prozessstreubreitenverhältnis* wird der Kehrwert des Prozessfähigkeitsindex bezeichnet.

Verschiedentlich wird im Fall eines unsymmetrisch zum Mittelwert des Prozessmerkmals liegenden Toleranzbereiches für das Prozessmerkmal ein nur einseitiger Prozessfähigkeitsindex „auf der sicheren Seite“ gebildet:

PCI_u = Kleiner Abstand zwischen Grenzwert und Prozess/Halbe risikobezogene Prozessbreite des Prozessmerkmals

Für die Risikobezogenheit der Prozessstreubreite gilt das Gleiche wie bei *PCI*. Dieser Prozessfähigkeitsindex hat unter den gleichen Voraussetzungen wie oben die Bezeichnung C_{pk}. Die Beurteilung - abhängig von den Zahlenwerten - ist die gleiche wie oben. Betrachtet man eine Maschine, so werden auch die Bezeichnungen C_m und C_{mk} verwendet.

Eine Forderung $C_p > 1{,}33$ bedeutet bei der vorausgesetzten, aber durchaus nicht stets vorhandenen Normalverteilung der Werte des Prozessmerkmals: Durch 99,73 Prozent dieser Merkmalswerte werden höchstens 75 % des Toleranzbereiches ausgenutzt. Dabei sind nur geringe Abweichungen zwischen dem Mittelwert der Werteverteilung des Prozessmerkmals und dem Mittelwert des dafür geltenden Toleranzbereichs hinnehmbar.

Man sieht aus allen diesen Hinweisen, dass man nur mit Klarheit über die hier nur teilweise erklärten Begriffe Aussicht hat, auch zu quantitativer Klarheit bezüglich SPC zu gelangen. Man gewinnt sie mit [DIN55350-33].

Grundsätzlich ist noch zu betonen, dass im Fall von Störeinflüssen beim Prozessablauf, die zu einer Verletzung von Eingriffsgrenzen führen, die Qualitätsregelkartentechnik ergänzt werden muss durch Werkzeuge zur Auffindung der Störquellen, um diese auszuschalten.

Zusammenfassend gilt für die statistische Prozesslenkung (SPC):

- Prozessfähigkeit ist als Qualitätsfähigkeit des Prozesses dessen Eignung, ein Ergebnis (Produkt) hervorzubringen, welches die Anforderung an dieses Ergebnis erfüllt. Dabei ist die Korrelation zwischen der jeweiligen Werteverteilung des Prozessmerkmals und des zugehörigen Produktmerkmals ausschlaggebend für die statistische Prozesslenkung.
- Inwieweit ein Prozess die an ihn selbst gestellte Anforderung erfüllt, ist - wie bei allen anderen Einheiten - eine Frage nach der Qualität des Prozesses, nicht eine Frage nach seiner Qualitätsfähigkeit.

8.7.4 Six Sigma

Der Begriff Six Sigma bezieht sich auf die Standardabweichung von Prozessergebnissen und ist daher, wie die Statistische Prozesslenkung nur auf stabile Prozesse anwendbar. Six-Sigma-Programme verfolgen das Ziel, eine möglichst geringe Fehlerrate zu erreichen, wobei Six Sigma nur 3,4 Fehler auf 1 Million Prozessergebnisse bedeutet.

In der Statistik bezeichnet Sigma (griech. $\sigma = s$)die Standardabweichung von Zufallsergebnissen mit Gaußscher Normalverteilung. Die Spanne von einem Sigma um den Erwartungswert erfasst dabei 68,27 % aller Ergebnisse, bei sechs Sigma sind es 99,9997 % (Bild 8.22).

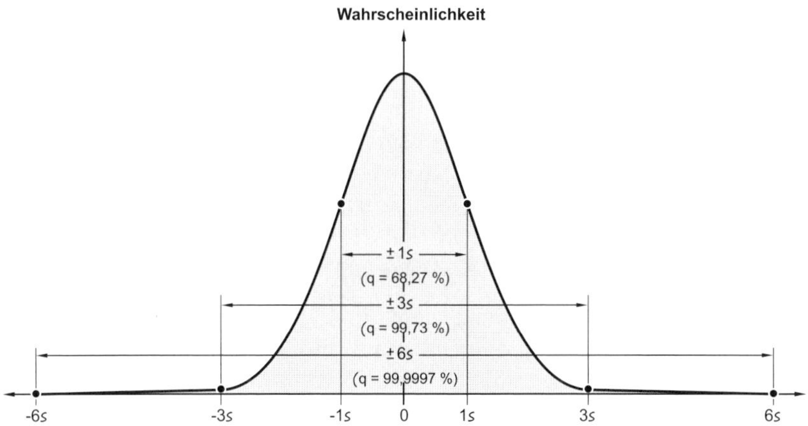

Bild 8.22 Verteilungsfunktion der normierten Normalverteilung

Um ein Six-Sigma-Programm durchführen zu können, müssen daher zunächst stabile Prozesse definiert und die Ergebnisse gemessen werden. Nach einer Auswertung werden die Prozesse entsprechend verbessert und eingeführt. Die notwendigen Schritte für ein Six-Sigma-Programm zeigt Bild 8.23 [Pfe10].

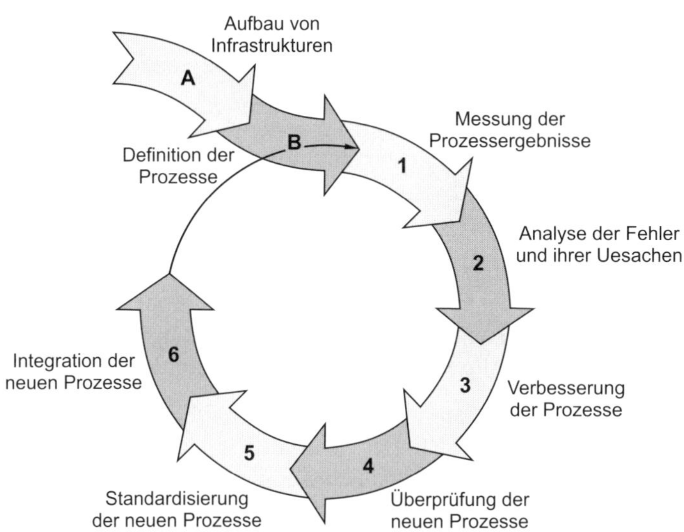

Bild 8.23 Notwendige Schritte zur Umsetzung eines Six-Sigma-Programms (nach Pfeifer)

Um Fehlerraten zu senken, ist die Einbeziehung aller direkt und indirekt an der Leistungserbringung beteiligten Prozesse notwendig. Daher ist Six Sigma keine rein mathematisches Betrachtungsweise, sondern eine konsequente Ausrichtung des Unternehmens auf die Erfüllung der Kundenwünsche.

8.7.5 Rechnerunterstütztes Qualitätsmanagement (CAQ)

Im Qualitätsmanagement entstehen nicht nur große Datenmengen, die mit Rechnern effizient, kostengünstig und zeitgerecht zu aktuell verwertbaren Ergebnissen gewünschter Verdichtung verarbeitet werden können. Mit den heute verfügbaren Standardwerkzeugen können auch immer mehr Programme zum Qualitätsmanagement eingesetzt werden, angefangen von der Produktplanung bis hin zur Auswertung von Kundenreaktionen jeder Art auf Produkte. Einen guten Überblick gibt [DGQ14-21] von 1995. Allerdings sollte man die damals noch geltende Benennung „Qualitätssicherung" und den abgekürzten

Vorsatz „QS-" gedanklich in „Qualitätsmanagement" und „QM-" berichtigen. Vor allem kann man sich dort über die Planung und Realisierung von CAQ-Systemen auch anhand von Anwendungsbeispielen informieren. Auf die Kosten-Nutzen-Analyse wurde mit großer Vorsicht eingegangen, sodass sie trotz der seither erheblich verminderten Preise für die erforderlichen Investitionen noch gilt.

Es gibt keinen funktionalen QM-Bereich, in welchem Rechnerunterstützung nicht Fortschritte bringen würde. Meist bietet der Markt die erforderlichen Spezialisierungen an. Vor allem sind damit Aufgaben im Qualitätsmanagement lösbar, die früher wegen des Rechenaufwandes nicht realisierbar waren.

8.8 Qualitätsbezogene Kosten

Kontroverse Diskussionen über qualitätsbezogene Kosten haben eine einfache Ursache: Einerseits führt erfolgreiches Qualitätsmanagement nicht zu einem ausweisbaren Ertrag und wird deshalb verschiedentlich zu den „unproduktiven Kosten" gerechnet. Andererseits ist aber unbestritten, dass ein nicht erfolgreiches Qualitätsmanagement, also Nichterfüllungen von Anforderungen des Marktes, Existenz gefährdend für eine Organisation ist, auch schon, wenn es nur um einen Teilbereich wie den Umweltschutz geht.

Deshalb muss zunächst klar sein, dass die zur Erfüllung der Anforderungen nötigen Kosten unabdingbarer und integraler Bestandteil der Leistungserstellung sind. Freilich muss auch klar sein, dass eine kostenseitige Aussonderung von qualitätsbezogenen Tätigkeitsbestandteilen prinzipiell ebenso unmöglich ist wie die Separierung dieser Bestandteile selbst.

Daraus folgt, dass qualitätsbezogene Kosten zwar der betriebswirtschaftlichen Kostenrechnung entnommen, nach ihrer Entnahme aber nicht nach betriebswirtschaftlichen Regeln bewertet werden dürfen. Sie sind vielmehr ein vor allem abhängig von der Zeit zu nutzendes Hilfsmittel beim Bemühen um eine bessere Wirtschaftlichkeit des Qualitätsmanagements, möglichst in allen seinen Teilbereichen. „Quervergleiche" zwischen Bereichen der Organisation sind gleichermaßen fraglich wie solche mit anderen Organisationen. Ziel muss stets die Verbesserung im eigenen Bereich auf lange Sicht sein. Das Beispiel eines solchen Erfolges zeigt das Bild 8.24.

Konkret liefert das Hilfsmittel „qualitätsbezogene Kosten" zu den einzelnen QM-Elementen die Elemente qualitätsbezogener Kosten (QK-Elemente). Diese werden, wie international üblich und in [DIN55350-11] definiert und näher beschrieben, in vier Gruppen geordnet: Fehlerverhütungskosten, Prüfkosten, Fehlerkosten und externe QM-Darlegungskosten.

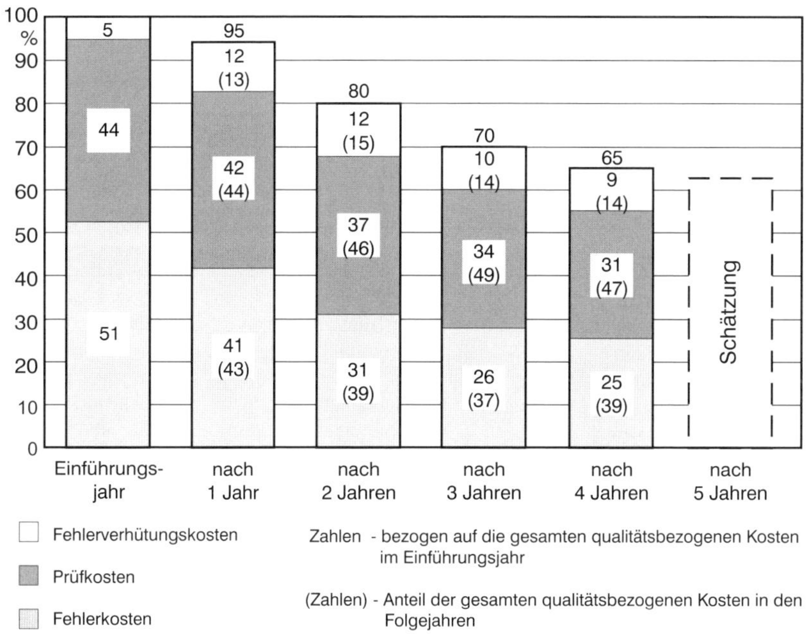

© IFA D4185

Bild 8.24 Langfristiger Erfolg der QM-Rationalisierung (DGQ)

Ausführliche Beschreibungen dazu finden sich in [DGQ14-17]. Es ist anzuraten, die zahlreichen anderen Gruppierungsvorschläge verschiedener Herkunft stets auf das genannte Verbesserungsziel auszurichten und zu beachten, dass es betriebswirtschaftlich keine Fehlleistung geben kann [DGQ11-04], also auch keinen Fehlleistungsaufwand.

QK-Elemente werden für eine Organisation individuell definiert und benannt. Ein Beispiel für übliche Benennungen ist im Bild 8.25 gegeben. Sie enthält z. B. nicht die Gruppe der QM-Darlegungskosten. Die Anzahl der definierten QK-Elemente hängt erfahrungsgemäß von vielen Einflussfaktoren ab. Zu ihnen gehört die Größe der Organisation, aber auch das Produktprogramm.

Die Erfassung und Nutzung von QK-Elementen zur Wirtschaftlichkeitsverbesserung des Qualitätsmanagements ist im Allgemeinen in einer QK-Richtlinie der Organisation geregelt. QK-Elemente sind also klassifizierbare Indikatoren für QM-Verbesserungsziele. Auch deshalb sind Vergleiche von Prozentsätzen qualitätsbezogener Kosten weder aussagekräftig noch hilfreich für die Zielsetzung, auch wenn solche Vergleiche zuweilen unvermeidbar scheinen.

Um eine bessere Qualitätsorientierung zu erreichen, schlägt Wildemann [Wil97] eine Gliederung in Konformitätskosten und Nichtkonformitätskosten vor. Im Fall der Konformität handelt es sich um geplante und notwendige Kosten, die zum Unternehmenserfolg beitragen. Dies sind Fehlerverhütungskosten und ein Teil der Prüfkosten. Die Nichtkonformitätskosten (Abweichungskosten) sind ein Teil der Prüfkosten und die Fehlerkosten. Sie sind ungeplant und vermeidbar und bedeuten Verschwendung von Ressourcen.

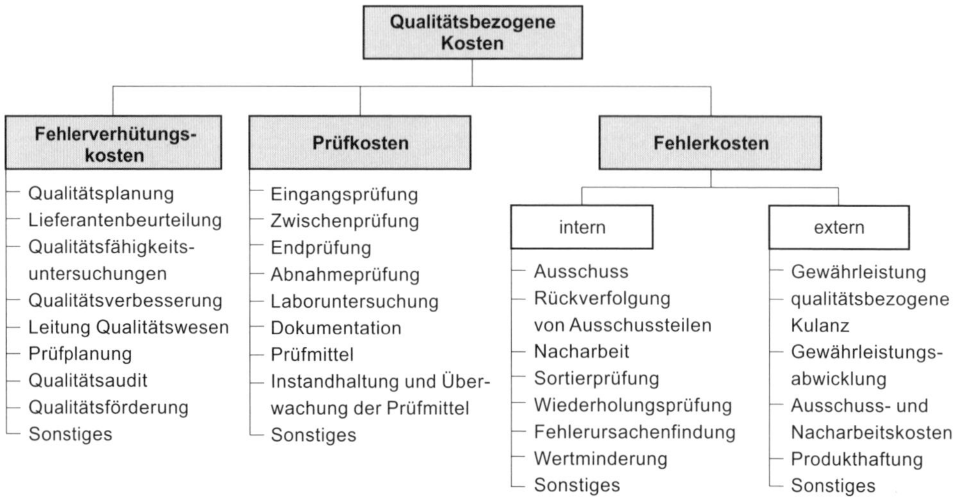

© IFA D4226

Bild 8.25 Übersicht über QK-Gruppen und QK-Elemente der qualitätsbezogenen Kosten (DGQ)

8.9 Exzellenzmodelle und Kennzahlen

Die DIN EN ISO 9000 weist ausdrücklich auf Gemeinsamkeiten mit und Unterschiede zu Exzellenzmodellen hin. Beide bieten Möglichkeiten für eine Beurteilung und Verbesserung der Leistungsfähigkeit von Unternehmen, unterscheiden sich aber in ihrem Anwendungsbereich. Während die DIN EN ISO 9000-Familie auf die Anforderungen an Qualitätsmanagementsysteme und deren Verbesserung abzielt, können Exzellenzmodelle zur vergleichenden Beurteilung aller Tätigkeiten unter Berücksichtigung aller interessierten Parteien genutzt werden.

Als Beispiel sei hier das Modell der European Foundation for Quality Management (EFQM) dargestellt (Bild 8.26). Es stellt ebenso wie das prozessorientierte Qualitätsmanagementmodell der DIN EN ISO 9000-Familie einen Regelkreis dar. Durch die sogenannten Befähiger (engl. enabler) werden Ergebnisse (engl. results) erzielt. Der Abgleich der Ergebnisse mit den Zielen löst Lernprozesse und Innovationen aus, sodass die Befähiger besser werden.

Um die Leistungen von Unternehmen, die eventuell sogar in unterschiedlichen Branchen tätig sind, vergleichen zu können, werden Kennzahlensysteme eingesetzt. Dies gilt z. B. für den European Quality Award der EFQM oder den amerikanischen Malcolm Baldrige National Award. Für den direkten Leistungsvergleich mit anderen Unternehmen eignet sich das Benchmarking. Die Vorgehensweise ist in der VDI-Richtlinie „Benchmarking" [VDI4402] beschrieben. Siehe dazu auch [DGQ14-24], [DGQ14-25] und [Wie02].

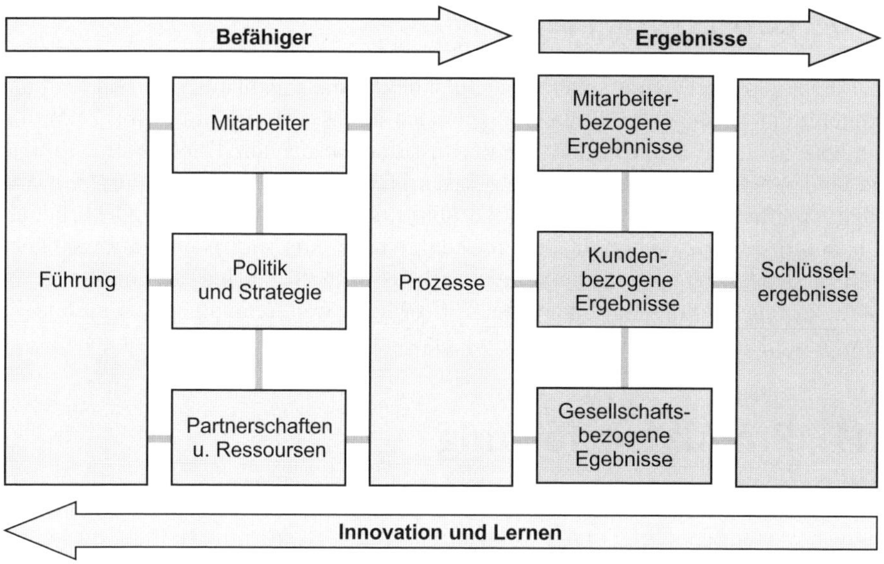

IFA G8889

Bild 8.26 Struktur und Elemente des EFQM-Modells

Für die interne Beurteilung kann die Balanced Scorecard eingesetzt werden. Sie enthält nur vier Aspekte des Unternehmens und sollte maximal je sieben Unterpunkte betrachten.

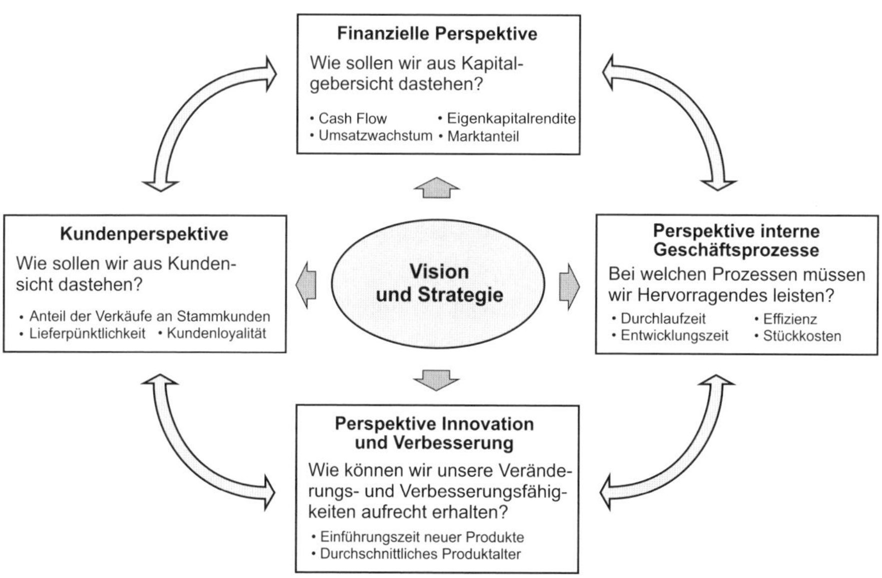

© IFA G8889

Bild 8.27 Balanced Scorecard nach Kaplan und Norton [Pfe10]

8.10 QM-Einführung

Diese Einführung in das Qualitätsmanagement ist definitionsgemäß eingeschränkt auf die Beschaffenheit der betrachteten Einheiten. Dennoch umfasst sie im Sinne von TQM alle Einheiten, die in einer Organisation für den qualitätsbezogenen Erfolg betrachtungsbedürftig sind. Ungeachtet der erwähnten Einschränkung können viele QM-Grundsätze mit großem Gewinn auf logistische Prozesse übertragen werden. Diesbezügliche Bemühungen haben in [Wie02] schon zu Ergebnissen geführt. Aus zahlreichen Blickwinkeln sind bereits erste konkrete Analogien herausgearbeitet worden. Auch diese Einführung in das Qualitätsmanagement kann entsprechend [Gei95] für weitere analoge und systematisierte Anwendungen der QM-Grundsätze auf logistische Prozesse Anregungen geben.

8.11 Produktverfolgung

Die Anforderungen an die Produktsicherheit und der Herkunftsnachweis sind in vielen Branchen von großer Bedeutung und werden durch das Gesetz über die Haftung für fehlerhafte Produkte (Produkthaftungsgesetz ProdHaftG) unterstrichen. Im Fall von Produktmängeln oder dadurch eingetretenen Schäden muss die Rückverfolgbarkeit gewährleistet sein. In diesem Zusammenhang definiert ISO 9000:2005 Rückverfolgbarkeit als Möglichkeit, den Werdegang, die Verwendung oder den Ort des Betrachteten zu verfolgen [Wec14]. Speziell für die Produkte der Automobil-, Medizin- sowie Luft- und Raumfahrtindustrie und weiteren sicherheitsrelevanten Produkten ist die Rückverfolgbarkeit Pflicht und in einschlägigen ISO-Normen geregelt.

Bild 8.28 nennt nach einem Vorschlag von Böse [Bö06] die wesentlichen Gründe für eine Chargenverfolgung, die weitgehend auch für sonstige Produkte gelten. Zum einen treiben das erwähnte Produkthaftungsgesetz, aber auch weitere Vorschriften die Notwendigkeit zusammen mit neuen Technologien wie RFID und die Möglichkeit, die Produktverfolgung in Standardsoftware zu integrieren. Zum anderen stellen Kunden zunehmend Anforderungen, aber auch der Nutzen für den Produzenten tritt immer stärker hervor. Die Kundenzufriedenheit kann z. B. durch schnelle Reaktion bei einem Produktausfall erhöht werden oder eine höhere Prozesssicherheit senkt die Ausschussrate.

Unterschieden wird bei der Rückverfolgbarkeit zwischen einer vorwärts gerichteten Verfolgung eines Produktes, die vom Rohmaterial bis zum Endprodukt reicht und auch als *Tracking* (engl. tracking: Verfolgung) bezeichnet wird. Die rückwärtsgerichtete Verfolgung reicht vom Endprodukt bis zum Rohmaterial und wird als *Tracing* (engl. tracing: Ermittlung) bezeichnet.

Sog. *Traceability-Systeme* ermöglichen die Umsetzung dieser Aufgabe durch ein Kennzeichnungs-, Identifikations- und Informationssystem. Die Kennzeichnung erfolgt durch internationale Kennzeichnungssysteme zur weltweit überschneidungsfreien Charakterisierung von Orten (Unternehmen, Betriebe, Betriebsstellen), Artikeln und Versandeinheiten. Die Datenerfassung der Identifikationsnummer erfolgt durch ein- oder zweidimensionale Strichcodes und zunehmend auch durch RFID-Tags. Weitere Details finden sich bei [Wec14] S. 845 ff.

Mit diesen Ausführungen schließt sich der Kreis der Betrachtung der Betriebsorganisation vom Qualitätsmanagement zurück zur Unternehmensführung. Es wurde deutlich, dass ein

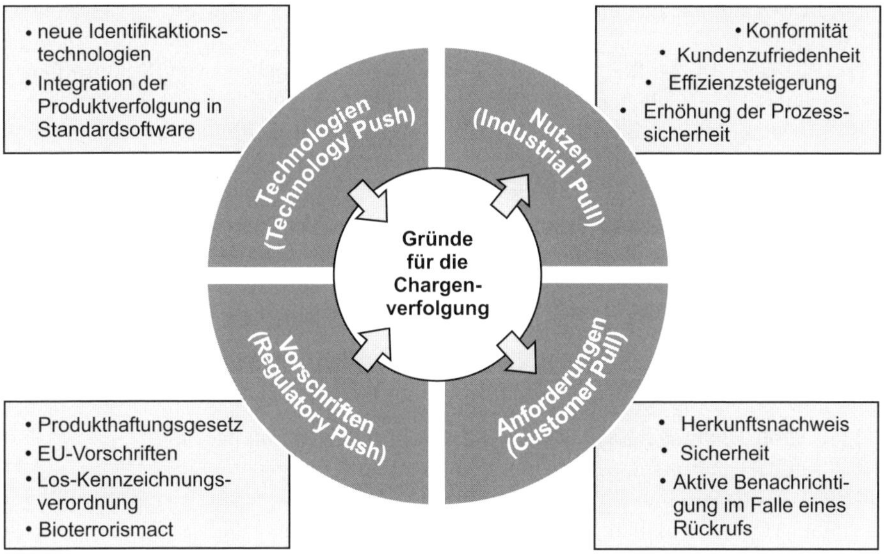

© IFA 17.663

Bild 8.28 Gründe für die Chargenverfolgung (nach Böse 2006 in Anlehnung an Weckenmann 2014)

Betrieb ständig neuen Einflüssen und bisweilen regelrechten Attacken ausgesetzt ist. Die Bedeutung solcher Impulse für das eigene Unternehmen zu erkennen, eine angemessene Reaktion zu gewährleisten, gleichzeitig aber auch die eigene Überlebensstrategie konsequent zu verfolgen, ist die ständige Herausforderung an das Management. Dabei ist die Kenntnis der in diesem Buch vorgetragenen Zusammenhänge eine notwendige, aber nicht hinreichende Bedingung für den Erfolg.

8.12 Literatur

Vorbemerkung
Nachfolgend werden sowohl die wichtigsten nationalen und internationalen Grundnormen zum Qualitätsmanagement genannt als auch einige einführende Buchpublikationen. Hingewiesen sei auch auf die Informationsbände und Arbeitsmittel [DGQ10-04] der Deutschen Gesellschaft für Qualität (DGQ), dem einzigen deutschen Vollmitglied der European Organization for Quality (EOQ).

[DGQ10-04] DGQ-Band 10-04: Qualitätsmanagement, DGQ-Schriftenreihe, Fachliteratur und Normen, Berlin

[DGQ11-04] DGQ-Band 11-04: Managementsysteme – Begriffe. Ihr Weg zu klarer Kommunikation, 7. Aufl., Berlin 2002

[DGQ11-20] DGQ-Band 11-20: Qualitätslehre – Einführung, Systematik, Terminologie, identisch [Gei98], Berlin

[DGQ14-17] DGQ-Band 14-17: Qualitätskosten – Rahmenempfehlungen zu ihrer Definition, Erfassung, Beurteilung, 5. Aufl., Berlin 1985

[DGQ14-21] DGQ-Band 14-21: Entscheidungshilfen bei der Auswahl von CAQ-Systemen, 2. Aufl., Berlin 1995

[DGQ14-24] DGQ-Band 14-24: Kennzahlen für erfolgreiches Management von Organisationen. Umsetzung von EFQM-Excellence – Qualität messbar machen, 1. Aufl., Berlin 1999

[DGQ14-25] DGQ-Band 14-25: Benchmarking für Praktiker – Ein Leitfaden für KMU anhand von Kennzahlen, 1. Aufl., Berlin 2002

[DIN55350-11] E DIN 55350-11: 2004-03: Begriffe zu Qualitätsmanagement und Statistik, Begriffe des Qualitätsmanagements, Ergänzung zu DIN EN ISO 9000: 2005-12

[DIN55350-12] DIN 55350-12: Begriffe der Qualitätssicherung und Statistik, Merkmalsbezogene Begriffe

[DIN55350-17] DIN 55350-17: Begriffe der Qualitätssicherung und Statistik, Begriffe der Qualitätsprüfungsarten

[DIN55350-33] DIN 55350-33: Begriffe zu Qualitätsmanagement und Statistik, Begriffe der statistischen Prozesslenkung (SPC)

[ISO9000] ISO 9000: Qualitätsmanagementsysteme – Grundlagen und Begriffe

[ISO9001] ISO 9001: Qualitätsmanagementsysteme – Anforderungen

[ISO9004] ISO 9004: Leiten und Lenken für den nachhaltigen Erfolg einer Organisation

[ISO19011] ISO 19011: Leitfaden für Audits von Qualitätsmanagement- und/oder Umweltmanagementsystemen

[Dut75] Dutschke, W.: Prüfplanung in der Fertigung, Mainz 1975

[Gei08] Geiger, W., Kotte, W.: Handbuch Qualität – Grundlagen und Elemente des Qualitätsmanagements. 5. Aufl., Braunschweig Wiesbaden 2008

[Gei95] Geiger, W.: Qualität und Management – Das Ganze und die Teile, Qualität und Zuverlässigkeit 40 (1995), Heft 8, Seiten 928 – 934, München Wien 1995

[Kir85] Kirstein, H.: Adaption of Quality Control Procedure to the Demand for Quality and Productivity, Proceedings of the 29th EOQC Conference 1985, Additional Papers, pages 16 to 27

[Kle02] Klein, B.: Statistische Tolerierung: prozessorientierte Bauteil- und Montageoptimierung, München Wien 2002

[Lin11] Linß, G.: Qualitätsmanagement für Ingenieure. 3. Aufl., München 2011

[Mas07] Masing, W. Handbuch Qualitätsmanagement. Herausgegeben von R. Schmitt und Th. Pfeifer. 5. Aufl., München 2007

[Pfe10] Pfeifer, T., Schmitt, R.: Qualitätsmanagement – Strategien, Methoden, Techniken, 4. Aufl., München 2010

[VDA96-2] Verband der Automobilindustrie e. V.: Qualitätsmanagement in der Automobilindustrie. Band 4 – Sicherung der Qualität während der Produktrealisierung – Methode und Verfahren –, VDA, 1. Aufl., 2003

[VDA99] Verband der Automobilindustrie e. V.: Qualitätsmanagement in der Automobilindustrie. Band 6, Teil 1: Harmonisiert mit QS-9000, AVSQ und EAQF. Audit-Fragenkatalog zur ISO/TS 16949

[VDI4402] VDI 4402: VDI-Richtlinien: Benchmarking. Verein Deutscher Ingenieure, Düsseldorf 2000

[Wec14] Weckenmann, A., Dietlmaier, A. und Akkasoglu, G.: Qualitätssicherung und Traceability in der Montage. In: Feldmann, K., Schöppner, V. und Spur, G. (Hrsg.): Handbuch Fügen, Handhaben, Montieren. München 2014

[Wie02] Wiendahl, H.-P. (Hrsg.): Erfolgsfaktor Logistikqualität – Vorgehen, Methoden und Werkzeuge zur Verbesserung der Logistikleistung, 2. Aufl., Berlin Heidelberg 2002

[Wil97] Wildemann, H.: Qualität und Unternehmenserfolg. Neue Lösungen und Fallbeispiele, München 1997

[Zol01] Zollondz, H.-D. (Hrsg.): Lexikon Qualitätsmanagement. Handbuch des modernen Managements auf Basis des Qualitätsmanagements, München 2001

Sachwortverzeichnis

E

F

G

H

I

J

K

L

Q

R

U

V

W

X

Y

Z